Karl Heinz Borgwardt
unter Mitarbeit von Matthias Tinkl und Thomas Wörle

Aufgabensammlung und Klausurentrainer zur Optimierung

Nichtlineare Optimierung
von Walter Alt

Numerische Verfahren der konvexen, nichtglatten Optimierung
von Walter Alt

Aufgabensammlung und Klausurentrainer zur Optimierung
von Karl Heinz Borgwardt

Optimierung (Teil 1 und Teil 2)
von Peter Gritzmann

Numerik der Optimierung
von Christian Großmann und Johannes Terno

Lineare Optimierung und Netzwerkoptimierung
von Horst W. Hamacher und Kathrin Klamroth

Kombinatorische Optimierung erleben
von Stephan Hußmann und Brigitte Lutz-Westphal

Mathematische Optimierung
von Volker Kaibel

Gemischt-ganzzahlige Optimierung: Modellierung in der Praxis
von Josef Kallrath

Zuschnitt- und Packungsoptimierung
von Guntram Scheithauer

www.viewegteubner.de

Karl Heinz Borgwardt
unter Mitarbeit von Matthias Tinkl und Thomas Wörle

Aufgabensammlung und Klausurentrainer zur Optimierung

Für die Bachelorausbildung in
mathematischen Studiengängen

STUDIUM

**VIEWEG+
TEUBNER**

Bibliografische Information der Deutschen Nationalbibliothek
Die Deutsche Nationalbibliothek verzeichnet diese Publikation in der
Deutschen Nationalbibliografie; detaillierte bibliografische Daten sind im Internet über
<http://dnb.d-nb.de> abrufbar.

Prof. Dr. Karl Heinz Borgwardt
Universität Augsburg
Institut für Mathematik
Universitätsstraße 14
86135 Augsburg

E-Mail: borgwardt@math.uni-augsburg.de

1. Auflage 2010

Alle Rechte vorbehalten
© Vieweg+Teubner | GWV Fachverlage GmbH, Wiesbaden 2010

Lektorat: Ulrike Schmickler-Hirzebruch | Nastassja Vanselow

Vieweg+Teubner ist Teil der Fachverlagsgruppe Springer Science+Business Media.
www.viewegteubner.de

Umschlaggestaltung: KünkelLopka Medienentwicklung, Heidelberg

Gedruckt auf säurefreiem und chlorfrei gebleichtem Papier.

ISBN 978-3-8348-0878-3

Vorwort

Die vorliegende Aufgabensammlung zur Optimierung ist aus einer 25-jährigen Lehrtätigkeit an der Universität Augsburg für Mathematik- und Wirtschaftsmathematik-Studierende entstanden. Im zweijährigen Rhythmus habe ich jeweils die Vorlesungen Optimierung I (Lineare Optimierung), Optimierung II (Nichtlineare Optimierung), Operations Research I (Kombinatorische Optimierung) und Operations Research II (Ganzzahlige Optimierung und Spieltheorie) gelesen und an den Prüfungen und Klausuren mitgewirkt.

Zu jeder dieser Vorlesungen wurden ein bis zwei Langklausuren (Bearbeitungszeit jeweils 3 Stunden) veranstaltet. Dabei waren Aufgaben mit beträchtlicher Tiefe und Zeitaufwand zu bearbeiten (Variation zwischen 15 bis 60 Minuten). Die Aufgaben erforderten gründliche Überlegungen zum Beweisgang oder zum Rechenweg, so dass sich die Lösung nicht in drei Zeilen oder mit der bloßen Angabe eines Rechenergebnisses darstellen lässt. Diese Übungs- und Klausuraufgaben mit vollständigen Lösungen wurden gesammelt und immer wieder aktualisiert bzw. verbessert.

Bei den Studierenden war klar erkennbar, wie stark sich das – teilweise freigestellte – Bearbeiten von Übungs- und Hausaufgaben positiv auf das jeweilige Prüfungs- oder Klausurergebnis ausgewirkt hat. Nur durch das Sich-Hineindenken in die jeweiligen Anforderungen kam die Klarheit und die Erfahrung auf, die bei der Bearbeitung von Klausuraufgaben zu einem zügigen und zielgerichteten Vorgehen führt.

In Zusammenarbeit mit dem Vieweg+Teubner Verlag entstand nun der Plan, diese gesammelten Aufgaben in Buchform zu veröffentlichen. Um den Rahmen nicht zu sprengen und um den spezifischen Anforderungen der Bachelor-Ausbildung gerecht zu werden, haben wir uns in der vorliegenden Sammlung auf die folgenden Inhalte beschränkt, die hier für die Bachelor-Phase als wesentlich erachtet werden:

- eine Einführung in die Lineare Optimierung von der Polyedertheorie bis hin zum Verständnis und der Beherrschung des Simplexverfahrens,

- die Kenntnis von Methoden, um ganzzahlige (lineare) Optimierungsprobleme lösen zu können,

- die Theorie und Analyse von nichtlinearen Optimierungsaufgaben mit Schwerpunktsetzung auf konvexe Optimierung,

- eine elementare Einführung in die graphentheoretisch motivierte kombinatorische Optimierung mit Betonung von aufspannenden Bäumen und kürzesten Wegen.

Die Sammlung gliedert sich in vier Teile. Teil II baut auf Teil I auf, die Teile III und IV können eigenständig erarbeitet werden. Jeder Teil zerfällt in Kapitel, die sich an den Hauptthemen der jeweiligen Vorlesungen orientieren. Und darunter befindet sich eine letzte Gliederungsstufe – einzelne thematische Abschnitte innerhalb des Kapitels.

Jeder Abschnitt enthält zunächst eine Erinnerung und Erörterung der wesentlichen Vorkenntnisse, die der Leser aufweisen sollte, weil diese zum Verständnis und zur Bearbeitung der zugeordneten Aufgaben wichtig sind. Hier werden alle wichtigen Bezeichnungen, Definitionen und Sätze zusammengefasst. Zum Erlernen des Stoffes und zum tieferen Verständnis empfiehlt es sich, auf die in der Literaturliste angegebenen Lehrbücher zurückzugreifen. Dort finden sich auch alle erforderlichen Beweise, Beispiele und mathematischen Herleitungen. Naturgemäß besteht die stärkste Anlehnung an mein Lehrbuch [3], aber auch das demnächst erscheinende Lehrbuch von Gritzmann [6] sowie [9] meines Augsburger Kollegen Jungnickel sind für diesen Zweck zu empfehlen.

Dem Leser/Aufgabenbearbeiter wird angeraten, diese jeweiligen Erläuterungstexte zunächst zu lesen, bevor er sich mit den Aufgaben befasst. Auf den jeweiligen Erklärungsteil folgt eine Kollektion von Aufgabenstellungen zum gerade aktuellen Thema. Danach folgen die ausführlich erklärten Lösungen zu den vorher gestellten Aufgaben dieses Abschnitts. Die 150 Aufgaben sind jeweils mit Zeitangaben (Uhrsymbol) versehen, die unsere Einschätzung des ungefähren Zeitbedarfs anzeigen.

Somit erhoffen wir uns für Studierende, die das Buch durcharbeiten, mehrere positive Aspekte:

- Fertigkeit, die Aufgaben zügig zu bearbeiten,

- Verständnis des Stoffes,

- Erkennen, welche Sätze für welche Aufgabenstellungen wesentlich sind,

- Überblick über verschiedene denkbare und mögliche Aufgabenstellungen,

- Zuwachs an Selbstvertrauen aufgrund erfolgreicher Bearbeitung.

In diesem Sinne wünschen wir allen Lesern eine gewinnbringende Lektüre.

Es sollte auch noch auf die Bedeutung dieser Sammlung für Aufgaben- und Klausurensteller hingewiesen werden. Man kann diese Aufgaben zur Übung stellen und man kann nach angepassten Modifikationen aus den gemachten Angaben leicht neue Klausuraufgaben gewinnen. Auch hierfür wünschen wir einen großen Nutzen.

Unsere Aufgabensammlung enthält wesentlich mehr Material, als es dieses Buch vom Umfang her aufnehmen könnte. Deshalb haben wir eine Kollektion von zusätzlichen Aufgaben mit Lösungen auf der Vieweg+Teubner Homepage online zur Verfügung gestellt. Diese findet man unter dem Link:

    http://www.viewegteubner.de/index.php;do=show/site=v/book_id=19447.

Über den Online Plus-Button gelangt man zu diesem Zusatzmaterial. Hier handelt es sich vorwiegend um Aufgaben mit größeren Datensätzen, längeren Lösungswegen und größerem Rechenbedarf. Viele dieser Aufgaben eignen sich sehr gut als Hausaufgaben oder als kleine Programmierprojekte.

An diesem Langfrist-Projekt haben naturgemäß viele helfende Hände ihren Anteil:
Da sind zunächst zu nennen, die ehemaligen Mitarbeiter(-innen) Prof. Dr. Petra Huhn, Dr. Gabriele Höfner, Dipl.-Math.oec. Andreas Pfaffenberger und ungezählte studentische Hilfskräfte, allen voran Beate Hauff und Markus Göhl, die durch ständige Aufschreibarbeit und Erprobung von Aufgaben und Lösungen im Übungsbetrieb zur Aktualisierung und Optimierung der Aufgabenstellungen und Lösungen beigetragen haben. Der Dank geht weiter an die beiden aktuellen Mitarbeiter Dipl.-Math.oec. Matthias Tinkl und Dipl.-Math.oec. Thomas Wörle, die über Jahre hinweg und insbesondere in der heißen Phase der Erstellung dieser Buchform unverzichtbare Beiträge zum Setzen der Lösungen und Bilder in LaTeX, zur Überarbeitung der Inhalte und zur Richtigkeit der Aussagen geliefert haben.

Und schließlich ist den Sekretärinnen Margit Brandt und Monika Deininger dafür zu danken, dass diese umfangreiche Sammlung überhaupt erst Schriftform angenommen hat.

Augsburg, im August 2009

Karl Heinz Borgwardt
Matthias Tinkl
Thomas Wörle

Inhalt

Bezeichnungen

Hier werden Standard-Bezeichnungen aufgeführt, die in allen vier Teilen verwendet werden. Bezeichnungen, die nur in einem Teil Anwendung finden, werden dort eingeführt.

Mengen

Zahlenmengen: $\mathbb{N}, \mathbb{Z}, \mathbb{Q}, \mathbb{R}$. K steht für einen der angeordneten Körper $\mathbb{R}$ oder $\mathbb{Q}$.
$\subset$ und $\subseteq$ heißt *Teilmenge von*, $\subsetneqq$ heißt *echte Teilmenge von*.
M sei eine Menge, $\wp(M)$ Potenzmenge von M und $M_n = M \times M \times \cdots \times M$ karthesisches Produkt bzw. Menge aller n-Tupel über M. $\#(M)$ bezeichnet die Elementanzahl von M.

Vektoren und Matrizen

Häufig, vor allem in der linearen Optimierung, ergibt sich die Notwendigkeit, gleichzeitig mit verschiedenen Vektoren und verschiedenen Komponenten dieser Vektoren zu rechnen bzw. zu argumentieren. Zur Unterscheidbarkeit der beiden Indizierungen führen wir (wo erforderlich) die Regel ein: Obere Indizes bezeichnen die Komponenten, untere Indizes unterscheiden verschiedene Vektoren. Treten gleichzeitig Exponenten auf, so wird dies durch Klammern verdeutlicht.

Vektoren $x = \begin{pmatrix} x^1 \\ x^2 \\ \vdots \\ x^n \end{pmatrix}$ werden grundsätzlich als Spaltenvektoren aufgefasst.

Transponierte Vektoren $x^T = (x^1, x^2, \ldots, x^n)$ sind Zeilenvektoren.
$x^T y$ bezeichnet das Standard-Skalarprodukt zweier Vektoren x und y, also

$$x^T y = \sum_{i=1}^{n} x^i y^i \,.$$

$\|\cdot\|$ bezeichnet die euklidische Norm: $\quad \|x\| := \sqrt{(x^1)^2 + \ldots + (x^n)^2}$
Schreiben wir für Vektoren $x, y \in K^n$

$x > y$, dann ist $x^i > y^i$ für alle $i = 1, \ldots, n$.

$x \geq y$, dann ist $x^i \geq y^i$ für alle $i = 1, \ldots, n$.

$x \geq\neq y$, dann ist $x \geq y$ und $x^i > y^i$ für mindestens ein i.

Entsprechend verwendet man die Relationen $x < y$, $x \leq y$ und $x \leq\neq y$.

Mengenoperationen

S, T seien Mengen.

$$S + T = \{x + y \mid x \in S, y \in T\}$$
$$S - T = \{x - y \mid x \in S, y \in T\}$$
$$\alpha S = \{\alpha x \mid x \in S\}$$

Spezielle Vektoren aus K^n

$\mathbb{1} = \begin{pmatrix} 1 \\ \vdots \\ 1 \end{pmatrix}$, genauer $\mathbb{1}_n$. e_j ist der j-te Einheitsvektor, das heißt $e_j^i = \begin{cases} 1, & i = j \\ 0, & i \neq j. \end{cases}$

$K^{(m,n)}$ ist die Menge der $(m \times n)$-Matrizen über K.

Zu $A = \begin{pmatrix} a_{11} & a_{12} & \cdots & a_{1n} \\ a_{21} & a_{22} & \cdots & a_{2n} \\ \vdots & \vdots & & \vdots \\ a_{m1} & a_{m2} & \cdots & a_{mn} \end{pmatrix}$ bezeichnen wir die i-te Zeile von A mit $A_{i\cdot}$ und die j-te

Spalte von A mit $A_{\cdot j}$. Diese Größen werden tatsächlich als Zeilenvektoren bzw. Spaltenvektoren angesehen.

Oft ist es jedoch nötig, die Zeilen einer Matrix wie allgemeine Vektoren (also Spaltenvektoren) zu behandeln. Dazu übertragen wir die Inhalte von $A_{i\cdot}$ komponentenweise in einen Spaltenvektor a_i. Damit wird

$$A = \begin{pmatrix} a_1^T \\ \vdots \\ a_m^T \end{pmatrix} \in K^{(m,n)}$$

und die Matrix wird so als Komposition von Zeilenvektoren interpretiert. Zeilenindex- und Spaltenindexvektoren für $A \in K^{(m,n)}$ sind Vektoren der Art

$$I = \begin{pmatrix} i_1 \\ \vdots \\ i_p \end{pmatrix} \text{ mit } 1 \leq i_1 < \cdots < i_p \leq m, \ i_k \in \{1, \ldots, m\} \text{ für alle } k = 1, \ldots, p,$$

$$J = \begin{pmatrix} j_1 \\ \vdots \\ j_q \end{pmatrix} \text{ mit } 1 \leq j_1 < \cdots < j_q \leq n, \ j_\ell \in \{1, \ldots, n\} \text{ für alle } \ell = 1, \ldots, q.$$

Damit wird $A_{IJ} = \begin{pmatrix} a_{i_1 j_1} & \cdots & a_{i_1 j_q} \\ \vdots & & \vdots \\ a_{i_p j_1} & \cdots & a_{i_p j_q} \end{pmatrix}$. Diese Matrix wird zu A, falls $I = \begin{pmatrix} 1 \\ \vdots \\ m \end{pmatrix}$, $J = \begin{pmatrix} 1 \\ \vdots \\ n \end{pmatrix}$.

Kombination von Vektoren, Hüllen und Unabhängigkeit

- Ein Vektor $x \in K^n$ heißt *lineare Kombination* einer Punktmenge $Y \subset K^n$, wenn gilt: Es gibt eine endliche Menge $\{y_1, \ldots, y_k\} \subset Y$ und $\lambda_1, \ldots, \lambda_k \in K$, so dass

$$x = \sum_{i=1}^{k} \lambda_i y_i.$$

- Sind dabei alle $\lambda_i \geq 0, \forall i = 1, \ldots, k$, dann heißt x eine *konische Kombination* von Y.

- Bei $\lambda_i > 0, \forall i = 1, \ldots, k$, spricht man von einer *positiven Kombination* von Y.

- Bei $\sum_{i=1}^{k} \lambda_i = 1$ spricht man von einer *affinen Kombination* von Y.

- Bei $\sum_{i=1}^{k} \lambda_i = 1$ und $\lambda_i \geq 0, \forall i = 1, \ldots, k$, spricht man von einer *konvexen Kombination* von Y.

- Für eine nichtleere Teilmenge $Y \subset K^n$ bezeichnet $\mathrm{lin}(Y)$ die *lineare Hülle* von Y:

$$\mathrm{lin}(Y) = \left\{ x \in K^n \,\middle|\, \exists \lambda_1, \ldots, \lambda_k \in K, y_1, \ldots, y_k \in Y \text{ mit } x = \sum_{i=1}^{k} \lambda_i y_i \right\}$$

- $\mathrm{aff}(Y)$ ist die *affine Hülle* von Y:

$$\mathrm{aff}(Y) = \left\{ x \in K^n \,\middle|\, \exists \lambda_1, \ldots, \lambda_k \in K, y_1, \ldots, y_k \in Y \text{ mit } \sum_{i=1}^{k} \lambda_i = 1 \text{ und} \right.$$
$$\left. x = \sum_{i=1}^{k} \lambda_i y_i \right\}$$

- $\mathrm{conv}(Y)$ bezeichnet die *konvexe Hülle* von Y:

$$\mathrm{conv}(Y) = \left\{ x \in K^n \,\middle|\, \exists \lambda_1, \ldots, \lambda_k \in K, y_1, \ldots, y_k \in Y \text{ mit } \lambda_1, \ldots, \lambda_k \geq 0, \right.$$
$$\left. \sum_{i=1}^{k} \lambda_i = 1 \text{ und } x = \sum_{i=1}^{k} \lambda_i y_i \right\}$$

- $\mathrm{cone}(Y)$ ist der *konvexe Kegel*, den Y aufspannt (die *konische Hülle* von Y).

$$\mathrm{cone}(Y) = \left\{ x \in K^n \,\middle|\, \exists \lambda_1, \ldots, \lambda_k \in K, y_1, \ldots, y_k \in Y, \text{ mit } \lambda_1, \ldots, \lambda_k \geq 0 \text{ und} \right.$$
$$\left. x = \sum_{i=1}^{k} \lambda_i y_i \right\}$$

- Ist $Y = \{a_1, \ldots, a_k\}$ eine Menge von Vektoren des K^n, dann ist der Rezessionskegel von Y:

$$\text{rec}(Y) = \{x \in K^n \mid a_1^T x \leq 0, \ldots, a_k^T x \leq 0\}$$

- $\text{cone}(a_1, \ldots, a_k)$ wird auch als Polarkegel zu $X = \{x \mid a_1^T x \leq b_1, \ldots, a_m^T x \leq b^m\}$ bei x_0 $(\text{polar}(x_0))$ bezeichnet, wenn bei X am Punkt x_0 gerade gilt:

$$a_1^T x_0 = b^1, \ldots, a_k^T x_0 = b^k \text{ und } a_{k+1}^T x_0 < b^{k+1}, \ldots, a_m^T x_0 < b^m$$

- Eine Menge $M \subset K^n$ heißt

  - *linearer Raum*, falls $M = \text{lin}(M)$,
  - *affiner Raum*, falls $M = \text{aff}(M)$,
  - *konvexe Menge*, falls $M = \text{conv}(M)$,
  - *konvexer Kegel*, falls $M = \text{cone}(M)$.

- Eine Teilmenge Y von K^n heißt *linear unabhängig*, wenn für alle Linearkombinationen gilt:

$$\sum_{i=1}^{k} \lambda_i y_i = 0 \Rightarrow \lambda_1, \ldots, \lambda_k = 0.$$

Ist $M \subset K^n$ ein linearer Unterraum, dann heißt die Elementanzahl der größten linear unabhängigen Teilmenge von M der *Rang* von M ($\dim M$).

Ist $M \subset K^n$ ein affiner Unterraum von K^n, dann ist die *(affine) Dimension* von M die Dimension des Differenzraumes zu $\text{aff}(M)$.
Also ist $\dim M = \dim \text{aff}(M)$.
Für den *Differenzraum* schreiben wir $\text{DR}(M)$ bzw. $\text{DR}(\text{aff}(M))$.

- Eine Teilmenge $Y \subset K^n$ heißt *affin unabhängig*, wenn sich kein Element von Y als Affinkombination der anderen darstellen lässt. Man sagt auch: *die Elemente von Y sind in allgemeiner Lage*. Im K^n können nie mehr als $n + 1$ Punkte in allgemeiner Lage sein.

- Der *affine Rang* von M ist die Maximalzahl der affin unabhängigen Vektoren aus M. Demnach gilt die Beziehung affine Dimension = affiner Rang -1.

Problemtypen

Nun wollen wir (die) Problemtypen auflisten, mit denen wir uns befassen und für die wir Lösungstechniken entwickeln wollen.

Definition 1
Sucht man ein Element $x_* \in S$ mit

$$f(x_*) \geq f(x) \text{ für alle } x \in S,$$

so heißt diese Problemstellung ein **Maximierungsproblem**.
Sucht man ein $y_* \in S$ mit

$$f(y_*) \leq f(y) \text{ für alle } y \in S,$$

so spricht man von einem **Minimierungsproblem**. Beides sind **Optimierungsprobleme**.

Bezeichnung
Für Maximierungsprobleme lautet die Aufgabenbeschreibung:
Maximiere $f(x)$ unter der Nebenbedingung $x \in S$, formal

$$\max f(x)$$
$$\text{unter } x \in S \quad \Leftrightarrow \quad \text{s.t. } x \in S$$

Der dabei erzielbare Maximalwert ist:

$$\text{Maximum}\{f(x) \mid x \in S\} = \max\{f(x) \mid x \in S\}.$$

Entsprechend beschreibt man ein Minimierungsproblem durch

$$\min f(x) \quad \text{unter } x \in S.$$

Im ersten Teil beschäftigen wir uns mit linearen Optimierungsproblemen, einer der für die reale Anwendung wichtigsten mathematischen Aufgabenstellungen.

Definition 2 (Lineares Optimierungsproblem)
Gegeben seien $c \in \mathbb{R}^n, A \in \mathbb{R}^{(m,n)}, b \in \mathbb{R}^m$. Dann heißt

$$\max c^T x \quad (\text{bzw. } \min c^T x) \quad \text{unter } Ax \leq b \text{ und } x \in \mathbb{R}^n$$

ein *lineares Optimierungsproblem*.

Hierbei ist

$$A = \begin{pmatrix} a_{11} & a_{12} & \cdots & a_{1n} \\ a_{21} & a_{22} & \cdots & a_{2n} \\ \vdots & \vdots & & \vdots \\ a_{m1} & a_{m2} & \cdots & a_{mn} \end{pmatrix} \text{ und } b = \begin{pmatrix} b_1 \\ b_2 \\ \vdots \\ b_m \end{pmatrix}.$$

Die Nebenbedingungen, ausführlich geschrieben, besagen, dass

$$a_{11}x^1 + a_{12}x^2 + \ldots + a_{1n}x^n \leq b^1$$
$$\vdots \qquad \qquad \vdots \qquad \qquad \vdots$$
$$a_{m1}x^1 + a_{m2}x^2 + \ldots + a_{mn}x^n \leq b^m.$$

Die Menge der Punkte, die die Nebenbedingungen erfüllen, bezeichnen wir auch als *Zulässig-keitsbereich* und notieren ihn als $X = \{x \mid Ax \leq b\}$. Der zweite Teil stellt die Zusatzforderung, dass vorgeschlagene Punkte nur ganzzahlige Komponenten haben dürfen.

Definition 3 (Lineares ganzzahliges Optimierungsproblem)
Gegeben seien $c \in \mathbb{R}^n, A \in \mathbb{R}^{(m,n)}, b \in \mathbb{R}^m$. Dann heißt

$$\max c^T x \quad \text{unter } Ax \leq b \text{ und } x \in \mathbb{Z}^n$$

ein *lineares ganzzahliges Optimierungsproblem*.

Der dritte Teil behandelt nichtlineare Optimierungsprobleme. Diese haben folgende Form:

Definition 4 (Allgemeines nichtlineares Optimierungsproblem)
Es seien $f, g_i \ (i = 1, \ldots, m)$, $h_j \ (j = 1, \ldots, p)$ Funktionen von $\mathbb{R}^n$ nach $\mathbb{R}$. Dann heißt

$$\max f(x)$$
$$\text{unter } g_i(x) \leq 0 \quad \text{für alle } i = 1, \ldots, m$$
$$h_j(x) = 0 \quad \text{für alle } j = 1, \ldots, p$$

ein *nichtlineares Optimierungsproblem*.

Besonders gut lassen sich Optimierungsprobleme dieser Art lösen, wenn f bzw. g oder h Konvexitätsanforderungen genügen.

Definition 5 (Konvexes/konkaves Optimierungsproblem)
Sei $M \subset \mathbb{R}^n$ eine konvexe Menge und f eine konvexe (konkave) Funktion von M nach $\mathbb{R}$. Dann heißt

$$\min f(x) \quad \text{unter } x \in M$$

ein *konvexes (konkaves) Minimierungsproblem*. Ist $f(x)$ zu maximieren, dann erhalten wir ein konvexes (konkaves) Maximierungsproblem.

Im vierten Teil werden wir einen Einstieg in die kombinatorische Optimierung versuchen. Hier ist das allgemeine Problem folgendermaßen zu verstehen.

Definition 6 (Lineares kombinatorisches Optimierungsproblem)
Gegeben sei eine endliche Grundmenge E und eine Bewertungsfunktion $c : E \to \mathbb{R}$. Außerdem sei ein System von E-Teilmengen $A \subset \wp(E)$ gegeben. Dann heißt

$$\max \sum_{e \in S} c(e) \quad \text{unter } S \in A$$

ein *lineares kombinatorisches Optimierungsproblem*.

Im gegebenen Rahmen müssen wir uns hier auf die Behandlung von aufspannenden Bäumen und kürzesten Wegen in Graphen, deren Kanten mit Kostenfaktoren bewertet sind, beschränken. Bei der Behandlung aufspannender Bäume ist das zulässige System dann die Menge aller zusammenhängender Kantenkollektionen, die jeden Knoten erreichen und keine Kreise aufweisen. Bei kürzesten Wegen besteht A aus allen zusammenhängenden Kantenketten, die bei dem Startknoten beginnen und am Zielknoten enden.

Teil I

Lineare Optimierung

Überblick zu Teil I

Der erste Teil beschäftigt sich mit linearen Optimierungsproblemen, bei denen also die Zielfunktion und alle Restriktionen durch lineare Funktionen der verfügbaren Variablen beschrieben werden.

Wir werden im ersten Kapitel zeigen, wie man reale Fragestellungen in lineare Optimierungsprobleme übersetzt. Danach geht es um grundsätzliche Ergebnisse über lineare Ungleichungssysteme auf der Basis der Erkenntnisse über lineare Gleichungssysteme. Das nächste Kapitel beschäftigt sich mit den zulässigen Mengen für lineare Optimierungsprobleme, den sogenannten Polyedern. Danach wird gezeigt, dass man diese Polyeder sowohl durch Ungleichungssysteme als auch durch endlich viele geometrische Elemente erzeugen kann. Schließlich erörtern wir Partnerschaften zwischen Paaren von linearen Optimierungsproblemen, die unter dem Stichwort Dualität laufen. Und zum Abschluss werden verschiedene Versionen des Simplexalgorithmus, des bekanntesten und meist verwendeten (sowie einfachsten) Verfahrens zur Lösung linearer Optimierungsprobleme vorgestellt.

Grundstruktur von linearen Optimierungsaufgaben

In der linearen Optimierung wird über die Bewertung von Punkten $x = \begin{pmatrix} x^1 \\ \vdots \\ x^n \end{pmatrix} \in \mathbb{R}^n$ mit der Zielfunktion $f(x) := c^T x$ eine Einteilung des Raumes in Äquivalenzklassen bzgl. der Güte von $c^T x$ vorgenommen. Die Bereiche äquivalenter Güte sind dabei Hyperebenen im $\mathbb{R}^n$, die jeweils senkrecht zur Optimierungsrichtung c stehen. In zweidimensionalen Problemen sind dies parallele Geraden.

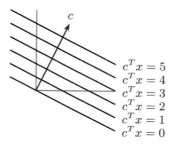

Entsprechende Einteilungen werden durch die Restriktionsfunktionen $g_i(x) \mathrel{\widehat{=}} a_i^T x$ vorgenommen.

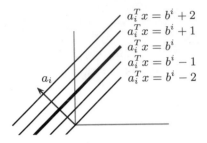

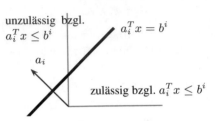

Wird als Nebenbedingung $a_i^T x \leq b^i$ gefordert, dann wirkt eine der bestehenden Hyperebenen als Zulässigkeitsgrenze. Es gibt dann einen Halbraum der zulässigen und einen der unzulässigen Punkte bzgl. $a_i^T x \leq b^i$. Entsprechendes gilt für alle Nebenbedingungen. Zulässig bzgl. aller Nebenbedingungen sind nur die Punkte, die alle Anforderungen (Ungleichungen) erfüllen.

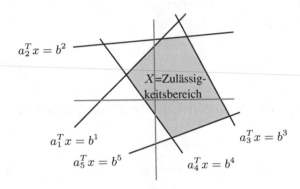

Beim gleichzeitigen Berücksichtigen von allen Restriktionen wird der Zulässigkeitsbereich immer weiter durch berandende Hyperebenen eingeschränkt.

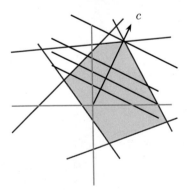

Betrachtet man gleichzeitig die Äquivalenz-Hyperebenen der Zielfunktion und den Zulässigkeitsbereich, dann lassen sich die Optimalpunkte von x bzgl. $c^T x$ als Berührungspunkte identifizieren. Unter den Optimalpunkten befinden sich (wenn es Optimalpunkte gibt und wenn X

sogenannte „Ecken" hat) solche Ecken. Ecken x zeichnen sich dadurch aus, dass dort gleichzeitig mindestens $n = \dim(\mathbb{R}^n)$ Restriktionen straff werden (das heißt, dass dort $a_i^T x = b^i$ gilt).
Alternative Möglichkeiten:

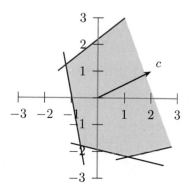

Der Zulässigkeitsbereich ist unbeschränkt und $c^T x$ kann in x unbeschränkt groß werden.

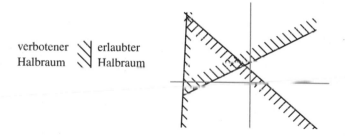

X besitzt hier überhaupt keine zulässigen Punkte.

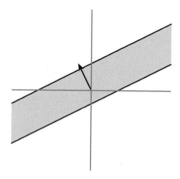

X besitzt keine Ecken, aber trotzdem Optimalpunkte bzgl. $c^T x$.
Daraus erwächst der erste naheliegende Vorschlag zur Ermittlung der besten Ecke (und hoffentlich von Optimalpunkten).
Sind m Restriktionen im $\mathbb{R}^n$ der Art $a_i^T x \leq b^i$ vorgegeben, dann ermittle alle $\binom{m}{n}$ möglichen

Schnittpunkte von jeweils n Restriktionshyperebenen

$$a_{\Delta^1}^T x = b^{\Delta^1}, \ldots, a_{\Delta^n}^T x = b^{\Delta^n} \text{ mit } 1 \leq \Delta^1 < \Delta^2 < \ldots \Delta^n \leq m.$$

Stelle bei jedem Lösungspunkt fest, ob er alle Restriktionen erfüllt. Wenn nein, verwirf diesen Punkt. Ermittle unter den verbliebenen Ecken die bzgl. $c^T x$ beste. Stelle anschließend fest, ob diese beste Ecke auch ein Optimalpunkt ist.

Kapitel 1

Problemstellung und Zweck

1.1 Modellierung

Um die mathematische Kunst der Lösung von Optimierungsaufgaben für reale Anwendungen nutzbar zu machen, müssen die Gegebenheiten der vorliegenden Fragestellung in die mathematische Sprache übersetzt werden. Erst dann kann das Problem an einen mathematischen Bearbeiter oder an ein mathematisches Berechnungssystem übergeben werden. Bei dieser sogenannten Modellierung muss darauf geachtet werden, dass alle realen Erfordernisse mathematisch berücksichtigt werden und dass die Zielsetzung unzweideutig angegeben und festgelegt wird. Gleichzeitig sollte man das entstehende System nicht zu sehr durch überflüssige Informationen aufblähen. Generell sollte man sich hierzu folgende Eingangsfragen stellen:

- Welches sind die beeinflussbaren Variablen?

- Welche Festparameter sind durch die Problemstellung vorgegeben?

- Was ist das eigentliche Optimierungsziel und wie kann ich es – möglichst einfach, aber ohne Verfälschung – als Funktion der beeinflussbaren (Entscheidungs-Variablen) beschreiben.

- Welchen Einschränkungen unterliegt die Festlegung der Entscheidungsvariablen?

- Wie können diese Restriktionen in Funktionsform ausgedrückt werden.

Resultat all dieser Überlegungen sollte dann eine explizite Auflistung von

- Variablen

- Parametern

- Zielfunktionen

- Restriktionen

gemäß der allgemeinen Problemstellung sein.

Im hier vorliegenden Problemumfeld muss also bei der Aufgabenstellung

$$\text{maximiere} \quad c^T x \quad \text{unter} \quad Ax \le b$$

entschieden werden:

- Was bedeuten die Variablen x^i, wie viele brauche ich?

- Wie viele Restriktionen (Zeilen von A) brauche ich?

- Wie hoch sind die Kapazitäten b?

Nach erfolgter Lösung sollte es dann möglich sein, das Ergebnis (den Lösungsvorschlag) auf die Realsituation zurück zu übertragen.

1.2 Aufgaben zur Modellierung

Aufgabe 1.2.1

Eine Firma könnte in den kommenden Monaten $i = 1, \ldots, 12$ jeweils $(13 - i) \cdot 1.000$ internetfähige Mobiltelefone mit einem Reingewinn von jeweils $(100 - 5i)$ € pro Produkt absetzen. Danach kommt die Nachfrage zum Erliegen. Dann ändert sich der Sendestandard zugunsten eines anderen Produkts, das eine Konkurrenzfirma anbietet. Unsere Firma besitzt ein Monopol für ihr Produkt und hat zum Zeitpunkt $i = 0$ gerade mal 1.000 Stück auf Lager. Aber sie verfügt über Produktionsanlagen zur Herstellung von 1.000 Stück pro Monat. Allerdings müssen Arbeiter diese Maschinen bedienen und überwachen, so dass für je 100 produzierte Stück im Monat ein Arbeiter eingesetzt werden muss.

Die Firma hat eine Belegschaft von 100 Arbeitern und sonst derzeit keine Aufträge. Die Arbeiter können nicht entlassen werden und es werden auch keine neuen eingestellt. Beliebig viele Arbeiter können jedoch alternativ zur Kapazitätserweiterung der Produktionsanlage eingesetzt werden. Dabei können k Arbeiter die Kapazität der Anlage in einem Monat um $25 \cdot k$ Stück erhöhen. Diese Erweiterung wirkt sich dann auf alle zukünftigen Monate aus. Aus Platzgründen kann allerdings die Kapazität der Anlage nicht über 10.000 Stück pro Monat ausgeweitet werden. Die Baukosten für jede Kapazitätserweiterung um ein Stück pro Monat betragen 10 €. Jeder Arbeiter kann entweder in der Produktion oder Anlagenerweiterung (oder überhaupt nicht) eingesetzt werden. Sämtliche Transaktionen (Verkauf, Umbeorderung von Arbeitern) sollen sich jeweils nur am Monatsende/Monatsbeginn abspielen (12 Perioden). Bestellungen laufen im Monatsverlauf auf und werden am Monatsende nach Vorratslage bedient. Falls der Vorrat nicht reicht, verfällt die Bestellung, sie kann nicht zu einem späteren Zeitpunkt bedient werden.

Wie sollen die Arbeiter zu Beginn jedes Monats eingeteilt werden, so dass ein möglichst hoher Reingewinn abzüglich der Erweiterungskosten erzielt wird? Formulieren Sie dieses Problem als (LP) unter Vernachlässigung von impliziten Ganzzahligkeitsbedingungen.

Hinweis: Führen Sie für jeden einzelnen Monat Variablen ein für die momentane Anzahl der produzierenden Arbeiter, der an der Ausweitung tätigen Arbeiter, für die Produktions-Kapazitäten des jeweiligen Monats, die produzierte/abgesetzte/vorrätige Stückzahl und so weiter.

Aufgabe 1.2.2

Eine Horde von Steinzeitmenschen ist durch eine Naturkatastrophe von der Außenwelt total abgeschnitten und muss sich für die nächsten fünf Jahre völlig von ihrer Ernte und ihren Vorräten versorgen. Glücklicherweise ist gerade Herbst und es kann mit der Ernte begonnen werden (denken Sie an Kartoffelernte). Dies ergibt einen Kartoffelvorrat von K_0 (Zentnern Kartoffeln). Der Planungszeitraum umfasst die Ernten $K_1, \ldots, K_5$ (in Zentnern Kartoffeln) in den folgenden fünf Jahren. Im i-ten Jahr stehen genau K_{i-1} Zentner Kartoffeln zur Verfügung, da wegen Verderblichkeit nichts länger als ein Jahr aufgehoben werden kann. Diese Kartoffeln können als Saatgut (S_i) verwendet oder verzehrt werden (V_i). Die aus dem Saatgut erzielte Ernte ist jeweils $\Phi_i S_i$, $i = 1, \ldots, 5$.

Es ist vorauszusehen, dass in der Horde in den Jahren $i = 1, \ldots, 5$ jeweils B_i Menschen leben werden. Die im Jahr i zum Verzehr bestimmten Kartoffeln werden auf diese B_i Personen gleichmäßig aufgeteilt. Jeder Hordenmensch hat einen jährlichen Mindestbedarf von m Zentnern Kartoffeln (damit er überlebt) und einen Maximalbedarf von M Zentnern Kartoffeln (mehr kann er nicht essen).

Die Planung soll garantieren, dass in jeder Periode i jeder Hordenmensch zwischen m und M Zentner verzehren kann, wofür der Ernteertrag aus der Vorperiode K_{i-1} zur Verfügung steht. Ferner soll die letzte Ernte einen Ertrag K_5 von mindestens $2K_0$ erbringen.

Als Zielgröße betrachte man den Pro-Kopf-Verzehr in den jeweiligen Jahren. Diesen wollen wir möglichst groß werden lassen. Dazu werden zwei verschiedene Vorgehensweisen vorgeschlagen. Setzen Sie jede in eine Formulierung als lineares Optimierungsproblem um.

a) Hier soll die *Summe* aus den Pro-Kopf-Verzehren der fünf Jahre maximiert werden

b) Hier soll der geringste Pro-Kopf-Verzehr in den fünf Jahren größtmöglich gestaltet werden (die Qualität bemisst sich also am schlechtesten Jahr).

Aufgabe 1.2.3

In der zentralen Revisionsabteilung eines Konzerns wird (auf welchem Wege auch immer) bekannt, dass die Steuerfahndung eine Untersuchung der 4 Konzerntöchter (Filialen) plant. Dabei werden gleichzeitig alle Filialen aufgesucht und es wird die genaue Anzahl von steuerrelevanten Fehlbuchungen ermittelt.

Liegt in *jeder* Filiale die Anzahl der Fehlbuchungen bei höchstens 10, dann gilt dies als Kavaliersdelikt. Liegt die höchste Fehlbuchungszahl aller Filialen bei M mit $10 < M \leq 30$, dann sind $(M - 10) \cdot 10.000 \,€$ zu berappen, bei mehr als 30 Fehlbuchungen in irgendeiner Filiale (jedoch höchstens 50 Fehlbuchungen) bezahlt man zusätzlich noch einmal eine Strafe von $(M - 30) \cdot 50.000 \,€$. Liegt die höchste Fehlbuchungszahl über 50, dann wandern der Vorstand und der Chef der Revisionsabteilung ins Gefängnis, was unbedingt zu vermeiden ist.

Der Chef der Revisionsabteilung weiß nun, dass die Steuerfahndung nach genau 40 Arbeitstagen erscheinen wird. Er kann die Filialen nicht warnen, damit diese ihre Fehlbuchungen bereinigen, weil sonst herauskäme, dass er informiert ist. Stattdessen kann er seine drei Revisionisten zu scheinbaren Routinekontrollen in die Filialen schicken. Dazu stehen also 120 Manntage zur Verfügung. Unser Revisionschef kennt seine Pappenheimer in den Filialen und aufgrund der Zahlen der vergangenen Jahre traut er

Filiale A 70 Fehlbuchungen,

Filiale B 90 Fehlbuchungen,

Filiale C 40 Fehlbuchungen und

Filiale D 30 Fehlbuchungen zu.

Nach seinen Erfahrungen findet ein Revisionist pro Tag im Schnitt

in Filiale A 1 Fehlbuchung,

in Filiale B $\frac{2}{3}$ Fehlbuchungen,

in Filiale C 1 Fehlbuchung und

in Filiale D $\frac{1}{3}$ Fehlbuchungen

und kann diese bereinigen.

Der Chef muss nun entscheiden, wie er die 120 Manntage auf die vier Filialen aufteilt (auch Bruchteile sind erlaubt). Helfen Sie ihm, indem Sie ein LP-Modell entwickeln, das obiges Problem beschreibt.

Aufgabe 1.2.4

Sie müssen zu vier Diplomprüfungen in den Fächern A, B, C und D antreten und diese Prüfungen in der angegebenen Reihenfolge und innerhalb von 30 Tagen ablegen. Von heute ab gerechnet, ist der früheste Termin für die erste Prüfung in 30 Tagen und der späteste Termin für die letzte ist in 60 Tagen. Für diese Prüfungen müssen Sie noch viel lernen. Aus vielerlei Gründen erscheint es sinnvoll, beim Lernen nicht zwischen den Fächern hin- und herzuspringen, sondern vier disjunkte Intervalle zu bestimmen, in denen jeweils für ein Fach gelernt wird. Auch das Lernen soll in der Reihenfolge A, B, C, D geschehen.

Nun haben Sie sich aufgrund früherer Bemühungen in den Fächern verschieden gute Ausgangspositionen erarbeitet. Jetzt – aus dem Stand heraus – würden Sie in Fach A mit 2,0, in B mit 3,0, in C mit 5,0 und in D mit 4,5 abschneiden.

Jeder in ein Fach investierte Lerntag bringt Ihnen eine Verbesserung, wenn das Lernen vor der Prüfung erfolgt: Für A ergibt sich eine Verbesserung von 0,2 pro Lerntag, für B von 0,25, für C von 0,1 und für D von 0,2. Nachteilig ist aber, dass Sie zwischen Abbruch der Lernerei in einem Fach und Prüfung in diesem Fach durch Vergessen und Verwirrung (weil Sie ja dann für ein anderes Fach lernen) pro Tag wieder 0,1 einbüßen.

Hinweis: Zur Vereinfachung möge die Diskretheit der Tage ignoriert werden und eine kontinuierliche Zeitachse verwendet werden. Außerdem gebe es keinerlei Beschränkungen für die Noten, die beliebige reelle Werte annehmen dürfen. Insbesondere gibt es keine bestmögliche Note und auch keine schlechtestmögliche Note.

Sie überlegen nun, wie Sie Ihre vier Prüfungstermine legen sollen und wann Sie für die einzelnen Fächer lernen sollen. Modellieren Sie dieses Problem als lineares Optimierungsproblem, wenn

a)   es dabei Ihr Ziel ist, dass die schlechteste Note so gut wie möglich wird.

b)   es Ihr Ziel ist, dass die Durchschnittsnote so gut wie möglich wird.

c)   Sie nur am Bestehen der Prüfungen interessiert sind, das heißt, dass jede Prüfung mit der
        Note 4,0 oder besser absolviert werden soll.

Aufgabe 1.2.5

In einer Gebirgsprovinz wird die Wasserversorgung von 5 Gemeinden I, II, III, IV und V da-
durch gewährleistet, dass jede Gemeinde ein Rückhaltebecken besitzt und das dort aufgelaufene
Wasser verbraucht werden kann. Die Rückhaltebecken werden durch Schmelzwasser und/oder
Zuleitung von Wasser gespeist.
Außerdem existiert ein Stausee 0, der sich im Frühjahr durch die Schneeschmelze füllt und von
dem aus Wasser an tiefergelegene Becken abgegeben werden kann.

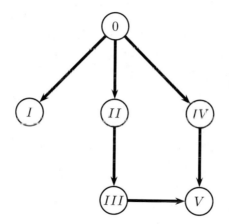

Wegen der Beschaffenheit des Geländes gibt es Wasserleitungen nur von 0 nach I, von 0 nach
II, von 0 nach IV, sowie von II nach III, von IV nach V und von III nach V. An jedem Ort
I, II, III, IV und V ist der Bedarf für das Jahr bekannt. Zudem sind die Kapazitäten des Stausees und der Rückhaltebecken und die Schmelzwassermengen, die direkt in die Rückhaltebecken
fließen, bekannt.
Da die Schneeschmelze im Frühjahr ist, muss jeweils nach der Schneeschmelze festgelegt werden, wie viel Wasser auf den jeweiligen Leitungen weitergegeben wird. Das Füllen der Rückhaltebecken ist nur direkt nach der Schneeschmelze möglich, da das Wasser des Stausees im
weiteren Verlauf des Jahres zu sehr verschmutzt. Es gibt keine weiteren Möglichkeiten der Was-
sergewinnung und zu viel zugeleitetes Wasser fließt ungenutzt ab, sofern es nicht an eine andere
Gemeinde weitergeleitet werden kann.
Formulieren Sie ein entsprechendes Optimierungsproblem mit linearen Nebenbedingungen. Bewerten Sie Ihre Planung mit einer Zielfunktion, die berücksichtigt, dass der Schaden bei Un-
terversorgung mit Wasser in jeder Gemeinde quadratisch mit dem ungedeckten Bedarf wächst.
Setzen Sie voraus, dass alle Rückhaltebecken vor der Schneeschmelze leer sind.

1.3   Lösungen zur Modellierung

Lösung zu 1.2.1
Index:

Es gilt immer $i \in I = \{1, \ldots, 12\}$

Parameter:

Preis der abgesetzten Stücke im Monat i: $\pi_i = 100 - 5i$
Bestellmenge im Monat i: $B_i = (13 - i) \cdot 1.000$
Vorrat am Anfang des ersten Monats: $v_1 = 1.000$
Kapazität der Anlage im ersten Monat: $K_1 = 1.000$

Variablen:

Vorrat am Anfang jedes Monats (nach Verkauf): $v_2, \ldots, v_{12}, v_{13}$
produzierte Menge im Monat i: $p_i, \quad i \in I$
abgesetzte Menge am jeweiligen Monatsende: $a_i, \quad i \in I$
produzierende Arbeiter im Monat i: $w_i, \quad i \in I$
zusätzliche Arbeiter im Monat i: $e_i, \quad i \in I$
Kapazität der Anlage im Monat i: $K_i, \quad i \in I \setminus \{1\}$

Restriktionen:

$$
\begin{aligned}
v_{i+1} &= v_i + p_i - a_i & i &= 1, \ldots, 12 & &\text{(Lagerfortführung)} \\
v_i &\geq 0 & i &= 2, \ldots, 13 \\
p_i &\leq w_i \cdot 100 & i &= 1, \ldots, 12 & &\text{(Produktion begrenzt durch Personal)} \\
p_i &\leq K_i & i &= 1, \ldots, 12 & &\text{(Produktion begrenzt durch Kapazität)} \\
p_i &\geq 0 & i &= 1, \ldots, 12 \\
w_i + e_i &\leq 100 & i &= 1, \ldots, 12 & &\text{(Personaleinsatz)} \\
w_i &\geq 0 & i &= 1, \ldots, 12 \\
e_i &\geq 0 & i &= 1, \ldots, 12 \\
a_i &\leq B_i & i &= 1, \ldots, 12 & &\text{(Absatzbeschränkung)} \\
a_i &\geq 0 & i &= 1, \ldots, 12 \\
K_{i+1} &= K_i + 25e_i & i &= 1, \ldots, 11 & &\text{(Kapazitätserweiterung)} \\
K_i &\leq 10.000 & i &= 2, \ldots, 12 & &\text{(Kapazitätsschranke)} \\
K_i &\geq 0 & i &= 2, \ldots, 12
\end{aligned}
$$

Zielfunktion:

$$
\max \sum_{i=1}^{12} \pi_i \cdot a_i - \sum_{i=1}^{12} (e_i \cdot 25) \cdot 10 = \sum_{i=1}^{12} [(100 - 5i)a_i - 250e_i]
$$

Lösung zu 1.2.2

Index:

$i = 1, \ldots, 5$ Perioden

Parameter:

K_0 Ernte zum Zeitpunkt 0
Φ_i Ertragsfaktor bei der Ernte für Periode i
B_i Anzahl Menschen in der Horde in Periode i
m jährlicher Mindestbedarf eines Hordenmenschen an Zentnern Kartoffeln
M jährlicher Maximalbedarf eines Hordenmenschen an Zentnern Kartoffeln

Variablen:

K_i Ernte (in Zentnern Kartoffeln) in Periode i
S_i Saatgut in Periode i
V_i Verzehr in Periode i
$\Lambda_i = \frac{V_i}{B_i}$ Pro-Kopf-Verzehr in Periode i

Restriktionen:

Jetzt (in Zeitpunkt 0) ist eine Ernte in Höhe von K_0 angefallen. (Wir sind am Beginn des 1. Jahres, die Planung endet nach dem 5. Jahr mit der Ernte, die K_5 erbringt.)
Nach jeder Ernte wird entschieden (geplant), wie die vorhandene Menge aufgeteilt wird.

$$
\begin{aligned}
V_i &\geq 0 & i &= 1, \ldots, 5 & \text{(ist klar)} \\
S_i &\geq 0 & i &= 1, \ldots, 5 & \text{(ist klar)} \\
K_{i-1} &= V_i + S_i & i &= 1, \ldots, 5 & \text{(Verzehr in Jahr } i \text{ und Saatgut in Jahr } i) \\
K_5 &\geq 2K_0 & & & \text{(in Text gefordert)}
\end{aligned}
$$

Aus dem Saatgut ergibt sich durch Vermehrung die Ernte des nächsten Jahres:

$$K_i = \Phi_i \cdot S_i \qquad i = 1, \ldots, 5$$

Für V_i muss gelten:

$$m \cdot B_i \leq V_i \leq M \cdot B_i \qquad i = 1, \ldots, 5$$

Und es gelte:

$$\Lambda_i = \frac{V_i}{B_i} \text{ für } i = 1, \ldots, 5 \qquad \text{(Pro-Kopf-Verbrauch)}$$

Zielfunktion:

a)   Hier ist die Zielfunktion $\max \sum_{i=1}^{5} \Lambda_i$.

b)   Hier will man das Minimum der Λ_i $(i = 1, \ldots, 5)$ maximieren. Dazu setze

$$\mu \geq 0, \; \mu \leq \Lambda_1, \ldots, \mu \leq \Lambda_5$$

und maximiere μ.

Gesamtmodell:

a) maximiere $\sum_{i=1}^{5} \Lambda_i$

b) maximiere μ spezifisch unter $\mu \leq \Lambda_i \ \forall i$

Allgemeine Nebenbedingungen:

$$
\begin{array}{llll}
V_i, S_i & \geq & 0 & i = 1, \ldots, 5 \quad \text{(Nichtnegativität)} \\
m \cdot B_i & \leq & V_i \leq M \cdot B_i & i = 1, \ldots, 5 \quad \text{(Begrenzungen des Verzehrs)} \\
\Lambda_i & = & \frac{V_i}{B_i} & i = 1, \ldots, 5 \quad \text{(Überversorgungsfaktor)} \\
K_{i-1} & = & V_i + S_i & i = 1, \ldots, 5 \quad \text{(Aufteilung in Verzehr und Saatgut)} \\
K_5 & \geq & 2K_0 & \quad \text{(Endforderung)} \\
K_i & = & \Phi_i \cdot S_i & i = 1, \ldots, 5 \quad \text{(Vermehrung)}
\end{array}
$$

Lösung zu 1.2.3

Index:

A, B, C, D Filialen

Variablen:

T_A, T_B, T_C, T_D Zeitdauern (in Manntagen), die den 4 Filialen zugeordnet werden

F_A, F_B, F_C, F_D Fehlbuchungen der Filialen

M bzw. $M_{10}, M_{10,30}, M_{30,50}$ höchste Fehlbuchungszahl der Filialen

Restriktionen:

Es gilt:

$$0 \leq T_A, \ 0 \leq T_B, \ 0 \leq T_C, \ 0 \leq T_D \text{ und} \tag{1.1}$$

$$T_A + T_B + T_C + T_D \leq 120 \tag{1.2}$$

Die (erwartete) Zahl von Fehlbuchungen, die nach 40 Tagen noch bestehen, ist

$$\text{bei } A: F_A = 70 - T_A \cdot 1, \tag{1.3}$$

$$\text{bei } B: F_B = 90 - T_B \cdot \frac{2}{3}, \tag{1.4}$$

$$\text{bei } C: F_C = 40 - T_C \cdot 1, \tag{1.5}$$

$$\text{bei } D: F_D = 30 - T_D \cdot \frac{1}{3} \tag{1.6}$$

wobei gilt:

$$0 \leq F_A, \ 0 \leq F_B, \ 0 \leq F_C, \ 0 \leq F_D \tag{1.7}$$

Auf keinen Fall Gefängnisstrafe riskieren, deshalb:

$$F_A, F_B, F_C, F_D \leq 50 \tag{1.8}$$

Zu minimieren ist eigentlich $\max\{F_A, F_B, F_C, F_D\}$. Dies bewerkstelligt man durch eine Oberschrankenvariable $M \geq 0$ mit

$$F_A \leq M, \ F_B \leq M, \ F_C \leq M, \ F_D \leq M \tag{1.9}$$

Zu minimieren ist dann M bzw. die eigentliche Zielfunktion. Diese Zielfunktion muss aber stückweise beschrieben werden:

$$M = M_{10} + M_{10,30} + M_{30,50} \text{ mit} \tag{1.10}$$
$$M_{10}, \ M_{10,30}, \ M_{30,50} \geq 0 \text{ und} \tag{1.11}$$
$$M_{10} \leq 10, \ M_{10,30} \leq 20, \ M_{30,50} \leq 20 \tag{1.12}$$

Zielfunktion:
Zu minimieren ist also die Strafe $Z = 0 \cdot M_{10} + 10.000 \cdot M_{10,30} + 50.000 \cdot M_{30,50}$.
Das resultierende *lineare Optimierungsproblem* lautet schließlich:

$$\min \ Z \text{ unter } (1.1) \text{ bis } (1.12)$$

Aus der Monotonie der Zielfunktionsbewertung folgt, dass zunächst M_{10} auf 10 aufgefüllt wird, danach erst $M_{10,30}$ auf 20 geht und danach schließlich $M_{30,50}$ anfängt zu wachsen.

Lösung zu 1.2.4
a)   **Variablen:**

Beginnzeitpunkte	b_A, b_B, b_C, b_D
Endzeitpunkte	e_A, e_B, e_C, e_D
Prüfungszeitpunkte	p_A, p_B, p_C, p_D
Noten	n_A, n_B, n_C, n_D
schlechteste Note	s

Zielfunktion:

$$\min s$$

Restriktionen:

1)   Nebenbedingungen für Lernspannen:

$$0 \leq b_A \leq e_A, \quad e_A \leq b_B \leq e_B, \quad e_B \leq b_C \leq e_C, \quad e_C \leq b_D \leq e_D \leq 60$$

2)   Nebenbedingungen für Prüfungstermine:

$$30 \leq p_A \leq p_B \leq p_C \leq p_D \leq 60$$
$$e_A \leq p_A, \quad e_B \leq p_B, \quad e_C \leq p_C, \quad e_D \leq p_D$$

3)   Nebenbedingungen für Noten:

$$n_A = 2,0 - 0,2(e_A - b_A) + 0,1(p_A - e_A)$$
$$n_B = 3,0 - 0,25(e_B - b_B) + 0,1(p_B - e_B)$$
$$n_C = 5,0 - 0,1(e_C - b_C) + 0,1(p_C - e_C)$$
$$n_D = 4,5 - 0,2(e_D - b_D) + 0,1(p_D - e_D)$$

4)   Nebenbedingungen für schlechteste Note:

$$s \geq n_A, \quad s \geq n_B, \quad s \geq n_C, \quad s \geq n_D$$

b)   Variablen wie in a), jedoch ohne „s", Nebenbedingungen aus $1), 2), 3)$
      Zielfunktion:
$$\min n_A + n_B + n_C + n_D \qquad \left(\cdot \frac{1}{4}\right)$$

c)   Variablen wie in a), ohne „s", Nebenbedingungen aus $1), 2), 3)$,
      zusätzliche Nebenbedingungen:

$$n_A \leq 4, \quad n_B \leq 4, \quad n_C \leq 4, \quad n_D \leq 4$$

Zielfunktion irrelevant!

Lösung zu 1.2.5
Parameter:

B_i Bedarf von Gemeinde $i = 1, \ldots, 5$
K_j Kapazität des Stausees/der Becken, $j = 0, \ldots, 5$
W_i Schmelzwassermengen direkt für Gemeinde i

Variablen:

$\ell_{01}, \ell_{02}, \ell_{04}, \ell_{23}, \ell_{45}, \ell_{35}$ Fließmengen auf den Leitungen
s_1, s_2, s_3, s_4, s_5 ungedeckter Bedarf
v_1, v_2, v_3, v_4, v_5 Vorrat der Gemeinden

Zielfunktion:

$$\min \sum_{i=1}^{5} (s_i)^2$$

Restriktionen:

1) $\ell_{ij} \geq 0$

2) $s_{ij} \geq 0$

3)   Vorrat der Gemeinden

$$
\begin{array}{lll}
v_1 & \leq & W_1 + \ell_{01}, \qquad v_1 \leq K_1, \quad v_1 \geq 0 \\
v_2 & \leq & W_2 + \ell_{02} - \ell_{23}, \quad v_2 \leq K_2, \quad v_2 \geq 0 \\
v_3 & \leq & W_3 + \ell_{23} - \ell_{35}, \quad v_3 \leq K_3, \quad v_3 \geq 0 \\
v_4 & \leq & W_4 + \ell_{04} - \ell_{45}, \quad v_4 \leq K_4, \quad v_4 \geq 0 \\
v_5 & \leq & W_5 + \ell_{35} + \ell_{45}, \quad v_5 \leq K_5, \quad v_5 \geq 0
\end{array}
$$

4)   Stauseekapazität

$$K_0 - \ell_{01} - \ell_{02} - \ell_{04} \geq 0$$

5)   Bedarfsdeckung

$$B_1 \leq s_1 + v_1 \qquad B_2 \leq s_2 + v_2 \qquad B_3 \leq s_3 + v_3$$
$$B_4 \leq s_4 + v_4 \qquad B_5 \leq s_5 + v_5$$

1.4   Aufgaben zum spielerischen Lösen

Aufgabe 1.4.1

An einer Ölbohrstelle hat sich eine Explosion ereignet, so dass jetzt Öl ungenutzt und umweltschädlich austritt. Zur Abdichtung müssen drei Experten A, B, C nacheinander in dieser Reihenfolge jeweils 20 Minuten an dem Leck arbeiten. Im Moment schlafen sie aber leider noch 5 km von der Bohrstelle entfernt. Vom Alarm geweckt, eilen sie zu ihrem Geländewagen, der jedoch nicht anspringt. Sie finden ein Fahrrad (für eine Person). Natürlich benutzt A das Fahrrad, da er als Erster arbeiten muss. Allerdings könnte es günstig sein, wenn A das Fahrrad später unterwegs liegen lässt, damit B nicht allzu spät nach A an der Bohrstelle ankommt. Ebenso sollte B unter Umständen auch das Rad für C unterwegs liegen lassen. Die Geschwindigkeit auf dem Rad beträgt 20 km/h. Zu Fuß beträgt die Geschwindigkeit

a)   10 km/h,

b)   5 km/h.

An welchen Stellen sollten A bzw. B das Rad liegen lassen, damit das Leck schnellstmöglich abgedichtet wird? Formulieren Sie dieses Problem als (LP) und lösen Sie es in beiden Fällen.

Aufgabe 1.4.2

Eine Investmentbank (IVB) plant, sich – wenn lohnend – an drei Unternehmen A, B, C stärker zu beteiligen. Derzeit verfügt die IVB über 20 % der Aktienpakete jeder Firma, deren Gesamtaktienpakete jeweils aus 100.000 Aktien bestehen. Den Wert von A schätzt man bei der IVB auf insgesamt 2 Mio. €, den von B auf 1 Mio. € und den von C auf 2,5 Mio. €. Man wäre also normalerweise bereit, für einzelne Aktien folgende Preise zu zahlen:

bei A für eine Aktie 20 €,

bei B für eine Aktie 10 €,

bei C für eine Aktie 25 €.

Die IVB sieht aber auch, dass eine Erhöhung des Anteils zu zusätzlichem Einfluss und damit zu einer Wertsteigerung führt, so dass man für einzelne Aktien 1 € mehr bezahlen wird, solange der eigene Anteil zwischen 20 % und 30 % liegt, noch 1 € mehr für den Anteil zwischen 30 % und 40 % und noch 1 € mehr bei 40 % − 50 % Anteil. Mehr als 50 % dürfen nicht gehalten werden, denn dies verbietet das Kartellamt.
Die derzeitigen Börsenkurse sind:

16 € pro Aktie von A,

5 € pro Aktie von B,

15 € pro Aktie von C.

Der derzeitige Preis ist aber nur realisierbar, solange das eigene Paket unter 30 % liegt. Bei Überschreiten dieser Marke gibt die Börse eine Mitteilung heraus und deswegen steigen die Kurse von A um 25 %, von B um 60 % und von C um 20 % an. Analog ergibt sich eine nochmalige Steigerung bei der Marke 40 %. Hier steigt der Kurs von A nochmals um 30 %, der von B um 100 % und der von C nochmals um 25 %. Der IVB stehen 1 Mio. € zum Aktienkauf zur Verfügung. Soll die gesamte Summe investiert werden und wie soll die investierte Summe verwendet werden, um den Wertzugewinn zu maximieren?

a)   Modellieren Sie obiges Problem als (LP) mit konkreten Zahlen.

b)   Ermitteln Sie die zahlenmäßige Lösung.

Aufgabe 1.4.3

a)   Der Zulässigkeitsbereich des Problems (P) mit

$$
\begin{array}{rcrcrcr}
\min f(x) & = & 4x^1 & + & 16x^2 & & \\
& & 5x^1 & + & 2x^2 & \geq & 10 \\
& & x^1 & + & x^2 & \geq & 3 \\
& & x^1 & + & 5x^2 & \geq & 5 \\
& & -x^1 & & & \geq & -5 \\
& & x^1 & & & \geq & 0 \\
& & & & -x^2 & \geq & -5 \\
& & & & x^2 & \geq & 0
\end{array}
$$

ist ein Polygon Q im $\mathbb{R}^2$. Zeichnen Sie dieses Polygon und lösen Sie (P) mithilfe dieser Zeichnung.

b)   Bestimmen Sie alle Ecken des Polygons Q.

c) Eine wesentliche Erkenntnis der linearen Optimierung besagt Folgendes:

Bei linearen Optimierungsproblemen, deren Zulässigkeitsbereich mindestens eine Ecke besitzt, befindet sich – falls es überhaupt Optimalpunkte gibt – unter den Optimalpunkten auch eine Ecke.

Bestimmen Sie rechnerisch eine Optimallösung und geben Sie eine Begründung für Ihren rechnerischen Ansatz.

Aufgabe 1.4.4

Sei X der Einheitswürfel im $\mathbb{R}^3$; seine acht Ecken sind $(x^1, x^2, x^3)^T \in \mathbb{R}^3$, $x \in \{0,1\}^3$.

a) Beschreiben Sie X durch ein lineares Ungleichungssystem (U).

b) Eine Ungleichung $a^T x \le b$ heißt **straff**, falls $a^T x = b$ gilt. Für welche Punkte des Würfels sind keine, eine, zwei bzw. drei Ungleichungen in (U) straff?

c) Wir betrachten das lineare Optimierungsproblem

$$\max x^1 + x^2 + x^3$$
$$x \in X. \qquad (P)$$

Es sei bekannt, dass der Optimalwert von (P) an einer Ecke angenommen wird. Starten Sie an der Ecke $(0,0,0)^T$ und gehen Sie jeweils (solange möglich) entlang einer Kante zu einer Ecke mit höherem Zielfunktionswert über. Veranschaulichen Sie das Vorgehen an einer Zeichnung. Am Ende erhalten Sie die Optimallösung. Warum? Geben Sie alle so konstruierbaren Pfade an und zeichnen Sie sie ein.

Bemerkung: Sie haben gerade Simplex-Pfade konstruiert.

Aufgabe 1.4.5

Ein Bauer will schwarze und braune Kühe mästen. Ihm stehen dafür 80.000 m^2 Weideland und 500 Tonnen Futtermittel zur Verfügung. Eine schwarze Kuh braucht 500 m^2 Weideland zum Grasen, eine braune 800 m^2. Eine schwarze Kuh braucht 7 Tonnen Futtermittel bis zur Verkaufsreife, eine braune 4 Tonnen. Eine ausgewachsene schwarze Kuh kann für 1.500 €, eine braune für 1.600 € verkauft werden. Wie viele schwarze bzw. braune Kühe sollte sich der Bauer anschaffen, um den Gesamtverkaufspreis zu maximieren? Lösen Sie dies anhand einer Zeichnung.

1.5 Lösungen zu den spielerischen Aufgaben

Lösung zu 1.4.1
Variablen:

Z_A, Z_B, Z_C	seien die Zeitpunkte (in h), in denen A, B, C mit ihrer Arbeit fertig werden.
x (in km)	sei der erste Wechselpunkt des Fahrrads zwischen A und B.
y (in km)	sei der zweite Wechselpunkt des Fahrrads zwischen B und C.

Optimierungsproblem:

$$\min \quad Z_C$$

$$x \geq 0, \ x \leq y, \ y \leq 5$$

$$Z_A \geq \frac{1}{3}$$

$$Z_B \geq Z_A + \frac{1}{3}$$

$$Z_C \geq Z_B + \frac{1}{3}$$

$$Z_A \geq \frac{x}{20} + \frac{5-x}{10} + \frac{1}{3}$$

$$\left(\text{bzw.} \ \frac{x}{20} + \frac{5-x}{5} + \frac{1}{3} \ \text{in Version b}\right)$$

$$Z_B \geq \frac{x}{10} + \frac{y-x}{20} + \frac{5-y}{10} + \frac{1}{3}$$

$$\left(\text{bzw.} \ \frac{x}{5} + \frac{y-x}{20} + \frac{5-y}{5} + \frac{1}{3} \ \text{in Version b}\right)$$

$$Z_C \geq \frac{y}{10} + \frac{5-y}{20} + \frac{1}{3}$$

$$\left(\text{bzw.} \ \frac{y}{5} + \frac{5-y}{20} + \frac{1}{3} \ \text{in Version b}\right)$$

Erläuterungen:

a)   Die Fahrzeit für die ganze Strecke beträgt 15 Minuten, die Laufzeit 30 Minuten. Insgesamt hat man also die Möglichkeit, die Einsparung von 15 Minuten (gegenüber der Laufzeit) zu verteilen auf A, B, C.

Wem soll nun die Einsparung gegeben werden?

Z_A kann nicht kleiner als 15 min Fahrzeit + 20 min Arbeitszeit = 35 min werden. Benutzt allein A das Fahrrad, dann muss B 5 Minuten warten und wird nach 55 Minuten mit der Arbeit fertig. C muss also 25 Minuten warten.

$$\Rightarrow Z_A = 35, \ Z_B = 55, \ Z_C = 75, \ x = y = 5$$

Eine bessere Möglichkeit gibt es nicht, denn C könnte nämlich nur früher fertig werden, wenn auch B früher fertig wird. Dies geht aber nur, wenn A früher als bei 35 min mit der Arbeit fertig wäre (das geht aber nicht).

$$\Rightarrow \text{Lösung ist optimal}$$

Formaler Nachweis:
Formal zeigt man die Optimalität mit dem Polarkegelsatz.

$(x, y, Z_A, Z_B, Z_C)^T$ stellt den Variablenvektor dar und $-e_5$ ist der Zielfunktionsvektor.

Als Restriktionsmatrix erhält man

$$A = \begin{pmatrix} -1 & 0 & 0 & 0 & 0 \\ 1 & -1 & 0 & 0 & 0 \\ 0 & 1 & 0 & 0 & 0 \\ 0 & 0 & -1 & 0 & 0 \\ 0 & 0 & 1 & -1 & 0 \\ 0 & 0 & 0 & 1 & -1 \\ -\frac{1}{20} & 0 & -1 & 0 & 0 \\ \frac{1}{20} & -\frac{1}{20} & 0 & -1 & 0 \\ 0 & \frac{1}{20} & 0 & 0 & -1 \end{pmatrix}.$$

Für die angegebene Lösung sind die Restriktionen 2, 3, 5, 6 und 7 straff. Aus den dazugehörenden Vektoren lässt sich der Zielfunktionsvektor konisch kombinieren, denn es gilt

$$\begin{pmatrix} 0 \\ 0 \\ 0 \\ 0 \\ -1 \end{pmatrix} = \frac{1}{20} \cdot \begin{pmatrix} 1 \\ -1 \\ 0 \\ 0 \\ 0 \end{pmatrix} + \frac{1}{20} \cdot \begin{pmatrix} 0 \\ 1 \\ 0 \\ 0 \\ 0 \end{pmatrix} + 1 \cdot \begin{pmatrix} 0 \\ 0 \\ 1 \\ -1 \\ 0 \end{pmatrix} + 1 \cdot \begin{pmatrix} 0 \\ 0 \\ 0 \\ 1 \\ -1 \end{pmatrix} + 1 \cdot \begin{pmatrix} -\frac{1}{20} \\ 0 \\ -1 \\ 0 \\ 0 \end{pmatrix}$$

Daraus folgt, dass die Lösung optimal ist.

b) Für den Fuß weg braucht man 60 Minuten und per Fahrrad 15 Minuten. Man kann also 45 Minuten einsparen und diese lassen sich auf die drei Experten verteilen.

A braucht $(60 - \alpha) + 20$ Minuten,
B braucht $\max\{(60 - \alpha) + 40,\ (60 - \beta) + 20\}$ Minuten,
C braucht $\max\{(60 - \alpha) + 60,\ (60 - \beta) + 40,\ (60 - \gamma) + 20\}$

wobei $\alpha + \beta + \gamma = 45$ und $\alpha, \beta, \gamma \geq 0$.

Man wird also versuchen, das Maximum von C klein zu halten.

$\max\{120 - \alpha,\ 100 - \beta,\ 80 - \gamma\}$ wird bei $\alpha + \beta + \gamma = 45$ und $\alpha, \beta, \gamma \geq 0$ dann minimal, wenn man die Einsparung am effektivsten einsetzt. Gibt man zuerst α die ersten 20 Minuten Einsparung, dann wird das Maximum bei 100 erreicht. Also gibt man dem α weitere $\overline{\alpha}$ Einsparungen ($\alpha = 20 + \overline{\alpha}$), so dass für C

$$Z_C = \max\{100 - \overline{\alpha},\ 100 - \beta,\ 80 - \gamma\}$$

gilt. Weiter reduzieren kann man nun nur, indem man $\overline{\alpha}$ und β gleich groß wählt. Es sind noch 25 Minuten verfügbar und man setzt $\overline{\alpha} = \beta = 12{,}5$. Somit ergibt sich $\alpha = 32{,}5$ und $\beta = 12{,}5$.

$$\Rightarrow Z_A = 47{,}5,\ Z_B = 67{,}5,\ Z_C = 87{,}5$$

$$\Rightarrow x = \frac{32{,}5 \cdot 5}{45} = \frac{65}{18},\ y = x + \frac{12{,}5 \cdot 5}{45} = 5$$

Formaler Nachweis:

Als Restriktionsmatrix erhält man hier

$$
A = \begin{pmatrix}
-1 & 0 & 0 & 0 & 0 \\
1 & -1 & 0 & 0 & 0 \\
0 & 1 & 0 & 0 & 0 \\
0 & 0 & -1 & 0 & 0 \\
0 & 0 & 1 & -1 & 0 \\
0 & 0 & 0 & 1 & -1 \\
-\frac{3}{20} & 0 & -1 & 0 & 0 \\
\frac{3}{20} & -\frac{3}{20} & 0 & -1 & 0 \\
0 & \frac{3}{20} & 0 & 0 & -1
\end{pmatrix}.
$$

Für die angegebene Lösung sind die Restriktionen 3, 5, 6, 7 und 8 straff. Aus den dazugehörenden Vektoren lässt sich der Zielfunktionsvektor konisch kombinieren, denn es gilt

$$
\begin{pmatrix} 0 \\ 0 \\ 0 \\ 0 \\ -1 \end{pmatrix} = \frac{3}{40} \cdot \begin{pmatrix} 0 \\ 1 \\ 0 \\ 0 \\ 0 \end{pmatrix} + \frac{1}{2} \cdot \begin{pmatrix} 0 \\ 0 \\ 1 \\ -1 \\ 0 \end{pmatrix} + 1 \cdot \begin{pmatrix} 0 \\ 0 \\ 0 \\ 1 \\ -1 \end{pmatrix} + \frac{1}{2} \cdot \begin{pmatrix} -\frac{3}{20} \\ 0 \\ -1 \\ 0 \\ 0 \end{pmatrix} + \frac{1}{2} \cdot \begin{pmatrix} \frac{3}{20} \\ -\frac{3}{20} \\ 0 \\ -1 \\ 0 \end{pmatrix}
$$

Daraus folgt, dass die Lösung optimal ist.

Lösung zu 1.4.2

a)   **Variablen:**

Wegen der Staffelung der Preise für die Käufe und die Werteinschätzung (Nutzen) ist es sinnvoll, die Variablen K_A, K_B, K_C für die zu kaufenden Anteile am Gesamtaktienpaket zu staffeln.

Parameter:

Die Preise für die Aktien sind wie folgt gestaffelt als:

$$
\begin{array}{lll}
C_A^{30} = 16 & C_A^{40} = 20 & C_A^{50} = 26 \\
C_B^{30} = 5 & C_B^{40} = 8 & C_B^{50} = 16 \\
C_C^{30} = 15 & C_C^{40} = 18 & C_C^{50} = 22{,}5
\end{array}
$$

Der erzielbare Nutzen (Werteinschätzung der IVB) ist ebenfalls gestaffelt:

$$
\begin{array}{lll}
n_A^{30} = 20 + 1 & n_A^{40} = 20 + 2 & n_A^{50} = 20 + 3 \\
n_B^{30} = 10 + 1 & n_B^{40} = 10 + 2 & n_B^{50} = 10 + 3 \\
n_C^{30} = 25 + 1 & n_C^{40} = 25 + 2 & n_C^{50} = 25 + 3
\end{array}
$$

Der erzielbare Wertzugewinn ist demnach $n_i^j - c_i^j$ (Nutzen - Kosten), genauer:

$$g_A^{30} = 5 \quad g_A^{40} = 2 \quad g_A^{50} = -3$$
$$g_B^{30} = 6 \quad g_B^{40} = 4 \quad g_B^{50} = -3$$
$$g_C^{30} = 11 \quad g_C^{40} = 9 \quad g_C^{50} = 5{,}5$$

Restriktionen:

$$K_A = K_A^{30} + K_A^{40} + K_A^{50} \tag{1.13}$$
$$K_B = K_B^{30} + K_B^{40} + K_B^{50} \tag{1.14}$$
$$K_C = K_C^{30} + K_C^{40} + K_C^{50} \tag{1.15}$$

mit

$$K_i^j \geq 0 \ \forall j = 30, 40, 50, \ i = A, B, C. \tag{1.16}$$

Da wir Anteile am Gesamtaktienpaket betrachten, haben wir die <u>Oberschranken</u>

$$K_i^j \leq 10 \ \forall j = 30, 40, 50, \ i = A, B, C. \tag{1.17}$$

Zu den bisherigen Nebenbedingungen kommt die Budgetschranke von 1 Mio. Da die K_i^j prozentuale Anteile beschreiben und 1 % genau 1.000 Aktien entsprechen, ist $1.000 \cdot K_i^j$ die dem Anteil entsprechende Anzahl an Aktien. Also:

$$\begin{aligned} & 1.000 \cdot K_A^{30} \cdot 16 \ + \ 1.000 \cdot K_A^{40} \cdot 20 \ + \ 1.000 \cdot K_A^{50} \cdot 26 \\ + \ & 1.000 \cdot K_B^{30} \cdot 5 \ \ + \ 1.000 \cdot K_B^{40} \cdot 8 \ \ + \ 1.000 \cdot K_B^{50} \cdot 16 \\ + \ & 1.000 \cdot K_C^{30} \cdot 15 \ + \ 1.000 \cdot K_C^{40} \cdot 18 \ + \ 1.000 \cdot K_C^{50} \cdot 22{,}5 \ \leq \ 1.000.000 \end{aligned} \tag{1.18}$$

Zielfunktion:

Die Zielfunktion ist nun ($\sum_{i,j} g_i^j K_i^j =$ Zusatzgewinn):

$$K_A^{30} \cdot 5 + K_A^{40} \cdot 2 + K_A^{50} \cdot (-3) + K_B^{30} \cdot 6 + K_B^{40} \cdot 4 + K_B^{50} \cdot (-3) + K_C^{30} \cdot 11 + K_C^{40} \cdot 9 + K_C^{50} \cdot 5{,}5$$

Diese Zielfunktion gilt es zu maximieren unter den Nebenbedingungen (1.13) bis (1.18). Wegen des <u>monoton fallenden Gewinns</u> für steigende Anteile werden durch die Optimierung die Anteile „von unten aufgefüllt", das heißt, dass automatisch zuerst der Anteil bis zur 30 % Marke gekauft wird, dann der zur 40 % Marke und danach der bis zur 50 % Marke. Dies gilt bei allen drei Unternehmen.

b)   Idee: Zuerst die Anteile mit größtmöglichem Gewinn pro eingesetzter Geldeinheit kaufen

		Gewinn	Besetzung	Preis	Kosten	$\sum$
K_B^{30}	(6)	60.000	$10 \cdot 1.000$	5	50.000	50.000
K_C^{30}	(11)	110.000	$10 \cdot 1.000$	15	150.000	200.000
K_C^{40}	(9)	90.000	$10 \cdot 1.000$	18	180.000	380.000
K_B^{40}	(4)	40.000	$10 \cdot 1.000$	8	80.000	460.000
K_A^{30}	(5)	50.000	$10 \cdot 1.000$	16	160.000	620.000
K_C^{50}	(5,5)	55.000	$10 \cdot 1.000$	22,5	225.000	845.000
K_A^{40}	(2)	15.500	$7,75 \cdot 1.000$	20	155.000	1.000.000
		$\overline{420.500}$				

Das Budget ist ausgeschöpft und K_A^{50} und K_B^{50} führen nur zu Verlusten.
Ergebnis: Dazu soll die IVB kaufen:

$$\text{von } A \quad 17,75\,\%,$$
$$\text{von } B \quad 20\,\% \qquad \text{und}$$
$$\text{von } C \quad 30\,\%.$$

Der Gesamtgewinn beträgt 420.500 €.

Lösung zu 1.4.3

a)   Zeichnung des Polygons:

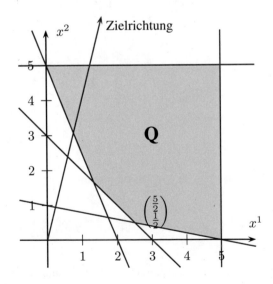

Der Punkt in Q mit der niedrigsten Projektion auf die Zielrichtung ist optimal (minimal).
In diesem Fall ist dies $x = (\frac{5}{2}, \frac{1}{2})^T$ mit dem Zielfunktionswert $\frac{5}{2} \cdot 4 + \frac{1}{2} \cdot 16 = 18$.

b)   Die Ecken von Q sind

$$\begin{pmatrix} 0 \\ 5 \end{pmatrix}, \begin{pmatrix} 5 \\ 5 \end{pmatrix}, \begin{pmatrix} 5 \\ 0 \end{pmatrix}, \begin{pmatrix} \frac{5}{2} \\ \frac{1}{2} \end{pmatrix}, \begin{pmatrix} \frac{4}{3} \\ \frac{5}{3} \end{pmatrix}$$

c)   Da es sich hier um einen beschränkten Zulässigkeitsbereich handelt und die Zielfunktion $4x^1 + 16x^2$ stetig ist, wird ein Optimalwert angenommen. Deshalb kommt unter den Optimalpunkten auch eine Ecke vor und man darf sich auf die Auswertung der Ecken beschränken.

Die Zielfunktionswerte an diesen Ecken sind

$$80, \ 100, \ 20, \ 18, \ 32.$$

Also ist nach der benutzten Erkenntnis der Optimalwert 18 und die Ecke $\begin{pmatrix} \frac{5}{2} \\ \frac{1}{2} \end{pmatrix}$ ein Optimalpunkt.

Lösung zu 1.4.4

a)   Lineares Ungleichungssystem:

$$\begin{aligned} 0 &\leq x^1 \leq 1 \\ 0 &\leq x^2 \leq 1 \\ 0 &\leq x^3 \leq 1 \end{aligned}$$

b)   **Keine** Ungleichung ist straff in den inneren Punkten, also sind alle Ränder des Würfels ausgenommen
Eine Ungleichung ist straff an den 6 Seiten (ohne deren Ränder).
Zwei Ungleichungen sind straff an den 12 Kanten (ohne deren begrenzende Ecken).
Drei Ungleichungen sind straff an den 8 Ecken.

c)   mögliche Simplexpfade:

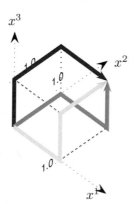 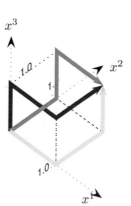

Jeder Schritt von einer Ecke zu einer Nachbarecke (durch eine Kante verbunden) führt nur zu einer Verbesserung, wenn eine Komponente von 0 auf 1 steigt und alle anderen

Komponenten gleich bleiben. Andererseits sind zwei Ecken mit nur einer Unterschieds-
komponente immer durch eine Kante verbunden. Infolgedessen kann man jede der drei
Komponenten einmal steigern, nur die Reihenfolge ist variabel. Man gelangt schließlich
immer zur Optimalecke $(1, 1, 1)^T$.

$$\begin{pmatrix} 0 \\ 0 \\ 0 \end{pmatrix} \rightarrow \begin{pmatrix} 1 \\ 0 \\ 0 \end{pmatrix} \rightarrow \begin{pmatrix} 1 \\ 1 \\ 0 \end{pmatrix} \rightarrow \begin{pmatrix} 1 \\ 1 \\ 1 \end{pmatrix}$$

$$\begin{pmatrix} 0 \\ 0 \\ 0 \end{pmatrix} \rightarrow \begin{pmatrix} 1 \\ 0 \\ 0 \end{pmatrix} \rightarrow \begin{pmatrix} 1 \\ 0 \\ 1 \end{pmatrix} \rightarrow \begin{pmatrix} 1 \\ 1 \\ 1 \end{pmatrix}$$

$$\begin{pmatrix} 0 \\ 0 \\ 0 \end{pmatrix} \rightarrow \begin{pmatrix} 0 \\ 1 \\ 0 \end{pmatrix} \rightarrow \begin{pmatrix} 1 \\ 1 \\ 0 \end{pmatrix} \rightarrow \begin{pmatrix} 1 \\ 1 \\ 1 \end{pmatrix}$$

$$\begin{pmatrix} 0 \\ 0 \\ 0 \end{pmatrix} \rightarrow \begin{pmatrix} 0 \\ 1 \\ 0 \end{pmatrix} \rightarrow \begin{pmatrix} 0 \\ 1 \\ 1 \end{pmatrix} \rightarrow \begin{pmatrix} 1 \\ 1 \\ 1 \end{pmatrix}$$

$$\begin{pmatrix} 0 \\ 0 \\ 0 \end{pmatrix} \rightarrow \begin{pmatrix} 0 \\ 0 \\ 1 \end{pmatrix} \rightarrow \begin{pmatrix} 1 \\ 0 \\ 1 \end{pmatrix} \rightarrow \begin{pmatrix} 1 \\ 1 \\ 1 \end{pmatrix}$$

$$\begin{pmatrix} 0 \\ 0 \\ 0 \end{pmatrix} \rightarrow \begin{pmatrix} 0 \\ 0 \\ 1 \end{pmatrix} \rightarrow \begin{pmatrix} 0 \\ 1 \\ 1 \end{pmatrix} \rightarrow \begin{pmatrix} 1 \\ 1 \\ 1 \end{pmatrix}$$

Lösung zu 1.4.5

x sei die Anzahl schwarzer Kühe und y die Anzahl brauner Kühe. Das Optimierungsmodell ist
dann

$$\begin{array}{rll}
\max & 1.500x + 1.600y & \text{(Erlös)} \\
& 500x + 800y \leq 80.000 & \text{(Weidelandbeschränkung)} \\
& 7x + 4y \leq 500 & \text{(Futtermittelbeschränkung)} \\
& x, \, y \geq 0 & \text{(nichtnegative Anzahl Kühe)}
\end{array}$$

Wir werten die Ecken des Zulässigkeitsbereiches Q aus.

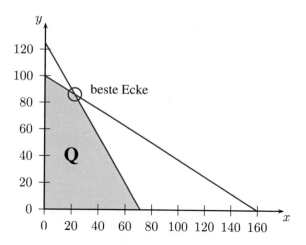

Die Ecken sind

$$\begin{pmatrix} 0 \\ 0 \end{pmatrix}, \begin{pmatrix} 71\frac{3}{7} \\ 0 \end{pmatrix}, \begin{pmatrix} 22\frac{2}{9} \\ 86\frac{1}{9} \end{pmatrix}, \begin{pmatrix} 0 \\ 100 \end{pmatrix}.$$

Die dritte Ecke ergibt sich aus dem Gleichungssystem

$$\begin{cases} 5x + 8y = 800 \\ 7x + 4y = 500 \end{cases} \Leftrightarrow \begin{cases} -9x = -200 \\ 7x + 4y = 500 \end{cases} \Leftrightarrow \begin{cases} x = \frac{200}{9} = 22\frac{2}{9} \\ 4y = 500 \quad \frac{1.400}{9} = \frac{3.100}{9} \end{cases}$$

$$\Rightarrow y = \frac{3.100}{36} = 86\frac{1}{9}$$

Ein Optimum läge bei $\left(22\frac{2}{9}, 86\frac{1}{9}\right)^T$ vor, realistischer ist jedoch $(22, 86)^T$.
Der realistische Maximalwert ist also $33.000 + 137.600 = 170.600$.

Kapitel 2

Darstellungsformen und Alternativsätze für lineare Optimierungsprobleme

2.1 Lineare Ungleichungssysteme

Lineare Optimierungsaufgaben beziehen ihren Zulässigkeitsbereich aus linearen Ungleichungssystemen. Insofern sind verschiedene Typen anzutreffen, die sich aber im Wesentlichen gleichen. Ein Optimierungsproblem kann auf sehr verschiedene Arten beschrieben werden. Um solche verschiedenen Beschreibungen handhaben zu können, befassen wir uns jetzt mit Transformationen zwischen Darstellungsformen.

Definition 2.1

Ein System der Art

$$
\begin{array}{rl}
Ax + By + Cz & \leq a \\
Dx + Fy + Gz & = b \\
Hx + Iy + Jz & \geq c \\
x & \geq 0 \\
z & \leq 0
\end{array}
\qquad
\begin{array}{l}
A \in K^{(m_1,p)},\, B \in K^{(m_1,q)},\, C \in K^{(m_1,r)},\, a \in K^{m_1} \\
D \in K^{(m_2,p)},\, F \in K^{(m_2,q)},\, G \in K^{(m_2,r)},\, b \in K^{m_2} \\
H \in K^{(m_3,p)},\, I \in K^{(m_3,q)},\, J \in K^{(m_3,r)},\, c \in K^{m_3} \\
0 \in K^p, \qquad x \in K^p, \qquad y \in K^q,\quad z \in K^r \\
0 \in K^r.
\end{array}
$$

heißt *Ungleichungssystem in allgemein(st)er Form*.

Bezeichnungen

Eine Ungleichungsrestriktion $a_i^T x \leq b^i$ heißt bei $\overline{x}$ *straff*, wenn $a_i^T \overline{x} = b^i$, *locker*, wenn $a_i^T \overline{x} < b^i$ und verletzt, wenn $a_i^T \overline{x} > b^i$. Analoges gilt für Restriktionen $a_i^T \overline{x} \geq b^i$. Gleichungsrestriktionen $a_i^T x = b^i$ sind entweder erfüllt (straff) bei $a_i^T x = b^i$ oder verletzt bei $a_i^T x \neq b^i$.

Definition 2.2

Zwei Ungleichungssysteme heißen *transformationsidentisch*, wenn sie sich durch folgende Maßnahmen ineinander überführen lassen.

1.   Beschreibung einer Gleichung durch zwei Ungleichungen und umgekehrt:

$$a^T x = \beta \;\Leftrightarrow\; a^T x \leq \beta \text{ und } a^T x \geq \beta$$

2.   Umwandlung einer $\geq$ in eine $\leq$ Beziehung und umgekehrt:

$$a^T x \geq \beta \;\Leftrightarrow\; -a^T x \leq -\beta.$$

3.   Einführung und Entfernung von Schlupfvariablen:
      Es gelte

      i) $a^T x \leq \beta$, dann kann man auch verlangen

      ii) $a^T x + \gamma = \beta,\; \gamma \geq 0$ (γ heißt hier Schlupfvariable).

      Aus einem Ungleichungssystem wird also durch Einführung von Schlupfvariablen ein Gleichungssystem mit teilweiser Vorzeichenbedingung. Die Dimension des Variablen-Raumes wächst dabei um die Dimension des Schlupfvariablenvektors an.

4.   Einführung und Entfernung von vorzeichenbeschränkten Variablen:
      x sei nicht vorzeichenbeschränkt.
      Setze $x = x_+ - x_-$ mit $x_+^i = \max\{x^i, 0\}$, $x_-^i = \max\{0, -x^i\}$.

      Statt $Ax = b$ schreibt man dann $Dw = d,\; w \geq 0$ mit $D = [A, -A]$ und $w = \begin{pmatrix} x_+ \\ x_- \end{pmatrix}$,

      $w \in K^{2n},\; d = b$.

5.   Änderung von Vorzeichen oder Vorzeichenbeschränkungen:
      Man ersetzt eine Variable $x^i \geq 0$ durch eine Variable $z^i \leq 0$ bei gleichzeitiger Alternierung der betreffenden Spalte und umgekehrt. Dann liefert $A_{.i} x^i$ bei $x^i \geq 0$ den gleichen Beitrag wie $-A_{.i} z.^i$ bei $z^i \leq 0$.
      Oder aber man ersetzt eine nicht vorzeichenbeschränkte Variable y^i durch die Variable $-y^i$ unter gleichzeitiger Alternierung der Spalte.

6.   Austausch zwischen Vorzeichenbedingung und Ungleichung:
      Vorzeichenbedingungen können auch in den Ungleichungen bereits erwähnt werden.

Bemerkung

All diese Transformationen haben die Eigenschaft, dass man aus dem Ergebnis der Transformation eines Punktes und der Angabe der ausgeführten Transformation jeweils den Ausgangspunkt in der ursprünglichen Darstellung rekonstruieren kann.

Bemerkung

Da Transformationsidentität eine reflexive, symmetrische und transitive Relation ist, kann man von einer Äquivalenzrelation sprechen.

Lemma 2.3

Zu jedem System der Form

$$
\begin{aligned}
Ax + By + Cz &\leq a & A \in K^{(m_1,p)}, & \; B \in K^{(m_1,q)}, & C \in K^{(m_1,r)}, & \; a \in K^{m_1} \\
Dx + Fy + Gz &= b & D \in K^{(m_2,p)}, & \; F \in K^{(m_2,q)}, & G \in K^{(m_2,r)}, & \; b \in K^{m_2} \\
Hx + Iy + Jz &\geq c & H \in K^{(m_3,p)}, & \; I \in K^{(m_3,q)}, & J \in K^{(m_3,r)}, & \; c \in K^{m_3} \\
x &\geq 0 & 0 \in K^p, & \; x \in K^p, & y \in K^q, & \; z \in K^r \\
z &\leq 0 & 0 \in K^r &
\end{aligned}
$$

gibt es eine transformationsidentische Darstellung des Zulässigkeitsbereichs in Ungleichungs-form:

$$
\begin{pmatrix}
A & B & C \\
D & F & G \\
-D & -F & -G \\
-H & -I & -J \\
-E & 0 & 0 \\
0 & 0 & E
\end{pmatrix}
\begin{pmatrix}
x \\
y \\
z
\end{pmatrix}
\leq
\begin{pmatrix}
a \\
b \\
-b \\
-c \\
0 \\
0
\end{pmatrix}
:\Leftrightarrow \tilde{A}\tilde{x} \leq \tilde{b}.
$$

Ebenso existiert eine transformationsidentische Darstellung in Gleichungsform mit Vorzeichen-bedingungen:

$$
\begin{pmatrix}
A & B & -B & -C & E & 0 \\
D & F & -F & -G & 0 & 0 \\
H & I & -I & -J & 0 & -E
\end{pmatrix}
\begin{pmatrix}
x \\
y_1 \\
y_2 \\
\bar{z} \\
s_1 \\
s_2
\end{pmatrix}
=
\begin{pmatrix}
a \\
b \\
c
\end{pmatrix}
$$

mit $x \geq 0$, $y_1 \geq 0$, $y_2 \geq 0$, $\bar{z} \geq 0$, $s_1 \geq 0$, $s_2 \geq 0$ $\quad :\Leftrightarrow \tilde{A}\tilde{x} = \tilde{b}$ *mit* $\tilde{x} \geq 0$.

Definition 2.4

Man spricht von zwei *transformationsidentischen Optimierungsproblemen*, wenn die zugehörigen Ungleichungssysteme transformationsidentisch sind und wenn die entsprechende Transformation auch auf die Zielfunktion angewandt worden ist. Außerdem wird noch der Übergang von der Maximierung der Zielfunktion zur Minimierung der entsprechenden negativen Zielfunktion zugelassen (und umgekehrt).

Definition 2.5

Wir erklären die *kanonische Form* eines Optimierungsproblems als

$$\max v^T x \quad \text{unter } Ax \leq b$$

$$\text{mit } v, x \in K^n, A \in K^{(m,n)}, \ b \in K^m$$

(kanonisch bezieht sich auf die Art der Beschreibung des Zulässigkeitsbereichs).

Definition 2.6

Die sog. *Standardform* eines linearen Optimierungsproblems hat folgende Darstellung:

$$\max c^T x \ (\text{bzw. } \min c^T x)$$

$$\text{unter } Ax = b, \ x \geq 0.$$

Korollar 2.7

In jeder Transformations-Äquivalenzklasse von Optimierungsproblemen befinden sich ein kanonisches und ein Standardproblem.

Lemma 2.8

Zu einer kanonischen Darstellung gibt es demnach immer eine äquivalente Standarddarstellung und umgekehrt.

Alternativsätze

Ein wesentlicher Aspekt bei linearen Ungleichungssystemen ist die Frage und Erkundung ihrer Lösbarkeit. Hierfür stehen etliche sogenannte Alternativsätze zur Verfügung. Dabei wird zu einem Ungleichungssystem ein Partnerproblem definiert, das genau dann erfüllbar ist, wenn das Originalproblem nicht lösbar ist. In einem Alternativsatz werden also zwei sich ausschließende Aussagen aufgelistet, von denen aber bei jeder Spezifizierung immer eine wahr ist. Das Wort „Entweder" ist also im Folgenden immer ausschließend gemeint.

Wir kommen nun zum wichtigsten Alternativsatz für lineare Ungleichungssysteme.

Satz 2.9 (Lemma von Farkas)

Entweder gilt I   es existiert ein $x \in K^n$ mit $Ax = b$ und $x \geq 0$

oder II   es existiert ein $z \in K^m$ mit $A^T z \leq 0$ sowie $b^T z > 0$.

Ein weiteres sehr hilfreiches Ergebnis stammt von Motzkin.

Satz 2.10 (Motzkin)

A, C, D seien gegebene (dimensionsverträgliche) Matrizen. A sei vorhanden. Dann gilt:

Entweder I $Ax > 0$, $Cx \geq 0$, $Dx = 0$ hat eine Lösung x

oder II das System
$$\left\langle \begin{array}{c} A^T y_1 + C^T y_3 + D^T y_4 = 0 \\ y_1 \geq\neq 0, \; y_3 \geq 0 \end{array} \right\rangle \text{ hat eine Lösung } y = \begin{pmatrix} y_1 \\ y_3 \\ y_4 \end{pmatrix}.$$

Nun wollen wir auch nichthomogene Ungleichungen behandeln können.

Satz 2.11 (Nichthomogenes Farkas-Theorem)

Sei $A \in K^{(m,n)}$, $b \in K^n$, $c \in K^m$ und $\beta \in K$. Es gilt

Entweder I $b^T x > \beta$, $Ax \leq c$ ist lösbar mit $x \in K^n$

oder II
$$\left\langle \begin{array}{llll} A^T y = b, & c^T y \leq \beta, & y \geq 0 & \text{oder} \\ A^T y = 0, & c^T y < 0, & y \geq 0 & \end{array} \right\rangle \text{ besitzt eine Lösung } y \in K^m.$$

Satz 2.12 (Gordan)

Für eine gegebene Matrix $A \in K^{(m,n)}$ gilt

Entweder I $Ax > 0$

oder II $A^T y = 0$, $y \geq\neq 0$ ist lösbar.

Satz 2.13 (Gale: Lösbarkeit eines Ungleichungssystems)

Entweder I $Ax \leq c$

oder II $A^T y = 0$, $c^T y < 0$, $y \geq 0$ ist lösbar.

Satz 2.14 (Gale: Nichtnegative Lösbarkeit eines Ungleichungssystems)

Entweder I $Ax \leq c$, $x \geq 0$

oder II $A^T y \geq 0$, $c^T y < 0$, $y \geq 0$ ist lösbar.

Satz 2.15 (Stiemke: Strikt positive Lösbarkeit)

Entweder I $Ax = 0,\ x > 0$

    oder II $A^T y \geq\neq 0$ *ist lösbar.*

Der folgende Satz hilft beim Erkennen von überflüssigen Restriktionen.

Satz 2.16 (Redundanzsatz)

$Ax \leq b$ definiere einen nichtleeren Zulässigkeitsbereich. Dann ist $c^T x \leq \gamma$ genau dann redundant bez. $Ax \leq b$ (das heißt, dass die Ungleichung verzichtbar ist), wenn sich c als konische Kombination der Zeilen von A schreiben lässt und die entsprechende Kombination der b-Komponenten nicht mehr als γ liefert.

Der folgende Satz bildet die geometrische Grundlage der algorithmischen Lösung von linearen Optimierungsproblemen, weil er ein hinreichendes und notwendiges Kriterium für Optimalität angibt.

Satz 2.17 (Polarkegelsatz)

Zu einem linearen Optimierungsproblem

$$\max c^T x \text{ unter } Ax \leq b$$

sei ein Punkt x_0 gegeben, für den gilt: $Ax_0 \leq b$, $A_I x_0 = b_I$, $A_J x_0 < b_J$, $I \cup J = \{1, \ldots, m\}$. Dann ist $c^T x_0$ unter der Nebenbedingung $Ax \leq b$ genau dann optimal, wenn gilt:

$$c \in \text{cone}(a_i \mid i \in I) = \text{cone}(A_{i \cdot}^T \mid i \in I) = \text{polar}(x_0).$$

2.2   Aufgaben zu linearen Ungleichungssystemen

Aufgabe 2.2.1

Betrachten Sie die Optimierungsaufgabe

$$
\begin{array}{lrrrrcll}
\max & -x^1 & +x^2 & -x^3 & +x^4 & & & (c^T x) \\
\text{unter} & & & x^3 & +x^4 & \leq & 2 & (a_1) \\
& x^1 & -2x^2 & & +3x^4 & \leq & 4 & (a_2) \\
& 2x^1 & -x^2 & -x^3 & & \leq & 1 & (a_3) \\
& x^1 & & & -2x^4 & \leq & -1 & (a_4) \\
& 4x^1 & +x^2 & -3x^3 & & \leq & 1 & (a_5) \\
& 2x^1 & & & +x^4 & \leq & 4 & (a_6) \\
& & 2x^2 & -x^3 & & \leq & 2 & (a_7)
\end{array}
$$

a) Werten Sie die Zielfunktion und obige Restriktionen an folgenden Punkten $u_1, \ldots, u_7$ aus.

	u_1	u_2	u_3	u_4	u_5	u_6	u_7
x^1	1	1	0	0	-2	$\frac{7}{5}$	-1
x^2	0	0	1	0	1	$\frac{7}{5}$	$-\frac{5}{2}$
x^3	1	0	1	1	1	$\frac{4}{5}$	2
x^4	1	1	1	1	0	$\frac{6}{5}$	0

b) Stellen Sie fest, welche Restriktionen bei den Punkten $u_1, \ldots, u_7$ straff, locker bzw. verletzt sind. Geben Sie Ihre Ergebnisse in Tabellenform an. Kontrollieren Sie, welche dieser Punkte zulässig, unzulässig, innere Punkte, Basislösungen, Ecken bzw. Optimalpunkte sind (begründete Aussagen).

c) Wenn Sie die richtigen Restriktionsauswertungen vorgenommen haben, müssten Sie in der Lage sein, durch Kombination verschiedener u_i folgende Anforderungen zu erfüllen:

(i) Gesucht wird ein zulässiger Punkt, der bzgl. a_1 und a_4, aber nirgendwo sonst straff ist.

(ii) Gesucht wird ein zulässiger Punkt, der nur bzgl. a_5 straff ist, sonst nirgends.

(iii) Betrachten Sie die Problemstruktur und Ihre Tabelle und bestimmen Sie so einen zulässigen Punkt mit Zielfunktionswert 5.

Aufgabe 2.2.2

Wir betrachten ein lineares Optimierungsproblem

$$\max \ c^T x \ \text{unter} \quad Ax \le b,\ x \in \mathbb{R}^n. \tag{P}$$

Man sagt, (P) sei **unbeschränkt**, wenn es zu jedem $\alpha \in \mathbb{R}$ ein zulässiges x mit $c^T x > \alpha$ gibt. Zeigen Sie, dass genau einer der folgenden drei Fälle eintritt:

(i) (P) ist unzulässig.

(ii) (P) ist unbeschränkt.

(iii) (P) hat eine Optimallösung.

Hinweis: Man zeige zunächst, dass der Wertebereich $X := \{ c^T x : x \in \mathbb{R}^n, Ax \le b \}$ abgeschlossen ist.

Aufgabe 2.2.3

Seien A, B Mengen und $A, B \subset \mathbb{R}^n$, $z \in \mathbb{R}^n$, $\alpha \in \mathbb{R}$.
Man sagt, die Hyperebene $\{ x \in \mathbb{R}^n : z^T x = \alpha \}$ **trennt** A und B, falls $z^T a \le \alpha$ für alle $a \in A$ und $z^T b > \alpha$ für alle $b \in B$.
Seien $a_1, \ldots, a_k, b \in \mathbb{R}^n$ gegeben. Zeigen Sie, dass genau einer der folgenden beiden Fälle eintritt:

(i) $b \in \mathrm{cone}(\{a_1, ..., a_k\})$.

(ii)   Es gibt eine Hyperebene H mit $0 \in H$, die $\{a_1, ..., a_k\}$ und $\{b\}$ trennt.

Veranschaulichen Sie die beiden Alternativen im $\mathbb{R}^2$ durch eine Zeichnung.

Aufgabe 2.2.4

a)   Beweisen Sie folgenden Alternativsatz für eine lineare Optimierungsaufgabe

$$\max c^T x \text{ unter } x \in P = \{x \in \mathbb{R}^n : Ax \le b\}, \ 0 < \beta \in \mathbb{R}$$

unter Berufung auf das Nichthomogene Farkas-Theorem.

Entweder gilt
(I) Es gibt z mit $Az \le b$, $A(-z) \le b$ und $c^T z > \beta$
oder

(II) das System $\left\{ \begin{array}{l} (A^T, -A^T)\begin{pmatrix} y_1 \\ y_2 \end{pmatrix} = c, \ \begin{pmatrix} b \\ b \end{pmatrix}^T \begin{pmatrix} y_1 \\ y_2 \end{pmatrix} \le \beta, \ \begin{pmatrix} y_1 \\ y_2 \end{pmatrix} \ge 0 \\ \text{oder} \\ (A^T, -A^T)\begin{pmatrix} y_1 \\ y_2 \end{pmatrix} = 0, \ \begin{pmatrix} b \\ b \end{pmatrix}^T \begin{pmatrix} y_1 \\ y_2 \end{pmatrix} < 0, \ \begin{pmatrix} y_1 \\ y_2 \end{pmatrix} \ge 0 \end{array} \right\}$ ist lösbar.

b)   Nun sei $b \ge 0$ vorausgesetzt. Überlegen Sie sich, dass sich unter dieser Annahme die Bedingung **(II)** vereinfacht zu

(II') $(A^T, -A^T)\begin{pmatrix} y_1 \\ y_2 \end{pmatrix} = c, \ \begin{pmatrix} b \\ b \end{pmatrix}^T \begin{pmatrix} y_1 \\ y_2 \end{pmatrix} \le \beta, \ \begin{pmatrix} y_1 \\ y_2 \end{pmatrix} \ge 0$

(das heißt, dass der zweite Teil von **(II)** weggelassen werden kann).

Aufgabe 2.2.5

Es seien $a_1, \dots, a_m$ Punkte des K^n. Sie kennen die folgende Definition:
$a_1, \dots, a_m$ *sind affin unabhängig, wenn sich kein Element aus* $\{a_1, \dots, a_m\}$ *als Affinkombination der anderen darstellen lässt. Und der affine Rang von* $\{a_1, \dots, a_m\}$ *ist die Maximalzahl von affin unabhängigen Vektoren in dieser Menge.*

a)   Beweisen Sie, dass i) und ii) äquivalent sind:

i) $a_1, \dots, a_k$ sind affin unabhängig;

ii) $\nexists (\mu_1, \dots, \mu_k) \ne (0, \dots, 0)$ mit $\sum_{i=1}^k \mu_i a_i = 0$ und $\sum_{i=1}^k \mu_i = 0$.

b)   Beweisen Sie, dass I und II Alternativen darstellen:

I: $0 \in \mathrm{aff}(a_1, \dots, a_m)$;

II: Affiner Rang$(a_1, \dots, a_m) = \dim(\mathrm{lin}(a_1, \dots, a_m))$.

2.3 Lösungen zu linearen Ungleichungssystemen

Lösung zu 2.2.1

a) Die folgende Tabelle gibt die Skalarprodukte zwischen a_i und u_j an und deklariert die Straffheit, Lockerheit und Verletztheit von Restriktionen.

	u_1		u_2		u_3		u_4		u_5		u_6		u_7		b
$a_1^T u_i$	2	=	1	<	2	=	2	=	1	<	2	=	2	=	2
$a_2^T u_i$	4	=	4	=	1	<	3	<	-4	<	$\frac{11}{5}$	<	4	=	4
$a_3^T u_i$	1	=	2	>	-2	<	-1	<	-6	<	$\frac{3}{5}$	<	$-\frac{3}{2}$	<	1
$a_4^T u_i$	-1	=	-1	=	-2	<	-2	<	-2	<	-1	=	-1	=	-1
$a_5^T u_i$	1	=	4	>	-2	<	-3	<	-10	<	$\frac{23}{5}$	>	$-\frac{25}{2}$	<	1
$a_6^T u_i$	3	<	3	<	1	<	1	<	-4	<	4	=	-2	<	4
$a_7^T u_i$	-1	<	0	<	1	<	-1	<	1	<	2	=	-7	<	2
$c^T u_i$	-1		0		1		0		2		$\frac{2}{5}$		$-\frac{7}{2}$		

b) **Beobachtungen:**

- u_1 ist eine entartete Ecke: mit a_1, a_2, a_3, a_4, a_5 sind mehr als vier Restriktionen straff

- u_2 ist unzulässig: a_2, a_4 straff, aber a_3, a_5 verletzt

- u_3 und u_4 sind zulässige Randpunkte: a_1 ist jeweils straff

- u_5 ist ein innerer Punkt: nichts straff

- u_6 ist eine unzulässige Basislösung: a_1, a_4, a_6, a_7 straff, a_5 verletzt

- u_7 ist ein Kantenpunkt: a_1, a_2, a_4 straff

- Da u_5 als innerer Punkt den höchsten Zielfunktionswert aufweist, ist keiner der gegebenen Punkte optimal.

c) (i) Straff bzgl. a_1 und a_4 sind u_1, u_6 und u_7. Bzgl. a_2 ist zudem u_6 locker, bzgl. a_3 zudem u_6, u_7. Bzgl. a_5 sind wir unzulässig mit u_6, locker mit u_7. Bzgl. a_6 und a_7 ist nur u_6 straff.

Eine echte Mischung aus u_1, u_6, u_7 macht also a_2, a_3, a_6, a_7 locker. Aber a_5 könnte noch verletzt sein. Mische deshalb u_6 und u_7 so, dass dies nicht geschieht: $x = \frac{1}{3} \cdot u_1 + \frac{1}{3} \cdot u_6 + \frac{1}{3} \cdot u_7$ ergibt

$$a_5^T x = \frac{1}{3} \cdot 1 + \frac{1}{3} \cdot \frac{23}{5} - \frac{1}{3} \cdot \frac{25}{2} = \frac{1}{3} + \frac{23}{15} - \frac{25}{6} = -\frac{23}{10} < 1.$$

(ii) Wir suchen einen Punkt, der nur bzgl. a_5 straff ist. u_5 ist ein innerer Punkt. u_6 ist gerade bzgl. a_5 überstrapaziert, ansonsten aber überall zulässig (straff oder locker). Wenn wir also u_5 und u_6 echt mischen, dann erhalten wir einen Punkt, der bzgl. a_1, a_2, a_3, a_4, a_6 und a_7 locker ist. Nun müssen wir nur noch für Straffheit bzgl. a_5

sorgen. Wir brauchen $\lambda \geq 0$ mit $\lambda \cdot (-10) + (1 - \lambda) \cdot \frac{23}{5} = 1$, das heißt

$$\frac{18}{5} = 10 \cdot \lambda + \frac{23}{5} \cdot \lambda = \frac{73}{5} \cdot \lambda \Rightarrow \lambda = \frac{18}{73}.$$

Somit hat der Punkt $x = \frac{18}{73} \cdot u_5 + \frac{55}{73} \cdot u_6$ unsere gewünschte Eigenschaft:

$$a_5^T x = \frac{18}{73} \cdot (-10) + \frac{55}{73} \cdot \frac{23}{5} = -\frac{180}{73} + \frac{253}{73} = \frac{73}{73} = 1 = b^5.$$

(iii) Aus der Problemstellung ist ersichtlich, dass $c \notin \text{cone}(a_1, \ldots, a_7)$, weil x_1 immer mit nichtnegativen Vorfaktoren in den a_i, aber mit (-1) in c, erscheint. Folglich ist $(-1, 0, 0, 0)^T$ eine freie Richtung des Polyeders. Und bei jeder Bewegung um $(-1, 0, 0, 0)^T$ steigt die Zielfunktion um 1 an. Wir dürfen diese freie Richtung an jeden zulässigen Punkt anhängen, also auch an die uns bekannten und bleiben dabei zulässig. Man nehme also den zulässigen (inneren) Punkt u_5 (mit Zielfunktionswert 2) als Aufhängepunkt und addiere dazu eine Bewegung um $(-3, 0, 0, 0)^T$. Man gelangt zum Punkt $u_8 = (-5, 1, 1, 0)^T$. Dieser ist zulässig und es gilt $c^T u_8 = 5$.

Lösung zu 2.2.2

Wir benutzen die folgenden Alternativsätze:

Gale:

$$\text{I} \quad Ax \leq b \text{ ist lösbar}$$
$$\text{oder (ausschließend)} \quad \text{II} \quad A^T y = 0, \, b^T y < 0, \, y \geq 0 \text{ ist lösbar.}$$

Nichthomogenes Farkas-Theorem:

$$\text{I} \quad c^T x > \beta, \, Ax \leq b \text{ ist lösbar}$$
$$\text{oder (ausschließend)} \quad \text{II} \quad \left\langle \begin{array}{l} A^T y = c, \, b^T y \leq \beta, \, y \geq 0 \quad \text{oder} \\ A^T y = 0, \, b^T y < 0, \, y \geq 0 \end{array} \right\rangle \text{ ist lösbar.}$$

Zunächst ist klar, dass höchstens einer der Fälle (i)-(iii) auftreten kann. Für den Rest reicht es also zu zeigen, dass (iii) eintritt, falls weder (i) noch (ii) gelten.

Sei also (P) zulässig ($\neg$i) und (P) beschränkt ($\neg$ii).

Annahme: (iii) ist verletzt, bzw. es gibt keinen Optimalpunkt.

Unsere Konstellation lässt sich in Ungleichungen formulieren:

($\neg$i) $Ax \leq b$ ist lösbar.

($\neg$ii)   Es gibt ein reelles $\beta := \{\sup c^T x \mid Ax \leq b\}$, das heißt $\forall \varepsilon > 0$ ist $Ax \leq b$ mit $c^T x > \beta - \varepsilon$ lösbar.

($\neg$iii)   Das Supremum β wird nicht angenommen, das heißt $Ax \leq b$, $c^T x \geq \beta$ ist nicht lösbar.

Nach Gale folgt also aus (¬i):

$$\text{Ees gibt kein } y \text{ mit } A^T y = 0, \ b^T y < 0, \ y \geq 0. \tag{2.1}$$

Nach dem inhomogenen Farkas-Theorem folgt aus (¬ii):

$$\forall \varepsilon > 0 \text{ ist weder } \quad \langle A^T y = c, \ b^T y \leq \beta - \varepsilon, \ y \geq 0 \rangle$$
$$\text{noch} \quad \langle A^T y = 0, \ b^T y < 0, \ y \geq 0 \rangle \text{ lösbar.} \tag{2.2}$$

(¬iii) kann auch in der Form geschrieben werden:

$$\begin{pmatrix} A \\ -c^T \end{pmatrix} x \leq \begin{pmatrix} b \\ -\beta \end{pmatrix} \text{ ist nicht lösbar.}$$

Mit Gale ergibt sich aber daraus die Lösbarkeit von

$$\left(A^T, -c \right) \begin{pmatrix} y_1 \\ y_2 \end{pmatrix} = 0, \ \left(b^T, -\beta \right) \begin{pmatrix} y_1 \\ y_2 \end{pmatrix} < 0, \ \begin{pmatrix} y_1 \\ y_2 \end{pmatrix} \geq 0,$$

das heißt

$$\exists y_1, y_2 \geq 0 \quad \text{mit} \quad A^T y_1 = y_2 \cdot c \quad \text{und} \quad b^T y_1 < y_2 \cdot \beta.$$

Für $y_2 \in \mathbb{R}$ sind zwei Fälle zu unterscheiden:

1. $y_2 > 0$. Dann hat man mit $y := \frac{1}{y_2} y_1$

$$A^T y = c, \ b^T y < \beta, \ y \geq 0.$$

Dies ist aber wegen (¬ii) ausgeschlossen (siehe (2.2)).

2. $y_2 = 0$. Dann hat man mit $y := y_1$

$$A^T y = 0, \ b^T y < 0, \ y \geq 0$$

Dies widerspricht (¬i) nach (2.1).

Also muss bei (¬i ∧ ¬ii) unbedingt (iii) gelten, das heißt, dass das Supremum angenommen wird. Und genau dort, wo das geschieht, hat man einen Optimalpunkt.

Lösung zu 2.2.3

Die Farkas-Alternativen sind:

I $\exists x$ mit $Ax = b$, $x \geq 0$

II $\exists z$ mit $A^T z \leq 0$, $b^T z > 0$

Seien nun $a_1, \ldots, a_k$ die Spalten von A. Dann ist I äquivalent zu $b \in \text{cone}(\{a_1, \ldots, a_k\})$ und dies entspricht hier (i).

II bedeutet hier, dass z existiert mit $z^T A \leq 0$ und $z^T b > 0$, also $z^T a_i \leq 0$ für $i = 1, \ldots, k$ und

$z^T b > 0$. Das heißt aber, dass die Hyperebene $\{x \mid z^T x = 0\}$ die Mengen $\{a_1, \ldots, a_k\}$ und $\{b\}$ trennt.

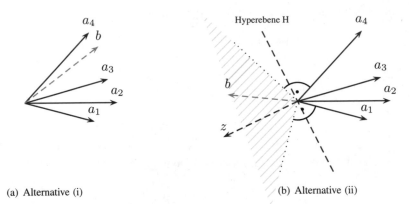

    (a) Alternative (i)   (b) Alternative (ii)

Die schraffierte Fläche in Alternative (ii) gibt den möglichen Bereich von z an.

Lösung zu 2.2.4

a)   Wir wenden das *Nichthomogene Farkas-Theorem* an.

$$(\tilde{\mathbf{I}}) \; \tilde{b}^T z > \tilde{\beta}, \tilde{A}x \leq \tilde{c}$$

$$\text{oder } (\tilde{\mathbf{II}}) \left\langle \begin{array}{l} \tilde{A}^T y = \tilde{b}, \quad \tilde{c}^T y \leq \tilde{\beta}, \quad y \geq 0 \\ \text{oder} \\ \tilde{A}^T y = 0, \quad \tilde{c}^T y < 0, \quad y \geq 0 \end{array} \right\rangle$$

Wir identifizieren das hiesige **(I)** mit $(\tilde{\mathbf{I}})$ und setzen dazu

$$\tilde{b} := c, \quad \tilde{\beta} := \beta, \quad \tilde{c} := \begin{pmatrix} b \\ b \end{pmatrix}, \quad \tilde{A} = \begin{pmatrix} A \\ -A \end{pmatrix}$$

Dann ergibt die Rückübersetzung von $(\tilde{\mathbf{II}})$:

$$\left\langle \begin{array}{l} (A^T, -A^T) \begin{pmatrix} y_1 \\ y_2 \end{pmatrix} = c, \quad \begin{pmatrix} b \\ b \end{pmatrix}^T \begin{pmatrix} y_1 \\ y_2 \end{pmatrix} \leq \beta, \quad \begin{pmatrix} y_1 \\ y_2 \end{pmatrix} \geq 0 \\ \text{oder} \quad (A^T, -A^T) \begin{pmatrix} y_1 \\ y_2 \end{pmatrix} = 0, \quad \begin{pmatrix} b \\ b \end{pmatrix}^T \begin{pmatrix} y_1 \\ y_2 \end{pmatrix} < 0, \quad \begin{pmatrix} y_1 \\ y_2 \end{pmatrix} \geq 0 \end{array} \right\rangle$$

Damit haben wir gerade **(II)** erhalten.

b)   Wegen $b \geq 0$ kann jetzt auf keinen Fall mehr $\begin{pmatrix} b \\ b \end{pmatrix}^T \begin{pmatrix} y_1 \\ y_2 \end{pmatrix} < 0$, und $\begin{pmatrix} y_1 \\ y_2 \end{pmatrix} \geq 0$ sein. Deshalb scheidet die zweite Zeile in **(II)** schon aus.

Es verbleibt dann nur noch die Alternative

(I)   Es gibt z mit $Az \le b$, $A(-z) \le b$ und $c^T z > \beta$

(II) Es gibt $\begin{pmatrix} y_1 \\ y_2 \end{pmatrix} \ge 0$ mit $(A^T, -A^T) \begin{pmatrix} y_1 \\ y_2 \end{pmatrix} = c$, $\begin{pmatrix} b \\ b \end{pmatrix}^T \begin{pmatrix} y_1 \\ y_2 \end{pmatrix} \le \beta$

(In **(I)** liegt ja mit 0 schon ein Punkt vor mit $A0 \le b$, dort ist nur noch $c^T z > \beta$ fraglich.)

Lösung zu 2.2.5

a)   i) $\Rightarrow$ ii):

$a_1, \ldots, a_k$ sind affin unabhängig.

$\Rightarrow \forall\, a_i$ gilt: $\not\exists\, \mu_1, \ldots, \mu_{i-1}, \mu_{i+1}, \ldots, \mu_k$ mit

$$a_i = \sum_{\substack{j=1 \\ j \ne i}}^{k} \mu_j a_j, \quad \sum_{\substack{j=1 \\ j \ne i}}^{k} \mu_j = 1.$$

Gäbe es nun $\eta_1, \ldots, \eta_k \ne (0, \ldots, 0)$ mit $\sum_{j=1}^{k} \eta_j a_j = 0$, $\sum_{j=1}^{k} \eta_j = 0$, dann wäre ein $\eta_i \ne 0$

(o. B. d. A. $\eta_i > 0$). Dann würde gelten

$$\eta_i a_i = \sum_{\substack{j=1 \\ j \ne i}}^{k} -\eta_j a_j \Leftrightarrow a_i = \sum_{\substack{j=1 \\ j \ne i}}^{k} \left(\frac{-\eta_j}{\eta_i} \right) a_j.$$

Setzt man nun $\mu_j := \left(\frac{-\eta_j}{\eta_i} \right)\ \forall j \ne i$, dann hat man eine Darstellung $a_i = \sum_{j \ne i} \mu_j a_j$.

Für die Koeffizientensumme gilt:

$$\sum_{j \ne i} \mu_j = \sum_{j \ne i} \left(\frac{-\eta_j}{\eta_i} \right) = -\frac{1}{\eta_i} \sum_{j \ne i} \eta_j = 1$$

wegen $\sum_{j=1}^{k} \eta_j = 0$ bzw. $\eta_i = -\sum_{j \ne i} \eta_j$.

Dies ist ein Widerspruch zu i).

ii) $\Rightarrow$ i):

Es gibt kein nichttriviales μ mit $\sum_{i=1}^{k} \mu_i = 0$ und $\sum_{i=1}^{k} \mu_i a_i = 0$. Wären trotzdem $a_1 \ldots, a_k$

affin abhängig, dann gäbe es eine Darstellung $a_i = \sum_{j \ne i}^{k} \lambda_j a_j$ mit $\sum_{j \ne i}^{k} \lambda_j = 1$. Damit wäre

aber

$$(\mu_1, \ldots, \mu_{i-1}, \mu_i, \mu_{i+1}, \ldots, \mu_k) = (\lambda_1, \ldots, \lambda_{i-1}, -1, \lambda_{i+1}, \ldots, \lambda_k)$$

eine nichttriviale Koeffizientenwahl für μ mit $\sum\limits_{j=1}^{k} \mu_j a_j = \sum\limits_{j \neq i} \lambda_j a_j - a_i = 0$ und

$\sum\limits_{j=1}^{k} \mu_j = \sum\limits_{j \neq i} \lambda_j - 1 = 0$ im Widerspruch zu ii).

b) $0 \in \mathrm{aff}(a_1, \ldots, a_m)$ bedeutet

$$\exists \lambda \text{ mit } 0 = \sum_{i=1}^{m} \lambda_i a_i \text{ und } \sum \lambda_i = 1$$

$$\Longleftrightarrow \exists \lambda \text{ mit } 0 = (a_1, \ldots, a_m) \begin{pmatrix} \lambda_1 \\ \vdots \\ \lambda_m \end{pmatrix} \text{ und } (1, \ldots, 1) \begin{pmatrix} \lambda_1 \\ \vdots \\ \lambda_m \end{pmatrix} > 0$$

(falls $(1, \ldots, 1) \begin{pmatrix} \lambda_1 \\ \vdots \\ \lambda_m \end{pmatrix} = \tilde{\rho} > 0, \tilde{\rho} \neq 1$, betrachte man $\frac{1}{\tilde{\rho}} \lambda$)

Nach *Motzkin* erhält man als Alternative:

$$\exists y_1 \gneqq 0 \text{ und } y_4 \text{ beliebig mit } \begin{pmatrix} 1 \\ \vdots \\ 1 \end{pmatrix} y_1 + \begin{pmatrix} a_1^T \\ \vdots \\ a_m^T \end{pmatrix} y_4 = 0$$

$$\Longleftrightarrow \exists \rho > 0 \text{ und } z = -y_4 \text{ mit } a_1^T z = \rho, \ldots, a_m^T z = \rho$$

$$\Longleftrightarrow z \text{ ist ein Normalenvektor auf } \mathrm{aff}(a_1, \ldots, a_m) \text{ mit Skalarprodukt } \rho > 0$$

Wir wollen nun zeigen, dass dies äquivalent ist zu

$$\text{Affiner Rang}(a_1, \ldots, a_m) = \dim(\mathrm{lin}(a_1, \ldots, a_m)).$$

Dies bedeutet, dass die maximale Anzahl der affin unabh. Vektoren in $\{a_1, \ldots, a_m\}$ gleich der maximalen Anzahl der linear unabh. Vektoren in $\{a_1, \ldots, a_m\}$ ist.
Bei $0 \notin \mathrm{aff}(a_1, \ldots, a_m)$ genügt es also zu zeigen:

$$a_1, \ldots, a_k \text{ linear unabh.} \Longleftrightarrow a_1, \ldots, a_k \text{ affin unabh.}$$

Linear unabhängige Vektoren sind auch affin unabhängig, denn wenn es keine Multiplikatoren $(\eta_1, \ldots, \eta_k) \neq (0, \ldots, 0)$ gibt mit $\sum \eta_i a_i = 0$, dann gibt es auch kein $(\eta_1, \ldots, \eta_k) \neq 0$ mit $\sum \eta_i = 0$ und $\sum \eta_i a_i = 0$. Letzteres ist ja nach Teil a) äquivalent zur affinen Unabhängigkeit der Vektoren.
Umgekehrt seien nun $a_1, \ldots, a_k$ affin unabhängig. Z. z.: $a_1, \ldots, a_k$ sind linear unabhängig.

Wir betrachten eine Linearkombination, die 0 ergibt: $\sum\limits_{i=1}^{k} \lambda_i a_i = 0$

Da in unserem Fall nach Motzkin ein $\rho > 0$ und z existiert mit $a_i^T z = \rho > 0$, folgt

$$0 = 0^T z = \left(\sum \lambda_i a_i \right)^T z = \sum \lambda_i \cdot \rho$$

Wegen $\rho > 0$ muss nun gelten $\sum \lambda_i = 0$, das heißt $\forall \lambda$ mit $\sum \lambda_i a_i = 0$ folgt $\sum \lambda_i = 0$. Da $a_1, \ldots, a_m$ aber affin unabhängig sind, folgt mit Teil a): $\nexists \lambda \neq 0$ mit $\sum \lambda_i a_i = 0$ und $\sum \lambda_i = 0$, also muss $\lambda = (0, \ldots, 0)$ gelten. Damit ist dann auch die lineare Unabhängigkeit von $a_1, \ldots, a_k$ gezeigt.

Insgesamt haben wir nun gezeigt, dass $\neg I$ impliziert, dass

$$\text{affiner Rang}(a_1, \ldots, a_m) = \dim(\text{lin}(a_1, \ldots, a_m)),$$

also II.

Noch zu zeigen: Unvereinbarkeit von I und II
Sei $0 \in \text{aff}(a_1, \ldots, a_m)$ und $k = \text{affiner Rang}(a_1, \ldots, a_m)$.
O. B. d. A. seien $a_1, \ldots, a_k$ affin unabhängig und $a_{k+1}, \ldots, a_m$ affin abhängig von $a_1, \ldots, a_k$.
Dann ist $\text{aff}(a_1, \ldots, a_m) = \text{aff}(a_1, \ldots, a_k)$ und $0 \in \text{aff}(a_1, \ldots, a_k)$.
$\Rightarrow 0 = \sum\limits_{i=1}^{k} \lambda_i a_i$ mit $\sum \lambda_i = 1$
$\Rightarrow \exists j$ mit $\lambda_j \neq 0$ und $\lambda_j a_j = - \sum\limits_{i \neq j} \lambda_i a_i$
$\Rightarrow a_j = -\frac{1}{\lambda_j} \sum\limits_{i \neq j} \lambda_i a_i$
Also ist a_j linear abhängig von $a_1, \ldots, a_{j-1}, a_{j+1}, \ldots, a_k$. Folglich gilt:

$$\dim(\text{lin}(a_1, \ldots, a_k)) \leq k - 1$$

Daraus folgt die Unvereinbarkeit von I und II.
Und nun steht erst fest, dass $\neg I$ äquivalent ist zu II, dass also I und II Alternativen sind.

Kapitel 3

Polyedertheorie

3.1 Konvexität von Mengen

Unser Ziel ist es, die Geometrie von linearen Optimierungsaufgaben vollständig zu verstehen und daraus für die algebraische und arithmetische Lösung die richtigen Konsequenzen zu ziehen. Dementsprechend beschäftigen wir uns zunächst mit einer wichtigen Eigenschaft des Zulässigkeitsbereichs von linearen Optimierungsproblemen, der Konvexität. Diese Eigenschaft wird uns auch in Teil III (dort liegt keine Linearität vor) eine wertvolle Hilfe sein.

Definition 3.1

Eine Menge $X \subset K^n$ heißt *konvex*, wenn mit zwei Punkten x_1 und x_2 aus X auch alle Punkte $\lambda x_1 + (1 - \lambda)x_2$ zu X gehören ($\lambda \in [0, 1]$). Man schreibt auch $[x_1, x_2] \subset X$. Mit $[x_1, x_2]$ beschreibt man das *Liniensegment* zwischen x_1 und x_2.

Beispiel für konvexe Mengen im K^n :

$$\{x \mid a^T x = \beta\} \text{ mit } a \in K^n, \ \beta \in K \text{ (Hyperebene)}$$
$$\{x \mid a^T x \leq \beta\} \text{ (abgeschlossener Halbraum)}$$

Bemerkung

Der Durchschnitt beliebig vieler konvexer Mengen ist konvex.

Lemma 3.2

Sei S eine Teilmenge von K^n. Dann ist conv(S) *die kleinste konvexe Menge, die S enthält.*

Definition 3.3

Sei M eine konvexe Menge. $x \in M$ heißt *Extremalpunkt* von M, wenn es unmöglich ist, x als echte Konvexkombination von verschiedenen Elementen aus M darzustellen, das heißt aus

$$x = \lambda x_1 + (1 - \lambda) x_2 \text{ mit } 0 < \lambda < 1 \text{ und } x_1, x_2 \in \Gamma$$

folgt

$$x_1 = x_2 = x.$$

Definition 3.4

Eine Menge $H \subset K^n$ heißt *Hyperebene*, wenn es einen Vektor $a \in K^n \setminus \{0\}$ und ein $\beta \in K$ gibt, so dass $H = \{x \in K^n \mid a^T x = \beta\}$. Dabei heißt a Normalenvektor zu H.

Bemerkung

Eine Hyperebene H ist also ein affiner Unterraum der Dimension $n - 1$. Wählt man einen speziellen Punkt $x_0 \in H$, dann gilt für alle $x \in H$: $(x - x_0)^T a = 0$ und $x = x_0 + z$ mit $z \in \mathrm{DR}(H)$. (DR beschreibt den sogenannten Differenzraum.)

Definition 3.5

Eine Teilmenge $\mathrm{HR} \subset K^n$ heißt *Halbraum*, falls es einen Vektor $a \in K^n \setminus \{0\}$ und ein $\beta \in K$ gibt, so dass $\mathrm{HR} = \{x \mid a^T x \leq \beta\}$. Dann heißt $H = \{x \mid a^T x = \beta\}$ die HR *begrenzende Hyperebene*.

Bezeichnung

Durch H werden folgende Halbräume begrenzt:

$$\mathrm{HR}(a, \beta, \leq), \ \mathrm{HR}(a, \beta, \geq), \ \mathrm{Int}\,\mathrm{HR}(a, \beta, \leq) = \mathrm{HR}(a, \beta, <), \ \mathrm{Int}\,\mathrm{HR}(a, \beta, \geq) = \mathrm{HR}(a, \beta, >).$$

Definition 3.6

Ist $\bar{x}, d \in K^n$ und $d \neq 0$, dann nennt man eine Punktmenge $\{x \mid x = \bar{x} + \lambda d, \ \lambda \geq 0, \ \lambda \in K\}$ eine *Halbgerade*. $\bar{x}$ heißt die *Ecke* bzw. der *Eckpunkt* der Halbgeraden und d heißt *Richtungsvektor* der Halbgeraden.

Definition 3.7

Es sei $M \subset K^n$ eine beliebige Menge und $d \neq 0$, $d \in K^n$. Gibt es dann ein $\bar{x} \in M$, so dass $\{x \mid x = \bar{x} + \lambda d, \ \lambda \geq 0\} \subset M$, dann heißt d eine *freie Richtung* von M.

Bemerkung

Wenn M beschränkt ist, dann besitzt M keine freie Richtung. Wenn eine freie Richtung existiert, dann ist M unbeschränkt.

Lemma 3.8

Ist $M \subseteq \mathbb{R}^n$ eine abgeschlossene, konvexe Menge, und ist d eine freie Richtung von M, dann gilt für alle $x_0 \in M$: Die Halbgerade $\{x \mid x = x_0 + \lambda d, \ \lambda \geq 0\}$ liegt ganz in M.

Lemma 3.9

M sei eine konvexe Menge, D die zugehörige Menge aller freien Richtungen d von M. Dann ist D konvex.

Definition 3.10

Eine freie Richtung d einer konvexen Menge M heißt *extremal*, wenn sie nicht als Positivkombination zweier verschiedener freier Richtungen aus M dargestellt werden kann. Dabei heißen die Richtungen d_1 und d_2 verschieden, wenn es kein $\mu > 0$ gibt mit $d_1 = \mu d_2$. Formal kann man dies so ausdrücken:

$$\exists \, \rho_1, \rho_2 \text{ mit } d = \rho_1 d_1 + \rho_2 d_2, \ 0 < \rho_1, \ 0 < \rho_2, \Rightarrow$$
$$\exists \, \mu_1 > 0 : d = \mu_1 d_1 \text{ oder } \exists \, \mu_2 > 0 : d = \mu_2 d_2$$

Definition 3.11

Ein *konvexer Kegel C* ist eine konvexe Menge mit der Zusatzeigenschaft, dass $\lambda x \in C$ für alle $\lambda \geq 0$ und $x \in C$.

Lemma 3.12

Sei S eine Menge in K^n. Dann ist $\mathrm{cone}(S)$ der kleinste konvexe Kegel, der S enthält.

Wir werden eine Möglichkeit kennenlernen, die Punkte einer konvexen Menge mit nur wenigen Angaben zu beschreiben.

Satz 3.13 (Satz von Caratheodory für konvexe Kegel)
S sei eine Teilmenge von K^n und $d = \dim \operatorname{cone}(S)$. Dann gibt es zu jedem $x \in \operatorname{cone}(S)$ d Punkte $s_1, \ldots, s_d \in S$, so dass gilt:

$$x \in \operatorname{cone}(s_1, \ldots, s_d).$$

Satz 3.14 (Satz von Caratheodory für konvexe Mengen)
Sei S eine Teilmenge von K^n und $\dim S = d$. Dann existieren zu jedem $x \in \operatorname{conv}(S)$ $d + 1$ Punkte $s_1, \ldots, s_{d+1}$, so dass
$$x \in \operatorname{conv}(s_1, \ldots, s_{d+1}).$$

3.2   Aufgaben zur Konvexität von Mengen

Aufgabe 3.2.1

a)   Betrachte folgende Teilmenge des $\mathbb{R}^5$:

$M = \{v_1, v_2, v_3, v_4, v_5\}$ mit:

$$v_1 = (1, 0, 0, 0, 0)^T$$
$$v_2 = (0, 1, 1, 0, 0)^T$$
$$v_3 = (0, 1, 1, 2, 0)^T,$$
$$v_4 = (0, 0, 0, 0, 1)^T$$
$$v_5 = (1, 2, 2, 2, 1)^T$$

Bestimmen Sie

(i)   die Dimension von $\operatorname{lin}(M)$,

(ii)   den affinen Rang von M,

(iii) die affine Dimension von $\operatorname{aff}(M)$.

b)   Geben Sie einen Vektor an, der in dem konvexen Kegel $\operatorname{cone}(M)$, aber nicht in dem von M erzeugten Kegel liegt.

c)   Geben Sie (mit Beweis) $n + 1$ affin unabhängige Vektoren im $\mathbb{R}^n$ an.

Aufgabe 3.2.2

Wir betrachten ein Polyeder $P = P(A, b) \neq \emptyset$. Zeigen Sie:

a) Ein $d \neq 0$ ist eine freie Richtung von P genau dann, wenn $Ad \leq 0$ ist.

b) Bestimmen Sie die freien Richtungen der Mengen

$$M = \{x \in \mathbb{R}^2 \mid x^1 - 2x^2 \geq -6,\, x^1 - x^2 \geq -2,\, x^1 + x^2 \geq 1,\, x \geq 0\}$$

und

$$N = M \cap \{x \in \mathbb{R}^2 \mid x^1 \leq x^2\}.$$

c) Sei $A \in \mathbb{R}^{(n,n)}$ invertierbar und $\{e_1, ..., e_n\}$ die Standardbasis des $\mathbb{R}^n$. Setze

$$z_i = -A^{-1} e_i.$$

Zeigen Sie, dass die z_i genau die extremalen freien Richtungen von $P(A, b)$ sind.

Aufgabe 3.2.3

Gegeben seien m Punkte $a_1, \dots, a_m \in \mathbb{R}^n$.
Beweisen Sie.
Für jeden Punkt $x \in \mathrm{Int}(\mathrm{conv}(a_1, \dots, a_m))$ gibt es eine Darstellung als *echte* Konvexkombination *aller* Punkte $a_1, \dots, a_m$, das heißt formal

$$\exists\, \lambda_1 > 0, \lambda_2 > 0, \dots, \lambda_m > 0 \text{ mit } \sum_{i=1}^{m} \lambda_i = 1, \text{ so dass } x = \sum_{i=1}^{m} \lambda_i a_i.$$

Hinweis: Gehen Sie induktiv vor und zeigen Sie, dass – falls x als echte Konvexkombination von $a_1, \dots, a_k$ $(k < m)$ geschrieben werden kann – x auch eine echte Konvexkombination von $a_1, \dots, a_k, a_{k+1}$ (oder noch mehr Vektoren ist).

Aufgabe 3.2.4

Betrachten Sie zwei LP's, die beide Optimalpunkte haben:

$$\begin{array}{ll} \max & c^T x \\ \text{unter} & Ax \leq b_1 \end{array} \quad (P_1) \qquad\qquad \begin{array}{ll} \max & c^T x \\ \text{unter} & Ax \leq b_2 \end{array} \quad (P_2)$$

mit $x \in \mathbb{R}^n, A \in \mathbb{R}^{(m,n)}, b_1, b_2 \in \mathbb{R}^m$ und $b_1, b_2 \geq 0$.
Zeigen Sie:

a) Löst man beide LPs und mischt man die Optimalwerte mit den Koeffizienten λ für (P_1) und $(1 - \lambda)$ für (P_2) (wobei $0 < \lambda < 1$), dann gibt es immer noch einen Zielfunktionswert, der im nachfolgenden Problem (P_{mix}) auftritt und mindestens so groß wie das Resultat aus der Mischung obiger Optimalwerte ist. Dabei ist (P_{mix}) gegeben durch:

$$
\begin{array}{ll}
\max & c^T x \\
\text{unter} & Ax \;\leq\; \lambda b_1 + (1-\lambda) b_2.
\end{array}
\qquad (P_{\mathrm{mix}})
$$

b) (P_{mix}) besitzt einen Optimalpunkt.

Aufgabe 3.2.5

Beschäftigen Sie sich mit der Problemfamilie

$$
\begin{array}{ll}
\max & c^T x \\
\text{unter} & Ax \leq b,
\end{array}
\qquad \text{mit } c \in [c_1, c_2] = \mathrm{conv}(c_1, c_2).
\qquad (P_c)
$$

Hierbei soll $X = \{x \mid Ax \leq b\} \neq \emptyset$ und $X = \mathrm{conv}(v_1, \dots, v_k) + \mathrm{cone}(z_1, \dots, z_\ell)$ gelten.

Zeigen Sie:

a)   Ist $c^T x$ auf X unbeschränkt nach oben, dann gilt dies auch für $c_1^T x$ oder für $c_2^T x$.

b)   Sind $c_1^T x$ und $c_2^T x$ auf X beide nach oben beschränkt, dann ist die Optimalwertfunktion $f(c) := \max\{c^T x \mid x \in X\}$ stückweise linear, stetig und konvex auf $[c_1, c_2]$.
Hinweis:
Eine Funktion $f : \mathbb{R}^n \to \mathbb{R}$ heißt konvex auf $[a,b] \subseteq \mathbb{R}^n$, falls für alle $\xi_1, \xi_2 \in [a,b]$ und $\lambda \in [0,1] \subset \mathbb{R}$ gilt:

$$
f(\lambda \xi_1 + (1-\lambda)\xi_2) \leq \lambda f(\xi_1) + (1-\lambda) f(\xi_2).
$$

Verwenden Sie x_c für den jeweiligen Optimalpunkt und $\mu_c = c^T x_c = f(c)$ für den jeweiligen Optimalwert als Bezeichnung.

c) $f(c)$ hat nicht mehr als k lineare „Stücke".

Aufgabe 3.2.6

Sei $\lambda \in \mathbb{R}$. Im $\mathbb{R}^3$ seien

$$
T := \mathrm{conv}(\{(0,0,0)^T, (1,0,0)^T, (0,1,0)^T, (0,0,1)^T\})
$$

$$
D_\lambda := \mathrm{conv}\left(\left\{(0, -1+\lambda, 0)^T, \left(\frac{1}{2}, \lambda, \frac{1}{2}\right)^T, (0, \lambda, -1)^T\right\}\right).
$$

Finden Sie alle λ, für die T und D_λ strikt getrennt werden können, und geben Sie jeweils eine strikt trennende Hyperebene an.

3.3 Lösungen zur Konvexität von Mengen

Lösung zu 3.2.1

a) (i) Man kann nachweisen, dass die vier ersten Vektoren linear unabhängig sind:

$$\lambda_1 \begin{pmatrix} 1 \\ 0 \\ 0 \\ 0 \\ 0 \end{pmatrix} + \lambda_2 \begin{pmatrix} 0 \\ 1 \\ 1 \\ 0 \\ 0 \end{pmatrix} + \lambda_3 \begin{pmatrix} 0 \\ 1 \\ 1 \\ 2 \\ 0 \end{pmatrix} + \lambda_4 \begin{pmatrix} 0 \\ 0 \\ 0 \\ 0 \\ 1 \end{pmatrix} = \begin{pmatrix} 0 \\ 0 \\ 0 \\ 0 \\ 0 \end{pmatrix}$$

$$
\begin{aligned}
&\Rightarrow \lambda_1 = 0 && \text{(erste Komponente)} \\
&\Rightarrow \lambda_4 = 0 && \text{(fünfte Komponente)} \\
&\Rightarrow \lambda_3 = 0 && \text{(vierte Komponente)} \\
&\Rightarrow \lambda_2 + \lambda_3 = \lambda_2 = 0 && \text{(zweite Komponente)}
\end{aligned}
$$

Der fünfte Vektor $(1, 2, 2, 2, 1)^T$ lässt sich aber darstellen als

$$1 \cdot \begin{pmatrix} 1 \\ 0 \\ 0 \\ 0 \\ 0 \end{pmatrix} + 1 \cdot \begin{pmatrix} 0 \\ 1 \\ 1 \\ 0 \\ 0 \end{pmatrix} + 1 \cdot \begin{pmatrix} 0 \\ 1 \\ 1 \\ 2 \\ 0 \end{pmatrix} + 1 \cdot \begin{pmatrix} 0 \\ 0 \\ 0 \\ 0 \\ 1 \end{pmatrix}.$$

Deshalb ist $\dim\left(\mathrm{lin}(M)\right) = 4$.

(ii) Wir wissen nun, dass $v_5 = v_1 + v_2 + v_3 + v_4$ gilt und dass die Vektoren $\{v_1, \ldots, v_4\}$ linear unabhängig sind.

Nach dem Basisaustauschsatz sind aber dann auch folgende Kombinationen

$$
\begin{aligned}
&\{v_1,\, v_2,\, v_3,\, v_5\} \\
&\{v_1,\, v_2,\, v_5,\, v_4\} \\
&\{v_1,\, v_5,\, v_3,\, v_4\} \\
&\{v_5,\, v_2,\, v_3,\, v_4\}
\end{aligned}
$$

jeweils linear unabhängig (Koeffizient bei v_5 - Darstellung $\neq 0$).
Wenn wir annehmen, dass M affin abhängig ist, dann müsste es ein v_i geben, das sich als Affinkombination der anderen v_j $(j \neq i)$ schreiben lässt. Also

$$
\begin{aligned}
v_5 &= \sum_{i=1}^{4} \lambda_i v_i && \text{mit} && \sum_{i=1}^{4} \lambda_i = 1 && \text{bzw.} \\
v_j &= \sum_{i=1,\, i \neq j}^{5} \lambda_i v_i && \text{mit} && \sum_{i=1,\, i \neq j}^{5} \lambda_i = 1.
\end{aligned}
$$

Diese Darstellungen sind aber wegen der linearen Unabhängigkeit immer eindeutig.

$$v_5 = \sum_{i=1}^{4} 1 \cdot v_i \qquad\qquad \text{mit } \sum_{i=1}^{4} \lambda_i = 4 \neq 1$$

$$v_j = 1 \cdot v_5 - \sum_{i=1, i \neq j}^{4} 1 \cdot v_i \quad \text{mit } \sum_{i=1, i \neq j}^{5} \lambda_i = 1 - 3 = -2 \neq 1 \quad \text{für } 1 \leq j \leq 4$$

Also ist kein v_i affin durch die anderen darstellbar. M ist affin unabhängig mit affinem Rang 5.

(iii) Die affine Dimension von $\mathrm{aff}(M)$ ist

$$\dim \mathrm{aff}(M) = \text{affiner } \mathrm{Rang}(M) - 1 = 5 - 1 = 4.$$

b)   Der von M erzeugte Kegel ist

$$\{\lambda v_1 \mid \lambda \geq 0\} \cup \{\lambda v_2 \mid \lambda \geq 0\} \cup \{\lambda v_3 \mid \lambda \geq 0\} \cup \{\lambda v_4 \mid \lambda \geq 0\} \cup \{\lambda v_5 \mid \lambda \geq 0\}.$$

Er enthält also alle Vielfachen der fünf Vektoren.
$1 \cdot v_1 + 1 \cdot v_2 = (1,1,1,0,0)^T$ ist eine konische Kombination der Vektoren v_1, v_2 und gehört somit zum konvexen Kegel von $\{v_1, \ldots, v_5\}$. Aber $v_1 + v_2$ ist kein Vielfaches von einem der fünf Vektoren und liegt deshalb nicht im von M erzeugten Kegel.

c)   Wählt man z. B. $v_1 = e_1, \ldots, v_n = e_n$ und v_{n+1} als einen zugehörigen Vektor, der zu affiner Abhängigkeit führen würde, dann müsste gelten

$$v_{n+1} = \lambda_1 e_1 + \ldots + \lambda_n e_n \quad \text{mit} \quad \lambda_1 + \ldots + \lambda_n = 1$$

$$\Rightarrow \sum_{i=1}^{n} v_{n+1}^i = 1 \quad \text{(Komponentensumme von 1)}.$$

Wenn man nun diese Komponentensumme von 1 vermeidet und dafür sorgt, dass jeder obige Darstellungskoeffizient $\lambda_1, \ldots, \lambda_n \neq 0$ ist, dann bilden alle Mengen der Form $\{e_1, \ldots, e_{j-1}, v_{n+1}, e_{j+1}, \ldots, e_n\}$ eine Basis und die Darstellung für den ausgelassenen Vektor ist eindeutig.
v_{n+1} kann dann keine Affinkombination von $e_1, \ldots, e_n$ sein. Aber auch (o. B. d. A.) e_1 kann dies nicht sein in Bezug auf $\{v_{n+1}, e_2, \ldots, e_n\}$, denn

$$\lambda_1 e_1 = v_{n+1} - \lambda_2 e_2 - \ldots - \lambda_n e_n \quad \Leftrightarrow \quad e_1 = \frac{1}{\lambda_1} v_{n+1} - \frac{\lambda_2}{\lambda_1} e_2 - \ldots - \frac{\lambda_n}{\lambda_1} e_n$$

und $\frac{1 - \lambda_2 - \ldots - \lambda_n}{\lambda_1}$ ist nur dann 1, wenn

$$\lambda_1 = 1 - \lambda_2 - \ldots - \lambda_n \quad \Leftrightarrow \quad \lambda_1 + \ldots + \lambda_n = 1 \quad \text{(und das haben wir vermieden)}.$$

Beispiel: $v_{n+1} = 2e_1 + \ldots + 2e_n \Rightarrow \sum_{i=1}^{n} \lambda_i = 2n > 1$

Lösung zu 3.2.2

a) ⇒: $d \neq 0$ sei eine freie Richtung von $P(A, b)$

⇒ es gibt $\overline{x} \in P(A, b)$, so dass $\overline{x} + \lambda d \in P(A, b) \ \forall \lambda \geq 0$

das heißt $A(\overline{x} + \lambda d) \leq b \ \forall \lambda \geq 0 \Rightarrow \lambda A d \leq b - A\overline{x}$

⇒ $Ad \leq \frac{1}{\lambda}(b - A\overline{x}) \ \forall \lambda > 0 \Rightarrow Ad \leq 0$ für $\lambda \to \infty$

⇐: Sei $d \neq 0$, $Ad \leq 0$, $x \in P(A, b)$ beliebig.

Dann gilt $\forall \lambda \geq 0 \quad A(x + \lambda d) = Ax + \lambda A d \leq Ax + \lambda \cdot 0 \leq b$

⇒ alle $x + \lambda d$ mit $\lambda \geq 0$ sind zulässig ⇒ d ist freie Richtung

b) Betrachte $M = \{x \in \mathbb{R}^2 \mid x^1 - 2x^2 \geq -6, \ x^1 - x^2 \geq -2, \ x^1 + x^2 \geq 1, \ x \geq 0\}$ und $N = M \cap \{x \in \mathbb{R}^2 \mid x^1 \leq x^2\}$.

Rechnerisch: Für eine freie Richtung muss $Ad \leq 0$ mit $d \neq 0$ gelten.
Setze $d = (d^1, d^2)^T$.

$$
\begin{array}{llll}
M: & -d^1 + 2d^2 \leq 0 & \Leftrightarrow & 2d^2 \leq d^1 \\
& -d^1 + d^2 \leq 0 & \Leftrightarrow & d^2 \leq d^1 \\
& -d^1 - d^2 \leq 0 & \Leftrightarrow & -d^2 \leq d^1 \quad \text{(immer erfüllt für } d^2 \geq 0, \ d^1 \geq 0\text{)} \\
& -d^1 \leq 0 & \Leftrightarrow & d^1 \geq 0 \\
& -d^2 \leq 0 & \Leftrightarrow & d^2 \geq 0
\end{array}
$$

Also gilt für die freien Richtungen $2d^2 \leq d^1$ und $d^2 \geq 0$. Die freien Richtungen liegen somit in

$$
\text{cone}\left(\begin{pmatrix} 2 \\ 1 \end{pmatrix}, \begin{pmatrix} 1 \\ 0 \end{pmatrix} \right)
$$

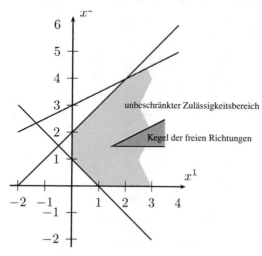

Zulässigkeitsbereich der Menge M

N: Die zusätzliche Restriktion $x^1 - x^2 \leq 0$ impliziert $d^1 \leq d^2$.

Mit den Bedingungen der Menge M haben wir dann

$d^2 \geq 0, d^1 \leq d^2 \leq \frac{1}{2}d^1 \Rightarrow d^1 = 0, d^2 = 0$. (Widerspruch)

N hat also keine freien Richtungen.

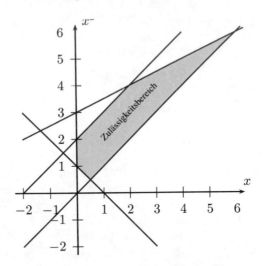

Zulässigkeitsbereich der Menge N

c)   1)   **Z. z.:** Wenn wir $z_i = -A^{-1}e_i$ setzen, dann spannen die z_i den konvexen Kegel der freien Richtungen auf, das heißt, dass es zu jeder freien Richtung d es $\rho_1, \ldots, \rho_n \geq 0$ mit $d = \sum_{i=1}^{n} \rho_i z_i$ gibt.

Die z_i sind (wegen $Az_i = -e_i \leq 0$) freie Richtungen.

$d \neq 0$ ist freie Richtung und A invertierbar $\Rightarrow$ mit $\xi := Ad$ gilt $\xi \leq 0$ und $d = A^{-1}\xi$.

Also hat man

$$
\begin{aligned}
d = A^{-1}\xi \;\; &= \;\; A^{-1}\left(\sum_{i=1}^{n} \xi^i e_i\right) \\
&= \;\; A^{-1}\left(\sum_{i=1}^{n} |\xi^i|(-e_i)\right) \quad \text{wegen} \quad \xi^i \leq 0 \,\forall\, i \\
&= \;\; \sum_{i=1}^{n} |\xi^i| A^{-1}(-e_i) \\
&= \;\; \sum_{i=1}^{n} |\xi^i| z_i.
\end{aligned}
$$

Setze nun $\rho_i = |\xi^i| \geq 0$ und dann gilt $d = \sum_{i=1}^{n} \rho_i z_i$.

2)   **Z. z.:** Die z_i sind extremale freie Richtungen.

Annahme: (O. B. d. A.) z_1 wäre nicht extremal.

Dann müsste es verschiedene freie Richtungen $d_1 \neq \alpha d_2$, $\alpha > 0$ geben mit

$$z_1 = \lambda d_1 + \mu d_2, \quad \lambda, \mu > 0.$$

Das heißt aber $Az_1 = \lambda Ad_1 + \mu Ad_2$

bzw. $-e_1 = \lambda \begin{pmatrix} \xi^1 \\ \vdots \\ \xi^n \end{pmatrix} + \mu \begin{pmatrix} \kappa^1 \\ \vdots \\ \kappa^n \end{pmatrix}$ mit $\xi^i, \kappa^i \leq 0 \quad \forall i$.

Dann aber müssen $\xi^2, \ldots, \xi^n = \kappa^2, \ldots, \kappa^n = 0$ sein und Ad_1, Ad_2 sind Vielfache von $-e_1$, also auch Vielfache voneinander.

Dann sind aber auch d_1, d_2 Vielfache voneinander, da A invertierbar ist. (Widerspruch)

$\Rightarrow$ Die z_i sind extremale freie Richtungen.

Lösung zu 3.2.3

Wir führen den Beweis durch Induktion.

Induktionsanfang: $k = 1$

Da x zu $\mathrm{conv}(u_1, \ldots, a_m)$ gehört, gibt es $r(\geq 1)$ Erzeuger (o. B. d. A.) $a_1, \ldots, a_r$, so dass $\sum_{i=1}^{r} \lambda_i a_i, \sum_{i=1}^{r} \lambda_i = 1, \lambda_i \geq 0$ (man lasse die Erzeuger mit $\lambda_j = 0$ einfach weg).

Induktionsannahme: Sei $k \geq 1, k < m$.

x sei gegeben in der Form $x = \sum_{i=1}^{k} \lambda_i a_i, \sum_{i=1}^{k} \lambda_i = 1, \lambda_i > 0 \, \forall i$

Induktionsschritt: Wir weisen nach, dass wir eine echte Erzeugung mit $a_1, \ldots, a_k$ und a_{k+1} finden können.

1. Trivialfall: $a_{k+1} = x$

   Dann stellen wir x dar als $\frac{1}{2} a_{k+1} + \frac{1}{2} \sum_{i=1}^{k} \lambda_i a_i$ mit λ_i gemäß Induktionsannahme $\sum_{i=1}^{k} \lambda_i = 1 \Rightarrow \frac{1}{2} + \sum \frac{1}{2} \lambda_i = 1, \frac{1}{2} \lambda_i > 0$ und $\frac{1}{2} > 0$.

2. nichttrivialer Fall: $a_{k+1} \neq x$.

   Da es sich bei x um einen inneren Punkt handelt, gibt es eine Umgebung $U_\varepsilon(x) \subset \mathrm{conv}(a_1, \ldots, a_m)$. Betrachten wir die Richtung von x nach a_{k+1}, also $\mathbb{R}^+(a_{k+1} - x)$ und wandern wir von x aus in die Gegenrichtung, also in $\mathbb{R}^+(x - a_{k+1})$, dann gehört für ein $\delta > 0$ jeder Punkt $x + \eta(x - a_{k+1})$ mit $0 < \eta < \delta$ immer noch zu $\mathrm{conv}(a_1, \ldots, a_m)$. Nun ist aber x eine *echte* Konvexkombination von a_{k+1} und $x + \eta(x - a_{k+1})$, nämlich

   $$x = \frac{1}{1+\eta}[x + \eta(x - a_{k+1})] + \frac{\eta}{1+\eta} a_{k+1}.$$

   Für $[x + \eta(x - a_{k+1})]$ gibt es ganz simpel eine Darstellung $\sum_{i=1}^{m} \mu_i a_i$ mit $\mu_i \geq 0$ und $\sum \mu_i = 1$, also gilt:

   $$x = \frac{1}{1+\eta} \sum_{i=1}^{m} \mu_i a_i + \frac{\eta}{1+\eta} a_{k+1} \text{ mit } \eta > 0.$$

Mischen wir jetzt beide Darstellungen, so gilt

$$x = \frac{1}{2} \cdot x + \frac{1}{2} \cdot x = \frac{1}{2} \cdot \sum_{i=1}^{k} \lambda_i a_i + \frac{1}{2} \cdot \frac{1}{1+\eta} \cdot \sum_{i=1}^{m} \mu_i a_i + \frac{1}{2} \cdot \frac{\eta}{1+\eta} \cdot a_{k+1}$$

$$= \sum_{i=1}^{k} \left(\frac{1}{2}\lambda_i + \frac{1}{2}\frac{1}{1+\eta} \cdot \mu_i \right) a_i + \left(\frac{1}{2}\frac{1}{1+\eta} \cdot \mu_{k+1} + \frac{1}{2}\frac{\eta}{1+\eta} \right) a_{k+1}$$

$$+ \sum_{i=k+2}^{m} \frac{1}{2}\frac{1}{1+\eta} \cdot \mu_i a_i$$

Die Koeffizienten der beiden ersten Terme sind positiv:

$$\begin{array}{ll} \frac{1}{2} \cdot \lambda_i + \frac{1}{2} \cdot \frac{1}{1+\eta} \cdot \mu_i, & \text{weil } \lambda_i > 0, \mu_i \geq 0, \eta > 0 \\ \frac{1}{2} \cdot \frac{1}{1+\eta}\mu_{k+1} + \frac{1}{2} \cdot \frac{\eta}{1+\eta}, & \text{weil } \eta > 0, \mu_{k+1} \geq 0 \end{array}$$

Die Koeffizienten des letzten Terms sind nichtnegativ, weil $\mu_i \geq 0$. Die Koeffizientensumme ist

$$\sum_{i=1}^{k} \frac{1}{2} \cdot \lambda_i + \frac{1}{2} \cdot \frac{1}{1+\eta} \cdot \sum_{i=1}^{m} \mu_i + \frac{1}{2} \cdot \frac{\eta}{1+\eta} = \frac{1}{2} + \frac{1}{2} \cdot \frac{1}{1+\eta} + \frac{1}{2} \cdot \frac{\eta}{1+\eta} = 1.$$

Deshalb haben wir hier eine Konvexdarstellung mit mindestens $k+1$ *echten* Erzeugern.

Lösung zu 3.2.4

a)   Sei x_1 Optimum von (P_1) mit Optimalwert $\gamma_1 = c^T x_1$.
Sei x_2 Optimum von (P_2) mit Optimalwert $\gamma_2 = c^T x_2$.
Betrachte den Punkt $\lambda x_1 + (1-\lambda)x_2$, dieser ist zulässig für (P_{mix}), denn

$$A(\lambda x_1 + (1-\lambda)x_2) = \lambda A x_1 + (1-\lambda)A x_2 \leq \lambda b_1 + (1-\lambda)b_2.$$

Zielfunktionswert:
$$c^T(\lambda x_1 + (1-\lambda)x_2) = \lambda \gamma_1 + (1-\lambda)\gamma_2$$

$\Rightarrow$ Es gibt in (P_{mix}) einen zulässigen Punkt, dessen Zielfunktionswert mindestens so groß wie die Mischung $\lambda x_1 + (1-\lambda)x_2$ ist.

b)   Wenn x_1 Optimalpunkt für (P_1) und x_2 Optimalpunkt für (P_2) ist, dann müssen wir beweisen, dass es kein z gibt, so dass

$$Az \leq 0 \text{ und } c^T z > 0,$$

denn dies wäre notwendig für eine freie Richtung in (P_{mix}). Gäbe es aber diese freie Richtung, dann kann man sie in (P_1) an x_1 und in (P_2) an x_2 anhängen (addieren) und damit erhält man dort Unbeschränktheit. (Widerspruch)

Lösung zu 3.2.5

a) $c^T x$ nach oben unbeschränkt

$\Rightarrow \exists z$ mit $Az \leq 0$, $c^T z > 0$, wegen $c = \lambda c_1 + (1 - \lambda)c_2$, $0 \leq \lambda \leq 1$.

$\Rightarrow \lambda c_1^T z + (1 - \lambda)c_2^T z > 0 \Rightarrow c_1^T z > 0$ oder $c_2^T z > 0$

$\Rightarrow c_1^T x$ oder $c_2^T x$ ist unbeschränkt nach oben auf X, weil ein Aufliegepunkt in X und eine freie Richtung z existieren.

b) $c_1^T x$ und $c_2^T x$ sind beschränkt nach oben auf X

$\Rightarrow c^T x$ beschränkt nach oben auf X $\forall c \in [c_1, c_2]$ (nach Teil a))

Da $X = \text{conv}(v_1, \ldots, v_k) + \text{cone}(z_1, \ldots, z_\ell)$ gilt und $c^T x$ beschränkt ist, muss $c^T z_i \leq 0$ gelten und das Maximum wird an einem der Punkte $v_1, \ldots, v_k$ angenommen.

$$\Rightarrow f(c) = \max\{c^T v_1, \ldots, c^T v_k\}$$

$c^T v_i$ ist für alle i eine lineare, stetige, eindimensionale Funktion. Die Maximumsfunktion von linearen Funktionen ist wiederum stetig und stückweise linear. Zudem ist die Maximumsfunktion konvexer Funktionen konvex.

c)   Wir charakterisieren den Bereich, wo ein v_i zu den Optimalpunkten gehört. Seien ξ_1, ξ_2 Ausprägungen von c und ξ_1, $\xi_2 \in [c_1, c_2]$. Weiter sei

$$\xi_1^T v_i \geq \xi_1^T v_j, \quad \xi_2^T v_i \geq \xi v_j, \quad \forall j$$

$$\text{und} \quad \xi_1^T z \leq 0, \quad \xi_2^T z \leq 0 \quad \forall z \in \text{cone}(z_1, \ldots, z_\ell)$$

Mischt man dann ξ_1 und ξ_2 zu $\lambda \xi_1 + (1 - \lambda)\xi_2$, dann ergibt sich:

$$[\lambda \xi_1 + (1 - \lambda)\xi_2]^T v_i \geq [\lambda \xi_1 + (1 - \lambda)\xi_2]^T v_j \quad \forall j$$

$$\text{und} \quad [\lambda \xi_1 + (1 - \lambda)\xi_2]^T z \leq 0 \quad \forall z \in \text{cone}(z_1, \ldots, z_\ell).$$

Also ist der v_i-Dominanzbereich ein Intervall, es gibt nur k solche v_i's. Ein v_i gehört sicher zu den Optima. Daher gibt es allenfalls k solche Intervalle.

Lösung zu 3.2.6

Wenn eine strikte Trennung möglich sein soll, dann müssen beide Mengen disjunkt sein. (Wenn eine *schwache* Trennung möglich sein soll, dann darf es keine Überschneidung mit inneren Punkten geben.)

a)   Für $\lambda \in [1, 2]$ ist $\begin{pmatrix} 0 \\ -1 + \lambda \\ 0 \end{pmatrix}$ als einer der Erzeuger von D_λ darstellbar als

$$(-1 + \lambda) \begin{pmatrix} 0 \\ 1 \\ 0 \end{pmatrix} + (2 - \lambda) \begin{pmatrix} 0 \\ 0 \\ 0 \end{pmatrix},$$

und gehört somit auch zu T. $\Rightarrow$ strikte Trennung unmöglich.

(Man beachte, dass bei $\lambda = 2$ eine *schwache* Trennung möglich wäre.)

b)   Ist $\lambda \in [0, 1]$, dann ist

$$\lambda \begin{pmatrix} 0 \\ -1 + \lambda \\ 0 \end{pmatrix} + (1 - \lambda) \begin{pmatrix} \frac{1}{2} \\ \lambda \\ \frac{1}{2} \end{pmatrix} = \begin{pmatrix} \frac{1}{2}(1 - \lambda) \\ 0 \\ \frac{1}{2}(1 - \lambda) \end{pmatrix}$$

$$= \frac{(1-\lambda)}{2} \begin{pmatrix} 1 \\ 0 \\ 0 \end{pmatrix} + \frac{(1-\lambda)}{2} \begin{pmatrix} 0 \\ 0 \\ 1 \end{pmatrix} + \lambda \begin{pmatrix} 0 \\ 0 \\ 0 \end{pmatrix} \in T \cap D_\lambda$$

$\Rightarrow$ strikte Trennung unmöglich

(Man beachte, dass bei $\lambda = 0$ ebenfalls eine *schwache* Trennung möglich wäre.)

c)   Ist $\lambda > 2$, dann sind in D_λ alle zweiten Komponenten > 1, in T dagegen sind alle Komponenten aus $[0, 1]$.
Für $(x^1, x^2, x^3)^T \in D_\lambda$ gilt

$$x^2 \geq \min\{\lambda - 1, \lambda, \lambda\} = \lambda - 1 > 1$$

und insbesondere gilt

$$\lambda - 1 > \frac{1}{2} \cdot 1 + \frac{1}{2} \cdot (\lambda - 1) = \frac{1}{2}\lambda > 1.$$

Damit ist

$$\left\{ \left(x^1, \frac{1}{2}\lambda, x^3\right)^T \,\middle|\, x^1 \in \mathbb{R},\ x^3 \in \mathbb{R} \right\} \quad \left(\Leftrightarrow x^2 = \frac{1}{2}\lambda\right)$$

eine strikt trennende Hyperebene.

d)   Ist $\lambda < 0$, dann sind in D_λ alle zweiten Komponenten negativ, insbesondere gilt

$$x^2 \leq \max\{\lambda - 1, \lambda, \lambda\} = \lambda < 0$$

für $(x^1, x^2, x^3)^T \in D_\lambda$ und

$$x^2 < \frac{1}{2} \cdot \lambda + \frac{1}{2} \cdot 0 = \frac{1}{2}\lambda < 0.$$

Da in T alle Komponenten aus $[0, 1]$ sind, ist auch hier

$$\left\{ \left(x^1, \frac{1}{2}\lambda, x^3\right)^T \,\middle|\, x^1 \in \mathbb{R},\ x^3 \in \mathbb{R} \right\} \quad \left(\Leftrightarrow x^2 = \frac{1}{2}\lambda\right)$$

eine strikt trennende Hyperebene.

3.4 Polyeder und polyedrische Kegel

Im Folgenden werden die für die lineare Optimierung wichtigsten konvexen Mengen betrachtet, nämlich Polyeder bzw. polyedrische Kegel.

Definition 3.15
Eine Teilmenge $P \subset K^n$ heißt *Polyeder*, wenn es ein $m \in \mathbb{N}$, eine Matrix $A \in K^{(m,n)}$ sowie einen Vektor $b \in K^m$ gibt mit $P = \{x \in K^n \mid Ax \leq b\}$.

Bezeichnung

Um zu verdeutlichen, dass P von A und b abhängt, schreiben wir $P = P(A, b)$. Ist P beschränkt, dann sprechen wir von einem *Polytop*. Also ist jedes Polytop ein Polyeder, aber nicht umgekehrt.

Bemerkungen

1. Halbräume sind Polyeder ($m = 1$).

2. Die leere Menge ist ein Polyeder: $\emptyset = \{x \mid 0^T x \leq -1\}$.

3. K^n ist ein Polyeder: $K^n = \{x \mid 0^T x \leq 0\}$.

4. Sind bei $P(A, b)$ alle Zeilen $A_{i\cdot}$ von A ungleich null, dann ist $P(A, b)$ Durchschnitt von m Halbräumen. Gibt es in A Nullzeilen, dann ist entweder $P(A, b) = \emptyset$ (falls entsprechendes $b_i < 0$) oder die Nullzeile ist entbehrlich (Ungleichung beschreibt K^n).

5. Konsequenz aus 1.–4.: Jedes von K^n verschiedene Polyeder ist Durchschnitt von endlich vielen Halbräumen.

Bezeichnung

$P = P(A, b)$ sei ein Polyeder. Dann heißt das Ungleichungssystem $Ax \leq b$ ein *P definierendes System*.

Bemerkung

P verändert sich bei Multiplikation von Ungleichungen mit $\lambda > 0$ oder bei Addition von Ungleichungen nicht.
Achtung: Multiplikation mit $\mu \leq 0$ und Subtraktion würde im Allgemeinen den Zulässigkeitsbereich verändern.
Folglich bestimmen A und b das Polyeder P, aber zur Erzeugung von P gibt es unendlich viele definierende Ungleichungssysteme.

Definition 3.16
Sei ein Polyeder $P = P(A, b)$ gegeben. Eine Ungleichung $a_i^T x \leq b^i$ heißt für P *redundant*, wenn sich beim Weglassen dieser Ungleichung P nicht verändert.

Vorsicht: Redundanz ist keine restriktionsindividuelle, sondern eine systembedingte Eigenschaft. Und das gleichzeitige Entfernen mehrerer redundanter Restriktionen kann dazu führen, dass der Zulässigkeitsbereich verändert wird. Deshalb darf das Entfernen redundanter Ungleichungen nur sukzessive erfolgen.

Besonders einfache Polyeder sind die sogenannten polyedrischen Kegel.

Definition 3.17
Ein Kegel $C \in K^n$ heißt *polyedrischer Kegel*, wenn C ein Polyeder ist.

Lemma 3.18
Eine Menge $C \in K^n$ ist genau dann ein polyedrischer Kegel, wenn es eine Matrix $A \in K^{(m,n)}$ gibt, so dass $C = P(A, 0) = \{x \mid Ax \leq 0\}$ (das heißt, dass C durch ein homogenes Ungleichungssystem definiert wird).

Definition 3.19
Ist $P(A, b)$ ein Polyeder, so nennt man den Kegel $P(A, 0)$ den *Rezessionskegel* von $P(A, b)$ (bezeichnet mit $\text{rec}(P)$).

Lemma 3.20
Gegeben sei das Polyeder $P(A, b) \neq \emptyset$. Dann ist $d \in K^n$, $d \neq 0$ genau dann eine freie Richtung von $P(A, b)$, wenn $Ad \leq 0$ gilt, das heißt

$$\text{rec}(P) = \{d \mid d \text{ freie Richtung}\} \cup \{0\}.$$

Satz 3.21 (Trennungssatz für Polyeder)
Seien $P = P(A, f)$ und $Q = P(B, g)$ zwei K^n-Polyeder mit der Eigenschaft $P \cap Q = \emptyset$, $P \neq Q$, $P \neq K^n$, $Q \neq K^n$. Dann gibt es einen Vektor $c \in K^n \setminus \{0\}$ und ein $\gamma \in K$ mit $P \subset \{x \mid c^T x < \gamma\}$ und $Q \subset \{x \mid c^T x > \gamma\}$, das heißt, dass durch die Hyperebene $H = H(c, \gamma) = \{x \mid c^T x = \gamma\}$ die Polyeder P und Q strikt getrennt werden.

3.5 Aufgaben zu Polyeder und polyedrische Kegel

Aufgabe 3.5.1

Seien $P = \{x \in \mathbb{R}^n : Ax \leq b\}$ ein Polytop, $c, d \in \mathbb{R}^n$. Betrachte die linearen Optimierungsprobleme

$$\max(c + \lambda d)^T x, \quad x \in P, \qquad (LP(\lambda))$$

deren Zielfunktion von einem Parameter $\lambda \in \mathbb{R}$ abhängt.

a) Sei e eine Ecke von P. Setze $I(e) := \{\lambda \in \mathbb{R} : e \text{ ist Optimallösung von } (LP(\lambda))\}$.
    Zeigen Sie: $I(e)$ ist konvex.

b) Zeigen Sie: $I(e)$ ist ein abgeschlossenes Intervall in $\mathbb{R}$ (möglicherweise leer oder einelementig).

c) Sei E die Menge der Ecken von P. Zeigen Sie: $\bigcup_{e \in E} I(e) = \mathbb{R}$.

d) Sei $F(\lambda)$ der Optimalwert von $(LP(\lambda))$, $\lambda \in \mathbb{R}$. Zeigen Sie, dass $F(\lambda)$ eine stetige, stückweise lineare Funktion von λ ist.

Aufgabe 3.5.2

Sei $A \in \mathbb{R}^{m,n}$ mit $m < n$. Zeigen Sie, dass ein lineares Optimierungsproblem der Form

$$\max c^T x \quad \text{unter } Ax \leq b, \; x \in \mathbb{R}^n$$

keinen *eindeutigen* Optimalpunkt haben kann.

Aufgabe 3.5.3

Sei $P = P(A, b) \neq \emptyset$ ein Polyeder im $\mathbb{R}^n$. Schreibe

$$A = \begin{pmatrix} \overline{A} \\ \overline{a}^T \end{pmatrix}, \quad b = \begin{pmatrix} \overline{b} \\ \beta \end{pmatrix} \text{ mit } \overline{a} \in \mathbb{R}^n, \; \beta \in \mathbb{R}.$$

Die Ungleichung $\overline{a}^T x \leq \beta$ heißt **strikt redundant** bzgl. P, falls $\overline{a}^T x < \beta$ für alle $x \in P(\overline{A}, \overline{b})$ gilt.

a) Zeigen Sie: Die Ungleichung $\overline{a}^T x \leq \beta$ ist strikt redundant für P genau dann, wenn es $z \geq 0$ gibt mit $z^T \overline{A} = \overline{a}^T$ und $z^T \overline{b} < \beta$.

b) Zeigen Sie, dass man alle bzgl. P strikt redundanten Ungleichungen *gleichzeitig* weglassen kann, ohne P zu verändern.

c) Zeigen Sie durch ein Beispiel, dass man in Teil b) die Voraussetzung der strikten Redundanz nicht durch (gewöhnliche) Redundanz ersetzen kann.

Aufgabe 3.5.4

Sei A eine $m \times n$-Matrix mit Zeilen a_i^T. Wir betrachten ein Polyeder $P = P(A, b) \neq \emptyset$ und die zugehörigen Restriktionshyperebenen $H_i = \{x \in \mathbb{R}^n : a_i^T x = b^i\}$.

Die Restriktionen $a_i^T x \leq b^i$, $i = 1, ..., k$, $(k < n)$ seien redundant für P. Außerdem gelte

$$H_i \cap H_j \cap P = \emptyset$$

für alle $i, j \leq k$, $i \neq j$.

Zeigen Sie, dass man diese k redundanten Restriktionen *simultan* weglassen kann, ohne P zu verändern, das heißt, dass

$$P = \{x \in \mathbb{R}^n : a_i^T x \leq b^i, i = k+1, ..., m\}$$

gilt.

3.6   Lösungen zu Polyeder und polyedrische Kegel

Lösung zu 3.5.1

a)   Seien $\lambda_1, \lambda_2 \in I(e)$, $\alpha \in (0, 1)$.

Zu zeigen ist: $\alpha \lambda_1 + (1 - \alpha)\lambda_2 \in I(e)$.

Sei $z \in P$ beliebig.

Zu zeigen ist dann: $(c + (\alpha \lambda_1 + (1 - \alpha)\lambda_2)d)^T z \leq (c + (\alpha \lambda_1 + (1 - \alpha)\lambda_2)d)^T e$

Dies folgt aus

$$(c + (\alpha \lambda_1 + (1 - \alpha)\lambda_2)d)^T z = \alpha(c + \lambda_1 d)^T z + (1 - \alpha)(c + \lambda_2 d)^T z$$

$$\overset{\lambda_1, \lambda_2 \in I(e)}{\leq} \alpha(c + \lambda_1 d)^T e + (1 - \alpha)(c + \lambda_2 d)^T e = (c + (\alpha \lambda_1 + (1 - \alpha)\lambda_2)d)^T e$$

$$\Rightarrow \alpha \lambda_1 + (1 - \alpha)\lambda_2 \in I(e)$$

b)   Zu zeigen ist: $I(e)$ ist abgeschlossen.

Seien $\lambda_i \in I(e)$, $\lambda_i \to \lambda$.

Zu zeigen ist dann: $\lambda \in I(e)$.

Dazu: Sei $z \in P$ beliebig. Dann gilt

$$(c + \lambda_i d)^T z \leq (c + \lambda_i d)^T e \ \forall i$$

$$\overset{i \to \infty}{\Longrightarrow} (c + \lambda d)^T z \leq (c + \lambda d)^T e$$

$$\Rightarrow \lambda \in I(e)$$

c)   Zu zeigen ist: $\mathbb{R} = \bigcup_{e \in E} I(e)$.

Dazu: Sei $\lambda \in \mathbb{R}$ beliebig. Dann gibt es $e \in E$, so dass e die Optimallösung von $(LP(\lambda))$ ist (*Hauptsatz der linearen Optimierung*). Es folgt $\lambda \in I(e)$. Das zeigt die Behauptung.

d)   Sei $e \in E$ beliebig. Dann gilt $F(\lambda) = (c + \lambda d)^T e \ \forall \lambda \in I(e)$ nach Definition von F und

$I(e)$. Somit ist $F(\lambda)$ auf $I(e)$ linear. Da E endlich ist und $\mathbb{R} = \bigcup_{e \in E} I(e)$, ist $F(\lambda)$ somit stückweise linear.

Zu zeigen bleibt noch: $F(\lambda)$ ist stetig.

Dazu: Problemstellen sind die Randpunkte von $I(e)$. Sei a solch ein Randpunkt, etwa $I(e) = [a, b]$. Da $\mathbb{R} = \bigcup_{e \in E} I(e)$ und da die $I(e)$ abgeschlossen sind, gibt es ein $f \in E$ mit $a \in I(f)$. Also sind e und f beide Optimalpunkte von $(LP(a))$.

$$\Rightarrow \lim_{\lambda \to a-} F(\lambda) = \lim_{\lambda \to a-} (c + \lambda d) = (c + ad)^T f = (c + ad)^T e =$$
$$= \lim_{\lambda \to a+} (c + \lambda d)^T e = \lim_{\lambda \to a+} F(\lambda)$$

Also ist F stetig.

Lösung zu 3.5.2

Wenn der Zulässigkeitsbereich $X = \{x \mid Ax \leq b\}$ leer ist, so ergibt sich die Behauptung automatisch. Daher sei im Folgenden $X \neq \emptyset$.

Weil $Rang(A) < n$ ist, hat $\langle Ad = 0, d \neq 0, d \in \mathbb{R}^n \rangle$ sicher eine Lösung ($\to$ der Kern von A ist nicht leer).

O. B. d. A. sei $c^T d > 0$ (sonst verwendet man $-d$).

Fall 1: Es gibt überhaupt keinen Optimalpunkt. Damit ist die Behauptung bestätigt.

Fall 2: Es gibt einen Optimalpunkt x (also $c^T d = 0 \; \forall d \in \text{Kern}(A)$).
Betrachte dann den um d verschobenen Punkt $x + d$. Es gilt

$$A(x+d) = Ax + Ad = Ax \leq b \text{ (nach Voraussetzung) und } c^T(x+d) = c^T x + c^T d = c^T x.$$

Folglich ist dann auch $x + d$ zulässig und genauso gut (bzgl. der Zielfunktion) wie x. Wenn aber x schon optimal war, dann kann $x + d$ nur ein weiterer Optimalpunkt sein.

Lösung zu 3.5.3

a)   **Z. z.:** $\overline{a}^T x \leq \beta$ ist strikt redundant $\Leftrightarrow \exists z \geq 0$ mit $\overline{A}^T z = \overline{a}$ und $z^T \overline{b} < \beta$

$\Leftarrow$: $\exists z \geq 0$ mit $\overline{A}^T z = \overline{a}$ und $z^T \overline{b} < \beta$
Für ein beliebiges $x \in P(A, b)$ gilt $\overline{A}x \leq \overline{b}$ und $\overline{a}^T x \leq \beta$.

$$\Rightarrow \overline{a}^T x \leq \beta \quad \forall x \in P(A, b)$$

Weil ein $z \geq 0$ existiert mit $z^T \overline{A} = \overline{a}^T$ und $z^T \overline{b} < \beta$, liefert eine konische Kombination der $(\overline{A}, \overline{b})$-Ungleichungen die für $P(A, b)$ gültige Restriktion

$$(z^T \overline{A})x \leq z^T \overline{b} < \beta \text{ , also } \overline{a}^T x < \beta.$$

$\Rightarrow$ die Hyperebene $\{x \mid \overline{a}^T x = \beta\}$ und $P(A, b)$ haben keinen gemeinsamen Punkt.

$\Rightarrow$: $\forall x \in P(A,b)$ gilt $\overline{A}x \leq \overline{b}$ und $\overline{a}^T x < \beta$.

$\Rightarrow \nexists x$ mit $\overline{A}x \leq \overline{b}$ und $\overline{a}^T x \geq \beta$

Nach Gale gilt:

$$\exists (y, y_0) \geq 0 \text{ mit } \left(\overline{A}^T, -\overline{a}\right)\begin{pmatrix} y \\ y_0 \end{pmatrix} = 0, \; \left(\overline{b}^T, -\beta\right)\begin{pmatrix} y \\ y_0 \end{pmatrix} < 0.$$

$$\Leftrightarrow \exists (y, y_0) \geq 0 \text{ mit } \overline{A}^T y = y_0 \overline{a}, \; \overline{b}^T y - \beta y_0 < 0$$

Fall 1: $y_0 = 0 \Rightarrow \exists y \geq 0$ mit $\overline{A}^T y = 0$ und $\overline{b}^T y < 0$

Aber: wegen $P(A,b) \neq \emptyset \Rightarrow P(\overline{A}, \overline{b}) \neq \emptyset \Rightarrow \exists x$ mit $\overline{A}x \leq \overline{b}$

$\Rightarrow_{(Gale)} \nexists y \geq 0$ mit $\overline{A}^T y = 0, \overline{b}^T y < 0$

$\Rightarrow$ Fall 1 kommt nicht vor.

Fall 2: $y_0 \neq 0 \Rightarrow \exists y \geq 0, \; y_0 > 0$ mit $\overline{A}^T y = y_0 \overline{a}$ und $\overline{b}^T y - \beta y_0 < 0$

$\Rightarrow \exists z := \frac{1}{y_0} y \geq 0$ mit

$$\overline{a}^T = \frac{1}{y_0} y^T \overline{A} = z^T \overline{A}, \; \frac{1}{y_0} y^T \overline{b} = z^T \overline{b} < \beta.$$

b) Gegeben sei ein Ungleichungssystem $Ax \leq b$ ($\Leftrightarrow a_1^T x \leq b^1, \ldots, a_m^T x \leq b^m$).

Davon seien (o. B. d. A.) $a_1^T x \leq b^1, \ldots, a_k^T x \leq b^k$ ($k < m$) strikt redundant. Also gilt $\forall x \in P(A,b) \; a_i^T x < b^i \; \forall i = 1, \ldots, k$.

Z. z.: $P(A,b) = P^* := \{x \mid a_{k+1}^T x \leq b^{k+1}, \ldots, a_m^T x \leq b^m\}$

$\subset$: klar

$\supset$: Sei $\overline{x} \in P^*$.

Z. z.: $\overline{x} \in P(A,b)$, bzw. $a_1^T \overline{x} \leq b^1, \ldots, a_k^T \overline{x} \leq b^k$.

Annahme: $\overline{x} \notin P(A,b)$, das heißt, dass es für dieses $\overline{x}$ ein $1 \leq i_0 \leq k$ mit $a_{i_0}^T \overline{x} > b^{i_0}$ gibt.

Wegen $P(A,b) \neq \emptyset$ existiert x_0 mit $Ax_0 \leq b$.

Betrachte das Intervall $[x_0, \overline{x}]$ und Punkte $x(\lambda) := x_0 + \lambda(\overline{x} - x_0)$ für $\lambda \in [0,1]$.

Es gilt $x(\lambda) \in P^* \quad \forall \lambda \in [0,1]$ (wegen $x_0, \overline{x} \in P^*$, P^* konvex)

$x(0) = x_0 \in P(A,b)$

$x(1) = \overline{x} \notin P(A,b)$ (wegen $a_{i_0}^T \overline{x} > b^{i_0}$).

$\Rightarrow \exists \overline{\lambda} \in [0,1]$, so dass $x(\overline{\lambda}) \in P(A,b)$ und $x(\overline{\lambda} + \varepsilon) \notin P(A,b) \; \forall \varepsilon > 0$.

Dann muss bei $x(\overline{\lambda})$ eine Restriktion (z. B. $a_{i_1}^T x \leq b^{i_1}$ mit $1 \leq i_1 \leq k$) gerade straff und für $x(\overline{\lambda} + \varepsilon)$ unzulässig werden.

$\Rightarrow$ Es gibt Punkte aus $P(A,b)$, für die die i_1-Restriktion straff wird.

$\Rightarrow a_{i_1}^T x \leq b^{i_1}$ ist nicht strikt redundant.   (Widerspruch)

$\Rightarrow \forall i \in \{1, \ldots, k\}$ gilt $a_i^T \overline{x} \leq b^i \Rightarrow \overline{x} \in P(A,b)$

$\Rightarrow P(A,b) = P^*$

c)   Die Schraffierung verbietet den entsprechenden Halbraum. Es ist also nur der Punkt $(0,0)$
      zulässig.

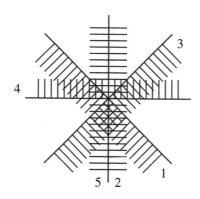

Entfernt man aber die in der vorliegenden Konstellation redundanten Restriktionen 1, 2, 3
und 5 gleichzeitig, dann vergrößert sich der Zulässigkeitsbereich.

Lösung zu 3.5.4

Wir wollen beweisen, dass $P = \{x \mid a_i^T x \leq b^i, i - k \mid 1, \ldots, m\}$ gilt, dass es also keinen
Punkt y gibt mit

$$a_i^T y \leq b^i \ \forall i > k \quad \text{und} \quad a_j^T \overline{y} > b^j \text{ für ein } 1 \leq j \leq k.$$

Annahme: Ein solcher Punkt $\overline{y}$ existiert.

Wir wissen, dass $P(A, b) \neq \emptyset$. Es existiert also ein x_0 mit $x_0 \in P$.
Betrachte das Intervall $[x_0, \overline{y}]$. Dies beginnt in P und endet außerhalb. Deshalb enthält es einen
Randpunkt z von P, so dass $[x_0, z] \subset P$ und $(z, \overline{y}] \cap P = \emptyset$.
Durch z verläuft eine Restriktionshyperebene, die $(z, \overline{y}]$ unzulässig macht, aber $[x_0, z]$ akzeptiert.
Dies sei eine Hyperebene $\{x \mid a_\ell^T x = b^\ell\}$, wobei der Index ℓ nur aus $\{1, \ldots, k\}$ stammen kann
(denn $\overline{y}$ erfüllt ja alle Restriktionen zu $k + 1, \ldots, m$).
Nun sind aber alle Restriktionen mit $\ell \leq k$ redundant. Wir können also die ℓ-te Restriktion
weglassen, ohne P zu verändern (das Weglassen einer einzelnen redundanten Restriktion ist
erlaubt). Nach wie vor ist $[x_0, z]$ zulässig und $(z, \overline{y}]$ unzulässig. Deshalb muss auch noch eine
andere Restriktion $a_{\ell'}^T x \leq b^{\ell'}$ mit $\ell' \leq k$ durch z gehen und $(z, \overline{y}]$ abtrennen.

$$\Rightarrow z \in P \cap H_\ell \cap H_{\ell'}, \text{ mit } \ell, \ell' \leq k \qquad \text{(Widerspruch)}$$

3.7 Ecken und Seitenflächen

In der Polyedertheorie spielen Extremalpunkte, -linien und -flächen eine wichtige Rolle. Auf diese konzentrieren wir uns im folgenden Abschnitt.

Definition 3.22

M sei eine konvexe Menge in K^n. Eine konvexe Teilmenge W von M heißt *extremale Teilmenge* von M, wenn für alle $x \in W$ gilt:
Falls $x = \lambda y + (1 - \lambda)z$ mit $\lambda \in (0,1)$ und $y, z \in M$, dann folgt $y \in W$ und $z \in W$.

Bemerkungen

1. Eine einpunktige extremale Teilmenge von M heißt extremaler Punkt.

2. Eine konvexe Menge M ist extremale Teilmenge von sich selbst.

3. Jede Extremalmenge W von M lässt sich als $W = M \cap (\mathrm{aff}(W))$ darstellen.

Definition 3.23

(a) Ist $P(A,b)$ vorgegeben, dann nennt man die Hyperebenen $H(a_i, b^i) = \{x \mid a_i^T x = b^i\}$ *Restriktionshyperebenen* von $P(A,b)$.

(b) $H(c,\alpha) = \{x \mid c^T x = \alpha\}$ sei eine Hyperebene aus K^n mit $c^T x \leq \alpha$ für alle $x \in P(A,b)$. Dann heißt H *trennende Hyperebene* zu $P(A,b)$ und $c^T x \leq \alpha$ heißt *gültige Ungleichung* für $P(A,b)$.

(c) $H(c,\alpha)$ heißt *Stützhyperebene* zu P, wenn H das Polyeder P trennt und gleichzeitig berührt, das heißt $P \subset \mathrm{HR}(c,\alpha,\leq)$ und $P \cap H(c,\alpha) \neq \emptyset$.

Definition 3.24

Eine Stützhyperebene H zu P heißt *singulär*, wenn gilt: $H \cap P = P$, also $P \subset H$.

Definition 3.25

Die Schnittmenge eines Polyeders P mit einer endlichen Menge S von Stützhyperebenen zu P heißt *Seitenfläche* von P. Jede Seitenfläche F kann also folgendermaßen dargestellt werden:

$$F = P \cap \bigcap_{H \in S} H$$

Auch $\emptyset$ und P sind Seitenflächen von P.

Definition 3.26

Sei P ein Polyeder der Dimension d in K^n und H eine Stützhyperebene zu P.
Dann nennt man eine Seitenfläche $H \cap P$ eine *Facette* von P, wenn $\dim(H \cap P) = d - 1$.
Man nennt eine Seitenfläche $H \cap P$ *Ecke* von P, wenn $\dim(H \cap P) = 0$ (und $H \cap P \neq \emptyset$).
Man nennt eine Seitenfläche $H \cap P$ *Kante* von P, wenn $\dim(H \cap P) = 1$.

Lemma 3.27

$H_1, \ldots, H_k$ seien endlich viele Stützhyperebenen an P, so dass gerade $F = P \cap H_1 \cap \ldots \cap H_k$ eine Seitenfläche ist. Dann gibt es auch eine Hyperebene H, so dass bereits $F = P \cap H$ gilt.

Damit reicht auch schon eine Stützhyperebene zur Generierung einer Seitenfläche.

Lemma 3.28

Jede Seitenfläche eines Polyeders ist extremal.

Lemma 3.29

P sei gegeben durch Restriktionen ${a_i}^T x \leq b^i$ und Restriktionshyperebenen $\{x \mid {a_i}^T x = b^i\}$. Dann gelten:

1. *$W \neq P$ sei eine extremale Teilmenge von P. Dann enthält W keinen inneren Punkt, und es gibt mindestens eine Restriktionshyperebene, die W vollständig enthält.*

2. *Ist $W \neq P$, $W \neq \emptyset$, dann ist W die Schnittmenge aller Restriktionshyperebenen, die W vollständig enthalten, mit P.*

3. *Bei $W \neq \emptyset$ ist $\mathrm{aff}(W) = \bigcap_{W \subset H_i} H_i$, wobei $H_i = \{x \mid a_i^T x = b^i\}$ und damit ist auch $\dim(W) = \dim(\bigcap_{W \subset H_i} H_i)$.*

Satz 3.30

1. *Die extremalen Teilmengen eines Polyeders sind seine Seitenflächen.*

2. *Die extremalen Punkte eines Polyeders sind seine Ecken.*

3. *Jede Ecke ist eindeutig bestimmt als Schnittpunkt aller Restriktionshyperebenen, auf denen sie liegt.*

Korollar 3.31

Sei $P \neq \emptyset$ und $\dim P < n$. Dann ist $\mathrm{aff}(P)$ der Durchschnitt aller singulären Restriktionshyperebenen von P.

Satz 3.32

Sei $P \neq \emptyset$. Dann ist die Anzahl der Seitenflächen der Dimension k unabhängig vom Ungleichungssystem, das P beschreibt.

Definition 3.33

Eine Teilmenge W einer konvexen Menge M heißt *exponiert*, wenn es eine lineare Funktion $f : K^n \to K$ gibt, die überall auf W und sonst nirgendwo ihren Maximalwert annimmt.
Also gilt $W = \{z \in M \mid f(z) \geq f(x) \; \forall x \in M\}$. Auch $\emptyset$ ist exponiert.

Satz 3.34

Jede exponierte Teilmenge von $P(A, b)$ ist eine Seitenfläche von P und jede Seitenfläche ist exponiert.

Definition 3.35

Eine Seitenfläche F heißt *echt*, wenn $F \neq P$ und *nichttrivial*, wenn $F \neq \emptyset$. Ist eine Seitenfläche $F = P$, dann nennt man die Seitenfläche *singulär*. Ein Punkt $x \in P$ heißt *relativer Randpunkt* von P, wenn er zu mindestens einer echten Seitenfläche gehört. Die zugehörige Menge heißt $\partial_R(P)$. Punkte aus $P \setminus \partial_R(P)$ gehören zum *relativen Inneren* von $P : \mathrm{Int}_R(P)$.

Korollar 3.36

Jede echte, nichttriviale Seitenfläche von P hat eine Darstellung $P \cap H$, wobei H eine Stützhyperebene zu P ist.

Korollar 3.37

Wenn eine lineare Funktion auf einem Polyeder ihr Maximum annimmt, dann gleich auf einer ganzen, diesen Punkt enthaltenden Seitenfläche.

3.8 Aufgaben zu Ecken und Seitenflächen

Aufgabe 3.8.1

In einer Ecke $\bar{x}$ eines n-dimensionalen Polyeders $P = \{x \mid Ax \le b\} \subseteq \mathbb{R}^n$, das durch $m(> n)$ Ungleichungen induziert wird, sollen sich genau n Restriktionshyperebenen zu den Restriktionen $a_1^T x \le b^1, \ldots, a_n^T x \le b^n$ schneiden.

Von $\bar{x}$ gehen n Kanten in Richtung $z_1, \ldots, z_n$ ab. Jedes z_i ist so geartet, dass es die Restriktionen $a_j^T x \le b^j$ für alle $j = 1, \ldots, n$; $j \ne i$ straff belässt und die Restriktion $a_i^T x \le b^i$ echt entlastet.

Zeigen Sie:

a) Die Kantenrichtungen $z_1, \ldots, z_n$ sind linear unabhängig.

b) Für jedes k ($0 < k \le n-1$) gibt es eine k-dimensionale Seitenfläche von P, die $\bar{x}$ enthält.

c) Die Anzahl der $\bar{x}$ enthaltenden Seitenflächen der Dimension k ist $\binom{n}{n-k} = \binom{n}{k}$.

Aufgabe 3.8.2

Sei

$$X := \{x \in \mathbb{R}^3 \mid x^1 + x^2 + x^3 \le 1,\ x^2 - x^1 \le 0,\ x \ge 0\}.$$

Bestimmen Sie alle Seitenflächen von X.

Aufgabe 3.8.3

Sei

$$P := \{x \in \mathbb{R}^3 \mid -x^3 \le 0,\ x^1 \le -x^3,\ x^3 \le x^1,\ x^3 \le x^2,\ 0 \le x^2 \le 1\}.$$

Bestimmen Sie, welche der P begrenzenden Hyperebenen singulär und welche Restriktionen redundant sind.

Aufgabe 3.8.4

Es sei $P = P(A, b)$ ein Polyeder mit $A \in K^{(m,n)}$, $b \in K^m$.

a) P habe die Dimension $n - l$ und die kleinste Dimension von Seitenflächen, die P besitzt, sei $k \le n - l$.
    Zeigen Sie, dass bei $k < n - l$ für jedes j mit $k < j < n - l$ das Polyeder auch eine Seitenfläche der Dimension j hat.
    Hinweis: Schließen Sie induktiv von Seitenflächen der Dimension κ auf solche der Dimension $\kappa + 1$ in den genannten Grenzen.

b) Der Kern von A (also $\{z \mid Az = 0\}$) habe die Dimension k.
    Zeigen Sie, dass es dann keine Seitenflächen kleinerer Dimension als k von P gibt und dass für jedes $z \in \text{Kern}(A)$, der Vektor z im Differenzraum jeder Seitenfläche von P liegt.

Aufgabe 3.8.5

Sie haben ein Programm, das alle Basislösungen eines Optimierungsproblems

$$\max \tilde{c}^T \tilde{x} \text{ unter } \tilde{A}\tilde{x} \leq \tilde{b}$$

enumeriert und abschließend die beste Ecke ausgibt.

Nun kommt jemand mit einem Problem in Standardform

$$\min c^T x \text{ unter } Ax = b, x \geq 0,$$

wobei $m \leq n, A \in \mathbb{R}^{(m,n)}, b \in \mathbb{R}^m, c, x \in \mathbb{R}^n$, Rang$A = m$, und möchte, dass Sie es lösen.

a)   Wie ermitteln Sie mit Ihrem Programm die beste Ecke des Problems in Standardform, wenn zur Speicherung des Problems genügend Speicherplatz zur Verfügung steht (und Sie Ihr Programm nicht ändern)?
Begründen Sie Ihr Vorgehen und geben Sie an, wie viele Gleichungssysteme enumeriert werden. Wann tauchen dabei unterbestimmte Gleichungssysteme auf?

b)   Wie ermitteln Sie mit Ihrem Programm die beste Ecke des Problems in Standardform, wenn zur Speicherung des Problems $m + n$ Zeilen zur Verfügung stehen, Sie jedoch die Auswahl der Restriktionen bestimmen können?
Begründen Sie Ihr Vorgehen und geben Sie an, wie viele Basislösungen enumeriert werden.

c)   Wie können Sie mithilfe des Programms entscheiden, ob die vom Programm gelieferte beste Ecke auch optimal ist? (Es steht Ihnen nun wieder genügend Speicherplatz zur Verfügung.)

3.9   Lösungen zu Ecken und Seitenflächen

Lösung zu 3.8.1

a)   Annahme: z_i sind linear abhängig
Für mindestens ein k gilt $z_k = \sum_{i \neq k} \lambda_i z_i$, wobei mindestens ein $\lambda_i \neq 0$ ist.
Laut Angabe: $\forall i : a_i^T z_i < 0, \forall j \neq i : a_j^T z_i = 0$
Wegen $z_k = \sum_{i \neq k} \lambda_i z_i$ ist

$$\underbrace{a_k^T z_k}_{<0 \text{ n. Vor.}} = \sum_{i \neq k} \lambda_i \cdot a_k^T z_i = \sum \lambda_i \cdot 0 = 0$$

$\Rightarrow$ Widerspruch zu $a_k^T z_k < 0 \Rightarrow$ Annahme falsch, z_i linear unabhängig

b) $\forall 1 \leq k \leq n - 1$ betrachte $\overline{x} + \rho \cdot \sum_{i=1}^{k} z_i$
Es gibt ein $\tilde{\rho} > 0, \tilde{\rho}$ klein, so dass $\overline{x} + \rho \cdot \sum z_i \in P \ \forall \rho \in [0, \tilde{\rho}]$ ist. Insbesondere gilt:

- $a_j^T (\overline{x} + \rho \cdot \sum_{i=1}^{k} z_i) < a_j^T \overline{x} = b^j$ für $j = 1, \ldots, k$;
„k Restriktionen werden gelockert"

- $a_j^T(\overline{x} + \rho \cdot \sum_{i=1}^k z_i) = a_j^T \overline{x} = b^j$ für $j = k+1, \dots, n$;
  „$n - k$ Restriktionen bleiben straff"

- $a_j^T(\overline{x} + \rho \cdot \sum_{i=1}^k z_i) < a_j^T \overline{x} = b^j$ für $j = n+1, \dots, m$;
  „$m - n$ Restriktionen bleiben locker"

Also:

$$\exists \rho > 0 \text{ mit } \overline{x} + \rho \sum_{i=1}^k z_i \in \{x \mid a_i^T x = b^i, i = k+1, \dots, n\} \cap P =: W.$$

Weiterhin: $\exists \varepsilon > 0$, ε klein, so dass auch $\overline{x} + \rho \sum_{i=1}^k (\frac{1}{2} \pm \varepsilon) z_i \in W$.

Da die z_i linear unabhängig sind, ergibt sich aus diesen Punkten ein k-dimensionaler Würfel, der in W enthalten ist. $\Rightarrow \dim W \geq k$

Es gilt $\dim\{x \mid a_i^T x = b^i, i = 1, \dots, n\} = k$, da $a_{k+1}, \dots, a_n$ linear unabhängig sind. Da $W \subset \{x \mid a_i^T x = b^i, i = 1, \dots, n\}$ folgt $\dim W \leq k$, also $\dim W = k$.

Noch zu zeigen: $W = \{x \mid a_i^T x = b^i, i = 1, \dots, n\} \cap P$ ist Seitenfläche

- **Möglichkeit 1:**

  Beweisidee: W ist exponiert

  Die Zielfunktion $\tilde{c}^T x - \sum_{i=k+1}^n a_i^T x$ wird maximiert auf W, denn $\forall x \in W$ gilt

  $$\tilde{c}^T x = \sum_{i=k+1}^n a_i^T x = \sum b^i$$

  und $\forall x \notin W, x \in P$ gilt

  $$a_j^T x < b^j \text{ für ein } j \in \{k+1, \dots, n\}.$$

  $\Rightarrow \forall x \in P \setminus W$ gilt $\tilde{c}^T x < \sum b^i$. $\Rightarrow W$ ist exponiert und deshalb auch Seitenfläche.

- **Möglichkeit 2:**

  Beweisidee: Über die Definition einer Seitenfläche

  W hat die Darstellung

  $$P \cap \bigcap_{i=k+1}^n H_i \text{ mit } H_i = \{x \mid a_i^T x = b^i\}$$

  und die H_i sind Restriktionshyperebenen. $\Rightarrow H_i$ sind trennende Hyperebenen.

  Zudem sind die H_is Stützhyperebenen, da H_i das Polyeder P z. B. in $\overline{x} + \rho \sum z_i$ berührt. $\Rightarrow W$ ist Seitenfläche.

c) Man hat $\binom{n}{k} = \binom{n}{n-k}$ Möglichkeiten, k (zu lockernde) (oder $n - k$ straffe) Restriktionen auszuwählen. Der Nachweis, dass durch eine beliebige Auswahl eine Seitenfläche impliziert wird, läuft analog zu b).

Lösung zu 3.8.2

Zeichnung des Polyeders:

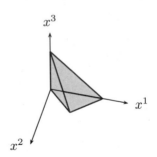

$$
\begin{aligned}
x^1 + x^2 + x^3 &\leq 1 \quad (1)\\
x^2 - x^1 &\leq 0 \quad (2)\\
x^1 &\geq 0 \quad (3)\\
x^2 &\geq 0 \quad (4)\\
x^3 &\geq 0 \quad (5)
\end{aligned}
$$

Wir erarbeiten systematisch alle Seitenflächen unter Verwendung der Matrixdarstellung $Ax \leq b$ mit

$$
A = \begin{pmatrix} 1 & 1 & 1 \\ -1 & 1 & 0 \\ -1 & 0 & 0 \\ 0 & -1 & 0 \\ 0 & 0 & -1 \end{pmatrix}, \quad b = \begin{pmatrix} 1 \\ 0 \\ 0 \\ 0 \\ 0 \end{pmatrix}.
$$

Dimension 0:

Es gibt $\binom{5}{3}$ Kombinationen mit Eckenkandidaten.

Straffe Ungleichungen	Lösung	zulässig	Konsequenz
(1), (2), (3)	$(0, 0, 1)^T$	ja	Ecke
(1), (2), (4)	$(0, 0, 1)^T$	ja	Ecke
(1), (2), (5)	$(\frac{1}{2}, \frac{1}{2}, 0)^T$	ja	Ecke
(1), (3), (4)	$(0, 0, 1)^T$	ja	Ecke
(1), (3), (5)	$(0, 1, 0)^T$	verstößt gegen (2)	unzulässige Basislösung
(1), (4), (5)	$(1, 0, 0)^T$	ja	Ecke
(2), (3), (4)	nicht linear unabhängig		keine eindeutige Lösung
(2), (3), (5)	$(0, 0, 0)^T$	ja	Ecke
(2), (4), (5)	$(0, 0, 0)^T$	ja	Ecke
(3), (4), (5)	$(0, 0, 0)^T$	ja	Ecke

Dimension 1:

Straffe UGL	Kanten/Strahlen	Konsequenz
(1), (2)	Kante zw. $\begin{pmatrix} 0 \\ 0 \\ 1 \end{pmatrix}$ und $\begin{pmatrix} \frac{1}{2} \\ \frac{1}{2} \\ 0 \end{pmatrix}$	$(0, 0, 1)^T$ ist Randpunkt wg. (3), (4) $(\frac{1}{2}, \frac{1}{2}, 0)^T$ ist Randpunkt wg. (5)

(1), (3)	$\begin{pmatrix}0\\0\\1\end{pmatrix} + \lambda \begin{pmatrix}0\\1\\-1\end{pmatrix}$	für $\lambda > 0$ wird (2) verletzt für $\lambda < 0$ wird (4) verletzt $\Rightarrow$ **unzulässig**
(1), (4)	Kante zw. $\begin{pmatrix}0\\0\\1\end{pmatrix}$ und $\begin{pmatrix}1\\0\\0\end{pmatrix}$	$(0, 0, 1)^T$ ist Randpunkt wg. (3) $(1, 0, 0)^T$ ist Randpunkt wg. (5)
(1), (5)	Kante zw. $\begin{pmatrix}1\\0\\0\end{pmatrix}$ und $\begin{pmatrix}\frac{1}{2}\\\frac{1}{2}\\0\end{pmatrix}$	$(1, 0, 0)^T$ ist Randpunkt wg. (4) $(\frac{1}{2}, \frac{1}{2}, 0)^T$ ist Randpunkt wg. (2)
(2), (3)	Kante zw. $\begin{pmatrix}0\\0\\1\end{pmatrix}$ und $\begin{pmatrix}0\\0\\0\end{pmatrix}$	$(0, 0, 1)^T$ ist Randpunkt wg. (1) $(0, 0, 0)^T$ ist Randpunkt wg. (5)
(2), (4)	siehe (2), (3)	
(2), (5)	Kante zw. $\begin{pmatrix}0\\0\\0\end{pmatrix}$ und $\begin{pmatrix}\frac{1}{2}\\\frac{1}{2}\\0\end{pmatrix}$	$(0, 0, 0)^T$ ist Randpunkt wg. (3), (4) $(\frac{1}{2}, \frac{1}{2}, 0)^T$ ist Randpunkt wg. (1)
(3), (4)	siehe (2), (3)	
(3), (5)	$\begin{pmatrix}0\\0\\0\end{pmatrix} + \lambda \begin{pmatrix}0\\1\\0\end{pmatrix}$	für $\lambda > 0$ wird (2) verletzt für $\lambda < 0$ wird (4) verletzt $\Rightarrow$ **unzulässig**
(4), (5)	Kante zw. $\begin{pmatrix}1\\0\\0\end{pmatrix}$ und $\begin{pmatrix}0\\0\\0\end{pmatrix}$	$(1, 0, 0)^T$ ist Randpunkt wg. (1) $(0, 0, 0)^T$ ist Randpunkt wg. (4)

Es gibt also 6 Kanten und keine Strahlen.

Dimension 2:

aus (1): conv $\left(\begin{pmatrix}0\\0\\1\end{pmatrix}, \begin{pmatrix}\frac{1}{2}\\\frac{1}{2}\\0\end{pmatrix}, \begin{pmatrix}1\\0\\0\end{pmatrix} \right)$

aus (2): conv $\left(\begin{pmatrix}0\\0\\1\end{pmatrix}, \begin{pmatrix}\frac{1}{2}\\\frac{1}{2}\\0\end{pmatrix}, \begin{pmatrix}0\\0\\0\end{pmatrix} \right)$

aus (3): keine zweidimensionale Seitenfläche:

$\begin{pmatrix}0\\0\\1\end{pmatrix}, \begin{pmatrix}0\\0\\0\end{pmatrix}$ bilden eine Verbindungskante $\Rightarrow$ nur eindimensional

aus (4): conv $\left(\begin{pmatrix}0\\0\\1\end{pmatrix}, \begin{pmatrix}1\\0\\0\end{pmatrix}, \begin{pmatrix}0\\0\\0\end{pmatrix} \right)$

aus (5): conv $\left(\begin{pmatrix}\frac{1}{2}\\\frac{1}{2}\\0\end{pmatrix}, \begin{pmatrix}1\\0\\0\end{pmatrix}, \begin{pmatrix}0\\0\\0\end{pmatrix} \right)$

Triviale Seitenflächen:

$$P = \operatorname{conv}\left(\begin{pmatrix}0\\0\\0\end{pmatrix}, \begin{pmatrix}1\\0\\0\end{pmatrix}, \begin{pmatrix}\frac{1}{2}\\\frac{1}{2}\\0\end{pmatrix}, \begin{pmatrix}0\\0\\1\end{pmatrix}\right) \text{ und } \emptyset$$

Es entsteht also ein Polyeder mit 4 Facetten, 6 Kanten und 4 Ecken.
Die Restriktion (3) ist schwach redundant, sie lässt die Ecken $(0, 0, 0)^T$ und $(0, 0, 1)^T$ entartet werden.

Bemerkung:
Man kann sich einen Teil der Rechenarbeit sparen, indem man sich überlegt, dass die 3. Restriktion $x^1 \geq 0$ redundant ist, denn aus der 2. Restriktion ergibt sich $x^1 \geq x^2$ und zusammen mit der 4. Restriktion $x^2 \geq 0$ muss auch immer $x^1 \geq 0$ gelten;
formal: mit der Schreibweise $a_i^T x \leq b^i$ für die Restriktionen haben wir

$$a_3 = (-1, 0, 0)^T = a_2 + a_4 = (-1, 1, 0)^T + (0, -1, 0)^T \text{ und } b_3 = 0 = b_2 + b_4 = 0 + 0.$$

Damit sind in den Rechnungen für die 0- und 1-dimensionalen Seitenflächen diejenigen einzusparen, bei denen die 3. Restriktion als straffe Ungleichung ausgewählt wurde; das heißt, dass man sich 5 (von 10) Rechnungen bei den 0-dimensionalen Seitenflächen und 4 (von 10) bei den 1-dimensionalen Seitenflächen sparen kann.

Lösung zu 3.8.3

$$
\begin{array}{rcll}
-x^3 & \leq & 0 & \text{(a)} \\
x^1 + x^3 & \leq & 0 & \text{(b)} \\
-x^1 + x^3 & \leq & 0 & \text{(c)} \\
x^3 - x^2 & \leq & 0 & \text{(d)} \\
-x^2 & \leq & 0 & \text{(e)} \\
x^2 & \leq & 1 & \text{(f)}
\end{array}
$$

Zulässig sind nur die Punkte $(0, \alpha, 0)^T$ mit $0 \leq \alpha \leq 1$, denn $x^3 \geq 0$, $x^3 \leq -x^1$ und $x^3 \leq x^1$ sind nur erfüllbar bei $x^1 = x^3 = 0$. Also besteht P aus einer Kante $\overline{(0, 0, 0)^T (0, 1, 0)^T}$.

Geometrische Einsicht (Singularität)
Singulär ist eine Restriktionshyperebene, wenn sie ganz P enthält. Das bedeutet also, dass

$$\{x \mid x^3 = 0\}, \{x \mid x^1 + x^3 = 0\} \text{ und } \{x \mid -x^1 + x^3 = 0\}$$

singulär sind.
Dagegen sind die Restriktionshyperebenen zu $x^3 - x^2 \leq 0$, $-x^2 \leq 0$ und $x^2 \leq 1$ nicht singulär.

Formaler Nachweis:

Hierfür ist nachzuweisen, dass $a_i^T x = b^i$ für alle zulässigen Punkte gültig ist, wenn das Polyeder eine Restriktion $a_i^T x \leq b^i$ hat. Es muss also noch gezeigt werden, dass sich $a_i^T x \geq b^i$ konisch aus den Restriktionen des Polyeders kombinieren lässt.

(a) ist singulär, denn $x^3 \leq 0$ ergibt sich konisch aus (b) und (c).

$$\begin{array}{rcl} x^1 + x^3 & \leq & 0 \\ -x^1 + x^3 & \leq & 0 \end{array} \quad \Rightarrow \quad 2x^3 \leq 0$$

(b) ist singulär, denn $x^1 + x^3 \geq 0$ ergibt sich konisch aus (c) und 2·(a).

$$\begin{array}{rcl} 2 \cdot [-x^3] & \leq & 2 \cdot 0 \\ -x^1 + x^3 & \leq & 0 \end{array} \quad \Rightarrow \quad -x^1 - x^3 \leq 0$$

(c) ist singulär, denn $x^1 - x^3 \leq 0$ ergibt sich aus (b) und 2·(a).

$$\begin{array}{rcl} 2 \cdot [-x^3] & \leq & 2 \cdot 0 \\ x^1 + x^3 & \leq & 0 \end{array} \quad \Rightarrow \quad x^1 - x^3 \leq 0$$

(d) ist nicht singulär, weil sich $-x^3 + x^2 \leq 0$ nicht konisch kombinieren lässt (man müsste (f) verwenden, dabei würde aber die rechte Seite positiv werden).

(e) ist nicht singulär, da sich $x^2 \leq 0$ nicht konisch kombinieren lässt (man müsste (f) verwenden, dabei würde aber die rechte Seite positiv werden).

(f) ist nicht singulär, da sich $-x^2 \leq -1$ nicht konisch kombinieren lässt (für die rechte Seite kann man nur 0 konisch erzeugen).

Geometrische Einsicht (Redundanz)

(a) Lässt man $-x^3 \leq 0$ weg, dann bleibt unter anderem noch $x^1 + x^3 \leq 0$ und $-x^1 + x^3 \leq 0$.

$$\Rightarrow x^3 \leq x^1, \; x^3 \leq -x^1 \Rightarrow x^3 \leq |x^1|$$

Zudem hat man noch die Restriktion $x^3 \leq x^2$. Damit bekommt man eine Ausweitung des Zulässigkeitsbereiches, z. B. mit $(1, 1, -1)^T \notin P$.
$\Rightarrow$ (a) ist nicht redundant.

(b) Lässt man $x^1 + x^3 \leq 0$ weg, dann ist $(1, 1, 1)^T \notin P$ plötzlich zulässig.
$\Rightarrow$ (b) ist nicht redundant.

(c) Lässt man $-x^1 + x^3 \leq 0$ weg, dann wird $(-1, 1, 1)T \notin P$ zulässig.
$\Rightarrow$ (c) ist nicht redundant.

(d) Lässt man $x^3 - x^2 \leq 0$ weg, dann ergibt sich immer noch aus $-x^3 \leq 0$, $x^1 + x^3 \leq 0$, $-x^1 + x^3 \leq 0$, dass $x^3 \geq 0$ und $x^3 \leq 0$ gilt und somit auch $x^1 = x^3 = 0$. Andererseits gilt auch $x^2 \geq 0$. $\Rightarrow 0 - x^2 = x^3 - x^2 \leq 0$
$\Rightarrow$ (d) ist redundant.

(e)   Lässt man $-x^2 \leq 0$ weg, dann ergibt sich trotzdem $x^3 = 0$ und $x^3 \leq x^2$. $\Rightarrow 0 \leq x^2$
       $\Rightarrow$ (e) ist redundant.

(f)   Lässt man $x^2 \leq 1$ weg, dann wird $(0,\, 2,\, 0)^T \notin P$ zulässig.
       $\Rightarrow$ (f) ist nicht redundant.

Bemerkung: Es kann (d) oder (e), aber nicht beide gleichzeitig weggelassen werden.

Formaler Nachweis:

(a) - (c), (f) können nicht konisch kombiniert werden aus den restlichen Restriktionen.

(d) $x^3 - x^2 \leq 0$ ergibt sich aus

$$
\begin{aligned}
-x^3 &\leq 0 \\
x^1 + x^3 &\leq 0 \\
-x^1 + x^3 &\leq 0 \\
-x^2 &\leq 0
\end{aligned}
\qquad \Rightarrow \quad -x^2 + x^3 \leq 0 \quad \text{durch Aufsummierung}
$$

(e) $-x^2 \leq 0$ ergibt sich aus

$$
\begin{aligned}
-x^3 &\leq 0 \\
-x^2 + x^3 &\leq 0
\end{aligned}
\qquad \Rightarrow \quad -x^2 \leq 0 \quad \text{durch Aufsummierung}
$$

Lösung zu 3.8.4

a)   Seitenflächen zu P entstehen aus

$$
P \cap H_1 \cap \cdots \cap H_k, \text{ wobei } H_i = \{x \mid a_i^T x = b^i\}
$$

zu Restriktionen $a_i^T x \leq b^i$ gehören, also (o. B. d. A. irredundante) Restriktionshyperebenen sind. Wenn P die Dimension $n - \ell$ hat, dann muss es mindestens ℓ (evtl. mehr)
Restriktionshyperebenen $H_m, H_{m-1}, \ldots, H_{m-\ell+1}, \ldots, H_{m-r+1}$ geben (o. B. d. A. die
letzten), so dass P in jeder diese Hyperebenen enthalten ist, das heißt, dass alle diese Hyperebenen singulär sind. Es muss dann noch gelten

$$
\operatorname{Rang} \begin{pmatrix} a_{m-r+1} \\ a_{m-1} \\ a_m \end{pmatrix} = \ell \text{ und } P \text{ hat die gewünschte Dimension } n - \ell.
$$

Unser System sei nun bereits um alle Redundanzen bereinigt. Eine Seitenfläche der
Kleinstdimension k entsteht nun dadurch, dass wir einen Schnitt

$$
P \cap H_1 \cap \cdots \cap H_{n-\ell-k}
$$

finden (o. B. d. A. die ersten in der Reihenfolge), der die Seitenfläche repräsentiert. Punkte
dieses Schnittes (dieser Seitenfläche) liegen in P, erfüllen also

$$
a_1^T x \leq b^1, \ldots, a_m^T x \leq b^m
$$

und sind darüber hinaus straff für

$$a_1^T x \le b^1, \ldots, a_{n-\ell-k}^T x \le b^{n-\ell-k}$$

(außerdem natürlich auch noch in den singulären Hyperebenen). Für ein soches $\overline{x}$ gilt also

$$a_1^T \overline{x} = b^1, \ldots, a_{n-\ell-k}^T \overline{x} = b^{n-\ell-k}$$

und generell

$$a_{n-\ell-k+1}^T \overline{x} = b^{n-\ell-k+1}, \ldots, a_{m-r}^T \overline{x} = b^{m-r}$$

(man ist also bei $\overline{x}$ locker in allen anderen nichtsingulären Restriktionen).
Wir möchten nun einen Punkt $\tilde{x}$ konstruieren, bei dem $a_{n-\ell-k}^T \tilde{x} \le b^{n-\ell-k}$ locker wird, aber für die ersten $n - \ell - k - 1$ Restriktionen die Straffheit gewahrt bleibt. Wir finden dazu ein z als Lösung des Gleichungssystems (Rangbedingung erfüllt)

$$a_1^T z = 0$$

$$\vdots$$

$$a_{n-\ell-k-1}^T z = 0$$
$$a_{n-\ell-k}^T z = -1$$
$$a_m^T z = 0$$

$$\vdots$$

$$a_{m-r+1}^T z = 0$$

z steht senkrecht auf $n - \ell - k - 1$ Vektoren (und auf den a_i zu den singulären Restriktionen), aber nicht auf $a_{n-\ell-k}$. Addieren wir nun ein genügend kleines δz zu $\overline{x}$, dann entsteht $\tilde{x} = \overline{x} + \delta z$, so dass dort

- die ersten $n - \ell - k - 1$ Restriktionen noch straff sind;

- die $(n - \ell - k)$-te Restriktion nun locker ist;

- alle vorher lockeren Restriktionen immer noch locker sind;

- die singulären Restriktionen immer noch straff sind.

Folglich haben wir nun einen relativ inneren Punkt von $P \cap H_1 \cap H_2 \cap \cdots \cap H_{n-\ell-k-1}$ und dies ist eine Seitenfläche von P mit der Dimension $k + 1$. So kann man induktiv schließen bis zur Dimension $n - \ell$.

b) Sei Kern(A) ein Untervektorraum der Dimension k, sei $z \in$ Kern(A), das heißt $Az = 0$. Sei $w \in W$ und W eine Seitenfläche von P. Dann gilt

$$\begin{aligned} a_1^T w &\le b^1 \\ &\vdots \qquad\qquad \text{(und für einige } = b^i\text{).} \\ a_m^T w &\le b^m \end{aligned}$$

Nun betrachte $(w + z)$ und $(w - z)$. Dann gilt

$$
\begin{aligned}
a_1^T(w + z) = a_1^T w + a_1^T z = a_1^T w &\leq b^1 \\
&\vdots \\
a_m^T(w + z) = a_m^T w &\leq b^m \\
a_1^T(w - z) = a_1^T w &\leq b^1 \\
&\vdots \\
a_m^T(w - z) = a_m^T w &\leq b^m
\end{aligned}
$$

Somit gehören $(w + z)$ und $(w - z)$ beide zu P und erzeugen w konvex. Da aber w in der Seitenfläche (extremale Menge) enthalten ist, folgt $(w + z)$ und $(w - z) \in W$. Also liegt z im Differenzraum der Seitenfläche und deshalb muss diese mindestens die Dimension des Kerns haben.

Lösung zu 3.8.5

a)   Problem:

$$
\begin{aligned}
\max \quad & -c^T x \\
\text{unter} \quad & Ax \leq b \\
& -Ax \leq -b \\
& -Ex \leq 0
\end{aligned}
$$

Obiges Problem ist transformationsidentisch zu $\min c^T x$ unter $Ax = b, x \geq 0$.
Anzahl der zu lösenden Gleichungssysteme: $\binom{2m+n}{n}$
Unterbestimmte Gleichungssysteme treten auf, wenn eine Restriktion i aus $Ax \leq b$ und die Restriktion $i + m$ aus $-Ax \leq -b$ zusammen im Gleichungssystem vorkommen (oder mehrere solcher „Paare")

b)   Betrachte $Ax \leq b, -Ex \leq 0$.
Dabei sollen die ersten m Restriktionen immer ausgewählt werden, dazu noch $m - n$ aus den n Vorzeichenrestriktionen.
Konsequenz aus dieser Auswahl: Alle Basislösungen erfüllen $Ax = b, x \geq 0$.
Andererseits sind alle Basislösungen, bei denen mindestens eine Restriktion aus $Ax \leq b$ echt locker ist, unzulässig für $Ax = b, x \geq 0$.
Anzahl der enumerierten Basislösungen: $\binom{n}{m-n}$

c)   –   Idee: zusätzliche Restriktion $c^T x \leq c^T x_{\text{best}} + 1$ einfügen und das Problem

$$
\begin{aligned}
\max \quad & -c^T x \\
\text{unter} \quad & Ax \leq b \\
& -Ax \leq -b \\
& -Ex \leq 0 \\
& c^T x \leq c^T x_{\text{best}} + 1
\end{aligned}
$$

lösen.

– Fall 1: beste Ecke war optimal, dann ist die neue Restriktion redundant

Fall 2: Problem war unbeschränkt, dann gibt es (im ursprünglichen Problem) eine zielfunktionsverbessernde Kante bei x_{best}, die jetzt durch die neue Restriktion gestoppt wird. Es entsteht dadurch eine Ecke mit besserem Zielfunktionswert.

Kapitel 4

Polyederstruktur

In diesem Kapitel stellen wir zunächst fest, dass es für Polyeder neben der Darstellung als Lösungsmenge eines Ungleichungssystems auch eine dazu duale Darstellung gibt. Dabei beschreibt die Summe aus einer konvexen Hülle von endlich vielen Punkten und einem Kegel aus endlich vielen Richtungen die besagte Lösungsmenge. Danach geht es darum, eine vorliegende Lösungsmenge in diese Bestandteile zu zerlegen, was umfangreiche und sehr instruktive Aufgabenstellungen ermöglicht. Diese sind aber nur in Kurzform klausurgeeignet. Es empfiehlt sich hier, Berechnungsprogramme zu implementieren. Ein zusätzlicher Aspekt in dieser Zerlegung ist dann, ob im Lösungsbereich nicht nur Halbgeraden, sondern sogar Geraden ganz liegen. Dies würde implizieren, dass es keine Ecken gibt. Und das wiederum würde die algorithmische Bearbeitung erschweren. Das Simplexverfahren aus Kapitel 6 ist nämlich originär auf die Existenz von Ecken angewiesen. Wir werden in Kapitel 6 aufzeigen, mit welchen Kunstgriffen man aber auch bei Nichtexistenz von Ecken die Anwendbarkeit des Simplexverfahrens herbeiführen kann.

4.1 Endliche Erzeugung

In diesem Abschnitt versuchen wir, ein Polyeder durch Angabe einer möglichst kleinen Erzeugermenge und der diesbezüglichen Konvexkombination darzustellen.

Definition 4.1
Ein *affiner Halbraum* ist der nichtleere Durchschnitt zwischen einem affinen Unterraum und einem Halbraum, welcher den affinen Unterraum nicht ganz enthält.

Satz 4.2
Jedes Polyeder ist die konvexe Hülle von endlich vielen affinen Unterräumen oder affinen Halbräumen.

Lemma 4.3

1.   *Jeder affine Unterraum ist die Summe eines Punktes und eines Untervektorraums.*

2.   *Jeder affine Halbraum ist die Summe einer Halbgeraden und eines Untervektorraums.*

Nun wird geklärt, dass zur Charakterisierung und Erzeugung von Polyedern bereits recht wenige, nämlich endlich viele geometrische Informationen ausreichen.

Definition 4.4

Ein Paar von endlichen Punktmengen $G = \{x_1, \ldots, x_k\} \subset K^n$, $H = \{y_1, \ldots, y_\ell\} \subset K^n$ heißt *endliche Erzeugermenge* eines Polyeders P, wenn gilt $P = \mathrm{conv}(G) + \mathrm{cone}(H)$.

Nun lässt sich über Polyeder und polyedrische Kegel Folgendes beweisen:

Satz 4.5 (Satz von der endlichen Erzeugermenge)
Jedes Polyeder hat eine endliche Erzeugermenge, also eine Darstellung der Form

$$P = \mathrm{conv}(x_1, \ldots, x_k) + \mathrm{cone}(y_1, \ldots, y_\ell).$$

Satz 4.6 (Minkowski)
Jeder polyedrische Kegel hat eine endliche Erzeugermenge der Form $\mathrm{cone}(y_1, \ldots, y_\ell)$.

Die nun gewonnenen Ergebnisse haben Auswirkungen auf lineare Optimierungsprobleme.

Satz 4.7
Ist $c^T x$ auf einem nichtleeren Polyeder P nach oben (unten) beschränkt, dann nimmt $c^T x$ auf P sein Maximum (Minimum) an.

Man kann zeigen, dass auch die Umkehrung des Satzes von der endlichen Erzeugermenge gilt, nämlich dass jede endlich erzeugte Menge ein Polyeder ist.

Definition 4.8
Ist U eine konvexe Menge aus K^n, dann bezeichnen wir mit U^0 bzw. mit $\mathrm{polar}(U)$ die Menge $\{x \mid x^T u \leq 0 \ \forall u \in U\}$. U^0 bzw. $\mathrm{polar}(U)$ heißt *Polarkegel* von U.

Lemma 4.9
Sei $P(A, 0) = P$ vorgegeben. Dann gilt:
$P^0 = \{x \mid Ax \leq 0\}^0 = (\mathrm{rec}(A))^0 = \mathrm{cone}(a_1, \dots, a_m)$, *wobei $a_i := A_{i\cdot}^T$ Zeilen von A sind.*

Lemma 4.10
Sei C ein endlich erzeugter Kegel. Dann gilt: $C = C^{00}$.

Satz 4.11 (Satz von Weyl für konvexe Kegel)
Jeder konvexe Kegel mit einem endlichen Erzeugersystem ist polyedrisch.

Satz 4.12 (Satz von Weyl für Polyeder)
Wenn $G = \{y_1, \dots, y_k\}$ und $H = \{z_1, \dots, z_\ell\}$ endliche Punktmengen sind, dann ist

$$P = \mathrm{conv}(G) + \mathrm{cone}(H)$$

ein Polyeder.

Satz 4.13 (Krein-Milman)
Jedes beschränkte Polyeder (Polytop) ist die konvexe Hülle seiner endlich vielen Ecken.

4.2 Aufgaben zur endlichen Erzeugung

Aufgabe 4.2.1

Beweisen Sie:

a)   Die konvexe Hülle aus zwei Polytopen ist wieder ein Polytop.

b)   Die konvexe Hülle von zwei polyedrischen Kegeln ist wieder ein polyedrischer Kegel.

c)   Die konvexe Hülle zweier Polyeder ist nicht immer ein Polyeder.

Aufgabe 4.2.2

Seien

$$
A = \begin{pmatrix} -1 & 1 \\ 1 & -1 \\ 0 & -1 \\ \frac{1}{2} & -1 \\ -1 & -1 \\ -2 & 1 \end{pmatrix}, \quad b = \begin{pmatrix} 5 \\ 5 \\ 5 \\ 4 \\ 10 \\ 20 \end{pmatrix}
$$

und $P = \{x \in \mathbb{R}^2 \mid Ax \leq b\}$. Geben Sie für P ein endliches Erzeugersystem gemäß

$$
P = \text{conv}(v_1, \ldots, v_k) + \text{cone}(z_1, \ldots, z_l)
$$

mit $v_i, \, z_j \in \mathbb{R}^2 \; \forall i, j$ an.

Aufgabe 4.2.3

Seien $G = \left\{ \begin{pmatrix} 2 \\ 2 \end{pmatrix}, \begin{pmatrix} 5 \\ 2 \end{pmatrix}, \begin{pmatrix} 2 \\ 5 \end{pmatrix}, \begin{pmatrix} 5 \\ 5 \end{pmatrix}, \begin{pmatrix} 3 \\ 8 \end{pmatrix}, \begin{pmatrix} 3 \\ 3 \end{pmatrix}, \begin{pmatrix} 2 \\ 10 \end{pmatrix}, \begin{pmatrix} 3 \\ 0 \end{pmatrix}, \begin{pmatrix} 4 \\ 4 \end{pmatrix} \right\}$ und

$H = \left\{ \begin{pmatrix} 1 \\ 1 \end{pmatrix}, \begin{pmatrix} 1 \\ 2 \end{pmatrix}, \begin{pmatrix} 5 \\ 1 \end{pmatrix} \right\}$ gegeben.

Bestimmen Sie eine minimale Erzeugermenge für das Polyeder $Q = \text{conv}(G) + \text{cone}(H)$.

Aufgabe 4.2.4

Seien $P = \text{conv}(u_1, \ldots, u_k) + \text{cone}(y_1, \ldots, y_r)$ und $Q = \text{conv}(v_1, \ldots, v_\ell) + \text{cone}(z_1, \ldots, z_s)$ zwei Polyeder.

a)   Beweisen Sie, dass $P + Q = \{x \mid x = x_1 + x_2 \text{ mit } x_1 \in P, \, x_2 \in Q\}$ wieder ein Polyeder ist. Führen Sie dazu folgende Schritte aus (beweisen Sie also):

   i) $P + Q \supseteq \text{conv}(\{u_i + v_j \mid i = 1, \ldots, k, \, j = 1, \ldots, \ell\}) + \text{cone}(y_1, \ldots, y_r, z_1, \ldots, z_s)$

   ii) $P + Q \subseteq \text{conv}(\{u_i + v_j \mid i = 1, \ldots, k, \, j = 1, \ldots, \ell\}) + \text{cone}(y_1, \ldots, y_r, z_1, \ldots, z_s)$

b)   Wenn Sie $c^T x$ über P und über Q maximiert haben (erörtern Sie alle Fälle), was können Sie dann über die Maximierung von $c^T x$ über $P + Q$ sagen?

4.3   Lösungen zur endlichen Erzeugung

Lösung zu 4.2.1

a)   Polytop $P_1 = \text{conv}(x_1, \ldots, x_k)$, $P_2 = \text{conv}(y_1, \ldots, y_\ell)$
     Zu zeigen: $\text{conv}(\text{conv}(x_1, \ldots, x_k), \text{conv}(y_1, \ldots, y_\ell))$ ist Polytop
     Es genügt: $\text{conv}(\text{conv}(x_1, \ldots, x_k), \text{conv}(y_1, \ldots, y_\ell)) = \text{conv}(x_1, \ldots, x_k, y_1, \ldots, y_\ell)$

„⊆" Sei $z \in \text{conv}(\text{conv}(X), \text{conv}(Y))$, das heißt $z = \lambda x + (1 - \lambda)y$ mit $\lambda \in (0, 1)$ sowie $x \in \text{conv}(X)$ und $y \in \text{conv}(Y)$. Also

$$z = \lambda \sum \rho_i x_i + (1 - \lambda) \sum \eta_j y_j \text{ mit } \rho_i \geq 0, \sum \rho_i = 1, \eta_j \geq 0, \sum \eta_j = 1$$
$$\Rightarrow z = \sum (\lambda \rho_i) x_i + \sum (1 - \lambda) \eta_j y_j \text{ mit } \lambda \rho_i \geq 0, (1 - \lambda) \eta_j \geq 0$$
$$\text{und } \lambda \sum \rho_i + (1 - \lambda) \sum \eta_j = \lambda + 1 - \lambda = 1 \Rightarrow z \in \text{conv}(X, Y)$$

„⊇" Sei $z \in \text{conv}(X, Y)$, das heißt $z = \sum \mu_i x_i + \sum \kappa_j y_j$ mit $\mu_i \geq 0, \kappa_j \geq 0$, sowie $\sum \mu_i + \sum \kappa_j = 1$. O. B. d. A. gelte $\sum \mu_i > 0$ und $\sum \kappa_j > 0$, ansonsten gilt

$$z = \sum \mu_i x_i \in \text{conv}(X) \subseteq \text{conv}(\text{conv}(X), \text{conv}(Y)) \text{ oder}$$
$$z = \sum \kappa_j y_j \in \text{conv}(Y) \subseteq \text{conv}(\text{conv}(X), \text{conv}(Y)))$$

Setze $\lambda = \sum \mu_i \in (0, 1)$ damit gilt $1 - \lambda = \sum \kappa_j \in (0, 1)$ und

$$z = \lambda \cdot \sum \frac{\mu_i}{\lambda} x_i + (1 - \lambda) \cdot \sum \frac{\kappa_j}{1 - \lambda} y_j$$

wegen $\frac{\mu_i}{\lambda} \geq 0, \sum \frac{\mu_i}{\lambda} = \sum \frac{\mu_i}{\sum \mu_i} = 1$ und analog $\frac{\kappa_j}{1-\lambda} \geq 0, \sum \frac{\kappa_j}{1-\lambda} = \sum \frac{\kappa_j}{\sum \kappa_j} = 1$ gilt

$$\tilde{x} = \sum \frac{\mu_i}{\lambda} x_i \in \text{conv}(X), \tilde{y} = \sum \frac{\kappa_j}{1 - \lambda} \in \text{conv}(Y)$$

und damit

$$z = \lambda \tilde{x} + (1 - \lambda) \tilde{y} \in \text{conv}(\text{conv}(X), \text{conv}(Y))$$

b) Polyedrischer Kegel hat eine Darstellung als konvexer Kegel
(Begründung: *Satz von Minkowski:* Jeder polyedrische Kegel hat eine endliche Erzeuger-menge)
Zu zeigen: $\text{conv}(\text{cone}(x_1, \ldots, x_k), \text{cone}(y_1, \ldots, y_\ell))$ ist polyedrischer Kegel
Es genügt: $\text{conv}(C_1, C_2) = \text{cone}(x_1, \ldots, x_k, y_1, \ldots, y_\ell)$

„⊆" Sei $z \in \text{conv}(C_1, C_2)$

$$\Rightarrow z = \lambda \sum \rho_i x_i + (1 - \lambda) \sum \eta_j y_j, \lambda \in [0, 1], \rho_i \geq 0, \eta_j \geq 0 \,\forall i, j$$
$$\Rightarrow z = \sum (\lambda \rho_i) x_i + \sum (1 - \lambda) \eta_j y_j \text{ mit } \lambda \rho_i, (1 - \lambda) \eta_j \geq 0 \,\forall i, j$$
$$\Rightarrow z \in \text{cone}(x_1, \ldots, x_k, y_1, \ldots, y_\ell)$$

„⊇" Sei $z \in \text{cone}(x_1, \ldots, x_k, y_1, \ldots, y_\ell)$

$$\Rightarrow z = \sum \mu_i x_i + \sum \kappa_j y_j \text{ mit } \mu_i, \kappa_j \geq 0$$
$$\Rightarrow z = \lambda \sum \frac{\mu_i}{\lambda} x_i + (1 - \lambda) \sum \frac{\kappa_j}{1 - \lambda} y_j \text{ mit } \lambda \in (0, 1)$$

Da $\frac{\mu_i}{\lambda} \geq 0, \frac{\kappa_j}{1-\lambda} \geq 0$ gilt, folgt $\tilde{x} = \sum \frac{\mu_i}{\lambda} x_i \in C_1$ sowie $\tilde{y} = \sum \frac{\kappa_j}{1-\lambda} y_j \in C_2$ und

$$z = \lambda \tilde{x} + (1 - \lambda)\tilde{y} \text{ mit } \lambda \in (0,1). \text{ Damit ist } z \in \text{conv}(C_1, C_2)$$

c) Betrachte die Polyeder $\{0 \in \mathbb{R}^2\}$ und $\{x \in \mathbb{R}^2 \mid x^1 \in \mathbb{R}, x^2 = 1\}$. Die konvexe Hülle $\text{conv}(\{0\}, \{x \mid x^1 \in \mathbb{R}, x^2 = 1\})$ ergibt

$$\{x \in \mathbb{R}^2 \mid x^1 \in \mathbb{R}, x^2 \leq 1, x^2 > 0\} \cup \{0\}.$$

Dies ist nicht abgeschlossen, also kein Polyeder.

Lösung zu 4.2.2
Zeichnung des Polyeders:

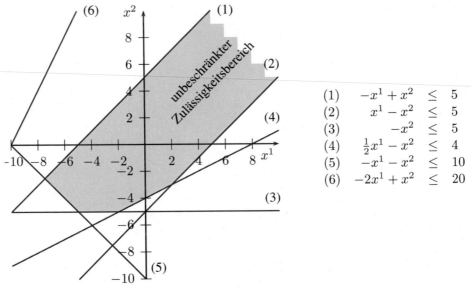

(1)	$-x^1 + x^2$	$\leq$ 5
(2)	$x^1 - x^2$	$\leq$ 5
(3)	$-x^2$	$\leq$ 5
(4)	$\frac{1}{2}x^1 - x^2$	$\leq$ 4
(5)	$-x^1 - x^2$	$\leq$ 10
(6)	$-2x^1 + x^2$	$\leq$ 20

Ecken:

$$\overline{x}_1 := \begin{pmatrix} -\frac{15}{2} \\ -\frac{5}{2} \end{pmatrix}, \ \overline{x}_2 := \begin{pmatrix} -5 \\ -5 \end{pmatrix}, \ \overline{x}_3 := \begin{pmatrix} -2 \\ -5 \end{pmatrix}, \ \overline{x}_4 := \begin{pmatrix} 2 \\ -3 \end{pmatrix}$$

Geometrische Ermittlung der freien Richtungen:
Die Kante, die von $\overline{x}_1$ abgeht und (1) straff hält und die Kante, die von $\overline{x}_4$ abgeht und (2) straff hält, haben beide die Richtung $d = (1,1)^T$, weil

$$a_1^T d = (-1,1) \begin{pmatrix} 1 \\ 1 \end{pmatrix} = 0 \quad \text{und} \quad a_2^T d = (1,-1) \begin{pmatrix} 1 \\ 1 \end{pmatrix} = 0.$$

Beide tauchen in einer Ober- und Unterbegrenzung von P auf, also kann es nur diese eine freie Richtung geben.
Arithmetische Ermittlung der freien Richtungen:
Für eine freie Richtung $d = \begin{pmatrix} d^1 \\ d^2 \end{pmatrix} \neq 0$ muss $a_i^T d \leq 0 \ \forall i$ gelten.

Hier heißt das:

$$
\begin{array}{rl}
(1) & -d^1 + d^2 \le 0 \\
(2) & d^1 - d^2 \le 0 \\
(3) & -d^2 \le 0 \\
(4) & \tfrac{1}{2}d^1 - d^2 \le 0 \\
(5) & -d^1 - d^2 \le 0 \\
(6) & -2d^1 + d^2 \le 0
\end{array}
$$

Aus (1) und (2) folgt $-d^1 + d^2 = 0 \Rightarrow d^1 = d^2$.

$d = \begin{pmatrix} 1 \\ 1 \end{pmatrix}$ erfüllt alle Restriktionen und ist somit freie Richtung von P.

Die endliche Erzeugermenge beruht nun auf der Angabe der Ecken und der extremalen freien Richtungen, also

$$
P = \mathrm{conv}\left(\{\bar{x}_1, \bar{x}_2, \bar{x}_3, \bar{x}_4\}\right) + \mathrm{cone}\left(\begin{pmatrix} 1 \\ 1 \end{pmatrix}\right).
$$

Lösung zu 4.2.3

Man liest aus der Zeichnung ab, dass wohl $\begin{pmatrix} 2 \\ 10 \end{pmatrix}, \begin{pmatrix} 2 \\ 5 \end{pmatrix}, \begin{pmatrix} 2 \\ 2 \end{pmatrix}, \begin{pmatrix} 3 \\ 0 \end{pmatrix}$ am Rand liegen (von $\mathrm{conv}(G) + \mathrm{cone}(H)$). Davon ist auch noch $\begin{pmatrix} 2 \\ 5 \end{pmatrix}$ entbehrlich wegen $\begin{pmatrix} 2 \\ 5 \end{pmatrix} \in \left[\begin{pmatrix} 2 \\ 2 \end{pmatrix}, \begin{pmatrix} 2 \\ 10 \end{pmatrix}\right]$.

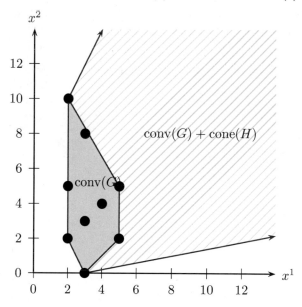

Wir wollen jetzt nachweisen, dass alle anderen Punkte verzichtbar sind.

$\begin{pmatrix} 5 \\ 2 \end{pmatrix}$ verzichtbar: $\begin{pmatrix} 5 \\ 2 \end{pmatrix} = \begin{pmatrix} 3 \\ 0 \end{pmatrix} + \begin{pmatrix} 2 \\ 2 \end{pmatrix} = \begin{pmatrix} 3 \\ 0 \end{pmatrix} + 2 \cdot \begin{pmatrix} 1 \\ 1 \end{pmatrix} \in \mathrm{conv}(G) + \mathrm{cone}(H)$

$\begin{pmatrix} 5 \\ 5 \end{pmatrix}$ verzichtbar: $\quad \begin{pmatrix} 5 \\ 5 \end{pmatrix} = \begin{pmatrix} 2 \\ 2 \end{pmatrix} + 3 \cdot \begin{pmatrix} 1 \\ 1 \end{pmatrix} \in \mathrm{conv}(G) + \mathrm{cone}(H)$

$\begin{pmatrix} 3 \\ 8 \end{pmatrix}$ verzichtbar: $\quad \begin{pmatrix} 3 \\ 8 \end{pmatrix} = \left[\tfrac{1}{2} \cdot \begin{pmatrix} 2 \\ 2 \end{pmatrix} + \tfrac{1}{2} \cdot \begin{pmatrix} 2 \\ 10 \end{pmatrix} \right] + 1 \cdot \begin{pmatrix} 1 \\ 2 \end{pmatrix} \in \mathrm{conv}(G) + \mathrm{cone}(H)$

$\begin{pmatrix} 3 \\ 3 \end{pmatrix}$ verzichtbar: $\quad \begin{pmatrix} 3 \\ 3 \end{pmatrix} = \begin{pmatrix} 2 \\ 2 \end{pmatrix} + 1 \cdot \begin{pmatrix} 1 \\ 1 \end{pmatrix} \in \mathrm{conv}(G) + \mathrm{cone}(H)$

$\begin{pmatrix} 4 \\ 4 \end{pmatrix}$ verzichtbar: $\quad \begin{pmatrix} 4 \\ 4 \end{pmatrix} = \begin{pmatrix} 2 \\ 2 \end{pmatrix} + 2 \cdot \begin{pmatrix} 1 \\ 1 \end{pmatrix} \in \mathrm{conv}(G) + \mathrm{cone}(H)$

Als Richtung ist $(1,1)^T$ verzichtbar wegen

$$\begin{pmatrix} 1 \\ 1 \end{pmatrix} = \left[\tfrac{4}{5} \cdot \begin{pmatrix} 1 \\ 2 \end{pmatrix} + \tfrac{1}{5} \cdot \begin{pmatrix} 5 \\ 1 \end{pmatrix} \right] \cdot \tfrac{5}{9} \in \mathrm{cone}\left(\begin{pmatrix} 1 \\ 2 \end{pmatrix}, \begin{pmatrix} 5 \\ 1 \end{pmatrix} \right).$$

Eine Minimaldarstellung braucht also nur

$$\mathrm{conv}\left(\begin{pmatrix} 2 \\ 10 \end{pmatrix}, \begin{pmatrix} 2 \\ 2 \end{pmatrix}, \begin{pmatrix} 3 \\ 0 \end{pmatrix} \right) + \mathrm{cone}\left(\begin{pmatrix} 1 \\ 2 \end{pmatrix}, \begin{pmatrix} 5 \\ 1 \end{pmatrix} \right).$$

Wir müssen (formal) nun auch noch die Minimalität zeigen.

$\mathrm{conv}\left(\begin{pmatrix} 2 \\ 10 \end{pmatrix}, \begin{pmatrix} 2 \\ 2 \end{pmatrix}, \begin{pmatrix} 3 \\ 0 \end{pmatrix} \right)$ bilden ein Dreieck (keiner der Punkte ist eine Konvexkombination der beiden anderen Punkte). Zu untersuchen bleibt noch der Fall, dass man durch die Hinzunahme des konvexen Kegels auf einen Punkt aus der konvexen Hülle verzichten kann.

Allgemeiner Fall:
Es sei $Q = \mathrm{conv}(x_i) + \mathrm{cone}(z_j)$ mit $i = 0, \ldots, k$ und $j = 1, \ldots, l$. $\mathrm{conv}(x_i)$ und $\mathrm{cone}(z_j)$ seien dabei minimal.
(O. B. d. A.) $x_0 \in \mathrm{conv}(x_i)_{i \geq 1} + \mathrm{cone}(z_j)_{j \geq 1}$.
Es gilt

$$1 \cdot x_0 = \sum_{i \geq 1} \lambda_i x_i + \sum_{j \geq 1} \mu_j z_j \quad \text{mit} \quad \sum_{i \geq 1} \lambda_i = 1, \lambda_i \geq 0, \mu_i \geq 0 \,\forall i$$

$$\Leftrightarrow \quad \left(\sum_{i \geq 1} \lambda_i \right) x_0 = \sum_{i \geq 1} \lambda_i x_i + \sum_{j \geq 1} \mu_j z_j, \quad \sum_{i \geq 1} \lambda_i = 1, \lambda_i \geq 0, \mu_i \geq 0 \,\forall i$$

$$\Leftrightarrow \quad - \sum_{j \geq 1} \mu_j z_j = \sum_{i \geq 1} \lambda_i (x_i - x_0), \quad \sum_{i \geq 1} \lambda_i = 1, \lambda_i \geq 0, \mu_i \geq 0 \,\forall i.$$

Mit $(\lambda_1, \ldots, \lambda_k)^T \neq (0, \ldots, 0)^T$, $(\mu_1, \ldots, \mu_l)^T \neq (0, \ldots, 0)^T$ folgt

$$\exists y \neq 0 \text{ mit } y \in -\mathrm{cone}(z_j) \cap \mathrm{conv}(x_i - x_0)$$
$$\Leftrightarrow \exists y \neq 0 \text{ mit } y \in -\mathrm{cone}(z_j) \cap \mathrm{cone}(x_i - x_0).$$

Auf einen Punkt kann man also dann verzichten, wenn der Kegel der Differenzen zu den anderen Punkten und der Negativkegel zu H einen nichttrivialen Schnitt haben, das heißt, dass der Schnitt der beiden Kegel nicht nur den Nullpunkt enthält.

$\begin{pmatrix} 2 \\ 10 \end{pmatrix}$ ist nicht verzichtbar, weil

$$\mathrm{cone}\left(\begin{pmatrix} 0 \\ -8 \end{pmatrix}, \begin{pmatrix} 1 \\ -10 \end{pmatrix} \right) \cap \mathrm{cone}\left(\begin{pmatrix} -1 \\ -2 \end{pmatrix}, \begin{pmatrix} -5 \\ -1 \end{pmatrix} \right) = \{0\}.$$

$\begin{pmatrix} 2 \\ 2 \end{pmatrix}$ ist nicht verzichtbar, weil

$$\mathrm{cone}\left(\begin{pmatrix} 0 \\ 8 \end{pmatrix}, \begin{pmatrix} 1 \\ -2 \end{pmatrix} \right) \cap \mathrm{cone}\left(\begin{pmatrix} -1 \\ -2 \end{pmatrix}, \begin{pmatrix} -5 \\ -1 \end{pmatrix} \right) = \{0\}.$$

$\begin{pmatrix} 3 \\ 0 \end{pmatrix}$ ist nicht verzichtbar, weil

$$\mathrm{cone}\left(\begin{pmatrix} -1 \\ 10 \end{pmatrix}, \begin{pmatrix} -1 \\ 2 \end{pmatrix} \right) \cap \mathrm{cone}\left(\begin{pmatrix} -1 \\ -2 \end{pmatrix}, \begin{pmatrix} -5 \\ -1 \end{pmatrix} \right) = \{0\}.$$

Lösung zu 4.2.4

a)   Addiert man P und Q, so enthält der erste Summand $\mathrm{cone}(y_1, \dots, y_r)$, der zweite $\mathrm{cone}(z_1, \dots, z_s)$ als Menge von freien Richtungen. Die beiden konvexen Hüllen $\mathrm{conv}(u_1, \dots, u_k)$ und $\mathrm{conv}(v_1, \dots, v_\ell)$ tragen nichts zu den freien Richtungen bei. Es ist nun ersichtlich, dass gilt

$$\mathrm{cone}(y_1, \dots, y_r) + \mathrm{cone}(z_1, \dots, z_s) = \mathrm{cone}(y_1, \dots, y_r, z_1, \dots, z_s)$$

(jede freie Richtung der linken Summe ist eine Zusammenfassung von zwei freien Richtungen; dies kann auch durch eine konische Gesamtkombination beschrieben werden; analog wird gezeigt, dass die rechte Menge in der linken liegt).
Also ist sicher, dass

$$P + Q = [\mathrm{conv}(u_1, \dots, u_k) + \mathrm{conv}(v_1, \dots, v_\ell)] + \mathrm{cone}(y_1, \dots, y_r, z_1, \dots, z_s)$$

und es würde ausreichen zu erkennen, dass die Summe in $[\dots]$ bereits ein Polytop ist. Wir konzentrieren uns deshalb darauf.

i)   Wir zeigen, dass $\hat{P} + \hat{Q}$ mit $\hat{P} = \mathrm{conv}(u_1, \dots, u_k)$ und $\hat{Q} = \mathrm{conv}(v_1, \dots, v_\ell)$ konvex ist.
Gegeben sei eine Mischung von zwei Punkten, die sich auf obige Weise als Summe darstellen lassen.

$$\hat{P} + \hat{Q} \ni a_1 = \sum \lambda_i^1 u_i + \sum \mu_j^1 v_j$$
$$\hat{P} + \hat{Q} \ni a_2 = \sum \lambda_i^2 u_i + \sum \mu_j^2 v_j$$

$$\Rightarrow \rho a_1 + (1 - \rho)a_2 =$$

$$= \underbrace{[\rho(\sum \lambda_i^1 u_i) + (1 - \rho)(\sum \lambda_i^2 u_i)]}_{\in \hat{P}} + \underbrace{[\rho(\sum \mu_j^1 v_j) + (1 - \rho)(\sum \mu_j^2 v_j)]}_{\in \hat{Q}}$$

(zunächst werden zwei Punkte von $\hat{P}$ gemischt – bleibt in $\hat{P}$, danach werden zwei Punkte von $\hat{Q}$ gemischt – bleibt in $\hat{Q}$) Damit ist die Konvexität gezeigt.

ii) $\hat{P} + \hat{Q}$ enthält natürlich alle Summen von speziellen Punkten aus $\hat{P}$ mit solchen aus $\hat{Q}$, also insbesondere die Punkte

$$\begin{array}{cccc} u_1 + v_1, & u_1 + v_2, & \cdots, & u_1 + v_\ell \\ u_2 + v_1, & \cdots & \cdots, & u_2 + v_\ell \qquad (k \cdot \ell \text{ Punkte}) \\ \vdots & & & \\ u_k + v_1, & \cdots & \cdots, & u_k + v_\ell. \end{array}$$

Da $\operatorname{conv} \begin{pmatrix} u_1 + v_1, & \cdots, & u_1 + v_\ell \\ \vdots & \ddots & \vdots \\ u_k + v_1, & \cdots, & u_k + v_\ell \end{pmatrix}$ die kleinste konvexe Menge ist, die diese $k \cdot \ell$
Punkte enthält, gilt:

$$\hat{P} + \hat{Q} \supset \operatorname{conv} \begin{pmatrix} u_1 + v_1, & \cdots, & u_1 + v_\ell \\ \vdots & \ddots & \vdots \\ u_k + v_1, & \cdots, & u_k + v_\ell \end{pmatrix}$$

iii) Nun ist aber noch offen, ob denn auch $\hat{P} + \hat{Q} \subset \operatorname{conv}$, also ob die rechte konvexe Hülle schon groß genug ist.
Betrachte also einen Punkt aus $\hat{P} + \hat{Q}$, nämlich $\sum_{i=1}^{k} \lambda_i u_i + \sum_{j=1}^{\ell} \mu_j v_j$. Wegen $\sum \lambda_i = \sum \mu_j = 1$ erlaubt dies folgende Umformung

$$\sum_{i=1}^{k} \left(\sum_{j=1}^{\ell} \mu_j \right) u_i + \sum_{j=1}^{\ell} \mu_j \left(\sum_{i=1}^{k} \lambda_i \right) v_j \;=\; \sum_{i=1}^{k} \sum_{j=1}^{\ell} \lambda_i \mu_j u_i + \sum_{j=1}^{\ell} \sum_{i=1}^{k} \mu_j \lambda_i v_j$$

$$= \sum_{i=1}^{k} \sum_{j=1}^{\ell} \lambda_i \mu_j u_i + \sum_{i=1}^{k} \sum_{j=1}^{\ell} \lambda_i \mu_j v_j \;=\; \sum_{i=1}^{k} \sum_{j=1}^{\ell} \lambda_i \mu_j (u_i + v_j).$$

Also liegt schon mal eine Linearkombination aller $(u_i + v_j)$ vor. Wir zeigen, dass es sich dabei um eine Konvexkombination handelt:

$$\lambda_i \mu_j \geq 0 \text{ ist erfüllt, weil } \lambda_i \geq 0, \mu_j \geq 0$$

$$\sum_{i=1}^{k} \sum_{j=1}^{\ell} \lambda_i \mu_j = \sum_{i=1}^{k} \left(\sum_{j=1}^{\ell} \mu_j \right) = \sum_{i=1}^{k} \lambda_i \cdot 1 = \sum_{i=1}^{k} \lambda_i = 1$$

$$\text{Also ist unser Punkt in conv} \begin{pmatrix} u_1 + v_1, & \cdots, & u_1 + v_\ell \\ \vdots & \ddots & \vdots \\ u_k + v_1, & \cdots, & u_k + v_\ell \end{pmatrix}$$

b)   Hat man vorher $c^T x$ optimiert über P und über Q, dann sind möglich:

Ia $c^T x$ wird optimal in einem der u_i von P $(u_{\bar{i}})$

Ib $c^T x$ wächst unbeschränkt auf einem y_i von P

IIa $c^T x$ wird optimal in einem der v_j von Q $(v_{\bar{j}})$

IIb $c^T x$ wächst unbeschränkt auf einem z_j von Q

(Ia und IIa):
Nun kann kein Summenpunkt mehr liefern als $c^T u_{\bar{i}} + c^T v_{\bar{j}}$, da $c^T x \leq c^T u_{\bar{i}}$ auf P und $c^T y \leq c^T v_{\bar{j}}$ auf Q gilt.

(Ia und IIb) sowie (IIb und Ia):
$c^T x$ wächst unbeschränkt auf einem y_i bzw. auf einem z_j. Das setzt sich natürlich durch.

(Ib und IIb):
Für ein y_i und für ein z_j wächst $c^T x$ unbeschränkt, deshalb erst recht für $y_i + z_j$.

4.4   Zerlegungssatz

Wir interessieren uns jetzt für die Gesamtstruktur eines Polyeders. Hierbei suchen wir eine Darstellung durch Ecken, freie Richtungen und lineare Unterräume.

Definition 4.14
Ein Polyeder heißt *spitz*, wenn es mindestens eine Ecke besitzt.

Bemerkung

Da jedes nichtleere Polytop die konvexe Hülle seiner Ecken ist, muss es mindestens eine Ecke enthalten. Also ist jedes Polytop spitz.

Satz 4.15

1. $P = \{x \mid Ax \leq b\}$ ist genau dann ein Polytop, wenn P keine Halbgerade enthält. Ist P nicht leer, dann gilt dies genau dann, wenn $Az \leq 0$ nur mit $z = 0$ lösbar ist.

2.   Das nichtleere Polyeder P ist genau dann spitz, wenn P keine Gerade ganz enthält. In diesem Fall ist $Aw = 0$ nur mit $w = 0$ lösbar.

Lemma 4.16
Gegeben sei $P(A, b) = \text{conv}(G) + \text{cone}(H) = \text{conv}(G') + \text{cone}(H')$. *Dann folgt*

$$\text{cone}(H) = \text{cone}(H') = \{z \mid Az \leq 0\} = \text{rec}(A).$$

Definition 4.17
C sei ein konvexer Kegel, $-C$ der Kegel $\{x \mid -x \in C\}$. Wir nennen $L = C \cap -C$ den *Linienraum* von C.

Bemerkung
Der Linienraum ist der größte lineare Untervektorraum von C. Mit x gehört immer $-x$ zu L.

Lemma 4.18
L ist die kleinste nichtleere extremale Teilmenge von C.

Definition 4.19
Ist $L = C \cap (-C) = \{0\}$, das heißt 0 ist Extremalpunkt von C, dann heißt C *spitzer Kegel*.

Satz 4.20
Jeder konvexe Kegel ist die direkte Summe seines Linienraumes L und des spitzen Kegels $\overline{C} = C \cap L^\perp$ mit $L^\perp = \{u \mid u^T x = 0 \ \forall x \in L\}$. Also ist $C = (C \cap L^\perp) \oplus L$.

Satz 4.21 (Zerlegungssatz für Polyeder)
Jedes Polyeder P besitzt eine Zerlegung $P = (Q + C) \oplus L$, wobei Q ein Polytop, C ein spitzer Kegel und L ein Untervektorraum (Linienraum von P) ist.

Korollar 4.22
Ist $P = \{x \mid Ax \leq b\} = \text{conv}(G) + \text{cone}(H)$, dann lässt sich P darstellen als $P = (Q+C) \oplus L$, wobei $L = \{x \mid Ax = 0\}$, $C = \{x \mid Ax \leq 0\} \cap L^\perp$ und $C \oplus L = \text{cone}(H) = \{x \mid Ax \leq 0\}$.

Für die Anwendung der Algorithmen zur linearen Optimierung sind spitze Polyeder sehr wichtig.

Satz 4.23
Sei $\emptyset \neq P(A, b) \subset K^n$. Dann sind folgende Aussagen äquivalent:

1.   *P ist spitz.*

2.   *$\operatorname{Rang} A = n$.*

3.   *$L(P) = \{0\}$.*

Korollar 4.24
Für $P = P^=(A, b) = \{x \mid Ax = b, \ x \geq 0\}$ gilt: P ist genau dann spitz, wenn P nicht leer ist.

Korollar 4.25
P sei ein Polytop. Dann gilt: P ist genau dann spitz, wenn P nicht leer ist.

Korollar 4.26
Ist P spitz, dann sind auch alle seine Seitenflächen spitz.

Satz 4.27
P sei ein spitzes Polyeder. Das Problem

$$\max c^T x \quad \text{unter } x \in P$$

besitze eine Optimallösung. Dann gibt es in der Menge der Optimallösungen eine Ecke.

Korollar 4.28
Es sei $P \neq \emptyset$ und P ein Polytop, dann hat jedes lineare Optimierungsproblem

$$\max c^T x \quad \text{unter } x \in P$$

eine optimale Ecklösung.

Folgerung:

Bei linearen Optimierungsproblemen der Form

$$\max c^T x \qquad \text{oder} \qquad \max c^T x$$
$$\text{unter } Ax = b, \ x \geq 0 \qquad\qquad \text{unter } Ax \leq b, \ x \geq 0$$

gilt:
Genau dann, wenn es eine Optimallösung gibt, existiert auch eine optimale Ecklösung.

Satz 4.29
Ein spitzes Polyeder lässt sich darstellen als $P = \text{conv}(v_1, \ldots, v_k) + \text{cone}(u_1, \ldots, u_\ell)$, wobei $v_1, \ldots, v_k$ die Ecken von P und $u_1, \ldots, u_\ell$ die extremalen freien Richtungen von P sind.

Korollar 4.30
Ein spitzes Polyeder P hat eine eindeutig bestimmte Minimaldarstellung der Form:
$P = \text{conv}(v_1, \ldots, v_k) + \text{cone}(u_1, \ldots, u_\ell)$. Für allgemeine Polyeder (also nicht notwendigerweise spitze) sind nur k und ℓ eindeutig.

Satz 4.31
P sei nicht leer und spitz. Das Optimierungsproblem

$$\max c^T x \quad \text{unter } x \in P$$

hat keine Optimallösung genau dann, wenn es eine extremale freie Richtung u mit $c^T u > 0$ gibt.

4.5   Aufgaben zum Zerlegungssatz

Aufgabe 4.5.1
Wir betrachten das Polyeder $P = P(A, b)$ mit

$$A = \begin{pmatrix} 2 & 0 & 2 \\ -1 & 1 & -2 \\ 3 & 2 & 1 \\ 0 & 1 & -1 \end{pmatrix}, \quad b = \begin{pmatrix} 2 \\ 1 \\ 0 \\ 1 \end{pmatrix}.$$

Geben Sie hierzu nach Zerlegungssatz eine explizite Zerlegung $P = (Q + C) \oplus L$ an, wobei Q ein Polytop, C ein spitzer Kegel und L der Linienraum von P ist.

Aufgabe 4.5.2

Ein dreidimensionales Polyeder P im $\mathbb{R}^3$ habe folgende Zerlegung $(Q + C) \oplus L$, wobei

$$L = \mathbb{R} \cdot \begin{pmatrix} 1 \\ 0 \\ -1 \end{pmatrix}, \quad C = \text{cone}\left(\begin{pmatrix} 2 \\ 0 \\ 2 \end{pmatrix}, \begin{pmatrix} 0 \\ 3 \\ 0 \end{pmatrix}\right), \quad Q = \text{conv}\left(\begin{pmatrix} -2 \\ 1 \\ -2 \end{pmatrix}, \begin{pmatrix} 2 \\ -3 \\ 2 \end{pmatrix}\right).$$

Modellieren Sie ein Ungleichungssystem, das gerade dieses Polyeder als Zulässigkeitsbereich ergibt.

(*Hinweis:* Die obige Darstellung von L, C und Q ist minimal, das heißt, dass die angegebenen Punkte und Richtungen zur Darstellung notwendig sind und nicht weggelassen werden können, ohne das Polyeder zu verändern.)

Aufgabe 4.5.3

Sie verfügen bereits über ein Programm, das bei linearen Optimierungsproblemen, mit spitzen Zulässigkeitsbereichen, durch Identifizieren der Ecken und Vergleich von deren Zielfunktionswerten die beste Ecke bestimmen kann. Mithilfe verschiedener Optimalitätstests an der besten Ecke können Sie dann sogar entscheiden, ob es sich dabei um einen Optimalpunkt handelt. Also können Sie unter obiger Voraussetzung solche (LP)s lösen.

Ihnen wird jetzt jedoch ein (LP) der Form

$$\max c^T x \quad \text{unter } Ax \leq b$$

mit einer 10×5-Matrix A vorgelegt, bei dem Sie

$$\text{lin}((2,3,1,-1,0)^T, (4,-1,1,2,-2)^T)$$

als Lösungsmenge des homogenen Gleichungssystems $Aw = 0$ feststellen.

Warum können Sie dieses (LP) nicht ohne weiteres mit Ihrem Programm lösen?

Wie können Sie mithilfe eines Tricks oder einer Umformulierung des Problems das (LP) doch mit Ihrem Programm lösen?

Aufgabe 4.5.4

In einem vierdimensionalen Polyeder P sei eine Seitenfläche gegeben durch

$$\text{conv}\left(\begin{pmatrix} 3 \\ 4 \\ -1 \\ 2 \end{pmatrix}, \begin{pmatrix} 1 \\ 1 \\ -5 \\ -3 \end{pmatrix}\right) + \text{cone}\left(\begin{pmatrix} 4 \\ 1 \\ 2 \\ 0 \end{pmatrix}, \begin{pmatrix} -4 \\ 2 \\ 1 \\ -3 \end{pmatrix}, \begin{pmatrix} 0 \\ -1 \\ -1 \\ 1 \end{pmatrix}, \begin{pmatrix} 4 \\ -1 \\ 0 \\ 2 \end{pmatrix}\right).$$

Zeigen Sie, dass P keine spitze Seitenfläche hat, indem Sie nachweisen, dass keine Seitenfläche einen extremalen Punkt enthält.

Aufgabe 4.5.5

Gegeben sei ein spitzes Polyeder P in K^d mit $\dim(P) = d$.

Zeigen Sie: P hat zu jedem $k = 0, 1, \ldots, d - 1$ mindestens eine Seitenfläche der Dimension k.

Hinweis: Betrachten Sie eine Seitenfläche F der Dimension $k > 0$ und deren affine Hülle. Sehen Sie nun F als Polyeder in einem k-dimensionalen Raum an (o. B. d. A. der K^k), wo es eine Minimaldarstellung durch ein redundanzfreies Ungleichungssystem gibt. Weisen Sie nach, dass dieses Polyeder Facetten hat.

Aufgabe 4.5.6

Sie haben ein Optimierungsproblem

$$
\begin{aligned}
\max \quad & c^T x \\
\text{unter} \quad & Ax \leq b
\end{aligned}
$$

zu lösen versucht. Dabei haben Sie erkannt, dass $X = \{x \mid Ax \leq b\} \neq \emptyset$ einen eindimensionalen Linienraum mit Richtungsvektor $\mathbb{1} = (1, \ldots, 1)^T$ hat. Deshalb ist es Ihnen nicht gelungen, eine Optimalecke zu finden.

Deswegen wird Ihnen folgender Vorschlag unterbreitet:

Betrachten Sie zunächst $\mathbb{1}^T c$ und je nachdem, ob $\mathbb{1}^T c \geq 0$ oder $\mathbb{1}^T c \leq 0$ gilt, lösen Sie doch erst einmal eines der beiden Hilfsprobleme

$$
\text{(I)} \quad
\begin{aligned}
\max \quad & c^T x \\
\text{unter} \quad & Ax \leq b \\
& \mathbb{1}^T x \geq 0
\end{aligned}
\qquad\qquad
\text{(II)} \quad
\begin{aligned}
\max \quad & c^T x \\
\text{unter} \quad & Ax \leq b \\
& \mathbb{1}^T c \leq 0
\end{aligned}
$$

und ziehen Sie die entsprechenden Rückschlüsse für das ursprüngliche Optimierungsproblem. Zeigen Sie:

a)   Gilt $\mathbb{1}^T c > 0$, so ist die Zielfunktion bei Hilfsproblem (I) unbeschränkt nach oben. Wenn $\mathbb{1}^T c < 0$ gilt, dann ist die Zielfunktion bei Hilfsproblem (II) unbeschränkt verbesserbar.

b)   Gilt $\mathbb{1}^T c = 0$, dann haben beide Hilfsprobleme entweder einen Optimalpunkt und die Optimalwerte sind gleich, oder bei beiden Hilfsproblemen ist die Zielfunktion unbeschränkt verbesserbar.

c)   Beurteilen Sie den obigen Vorschlag. Wie würden Sie vorgehen?

4.6   Lösungen zum Zerlegungssatz

Lösung zu 4.5.1

(i)   Berechne den Linienraum durch Lösung von $Az = 0$

$$\begin{pmatrix} 2 & 0 & 2 \\ -1 & 1 & -2 \\ 3 & 2 & 1 \\ 0 & 1 & -1 \end{pmatrix} \longrightarrow \begin{pmatrix} 1 & 0 & 1 \\ 0 & 1 & -1 \\ 0 & 2 & -2 \\ 0 & 1 & -1 \end{pmatrix} \longrightarrow \begin{pmatrix} 1 & 0 & 1 \\ 0 & 1 & -1 \\ 0 & 0 & 0 \\ 0 & 0 & 0 \end{pmatrix}$$

Die Lösung mit $z^1 = -z^3$, $z^2 = z^3$, $z^3 = 1$ ist $(-1, 1, 1)^T$. Daraus folgt, dass $\text{lin}((-1, 1, 1)^T)$ der (eindimensionale) Linienraum ist. Der Linienraum ist $\neq \{0\}$ und somit ist P nicht spitz. Q und C liegen also in $L^\perp$.

(ii)   Man versucht jetzt, den spitzen Kegel $C = \{z | Az \leq 0\} \cap L^\perp$ zu berechnen. Es ist bekannt, dass man zu einer regulären Basismatrix von A (A quadratisch, regulär, gleiche Spaltenanzahl wie A) die extremalen freien Richtungen von $\text{rec}(A_\Delta)$ erhält, indem man gerade die Lösungen zu $A_\Delta z_i = -e_i$ ($i = 1, \ldots, n$) bestimmt. Da man hier aber noch mehr Ungleichungen hat und weil $\text{rec}(A) \subset \text{rec}(A_\Delta)$ gilt, ist nicht gesichert, ob die Lösung z_i auch noch in $\text{rec}(A)$ liegt. Die Extremalität bleibt in diesem Fall erhalten. Also bleibt bei den z_i's noch zu überprüfen, ob auch unter den anderen Restriktionen ≤ 0 erreicht wird. Man kann jetzt alle möglichen Gleichungssysteme lösen, die folgendermaßen generiert werden: Erfasse die Gleichungen, die sicherstellen, dass man in $L^\perp$ ist (hier ist das eine Gleichung: $-z^1 + z^2 + z^3 = 0$). Erfasse n — $\dim L - 1$ Ungleichungen von A, setze sie als $a_i^T x = 0$ Gleichung an und erfasse eine weitere Ungleichung, setze sie als $a_j^T x = -1$ Gleichung an. Sobald die Lösung vorliegt, teste man, ob der Lösungsvektor auch alle nicht erfassten $Az \leq 0$ Restriktionen erfüllt. Im Erfolgsfall ist dies eine extremale freie Richtung von $\text{rec}(A) \cap L^\perp$.

Abkürzen kann man dieses Verfahren, indem man auf die Gleichung zu -1 verzichtet und nur die $n - \dim L - 1$ Ungleichungssysteme aus A erfasst. Dann löst man ein homogenes Gleichungssystem mit $n - 1$ Zeilen. Man erhält dadurch Lösungsgeraden, die man in zwei Richtungen durchlaufen kann.

Zeigen beim Durchlaufen einer Richtung alle restlichen Restriktionen dasselbe Vorzeichen an, dann hat man Erfolg:

- bei < 0: Überall greife man sich eine heraus, normiere auf -1 und hat doch die -1 Gleichung noch erfüllt.

- bei > 0: Überall drehe man die Richtung um.

Somit reicht es, die genannten (homogenen) Gleichungssysteme zu lösen. Dies sind in unserem Fall 4 Gleichungssysteme, wobei jeweils 2 Zeilen (erste Zeile $-z^1 + z^2 + z^3 = 0$ und zweite Zeile eine von den vier Matrixzeilen) erfasst werden.

(1) $\begin{pmatrix} -1 & 1 & 1 \\ 2 & 0 & 2 \end{pmatrix} \longrightarrow \begin{pmatrix} 1 & -1 & -1 \\ 0 & 2 & 4 \end{pmatrix} \Rightarrow$ Lösung $z_1 = \begin{pmatrix} -1 \\ -2 \\ 1 \end{pmatrix}$

Es gilt $a_2^T z_1 = -3 \leq 0$, $a_3^T z_1 = -6 \leq 0$, $a_4^T z_1 = -3 \leq 0$.
Deshalb ist z_1 tatsächlich eine extremale freie Richtung.

(2) $\begin{pmatrix} -1 & 1 & 1 \\ -1 & 1 & -2 \end{pmatrix} \longrightarrow \begin{pmatrix} 1 & -1 & -1 \\ 0 & 0 & -3 \end{pmatrix} \Rightarrow$ Lösung $z_2 = \begin{pmatrix} -1 \\ -1 \\ 0 \end{pmatrix}$

Es gilt $a_1^T z_2 = -2 \leq 0$, $a_3^T z_2 = -5 \leq 0$, $a_4^T z_2 = -1 \leq 0$.
Deshalb ist z_2 tatsächlich eine extremale freie Richtung.

(3) $\begin{pmatrix} 1 & -1 & -1 \\ 3 & 2 & 1 \end{pmatrix} \longrightarrow \begin{pmatrix} 1 & 0 & -\frac{1}{5} \\ 0 & 1 & \frac{4}{5} \end{pmatrix} \Rightarrow$ Lösung $z_3 = \begin{pmatrix} \frac{1}{5} \\ -\frac{4}{5} \\ 1 \end{pmatrix}$

Es gilt $a_1^T z_3 = 2\frac{2}{5}$, $a_2^T z_3 = -3$, $a_4^T z_3 = -\frac{9}{5}$.
gemischt

(4) $\begin{pmatrix} 1 & -1 & -1 \\ 0 & 1 & -1 \end{pmatrix} \Rightarrow$ Lösung $z_4 = \begin{pmatrix} 2 \\ 1 \\ 1 \end{pmatrix}$

Es gilt $a_1^T z_4 = 6$, $a_2^T z_4 = -3$, $a_3^T z_4 = 9$.
gemischt

Dehalb sind $z_1 = \begin{pmatrix} -1 \\ -2 \\ 1 \end{pmatrix}$ und $z_2 = \begin{pmatrix} -1 \\ -1 \\ 0 \end{pmatrix}$ extremale freie Richtungen.

(iii) **Polytopanteil:**

Nun sind noch Ecken zu bestimmen (Gleichungssysteme mit drei Zeilen, davon eine die $L^\perp$-Gleichung). Es gibt $\binom{4}{2}$ Kombinationen.

(1,2) $\begin{pmatrix} 1 & -1 & -1 & | & 0 \\ 2 & 0 & 2 & | & 2 \\ -1 & 1 & -2 & | & 1 \end{pmatrix} \longrightarrow \begin{pmatrix} 1 & -1 & -1 & | & 0 \\ 0 & 2 & 4 & | & 2 \\ 0 & 0 & -3 & | & 1 \end{pmatrix} \longrightarrow \begin{pmatrix} 1 & -1 & -1 & | & 0 \\ 0 & 1 & 2 & | & 1 \\ 0 & 0 & 1 & | & -\frac{1}{3} \end{pmatrix}$

$\longrightarrow \begin{pmatrix} 1 & 0 & 1 & | & 1 \\ 0 & 1 & 2 & | & 1 \\ 0 & 0 & 1 & | & -\frac{1}{3} \end{pmatrix} \longrightarrow \begin{pmatrix} 1 & 0 & 0 & | & \frac{4}{3} \\ 0 & 1 & 0 & | & \frac{5}{3} \\ 0 & 0 & 1 & | & -\frac{1}{3} \end{pmatrix} \Rightarrow x_{12} = \begin{pmatrix} \frac{4}{3} \\ \frac{5}{3} \\ -\frac{1}{3} \end{pmatrix}$

$a_3^T x_{12} = 7 \neq 0$, verletzt $a_3 \Rightarrow$ keine Ecke!

(1,3) $\begin{pmatrix} 1 & -1 & -1 & | & 0 \\ 2 & 0 & 2 & | & 2 \\ 3 & 2 & 1 & | & 0 \end{pmatrix} \longrightarrow \begin{pmatrix} 1 & -1 & -1 & | & 0 \\ 0 & 2 & 4 & | & 2 \\ 0 & 5 & 4 & | & 0 \end{pmatrix} \longrightarrow \begin{pmatrix} 1 & -1 & -1 & | & 0 \\ 0 & 1 & 2 & | & 1 \\ 0 & 5 & 4 & | & 0 \end{pmatrix}$

$\longrightarrow \begin{pmatrix} 1 & 0 & 1 & | & 1 \\ 0 & 1 & 2 & | & 1 \\ 0 & 0 & -6 & | & -5 \end{pmatrix} \longrightarrow \begin{pmatrix} 1 & 0 & 0 & | & \frac{1}{6} \\ 0 & 1 & 0 & | & -\frac{4}{6} \\ 0 & 0 & 1 & | & \frac{5}{6} \end{pmatrix} \Rightarrow x_{13} = \begin{pmatrix} \frac{1}{6} \\ -\frac{4}{6} \\ \frac{5}{6} \end{pmatrix}$

Ecke!

$$(1,4) \quad \begin{pmatrix} 1 & -1 & -1 & 0 \\ 2 & 0 & 2 & 2 \\ 0 & 1 & -1 & 1 \end{pmatrix} \longrightarrow \begin{pmatrix} 0 & -1 & -2 & -1 \\ 1 & 0 & 1 & 1 \\ 0 & 1 & -1 & 1 \end{pmatrix}$$

$$\longrightarrow \begin{pmatrix} 0 & 0 & -3 & 0 \\ 1 & 0 & 1 & 1 \\ 0 & 1 & -1 & 1 \end{pmatrix} \longrightarrow \begin{pmatrix} 0 & 0 & 1 & 0 \\ 1 & 0 & 0 & 1 \\ 0 & 1 & 0 & 1 \end{pmatrix} \Rightarrow x_{14} = \begin{pmatrix} 1 \\ 1 \\ 0 \end{pmatrix}$$

$a_3^T x_{14} = 5 > b^3$, verletzt a_3 ⇒ keine Ecke!

$$(2,3) \quad \begin{pmatrix} 1 & -1 & -1 & 0 \\ -1 & 1 & -2 & 1 \\ 3 & 2 & 1 & 0 \end{pmatrix} \longrightarrow \begin{pmatrix} 1 & -1 & -1 & 0 \\ 0 & 0 & -3 & 1 \\ 0 & 5 & 4 & 0 \end{pmatrix} \longrightarrow \begin{pmatrix} 1 & -1 & -1 & 0 \\ 0 & 0 & 1 & -\frac{1}{3} \\ 0 & 5 & 4 & 0 \end{pmatrix}$$

$$\longrightarrow \begin{pmatrix} 1 & -1 & 0 & -\frac{1}{3} \\ 0 & 0 & 1 & -\frac{1}{3} \\ 0 & 5 & 0 & \frac{4}{3} \end{pmatrix} \longrightarrow \begin{pmatrix} 1 & -1 & 0 & -\frac{1}{3} \\ 0 & 0 & 1 & -\frac{1}{3} \\ 0 & 1 & 0 & \frac{4}{15} \end{pmatrix} \longrightarrow \begin{pmatrix} 1 & 0 & 0 & -\frac{1}{15} \\ 0 & 0 & 1 & -\frac{1}{3} \\ 0 & 1 & 0 & \frac{4}{15} \end{pmatrix}$$

$$\Rightarrow x_{23} = \begin{pmatrix} -\frac{1}{15} \\ \frac{4}{15} \\ -\frac{1}{3} \end{pmatrix}$$

Ecke!

$$(2,4) \quad \begin{pmatrix} 1 & -1 & -1 & 0 \\ -1 & 1 & -2 & 1 \\ 0 & 1 & -1 & 1 \end{pmatrix} \longrightarrow \begin{pmatrix} 1 & -1 & -1 & 0 \\ 0 & 0 & -3 & 1 \\ 0 & 1 & -1 & 1 \end{pmatrix} \longrightarrow \begin{pmatrix} 1 & -1 & -1 & 0 \\ 0 & 0 & 1 & -\frac{1}{3} \\ 0 & 1 & -1 & 1 \end{pmatrix}$$

$$\longrightarrow \begin{pmatrix} 1 & -1 & 0 & -\frac{1}{3} \\ 0 & 0 & 1 & -\frac{1}{3} \\ 0 & 1 & 0 & \frac{2}{3} \end{pmatrix} \longrightarrow \begin{pmatrix} 1 & 0 & 0 & \frac{1}{3} \\ 0 & 0 & 1 & -\frac{1}{3} \\ 0 & 1 & 0 & \frac{2}{3} \end{pmatrix} \Rightarrow x_{24} = \begin{pmatrix} \frac{1}{3} \\ \frac{2}{3} \\ -\frac{1}{3} \end{pmatrix}$$

$a_3^T x_{24} = 2 > b^3$, verletzt a_3 ⇒ keine Ecke!

$$(3,4) \quad \begin{pmatrix} 1 & -1 & -1 & 0 \\ 3 & 2 & 1 & 0 \\ 0 & 1 & -1 & 1 \end{pmatrix} \longrightarrow \begin{pmatrix} 1 & -1 & -1 & 0 \\ 0 & 5 & 4 & 0 \\ 0 & 1 & -1 & 1 \end{pmatrix} \longrightarrow \begin{pmatrix} 1 & 0 & -2 & 1 \\ 0 & 0 & 9 & -5 \\ 0 & 1 & -1 & 1 \end{pmatrix}$$

$$\longrightarrow \begin{pmatrix} 1 & 0 & -2 & 1 \\ 0 & 0 & 1 & -\frac{5}{9} \\ 0 & 1 & -1 & 1 \end{pmatrix} \longrightarrow \begin{pmatrix} 1 & 0 & 0 & -\frac{1}{9} \\ 0 & 0 & 1 & -\frac{5}{9} \\ 0 & 1 & 0 & \frac{4}{9} \end{pmatrix} \Rightarrow x_{34} = \begin{pmatrix} -\frac{1}{9} \\ \frac{4}{9} \\ -\frac{5}{9} \end{pmatrix}$$

$a_2^T x_{34} = \frac{5}{3} > b^2$, verletzt a_2 ⇒ keine Ecke!

Damit verbleiben als Ecken $x_{13} = \begin{pmatrix} \frac{1}{6} \\ -\frac{4}{6} \\ \frac{5}{6} \end{pmatrix}$ und $x_{23} = \begin{pmatrix} -\frac{1}{15} \\ \frac{4}{15} \\ -\frac{1}{3} \end{pmatrix}$.

Insgesamt erhalten wir

$$P = \left(\text{conv} \left(\begin{pmatrix} \frac{1}{6} \\ -\frac{4}{6} \\ \frac{5}{6} \end{pmatrix}, \begin{pmatrix} -\frac{1}{15} \\ \frac{4}{15} \\ -\frac{1}{3} \end{pmatrix} \right) + \text{cone} \left(\begin{pmatrix} -1 \\ -2 \\ 1 \end{pmatrix}, \begin{pmatrix} -1 \\ -1 \\ 0 \end{pmatrix} \right) \right) \oplus \text{lin} \begin{pmatrix} -1 \\ 1 \\ 1 \end{pmatrix}.$$

Lösung zu 4.5.2

- Zuerst bestimmen wir den Linienraum:

$$A \cdot \begin{pmatrix} 1 \\ 0 \\ -1 \end{pmatrix} = 0 \Rightarrow a_{i1} - a_{i3} = 0 \quad \forall i$$

- Freie Richtungen d erfüllen $Ad \leq 0 \Rightarrow \begin{cases} 2a_{i1} + 2a_{i3} & \leq & 0 \quad \forall i \\ 3a_{i2} & \leq & 0 \quad \forall i \end{cases}$

- Wie viele Restriktionen sind notwendig? <u>3</u> (Ersichtlich, da der Orthogonalraum zum Linienraum zweidimensional ist. Dadurch gibt es nur eine mögliche Struktur.)

- Extremalität der freien Richtungen und der Kantenrichtung

$$\begin{pmatrix} -4 \\ 4 \\ -4 \end{pmatrix} = \begin{pmatrix} -2 \\ 1 \\ -2 \end{pmatrix} - \begin{pmatrix} 2 \\ -3 \\ 2 \end{pmatrix}$$

$$\Rightarrow \begin{cases} 2a_{11} & & +2a_{13} & = & 0 & \text{Jeweils eine Restriktion ist} \\ & 3a_{22} & & = & 0 & \text{bei einer dieser Richtungen} \\ -4a_{31} & +4a_{32} & -4a_{33} & = & 0 & \text{mit „=" erfüllt.} \end{cases}$$

- Zusammenfassung:

$$A = \begin{pmatrix} 0 & a_{12} \leq 0 & 0 \\ a_{21} \leq 0 & 0 & a_{21} \leq 0 \\ a_{31} \leq 0 & 2a_{31} \leq 0 & a_{31} \leq 0 \end{pmatrix}, \text{speziell: } A = \begin{pmatrix} 0 & -1 & 0 \\ -1 & 0 & -1 \\ -1 & -2 & -1 \end{pmatrix}$$

- rechte Seite bestimmen

bei $x_1 = \begin{pmatrix} -2 \\ 1 \\ -2 \end{pmatrix} : Ax_1 = \begin{pmatrix} -1 \\ 4 \\ 2 \end{pmatrix}$

bei $x_2 = \begin{pmatrix} 2 \\ -3 \\ 2 \end{pmatrix} : Ax_2 = \begin{pmatrix} 3 \\ -4 \\ 2 \end{pmatrix}$

beide Punkte zulässig $\Rightarrow b = \max \left\{ \begin{pmatrix} -1 \\ 4 \\ 2 \end{pmatrix}, \begin{pmatrix} 3 \\ -4 \\ 2 \end{pmatrix} \right\}$ komponentenweise!

$$\Rightarrow b = \begin{pmatrix} 3 \\ 4 \\ 2 \end{pmatrix}$$

Anmerkung: Dieses hier vorgestellte Vorgehen ist nur möglich, weil das Restpolyeder ohne den Linienraum zweidimensional ist. Ansonsten müsste man strukturell wie folgt vorgehen:

- Auswahl einer Ecke und dazu $n - 1$ mögliche Laufrichtungen (der Linienraum ist zwingend enthalten, die restlichen ergeben sich aus Verbindungen zu anderen Ecken und freien Richtungen).

- Aufstellen der zugehörigen eindeutig gegebenen Hyperebene.

- Test über die restlichen freien Richtungen und die nicht verwendeten Ecken. Falls alle für „$\leq$" oder „$\geq$" zulässig sind, so wurde eine Restriktionshyperebene gefunden.

Lösung zu 4.5.3

$L = \operatorname{lin}(w_1, w_2)$ mit $w_1 := (2, 3, 1, -1, 0)^T$ und $w_2 := (4, -1, 1, 2, -2)^T$.
Es gilt außerdem $Aw_1 = Aw_2 = 0$ mit $A = (a_1, \ldots, a_{10})^T$ und w_1, w_2 sind linear unabhängig.
P ist nicht spitz, es gibt also keine Ecke. Deshalb versagt unser Algorithmus. Wir deklarieren deshalb zusätzliche Ungleichungen

$$a_{11} : w_1^T x \leq 0 \qquad a_{12} : w_2^T x \leq 0$$

und haben somit das Problem

$$
\begin{aligned}
\max c^T x & \\
a_i^T x &\leq b^i \qquad \forall\, i = 1, \ldots, 10 \\
w_1^T x &\leq 0 \\
w_2^T x &\leq 0.
\end{aligned}
$$

Es ist nun noch zu zeigen, dass das Polyeder spitz ist.

1. Weg: Für eine Geradenrichtung aus dem Linienraum der Form

$$\sigma_1 w_1 + \sigma_2 w_2 \qquad (\text{mit } (\sigma_1, \sigma_2) \neq (0, 0))$$

bekommen wir

$$
\begin{aligned}
w_1^T(\sigma_1 w_1 + \sigma_2 w_2) &= \sigma_1 w_1^T w_1 + \sigma_2 w_1^T w_2 \quad \text{mit } w_1^T w_1 > 0 \\
w_2^T(\sigma_1 w_1 + \sigma_2 w_2) &= \sigma_1 w_2^T w_1 + \sigma_2 w_2^T w_2 \quad \text{mit } w_2^T w_2 > 0.
\end{aligned}
$$

Für die Gerade in Richtung $\sigma_1 w_1 + \sigma_2 w_2$ kann die volle Zulässigkeit nur gelten, wenn $\sigma_1 w_1^T w_1 + \sigma_2 w_1^T w_2 = \sigma_1 w_2^T w_1 + \sigma_2 w_2^T w_2 = 0$.

(1) $\sigma_1 \neq 0, \sigma_2 = 0 :$ $\sigma_1 w_1^T w_1 = \sigma_1 w_2^T w_1 = 0$ (Widerspruch)

(2) $\sigma_1 = 0, \sigma_2 \neq 0 :$ $\sigma_2 w_1^T w_2 = \sigma_2 w_2^T w_2 = 0$ (Widerspruch)

(3) $\sigma_1, \sigma_2 \neq 0$: $\sigma_1 w_1^T w_1 + \lambda \sigma_1 w_1^T w_2 = \sigma_1 w_2^T w_1 + \lambda \sigma_1 w_2^T w_2 = 0$

$$\Rightarrow w_1^T w_1 + \lambda w_1^T w_2 = w_1^T w_2 + \lambda w_2^T w_2 = 0$$

$\sigma_2 = \lambda \sigma_1$ und $\sigma_1, \sigma_2 \neq 0 \Rightarrow \lambda \neq 0$

1. Fall: $w_1^T w_2 = 0$: $\Rightarrow w_1^T w_1 = 0$ (Widerspruch)

2. Fall: $w_1^T w_2 \neq 0$:

$$w_1^T w_1 + \lambda w_1^T w_2 = 0 \Rightarrow \lambda = -\frac{w_1^T w_1}{w_1^T w_2}$$

Einsetzen in 2. Gleichung ergibt

$$w_1^T w_2 - \frac{w_1^T w_1 \cdot w_2^T w_2}{w_1^T w_2} = 0 \Rightarrow \left(w_1^T w_2\right)^2 = \|w_1\|^2 \cdot \|w_2\|^2$$

$\Rightarrow w_1$ und w_2 sind nach Cauchy-Schwarz linear abhängig. (Widerspruch)

2. Weg: Der Kern von A ist 2-dimensional und der Rang von A ist $n-2$, w_1, w_2 sind orthogonal auf alle Zeilen von A und damit gilt

$$\text{Rang}\left(a_1, \ldots, a_{10}, w_1, w_2\right)^T = n.$$

$\Rightarrow$ Die Restriktionsmatrix hat vollen Rang und somit ist das Polyeder spitz.

Man hat also ein spitzes Polyeder und dafür arbeitet unser Programm einwandfrei. Der Zulässig-keitsbereich ist allerdings eingeschränkt und deshalb muss das Programm auf die vier folgenden Modifikationen angewendet werden:

1)   Ergänzung mit $w_1^T x \leq 0$ und $w_2^T x \leq 0$

2)   Ergänzung mit $w_1^T x \geq 0$ und $w_2^T x \leq 0$

3)   Ergänzung mit $w_1^T x \leq 0$ und $w_2^T x \geq 0$

4)   Ergänzung mit $w_1^T x \geq 0$ und $w_2^T x \geq 0$

Die beste Ecke aus allen vier Programmen wird gewählt, wenn nicht in einem dieser Programme die Zielfunktion nach oben unbeschränkt ist.

Lösung zu 4.5.4

•   Idee: $P \neq \emptyset$, also Linienraum untersuchen

•   zur Berechnung des Linienraums Abhängigkeiten zwischen den Richtungen im cone untersuchen:

$$\text{GLS: } \left(\begin{array}{cccc|c} 4 & -4 & 0 & 4 & 0 \\ 1 & 2 & -1 & -1 & 0 \\ 2 & 1 & -1 & 0 & 0 \\ 0 & -3 & 1 & 2 & 0 \end{array}\right) \longrightarrow \left(\begin{array}{cccc|c} 1 & -1 & 0 & 1 & 0 \\ 0 & 3 & -1 & -2 & 0 \\ 0 & 3 & -1 & -2 & 0 \\ 0 & -3 & 1 & 2 & 0 \end{array}\right)$$

$$\longrightarrow \begin{pmatrix} 1 & 0 & -\frac{1}{3} & \frac{1}{3} & \bigm| & 0 \\ 0 & 1 & -\frac{1}{3} & -\frac{2}{3} & \bigm| & 0 \end{pmatrix}$$

Lösungsraum des GLS: $\left\{ \begin{pmatrix} \frac{1}{3} \\ \frac{1}{3} \\ \frac{1}{3} \\ 1 \\ 0 \end{pmatrix}, \begin{pmatrix} -\frac{1}{3} \\ \frac{1}{3} \\ 0 \\ 1 \end{pmatrix} \right\}$

- also gilt: $\frac{1}{3} \begin{pmatrix} 4 \\ 1 \\ 2 \\ 0 \end{pmatrix} + \frac{1}{3} \begin{pmatrix} -4 \\ 2 \\ 1 \\ -3 \end{pmatrix} + 1 \begin{pmatrix} 0 \\ -1 \\ -1 \\ 1 \end{pmatrix} = 0 \Rightarrow (-1) \begin{pmatrix} 0 \\ -1 \\ -1 \\ 1 \end{pmatrix} = \frac{1}{3} \begin{pmatrix} 4 \\ 1 \\ 2 \\ 0 \end{pmatrix} + \frac{1}{3} \begin{pmatrix} -4 \\ 2 \\ 1 \\ -3 \end{pmatrix}$

$\Rightarrow$ also $d = \begin{pmatrix} 0 \\ -1 \\ -1 \\ 1 \end{pmatrix}$ und $-d \in$ cone $\Rightarrow d \in$ Linienraum

- wegen $d \in L \Rightarrow \forall x \in P$ ist $x+d$ und $x-d \in P$; außerdem ist x echte Konvexkombination von $x + d$ und $x - d \Rightarrow x$ kann nicht extremaler Punkt von P sein.

- Für eine beliebige Seitenfläche SF $\neq \emptyset$ von P ist jeder Punkt $\overline{x} \in$ SF eine echte Konvexkombination von $\overline{x} + d$ und $\overline{x} - d \in P$. Da SF extremal ist, muss $\overline{x} + d, \overline{x} - d \in$ SF sein.

- $\Rightarrow \overline{x}$ kann als echte Konvexkombination von Punkten aus SF dargestellt werden und kann nicht extremaler Punkt in SF sein.

Fazit: Weder P noch SF $\neq \emptyset$ besitzen extremale Punkte.

Lösung zu 4.5.5

Sei F ein Polyeder der Dimension k im K^k. Dann gibt es ein redundanzfreies System von Ungleichungen $a_i^T x \leq b^i$ $(i = 1, \dots, \ell)$, die genau F zulassen und ein Minimalsystem darstellen. Wir zeigen, dass jede dieser Ungleichungen $a_i^T x \leq b^i$ eine Hyperebene $H_i = \{x \mid a_i^T x = b^i\}$ definiert, wo $F \cap H_i$ eine Facette von F ist (singuläre Hyperebenen können, da dim $F = k$ und $F \subseteq K^k$ ist, nicht auftreten; für $k > 0$ ist auch F spitz (da P spitz) und es existieren echte Seitenflächen von F).

Mit dem Unterbietungstrick findet man zu jedem H_i, $(i = 1, \dots, \ell)$ (keine singuläre Hyperebene) einen Punkt x_i mit $a_i^T x < b^i \Rightarrow \hat{x} := \frac{1}{\ell} \sum x_i$ macht alle Restriktionen locker, das heißt $a_i^T \hat{x} < b^i \; \forall i = 1, \dots, \ell$.

Nun konstruieren wir einen relativen inneren Punkt $\tilde{x}$ von $F \cap H_\ell$.

- 1. Fall: $\exists \tilde{x} \in F$ mit $a_i^T \tilde{x} < b^i \; \forall i = 1, \dots, \ell - 1$ und $a_\ell^T \tilde{x} = b^\ell$

  $\Rightarrow \tilde{x}$ ist relativer innerer Punkt von $F \cap H_\ell$

  $\Rightarrow \dim(F \cap H_\ell) = k - 1$, denn gälte $\dim(F \cap H_\ell) = k$, so wäre H_ℓ eine singuläre Hyperebene, was aber ausgeschlossen war ($\dim(F \cap H_\ell) \leq k - 2$ sowieso nicht möglich)

  $\Rightarrow F \cap H_\ell$ ist Facette

- 2. Fall: $\nexists \tilde{x} \in F$ mit $a_i^T \tilde{x} < b^i \ \forall i = 1, \ldots, \ell - 1$ und $a_\ell^T x = b^\ell$
  $\Rightarrow \exists y$ mit $a_i^T y < b^i \ \forall i = 1, \ldots, \ell - 1$ und $a_\ell^T y > b^\ell$, denn gäbe es ein solches y, könnte man ein geeignetes $\tilde{x} \in [\hat{x}, y]$ wählen.
  $\Rightarrow$ aus $a_i^T x \le b^i \ \forall i = 1, \ldots, \ell - 1$ folgt $a_\ell^T x \le b^\ell \ \forall x \in F$
  $\Rightarrow a_\ell^T x \le b^\ell$ ist redundant.
  $\Rightarrow$ Da ein redundanzfreies System vorausgesetzt war, scheidet Fall 2 aus.

Wir haben also gezeigt, dass F eine Facette besitzt (im K^k). Durch Einbettung von F in K^n erweist sich diese Seitenfläche von F als $(k-1)$-dimensionale Seitenfläche von F und damit auch von P.

Durch Induktion kann man nun schließen:

P hat eine Facette $\Rightarrow$ Es existiert eine Seitenfläche der Dimension $(d-1)$
$\Rightarrow$ Es existiert eine Seitenfläche der Dimension $(d-2)$ (als Facette der obigen Seitenfläche)
$\Rightarrow$ Es gibt eine Seitenfläche der Dimension $(d-3)$
$\Rightarrow \ldots \Rightarrow$ Es gibt eine Seitenfläche der Dimension 0.

Lösung zu 4.5.6

Die Polyeder $X_{\mathrm{I}} = \{x \mid Ax \le b, \ \mathbb{1}^T x \ge 0\}$ und $X_{\mathrm{II}} = \{x \mid Ax \le b, \ \mathbb{1}^T x \le 0\}$ sind spitz (insbesondere $X_{\mathrm{I}}, X_{\mathrm{II}} \ne \emptyset$), weiterhin ist $X = \{x \mid Ax \le b\} = X_{\mathrm{I}} \cup X_{\mathrm{II}}$.
$\mathbb{1} \in$ Linienraum $\Rightarrow A\mathbb{1} = 0$

a)   **Fall 1:** $\mathbb{1}^T c > 0$

   Zu zeigen: Hilfsproblem (I) hat eine unbeschränkt wachsende Zielfunktion
   Beweis:
   $X_{\mathrm{I}} \ne \emptyset$ und $\mathbb{1}$ ist freie Richtung, die die Zielfunktion verbessert, denn:
   $A\mathbb{1} = 0 \le 0$, $-\mathbb{1}^T \mathbb{1} \le 0$ und $\mathbb{1}^T c > 0$ nach Voraussetzung $\Rightarrow$ Beh.

   Fall 2: $\mathbb{1}^T c < 0$ analog für (II) mit $-\mathbb{1}$

b) $\mathbb{1}^T c = 0$

   Wir zeigen: Zielfunktion $c^T x$ auf X_{I} unbeschränkt nach oben
   $\iff$ Zielfunktion $c^T x$ auf X_{II} unbeschränkt nach oben

   „$\Rightarrow$": Zielfunktion unbeschränkt auf X_{I}
      $\Rightarrow \exists z$ mit $Az \le 0$, $-\mathbb{1}^T z \le 0$ und $c^T z > 0$

   Fall 1: $-\mathbb{1}^T z = 0$
      $\Rightarrow \exists z$ mit $Az \le 0$, $\mathbb{1}^T z \le 0$ und $c^T z > 0$
      $\Rightarrow$ Zielfunktion unbeschränkt auf X_{II}

   Fall 2: $-\mathbb{1}^T z < 0 \Rightarrow \mathbb{1}^T z > 0$
      $\Rightarrow$ betrachte $\tilde{z} := z - (\mathbb{1}^T z) \cdot \mathbb{1}$
      für $\tilde{z}$ gilt: $A\tilde{z} = Az - (\mathbb{1}^T z) \cdot \underbrace{A\mathbb{1}}_{=0} = Az \le 0$

      $$\mathbb{1}^T \tilde{z} = \mathbb{1}^T z - (\mathbb{1}^T z)\mathbb{1}^T \mathbb{1} = \underbrace{\mathbb{1}^T z}_{>0}\underbrace{1 - \mathbb{1}^T \mathbb{1}}_{\le 0} \le 0$$

      und $c^T \tilde{z} = c^T z - (\mathbb{1}^T z)\underbrace{c^T \mathbb{1}}_{=0} = c^T z > 0$

$\Rightarrow \tilde{z}$ ist freie Richtung und verbessert die Zielfunktion für (II)

$\Rightarrow$ Zielfunktion unbeschränkt auf X_{II}

„$\Leftarrow$": analog

Da $X_{\text{I}}, X_{\text{II}} \neq \emptyset$, entspricht die Negation der obigen Behauptung der Aussage:

$$\text{(I) hat Optimalpunkte} \Longleftrightarrow \text{(II) hat Optimalpunkte}$$

Noch zu zeigen: Die Optimalpunkte sind gleich.

(I) und (II) haben Optimalpunkte und sind spitz.

$\Rightarrow$ Bei beiden Problemen gibt es eine Optimalecke $x_{\text{I}}, x_{\text{II}}$ und die Restriktion $\mathbb{1}^T x \geq 0$ für x_{I} und $\mathbb{1}^T x \leq 0$ für x_{II} muss straff sein (sonst wären $x_{\text{I}}, x_{\text{II}}$ Ecken in X)

$\Rightarrow \mathbb{1}^T x_{\text{I}} = \mathbb{1}^T x_{\text{II}} = 0$

$\Rightarrow x_{\text{I}}$ auch zulässig für (II), x_{II} zulässig für (I)

$\Rightarrow c^T x_{\text{I}} = c^T x_{\text{II}}$.

c) Falls $\mathbb{1}^T c = 0$ gilt, sollte eines der Hilfsprobleme gelöst werden; die Aussage überträgt sich auf das Originalproblem. Falls $\mathbb{1}^T c \neq 0$ gilt, so ist das Originalproblem unbeschränkt.

Kapitel 5

Dualität

In Kapitel Dualität steht die Partnerschaftsbeziehung zwischen Optimierungsproblemen zur Debatte. Zu jedem Problem gibt es (ein) Partnerproblem, so dass sich die Zielfunktionswerte gegenseitig abgrenzen lassen. Diese wertvolle Eigenschaft ermöglicht auch die Erkenntnis, dass man evtl. am Optimalpunkt angekommen ist. Insofern ist Dualität eine ganz wesentliche Hilfe bei der Bearbeitung. Des Weiteren lassen sich auch optimale Punkte beider Partnerprobleme zueinander in Relation setzen, was über die „Straffheit" und „Lockerheit" von paarweise ausgewählten Restriktionen aus beiden Partnerproblemen erklärt werden kann. Dies ist eine extrem wichtige Hilfe bei der Identifikation von Optimalpunkten.

5.1 Duale Probleme und Dualitätssatz

Oft ist es nötig nachzuweisen, dass ein Zielfunktionswert (z. B. für eine Ecke) optimal ist. Bei Problemen der Form

$$\max \; c^T x \quad \text{unter } Ax \leq b$$

kann man zu diesem Zweck konische Kombinationen der Ungleichungen aus $Ax \leq b$ so konstruieren, dass eine obere Schranke für $c^T x$ auf dem Zulässigkeitsbereich X entsteht. Entspricht diese obere Schranke dem erreichten Zielfunktionswert, so ist die Optimallösung gefunden.

Lemma 5.1

Gibt es ein $u \in K^m$, $u \geq 0$ mit $A^T u = c$, dann liefert $b^T u$ eine obere Schranke für $c^T x$ auf $X = \{x \mid Ax \leq b\}$.

Bisher konnte u frei gewählt werden. Variiert man u nun so, dass $u^T b$ minimal wird, so ist die Abschätzung nach oben so scharf wie möglich. Somit heißt das Begleitproblem

$$\min u^T b \quad \text{unter } A^T u = c, \; u \geq 0$$

Analog gewinnt man eine Unterschranke für dieses (Begleit-)Problem

Lemma 5.2
Gibt es $y \in K^n$ mit $y \in X = \{x \mid Ax \le b\}$, dann liefert $c^T y$ eine untere Schranke für $b^T u$ auf
$\{u \mid A^T u = c, u \ge 0\}$.

Da wir interessiert sind an der größtmöglichen Unterschranke, stellt sich uns das Maximierungsproblem

$$\max \ c^T y \quad \text{unter } Ay \le b.$$

Damit sind wir aber gerade beim Ausgangsproblem angelangt.

Um den Zusammenhang der beiden Optimierungsprobleme näher zu untersuchen, greifen wir auf die *Transformationsmöglichkeiten zwischen linearen Programmen* aus Kapitel 2 zurück.

Bemerkung

Um zu einem klaren, festlegbaren Begriff von dualen Programmen und Problemen zu kommen, definieren wir ein formales Übersetzungsschema, das wir direkte Dualisierung nennen. Dies liefert zu jedem Programm ein eindeutiges direkt duales Programm.

Definition 5.3 (Direkt duale Programme)
Gegeben sei das Programm

$$
\begin{aligned}
\max \quad & d^T x + e^T y + f^T z & \text{bzw.} \quad \min -d^T x - e^T y - f^T z \\
\text{unter} \quad & Ax + By + Cz & \le a \\
& Dx + Fy + Gz & = b \\
& Hx + Iy + Jz & \ge c \\
& x & \ge 0 \\
& z & \le 0,
\end{aligned}
\tag{P_p}
$$

dann bezeichnen wir als *(direkt) duales Programm* hierzu

$$
\begin{aligned}
\min \quad & a^T u + b^T v + c^T w & \text{bzw.} \quad \max -a^T u - b^T v - c^T w \\
\text{unter} \quad & A^T u + D^T v + H^T w & \ge d \\
& B^T u + F^T v + I^T w & = e \\
& C^T u + G^T v + J^T w & \le f \\
& u & \ge 0 \\
& w & \le 0.
\end{aligned}
\tag{P_d}
$$

Lemma 5.4
Sind (P_p) und (P_p') transformationsidentisch, dann sind dies auch (P_d) und (P_d'). Also erhält die direkte Dualisierung Transformationsidentität.

Lemma 5.5

Die beiden folgenden Programme sind direkt dual:

$$\begin{array}{ll} \max & c^T x \\ \text{unter} & Ax \leq b \end{array} \quad (P) \qquad \begin{array}{ll} \min & b^T u \\ \text{unter} & A^T u = c, \ u \geq 0. \end{array} \quad (D)$$

Definition 5.6

Von nun an nennen wir ein Programm (P_d') zu einem Programm (P_p) *dual*, wenn (P_d') und das direkt duale Programm (P_d) zu (P_p) transformationsidentisch sind.

Bemerkung

In jeder Äquivalenzklasse gibt es ein kanonisches und ein Standardprogramm. Deshalb können wir unsere Betrachtungen auf diese beschränken.

Satz 5.7

Dualisiert man (P_d) direkt, dann ergibt sich ein zu (P_p) transformationsidentisches Programm.

Satz 5.8 (Auflistung dualer Programme zu wichtigen Typen)

primal			dual		
$\max c^T x$	*unter*	$Ax \leq b$	$\min b^T u$	*unter*	$A^T u = c, \ u \geq 0$
$\max c^T x$		$Ax \leq b, \ x \geq 0$	$\min b^T u$		$A^T u \geq c, \ u \geq 0$
$\max c^T x$		$Ax \leq b, \ x \leq 0$	$\min b^T u$		$A^T u \leq c, \ u \geq 0$
$\max c^T x$		$Ax = b$	$\min b^T u$		$A^T u = c$
$\max c^T x$		$Ax = b, \ x \geq 0$	$\min b^T u$		$A^T u \geq c$
$\max c^T x$		$Ax = b, \ x \leq 0$	$\min b^T u$		$A^T u \leq c$
$\max c^T x$		$Ax \geq b$	$\min b^T u$		$A^T u = c, \ u \leq 0$
$\max c^T x$		$Ax \geq b, \ x \geq 0$	$\min b^T u$		$A^T u \geq c, \ u \leq 0$
$\max c^T x$		$Ax \geq b, \ x \leq 0$	$\min b^T u$		$A^T u \leq c, \ u \leq 0$

primal			dual		
$\min c^T x$	$unter$	$Ax \leq b$	$\max b^T u$	$unter$	$A^T u = c,\ u \leq 0$
$\min c^T x$		$Ax \leq b,\ x \geq 0$	$\max b^T u$		$A^T u \leq c,\ u \leq 0$
$\min c^T x$		$Ax \leq b,\ x \leq 0$	$\max b^T u$		$A^T u \geq c,\ u \leq 0$
$\min c^T x$		$Ax = b$	$\max b^T u$		$A^T u = c$
$\min c^T x$		$Ax = b,\ x \geq 0$	$\max b^T u$		$A^T u \leq c$
$\min c^T x$		$Ax = b,\ x \leq 0$	$\max b^T u$		$A^T u \geq c$
$\min c^T x$		$Ax \geq b$	$\max b^T u$		$A^T u = c,\ u \geq 0$
$\min c^T x$		$Ax \geq b,\ x \geq 0$	$\max b^T u$		$A^T u \leq c,\ u \geq 0$
$\min c^T x$		$Ax \geq b,\ x \leq 0$	$\max b^T u$		$A^T u \geq c,\ u \geq 0$

Nun studieren wir die Wechselwirkungen zwischen zueinander dualen Programmen. Im Folgenden sei stets das primale Problem

$$\max\ c^T x \quad \text{unter } Ax \leq b, \tag{P}$$

das duale sei

$$\min\ b^T u \quad \text{unter } A^T u = c,\ u \geq 0. \tag{D}$$

Wie schon aus den beiden Lemmata zu Beginn dieses Kapitels ersichtlich, besteht eine Abgrenzung der Zielfunktionswerte, die im primalen und im dualen Problem angenommen werden können.

Satz 5.9 (Schwacher Dualitätssatz)
Für alle x mit $Ax \leq b$ und für alle u mit $A^T u = c,\ u \geq 0$ gilt $c^T x \leq b^T u$.

Die Wechselbeziehungen zwischen (P) und (D) sind aber noch weit intensiver.

Satz 5.10 (Dualitätssatz)
Seien (P) und (D) wie oben, dann sind 4 Konstellationen möglich:

1. *(P) und (D) besitzen zulässige Punkte. Dann besitzen beide sogar Optimalpunkte, deren Zielfunktionswerte gleich sind.*

2. *(P) ist unzulässig, aber (D) ist zulässig. Dann besitzt (D) keinen Optimalpunkt, die Zielfunktion ist nach unten unbeschränkt.*

3. *(D) ist unzulässig, (P) ist zulässig. Dann besitzt (P) keinen Optimalpunkt, die Zielfunktion ist nach oben unbeschränkt.*

4. *(P) und (D) sind beide unzulässig.*

5.2 Aufgaben zu dualen Problemen und zum Dualitätssatz

Aufgabe 5.2.1

Widerlegen Sie durch Angabe eines geeigneten Paars zulässiger Lösungen die Behauptung, die folgenden Probleme (P) und (D) seien zueinander dual. Begründen Sie, warum diese Widerlegung stichhaltig ist. Geben Sie ein Problem an, das wirklich dual zu (P) ist.

$$
\begin{array}{rrrrrrl}
\max & -4x^1 & & -2x^3 & & +x^5 & \\
\text{unter} & 2x^1 & +3x^2 & +6x^3 & -x^4 & -3x^5 & \leq 1 \\
& x^1 & -x^2 & -4x^3 & -x^4 & +2x^5 & \leq 1 \\
& -x^1 & +2x^2 & & -2x^4 & & \leq 1 \\
& & x^2 & & & & \leq 1 \\
& & -x^2 & & & & \leq 1
\end{array} \qquad (P)
$$

$$
\begin{array}{rrrrrrl}
\min & u^1 & +u^2 & +u^3 & +u^4 & +u^5 & \\
\text{unter} & 2u^1 & +u^2 & -u^3 & & & = -4 \\
& 3u^1 & -u^2 & +2u^3 & +u^4 & -u^5 & = 0 \\
& 6u^1 & -4u^2 & & & & = -2 \\
& -u^1 & -u^2 & -2u^3 & & & = 0 \\
& -3u^1 & +2u^2 & & & & = 1
\end{array} \qquad (D)
$$

Aufgabe 5.2.2

Betrachten Sie zu dem gegebenen (LP)

$$
\begin{array}{rrrrrl}
\max & 4x^1 & & -2x^3 & -3x^4 & \\
& 3x^1 & -2x^2 & +x^3 & -x^4 & \leq 0 \\
-& x^1 & -4x^2 & +5x^3 & -2x^4 & \leq -1 \\
-& 2x^1 & & -2x^3 & +x^4 & \leq 0 \\
& x^1 & +x^2 & -x^3 & & = 2 \\
& & x^2 & -2x^3 & & = 0 \\
& & & x^3, & x^4 & \geq 0
\end{array}
$$

den Punkt $(1, 2, 1, 0)^T$.

a) Ist der obige Punkt der Optimalpunkt?

b) Geben Sie das direkt duale Problem an.

c) Wie sieht der duale Optimalpunkt aus? (Nachweis mit Dualitätssatz)

d) Weisen Sie (alternativ ohne den Dualitätssatz) nach, dass der von Ihnen unter c) angegebene Punkt tatsächlich optimal ist, indem Sie eine Abschätzung für die duale Zielfunktion angeben, die Sie aus den straffen Restriktionen entwickeln.

Aufgabe 5.2.3
Beweisen Sie für ein Optimierungsproblem

$$
\begin{aligned}
\max \quad & c^T x \\
\text{unter} \quad & a_1^T x \;\le\; b^1 \\
& \cdots \quad \cdots \quad \cdots \\
& a_m^T x \;\le\; b^m
\end{aligned}
$$

mit nichtleerem Zulässigkeitsbereich $X = \{x \mid a_1^T x \le b^1, \dots, a_m^T x \le b^m\}$ unter alleiniger Verwendung des Dualitätssatzes

a) den Redundanzsatz:
   Eine Zusatzrestriktion $a_{m+1}^T x \le b^{m+1}$ ist genau dann redundant bezüglich der Restriktionen $a_1^T x \le b^1, \dots, a_m^T x \le b^m$, wenn sich a_{m+1} als konische Kombination aus $a_1, \dots, a_m$ schreiben lässt und wenn die entsprechende Kombination der b-Komponenten nicht mehr als b^{m+1} liefert.

b) Den Polarkegelsatz:
   Gegeben sei ein Punkt x_0 mit $a_i^T x = b^i \; \forall \, i \in I \subset \{1, \dots, m\}$ und $a_j^T x_0 < b^j \; \forall \, j \notin I$. Dann ist x_0 genau dann optimal, wenn $c \in \text{cone}(a_i \mid i \in I)$.

Aufgabe 5.2.4
a) Beweisen Sie den Alternativsatz von Gale allein mithilfe des Dualitätssatzes.

b) Beweisen Sie die inhomogene Version des Lemmas von Farkas allein mithilfe des Dualitätssatzes und der Erkenntnis aus a).

5.3 Lösungen zu dualen Problemen und zum Dualitätssatz

Lösung zu 5.2.1
Wirklich dual zu diesem Problem (P) ist das folgende Problem $(D_{korrekt})$

$$
\begin{aligned}
\min \quad & 1u^1 + 1u^2 + 1u^3 + 1u^4 + 1u^5 \\
& 2u^1 + 1u^2 - 1u^3 + 0u^4 + 0u^5 \;=\; -4 \\
& 3u^1 - 1u^2 + 2u^3 + 1u^4 - 1u^5 \;=\; 0 \\
& 6u^1 - 4u^2 + 0u^3 + 0u^4 + 0u^5 \;=\; -2 \\
& -1u^1 - 1u^2 - 2u^3 + 0u^4 + 0u^5 \;=\; 0 \\
& -3u^1 + 2u^2 + 0u^3 + 0u^4 + 0u^5 \;=\; 1 \\
& u^1, u^2, u^3, u^4, u^5 \;\ge\; 0.
\end{aligned}
$$

Es fehlt also in der Aufgabenformulierung die $u \ge 0$ Restriktion und deshalb hat das dort angegebene duale Problem (D) einen erweiterten Zulässigkeitsbereich.

Es fällt auf, dass (P) den Ursprung als inneren zulässigen Punkt enthält. Somit ist der Zielfunktionswert zumindest ≥ 0 (bei $c^T 0$). Man kann sogar in einer Umgebung des Ursprungs einen Punkt

$$\overline{x}_\varepsilon = \varepsilon \cdot \begin{pmatrix} -4 \\ 0 \\ -2 \\ 0 \\ 1 \end{pmatrix} = \varepsilon \cdot c, \ \varepsilon > 0$$

finden, so dass $\overline{x}_\varepsilon$ noch zulässig ist und $c^T \overline{x}_\varepsilon = \varepsilon \cdot c^T c = \varepsilon \cdot 21 > 0$ gilt.
Damit besitzt (P) positive Zielfunktionswerte.

Wenn wir nachweisen können, dass Zielfunktionswerte von (D) null werden, dann ist die Nichtdualität von (P) und (D) offensichtlich (siehe schwacher Dualitätssatz).

Also errechnen wir einen (hoffentlich) zulässigen Punkt von (D) mit $u^1 + \ldots + u^5 = 0$.

Zulässige Punkte müssen somit ein Gleichungssystem mit 6 Gleichungen in 5 Variablen erfüllen.
Wir lösen das Gleichungssystem

$$\left(\begin{array}{ccccc|c} 1 & 1 & 1 & 1 & 1 & 0 \\ 2 & 1 & 1 & 0 & 0 & -4 \\ 3 & -1 & 2 & 1 & -1 & 0 \\ 6 & -4 & 0 & 0 & 0 & -2 \\ -1 & -1 & -2 & 0 & 0 & 0 \\ -3 & 2 & 0 & 0 & 0 & 1 \end{array}\right) \rightarrow \left(\begin{array}{ccccc|c} 1 & 1 & 1 & 1 & 1 & 0 \\ 0 & -1 & -3 & -2 & -2 & -4 \\ 0 & 4 & -1 & -2 & -4 & 0 \\ 0 & -10 & -6 & -6 & -6 & -2 \\ 0 & 0 & -1 & 1 & 1 & 0 \\ 0 & 5 & 3 & 3 & 3 & 1 \end{array}\right)$$

$$\rightarrow \left(\begin{array}{ccccc|c} 1 & 1 & 1 & 1 & 1 & 0 \\ 0 & 1 & 3 & 2 & 2 & 4 \\ 0 & 0 & 11 & 6 & 4 & 16 \\ 0 & 0 & 24 & 14 & 14 & 38 \\ 0 & 0 & -1 & 1 & 1 & 0 \\ 0 & 0 & -12 & -7 & -7 & -19 \end{array}\right) \rightarrow \left(\begin{array}{ccccc|c} 1 & 1 & 1 & 1 & 1 & 0 \\ 0 & 1 & 3 & 2 & 2 & 4 \\ 0 & 0 & 0 & 17 & 15 & 16 \\ 0 & 0 & 0 & 1 & 1 & 1 \\ 0 & 0 & 1 & -1 & -1 & 0 \\ 0 & 0 & 0 & 0 & 0 & 0 \end{array}\right)$$

$$\rightarrow \left(\begin{array}{ccccc|c} 1 & 1 & 1 & 1 & 1 & 0 \\ 0 & 1 & 3 & 2 & 2 & 4 \\ 0 & 0 & 0 & 0 & 2 & 1 \\ 0 & 0 & 0 & 1 & 1 & 1 \\ 0 & 0 & 1 & -1 & -1 & 0 \\ 0 & 0 & 0 & 0 & 0 & 0 \end{array}\right) \Rightarrow u = \begin{pmatrix} -1 \\ -1 \\ 1 \\ \frac{1}{2} \\ \frac{1}{2} \end{pmatrix}$$

Lösung zu 5.2.2

a)   Straffe Restriktionen im Punkt $(1, 2, 1, 0)^T$: $(1), (4), (5), (7)$
Versuch: Zielfunktion als konische Kombination der straffen Restriktionen darstellen. Dazu verwenden wir die folgenden Restriktionen (negativ erlaubt bei Gleichheitsrestriktionen): $(1), (4), (-4), (5), (-5), (7)$

bzw.

$$\begin{pmatrix} 4 \\ 0 \\ -2 \\ -3 \end{pmatrix} = \begin{pmatrix} 3 & 1 & 0 & 0 \\ -2 & 1 & 1 & 0 \\ 1 & -1 & -2 & 0 \\ -1 & 0 & 0 & -1 \end{pmatrix} \begin{pmatrix} \lambda_1 \\ \lambda_4 \\ \lambda_5 \\ \lambda_7 \end{pmatrix} \qquad \text{mit } \lambda_1, \lambda_7 \geq 0, \ \lambda_4, \lambda_5 \text{ beliebig}$$

$$\left(\begin{array}{cccc|c} 3 & 1 & 0 & 0 & 4 \\ -2 & 1 & 1 & 0 & 0 \\ 1 & -1 & -2 & 0 & -2 \\ -1 & 0 & 0 & -1 & -3 \end{array} \right) \longrightarrow \left(\begin{array}{cccc|c} 3 & 1 & 0 & 0 & 4 \\ -\frac{3}{2} & \frac{1}{2} & 0 & 0 & -1 \\ -\frac{1}{2} & \frac{1}{2} & 1 & 0 & 1 \\ 1 & 0 & 0 & 1 & 3 \end{array} \right) \longrightarrow$$

$$\longrightarrow \left(\begin{array}{cccc|c} 0 & 2 & 0 & 0 & 2 \\ -3 & 1 & 0 & 0 & -2 \\ 1 & 0 & 1 & 0 & 2 \\ 1 & 0 & 0 & 1 & 3 \end{array} \right)$$

$$\Rightarrow \lambda_4 = 1, \quad \left. \begin{array}{rcl} -3\lambda_1 + 1 & = & -2 \Rightarrow \lambda_1 = 1 \\ 1 + \lambda_5 & = & 2 \Rightarrow \lambda_5 = 1 \\ 1 + \lambda_7 & = & 3 \Rightarrow \lambda_7 = 2 \end{array} \right\} \Rightarrow \text{erfüllt } \lambda_1, \lambda_7 \geq 0$$

$\Rightarrow (1, 2, 1, 0)^T$ ist Optimalpunkt

Also: $c = 1a_1 + 1a_4 + 1a_5 + 2a_7$

b)   Das direkt duale Problem ist

$$\begin{array}{rcrcrcrcrcrl}
\min & 0u_1 & - & 1u_2 & + & 0u_3 & + & 2v_1 & + & 0v_2 & & \\
& 3u_1 & - & 1u_2 & - & 2u_3 & + & 1v_1 & + & 0v_2 & = & 4 \quad (D_1) \\
- & 2u_1 & - & 4u_2 & + & 0u_3 & + & 1v_1 & + & 1v_2 & = & 0 \quad (D_2) \\
& 1u_1 & + & 5u_2 & - & 2u_3 & - & 1v_1 & - & 2v_2 & \geq & -2 \quad (D_3) \\
- & 1u_1 & - & 2u_2 & + & 1u_3 & + & 0v_1 & + & v_2 & \geq & -3 \quad (D_4) \\
& & & & & & & & u & \geq & 0 &
\end{array} \qquad (D)$$

c)   nach a): $(1, 0, 0, 1, 1)^T = (\overline{u}^T, \overline{v}^T)$
zulässig mit Zielfunktionswert $= 2$, primaler Zielfunktionswert $= 2$
$\Rightarrow$ dualer Optimalpunkt

d)   Betrachte folgende Kombination der dualen Restriktionen:
$1 \cdot (D_1) + 2 \cdot (D_2) + 1 \cdot (D_3) + 0 \cdot (D_4) \qquad ((1, 2, 1, 0)^T$ primal optimal$)$

$$\Rightarrow (3 - 4 + 1)u_1 + (-1 - 8 + 5)u_2 + (-2 + 0 - 2)u_3 +$$
$$+ (1 + 2 - 1)v_1 + (0 + 2 - 2)v_2 \geq 4 + 0 - 2 = 2$$

$\Rightarrow 0u_1 - 4u_2 - 4u_3 + 2v_1 + 0v_2 \geq 2$
wegen $-u_2 + 2v_1 \geq -4u_2 - 4u_3 + 2v_1 \geq 2$ gilt auch $-u_2 + 2v_1 \geq 2$ für alle dual
zulässigen Punkte. Dieser Wert wird gerade von $(\overline{u}, \overline{v})$ realisiert.

Lösung zu 5.2.3

Dualitätssatz:

(P) und (D) seien zwei duale Probleme. Dann gibt es folgende Möglichkeiten:

1. Beide Probleme (primal und dual) haben Optimalpunkte

2. (D) unbeschränkt, (P) leer

3. (P) unbeschränkt, (D) leer

4. Beide Probleme sind unzulässig

a) $a_{m+1}^T x \leq b^{m+1}$ ist auf Redundanz zu überprüfen.
Folgende Alternativen sind möglich:

$$\text{I} \quad a_{m+1}^T x \leq b^{m+1} \text{ ist redundant.}$$
$$\text{II} \quad a_{m+1}^T x \leq b^{m+1} \text{ ist nicht redundant.}$$
$$\text{I} \iff \nexists \overline{x} \text{ mit } A\overline{x} \leq b \wedge a_{m+1}^T \overline{x} > b^{m+1}$$
$$\text{II} \iff \exists \overline{x} \text{ mit } A\overline{x} \leq b \wedge a_{m+1}^T \overline{x} > b^{m+1}$$

Betrachte die Probleme

$$\max a_{m+1}^T x \text{ unter } Ax \leq b \tag{P}$$

$((P)$ ist nach Voraussetzung zulässig) und

$$\min b^T u \text{ unter } A^T u = a_{m+1}^T, u \geq 0. \tag{D}$$

I bedeutet: (P) hat Optimalpunkt x^*, $a_{m+1}^T x^* \leq b^{m+1}$
$\Rightarrow (D)$ hat Minimalwert $\leq b^{m+1}$ nach Dualitätssatz, Teil 1
$\Rightarrow \exists \overline{u}$ mit $A^T \overline{u} = a_{m+1}^T, b^T \overline{u} \leq b^{m+1}, \overline{u} \geq 0$.

I impliziert also Redundanz.

Umgekehrt bedeutet II, dass (P) optimal gelöst werden kann, mit einem Optimalwert größer als b^{m+1} oder dass seine Zielfunktion $a_{m+1}^T x$ unbeschränkt groß wird. Im ersten Fall gibt es $\overline{u}$ mit

$$A^T \overline{u} = a_{m+1}^T, b^T \overline{u} > b^{m+1}, \overline{u} \geq 0,$$

aber kein solches mit $b^T \overline{u} < b^{m+1}$.

Und im zweiten Fall ist es unmöglich, a_{m+1} aus den Zeilen von A konisch zu erzeugen. Also fehlt in beiden Fällen die Möglichkeit, beide formulierten Bedingungen zu erfüllen. Also impliziert II die Nichtredundanz.

b) Auf $P(A, b)$ ist ein Randpunkt x_0 mit $A_I(x_0) = b^I$ auf Optimalität zu prüfen.

$$\text{I:} \quad \forall x \in P(A, b) \text{ gilt } \quad c^T x \leq c^T x_0$$
$$\text{II:} \quad \exists x \in P(A, b) \text{ mit } \quad c^T x > c^T x_0$$

I $\iff \nexists z$ mit $A_I z \leq 0, c^T z > 0 \iff \forall z$ mit $A_I z \leq 0$ gilt $c^T z \leq 0$
das heißt $\max c^T z$ unter $A_I z \leq 0$ ist 0, da 0 zulässig ist.

Aus dem Dualitätssatz folgt: Das Dualproblem dazu hat den Optimalwert 0.
Das Dualproblem ist aber

$$\min 0^T w \text{ unter } A_I^T w = c \text{ und } w \geq 0$$

Übrig bleibt die Frage: Ist dieses Problem zulässig?
Die Zielfunktion ist belanglos, da sie überall 0 ist.
I $\Longleftrightarrow \exists w \geq 0$ mit $A_I^T w = c$.
II $\Longleftrightarrow \exists z$ mit $A_I z \leq 0$, $c^T z > 0$, das heißt $\max c^T z$ unter $A_{II} z \leq 0$ ist unbeschränkt
$\Longleftrightarrow A_I^T w = c$ ist nicht erfüllbar.

Lösung zu 5.2.4

a) **Gale:**

    (I) $\exists x$ mit $Ax \leq c$

    (II) $\exists y$ mit $A^T y = 0$, $c^T y < 0$, $y \geq 0$

Wir stellen zwei zueinander duale Optimierungsprobleme auf

    (P) $\max 0^T x$ unter $Ax \leq c$

    (D) $\min c^T y$ unter $A^T y = 0$, $y \geq 0$.

Nach dem Dualitätssatz gibt es 4 Fälle:

(i) (P) und (D) zulässig, Optimalwerte gleich

(ii) (P) unbeschränkt, (D) unzulässig

(iii) (P) unzulässig, (D) unbeschränkt

(iv) (P) und (D) unzulässig

Bei (i) wäre der Maximalwert von (P) gleich null , (I) wäre erfüllt; und der Minimalwert des zulässigen Problems (D) wäre auch null . Dann ist aber $c^T y < 0$ ausgeschlossen.
$\Rightarrow$ (II) ist nicht erfüllt.

(ii) kann nicht gelten, da $0^T x$ nicht unbeschränkt wachsen kann.

Bei (iii) ist (P) unzulässig und (I) ist nicht erfüllt. Es gibt im zulässigen (D) beliebig negative Zielfunktionswerte, also ist (II) wahr.

Fall (iv) kann nicht vorkommen, weil mit $y = 0$ (D) immer einen zulässigen Punkt hat.

Also gilt $(I) \Rightarrow \neg(II)$ und $\neg(I) \Rightarrow (II)$.

b) **Inhomogenes Farkas-Lemma:**

    (I) $b^T x > \beta$, $Ax \leq c$

   (IIa) $\langle A^T y = b, c^T y \leq \beta, y \geq 0 \rangle$ oder

   (IIb) $\langle A^T y = 0, c^T y < 0, y \geq 0 \rangle$

(IIb) ist nach a) (Gale) eine Alternative zu

$$\exists x \text{ mit } Ax \leq c.$$

¬(I) lässt sich zerlegen in

$$(\nexists x \text{ mit } Ax \le c) \vee \left[(\exists x \text{ mit } Ax \le c) \wedge (\forall x \text{ mit } Ax \le c \text{ ist } b^T x \le \beta) \right].$$

Wir wollen nun zeigen, dass aus ¬(I) gleich (II) folgt.

Wenn $(\nexists x \text{ mit } Ax \le c)$ wahr ist, dann ist (IIb) erfüllt nach a) (Gale). Wenn

$$\left[(\exists x \text{ mit } Ax \le c) \wedge (\forall x \text{ mit } Ax \le c \text{ ist } b^T x \le \beta) \right] \tag{5.1}$$

erfüllt ist, dann wäre zu zeigen, dass nun (IIa) gilt. Dazu betrachen wir ein duales Paar von LP's:

$$\max b^T x \text{ unter } Ax \le c \tag{P}$$

$$\min c^T y \text{ unter } A^T y = b,\ y \ge 0. \tag{D}$$

Wenn (5.1) gilt, dann ist (P) zulässig, aber $b^T x \le \beta$.
Nach dem Dualitätssatz scheiden unter der Bedingung (5.1) die Fälle 2 und 4 aus, weil (P) zulässig ist.
Im 3. Fall wäre (P) nach oben unbeschränkt und dies ist hier durch (5.1) verboten.
Es bleibt also nur der 1. Fall (beide haben Optimalpunkte). Wegen (5.1) ist aber der Maximalwert von $(P) \le \beta$, also ist der (existierende) Minimalwert von $(D) \le \beta$.
Deshalb gibt es y mit $A^T y = b,\ y \ge 0$ und $c^T y \le \beta$. $\Rightarrow$ II ist erfüllt.

5.4 Sätze vom komplementären Schlupf

Bisher haben wir nur Paare von linearen Optimierungsaufgaben zueinander in Beziehung gesetzt. Nun lässt sich die Dualitätstheorie aber auch dazu verwenden, um Eigenschaften von Optimalpunkten zu beschreiben und diese Punkte zu charakterisieren. O. B. d. A. beschränken wir uns auf die einfachen Probleme (P) und (D).

Satz 5.11 (Satz vom schwachen komplementären Schlupf)
Gegeben seien die beiden zueinander dualen Programme

$$\begin{array}{cc} \max c^T x & \\ \text{unter } Ax \le b & (P) \end{array} \quad \text{und} \quad \begin{array}{cc} \min b^T u & \\ \text{unter } A^T u = c,\ u \ge 0. & (D) \end{array}$$

$\tilde{x}$ und $\tilde{u}$ seien zulässige Vektoren für P und D. Dann sind folgende Aussagen äquivalent:

(a) $\tilde{x}$ ist optimal für P und $\tilde{u}$ ist optimal für D.

(b) $\tilde{u}^T (b - A\tilde{x}) = 0$.

(c)   Für alle Komponenten $\tilde{u}^i$ gilt: Aus $\tilde{u}^i > 0$ folgt $a_i^T \tilde{x} = b^i$.

(d)   Für alle Zeilenindizes i von A gilt: Aus $a_i^T \tilde{x} < b^i$ folgt $\tilde{u}^i = 0$.

Satz 5.12 (Satz vom starken komplementären Schlupf)
Besitzen die Programme

$$\begin{array}{ll} \max\ c^T x \\ \textit{unter } Ax \le b \end{array} \quad (P) \qquad \textit{und} \qquad \begin{array}{ll} \min\ b^T u \\ \textit{unter } A^T u = c,\ u \ge 0. \end{array} \quad (D)$$

beide zulässige Lösungen, dann existieren Optimalpunkte $\tilde{x}$ und $\tilde{u}$, so dass für dieses Paar $(\tilde{x}, \tilde{u})$
gilt:

$$\tilde{u}^i > 0 \Leftrightarrow a_i^T \tilde{x} = b^i \ und$$
$$a_i^T \tilde{x} < b^i \Leftrightarrow \tilde{u}^i = 0.$$

Diese beiden Sätze lassen sich analog auf entsprechende Sätze über allgemeine duale Programme ausweiten.

5.5   Aufgaben zu den Sätzen vom komplementären Schlupf

Aufgabe 5.5.1
Seien

$$A = \begin{pmatrix} 1 & -4 & 0 & 3 & 1 & 1 \\ 5 & 1 & 3 & 0 & -5 & 3 \\ 4 & -3 & 5 & 3 & -4 & 1 \\ 0 & 0 & -1 & 2 & 1 & -5 \\ -2 & 1 & 1 & 1 & 2 & 2 \\ 2 & 2 & -3 & -1 & 4 & 5 \end{pmatrix}, b = \begin{pmatrix} 1 \\ 4 \\ 4 \\ 5 \\ 7 \\ 5 \end{pmatrix}, c = \begin{pmatrix} 4 \\ 1 \\ 5 \\ 3 \\ -5 \\ 8 \end{pmatrix}.$$

Ist für das Problem

$$\max\ c^T x,\ Ax \le b,\ x \ge 0$$

durch $x = \left(0, \frac{5}{2}, 0, \frac{7}{2}, 0, \frac{1}{2}\right)^T$ eine Optimallösung gegeben? (Verwenden Sie dabei den allgemeinen Satz vom schwachen komplementären Schlupf)

Aufgabe 5.5.2
Für die Finanzierung eines Großprojekts über die 5 Jahre (2003, 2004, 2005, 2006, 2007) besteht in den Jahren $(2002 + i)$ ein Finanzbedarf vom b_i $(i = 1, \ldots, 5)$, jeweils abzurufen am $01.01.(2002 + i)$. Deshalb sollen an den jeweiligen Jahresanfängen Anleihen in Höhe von y_i aufgenommen werden.
All diese Anleihen sind am 31.12.2008 jeweils zu einem Kurs von r_i zurückzuzahlen (Der Rückzahlungsbetrag für die Anleihe am $01.01.(2002+i)$ in Höhe von y_i ist also $r_i \cdot y_i$ am 31.12.2008). Eventuelle Überschüsse aus den bisherigen Einnahmen aus Anleihen gegenüber dem Finanzbedarf können zu einem Jahreszinssatz von 1,07 (also 7 %) angelegt werden, bis sie benötigt werden. Diese Überschüsse werden mit x_i $(i = 1, \ldots, 5)$ bezeichnet. Über die Variation der y_i sollen nun die Nettokosten der Rückzahlung am 31.12.2008 minimiert werden.

Es ergibt sich folgende Modellierung:

$$\min \sum_{i=1}^{5} r_i y_i - x_5 \cdot (1{,}07)^2$$

$$\text{unter } y_1 - x_1 = b_1$$
$$y_2 - x_2 + 1{,}07 x_1 = b_2$$
$$y_3 - x_3 + 1{,}07 x_2 = b_3$$
$$y_4 - x_4 + 1{,}07 x_3 = b_4$$
$$y_5 - x_5 + 1{,}07 x_4 = b_5$$

Untersuchen Sie, wie die Rückzahlungskurse r_i beschaffen sein müssen, damit das Minimierungsproblem beschränkt bleibt.

Hinweis: Beachten Sie das duale Problem.

Aufgabe 5.5.3

Betrachten Sie die beiden Optimierungsprobleme

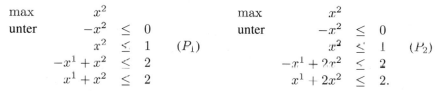

$$
\begin{array}{llcl}
\max & x^2 & & \\
\text{unter} & -x^2 & \leq & 0 \\
& x^2 & \leq & 1 \quad (P_1) \\
& -x^1 + x^2 & \leq & 2 \\
& x^1 + x^2 & \leq & 2
\end{array}
\qquad
\begin{array}{llcl}
\max & x^2 & & \\
\text{unter} & -x^2 & \leq & 0 \\
& x^2 & \leq & 1 \quad (P_2) \\
& -x^1 + 2x^2 & \leq & 2 \\
& x^1 + 2x^2 & \leq & 2.
\end{array}
$$

a) Stellen Sie zu beiden Problemen die Dualprobleme (D_1), (D_2) auf.

b) Bestimmen Sie zu (P_1), (P_2), (D_1), (D_2) die Optimalmengen $\overline{X}_1$, $\overline{X}_2$, $\overline{Y}_1$, $\overline{Y}_2$.

c) Welche Punktepaare aus $\overline{X}_1 \times \overline{Y}_1$ und welche aus $\overline{X}_2 \times \overline{Y}_2$ erfüllen die Bedingungen aus dem Satz vom *starken* komplementären Schlupf? Und welche Paare haben die dort beschriebene Eigenschaft nicht?

Aufgabe 5.5.4

Betrachten Sie das folgende (LP) $\max c^T x$ unter $Ax \leq b$. Dabei ist

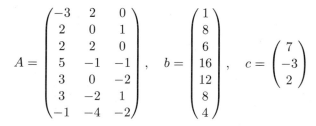

$$
A = \begin{pmatrix} -3 & 2 & 0 \\ 2 & 0 & 1 \\ 2 & 2 & 0 \\ 5 & -1 & -1 \\ 3 & 0 & -2 \\ 3 & -2 & 1 \\ -1 & -4 & -2 \end{pmatrix}, \quad
b = \begin{pmatrix} 1 \\ 8 \\ 6 \\ 16 \\ 12 \\ 8 \\ 4 \end{pmatrix}, \quad
c = \begin{pmatrix} 7 \\ -3 \\ 2 \end{pmatrix}
$$

a) Formulieren Sie das duale Problem.

b)   Zeigen Sie mit dem Satz vom komplementären Schlupf, dass $\overline{x} = \begin{pmatrix} 2 \\ 1 \\ 4 \end{pmatrix}$ eine Optimalecke

      ist, und bestimmen Sie einen dualen Optimalpunkt.

c)   Bestimmen Sie eine primale und duale Optimallösung, die den *Satz vom starken komple-*

      mentären Schlupf erfüllen. Beachten Sie die Rolle des Punktes $\overline{x} = \begin{pmatrix} 3 \\ 0 \\ -1 \end{pmatrix}$.

5.6   Lösungen zu den Sätzen vom komplementären Schlupf

Lösung zu 5.5.1

Der allgemeine Satz vom schwachen komplementären Schlupf besagt in der vorliegenden Situation Folgendes:

Ist x optimal für

$$\max \ c^T x \text{ unter } Ax \le b, \ x \ge 0, \tag{P}$$

dann gibt es einen Optimalpunkt u von

$$\min \ b^T u \text{ unter } A^T u \ge c, \ u \ge 0, \tag{D}$$

mit $\begin{array}{lll} (1) & u^i > 0 & \Rightarrow & (Ax)^i = b^i \\ (2) & x^j > 0 & \Rightarrow & (A^T u)^j = c^j. \end{array}$

Betrachte nun das spezielle $x = \left(0, \frac{5}{2}, 0, \frac{7}{2}, 0, \frac{1}{2}\right)^T$.

Wenn dies optimal sein soll, dann müsste wegen $x^2 > 0$, $x^4 > 0$, $x^6 > 0$ für ein $u \in \mathbb{R}^6$

$$(A^T u)^j = c^j \quad \forall j = 2, 4, 6$$

gelten. Das bedeutet

$$\begin{array}{rclc} -4u^1 + 1u^2 - 3u^3 + 0u^4 + 1u^5 + 2u^6 & = & 1 & (j = 2) \\ 3u^1 + 0u^2 + 3u^3 + 2u^4 + 1u^5 - 1u^6 & = & 3 & (j = 4) \\ 1u^1 + 3u^2 + 1u^3 - 5u^4 + 2u^5 + 5u^6 & = & 8 & (j = 6). \end{array}$$

Wir stellen nun außerdem fest, dass

$$Ax = \begin{pmatrix} -10 + \frac{21}{2} + \frac{1}{2} \\ \frac{5}{2} + \frac{3}{2} \\ -\frac{15}{2} + \frac{21}{2} + \frac{1}{2} \\ 7 - \frac{5}{2} \\ \frac{5}{2} + \frac{7}{2} + 1 \\ 5 - \frac{7}{2} + \frac{5}{2} \end{pmatrix} = \begin{pmatrix} 1 \\ 4 \\ \frac{7}{2} \\ \frac{9}{2} \\ 7 \\ 4 \end{pmatrix}.$$

Für $i = 3, 4, 6$ gilt also $(Ax)^i < b^i$ und deshalb muss $u^3 = u^4 = u^6 = 0$ sein.
Nun reduziert sich das Gleichungssystem des dualen Problems auf

$$
\begin{aligned}
-4u^1 + 1u^2 + 1u^5 &= 1 \\
3u^1 + 0u^2 + 1u^5 &= 3 \\
1u^1 + 3u^2 + 2u^5 &= 8,
\end{aligned}
$$

sowie $u^3 = u^4 = u^6 = 0$ und $u^1 \geq 0$, $u^2 \geq 0$, $u^5 \geq 0$.
Lösung des Gleichungssystems:

$$
\begin{array}{lll}
-4u^1 + 1u^2 + 1u^5 = 1 & 1u^1 + 3u^2 + 2u^5 = 8 & 1u^1 + 3u^2 + 2u^5 = 8 \\
3u^1 + 0u^2 + 1u^5 = 3 \quad \rightarrow & 0u^1 + 9u^5 + 5u^5 = 21 \quad \rightarrow & 0u^1 + 9u^2 + 5u^5 = 21 \\
1u^1 + 3u^2 + 2u^5 = 8 & 0u^1 + 3u^2 + 7u^5 = 15 & 0u^1 + 0u^2 + 2u^5 = 3
\end{array}
$$

$$
\Rightarrow u = \left(\frac{1}{2}, \frac{3}{2}, 0, 0, \frac{3}{2}, 0\right)^T \geq 0
$$

Für dieses u gilt

$$
A^T u = (5, 1, 6, 3, -4, 8)^T \geq c
$$

und somit ist u zulässig für (D).
Mit dem Satz vom schwachen komplementären Schlupf folgt nun, dass x optimal für (P) und u
optimal für (D) sein muss. Der Zielfunktionswert für die primale und duale Optimallösung ist

$$
c^T x = 17 = b^T u.
$$

Lösung zu 5.5.2
Das duale Programm ist

$$
\begin{aligned}
\max \quad & b^1 z^1 + b^2 z^2 + b^2 z^3 + b^4 z^4 + b^5 z^5 \\
\text{unter} \quad & z^1 \leq r^1 \\
& z^2 \leq r^2 \\
& z^3 \leq r^3 \\
& z^4 \leq r^4 \\
& z^5 \leq r^5 \\
& -z^1 + 1{,}07 z^2 \leq 0 \\
& -z^2 + 1{,}07 z^3 \leq 0 \\
& -z^3 + 1{,}07 z^4 \leq 0 \\
& -z^4 + 1{,}07 z^5 \leq 0 \\
& -z^5 \leq -1{,}07^2
\end{aligned} \qquad (D)
$$

Das primale Problem ist beschränkt, falls das duale Problem zulässige Punkte besitzt. Hier ist
klar, dass das primale Problem zulässig ist (z. B. nimm zu jedem Zeitpunkt den exakten Bedarf
auf).

Für (D) gilt (setze nacheinander ein)

$$
\begin{array}{rclclcl}
r^5 & \geq & z^5 & \geq & 1{,}07^2 & & \\
r^4 & \geq & z^4 & \geq & 1{,}07z^5 & \geq & 1{,}07^3 \\
r^3 & \geq & z^3 & \geq & 1{,}07z^4 & \geq & 1{,}07^4 \\
r^2 & \geq & z^2 & \geq & 1{,}07z^3 & \geq & 1{,}07^5 \\
r^1 & \geq & z^1 & \geq & 1{,}07z^2 & \geq & 1{,}07^6.
\end{array}
$$

(D) hat also genau dann zulässige Punkte, wenn

$$
r^i \geq (1{,}07)^{7-i} \quad \forall\, i = 1, \ldots, 5.
$$

Und Zulässigkeit von (D) bedeutet, dass (P) nicht unbeschränkt wird. (In dem Moment, wo zu irgendeinem Jahresanfang die Verzinsung mit 1,07 gegenüber der Rückzahlungspflicht mir r_i einen Überschuss ergibt, müsste man eine unbeschränkte Anleihe aufnehmen.)

Lösung zu 5.5.3

a)

$$
\begin{array}{ll}
\min & 0y^1 + y^2 + 2y^3 + 2y^4 \\
\text{unter} & y^1, y^2, y^3, y^4 \geq 0 \\[2mm]
\text{und} & \begin{pmatrix} 0 & 0 & -1 & +1 \\ -1 & +1 & +1 & +1 \end{pmatrix} \begin{pmatrix} y^1 \\ y^2 \\ y^3 \\ y^4 \end{pmatrix} = \begin{pmatrix} 0 \\ 1 \end{pmatrix}
\end{array}
\qquad (D_1)
$$

$$
\begin{array}{ll}
\min & 0y^1 + y^2 + 2y^3 + 2y^4 \\
\text{unter} & y^1, y^2, y^3, y^4 \geq 0 \\[2mm]
\text{und} & \begin{pmatrix} 0 & 0 & -1 & +1 \\ -1 & +1 & +2 & +2 \end{pmatrix} \begin{pmatrix} y^1 \\ y^2 \\ y^3 \\ y^4 \end{pmatrix} = \begin{pmatrix} 0 \\ 1 \end{pmatrix}
\end{array}
\qquad (D_2)
$$

b) $(P_1):\quad X_1 = \text{conv}\left(\begin{pmatrix} 2 \\ 0 \end{pmatrix}, \begin{pmatrix} -2 \\ 0 \end{pmatrix}, \begin{pmatrix} 1 \\ 1 \end{pmatrix}, \begin{pmatrix} -1 \\ 1 \end{pmatrix} \right)$

$(P_2):\quad X_2 = \text{conv}\left(\begin{pmatrix} 0 \\ 1 \end{pmatrix}, \begin{pmatrix} 2 \\ 0 \end{pmatrix}, \begin{pmatrix} -2 \\ 0 \end{pmatrix} \right)$

$(P_1): \text{Optimalmenge } \overline{X}_1 = \left\{ \begin{pmatrix} \alpha \\ 1 \end{pmatrix} \,\middle|\, \alpha \in [-1, 1] \right\}$

$(P_2): \text{Optimalmenge } \overline{X}_2 = \left\{ \begin{pmatrix} 0 \\ 1 \end{pmatrix} \right\}$

Ermittlung von Y_1:

$y \geq 0 \wedge y^3 = y^4 \wedge -y^1 + y^2 + y^3 + y^4 = 1$

Setze $\beta = y^3 = y^4 \geq 0$ und $\gamma = y^2 \geq 0$. Daraus folgt $0 \leq y^1 = \gamma + 2\beta - 1$

$$\Longrightarrow Y_1 = \begin{pmatrix} \gamma + 2\beta - 1 \\ \gamma \\ \beta \\ \beta \end{pmatrix} \quad \text{(alles } \geq 0\text{)}$$

Ermittlung von Y_2:

$y \geq 0 \wedge y^3 = y^4 \wedge -y^1 + y^2 + 2y^3 + 2y^4 = 1$

Setze $\beta = y^3 = y^4 \geq 0$ und $\gamma = y^2 \geq 0 \Rightarrow 0 \leq y^1 = \gamma + 4\beta - 1$

$$\Longrightarrow Y_2 = \begin{pmatrix} \gamma + 4\beta - 1 \\ \gamma \\ \beta \\ \beta \end{pmatrix} \quad \text{(alles } \geq 0\text{)}$$

Bestimmung der Optimalmenge $\overline{Y}_1$:

min $\quad \gamma + 2\beta + 2\beta$

unter $\qquad\qquad \gamma, \beta \ \geq \ 0$

und $\qquad \gamma + 2\beta - 1 \ \geq \ 0, \qquad \Rightarrow (\gamma + 2\beta) + 2\beta \geq 1 + 2\beta \geq 1$

Wir können nur minimal sein bei $\gamma + 2\beta = 1 \wedge \beta = 0$, das heißt $\gamma = 1, \beta = 0$.

Die Punktmenge ist $\begin{pmatrix} 0 \\ 1 - 2\beta \\ \beta \\ \beta \end{pmatrix}$ mit $\beta = 0, \gamma = 1$, also $\begin{pmatrix} 0 \\ 1 \\ 0 \\ 0 \end{pmatrix}$ entspricht $\overline{Y}_1$.

Bestimmung der Optimalmenge $\overline{Y}_2$:

min $\quad \gamma + 2\beta + 2\beta = \gamma + 4\beta$

unter $\qquad\qquad\qquad \gamma, \beta \ \geq \ 0$

und $\qquad\qquad \gamma + 4\beta - 1 \ \geq \ 0, \qquad \Rightarrow \gamma + 4\beta \geq 1$

Also kommen wir allenfalls auf $\gamma + 4\beta = 1$. Die Unterschranke ist annehmbar.

$$\Rightarrow \gamma = 1 - 4\beta, \beta \in \left[0, \frac{1}{4}\right]$$

Die Punktmenge $\begin{pmatrix} 0 \\ 1 - 4\beta \\ \beta \\ \beta \end{pmatrix}$ mit $\beta \in [0, \frac{1}{4}]$ entspricht $\overline{Y}_2$.

c) $\quad \overline{X}_1 \times \overline{Y}_1$: Wegen $\overline{Y}_1 = \begin{pmatrix} 0 \\ 1 \\ 0 \\ 0 \end{pmatrix}$ sind nur diejenigen $\overline{X}_1$ - Elemente mit $\begin{cases} a_1^T x < b^1 \\ a_3^T x < b^3 \\ a_4^T x < b^4 \end{cases}$

kompatibel zum Satz vom starken komplementären Schlupf. Für a_1 ist dies banal, aber es bedeutet auch, dass $-x^1 + x^2 < 2$ bzw. $x^1 + x^2 < 2$ sein müssen.

Deshalb kommen die Randpunkte $\begin{pmatrix} -1 \\ 1 \end{pmatrix}$ und $\begin{pmatrix} 1 \\ 1 \end{pmatrix}$ von $\overline{X}_1$ nicht infrage.

Alle anderen, nämlich $\left\{ \begin{pmatrix} \alpha \\ 1 \end{pmatrix} \,\middle|\, \alpha \in (-1,1) \right\}$ passen zu $\begin{pmatrix} 0 \\ 1 \\ 0 \\ 0 \end{pmatrix}$.

$\overline{X}_2 \times \overline{Y}_2 : \overline{X}_2 = \begin{pmatrix} 0 \\ 1 \end{pmatrix}$, wir brauchen deshalb in $\overline{Y}_2$:

$$y^2, y^3, y^4 > 0 \text{ und } \begin{cases} a_1^T \begin{pmatrix} 0 \\ 1 \end{pmatrix} < b^1 \\[2mm] a_2^T \begin{pmatrix} 0 \\ 1 \end{pmatrix} = b^2 = 1 \\[2mm] a_3^T \begin{pmatrix} 0 \\ 1 \end{pmatrix} = b^3 = 2 \\[2mm] a_4^T \begin{pmatrix} 0 \\ 1 \end{pmatrix} = b^4 = 2 \end{cases}$$

Dies leistet in der $\overline{Y}_2$ - Optimalmenge nur der Bereich $\left\{ y = \begin{pmatrix} 0 \\ 1 - 4\beta \\ \beta \\ \beta \end{pmatrix} \,\middle|\, \beta \in (0, \tfrac{1}{4}) \right\}$.

Zu $\begin{pmatrix} 0 \\ 0 \\ \frac{1}{4} \\ \frac{1}{4} \end{pmatrix}$ bzw. zu $\begin{pmatrix} 0 \\ 1 \\ 0 \\ 0 \end{pmatrix}$ gibt es in $\overline{X}_2$ keine geeigneten Partner.

Lösung zu 5.5.4

a)   Das duale Problem lautet:

$$\min \quad (1, 8, 6, 16, 12, 8, 4)u$$
$$\text{unter} \quad \begin{pmatrix} -3 & 2 & 2 & 5 & 3 & 3 & -1 \\ 2 & 0 & 2 & -1 & 0 & -2 & -4 \\ 0 & 1 & 0 & -1 & -2 & 1 & -2 \end{pmatrix} u = \begin{pmatrix} 7 \\ -3 \\ 2 \end{pmatrix}, \qquad u \geq 0$$

b)   straffe/lockere Restriktionen bei $\overline{x} = \begin{pmatrix} 2 \\ 1 \\ 4 \end{pmatrix}$:

$$A\overline{x} = \begin{pmatrix} -4 \\ 8 \\ 6 \\ 5 \\ -2 \\ 8 \\ -14 \end{pmatrix} \begin{matrix} \text{locker} \\ \text{straff} \\ \text{straff} \\ \text{locker} \\ \text{locker} \\ \text{straff} \\ \text{locker} \end{matrix} \ \Rightarrow u_1 = u_4 = u_5 = u_7 = 0 \text{ (wegen kompl. Schlupf)}$$

$$\begin{pmatrix} 2 & 2 & 3 & 7 \\ 0 & 2 & -2 & -3 \\ 1 & 0 & 1 & 2 \end{pmatrix} \rightarrow \begin{pmatrix} 1 & 0 & 1 & 2 \\ 0 & 1 & -1 & -\frac{3}{2} \\ 0 & 2 & 1 & 3 \end{pmatrix} \rightarrow \begin{pmatrix} 1 & 0 & 1 & 2 \\ 0 & 1 & -1 & -\frac{3}{2} \\ 0 & 0 & 3 & 6 \end{pmatrix}$$

$$\rightarrow u_6 = 2, u_3 = \frac{1}{2}, u_2 = 0$$

dualer Optimalpunkt: $(0, 0, \frac{1}{2}, 0, 0, 2, 0)^T = \overline{u}$

c) $\quad \overline{x} = \begin{pmatrix} 2 \\ 1 \\ 4 \end{pmatrix}$ und $\overline{u}$ erfüllen <u>nicht</u> den Satz vom starken komplementären Schlupf, denn die

zweite Restriktion $u_2 = 0$ ist straff. Was ist mit $\tilde{x} = (3, 0, -1)^T$?
$\rightarrow \tilde{x}$ ist zulässig:

$$A\tilde{x} = \begin{pmatrix} -9 \\ 5 \\ 6 \\ 16 \\ 11 \\ 8 \\ -1 \end{pmatrix} \quad \begin{matrix} \text{locker} \\ \text{locker} \\ \text{straff} \\ \text{straff} \\ \text{locker} \\ \text{straff} \\ \text{locker} \end{matrix}$$

$\rightarrow c^T \tilde{x} = 19 = c^T \overline{x} \Rightarrow \tilde{x}$ optimal
$\rightarrow \tilde{x}$ erfüllt <u>nicht</u> mit $\overline{u}$ den Satz vom starken komplementären Schlupf
Betrachte $\lambda \overline{x} + (1 - \lambda)\tilde{x}, \lambda \in (0, 1)$.
$\rightarrow$ ebenfalls optimal
$\rightarrow$ nur 3. und 6. Restriktion straff, alle anderen locker
$\Rightarrow \lambda \overline{x} + (1 - \lambda)\tilde{x}$ erfüllt mit $\overline{u}$ den Satz vom starken komplementären Schlupf.

Kapitel 6

Simplex-Algorithmus

Als Lösungsverfahren für lineare Optimierungsprobleme setzen wir das Simplexverfahren ein. Dieses Verfahren nutzt im Wesentlichen die Tatsache aus, dass bei Problemen mit Zulässigkeitsbereichen, die Ecken besitzen, in Optimalmengen stets Ecken vorkommen. Die Komplikation anderer Probleme (ohne Ecken) kann man durch geringfügige Modifikation dieser Probleme und durch Schaffung künstlicher Ecken so gestalten, dass diese Voraussetzung immer erfüllt ist und dass man die wesentlichen Lösungsinformationen auch unter dieser Modifikation noch erhält. Dies erlaubt, dass man sich auf die Untersuchung der Eckenmenge zurückzieht. Ziel ist es dann, in der Eckenmenge möglichst schnell zu der besten Ecke oder zu einer Abbruchecke (das ist eine Ecke, bei der die Abbruchsberechtigung offenbar wird) vorzudringen. Dies geschieht im Simplexverfahren regelmäßig durch Eckenaustauschschritte. Dabei wird jeweils eine Ecke durch eine benachbarte Ecke ersetzt. Nachbarschaft drückt sich geometrisch so aus, dass zwischen beiden Ecken eine Kante des Zulässigkeitspolyeders verläuft. Arithmetisch lässt sich dies durch geeignete Basiswechsel realisieren. Sei dies der Wechsel von einer Zeilenauswahlmenge von sogenannten straffen Restriktionen zu einer anderen in einer Matrix A durch Austausch einer Zeile in Problemstellungen mit $X = \{x \mid Ax \leq b\}$. Oder sei dies spiegelbildlich die analoge Behandlung von Spalten einer Basis des Spaltenraumes von A und Spaltenaustauschen bei Problemen mit $X = \{x \mid Ax = b, x \geq 0\}$. Wir werden für jede der beiden Beschreibungsarten spezifisch angepasste Berechnungsalgorithmen angeben und (für die Handrechnung geeignete) Rechenschemata entwickeln.

6.1 Restriktionsorientierter Simplex-Algorithmus

In diesem Abschnitt wollen wir uns mit einer Lösungsmethode für das kanonische Problem

$$\max c^T x \text{ unter } Ax \leq b$$

befassen. Diese Methode (restriktionsorientierter Simplexalgorithmus oder oft dualer Simplexalgorithmus genannt) benutzt Eckenaustauschschritte im zugelassenen und untersuchten Polyeder, bis die angestrebte Ecke oder die Abbruchoption erreicht sind. Dabei kommt es der Arithmetik zugute, dass nach Ergebnissen aus der Polyedertheorie nur solche Punkte Ecken sein können, bei denen n (dies ist die Dimension des jeweiligen Raumes) Restriktionen straff sind, wobei die Matrix aus diesen n Restriktionsvektoren vollen Rang besitzen muss.

Der erste Abschnitt befasst sich dann mit der Frage, wie man von einer bereits vorliegenden Ecke über Eckenaustauschschritte zur Optimalecke oder zu einer Ecke, die das Abbrechen erlaubt, gelangt. Neben dieser geometrischen Sicht der Dinge kann dieser Prozess arithmetisch in einem Tableauverfahren berechnet werden. Insbesondere steht dabei zur Debatte, welche Möglichkeiten man zur Ausführung der einzelnen Eckenaustauschschritte hat und wie die Endlichkeit des Prozesses sichergestellt werden kann.

Im zweiten Abschnitt wird dann erläutert, wie man überhaupt die Prozedur in Gang bringen kann, das heißt was zu tun ist, um zu einer Ausgangsecke des Problems zu gelangen. Dies gelingt, indem man zunächst tableaumäßig ein verwandtes, aber leicht modifiziertes Startproblem bearbeitet. Im Erfolgsfall gelangt man dadurch zu einer Ecke des Originalproblems, im Misserfolgsfall erweist sich dabei, dass es gar keine zulässigen Punkte im Originalproblem gibt.

Verbesserungsalgorithmus und Tableaumethode

Wir beschäftigen uns hier mit der Problemart

$$\max c^T x \quad \text{unter} \quad Ax \le b, \ A \in \mathbb{R}^{(m,n)}, b \in \mathbb{R}^m, c \in \mathbb{R}^n, m \ge n$$

Dies soll mit dem restriktionsorientierten Verfahren gelöst werden. Zum Einstieg wollen wir unterstellen, dass bereits eine Ecke $\overline{x}$ von $\{x \mid Ax \le 0\} = P(A, b)$ bekannt ist. Damit kennen wir auch die Indexmenge I zu den bei $\overline{x}$ straffen Restriktionen. Und bekannt sei außerdem eine Teilauswahl $\Delta \subset I$ mit $\#(\Delta) = n$, so dass A_Δ eine $(n \times n)$-Matrix vom Rang n ist. Wegen Lemma 6.1 garantiert dies die Eckeneigenschaft.

Lemma 6.1

$\overline{x}$ *sei ein Punkt von* $P(A, b)$. $A_{I(\overline{x})}$ *sei die Teilmatrix zu den bei* $\overline{x}$ *straffen Restriktionen, wobei* $I(\overline{x}) \subset \{1, \ldots, m\}$ *ist.* $A_{I(\overline{x})}$ *hat Rang* n *genau dann, wenn* $\overline{x}$ *eine Ecke ist.*

A_Δ setzt sich zusammen aus den Zeilenvektoren $a_{\Delta^1}^T, \ldots, a_{\Delta^n}^T$, die zusammen eine Basis von $\mathbb{R}^n$ bilden. Dabei ist $\Delta = \{\Delta^1, \ldots, \Delta^n\} \subset \{1, \ldots, m\}$ und $\Delta^i \ne \Delta^j$ für alle $i \ne j$.

A_Δ ist regulär, folglich existiert A_Δ^{-1}. Wir bezeichnen nun $(A_\Delta^{-1})^T a_i = \begin{pmatrix} \alpha_i{}^1 \\ \vdots \\ \alpha_i{}^n \end{pmatrix}$ als den Darstellungsvektor für a_i durch die Basis $a_{\Delta^1}, \ldots, a_{\Delta^n}$. Damit ist gemeint, dass

$$a_i = \sum_{j=1}^{n} \alpha_i^j a_{\Delta^j}.$$

Entsprechend lässt sich c darstellen als

$$c = \sum_{j-1}^{n} \xi^j a_{\Delta^j} \text{ und hier ist } \begin{pmatrix} \xi^1 \\ \vdots \\ \xi^n \end{pmatrix} = (A_\Delta^{-1})^T c$$

der entsprechende Darstellungsvektor. Der Punkt $\overline{x}$ besitzt die Eigenschaft, dass $a_i^T \overline{x} = b^i$ für alle $i \in I = I(\overline{x})$ (das sind die Indizes zu den straffen Restriktionen bei $\overline{x}$) gilt. Da $\Delta \subset I$, gilt dann ebenso $a_i^T \overline{x} = b^i \quad \forall i \in \Delta$. Dies impliziert aber $\overline{x} = A_\Delta^{-1} b_\Delta$. Entscheidend für die Zulässigkeit eines Punktes x sind die Werte der Skalarprodukte $a_i^T \overline{x} \quad (i = 1, \dots, m)$. Hier wird von einer Ecke $\overline{x}$ verlangt, dass $a_i^T \overline{x} = b^i \quad \forall i \in I$ und $a_i^T \overline{x} < b^i \quad \forall i \notin I$. Interpretiert man β^i als den „Schlupf" der i-ten Restriktion bei $\overline{x}$, dann gilt $a_i^T \overline{x} + \beta^i = b^i \quad \forall i = 1, \dots, n$. Und in Gesamtheit hat man $\beta = b - A\overline{x}$. Für den Zielfunktionswert bei $\overline{x}$ hat man damit

$$c^T \overline{x} = \sum_{j=1}^{n} \xi^j a_{\Delta^j}^T \overline{x} = \sum_{j=1}^{n} \overline{\xi}^j b^{\Delta^j} = c^T A_\Delta^{-1} b_\Delta.$$

Wir haben also alle aktuellen Größen mit Hilfe der Ausgangsdaten, der erreichten Ecke $\overline{x}$, der Basis $a_{\Delta^1}, \dots, a_{\Delta^n}$ und der Matrix A_Δ^{-1} darstellen können.

Das nächste Lemma zeigt, welche Rolle die von $\overline{x}$ ausgehenden Kanten bzw. freien Richtungen spielen.

Lemma 6.2

$\overline{x}$ *sei eine Ecke von* $X = P(A, b)$, $I := I(\overline{x})$ *die zugehörige Indexmenge der straffen Restriktionen,* $\Delta \subset I$ *eine zu* $\overline{x}$ *gehörige Basisindexmenge. Dann gilt:*

1. $X = P(A, b) \subset \overline{x} + \text{cone}(A_\Delta^{-1}(-e_1), \dots, A_\Delta^{-1}(-e_n)) =: \overline{x} + \text{cone}(z_1, \dots, z_n).$

2. $z_i = A_\Delta^{-1}(-e_i)$, $i = 1, \dots, n$ *sind die extremalen freien Richtungen von* $\text{rec}(A_\Delta) = \{z \mid A_\Delta z \leq 0\}.$

3. *Zu* $i \in \{1, \dots, n\}$ *gibt es ein* $\delta_i \in [0, \infty]$, *so dass* $\overline{x} + \rho z_i \in X$ *für* $\rho \in [0, \delta_i]$, *sowie* $\overline{x} + \rho z_i \notin X$ *für alle* $\rho > \delta_i$. *Dabei ist*
   $\delta_i = \infty$, *falls für alle* $j \in I$ *gilt* $z_i^T a_j \leq 0$,
   $\delta_i > 0$, *falls* $I = \Delta$ *und*
   $\delta_i = 0$, *falls für ein* $j \in I \setminus \Delta$ *gilt* $z_i^T a_j > 0.$

Bei Bewegung in Richtung eines z_i können bisher lockere Restriktionen straff werden.

Satz 6.3

$\overline{x}$ *sei eine Ecke,* $I(\overline{x})$ *die Indexmenge der straffen Restriktionen,* $\Delta \subset I(\overline{x})$ *Indexmenge zu einer Basis.* $z_1, \dots, z_n$ *seien die extremalen freien Richtungen zu* $\text{rec}(A_\Delta)$. *Ist für ein* $\delta_i \in [0, \infty)$ *(wie in Lemma 6.2)* $[\overline{x}, \overline{x} + \delta_i z_i] = X \cap \{\overline{x} + \rho z_i \mid \rho \geq 0\}$, *dann gilt:*

1.   Es gibt ein $\bar{j} \in \{1, \ldots, m\} \setminus \Delta$, so dass $a_{\bar{j}}^T(\overline{x} + \delta_i z_i) = b^{\bar{j}}$ und $a_{\bar{j}}^T z_i > 0$.

2.   Der Austausch von i gegen $\bar{j}$ in Δ führt zu einem linear unabhängigen System
      $a_1, \ldots, a_{i-1}, a_{\bar{j}}, a_{i+1}, \ldots, a_n$.

3. $\tilde{x} = \overline{x} + \delta_i z_i$ ist eine Ecke von X. Ist $\delta_i > 0$, dann ist $\overline{x} \neq \tilde{x}$.

Bemerkungen

1.   Auf jeder „Kante" ausgehend von $\overline{x}$ in Richtung z_i gibt es drei Möglichkeiten für die Wahl
      von δ_i :

      i) $\delta_i = 0$, das heißt $\tilde{x} = \overline{x}$, man bleibt in der alten Ecke.

      ii) $0 < \delta_i < \infty$, das heißt $\tilde{x} \neq \overline{x}$, die neue Ecke ist von der alten verschieden und $[\overline{x}, \tilde{x}]$
            ist eine Kante von X.

      iii) $\delta_i = \infty$, das hëist $\overline{x} + \rho z_i \in X$ für alle $\rho \geq 0$, wir befinden uns also auf einer
            unbeschränkten Kante von X.

2.   Für eine Bewegung in Kantenrichtung z_i ergibt sich folgende Änderung des Zielfunkti-
      onswertes

$$c^T z_i = c^T(A_\Delta^{-1}(-e_i)) = (-e_i)^T A_\Delta^{-1^T} c = -e_i^T \xi = -\xi^i.$$

      Gilt nun

$$\begin{aligned} \xi^i > 0, && \text{dann ist } \tilde{x} \text{ schlechter als } \overline{x}, \\ \xi^i < 0, && \text{dann ist } \tilde{x} \text{ besser als } \overline{x}, \\ \xi^i = 0, && \text{dann sind die beiden Ecken gleich gut.} \end{aligned}$$

Satz 6.4
Sei $\overline{x}$ eine Ecke von X, Δ und I wie bisher. Dann gilt:

1.   *(a) Ist $c^T z_i \leq 0$ für alle $i \in \Delta$, dann ist $\overline{x}$ optimal.*
      (b) Ist $\xi = (A_\Delta^{-1})^T c \geq 0$, dann ist $\overline{x}$ optimal.

2.   *Gibt es ein z_i mit $Az_i \leq 0$ und $z_i^T c > 0$, dann existiert kein Optimalpunkt.*

3.   *Gilt $\infty > \delta_i > 0$ und $c^T z_i > 0$, dann liefert $\tilde{x} = \overline{x} + \delta_i z_i$ eine bessere Ecke als $\overline{x}$.*

Korollar 6.5 (notwendiges Optimalitätskriterium)
Falls bei $\overline{x}$ gilt: $\Delta = I(\overline{x})$, dann gilt sogar:
Falls $\overline{x}$ optimal ist, so ist $\xi = (A_\Delta^{-1})^T c \geq 0$ bzw. $c^T z_i \leq 0$ für alle z_i.

Damit haben wir ein Konzept, wie wir ausgehend von einer vorliegenden Ecke die Verbesserungsprozedur anpacken können.

Algorithmus 6.6 (Verbesserungsalgorithmus (restriktionsorientierter Simplexalgorithmus))
Vorgegeben sei die Ecke $\overline{x}$ und das zugehörige Δ sowie A_Δ^{-1}.
Verbesserungsschritt:

1. *Berechne $(A_\Delta^{-1})^T c = \xi$.*
   Ist $\xi \geq 0 \longrightarrow$ STOP.
   Gibt es ein $\xi^i < 0$, dann wähle ein solches $\overline{i}$ aus.

2. *Berechne $z_{\overline{i}} = A_\Delta^{-1}(-e_{\overline{i}})$ und $a_j^T z_{\overline{i}}$ für alle $j \notin \Delta$.*
   Ist $a_j^T z_{\overline{i}} \leq 0 \; \forall j \notin \Delta$, dann ist $c^T x$ auf X unbeschränkt $\longrightarrow$ STOP.

3. *Bestimme $\delta_{\overline{i}}$ und eine in $\overline{x} + \delta_{\overline{i}} z_{\overline{i}}$ stoppende Restriktion.*
   $a_j^T x \leq b^j$ mit $j \notin \Delta$, wobei $\delta_{\overline{i}} = \min\{\delta_{\overline{i}}^j \mid j \notin \Delta, \; a_j^T z_{\overline{i}} > 0\}$ mit $\delta_{\overline{i}}^j = \frac{b^j - a_j^T \overline{x}}{a_j^T z_{\overline{i}}} = \frac{\beta^j}{a_j^T z_{\overline{i}}}$,
   und $\delta_{\overline{i}} = \delta_{\overline{i}}^{\overline{j}}$.

4. *Ersetze $\overline{x}$ durch $\overline{x} + \delta_{\overline{i}} z_{\overline{i}} =: \tilde{x}$.*
   Ersetze Δ durch $\Delta \setminus \{\overline{i}\} \cup \{j\} =: \Delta_{neu}$.
   Ersetze $Q(\overline{x})$ durch $Q(\overline{x}) + \delta_{\overline{i}} c^T z_{\overline{i}} =: Q(\tilde{x})$.

5. *Berechne $A_{\Delta_{neu}}^{-1}$.*

6. *Gehe zu 1.*

Man muss sich auch für die Situation einrichten, dass in einer Ecke mehr als die n notwendigen Restriktionen straff sind.

Definition 6.7
Eine Ecke $\overline{x}$ von $P(A, b)$ heißt *entartet*, wenn $\#(I(\overline{x})) > n$.
Ein Problem bzw. ein Polyeder heißt *nichtentartet*, wenn für alle Ecken $\overline{x}$ gilt $\#(I(x)) = n$.

Satz 6.8
Für nichtentartete Probleme führt Algorithmus 6.6 zur Optimalecke oder zu der Erkenntnis, dass $c^T x$ keinen Optimalpunkt in X besitzt.

Begründung

In allen erfassten Ecken gilt $I = \Delta$, also ist $\delta_{\overline{i}} > 0$ in jedem Schritt, das heißt, dass in jedem

Schritt $c^T x$ verbessert wird. Da in jedem Schritt eine neue Ecke erreicht wird und die Anzahl der Ecken durch $\binom{m}{n}$ beschränkt ist, ist das Verfahren endlich.

Warnung

Liegen entartete Ecken vor, dann kann es zu Kreiseln in einer Ecke kommen. Man wechselt zwar den Kegel $\mathrm{cone}(a_{\Delta^1}, \ldots, a_{\Delta^n})$, aber nicht die Ecke, und man bleibt mit dem neuen Kegel im Polarkegel $\mathrm{cone}\{a_i \mid i \in I\}$. Somit liegt die Gefahr einer unendlichen Laufzeit vor.

Man kann geeignete Maßnahmen treffen, um die Möglichkeit des Kreiselns auszuschließen und somit die Endlichkeit des Algorithmus theoretisch sicherzustellen.

Die Tableaumethode

Es geht nun darum, die verfügbaren Informationen richtig zu organisieren und abrufbar zu machen. Des weiteren versuchen wir, Schritt 5. des Verbesserungsalgorithmus (Berechnung von $A_{\Delta_{neu}}^{-1}$) zu vereinfachen.

Dazu müssen wir ermitteln, wie sich die Größen $\alpha_\ell^k, \xi^k, \beta^\ell$ und Q verändern, wenn wir den Austausch in der Basis von $(a_{\Delta^1}, \ldots, a_{\Delta^n})$ zu $(a_{\Delta^1}, \ldots, a_{\Delta^{i-1}}, a_j, a_{\Delta^{i+1}}, \ldots, a_n)$ vornehmen. Hierzu schreiben wir alle Daten in ein **Tableau**:

	$a_1 \ldots a_\ell \ldots a_h \ldots$	a_j	$\ldots a_r \ldots a_m$	$-e_1 \ldots -e_s \ldots$	$-e_n$	c
a_{Δ^1}	$\alpha_1^1 \quad \alpha_\ell^1 \quad \alpha_h^1$	α_j^1	$0 \qquad \alpha_m^1$			ξ^1
$\vdots$						
a_{Δ^k}	$\alpha_1^k \quad \alpha_\ell^k \quad \alpha_h^k$	α_j^k	$0 \qquad \alpha_m^k$	$\gamma_s^k := \alpha_{m+s}^k$		ξ^k
$\vdots$						
a_{Δ^i}	$\alpha_1^i \quad \alpha_\ell^i \quad \alpha_h^i$	α_j^i	$1 \qquad \alpha_m^i$			ξ^i
$\vdots$						
a_{Δ^n}	$\alpha_1^n \quad \alpha_\ell^n \quad \alpha_h^n$	α_j^n	$0 \qquad \alpha_m^n$			ξ^n
	$\beta^1 \quad \beta^\ell \quad \beta^h$	β^j	$\beta^r \qquad \beta^m$	$x^1 \qquad x^s$	x^n	$-Q$

Pivotspalte

Das folgende Tableau zeigt die darin verarbeiteten Matrizen:

	$a_1 \ldots \qquad \ldots a_m$	$-e_1 \ldots \qquad -e_n$	c
a_{Δ^1} $\vdots$ a_{Δ^n}	$\left(A A_\Delta^{-1}\right)^T$	$-\left(A_\Delta^{-1}\right)^T$	$\left(A_\Delta^{-1}\right)^T c$
	$\left(b - A A_\Delta^{-1} b_\Delta\right)^T$	$x^T = \left(A_\Delta^{-1} b_\Delta\right)^T$	$-Q = -c^T A_\Delta^{-1} b_\Delta$

1. Alte Darstellung bei $\bar{x}$ unter Benutzung von $a_{\Delta^1}, \ldots, a_{\Delta^n}$:

$$a_\ell = \alpha_\ell^1 a_{\Delta^1} + \ldots + \alpha_\ell^i a_{\Delta^i} + \ldots + \alpha_\ell^n a_{\Delta^n} \text{ mit } \ell = 1, \ldots, m.$$

Spezialfall: $\Delta^i = r$, also $a_r = 0 \cdot a_{\Delta^1} + \ldots + 1 \cdot a_{\Delta^i} + \ldots + 0 \cdot a_{\Delta^n} = a_{\Delta^i}$,

$$c = \xi^1 a_{\Delta^1} + \ldots + \xi^i a_{\Delta^i} + \ldots + \xi^n a_{\Delta^n},$$

$$\beta^\ell = b^\ell - a_\ell^T \bar{x} = b^\ell - \alpha_\ell^1 b^{\Delta^1} - \ldots - \alpha_\ell^i b^{\Delta^i} - \ldots - \alpha_\ell^n b^{\Delta^n},$$

$$-Q(\bar{x}) = 0 - c^T \bar{x} = 0 - (\xi^1 b^{\Delta^1} + \ldots + \xi^i b^{\Delta^i} + \ldots + \xi^n b^{\Delta^n}).$$

Es gilt $\beta^{m+s} = \bar{x}^s = $ (Schlupf von $-e_s^T x \leq 0$) und $-Q$ kann man ansehen als den Schlupf einer fiktiven Ungleichung $c^T x \leq 0$.

2. In der Basis wird nun a_{Δ^i} durch a_j ersetzt, wobei gelten muss: $\alpha_j^i \neq 0$. Dies ist wegen der linearen Unabhängigkeit von a_j zu den Basiselementen ohne a_{Δ^i} garantiert. Die neue Darstellung bei dem neuen Punkt $\tilde{x}$ erhält man aus der Kenntnis:
$a_j = \alpha_j^1 a_{\Delta^1} + \ldots + \alpha_j^i a_{\Delta^i} + \ldots + \alpha_j^n a_{\Delta^n}$, daraus folgt

$$a_{\Delta^i} = -\frac{\alpha_j^1}{\alpha_j^i} a_{\Delta^1} \quad \ldots \quad \frac{\alpha_j^{\ell-1}}{\alpha_j^i} a_{\Delta^{i-1}} + \frac{1}{\alpha_j^i} a_j - \frac{\alpha_j^{i+1}}{\alpha_j} a_{\Delta^{i+1}} - \frac{\alpha_j^n}{\alpha_j^i} a_{\Delta^n}.$$

Für ℓ, $\ell \neq j$ gilt jeweils

$$a_\ell = [\alpha_\ell^1 - \frac{\alpha_\ell^i \alpha_j^1}{\alpha_j^i}] a_{\Delta^1} + \cdots + [\alpha_\ell^{i-1} - \frac{\alpha_j^i \alpha_\ell^{i-1}}{\alpha_j^i}] a_\Delta^{i-1} + \frac{\alpha_\ell^i}{\alpha_j^i} a_j +$$

$$+ [\alpha_\ell^{i+1} - \frac{\alpha_\ell^i \alpha_j^{i+1}}{\alpha_j^i}] a_\Delta^{i+1} + \cdots + [\alpha_\ell^n - \frac{\alpha_\ell^i \alpha_j^n}{\alpha_j^i}] a_\Delta^n$$

Man beachte, dass in der neuen Basis dann $a_j = a_{\Delta^i}$ ist. Und bei $\ell = j$ hat man selbstverständlich $a_j = 0 a_\Delta^1 + \cdots + 0 a_\Delta^{i-1} + 1 a_j + 0 a_\Delta^{i+1} \cdots + 0 a_\Delta^{i+1}$ Entsprechend sind dann die Spalten zu $-e_1, \ldots, -e_s, \ldots, -e_n$ zu besetzen.

Für c ergibt sich:

$$c = [\xi^1 - \xi^i \frac{\alpha_j^1}{\alpha_j^i}] a_\Delta^1 + \cdots + [\xi^{i-1} - \xi^i \frac{\alpha_j^{i-1}}{\alpha_j^i}] a_\Delta^{i-1} + \frac{\xi^i}{\alpha_j^i} a_j +$$

$$[\xi^{i+1} - \xi^i \frac{\alpha_j^{i+1}}{\alpha_j^i}] a_\Delta^{i+1} + \cdots + [\xi^n - \xi^i \frac{\alpha_j^n}{\alpha_j^i}] a_\Delta^n.$$

Für β ergibt sich bei $\tilde{x}$:

$$\beta^\ell = b^\ell - \alpha_\ell^1 b^{\Delta^1} - \dots - \alpha_\ell^{i-1} b^{\Delta^{i-1}} - \alpha_\ell^{i+1} b^{\Delta^{i+1}} - \dots - \alpha_\ell^n b^{\Delta^n} +$$

$$- \alpha_\ell^i [-\frac{\alpha_j^1}{\alpha_j^i} b^{\Delta^1} - \dots + \frac{1}{\alpha_j^i} b^j - \dots - \frac{\alpha_j^n}{\alpha_j^i} b^{\Delta^n}].$$

Für $Q = Q(\tilde{x})$ erhält man:

$$-Q = -\xi^1 b^{\Delta^1} - \dots - \xi^{i-1} b^{\Delta^{i-1}} - \xi^{i+1} b^{\Delta^{i+1}} - \dots - \xi^n b^{\Delta^n}$$

$$- \xi^i [-\frac{\alpha_j^1}{\alpha_j^i} b^{\Delta^1} - \dots + \frac{1}{\alpha_j^i} b^j - \dots - \frac{\alpha_j^n}{\alpha_j^i} b^{\Delta^n}].$$

Durch die alten Koeffizienten ausgedrückt heißt dies:

$$\beta_{neu}^\ell = \beta_{alt}^\ell - \frac{\alpha_\ell^i}{\alpha_j^i} \beta_{alt}^j,$$

$$\beta_{neu}^r = \beta_{alt}^r - \frac{\alpha_r^i \beta_{alt}^j}{\alpha_j^i} = -\frac{\beta_{alt}^j}{\alpha_j^i}, \text{ weil } \beta_{alt}^r = \beta_{alt}^{\Delta^i} = 0 \text{ und } \alpha_r^i = \alpha_{\Delta^i}^i = 1,$$

$$-Q_{neu} = -Q_{alt} - \frac{\xi^i \beta_{alt}^j}{\alpha_j^i}.$$

Mit diesen Umformungen ergibt sich ein neues Tableau aus dem Austausch a_r gegen a_j. Man bezeichnet dies als einen Pivotschritt um das Element (i, j).

	a_1	a_ℓ	a_j	a_r a_m	$-e_1$	$-e_s$	$-e_n$	c
a_{Δ^1}	$\vdots$	$\vdots$	$\vdots$		$\vdots$			$\vdots$
a_{Δ^k}	$\cdots \alpha_\ell^k - \frac{\alpha_\ell^i \alpha_j^k}{\alpha_j^i} \cdots$		$0 \cdots$	$-\frac{\alpha_j^k}{\alpha_j^i} \cdots$	$\cdots \gamma_s^k - \frac{\gamma_s^i \alpha_j^k}{\alpha_j^i} \cdots$			$\xi^k - \xi^i \frac{\alpha_j^k}{\alpha_j^i}$
	$\vdots$	$\vdots$	$\vdots$		$\vdots$			$\vdots$
a_j	$\cdots$	$\frac{\alpha_\ell^i}{\alpha_j^i}$	$\cdots 1 \cdots$	$\frac{1}{\alpha_j^i} \cdots$	$\cdots$	$\frac{\gamma_s^i}{\alpha_j^i}$	$\cdots$	$\frac{\xi^i}{\alpha_j^i}$
			$\vdots$			$\vdots$		
a_{Δ^n}	$\vdots$		0	$\vdots$		$\vdots$		$\vdots$
	$\beta^\ell - \frac{\alpha_\ell^i \beta^j}{\alpha_j^i}$		0	$-\frac{\beta^j}{\alpha_j^i}$	$x^s - \frac{\gamma_s^i \beta^j}{\alpha_j^i}$			$-Q - \frac{\xi^i \beta^j}{\alpha_j^i}$

Man mache sich klar, dass man hier die Eliminationsmethode des Gauß-Algorithmus angewendet hat. Nachdem das Element α_j^i (in der i-ten Zeile und j-ten Spalte) als Pivotelement festgelegt war, hat man die i-te Zeile insgesamt durch α_j^i dividiert. Danach hat man ein Vielfaches dieser i-ten Zeile so von den jeweiligen anderen Zeilen subtrahiert, dass in der Pivotspalte über und unter der Position (i, j) nur Nullen stehen.

Betrachtung des Verbesserungsalgorithmus

In $\bar{x}$ sind alle $\beta^\ell = 0$ bei straffen Restriktionen, bei lockeren ist $\beta^\ell > 0$, das heißt $\beta^\ell = 0$ für alle $\ell \in \Delta$. Ist $\xi \geq 0$, dann bilden die straffen Restriktionen die Basis für die Optimalecke, der Algorithmus ist fertig. Wenn dies nicht so ist, findet man ein $\xi^i < 0$, das heißt, dass auf $z_i\ c^T x$ verbessert werden kann. Eine solche Bewegung wirkt auf $a_i^T x \leq b^i$:

$$a_j^T z_i = a_j^T A_\Delta^{-1}(-e_i) = [A_\Delta^{-1}{}^T a_j]^T(-e_i) = (\alpha_j^1, \ldots, \alpha_j^n)(-e_i) = -\alpha_j^i.$$

Ist also $\alpha_j^i \geq 0$ für alle $j \notin \Delta$ und $\xi^i < 0$, dann ist $c^T x$ nach oben unbeschränkt. Falls ein $\alpha_j^i < 0$ existiert, bestimmt man $\delta_i = \text{Min}_{j \notin \Delta} \delta_i^j$ unter $\alpha_j^i < 0$, (also $a_j^T z_i > 0$) mit $\delta_i^j = \frac{\beta^j}{-\alpha_j^i}$, das heißt $\delta_i = \min\{\frac{\beta^j}{-\alpha_j^i} \mid \alpha_j^i < 0, j \notin \Delta\}$. Somit bleiben alle $\beta \geq 0$.

Varianten des Simplexalgorithmus (Beispiele)

Regeln für die Auswahl von $\xi^i < 0$ unter mehreren möglichen:

1a) Wähle die oberste Zeile.

1b) Wähle die unterste Zeile.

2a) Wähle i mit dem kleinsten Originalindex Δ^i (Variante von Bland 1).

2b) Wähle i mit dem größten Originalindex Δ^i (Variante von Bland 2).

3) Wähle i so, dass bei $\xi^k < 0$, $\xi^i < 0$ gilt: $|\xi^i| > |\xi^k|$ (denn $Q_{neu} - Q_{alt} + \frac{\xi^i \beta^j}{\alpha_j^i}$, das heißt, dass die Verbesserung von ξ abhängt) (Variante von Dantzig).

4) Wähle i so, dass $\frac{\xi^i \beta^j}{\alpha_j^i}$ maximal wird (Variante der größten Verbesserung).

5) Wähle i so, dass $\frac{|\xi^i|}{\|z_i\|}$ maximal wird (Variante des steilsten Anstiegs).

6) Wähle $\bar{i}$ zufällig aus.

Ebenso brauchen wir eine Festlegung für die Entscheidung in Schritt 3. des Algorithmus 6.6 bei Mehrdeutigkeit (Quotientenminimum an mehreren Stellen).
Hier stehen beispielsweise folgende Regeln zur Verfügung:

1a) Erster Eintrag von links (passt zu Bland 1)

1b) Erster Eintrag von rechts (passt zu Bland 2)

2) Zufällige Wahl

Bemerkung

z_i kann aus der zweiten Tableauhälfte abgelesen werden, denn in der i-ten Zeile steht

$$(-e_i)^T \left(A_\Delta^{-1}\right)^T = A_\Delta^{-1}(-e_i) = z_i.$$

Direkt starten kann man, wenn schon ein Tableau vollständig vorliegt, dann rechne man einfach weiter. Ebenso kann man ohne Mühe ein Anfangstableau besetzen, wenn der folgende Spezialfall vorliegt.

$$\max \ c^T x$$

$$\text{unter } Ax \leq b, \ x \geq 0, \ \text{mit } b \geq 0.$$

Dann ist $x = 0$ auf jeden Fall Ecke.

Wir können dann unser Anfangstableau direkt aufstellen. In diesem Fall nehmen wir neben $a_1, \ldots, a_m$ die Restriktionen $-e_1^T x \leq 0, \ldots, -e_n^T x \leq 0$ als feste Restriktionen auf.

Bemerkung

$x = 0$ ist zulässig und sogar eine Ecke von X, da Rang $A_{I(0)} = n$. Da die Basis zu $x = 0$ aus den Vektoren $-e_1, \ldots, -e_n$ besteht, können wir leicht eine Darstellung für die restlichen Zeilen von A bzw. für c finden.

Vorgehensweise

Darstellung der a_j durch die Vektoren $-e_i, \ i = 1, \ldots, n,$
$\Delta^1 = m + 1, \ldots, \Delta^n = m + n.$

Ergebnis

$$\alpha_\ell^k = -a_{\ell k} \ \forall \ell, k$$

$$\xi^k = -c^k$$

$$\overline{x}^\ell = 0 \ \Rightarrow \ \beta^\ell = b^\ell \ \text{für } \ell = 1, \ldots, m$$

$$\beta^\ell = 0 \ \text{für } \ell = m + 1, \ldots, m + n$$

$$Q = Q(\overline{x}) = c^T \overline{x} = 0$$

Da schon $-e_i$-Zeilen in der Matrix bzw. $-e_i$-Spalten im Tableau als echte Restriktionen vorhanden sind, können wir auf den statistischen Zusatzteil verzichten.

Anfangstableau für Spezialfall 1

	a_1	a_ℓ	a_m	$-e_1$		$-e_n$	
$-e_1 = a_{\Delta^1}$				1		0	$-c^1$
$-e_k = a_{\Delta^k}$		$-a_\ell^k$			$\ddots$		
$-e^n = a_{\Delta^n}$				0		1	$-c^n$
	b^1	b^ℓ	b^m	0	$\cdots$	0	0

Der e_i-Teil ist bei dieser Problemstellung voll integriert und relevant für die Pivotspaltenauswahl.

Endlichkeit des Verfahrens

Wir hatten schon geklärt, dass das Simplexverfahren (und natürlich auch die beschriebene Tableaumethode) nach endlich vielen Schritten mit dem richtigen Ergebnis abbricht, wenn an jeder Ecke $\overline{x}$ gilt $\Delta = I(\overline{x})$. Das heißt, es gibt keine straffen Restriktionen bei x, außer denen mit Index in Δ (derzeitige Basisrestriktionen).

Treten nun aber entartete Ecken auf, dann kann dies zu folgenden Nachteilen führen.

1. An der Optimalecke $\overline{x}$ gehört c zwar zu $\mathrm{cone}(a_i \mid i \in I)$, jedoch nicht zu $\mathrm{cone}(a_i \mid i \in \Delta)$, wobei $\Delta \subset I$ die derzeitig berechnete/verwendete Basis ist. Das bedeutet: Wir erkennen an der ξ-Spalte die Optimalität von $\overline{x}$ (noch) nicht.

2. An einer Zwischendurchecke auf dem Simplexpfad (den wir von der Startecke zur Zielecke durchschreiten) können Pivotschritte bei Basiswechsel von Δ zu Δ' zu einem Verbleib in der selben Ecke führen (wenn also $\Delta \subset I$ und $\Delta' \subset I$ gilt). Das kann sogar bis zum Kreiseln führen, denn die gleiche Basis und das gleiche Tableau werden immer wieder produziert.

Man ist deshalb an Varianten interessiert, die das Kreiseln definitiv ausschließen und immer neue Basen (nicht unbedingt neue Ecken) produzieren. Eine solche Variante ist die oben erwähnte Variante von Bland (Bland 1 oder Bland 2)

Satz 6.9
Benutzt man in entarteten Ecken die Variante von Bland, dann können keine Zyklen von Basen entstehen, und das Simplexverfahren bricht nach endlich vielen Schritten ab.

Man kann natürlich diese Variante auch durchgängig einsetzen (nicht nur bei entarteten Ecken), wird aber in der Regel dann mehr Pivotschritte als nötig ausführen müssen. Effizienter als dies ist aber, Blands Variante nur einzusetzen, wenn ein Pivotschritt keinen Eckenwechsel verursacht. In den folgenden Aufgaben ist jeweils die angegebene auszuführende Variante zu verwenden. Die Lösungen zeigen dann die produzierte Tableaufolge.

Startprozedur, Eckensuche und Zweiphasenmethode

Bei dem Versuch, das Problem

$$\max \quad c^T x \quad \text{unter} \quad Ax \leq b$$

zu lösen, müssen wir zunächst damit rechnen, dass uns kein zulässiger Punkt und schon gar keine Ecke von $P = X = \{x \mid Ax \leq b\}$ vorliegt (ja sogar, dass dieses P gar keine Ecke hat). Deshalb müssen wir etappenweise vorgehen und

0) Ein Hilfsproblem generieren, zu dem ein zulässiger Punkt bekannt ist.

1) Für das Hilfsproblem-Polyeder eine Ecke finden.

2) Ausgehend von der Ecke des Hilfsproblem-Polyeders die Optimalecke des Hilfsproblems suchen.

3)   Anhand der Optimalecke des Hilfspolyeders beobachten, ob das Originalproblem überhaupt zulässige Punkte bzw. Ecken eines Polyeders hat.
      Wenn Nein, kann abgebrochen werden,
      wenn Ja, dann können wir eine Startecke für das Originalproblem ermitteln.

4)   Ausgehend von der Startecke des Originalproblems wird nun ein Simplexpfad zur Optimalecke oder Abbruchecke des Originalproblems erzeugt.

Hierbei fasst man die Schritte 1) und 2) zur sogenannten Phase I zusammen; (Schritt 1) entspricht Phase Ia, Schritt 2) entspricht Phase Ib). Schritt 3) ist der Wechsel von Phase I zu Phase II. Die Phase II wird durch Schritt 4) ausgeführt.

Definition 6.10 (Phase-I-Problem)

$$\min \ \eta$$
$$\text{unter } a_1^T x - \eta \le b^1$$
$$\vdots \qquad\qquad (PI)$$
$$a_m^T x - \eta \le b^m$$
$$-\eta \le 0, \ x \in K^n, \ \eta \in K.$$

Satz 6.11

(PI) *hat zwei mögliche Ausgänge:*

1.   *Der Optimalwert von η ist positiv, dann ist $X = \emptyset$.*

2.   *Der Optimalwert von η ist 0, dann gilt $X \neq \emptyset$.*

Begründung

Wegen $\eta \ge 0$ ist der Optimalwert nach unten durch 0 beschränkt.
(PI) ist ein zulässiges Problem. Wähle dazu ein beliebiges x und setze
$\eta = \max_{i=1,\dots,m}\{0, a_i^T x - b^i\}$, also gilt $a_i^T x - \max_{i=1,\dots,m}\{0, \ a_i^T x - b^i\} \le b^i$.

1.   Gilt für alle zulässigen $\begin{pmatrix} x \\ \eta \end{pmatrix}$, dass $\eta > 0$, dann folgt: Es gibt kein x mit $Ax - 0 \le b$, also ist $Ax \le b$ unlösbar.

2.   Ist im Optimum $\eta = 0$, dann erfüllt $\begin{pmatrix} \overline{x} \\ 0 \end{pmatrix}$ tatsächlich $A\overline{x} - 0 \le b$, also ist $\overline{x}$ dann zulässig.

Der Vorteil von (PI) ist: Wir kennen dafür einen zulässigen Punkt und können die Bearbeitung dieses Problems mühelos starten.

Nun können wir versuchsweise ein Tableau zu $\begin{pmatrix} x \\ \eta \end{pmatrix} = \begin{pmatrix} 0 \\ 0 \end{pmatrix}$, erstellen, bei dem n flexible Hilfs-restriktionen $-x^i = -e_i^T x \leq 0$ (induziert durch Einheitsvektoren) straff sind. Außerdem ist ja auch noch die Restriktion $\eta \geq 0$ bzw. $-e_{n+1}^T x \leq 0$ straff, so dass uns eine komplette Basis aus $n + 1$ Vektoren zur Verfügung steht. Die Restriktion $-e_{n+1}^T x$ kann auch interpretiert werden als $a_{m+1}^T x \leq b^{m+1}$ mit $b^{m+1} = 0$. Und der Vektor c_η (Zielfunktionsvektor für Phase I) stimmt ebenfalls mit $-e_{n+1}$ überein. Dies ergibt:

	$\tilde{a}_1$	$\tilde{a}_j$	$\tilde{a}_\ell$	$\tilde{a}_m$	$-e_{n+1}$	$-e_1$		$-e_n$	c	c_η
$-e_1$						1		0		0
$\vdots$	$\vdots$	$\vdots$	$\vdots$	$\vdots$	$\vdots$					$\vdots$
$-e_k$	$-a_1$	$-a_j$	$-a_\ell$	$-a_m$	0		$\ddots$		$-c$	0
$\vdots$	$\vdots$	$\vdots$	$\vdots$	$\vdots$	$\vdots$					$\vdots$
$-e_n$						0		1		0
$-e_{n+1}$	1	1	1	1	1	0		0	0	1
	b^1	b^j	b^ℓ	b^m	0	0		0	$-Q_c = 0$	$-Q_{-\eta} = 0$

flexibel orientierte
Hilfsrestriktionen

Dabei haben wir gesetzt: $\tilde{a}_i := \begin{pmatrix} a_i \\ -1 \end{pmatrix}$ für $i = 1, \ldots, m$. Damit haben wir $m + 1$ echte Restriktionsvektoren für unser Problem (PI).

Leider entspricht dieses Tableau noch nicht unseren Ansprüchen an ein zulässiges Simplextableau, weil durchaus einige Werte $b^i < 0$ sein können. Diese Schwäche kann aber leicht (mit einem Pivotschritt/Basisaustausch) ausgemerzt werden, wenn wir folgende Erkenntnis ausnutzen.

Lemma 6.12

Wenn wir definieren $b^{\min} := \min\{b^1, \ldots, b^m, 0 = b^{m+1}\}$, dann ist $\begin{pmatrix} 0 \\ \overline{\eta} \end{pmatrix}$ mit $0 \in K^n$ und $\overline{\eta} = |b^{\min}|$ zulässig für (PI).

Zum Hilfsproblem (PI) können wir nun durch einen Pivotschritt zu einem zulässigen Punkt und dessen Tableau gelangen. Dazu setzen wir $w = \begin{pmatrix} 0 \\ |b^{\min}| \end{pmatrix}$ mit $b^{\min} = \min\{0, b^1, \ldots, b^m\}$. Bei w sind folgende Restriktionen straff:

$$-(e_1^T) \begin{pmatrix} x \\ \eta \end{pmatrix} \leq 0, \ldots, -(e_n^T) \begin{pmatrix} x \\ \eta \end{pmatrix} \leq 0 \text{ und } a_j^T x - \eta \leq b^j, \text{ falls } b^j = b^{\min}. \text{ Man beachte}$$

wiederum, dass hier $a_{m+1} = 0$ und $b^{m+1} = 0$.

Die dabei verwendeten Restriktionsvektoren definieren eine Basis für K^{n+1} :

$$-(e_1), \ldots, -(e_n), \begin{pmatrix} a_i \\ -1 \end{pmatrix}.$$

Durch Entfernen von $-e_{n+1}$ bzw. von $\tilde{a}_{m+1}$ aus der Basis und durch Aufnahme von $\tilde{a}_j = \begin{pmatrix} a_j \\ -1 \end{pmatrix}$ bei $b^j = b^{\min}$ erreichen wir das folgende zulässige Tableau mit einem Basisaustausch:

Zulässiges Starttableau für Phase I(a):

	$\tilde{a}_1$	$\tilde{a}_j$	$\tilde{a}_m$	$-e_{n+1}$	$-e_1$	$-e_n$		c	c_η
$f_1 = -e_1$		0			1	0			$\vdots$
	$\vdots$	$\vdots$	$\vdots$	$\vdots$					
$f_k = -e_k$	$-a_1 + a_j$	0	$-a_m + a_j$	a_j	$\ddots$			$-c$	a_j
	$\vdots$	$\vdots$	$\vdots$	$\vdots$					$\vdots$
$f_n = -e_n$					0	1			
$a_{\triangle^{n+1}} = \tilde{a}_j$	1	1	1	1	0	0		0	1
	$b^1 - b^{\min}$	0	$b^m - b^{\min}$	$-b^{\min}$	0	0		$-Q_c$	$-Q_{-\eta}$

flex. orientierte   =
Hilfsrestriktionen $-b^{\min}$

Hinweis

Im Falle $b^{\min} = 0$ ist nichts mehr zu tun. Hier belässt man $\tilde{a}_{m+1} = -e_{n+1}$ wie vorgesehen in der Basis.

Indem wir nun sukzessiv auch noch die Hilfsrestriktionen $-e_1^T x \leq 0, \ldots, -e_n^T x \leq 0$ in positver oder negativer Richtung lockern, also aus der Basis entfernen, lösen wir uns von dem Zwang, die Variablen $x^1, \ldots, x^n$ auf 0 zu setzen, denn die obigen Restriktionen müssen dann nicht mehr straff sein. Die Reihenfolge dieser Austausche kann beliebig sein (in konkreten Aufgabenstellungen beachte man aber die Vorgaben). Ein solcher flexibler Austausch der Hilfsrestriktion $-e_i^T x \leq 0$ gelingt auf jeden Fall, wenn in der Zeile i ein $\alpha_\ell^i \neq 0$ gefunden wird (dabei muss gelten $\ell \notin \Delta, \ell \leq m + 1$). Mit diesem Element α_ℓ^i bzw. mit der ℓ-ten Spalte und der i-ten Zeile führt man dann einen Pivotschritt aus.

Vorgehensweise

1. Tausche zuerst die Restriktion mit $\tilde{a}_{m+1} = -e_{n+1}$ (dieses ist problemlos möglich) und dann sukzessive die Vektoren $-e_1, \ldots, -e_n$, aus. Dies gelingt, wenn in der entsprechenden Zeile i ein $\alpha_\ell^i \neq 0$ gefunden wird ($\ell \notin \Delta, \ell \leq m + 1$).

2. Wenn der Austausch nicht möglich ist, dann wird das entsprechende $-e_i$ in der Basis

belassen. Die Zeile und das entsprechende $x^i = 0$ verändern sich nicht mehr.

3. Ist in dieser „Nullzeile" (das heißt $\alpha_\ell^i = 0 \ \forall \ell \notin \Delta, \ell \le m + 1$) ein Wert der Zielspalte zu c (vorletzte Spalte) $\xi^i \neq 0$, dann wird abgebrochen (wegen Unbeschränktheit im Originalproblem).

Die Maßnahme in 2. und 3. stellt eine Art Nothilfe für den Fall dar, dass das Originalpolyeder keine Ecke hat. In diesem Fall teilt man das Originalpolyeder durch Mitberücksichtigung von künstlichen Restriktionen $-e_i^T x$ derart, dass in allen Teilbereichen nun doch Ecken entstehen (flexible Hilfsrestriktionen). Die Abfrage in 3. bezweckt, die Auswirkung dieser Teilungen des Zulässigkeitsbereiches auf die Zielfunktionen zu erfassen.

Wenn man (siehe 3.) in der Nullzeile i einen Wert $\xi^i = 0$ beobachtet, dann impliziert dies, dass eine Bewegung in Richtung der Austauschkante z_i an der Zielfunktion nichts bewirkt, was dann aber auch für eine Bewegung in die Richtung $-z_i$ gilt. Nun führt aber die erste Bewegung in die Hälfte mit $-e_i^T x \le 0$ und die zweite Hälfte mit $-e_i^T x \ge 0$. Somit haben wir in beiden Hälften identische Zielfunktionswerte. Und es ist dann egal, welche Hälfte wir untersuchen, die Optimalwerte in beiden Hälften sind gleich.

Wenn man $\xi^i > 0$ oder $\xi^i < 0$ in der Nullzeile i beobachtet, dann bedeutet dies Unbeschränktheit von $c^T x$ in der einen oder anderen Teilungshälfte. Da die Teilung des Zulässigkeitsbereiches ja nur hilfsweise und fiktiv ist und nur dem Zweck der Eckenherstellung dient, wissen wir dann also, dass auf dem Zulässigkeitsbereich die Zielfunktion unbeschränkt wächst.

Ergebnis 1

Ankunft bei einer Ecke von (PI) oder $(\overline{PI})$, von der aus das Simplexverfahren gestartet wird.

Ergebnis 2

Ist $Q_{-\eta} = 0$, dann gehen wir zu einem Tableau für Phase II über. Ansonsten ist P unzulässig und es wird abgebrochen.

Übergang zur Phase II

*   Falls noch nicht geschehen, wird $\tilde{a}_{m+1} = -e_{n+1}$ durch einen Austausch mit $\tilde{a}_{\Delta^i}$, $\Delta^i \le m$, in die Basis gebracht (da dies eine in $\bar{x}$ straffe Restriktion ist). Dazu muss ein $\alpha_{m+1}^i \neq 0$ sein. Dies ist garantiert, sonst wäre $\tilde{a}_{m+1} = 0$.

*   Danach wird die Zeile zu $\tilde{a}_{m+1} = \tilde{a}_{\Delta^i}$ und die Spalte zu $\tilde{a}_{m+1}$ gestrichen. Die η-Zielfunktion fällt weg.

*   Die $\tilde{a}_\ell$ werden durch die a_ℓ, die $\tilde{a}_{\Delta^i}$ durch die a_{Δ^i} ersetzt. Es gilt:
    $\tilde{a}_\ell = \alpha_\ell^1 \tilde{a}_{\Delta^1} + \ldots + \alpha_\ell^n \tilde{a}_{\Delta^n} + \alpha_\ell^{n+1}(-e_{n+1}) \Rightarrow a_\ell = \alpha_\ell^1 a_{\Delta^1} + \ldots + \alpha_\ell^n a_{\Delta^n}$, das heißt die Koeffizienten bleiben gleich in allen Zeilen, die beibehalten werden.

*   Nun kann Phase II starten, das Tableau hat die gewohnte Form.

6.2 Aufgaben zum restriktionsorientierten Simplex-Algorithmus

Aufgabe 6.2.1

Lösen Sie folgendes (LP) mithilfe der Tableaumethode per Hand. Wenden Sie die Auswahlregel von Bland an. Phase I ist nicht notwendig. Warum?

$$
\begin{array}{rrrrrrrll}
\max & 3x^1 & + & x^2 & & & & + & 3x^4 & & \\
& 2x^1 & - & x^2 & + & x^3 & + & 5x^4 & \leq & 2 & (a_1) \\
& -x^1 & + & 3x^2 & + & x^3 & - & x^4 & \leq & 4 & (a_2) \\
& -4x^1 & + & x^2 & - & 2x^3 & + & 6x^4 & \leq & 3 & (a_3) \\
& 2x^1 & + & 2x^2 & - & x^3 & + & 3x^4 & \leq & 5 & (a_4) \\
& -x^1 & - & x^2 & + & x^3 & - & x^4 & \leq & 1 & (a_5) \\
& -2x^1 & + & 3x^2 & - & x^3 & + & x^4 & \leq & 2 & (a_6) \\
& & & & & x^1, & x^2, & x^3, x^4 & \geq & 0 & (a_7 - a_{10})
\end{array}
$$

Aufgabe 6.2.2

Lösen Sie folgendes (LP) mithilfe der Tableaumethode per Hand. Verwenden Sie dabei die Auswahlregel der größten Verbesserung. Bei Nicht-Eindeutigkeit der Zeilen- oder Spaltenauswahl entscheiden Sie sich für das obere bzw. linkere Element. Phase I ist nicht notwendig.

$$
\begin{array}{rrrrll}
\max & x^1 & + & x^2 & & \\
& x^1 & & & \leq & 4 \\
& & & x^2 & \leq & 6 \\
& \frac{1}{4}x^1 & - & x^2 & \leq & 0 \\
& \frac{1}{2}x^1 & + & x^2 & \leq & 7 \\
& x^1, & & x^2 & \geq & 0
\end{array}
$$

Aufgabe 6.2.3

Lösen Sie folgendes (LP) mithilfe des restriktionsorientierten Simplexalgorithmus. Verwenden Sie die Auswahlregel von Dantzig. Bei Nicht-Eindeutigkeit der Zeilen- oder Spaltenauswahl entscheiden Sie sich für das obere bzw. linkere Element.

$$
\begin{array}{rrrrrrrrll}
\max & 1x^1 & - & 1x^2 & - & 1x^3 & + & 1x^4 & & \\
& 3x^1 & - & 1x^2 & + & 0x^3 & + & 1x^4 & \leq & 3 & (a_1) \\
& 0x^1 & + & 1x^2 & + & 1x^3 & + & 0x^4 & \leq & 1 & (a_2) \\
& -1x^1 & - & 1x^2 & + & 0x^3 & + & 1x^4 & \leq & 0 & (a_3) \\
& 2x^1 & + & 0x^2 & - & 1x^3 & + & 0x^4 & \leq & 2 & (a_4) \\
& 0x^1 & + & 1x^2 & - & 4x^3 & + & 1x^4 & \leq & 4 & (a_5) \\
& 0x^1 & + & 0x^2 & + & 1x^3 & + & 1x^4 & \leq & 2 & (a_6) \\
& & & & x^1, & x^2, & x^3, x^4 & & \geq & 0
\end{array}
$$

Aufgabe 6.2.4

Lösen Sie folgendes (LP) mithilfe der Tableaumethode per Hand. Verwenden Sie die Auswahlregel von Dantzig. Bei Nicht-Eindeutigkeit der Zeilen- oder Spaltenauswahl entscheiden Sie sich für das obere bzw. linkere Element.

$$
\begin{array}{rcrcrcrcl}
\max & - & x^1 & + & 3x^2 & - & x^3 & & \\
& & x^1 & + & 3x^2 & - & 2x^3 & \leq & -2 \\
& & 5x^1 & - & x^2 & - & 2x^3 & \leq & 0 \\
& - & 2x^1 & & & + & x^3 & \leq & -1 \\
& - & x^1 & + & x^2 & & & \leq & -3
\end{array}
$$

Aufgabe 6.2.5

Lösen Sie folgendes (LP) mithilfe der Tableaumethode per Hand. Verwenden Sie die Auswahlregel von Dantzig. Bei Nicht-Eindeutigkeit der Zeilen- oder Spaltenauswahl entscheiden Sie sich für das obere bzw. linkere Element.

$$
\begin{array}{rcrcrcrcrcl}
\min & x^1 & - & x^2 & - & & & 2x^4 & & \\
& x^1 & + & 2x^2 & + & 3x^3 & + & x^4 & \leq & 6 \\
& & & x^2 & & & + & x^4 & \leq & 4 \\
& -x^1 & + & x^2 & - & x^3 & + & x^4 & \leq & 0 \\
& -x^1 & & & + & x^3 & + & x^4 & \leq & 0
\end{array}
$$

Aufgabe 6.2.6

Beantworten Sie mit kurzen Erläuterungen folgende Fragen zum Simplexverfahren bei der Lösung von $\max c^T x$ unter $Ax \leq b$, $A \in K^{(m,n)}$, $x \in K^n$.

a) Wie gehen Sie effizient vor, wenn zusätzlich verlangt wird, dass $x^1 \geq 0, \ldots, x^k \geq 0$, aber $x^{k+1}, \ldots, x^n$ beliebig sein können?

b) Warum ist die Variante der größten Verbesserung im einzelnen Iterationsschritt sehr viel aufwändiger als die Variante von Dantzig?

c) Warum spricht man bei der Eckensuche von flexibel orientierten Hilfsrestriktionen?

d) Wieso kann man ein Optimierungsproblem obiger Art selbst dann lösen, wenn der Zulässigkeitsbereich X nicht spitz ist (also keine Ecken hat)?

e) Warum sollte vor dem Umstieg von Phase Ib auf Phase II dafür gesorgt werden, dass $\tilde{a}_{m+1}$ in der Basis ist?

f) Wenn Sie nicht verpflichtet wären, die Restriktionen $-e_1, \ldots, -e_n$ in Phase I der Reihe nach auszutauschen, wie würden Sie dann vorgehen, um evtl. Iterationschritte einzusparen?

Aufgabe 6.2.7

Gegeben sei folgendes zweidimensionale Optimierungsproblem:

$$
\begin{array}{rrrcrl}
\max & 2x^1 & - & 1x^2 & & \\
& -1x^1 & - & 1x^2 & \leq & 2 \quad (a_1) \\
& 1x^1 & - & 1x^2 & \leq & 2 \quad (a_2) \\
& -3x^1 & + & 1x^2 & \leq & 0 \quad (a_3) \\
& -2x^1 & + & 1x^2 & \leq & -1 \quad (a_4) \\
& -1x^1 & + & 1x^2 & \leq & -1 \quad (a_5) \\
& -3x^1 & + & 2x^2 & \leq & -3 \quad (a_6) \\
& 2x^1 & + & 1x^2 & \leq & 4 \quad (a_7) \\
& 1x^1 & + & 1x^2 & \leq & 2 \quad (a_8)
\end{array}
$$

a) Veranschaulichen Sie den Zulässigkeitsbereich durch eine Zeichnung. Beschriften Sie die einzelnen Restriktionen.

b) Lösen Sie das Problem mithilfe des restriktionsorientierten Simplexalgorithmus. Dabei müssen alle Restriktionen (auch die redundanten) im Tableau mitgeführt werden.
Verwenden Sie die Auswahlregel von Dantzig. Bei Nicht-Eindeutigkeit der Zeilen- oder Spaltenauswahl entscheiden Sie sich für das obere bzw. linkere Element.

Aufgabe 6.2.8

Lösen Sie folgendes (LP) mithilfe des restriktionsorientierten Simplexalgorithmus.
Verwenden Sie die Auswahlregel von Dantzig. Bei Nicht-Eindeutigkeit der Zeilen- oder Spaltenauswahl entscheiden Sie sich für das obere bzw. linkere Element.

$$
\begin{array}{rrrrrrcrl}
\max & 1x^1 & + & 1x^2 & + & 1x^3 & & \\
& -1x^1 & + & 1x^2 & - & 3x^3 & \leq & -1 & (a_1) \\
& -1x^1 & + & 1x^2 & - & 1x^3 & \leq & 0 & (a_2) \\
& 2x^1 & - & 1x^2 & + & 3x^3 & \leq & 0 & (a_3) \\
& -2x^1 & - & 1x^2 & + & 0x^3 & \leq & 0 & (a_4) \\
& -1x^1 & + & 2x^2 & - & 2x^3 & \leq & 1 & (a_5) \\
& 0x^1 & - & 1x^2 & + & 1x^3 & \leq & -1 & (a_6) \\
& 1x^1 & - & 2x^2 & + & 0x^3 & \leq & 0 & (a_7)
\end{array}
$$

6.3 Lösungen zum restriktionsorientierten Simplex-Algorithmus

Lösung zu 6.2.1

Spezialfall: $x \geq 0$ und $b \geq 0$

Starttableau für Phase II

	a_1	a_2	a_3	a_4	a_5	a_6	a_7	a_8	a_9	a_{10}	$-e_1$	$-e_2$	$-e_3$	$-e_4$	c
a_7	-2	1	4	-2	1	2	1	0	0	0	1	0	0	0	-3
a_8	1	-3	-1	-2	1	-3	0	1	0	0	0	1	0	0	-1
a_9	-1	-1	2	1	-1	1	0	0	1	0	0	0	1	0	0
a_{10}	-5	1	-6	-3	1	-1	0	0	0	1	0	0	0	1	-3
	2	4	3	5	1	2	0	0	0	0	0	0	0	0	0

Starte Phase II
Pivotzeile: 1, Pivotspalte: 1

	a_1	a_2	a_3	a_4	a_5	a_6	a_7	a_8	a_9	a_{10}	$-e_1$	$-e_2$	$-e_3$	$-e_4$	c
a_1	1	$-\frac{1}{2}$	-2	1	$-\frac{1}{2}$	-1	$-\frac{1}{2}$	0	0	0	$-\frac{1}{2}$	0	0	0	$\frac{3}{2}$
a_8	0	$-\frac{5}{2}$	1	-3	$\frac{3}{2}$	-2	$\frac{1}{2}$	1	0	0	$\frac{1}{2}$	1	0	0	$-\frac{5}{2}$
a_9	0	$-\frac{3}{2}$	0	2	$-\frac{3}{2}$	0	$-\frac{1}{2}$	0	1	0	$-\frac{1}{2}$	0	1	0	$\frac{3}{2}$
a_{10}	0	$-\frac{3}{2}$	-16	2	$-\frac{3}{2}$	-6	$-\frac{5}{2}$	0	0	1	$-\frac{5}{2}$	0	0	1	$\frac{9}{2}$
	0	5	7	3	2	4	1	0	0	0	1	0	0	0	-3

Pivotzeile: 2, Pivotspalte: 4

	a_1	a_2	a_3	a_4	a_5	a_6	a_7	a_8	a_9	a_{10}	$-e_1$	$-e_2$	$-e_3$	$-e_4$	c
a_1	1	$-\frac{4}{3}$	$-\frac{5}{3}$	0	0	$-\frac{5}{3}$	$-\frac{1}{3}$	$\frac{1}{3}$	0	0	$-\frac{1}{3}$	$\frac{1}{3}$	0	0	$\frac{2}{3}$
a_4	0	$\frac{5}{6}$	$-\frac{1}{3}$	1	$-\frac{1}{2}$	$\frac{2}{3}$	$-\frac{1}{6}$	$-\frac{1}{3}$	0	0	$-\frac{1}{6}$	$-\frac{1}{3}$	0	0	$\frac{5}{6}$
a_9	0	$-\frac{19}{6}$	$\frac{2}{3}$	0	$-\frac{1}{2}$	$-\frac{4}{3}$	$-\frac{1}{6}$	$\frac{2}{3}$	1	0	$-\frac{1}{6}$	$\frac{2}{3}$	1	0	$-\frac{1}{6}$
a_{10}	0	$-\frac{19}{6}$	$-\frac{46}{3}$	0	$-\frac{1}{2}$	$-\frac{22}{3}$	$-\frac{13}{6}$	$\frac{2}{3}$	0	1	$-\frac{13}{6}$	$\frac{2}{3}$	0	1	$\frac{17}{6}$
	0	$\frac{5}{2}$	8	0	$\frac{7}{2}$	2	$\frac{3}{2}$	1	0	0	$\frac{3}{2}$	1	0	0	$-\frac{11}{2}$

Pivotzeile: 3, Pivotspalte: 2

	a_1	a_2	a_3	a_4	a_5	a_6	a_7	a_8	a_9	a_{10}	$-e_1$	$-e_2$	$-e_3$	$-e_4$	c
a_1	1	0	$-\frac{37}{19}$	0	$\frac{4}{19}$	$-\frac{21}{19}$	$-\frac{5}{19}$	$\frac{1}{19}$	$-\frac{8}{19}$	0	$-\frac{5}{19}$	$\frac{1}{19}$	$-\frac{8}{19}$	0	$\frac{14}{19}$
a_4	0	0	$-\frac{3}{19}$	1	$-\frac{12}{19}$	$\frac{6}{19}$	$-\frac{4}{19}$	$-\frac{3}{19}$	$\frac{5}{19}$	0	$-\frac{4}{19}$	$-\frac{3}{19}$	$\frac{5}{19}$	0	$\frac{15}{19}$
a_2	0	1	$-\frac{4}{19}$	0	$\frac{3}{19}$	$\frac{8}{19}$	$\frac{1}{19}$	$-\frac{4}{19}$	$-\frac{6}{19}$	0	$\frac{1}{19}$	$-\frac{4}{19}$	$-\frac{6}{19}$	0	$\frac{1}{19}$
a_{10}	0	0	-16	0	0	-6	-2	0	-1	1	-2	0	-1	1	3
	0	0	$\frac{162}{19}$	0	$\frac{59}{19}$	$\frac{18}{19}$	$\frac{26}{19}$	$\frac{29}{19}$	$\frac{15}{19}$	0	$\frac{26}{19}$	$\frac{29}{19}$	$\frac{15}{19}$	0	$-\frac{107}{19}$

Ende Phase II
Optimalpunkt $(\frac{26}{19}, \frac{29}{19}, \frac{15}{19}, 0)^T$ mit Zielfunktionswert $\frac{107}{19}$

Lösung zu 6.2.2

Spezialfall: $x \geq 0$ und $b \geq 0$
Starttableau für Phase II

	a_1	a_2	a_3	a_4	a_5	a_6	$-e_1$	$-e_2$	c
a_5	-1	0	$-\frac{1}{4}$	$-\frac{1}{2}$	1	0	1	0	-1
a_6	0	-1	1	-1	0	1	0	1	-1
	4	6	0	7	0	0	0	0	0

Starte Phase II
Pivotzeile: 2, Pivotspalte: 2

	a_1	a_2	a_3	a_4	a_5	a_6	$-e_1$	$-e_2$	c
a_5	-1	0	$-\frac{1}{4}$	$-\frac{1}{2}$	1	0	1	0	-1
a_2	0	1	-1	1	0	-1	0	-1	1
	4	0	6	1	0	6	0	6	-6

Pivotzeile: 1, Pivotspalte: 4

	a_1	a_2	a_3	a_4	a_5	a_6	$-e_1$	$-e_2$	c
a_4	2	0	$\frac{1}{2}$	1	-2	0	-2	0	2
a_2	-2	1	$-\frac{3}{2}$	0	2	-1	2	-1	-1
	2	0	$\frac{11}{2}$	0	2	6	2	6	-8

Pivotzeile: 2, Pivotspalte: 1

	a_1	a_2	a_3	a_4	a_5	a_6	$-e_1$	$-e_2$	c
a_4	0	1	-1	1	0	-1	0	-1	1
a_1	1	$-\frac{1}{2}$	$\frac{3}{4}$	0	-1	$\frac{1}{2}$	-1	$\frac{1}{2}$	$\frac{1}{2}$
	0	1	4	0	4	5	4	5	-9

Ende Phase II
Optimalpunkt $(4,5)^T$ mit Zielfunktionswert 9

Lösung zu 6.2.3

Spezialfall: $x \geq 0$ und $b \geq 0$
Starttableau für Phase II

	a_1	a_2	a_3	a_4	a_5	a_6	a_7	a_8	a_9	a_{10}	$-e_1$	$-e_2$	$-e_3$	$-e_4$	c
a_7	-3	0	1	-2	0	0	1	0	0	0	1	0	0	0	-1
a_8	1	-1	1	0	-1	0	0	1	0	0	0	1	0	0	1
a_9	0	-1	0	1	4	-1	0	0	1	0	0	0	1	0	1
a_{10}	-1	0	-1	0	-1	-1	0	0	0	1	0	0	0	1	-1
	3	1	0	2	4	2	0	0	0	0	0	0	0	0	0

Starte Phase II
Pivotzeile: 1, Pivotspalte: 1

	a_1	a_2	a_3	a_4	a_5	a_6	a_7	a_8	a_9	a_{10}	$-e_1$	$-e_2$	$-e_3$	$-e_4$	c
a_1	1	0	$-\frac{1}{3}$	$\frac{2}{3}$	0	0	$-\frac{1}{3}$	0	0	0	$-\frac{1}{3}$	0	0	0	$\frac{1}{3}$
a_8	0	-1	$\frac{4}{3}$	$-\frac{2}{3}$	-1	0	$\frac{1}{3}$	1	0	0	$\frac{1}{3}$	1	0	0	$\frac{2}{3}$
a_9	0	-1	0	1	4	-1	0	0	1	0	0	0	1	0	1
a_{10}	0	0	$-\frac{4}{3}$	$\frac{2}{3}$	-1	-1	$-\frac{1}{3}$	0	0	1	$-\frac{1}{3}$	0	0	1	$-\frac{2}{3}$
	0	1	1	0	4	2	1	0	0	0	1	0	0	0	-1

Pivotzeile: 4, Pivotspalte: 3

	a_1	a_2	a_3	a_4	a_5	a_6	a_7	a_8	a_9	a_{10}	$-e_1$	$-e_2$	$-e_3$	$-e_4$	c
a_1	1	0	0	$\frac{1}{2}$	$\frac{1}{4}$	$\frac{1}{4}$	$-\frac{1}{4}$	0	0	$-\frac{1}{4}$	$-\frac{1}{4}$	0	0	$-\frac{1}{4}$	$\frac{1}{2}$
a_8	0	-1	0	0	-2	-1	0	1	0	1	0	1	0	1	0
a_9	0	-1	0	1	4	-1	0	0	1	0	0	0	1	0	1
a_3	0	0	1	$-\frac{1}{2}$	$\frac{3}{4}$	$\frac{3}{4}$	$\frac{1}{4}$	0	0	$-\frac{3}{4}$	$\frac{1}{4}$	0	0	$-\frac{3}{4}$	$\frac{1}{2}$
	0	1	0	$\frac{1}{2}$	$\frac{13}{4}$	$\frac{5}{4}$	$\frac{3}{4}$	0	0	$\frac{3}{4}$	$\frac{3}{4}$	0	0	$\frac{3}{4}$	$-\frac{3}{2}$

Ende Phase II
Optimalpunkt $(\frac{3}{4}, 0, 0, \frac{3}{4})^T$ mit Zielfunktionsbeitrag $\frac{3}{2}$

Lösung zu 6.2.4
Starttableau

	a_1	a_2	a_3	a_4	$-e_4$	$-e_1$	$-e_2$	$-e_3$	c	c_η
$-e_1$	-1	-5	2	1	0	1	0	0	1	0
$-e_2$	-3	1	0	-1	0	0	1	0	-3	0
$-e_3$	2	2	-1	0	0	0	0	1	1	0
$-e_4$	1	1	1	$\boxed{1}$	1	0	0	0	0	1
	-2	0	-1	-3	0	0	0	0	0	0

Es ist $b^{\min} = -3$ in der Spalte zu a_4. Man stellt das Tableau zur Basis $(-e_1, -e_2, -e_3, a_4)$ auf.

	a_1	a_2	a_3	a_4	$-e_4$	$-e_1$	$-e_2$	$-e_3$	c	c_η
$-e_1$	$\boxed{-2}$	-6	1	0	-1	1	0	0	1	-1
$-e_2$	-2	2	1	0	1	0	1	0	-3	1
$-e_3$	2	2	-1	0	0	0	0	1	1	0
a_4	1	1	1	1	1	0	0	0	0	1
	1	3	2	0	3	0	0	0	0	3

Starte Phase Ia

Pivotzeile: 1, Pivotspalte: 1

	a_1	a_2	a_3	a_4	$-e_4$	$-e_1$	$-e_2$	$-e_3$	c	c_η
a_1	1	3	$-\frac{1}{2}$	0	$\frac{1}{2}$	$-\frac{1}{2}$	0	0	$-\frac{1}{2}$	$\frac{1}{2}$
$-e_2$	0	-8	0	0	-2	1	-1	0	4	-2
$-e_3$	0	-4	0	0	-1	1	0	1	2	-1
a_4	0	-2	$\frac{3}{2}$	1	$\frac{1}{2}$	$\frac{1}{2}$	0	0	$\frac{1}{2}$	$\frac{1}{2}$
	0	0	$\frac{5}{2}$	0	$\frac{5}{2}$	$\frac{1}{2}$	0	0	$\frac{1}{2}$	$\frac{5}{2}$

Pivotzeile: 2, Pivotspalte: 2

	a_1	a_2	a_3	a_4	$-e_4$	$-e_1$	$-e_2$	$-e_3$	c	c_η
a_1	1	0	$-\frac{1}{2}$	0	$-\frac{1}{4}$	$-\frac{1}{8}$	$-\frac{3}{8}$	0	1	$-\frac{1}{4}$
a_2	0	1	0	0	$\frac{1}{4}$	$-\frac{1}{8}$	$\frac{1}{8}$	0	$-\frac{1}{2}$	$\frac{1}{4}$
$-e_3$	0	0	0	0	0	$-\frac{1}{2}$	$-\frac{1}{2}$	-1	0	0
a_4	0	0	$\frac{3}{2}$	1	1	$\frac{1}{4}$	$\frac{1}{4}$	0	$-\frac{1}{2}$	1
	0	0	$\frac{5}{2}$	0	$\frac{5}{2}$	$\frac{1}{2}$	0	0	$\frac{1}{2}$	$\frac{5}{2}$

Ende Phase Ia $\rightarrow$ Starte Phase Ib
Pivotzeile: 1, Pivotspalte: 3

	a_1	a_2	a_3	a_4	$-e_4$	$-c_1$	$-e_2$	$-e_3$	c	c_η
a_3	-2	0	1	0	$\frac{1}{2}$	$\frac{1}{4}$	$\frac{3}{4}$	0	-2	$\frac{1}{2}$
a_2	0	1	0	0	$\frac{1}{4}$	$-\frac{1}{8}$	$\frac{1}{8}$	0	$-\frac{1}{2}$	$\frac{1}{4}$
$-e_3$	0	0	0	0	0	$-\frac{1}{2}$	$-\frac{1}{2}$	-1	0	0
a_4	3	0	0	1	$\frac{1}{4}$	$-\frac{1}{8}$	$-\frac{7}{8}$	0	$\frac{5}{2}$	$\frac{1}{4}$
	5	0	0	0	$\frac{5}{4}$	$-\frac{1}{8}$	$-\frac{15}{8}$	0	$\frac{11}{2}$	$\frac{5}{4}$

Ende Phase Ib $\rightarrow$ Problem ist unzulässig $\rightarrow$ Abbruch

Lösung zu 6.2.5
Zulässiges Starttableau

	a_1	a_2	a_3	a_4	$-e_5$	$-e_1$	$-e_2$	$-e_3$	$-e_4$	c	c_η
$-e_1$	-1	0	1	1	0	1	0	0	0	1	0
$-e_2$	-2	-1	-1	0	0	0	1	0	0	-1	0
$-e_3$	-3	0	1	-1	0	0	0	1	0	0	0
$-e_4$	-1	-1	-1	-1	0	0	0	0	1	-2	0
$-e_5$	1	1	1	1	1	0	0	0	0	0	1
	6	4	0	0	0	0	0	0	0	0	0

Starte Phase Ia
Pivotzeile: 1, Pivotspalte: 1

	a_1	a_2	a_3	a_4	$-e_5$	$-e_1$	$-e_2$	$-e_3$	$-e_4$	c	c_η
a_1	1	0	-1	-1	0	-1	0	0	0	-1	0
$-e_2$	0	-1	-3	-2	0	-2	1	0	0	-3	0
$-e_3$	0	0	-2	-4	0	-3	0	1	0	-3	0
$-e_4$	0	-1	-2	-2	0	-1	0	0	1	-3	0
$-e_5$	0	1	2	2	1	1	0	0	0	1	1
	0	4	6	6	0	6	0	0	0	6	0

Pivotzeile: 2, Pivotspalte: 3

	a_1	a_2	a_3	a_4	$-e_5$	$-e_1$	$-e_2$	$-e_3$	$-e_4$	c	c_η
a_1	1	$\frac{1}{3}$	0	$-\frac{1}{3}$	0	$-\frac{1}{3}$	$-\frac{1}{3}$	0	0	0	0
a_3	0	$\frac{1}{3}$	1	$\frac{2}{3}$	0	$\frac{2}{3}$	$-\frac{1}{3}$	0	0	1	0
$-e_3$	0	$\frac{2}{3}$	0	$-\frac{8}{3}$	0	$-\frac{5}{3}$	$-\frac{2}{3}$	1	0	-1	0
$-e_4$	0	$-\frac{1}{3}$	0	$-\frac{2}{3}$	0	$\frac{1}{3}$	$-\frac{2}{3}$	0	1	-1	0
$-e_5$	0	$\frac{1}{3}$	0	$\frac{2}{3}$	1	$-\frac{1}{3}$	$\frac{2}{3}$	0	0	-1	1
	0	2	0	2	0	2	2	0	0	0	0

Pivotzeile: 3, Pivotspalte: 4

	a_1	a_2	a_3	a_4	$-e_5$	$-e_1$	$-e_2$	$-e_3$	$-e_4$	c	c_η
a_1	1	$\frac{1}{4}$	0	0	0	$-\frac{1}{8}$	$-\frac{1}{4}$	$-\frac{1}{8}$	0	$\frac{1}{8}$	0
a_3	0	$\frac{1}{2}$	1	0	0	$\frac{1}{4}$	$-\frac{1}{2}$	$\frac{1}{4}$	0	$\frac{3}{4}$	0
a_4	0	$-\frac{1}{4}$	0	1	0	$\frac{5}{8}$	$\frac{1}{4}$	$-\frac{3}{8}$	0	$\frac{3}{8}$	0
$-e_4$	0	$-\frac{1}{2}$	0	0	0	$\frac{3}{4}$	$-\frac{1}{2}$	$-\frac{1}{4}$	1	$-\frac{3}{4}$	0
$-e_5$	0	$\frac{1}{2}$	0	0	1	$-\frac{3}{4}$	$\frac{1}{2}$	$\frac{1}{4}$	0	$-\frac{5}{4}$	1
	0	$\frac{5}{2}$	0	0	0	$\frac{3}{4}$	$\frac{3}{2}$	$\frac{3}{4}$	0	$-\frac{3}{4}$	0

Pivotzeile: 4, Pivotspalte: 2

	a_1	a_2	a_3	a_4	$-e_5$	$-e_1$	$-e_2$	$-e_3$	$-e_4$	c	c_η
a_1	1	0	0	0	0	$\frac{1}{4}$	$-\frac{1}{2}$	$-\frac{1}{4}$	$\frac{1}{2}$	$-\frac{1}{4}$	0
a_3	0	0	1	0	0	1	-1	0	1	0	0
a_4	0	0	0	1	0	$\frac{1}{4}$	$\frac{1}{2}$	$-\frac{1}{4}$	$-\frac{1}{2}$	$\frac{3}{4}$	0
a_2	0	1	0	0	0	$-\frac{3}{2}$	1	$\frac{1}{2}$	-2	$\frac{3}{2}$	0
$-e_5$	0	0	0	0	1	0	0	0	1	-2	1
	0	0	0	0	0	$\frac{9}{2}$	-1	$-\frac{1}{2}$	5	$-\frac{9}{2}$	0

Ende Phase Ia $\to$ Starte Phase Ib
Ende Phase Ib $\to$ Reduktion des Tableaus

	a_1	a_2	a_3	a_4	$-e_1$	$-e_2$	$-e_3$	$-e_4$	c
a_1	1	0	0	0	$\frac{1}{4}$	$-\frac{1}{2}$	$-\frac{1}{4}$	$\frac{1}{2}$	$-\frac{1}{4}$
a_3	0	0	1	0	1	-1	0	1	0
a_4	0	0	0	1	$\frac{1}{4}$	$\frac{1}{2}$	$-\frac{1}{4}$	$-\frac{1}{2}$	$\frac{3}{4}$
a_2	0	1	0	0	$-\frac{3}{2}$	1	$\frac{1}{2}$	-2	$\frac{3}{2}$
	0	0	0	0	$\frac{9}{2}$	-1	$-\frac{1}{2}$	5	$-\frac{9}{2}$

Starte Phase II
Ende Phase II
Problem ist unbeschränkt mit freier Richtung $z_1 = (\frac{1}{4}, -\frac{1}{2}, -\frac{1}{4}, \frac{1}{2})^T$ und $c^T z_1 = \frac{1}{4}$

Lösung zu 6.2.6
Antworten zu

a)   Nimm nun $e_1, \ldots, e_k$ als echte Restriktionen ernst (beim Quotientenvergleich bzw. bei der
     Suche nach eintretenden Basisrestriktionen/vektoren).
     Diese gelten als $a_{m+1}, \ldots, a_{m+k}$. $-e_{k+1}, \ldots, -e_n$ stellen den statistischen Teil dar.
     $-e_1, \ldots, -e_k$ braucht man nicht doppelt aufzuführen.
     Falls eine Phase I nötig ist, reicht es, flexible Hilfsrestriktionen für $-e_{k+1}, \ldots, -e_n$ zu
     benutzen.

b)   Bei der Variante der größten Verbesserung muss man die Folgen jeder denkbaren Wahl
     einer Pivotzeile bedenken und dazu den Zuwachs der Zielfunktion $\frac{\xi^i \beta^{j(i)}}{\alpha_j^i}$ berechnen und
     vergleichen. $j(i)$ hängt jeweils von der Pivotzeile i ab und i erfordert $\xi^i < 0$. Also muss
     man zu jedem solchen i einen vollen Quotientenvergleich durchführen ($\frac{\beta^j}{\alpha_j^i} | \alpha_j^i < 0, j \notin$
     Δ). Das sind bis zu m Quotienten. Dantzig entscheidet endgültig über $\bar{i}$ und dann ist nur
     eine Zeile per Quotientenvergleich auszuwerten.

c)   Falls eine Lockerung von $(-\tilde{e}_i)$ oder $(-e_i)$ nicht zum Erfolg führt (z_i wäre ggf. freie Rich-
     tung von X), dann kann man die Bewegung in Richtung $-z_i$ untersuchen. Das entspricht
     einer gedachten Restriktion $-\tilde{e}_i^T x \leq 0$ (erlaubte Umkehrung der Orientierung, da fiktive
     Restriktion).

d)   Durch die flexibel orientierten Hilfsrestriktionen schafft man sich eine Quasi-Eckeneigen-
     schaft auf einem eingeschränkten Polyeder. Es bleiben dort so viele Hilfsrestriktionen in
     der Basis, bis man ein spitzes Polyeder hat. Tritt in den entsprechenden Tableauzeilen eine
     Bewegung in der Zielfunktionen auf, dann bedeutet dies, dass sich auf dem Linienraum
     die Zielfunktion verändert. Und dies berechtigt zum Abbruch.
     Ansonsten hat die Zulässigkeitsbereichsverkleinerung keine Auswirkung, weil der Ziel-
     funktionswertebereich erhalten bleibt (Man erhält Optimalpunkte, evtl. keine Optimale-
     cken).

e)   Nur wenn $\tilde{a}_{m+1}$ (bei erreichtem $\eta = 0$) bereits in der Basis ist, werden – in den ersten n
     Komponenten – die a_i durch genau $\underline{n}$ Basisvektoren (nämlich die außer $\tilde{a}_{m+1}$) dargestellt.
     $\tilde{a}_{m+1}$ hat nämlich nur Einfluss auf die letzte Koordinate.
     Dann kann man die Basisdarstellung gleich auf Phase II übertragen (erleichtert den Über-
     gang).

f)   Man sollte die Austauschaktionen so sortieren, dass die Phase I-Zielfunktion schon früh
     verbessert wird. Dann ist man nach n Austauschaktionen schon nahe an der Optimalecke
     zu Phase Ib. Ist man dort bereits optimal, dann kann man sogar die Zielfunktion von Phase
     II berücksichtigen.

Lösung zu 6.2.7

a) Zeichnung:

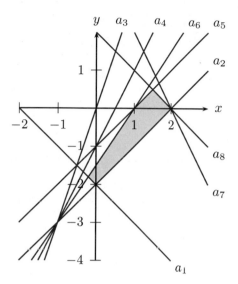

b) Starttableau

	a_1	a_2	a_3	a_4	a_5	a_6	a_7	a_8	$-e_3$	$-e_1$	$-e_2$	c	c_η
$-e_1$	1	-1	3	2	1	3	-2	-1	0	1	0	-2	0
$-e_2$	1	1	-1	-1	-1	-2	-1	-1	0	0	1	1	0
$-e_3$	1	1	1	1	1	1	1	1	1	0	0	0	1
	2	2	0	-1	-1	-3	4	2	0	0	0	0	0

Es ist $b^{\min} = -3$ in der Spalte zu a_6. Man stellt das Tableau zur Basis $(-e_1, -e_2, a_6)$ auf.

	a_1	a_2	a_3	a_4	a_5	a_6	a_7	a_8	$-e_3$	$-e_1$	$-e_2$	c	c_η
$-e_1$	-2	-4	0	-1	-2	0	-5	-4	-3	1	0	-2	-3
$-e_2$	3	3	1	1	1	0	1	1	2	0	1	1	2
a_6	1	1	1	1	1	1	1	1	1	0	0	0	1
	5	5	3	2	2	0	7	5	3	0	0	0	3

Starte Phase Ia

Pivotzeile: 1, Pivotspalte: 5

	a_1	a_2	a_3	a_4	a_5	a_6	a_7	a_8	$-e_3$	$-e_1$	$-e_2$	c	c_η
a_5	1	2	0	$\frac{1}{2}$	1	0	$\frac{5}{2}$	2	$\frac{3}{2}$	$-\frac{1}{2}$	0	1	$\frac{3}{2}$
$-e_2$	2	1	1	$\frac{1}{2}$	0	0	$-\frac{3}{2}$	-1	$\frac{1}{2}$	$\frac{1}{2}$	1	0	$\frac{1}{2}$
a_6	0	-1	1	$\frac{1}{2}$	0	1	$-\frac{3}{2}$	-1	$-\frac{1}{2}$	$\frac{1}{2}$	0	-1	$-\frac{1}{2}$
	3	1	3	1	0	0	2	1	0	1	0	-2	0

Pivotzeile: 2, Pivotspalte: 8

	a_1	a_2	a_3	a_4	a_5	a_6	a_7	a_8	$-e_3$	$-e_1$	$-e_2$	c	c_η
a_5	5	4	2	$\frac{3}{2}$	1	0	$-\frac{1}{2}$	0	$\frac{5}{2}$	$\frac{1}{2}$	2	1	$\frac{5}{2}$
a_8	-2	-1	-1	$-\frac{1}{2}$	0	0	$\frac{3}{2}$	1	$-\frac{1}{2}$	$-\frac{1}{2}$	-1	0	$-\frac{1}{2}$
a_6	-2	-2	0	0	0	1	0	0	-1	0	-1	-1	-1
	5	2	4	$\frac{3}{2}$	0	0	$\frac{1}{2}$	0	$\frac{1}{2}$	$\frac{3}{2}$	1	-2	$\frac{1}{2}$

Ende Phase Ia $\rightarrow$ Starte Phase Ib
Pivotzeile: 3, Pivotspalte: 9

	a_1	a_2	a_3	a_4	a_5	a_6	a_7	a_8	$-e_3$	$-e_1$	$-e_2$	c	c_η
a_5	0	-1	2	$\frac{3}{2}$	1	$\frac{5}{2}$	$-\frac{1}{2}$	0	0	$\frac{1}{2}$	$-\frac{1}{2}$	$-\frac{3}{2}$	0
a_8	-1	0	-1	$-\frac{1}{2}$	0	$-\frac{1}{2}$	$\frac{3}{2}$	1	0	$-\frac{1}{2}$	$-\frac{1}{2}$	$\frac{1}{2}$	0
$-e_3$	2	2	0	0	0	-1	0	0	1	0	1	1	1
	4	1	4	$\frac{3}{2}$	0	$\frac{1}{2}$	$\frac{1}{2}$	0	0	$\frac{3}{2}$	$\frac{1}{2}$	$-\frac{5}{2}$	0

Ende Phase Ib $\rightarrow$ Reduktion des Tableaus

	a_1	a_2	a_3	a_4	a_5	a_6	a_7	a_8	$-e_1$	$-e_2$	c
a_5	0	-1	2	$\frac{3}{2}$	1	$\frac{5}{2}$	$-\frac{1}{2}$	0	$\frac{1}{2}$	$-\frac{1}{2}$	$-\frac{3}{2}$
a_8	-1	0	-1	$-\frac{1}{2}$	0	$-\frac{1}{2}$	$\frac{3}{2}$	1	$-\frac{1}{2}$	$-\frac{1}{2}$	$\frac{1}{2}$
	4	1	4	$\frac{3}{2}$	0	$\frac{1}{2}$	$\frac{1}{2}$	0	$\frac{3}{2}$	$\frac{1}{2}$	$-\frac{5}{2}$

Starte Phase II

Pivotzeile: 1, Pivotspalte: 2

	a_1	a_2	a_3	a_4	a_5	a_6	a_7	a_8	$-e_1$	$-e_2$	c
a_2	0	1	-2	$-\frac{3}{2}$	-1	$-\frac{5}{2}$	$\frac{1}{2}$	0	$-\frac{1}{2}$	$\frac{1}{2}$	$\frac{3}{2}$
a_8	-1	0	-1	$-\frac{1}{2}$	0	$-\frac{1}{2}$	$\frac{3}{2}$	1	$-\frac{1}{2}$	$-\frac{1}{2}$	$\frac{1}{2}$
	4	0	6	3	1	3	0	0	2	0	-4

Ende Phase II
Optimalpunkt $(2,0)^T$ mit Zielfunktionswert 4

Lösung zu 6.2.8
Starttableau

	a_1	a_2	a_3	a_4	a_5	a_6	a_7	$-e_4$	$-e_1$	$-e_2$	$-e_3$	c	c_η
$-e_1$	1	1	-2	2	1	0	-1	0	1	0	0	1	0
$-e_2$	-1	-1	1	1	-2	1	2	0	0	1	0	-1	0
$-e_3$	3	1	-3	0	2	-1	0	0	0	0	1	-1	0
$-e_4$	1	1	1	1	1	1	1	1	0	0	0	0	1
	-1	0	0	0	1	-1	0	0	0	0	0	0	0

Es ist $b^{\min} = -1$ in der Spalte zu a_1. Man stellt das Tableau zur Basis $(-e_1, -e_2, -e_3, a_1)$ auf.

	a_1	a_2	a_3	a_4	a_5	a_6	a_7	$-e_4$	$-e_1$	$-e_2$	$-e_3$	c	c_η
$-e_1$	0	0	-3	1	0	-1	-2	-1	1	0	0	-1	-1
$-e_2$	0	0	2	2	-1	2	3	1	0	1	0	-1	1
$-e_3$	0	-2	-6	-3	-1	-4	-3	-3	0	0	1	-1	-3
a_1	1	1	1	1	1	1	1	1	0	0	0	0	1
	0	1	1	1	2	0	1	1	0	0	0	0	1

Starte Phase Ia

Pivotzeile: 1, Pivotspalte: 6

	a_1	a_2	a_3	a_4	a_5	a_6	a_7	$-e_4$	$-e_1$	$-e_2$	$-e_3$	c	c_η
a_6	0	0	3	-1	0	1	2	1	-1	0	0	1	1
$-e_2$	0	0	-4	4	-1	0	-1	-1	2	1	0	-3	-1
$-e_3$	0	-2	6	-7	-1	0	5	1	-4	0	1	3	1
a_1	1	1	-2	2	1	0	-1	0	1	0	0	-1	0
	0	1	1	1	2	0	1	1	0	0	0	0	1

Pivotzeile: 2, Pivotspalte: 3

	a_1	a_2	a_3	a_4	a_5	a_6	a_7	$-e_4$	$-e_1$	$-e_2$	$-e_3$	c	c_η
a_6	0	0	0	2	$-\frac{3}{4}$	1	$\frac{5}{4}$	$\frac{1}{4}$	$\frac{1}{2}$	$\frac{3}{4}$	0	$-\frac{5}{4}$	$\frac{1}{4}$
a_3	0	0	1	-1	$\frac{1}{4}$	0	$\frac{1}{4}$	$\frac{1}{4}$	$-\frac{1}{2}$	$-\frac{1}{4}$	0	$\frac{3}{4}$	$\frac{1}{4}$
$-e_3$	0	-2	0	-1	$-\frac{5}{2}$	0	$\frac{7}{2}$	$-\frac{1}{2}$	-1	$\frac{3}{2}$	1	$-\frac{3}{2}$	$-\frac{1}{2}$
a_1	1	1	0	0	$\frac{3}{2}$	0	$-\frac{1}{2}$	$\frac{1}{2}$	0	$-\frac{1}{2}$	0	$\frac{1}{2}$	$\frac{1}{2}$
	0	1	0	2	$\frac{7}{4}$	0	$\frac{3}{4}$	$\frac{3}{4}$	$\frac{1}{2}$	$\frac{1}{4}$	0	$-\frac{3}{4}$	$\frac{3}{4}$

Pivotzeile: 3, Pivotspalte: 2

	a_1	a_2	a_3	a_4	a_5	a_6	a_7	$-e_4$	$-e_1$	$-e_2$	$-e_3$	c	c_η
a_6	0	0	0	2	$-\frac{3}{4}$	1	$\frac{5}{4}$	$\frac{1}{4}$	$\frac{1}{2}$	$\frac{3}{4}$	0	$-\frac{5}{4}$	$\frac{1}{4}$
a_3	0	0	1	-1	$\frac{1}{4}$	0	$\frac{1}{4}$	$\frac{1}{4}$	$-\frac{1}{2}$	$-\frac{1}{4}$	0	$\frac{3}{4}$	$\frac{1}{4}$
a_2	0	1	0	$\frac{1}{2}$	$\frac{5}{4}$	0	$-\frac{7}{4}$	$\frac{1}{4}$	$\frac{1}{2}$	$-\frac{3}{4}$	$-\frac{1}{2}$	$\frac{3}{4}$	$\frac{1}{4}$
a_1	1	0	0	$-\frac{1}{2}$	$\frac{1}{4}$	0	$\frac{5}{4}$	$\frac{1}{4}$	$-\frac{1}{2}$	$\frac{1}{4}$	$\frac{1}{2}$	$-\frac{1}{4}$	$\frac{1}{4}$
	0	0	0	$\frac{3}{2}$	$\frac{1}{2}$	0	$\frac{5}{2}$	$\frac{1}{2}$	0	1	$\frac{1}{2}$	$-\frac{3}{2}$	$\frac{1}{2}$

Ende Phase Ia $\rightarrow$ Starte Phase Ib

Ende Phase Ib $\rightarrow$ Problem ist unzulässig $\rightarrow$ Abbruch

6.4 Variablenorientierter Simplex-Algorithmus

Ist das Optimierungsproblem in der Form

$$\min \quad c^T x$$

$$\text{unter} \quad Ax = b, \ x \geq 0$$

$$\text{mit } c, x \in \mathbb{R}^n, \ m \leq n, \ A \in \mathbb{R}^{(m,n)}, \ b \in \mathbb{R}^m.$$

gegeben, dann eignet sich für die Bearbeitung besser das sogenannte variablenorientierte Verfahren. Hier stellt sich der Zulässigkeitsbereich als Lösungsmenge eines Gleichungssystems dar, wobei außerdem auch noch Vorzeichenbedingungen einzuhalten sind.

Dabei konzentriert man sich auf bestimmte Variablen in einer Auswahl der $x^i (i = 1, \ldots, n)$ bzw. auf die diesen zugeordneten Spalten von A. Nur die Variablen in dieser Auswahl dürfen positive Werte annehmen und die zugeordnete Spaltenauswahl muss eine Basis des Spaltenraums von A bilden, damit der aktuelle Punkt die Eckeneigenschaft oder zumindest die Eigenschaft einer Basislösung besitzen kann. Durch iteriertes Auswechseln von einzelnen Elementen aus dieser Teilmenge kann man nun entsprechend zum restriktionsorientierten Verfahren eine Verbesserung des Zielfunktionswertes bei jedem Basisaustausch (= Eckenaustausch) erzielen. Schlussendlich gelangt man auch hier zur Optimalecke oder zu einer Ecke, die den Abbruch erlaubt.

Im zweiten Abschnitt wird wiederum wie im restriktionsorientierten Algorithmus gezeigt, wie man starten kann (durch Behandlung eines modifizierten Problems) und wie man in dieser Phase I bereits die Unzulässigkeit feststellen kann oder zu einer Ecke des Originalproblems gelangt, von der aus der Phase II-Algorithmus starten kann. Diese Version wird oft auch „primaler" Algorithmus genannt.

Wir werden in diesem Kapitel also zunächst den „variablenorientierten" Algorithmus entwickeln. Ziel ist es, das Gleichungssystem mit $x \geq 0$ zu erfüllen, und unter dieser Nebenbedingung zu optimieren.

Diesmal müssen wir vorwiegend mit Spalten der Matrix A operieren. Zur Vereinfachung schreiben wir A_i für eine solche Spalte. x^i, $i = 1, \ldots, n$ sind die disponierbaren Variablen. A_B sind die Basisspalten, A_N die Nichtbasisspalten.

Lemma 6.13

Wenn A Rang m hat, dann sind Basislösungen genau die Punkte mit $Ax = b$, wobei mindestens $n - m$ der x^i null sind und die A_i zu den positiven x^i linear unabhängig sind.

Bemerkung

Hat A nicht den Rang m, dann finden wir weniger als m linear unabhängige Spalten bzw. dann liefert der Gauß-Algorithmus eine Nullzeile, auf die wir verzichten können. Mit jeder Auswahl einer Basis unter den A_i generieren wir eine Basislösung. Mit dem Gaußschen Algorithmus kann damit die Matrix so vereinfacht werden, dass „links" E und „rechts" $A_B^{-1} A_N$ steht. Dabei sammelt B als Indexmenge die Basisvariablen (Spalten) und N die Nichtbasisvariablen (Spalten). Aus der Linearen Algebra wissen wir, wie die Lösungsmenge von $Ax = b$ bestimmt werden

kann.
Offensichtlich gilt für jede Lösung

$$x = \begin{pmatrix} x_B \\ x_N \end{pmatrix} = \begin{pmatrix} \chi^1 \\ \vdots \\ \chi^m \\ 0 \\ \vdots \\ 0 \end{pmatrix} + x_N^1 \begin{pmatrix} -\gamma_{m+1}^1 \\ \vdots \\ -\gamma_{m+1}^m \\ 1 \\ \vdots \\ 0 \end{pmatrix} + \ldots + x_N^{n-m} \begin{pmatrix} -\gamma_n^1 \\ \vdots \\ -\gamma_n^m \\ 0 \\ \vdots \\ 1 \end{pmatrix}.$$

Der erste Vektor χ ist eine spezielle Lösung des inhomogenen Systems $Ax = b$, die restlichen bilden eine Basis des Kerns von A. Dabei können wir aus der Gaußprozedur bestimmen:
$\chi = A_B^{-1}b$, $\gamma_{m+i} = A_B^{-1}A_{m+i}$, und wir haben $b = Ax = A_B x_B + A_N x_N$ und $\chi = x_B + \Gamma_N x_N$
mit $\Gamma_N = A_B^{-1}A_N$. Dies ist äquivalent zu $x_B = \chi - \Gamma_N x_N$.
Setzen wir $x_N = 0$, dann führt dies bei gegebenem B zur Basislösung

$$b = A_B x_B \Leftrightarrow x_B = A_B^{-1}b.$$

Beliebige Festsetzung von x_N liefert
$A_B^{-1}b = x_B + A_B^{-1}A_N x_N$
$\Leftrightarrow x_B = A_B^{-1}b - A_B^{-1}A_N x_N$ (abhängig von x_N).
Für die Zielfunktion schreiben wir entsprechend $Q(x) = c^T x = c_B^T x_B + c_N^T x_N$.
Bei Wahl von $x_N = 0$ ergibt sich $Q(x) = c^T x = c_B^T x_B$.
Allgemein gilt

$$Q(x)_{x_N} = c_B^T x_B + c_N^T x_N = c_B^T(A_B^{-1}b - A_B^{-1}A_N x_N) + c_N^T x_N =$$
$$= c_B^T A_B^{-1}b + (c_N^T - c_B^T A_B^{-1}A_N)x_N.$$

Der sogenannte Vektor der „reduzierten Kostenkoeffizienten" ist $c^T - c_B^T A_B^{-1}A$. Der interessante Teilvektor $c_N^T - c_B^T A_B^{-1}A_N$ beschreibt also, wie sich eine Veränderung von x_N auf die Zielfunktion auswirkt.
Lösen wir uns nun von genau einer straffen Restriktion in Richtung Zulässigkeitsbereich, dann erhöhen wir ein x_N^i von null aus (Kante des Polyeders). Die Wirkung der Erhöhung von x_N^i um 1 ist dann $c_N^i - (c_B^T A_B^{-1}A_N)^i$ (sogenannter reduzierter Kostenkoeffizient). Ist also der reduzierte Kostenkoeffizient negativ, dann bringt eine isolierte Erhöhung von x_N^i eine Senkung der Zielfunktion.
Zur Zulässigkeit ist immer erforderlich, dass $x_B \geq 0$ und alle $x_N \geq 0$. Ein x_N^i wird positiv gemacht, die übrigen bleiben 0, in x_B darf keine Komponente kleiner als null werden.

Man beachte, dass Folgendes eingehalten werden muss:

$$
\begin{pmatrix} \chi^1 \\ \vdots \\ \chi^j \\ \vdots \\ \chi^m \end{pmatrix} + x_N^i \begin{pmatrix} -\gamma_{m+i}^1 \\ \vdots \\ -\gamma_{m+i}^j \\ \vdots \\ -\gamma_{m+i}^m \end{pmatrix} \geq 0
$$

Wenn alle γ_{m+i}^j negativ sind, folgt Unbeschränktheit (man kann $x_N{}^i$ beliebig erhöhen).

Wenn ein γ_{m+i}^j positiv ist, dann wird $x_{\bar{j}}$ durch $\min\left\{ \dfrac{\chi^j}{\gamma_{m+i}^j} \ \middle| \ \gamma_{m+i}^j > 0, j = 1, \dots, m \right\}$ (Quotientenvergleich) bestimmt.

Wir erreichen dadurch eine neue Ecke und B ändert sich zu:

$$
B^{neu} = B^{alt} \cup \{m+i\} \setminus \{j\}.
$$

Die Größen $A_{B^{neu}}^{-1}$, $A_{B^{neu}}^{-1} A_N$ bzw. $A_{B^{neu}}^{-1} A = (E, \Gamma)$, $x_{B^{neu}}$, sowie
$c^T - c_{B^{neu}}^T A_{B^{neu}}^{-1} A = (0, c_{N^{neu}}^T - c_{B^{neu}}^T A_{B^{neu}}^{-1} A_{N^{neu}})$, und $\chi = A_{B^{neu}}^{-1} b$, $c_{B^{neu}}^T x_{B^{neu}}$ müssen neu berechnet werden. Wir ordnen diese Größen in einem Tableau an:

	A_1	A_{ℓ}	A_h	A_{ℓ}		A_n	b
A_{B^1}	0	1	γ_i^1	0	γ_{ℓ}^1 $\cdots$	γ_n^1	χ^1
$\vdots$	$\vdots$	$\vdots$	$\vdots$	$\vdots$	$\vdots$	$\vdots$	$\vdots$
$A_h = A_{B^j}$	0	0	γ_i^j	1	γ_{ℓ}^j $\cdots$	γ_n^j	χ^j
$\vdots$	$\vdots$	$\vdots$	$\vdots$	$\vdots$	$\vdots$ $\cdots$	$\vdots$	$\vdots$
A_{B^m}	1	0	γ_i^m	0	γ_{ℓ}^m $\cdots$	γ_n^m	χ^m
	0	0	$\tilde{c}^i$	0	$\tilde{c}^{\ell}$ $\cdots$	$\tilde{c}^n$	$-Q$

In Matrixschreibweise haben wir also hier bei Aufteilung $A = (A_B, A_N)$

	A_1 $\quad A_2$ $\quad A_i$ $\quad A_n$ $\quad A_m$	b
A_{B^1}		
A_{B^j}	$A_B^{-1}(A)$	$A_B^{-1}(b)$
A_{B^n}		
	$\tilde{c}^T = c^T - c_B^T A_B^{-1} A$	$-Q(\overline{x}) = -c_B^T x_B$

γ_i^j sind die Darstellungskoeffizienten von A_i durch die Spalten von A_B. Somit steht im Hauptteil des Tableaus die Matrix $A_B^{-1}A$.

Die rechte Spalte ergibt sich aus $\chi = A_B^{-1}b \in K^m$.

Der Zeilenvektor in der untersten Tableauzeile ist $\tilde{c} = (\tilde{c}^1, \ldots, \tilde{c}^n) = c^T - c_B^T A_B^{-1}A$.

Und der Zielfunktionswert ist $Q = c_B^T A_B^{-1}b$.

Über $\tilde{c}^i$ ($\tilde{c}_i < 0$) wird zunächst die Pivotspalte bestimmt. Das Pivotelement bestimmt sich danach aus der Quotientenregel (aus den $\frac{\chi^j}{\gamma_i^j}$ mit $\gamma_i^j > 0$, also zwischen rechtester Spalte und Pivotspalte) und legt die Pivotzeile fest.

Ein Basisaustausch verläuft wie folgt:

A_i wird Basisspalte, A_{B^j} Nichtbasisspalte. h sei der Originalindex von B^j, das heißt $A_h = A_{B^j}$. Unsere Pivotregeln liefern ganz analog zu den Regeln aus den restriktionsorientierten Verfahren und entsprechend zu den Gaußschen Eliminationsschritten:

Für Spalten $l \neq i, l \neq h, 1 \leq \ell \leq n$ und Zeilen $k \neq j, 1 \leq k \leq m$:

$$\gamma_\ell^k(neu) = \gamma_\ell^k - \gamma_\ell^j \frac{\gamma_i^k}{\gamma_i^j}, \qquad \tilde{c}^\ell = \gamma_\ell^j \frac{\tilde{c}^i}{\gamma_i^j}, \qquad \chi^k(neu) = \chi^k - \chi^j \frac{\gamma_i^k}{\gamma_i^j}.$$

Für die Spalte h und Zeilen $k \neq j, 1 \leq k \leq m$: $\gamma_n^k(neu) = -\frac{\gamma_i^k}{\gamma_i^j}$,   und $\tilde{c}^h(neu) = -\frac{\tilde{c}^i}{\gamma_i^j}$.

Für die Spalte i und Zeilen $k \neq j, 1 \leq k \leq m$: $\gamma_i^k(neu) = 0$,   sowie $\tilde{c}^k(neu) = 0$.

Für Spalten $l \neq i, 1 \leq n$ und die Zeile j: $\gamma_\ell^j(neu) = \frac{\gamma_\ell^j}{\gamma_i^j}$,   sowie $\chi^j(neu) = \frac{\chi^j}{\gamma_i^j}$.

Das bedeutet für Spalte h und Zeile j: $\gamma_n^j(neu) = \frac{1}{\gamma_i^j}$.

Natürlich ist in Spalte i und Zeile j gerade $\gamma_i^j(neu) = 1$.

Und in der untersten Spalte und Zeile steht: $-Q(neu) = -Q - \chi^j \frac{\tilde{c}^i}{\gamma_i^j}$.

	A_1	A_2	A_i	A_h	A_ℓ	A_n	
A_{B^1}	0	1	0	$-\frac{\gamma_i^1}{\gamma_i^j}$	$\gamma_\ell^1 - \gamma_\ell^j \frac{\gamma_i^1}{\gamma_i^j}$	$\gamma_n^1 - \gamma_n^j \frac{\gamma_i^1}{\gamma_i^j}$	$\chi^1 - \chi^j \frac{\gamma_i^1}{\gamma_i^j}$
	$\vdots$	$\vdots$	$\vdots$	$\vdots$	$\vdots$	$\vdots$	$\vdots$
$A_h = A_{B^j}$	0	0	1	$\frac{1}{\gamma_i^j}$	$\frac{\gamma_\ell^j}{\gamma_i^j}$	$\frac{\gamma_n^j}{\gamma_i^j}$	$\frac{\chi^j}{\gamma_i^j}$
	$\vdots$	$\vdots$	$\vdots$	$\vdots$	$\vdots$	$\vdots$	$\vdots$
A_{B^m}	1	0	0	$-\frac{\gamma_i^m}{\gamma_i^j}$	$\gamma_\ell^m - \gamma_\ell^j \frac{\gamma_i^m}{\gamma_i^j}$	$\gamma_n^m - \gamma_n^j \frac{\gamma_i^m}{\gamma_i^j}$	$\chi^m - \chi^j \frac{\gamma_i^m}{\gamma_i^j}$
	0	0	0	$-\frac{\tilde{c}^i}{\gamma_i^j}$	$\tilde{c}^\ell - \gamma_\ell^j \frac{\tilde{c}^i}{\gamma_i^j}$	$\tilde{c}^n - \gamma_m^j \frac{\tilde{c}^i}{\gamma_i^j}$	$-Q - \chi^j \frac{\tilde{c}^i}{\gamma_i^j}$

Damit erreichen wir neue γ-Darstellungsfaktoren zu B^{neu} innerhalb der Hauptmatrix, ebenso wird χ in neuer Form dargestellt. Schließlich wird auch die unterste Zeile (der „reduzierten Kostenkoeffizienten") in richtiger Weise auf die neue Basis adaptiert.

Unser Algorithmus für Phase II sieht also so aus:

Algorithmus 6.14 (Konzept des variablenorientierten Simplexalgorithmus)

1. *Überprüfe, ob $\tilde{c} \geq 0$, wenn ja, dann STOP wegen Optimalität, ansonsten suche ein $\tilde{c}^i < 0$ und bestimme daraus die Pivotspalte $\bar{i}$.*

2. *Betrachte die $\gamma_{\bar{i}}^j$ mit $j = 1, \ldots, m$. Sind alle $\gamma_{\bar{i}}^j \leq 0$, dann ist das Problem unbeschränkt nach unten.*

3. *Gibt es Werte $\gamma_{\bar{i}}^j > 0$, dann bestimme die Pivotzeile $\bar{j}$ durch*

$$\min\left\{ \frac{\overline{x}_{B^j}}{\gamma_{\bar{i}}^j} = \frac{\chi^j}{\gamma_{\bar{i}}^j} \;\middle|\; \gamma_{\bar{i}}^j > 0, j = 1, \ldots, m \right\} = \frac{\overline{x}_B^{\bar{j}}}{\gamma_{\bar{i}}^{\bar{j}}}$$

4. *Führe nun einen Basiswechsel der Spalten durch:*
   B geht über in $B \setminus B^j \cup \{i\}$. Dadurch bleibt auch $x_{B^{neu}} \geq 0$ und nach dem Quotientenkriterium wird Q nicht verschlechtert:

$$Q_{neu} = Q_{alt} + \frac{\overline{x}_B^{\bar{j}} \tilde{c}^{\bar{i}}}{\gamma_{\bar{i}}^{\bar{j}}} = Q_{alt} + \frac{\chi^{\bar{j}} \tilde{c}^{\bar{i}}}{\gamma_{\bar{i}}^{\bar{j}}} \leq Q_{alt}$$

5. *Gehe zu 1.*

Für die Entscheidung in Schritt 1. über die Pivotspaltenauswahl und in Schritt 3. bei Mehrdeutigkeit des Minimums können wieder die Varianten aus Abschitt 6.1 dienen.
Beispiele sind:

- Bland (kleinster Index),

- Dantzig (minimaler Wert $\tilde{c}^j < 0$)

- größte Verbesserung (minimaler Wert von $\frac{\chi^{\bar{j}} \tilde{c}^i}{\gamma_{\bar{i}}^{\bar{j}}}$)

Phase I für den variablenorientierten Algorithmus

Zu lösen sei
$$\min c^T x \quad \text{unter } Ax = b, \; x \geq 0.$$

Wir sorgen zunächst dafür, dass auf der rechten Seite keine negativen Werte mehr stehen. Deshalb wandeln wir das Problem um durch Multiplikation mit -1 aller $b^i < 0$–Zeilen.
Neues Problem:
$$\min c^T x \quad \text{unter } \hat{A}x = \hat{b}, \; x \geq 0.$$

Um zulässige Punkte zu bekommen, müssen wir zunächst Schlupfvariablen einführen und unser (PI)-Problem formulieren:

$$\begin{array}{rl} \min & \mathbb{1}^T u \\ \text{unter} & \hat{A}x + E_m u = \hat{b}, \; x \ge 0, \; u \ge 0 \\ \text{mit} & x \in K^n, \; u \in K^m, \; \mathbb{1} \in K^m \end{array}$$

Bekannt ist ein zulässiger Punkt $\begin{pmatrix} x \\ u \end{pmatrix} = \begin{pmatrix} 0 \\ \hat{b} \end{pmatrix}$. Eine mögliche Spaltenbasis wird von E_m geliefert. Anfangstableau zur Ecke $\begin{pmatrix} 0 \\ \hat{b} \end{pmatrix}$ im (PI)-Problem:

	x^1		x^n	u^1	u^m	
	A_1		A_n	E_1	E_m	$\hat{b}$
u^1				1	0	$\hat{b}^1$
		$\gamma_i^j = A_i^j$			$\ddots$	$\vdots$
u^m				0	1	$\hat{b}^m$
		$0 - \sum_{j=1}^m \gamma_i^j$		0	$\cdots$	0	$-\mathbb{1}^T u = -\sum \hat{b}^i$
		c^ℓ		0	$\cdots$	0	$-Q = 0$

Nun wird gemäß der vorletzten Zeile und gemäß Algorithmus 6.14 optimiert. Bleibt $-\mathbb{1}^T u$ negativ, dann ist die Unzulässigkeit des Originalproblems erwiesen. Beim Erreichen von $-\mathbb{1}^T u = 0$ müssen $u_1, \ldots, u_m$ (falls dann noch in der Basis) daraus entfernt werden. Danach startet man Phase II unter Weglassen der vorletzten Zeile (die die Hilfszielfunktion beschrieben hat). Der $u^1, \ldots, u^m$-Teil kann entfallen. Mit Algorithmus 6.14 kann dann das Problem gelöst werden.

6.5   Aufgaben zum variablenorientierten Simplex-Algorithmus

Aufgabe 6.5.1

Lösen Sie das folgende lineare Programm mit dem variablenorientierten Simplexverfahren. Verwenden Sie die Auswahlregel von Dantzig. Bei Nicht-Eindeutigkeit der Zeilen- oder Spaltenauswahl entscheiden Sie sich für das obere bzw. linkere Element.

$$\begin{array}{rrrrrcr} \min & -2x^1 & -x^2 & & +x^4 & & \\ & x^1 & +2x^2 & +x^3 & & = & 12 \\ & x^1 & +x^2 & & +6x^4 & = & 8 \\ & 3x^1 & +x^2 & & +2x^4 & \le & 18 \\ & & & & x & \ge & 0 \end{array}$$

Aufgabe 6.5.2

Lösen Sie das folgende Problem mit dem variablenorientierten Simplexverfahren:

$$
\begin{array}{rrrrrrrrl}
\min & x^1 & & -x^3 & & +x^5 & -x^6 & & \\
& x^1 & -2x^2 & & -x^4 & & +2x^6 & -x^7 & = 2 \\
& 3x^1 & +x^2 & -x^3 & & & -x^6 & & = 1 \\
& & -x^2 & & & +x^5 & -2x^6 & -x^7 & = 2 \\
& -x^1 & & & -x^4 & +2x^5 & & +x^7 & = 1 \\
& & & & & & & x & \geq 0
\end{array}
$$

Verwenden Sie die Pivotregel von Dantzig. Falls Dantzig's Regel oder das Quotientenkriterium keine eindeutige Pivotauswahl ermöglicht und es somit mehrere Möglichkeiten gibt, die Pivotspalte oder -zeile zu wählen, dann wählen Sie die am weitesten links stehende Pivotspalte bzw. die am weitesten oben stehende Pivotzeile.

Aufgabe 6.5.3

Lösen Sie das folgende Problem mit dem variablenorientierten Simplexverfahren:

$$
\begin{array}{rrrrrl}
\min & 2x^1 & -2x^2 & +x^3 & +x^4 & \\
& -x^1 & -x^2 & +x^3 & & = -1 \\
& 2x^1 & -x^2 & +x^3 & & = 7 \\
& -x^1 & +x^2 & & x^4 & \leq -1 \\
& x^1 & & +2x^3 & -x^4 & \geq -4 \\
& & & & x & \geq 0
\end{array}
$$

Verwenden Sie die Pivotregel von Dantzig. Falls Dantzig's Regel oder das Quotientenkriterium keine eindeutige Pivotauswahl ermöglicht und es somit mehrere Möglichkeiten gibt, die Pivotspalte oder -zeile zu wählen, dann wählen Sie die am weitesten links stehende Pivotspalte bzw. die am weitesten oben stehende Pivotzeile.

Aufgabe 6.5.4

Lösen Sie mit dem variablenorientierten Simplexverfahren die Aufgabenstellung:

$$
\begin{array}{ll}
\min & c^T x \qquad\qquad c, x \in \mathbb{R}^7, b \in \mathbb{R}^4 \\
\text{unter} & Ax = b, x \geq 0 \quad A \in \mathbb{R}^{(4,7)}
\end{array}
$$

mit

$$
A = \begin{pmatrix}
1 & 2 & -1 & -2 & 1 & -1 & 1 \\
-1 & -2 & 0 & 3 & 1 & -2 & 0 \\
0 & 1 & -2 & 0 & 2 & 0 & -1 \\
0 & -2 & 0 & 1 & 1 & -2 & 1
\end{pmatrix}, \quad
b = \begin{pmatrix} 3 \\ 2 \\ 1 \\ 4 \end{pmatrix}
$$

$$
c = (1, -1, -1, -1, 1, 1, -1)^T
$$

1.   mit der Variante von Bland (sowohl in Phase I also auch in Phase II).

2. mit der Variante der größten Verbesserung (sowohl in Phase I also auch in Phase II). Bei nicht eindeutiger Auswahl verwenden Sie das linkere bzw. das höhere Element.

Aufgabe 6.5.5

Lösen Sie mit dem variablenorientierten Simplexverfahren die folgende Optimierungsaufgabe.

$$
\begin{array}{rrrrrrrrl}
\min & & & & -\,2x_4 & & +\,x_6 & -\,2x_7 & \\
\text{unter} & 3x_1 & & +\,x_3 & -\,2x_4 & +\,x_5 & -\,4x_6 & +\,2x_7 & =\,2 \\
& -\,2x_1 & -\,3x_2 & -\,4x_3 & +\,3x_4 & +\,x_5 & +\,2x_6 & -\,4x_7 & =\,2 \\
& x_1 & +\,2x_2 & -\,3x_3 & & +\,2x_5 & & +\,x_7 & =\,2 \\
& & -\,5x_2 & & +\,x_4 & & -\,2x_6 & -\,3x_7 & =\,2 \\
& & & & & & & x & \geq\,0
\end{array}
$$

Verwenden Sie für die Auswahl der Pivotspalte immer die Regel von Bland, das heißt, dass Sie bei Wahlmöglichkeiten stets der Variablen mit dem kleinsten Originalindex den Vorrang geben.

6.6 Lösungen zum variablenorientierten Simplex-Algorithmus

Lösung zu 6.5.1

Wegen der Ungleichung $3x^1 + x^2 + 2x^4 \leq 18$ wird eine Schlupfvariable $x^5 \geq 0$ eingeführt, um ein Problem in Standardform zu erhalten.

Die (neue) Aufgabenstellung für den variablenorientierten Simplexalgorithmus lautet deshalb

$$
\begin{array}{rrrrrrl}
\min & -2x^1 & -x^2 & & +x^4 & & \\
& x^1 & +2x^2 & +x^3 & & & =\,12 \\
& x^1 & +x^2 & & +6x^4 & & =\,8 \\
& 3x^1 & +x^2 & & +2x^4 & +x^5 & =\,18 \\
& & & & & x & \geq\,0
\end{array}
$$

Starttableau
Starte Phase I

	x_1	x_2	x_3	x_4	x_5	u_1	u_2	u_3	x_B
u_1	1	2	1	0	0	1	0	0	12
u_2	1	1	0	6	0	0	1	0	8
u_3	3	1	0	2	1	0	0	1	18
	-5	-4	-1	-8	-1	0	0	0	-38
	-2	-1	0	1	0	0	0	0	0

Pivotzeile: 2 Pivotspalte: 4

	x_1	x_2	x_3	x_4	x_5	u_1	u_2	u_3	x_B
u_1	1	2	1	0	0	1	0	0	12
x_4	$\frac{1}{6}$	$\frac{1}{6}$	0	1	0	0	$\frac{1}{6}$	0	$\frac{4}{3}$
u_3	$\frac{8}{3}$	$\frac{2}{3}$	0	0	1	0	$-\frac{1}{3}$	1	$\frac{46}{3}$
	$-\frac{11}{3}$	$-\frac{8}{3}$	-1	0	-1	0	$\frac{4}{3}$	0	$-\frac{82}{3}$
	$-\frac{13}{6}$	$-\frac{7}{6}$	0	0	0	0	$-\frac{1}{6}$	0	$-\frac{4}{3}$

Pivotzeile: 3 Pivotspalte: 1

	x_1	x_2	x_3	x_4	x_5	u_1	u_2	u_3	x_B
u_1	0	$\frac{7}{4}$	1	0	$-\frac{3}{8}$	1	$\frac{1}{8}$	$-\frac{3}{8}$	$\frac{25}{4}$
x_4	0	$\frac{1}{8}$	0	1	$-\frac{1}{16}$	0	$\frac{3}{16}$	$-\frac{1}{16}$	$\frac{3}{8}$
x_1	1	$\frac{1}{4}$	0	0	$\frac{3}{8}$	0	$-\frac{1}{8}$	$\frac{3}{8}$	$\frac{23}{4}$
	0	$-\frac{7}{4}$	-1	0	$\frac{3}{8}$	0	$\frac{7}{8}$	$\frac{11}{8}$	$-\frac{25}{4}$
	0	$-\frac{5}{8}$	0	0	$\frac{13}{16}$	0	$-\frac{7}{16}$	$\frac{13}{16}$	$\frac{89}{8}$

Pivotzeile: 2 Pivotspalte: 2

	x_1	x_2	x_3	x_4	x_5	u_1	u_2	u_3	x_B
u_1	0	0	1	-14	$\frac{1}{2}$	1	$-\frac{5}{2}$	$\frac{1}{2}$	1
x_2	0	1	0	8	$-\frac{1}{2}$	0	$\frac{3}{2}$	$-\frac{1}{2}$	3
x_1	1	0	0	-2	$\frac{1}{2}$	0	$-\frac{1}{2}$	$\frac{1}{2}$	5
	0	0	-1	14	$-\frac{1}{2}$	0	$\frac{7}{2}$	$\frac{1}{2}$	-1
	0	0	0	5	$\frac{1}{2}$	0	$\frac{1}{2}$	$\frac{1}{2}$	13

Pivotzeile: 1 Pivotspalte: 3

	x_1	x_2	x_3	x_4	x_5	u_1	u_2	u_3	x_B
x_3	0	0	1	-14	$\frac{1}{2}$	1	$-\frac{5}{2}$	$\frac{1}{2}$	1
x_2	0	1	0	8	$-\frac{1}{2}$	0	$\frac{3}{2}$	$-\frac{1}{2}$	3
x_1	1	0	0	-2	$\frac{1}{2}$	0	$-\frac{1}{2}$	$\frac{1}{2}$	5
	0	0	0	0	0	1	1	1	0
	0	0	0	5	$\frac{1}{2}$	0	$\frac{1}{2}$	$\frac{1}{2}$	13

Ende Phase I $\to$ Streiche Hilfsproblemzeile
Starte Phase II

	x_1	x_2	x_3	x_4	x_5	u_1	u_2	u_3	x_B
x_3	0	0	1	-14	$\frac{1}{2}$	1	$-\frac{5}{2}$	$\frac{1}{2}$	1
x_2	0	1	0	8	$-\frac{1}{2}$	0	$\frac{3}{2}$	$-\frac{1}{2}$	3
x_1	1	0	0	-2	$\frac{1}{2}$	0	$-\frac{1}{2}$	$\frac{1}{2}$	5
	0	0	0	5	$\frac{1}{2}$	0	$\frac{1}{2}$	$\frac{1}{2}$	13

Ende Phase II
Optimalpunkt $(5, 3, 1, 0, 0)^T$ mit Zielfunktionswert -13

Lösung zu 6.5.2
Starttableau
Starte Phase I

	x_1	x_2	x_3	x_4	x_5	x_6	x_7	u_1	u_2	u_3	u_4	x_B
u_1	1	-2	0	-1	0	2	-1	1	0	0	0	2
u_2	3	1	-1	0	0	-1	0	0	1	0	0	1
u_3	0	-1	0	0	1	-2	-1	0	0	1	0	2
u_4	-1	0	0	-1	2	0	1	0	0	0	1	1
	-3	2	1	2	-3	1	1	0	0	0	0	-6
	1	0	-1	0	1	-1	0	0	0	0	0	0

Pivotzeile: 2 Pivotspalte: 1

	x_1	x_2	x_3	x_4	x_5	x_6	x_7	u_1	u_2	u_3	u_4	x_B
u_1	0	$-\frac{7}{3}$	$\frac{1}{3}$	-1	0	$\frac{7}{3}$	-1	1	$-\frac{1}{3}$	0	0	$\frac{5}{3}$
x_1	1	$\frac{1}{3}$	$-\frac{1}{3}$	0	0	$-\frac{1}{3}$	0	0	$\frac{1}{3}$	0	0	$\frac{1}{3}$
u_3	0	-1	0	0	1	-2	-1	0	0	1	0	2
u_4	0	$\frac{1}{3}$	$-\frac{1}{3}$	-1	2	$-\frac{1}{3}$	1	0	$\frac{1}{3}$	0	1	$\frac{4}{3}$
	0	3	0	2	-3	0	1	0	1	0	0	-5
	0	$-\frac{1}{3}$	$-\frac{2}{3}$	0	1	$-\frac{2}{3}$	0	0	$-\frac{1}{3}$	0	0	$-\frac{1}{3}$

Pivotzeile: 4 Pivotspalte: 5

	x_1	x_2	x_3	x_4	x_5	x_6	x_7	u_1	u_2	u_3	u_4	x_B
u_1	0	$-\frac{7}{3}$	$\frac{1}{3}$	-1	0	$\frac{7}{3}$	-1	1	$-\frac{1}{3}$	0	0	$\frac{5}{3}$
x_1	1	$\frac{1}{3}$	$-\frac{1}{3}$	0	0	$-\frac{1}{3}$	0	0	$\frac{1}{3}$	0	0	$\frac{1}{3}$
u_3	0	$-\frac{7}{6}$	$\frac{1}{6}$	$\frac{1}{2}$	0	$-\frac{11}{6}$	$-\frac{3}{2}$	0	$-\frac{1}{6}$	1	$-\frac{1}{2}$	$\frac{4}{3}$
x_5	0	$\frac{1}{6}$	$-\frac{1}{6}$	$-\frac{1}{2}$	1	$-\frac{1}{6}$	$\frac{1}{2}$	0	$\frac{1}{6}$	0	$\frac{1}{2}$	$\frac{2}{3}$
	0	$\frac{7}{2}$	$-\frac{1}{2}$	$\frac{1}{2}$	0	$-\frac{1}{2}$	$\frac{5}{2}$	0	$\frac{3}{2}$	0	$\frac{3}{2}$	-3
	0	$-\frac{1}{2}$	$-\frac{1}{2}$	$\frac{1}{2}$	0	$-\frac{1}{2}$	$-\frac{1}{2}$	0	$-\frac{1}{2}$	0	$-\frac{1}{2}$	-1

Pivotzeile: 1 Pivotspalte: 3

	x_1	x_2	x_3	x_4	x_5	x_6	x_7	u_1	u_2	u_3	u_4	x_B
x_3	0	-7	1	-3	0	7	-3	3	-1	0	0	5
x_1	1	-2	0	-1	0	2	-1	1	0	0	0	2
u_3	0	0	0	1	0	-3	-1	$-\frac{1}{2}$	0	1	$-\frac{1}{2}$	$\frac{1}{2}$
x_5	0	-1	0	-1	1	1	0	$\frac{1}{2}$	0	0	$\frac{1}{2}$	$\frac{3}{2}$
	0	0	0	-1	0	3	1	$\frac{3}{2}$	1	0	$\frac{3}{2}$	$-\frac{1}{2}$
	0	-4	0	-1	0	3	-2	$\frac{3}{2}$	-1	0	$-\frac{1}{2}$	$\frac{3}{2}$

Pivotzeile: 3 Pivotspalte: 4

	x_1	x_2	x_3	x_4	x_5	x_6	x_7	u_1	u_2	u_3	u_4	x_B
x_3	0	-7	1	0	0	-2	-6	$\frac{3}{2}$	-1	3	$-\frac{3}{2}$	$\frac{13}{2}$
x_1	1	-2	0	0	0	-1	-2	$\frac{1}{2}$	0	1	$-\frac{1}{2}$	$\frac{5}{2}$
x_4	0	0	0	1	0	-3	-1	$-\frac{1}{2}$	0	1	$-\frac{1}{2}$	$\frac{1}{2}$
x_5	0	-1	0	0	1	-2	-1	0	0	1	0	2
	0	0	0	0	0	0	0	1	1	1	1	0
	0	-4	0	0	0	0	-3	1	-1	1	-1	2

Ende Phase I → Streiche Hilfsproblemzeile

Starte Phase II

	x_1	x_2	x_3	x_4	x_5	x_6	x_7	u_1	u_2	u_3	u_4	x_B
x_3	0	-7	1	0	0	-2	-6	$\frac{3}{2}$	-1	3	$-\frac{3}{2}$	$\frac{13}{2}$
x_1	1	-2	0	0	0	-1	-2	$\frac{1}{2}$	0	1	$-\frac{1}{2}$	$\frac{5}{2}$
x_4	0	0	0	1	0	-3	-1	$-\frac{1}{2}$	0	1	$-\frac{1}{2}$	$\frac{1}{2}$
x_5	0	-1	0	0	1	-2	-1	0	0	1	0	2
	0	-4	0	0	0	0	-3	1	-1	1	-1	2

Ende Phase II

Problem ist unbeschränkt mit freier Richtung $z_2 = (2, 1, 7, 0, 1, 0, 0)^T$ und $c^T z_2 = -4$

Lösung zu 6.5.3

Das Problem

$$
\begin{aligned}
\min \quad & 2x^1 && - 2x^2 && + x^3 && + x^4 && \\
& -x^1 && - x^2 && + x^3 && && = -1 \\
& 2x^1 && - x^2 && + x^3 && && = 7 \\
& -x^1 && + x^2 && && - x^4 && \le -1 \\
& x^1 && && + 2x^3 && - x^4 && \ge -4 \\
& && && && x && \ge 0
\end{aligned}
$$

muss zunächst umformuliert werden, insbesondere müssen Schlupfvariablen bei den Unglei-chungen eingeführt werden und dann müssen die Zeilen mit negativer rechter Seite mit -1 mul-tipliziert werden.

Damit ergibt sich folgendes Standardformproblem, das mit dem variablenorientierten Simplex-verfahren zu lösen ist:

$$
\begin{aligned}
\min \quad & 2x^1 && - 2x^2 && + x^3 && + x^4 && && && \\
& x^1 && + x^2 && - x^3 && && && && = 1 \\
& 2x^1 && - x^2 && + x^3 && && && && = 7 \\
& x^1 && - x^2 && && + x^4 && - x^5 && && = 1 \\
& -x^1 && && - 2x^3 && + x^4 && && + x^6 && = 4 \\
& && && && && && x && \ge 0
\end{aligned}
$$

Starttableau
Starte Phase I

	x_1	x_2	x_3	x_4	x_5	x_6	u_1	u_2	u_3	u_4	x_B
u_1	1	1	-1	0	0	0	1	0	0	0	1
u_2	2	-1	1	0	0	0	0	1	0	0	7
u_3	1	-1	0	1	-1	0	0	0	1	0	1
u_4	-1	0	-2	1	0	1	0	0	0	1	4
	-3	1	2	-2	1	-1	0	0	0	0	-13
	2	-2	1	1	0	0	0	0	0	0	0

Pivotzeile: 1 Pivotspalte: 1

	x_1	x_2	x_3	x_4	x_5	x_6	u_1	u_2	u_3	u_4	x_B
x_1	1	1	-1	0	0	0	1	0	0	0	1
u_2	0	-3	3	0	0	0	-2	1	0	0	5
u_3	0	-2	1	1	-1	0	-1	0	1	0	0
u_4	0	1	-3	1	0	1	1	0	0	1	5
	0	4	-1	-2	1	-1	3	0	0	0	-10
	0	-4	3	1	0	0	-2	0	0	0	-2

Pivotzeile: 3 Pivotspalte: 4

	x_1	x_2	x_3	x_4	x_5	x_6	u_1	u_2	u_3	u_4	x_B
x_1	1	1	-1	0	0	0	1	0	0	0	1
u_2	0	-3	3	0	0	0	-2	1	0	0	5
x_4	0	-2	1	1	-1	0	-1	0	1	0	0
u_4	0	3	-4	0	1	1	2	0	-1	1	5
	0	0	1	0	-1	-1	1	0	2	0	-10
	0	-2	2	0	1	0	-1	0	-1	0	-2

Pivotzeile: 4 Pivotspalte: 5

	x_1	x_2	x_3	x_4	x_5	x_6	u_1	u_2	u_3	u_4	x_B
x_1	1	1	-1	0	0	0	1	0	0	0	1
u_2	0	-3	3	0	0	0	-2	1	0	0	5
x_4	0	1	-3	1	0	1	1	0	0	1	5
x_5	0	3	-4	0	1	1	2	0	-1	1	5
	0	3	-3	0	0	0	3	0	1	1	-5
	0	-5	6	0	0	-1	-3	0	0	-1	-7

Pivotzeile: 2 Pivotspalte: 3

	x_1	x_2	x_3	x_4	x_5	x_6	u_1	u_2	u_3	u_4	x_B
x_1	1	0	0	0	0	0	$\frac{1}{3}$	$\frac{1}{3}$	0	0	$\frac{8}{3}$
x_3	0	-1	1	0	0	0	$-\frac{2}{3}$	$\frac{1}{3}$	0	0	$\frac{5}{3}$
x_4	0	-2	0	1	0	1	-1	1	0	1	10
x_5	0	-1	0	0	1	1	$-\frac{2}{3}$	$\frac{4}{3}$	-1	1	$\frac{35}{3}$
	0	0	0	0	0	0	1	1	1	1	0
	0	1	0	0	0	-1	1	-2	0	-1	-17

Ende Phase I $\rightarrow$ Streiche Hilfsproblemzeile
Starte Phase II

	x_1	x_2	x_3	x_4	x_5	x_6	u_1	u_2	u_3	u_4	x_B
x_1	1	0	0	0	0	0	$\frac{1}{3}$	$\frac{1}{3}$	0	0	$\frac{8}{3}$
x_3	0	-1	1	0	0	0	$-\frac{2}{3}$	$\frac{1}{3}$	0	0	$\frac{5}{3}$
x_4	0	-2	0	1	0	1	-1	1	0	1	10
x_5	0	-1	0	0	1	1	$-\frac{2}{3}$	$\frac{4}{3}$	-1	1	$\frac{35}{3}$
	0	1	0	0	0	-1	1	-2	0	-1	-17

Pivotzeile: 3 Pivotspalte: 6

	x_1	x_2	x_3	x_4	x_5	x_6	u_1	u_2	u_3	u_4	x_B
x_1	1	0	0	0	0	0	$\frac{1}{3}$	$\frac{1}{3}$	0	0	$\frac{8}{3}$
x_3	0	-1	1	0	0	0	$-\frac{2}{3}$	$\frac{1}{3}$	0	0	$\frac{5}{3}$
x_6	0	-2	0	1	0	1	-1	1	0	1	10
x_5	0	$\boxed{1}$	0	-1	1	0	$\frac{1}{3}$	$\frac{1}{3}$	-1	0	$\frac{5}{3}$
	0	-1	0	1	0	0	0	-1	0	0	-7

Pivotzeile: 4 Pivotspalte: 2

	x_1	x_2	x_3	x_4	x_5	x_6	u_1	u_2	u_3	u_4	x_B
x_1	1	0	0	0	0	0	$\frac{1}{3}$	$\frac{1}{3}$	0	0	$\frac{8}{3}$
x_3	0	0	1	-1	1	0	$-\frac{1}{3}$	$\frac{2}{3}$	-1	0	$\frac{10}{3}$
x_6	0	0	0	1	2	1	$-\frac{1}{3}$	$\frac{5}{3}$	-2	1	$\frac{40}{3}$
x_2	0	1	0	-1	1	0	$\frac{1}{3}$	$\frac{1}{3}$	-1	0	$\frac{5}{3}$
	0	0	0	0	1	0	$\frac{1}{3}$	$-\frac{2}{3}$	-1	0	$-\frac{16}{3}$

Ende Phase II

Optimalpunkt $(\frac{8}{3}, \frac{5}{3}, \frac{10}{3}, 0, 0, \frac{40}{3})^T$ mit Zielfunktionswert $\frac{16}{3}$

Lösung zu 6.5.4
Variante von Bland
Starttableau
Starte Phase I

	x_1	x_2	x_3	x_4	x_5	x_6	x_7	u_1	u_2	u_3	u_4	x_B
u_1	1	2	-1	-2	1	-1	1	1	0	0	0	3
u_2	-1	-2	0	$\boxed{3}$	1	-2	0	0	1	0	0	2
u_3	0	1	-2	0	2	0	-1	0	0	1	0	1
u_4	0	-2	0	1	1	-2	1	0	0	0	1	4
	0	1	3	-2	-5	5	-1	0	0	0	0	-10
	1	-1	-1	-1	1	1	-1	0	0	0	0	0

Pivotzeile: 2 Pivotspalte: 4

	x_1	x_2	x_3	x_4	x_5	x_6	x_7	u_1	u_2	u_3	u_4	x_B
u_1	$\frac{1}{3}$	$\frac{2}{3}$	-1	0	$\frac{5}{3}$	$-\frac{7}{3}$	1	1	$\frac{2}{3}$	0	0	$\frac{13}{3}$
x_4	$-\frac{1}{3}$	$-\frac{2}{3}$	0	1	$\frac{1}{3}$	$-\frac{2}{3}$	0	0	$\frac{1}{3}$	0	0	$\frac{2}{3}$
u_3	0	1	-2	0	2	0	-1	0	0	1	0	1
u_4	$\frac{1}{3}$	$-\frac{4}{3}$	0	0	$\frac{2}{3}$	$-\frac{4}{3}$	1	0	$-\frac{1}{3}$	0	1	$\frac{10}{3}$
	$-\frac{2}{3}$	$-\frac{1}{3}$	3	0	$-\frac{13}{3}$	$\frac{11}{3}$	-1	0	$\frac{2}{3}$	0	0	$-\frac{26}{3}$
	$\frac{2}{3}$	$-\frac{5}{3}$	-1	0	$\frac{4}{3}$	$\frac{1}{3}$	-1	0	$\frac{1}{3}$	0	0	$\frac{2}{3}$

Pivotzeile: 4 Pivotspalte: 1

	x_1	x_2	x_3	x_4	x_5	x_6	x_7	u_1	u_2	u_3	u_4	x_B
u_1	0	2	-1	0	1	-1	0	1	1	0	-1	1
x_4	0	-2	0	1	1	-2	1	0	0	0	1	4
u_3	0	1	-2	0	2	0	-1	0	0	1	0	1
x_1	1	-4	0	0	2	-4	3	0	-1	0	3	10
	0	-3	3	0	-3	1	1	0	0	0	2	-2
	0	1	-1	0	0	3	-3	0	1	0	-2	-6

Pivotzeile: 1 Pivotspalte: 2

	x_1	x_2	x_3	x_4	x_5	x_6	x_7	u_1	u_2	u_3	u_4	x_B
x_2	0	1	$-\frac{1}{2}$	0	$\frac{1}{2}$	$-\frac{1}{2}$	0	$\frac{1}{2}$	$\frac{1}{2}$	0	$-\frac{1}{2}$	$\frac{1}{2}$
x_4	0	0	-1	1	2	-3	1	1	1	0	0	5
u_3	0	0	$-\frac{3}{2}$	0	$\frac{3}{2}$	$\frac{1}{2}$	-1	$-\frac{1}{2}$	$-\frac{1}{2}$	1	$\frac{1}{2}$	$\frac{1}{2}$
x_1	1	0	-2	0	4	-6	3	2	1	0	1	12
	0	0	$\frac{3}{2}$	0	$-\frac{3}{2}$	$-\frac{1}{2}$	1	$\frac{3}{2}$	$\frac{3}{2}$	0	$\frac{1}{2}$	$-\frac{1}{2}$
	0	0	$-\frac{1}{2}$	0	$-\frac{1}{2}$	$\frac{7}{2}$	-3	$-\frac{1}{2}$	$\frac{1}{2}$	0	$-\frac{3}{2}$	$-\frac{13}{2}$

Pivotzeile: 3 Pivotspalte: 5

	x_1	x_2	x_3	x_4	x_5	x_6	x_7	u_1	u_2	u_3	u_4	x_B
x_2	0	1	0	0	0	$-\frac{2}{3}$	$\frac{1}{3}$	$\frac{2}{3}$	$\frac{2}{3}$	$-\frac{1}{3}$	$-\frac{2}{3}$	$\frac{1}{3}$
x_4	0	0	1	1	0	$-\frac{11}{3}$	$\frac{7}{3}$	$\frac{5}{3}$	$\frac{5}{3}$	$-\frac{4}{3}$	$-\frac{2}{3}$	$\frac{13}{3}$
x_5	0	0	-1	0	1	$\frac{1}{3}$	$-\frac{2}{3}$	$-\frac{1}{3}$	$-\frac{1}{3}$	$\frac{2}{3}$	$\frac{1}{3}$	$\frac{1}{3}$
x_1	1	0	2	0	0	$-\frac{22}{3}$	$\frac{17}{3}$	$\frac{10}{3}$	$\frac{7}{3}$	$-\frac{8}{3}$	$-\frac{1}{3}$	$\frac{32}{3}$
	0	0	0	0	0	0	0	1	1	1	1	0
	0	0	-1	0	0	$\frac{11}{3}$	$-\frac{10}{3}$	$-\frac{2}{3}$	$\frac{1}{3}$	$\frac{1}{3}$	$-\frac{4}{3}$	$-\frac{19}{3}$

Ende Phase I → Streiche Hilfsproblemzeile
Starte Phase II

	x_1	x_2	x_3	x_4	x_5	x_6	x_7	u_1	u_2	u_3	u_4	x_B
x_2	0	1	0	0	0	$-\frac{2}{3}$	$\frac{1}{3}$	$\frac{2}{3}$	$\frac{2}{3}$	$-\frac{1}{3}$	$-\frac{2}{3}$	$\frac{1}{3}$
x_4	0	0	$\boxed{1}$	1	0	$-\frac{11}{3}$	$\frac{7}{3}$	$\frac{5}{3}$	$\frac{5}{3}$	$-\frac{4}{3}$	$\frac{2}{3}$	$\frac{13}{3}$
x_5	0	0	-1	0	1	$\frac{1}{3}$	$-\frac{2}{3}$	$-\frac{1}{3}$	$-\frac{1}{3}$	$\frac{2}{3}$	$\frac{1}{3}$	$\frac{1}{3}$
x_1	1	0	2	0	0	$-\frac{22}{3}$	$\frac{17}{3}$	$\frac{10}{3}$	$\frac{7}{3}$	$-\frac{8}{3}$	$-\frac{1}{3}$	$\frac{32}{3}$
	0	0	-1	0	0	$\frac{11}{3}$	$-\frac{10}{3}$	$-\frac{2}{3}$	$\frac{1}{3}$	$\frac{1}{3}$	$-\frac{4}{3}$	$-\frac{19}{3}$

Pivotzeile: 2 Pivotspalte: 3

	x_1	x_2	x_3	x_4	x_5	x_6	x_7	u_1	u_2	u_3	u_4	x_B
x_2	0	1	0	0	0	$-\frac{2}{3}$	$\boxed{\frac{1}{3}}$	$\frac{2}{3}$	$\frac{2}{3}$	$-\frac{1}{3}$	$-\frac{2}{3}$	$\frac{1}{3}$
x_3	0	0	1	1	0	$-\frac{11}{3}$	$\frac{7}{3}$	$\frac{5}{3}$	$\frac{5}{3}$	$-\frac{4}{3}$	$-\frac{2}{3}$	$\frac{13}{3}$
x_5	0	0	0	1	1	$-\frac{10}{3}$	$\frac{5}{3}$	$\frac{4}{3}$	$\frac{4}{3}$	$-\frac{2}{3}$	$-\frac{1}{3}$	$\frac{14}{3}$
x_1	1	0	0	-2	0	0	1	0	-1	0	1	2
	0	0	0	1	0	0	-1	1	2	-1	-2	-2

Pivotzeile: 1 Pivotspalte: 7

	x_1	x_2	x_3	x_4	x_5	x_6	x_7	u_1	u_2	u_3	u_4	x_B
x_7	0	3	0	0	0	-2	1	2	2	-1	-2	1
x_3	0	-7	1	1	0	1	0	-3	-3	1	4	2
x_5	0	-5	0	1	1	0	0	-2	-2	1	3	3
x_1	1	-3	0	-2	0	2	0	-2	-3	1	3	1
	0	3	0	1	0	-2	0	3	4	-2	-4	-1

Pivotzeile: 4 Pivotspalte: 6

	x_1	x_2	x_3	x_4	x_5	x_6	x_7	u_1	u_2	u_3	u_4	x_B
x_7	1	0	0	-2	0	0	1	0	-1	0	1	2
x_3	$-\frac{1}{2}$	$-\frac{11}{2}$	1	2	0	0	0	-2	$-\frac{3}{2}$	$\frac{1}{2}$	$\frac{5}{2}$	$\frac{3}{2}$
x_5	0	-5	0	1	1	0	0	-2	-2	1	3	3
x_6	$\frac{1}{2}$	$-\frac{3}{2}$	0	-1	0	1	0	-1	$-\frac{3}{2}$	$\frac{1}{2}$	$\frac{3}{2}$	$\frac{1}{2}$
	1	0	0	-1	0	0	0	1	1	-1	-1	0

Pivotzeile: 2 Pivotspalte: 4

	x_1	x_2	x_3	x_4	x_5	x_6	x_7	u_1	u_2	u_3	u_4	x_B
x_7	$\frac{1}{2}$	$-\frac{11}{2}$	1	0	0	0	1	-2	$-\frac{5}{2}$	$\frac{1}{2}$	$\frac{7}{2}$	$\frac{7}{2}$
x_4	$-\frac{1}{4}$	$-\frac{11}{4}$	$\frac{1}{2}$	1	0	0	0	-1	$-\frac{3}{4}$	$\frac{1}{4}$	$\frac{5}{4}$	$\frac{3}{4}$
x_5	$\frac{1}{4}$	$-\frac{9}{4}$	$-\frac{1}{2}$	0	1	0	0	-1	$-\frac{5}{4}$	$\frac{3}{4}$	$\frac{7}{4}$	$\frac{9}{4}$
x_6	$\frac{1}{4}$	$-\frac{17}{4}$	$\frac{1}{2}$	0	0	1	0	-2	$-\frac{9}{4}$	$\frac{3}{4}$	$\frac{11}{4}$	$\frac{5}{4}$
	$\frac{3}{4}$	$-\frac{11}{4}$	$\frac{1}{2}$	0	0	0	0	0	$\frac{1}{4}$	$-\frac{3}{4}$	$\frac{1}{4}$	$\frac{3}{4}$

Ende Phase II

Problem ist unbeschränkt mit freier Richtung $z_2 = (0, 1, 0, \frac{11}{4}, \frac{9}{4}, \frac{17}{4}, \frac{11}{2})^T$ und $c^T z_2 = -\frac{11}{4}$

Variante der größten Verbesserung
Starttableau
Starte Phase I

	x_1	x_2	x_3	x_4	x_5	x_6	x_7	u_1	u_2	u_3	u_4	x_B
u_1	1	2	-1	-2	1	-1	1	1	0	0	0	3
u_2	-1	-2	0	3	1	-2	0	0	1	0	0	2
u_3	0	1	-2	0	2	0	-1	0	0	1	0	1
u_4	0	-2	0	1	1	-2	1	0	0	0	1	4
	0	1	3	-2	-5	5	-1	0	0	0	0	-10
	1	-1	-1	-1	1	1	-1	0	0	0	0	0

Pivotzeile: 1 Pivotspalte: 7

	x_1	x_2	x_3	x_4	x_5	x_6	x_7	u_1	u_2	u_3	u_4	x_B
x_7	1	2	-1	-2	1	-1	1	1	0	0	0	3
u_2	-1	-2	0	3	1	-2	0	0	1	0	0	2
u_3	1	3	-3	-2	3	-1	0	1	0	1	0	4
u_4	-1	-4	1	3	0	-1	0	-1	0	0	1	1
	1	3	2	-4	-4	4	0	1	0	0	0	-7
	2	1	-2	-3	2	0	0	1	0	0	0	3

Pivotzeile: 3 Pivotspalte: 5

	x_1	x_2	x_3	x_4	x_5	x_6	x_7	u_1	u_2	u_3	u_4	x_B
x_7	$\frac{2}{3}$	1	0	$-\frac{4}{3}$	0	$-\frac{2}{3}$	1	$\frac{2}{3}$	0	$-\frac{1}{3}$	0	$\frac{5}{3}$
u_2	$-\frac{4}{3}$	-3	1	$\frac{11}{3}$	0	$-\frac{5}{3}$	0	$-\frac{1}{3}$	1	$-\frac{1}{3}$	0	$\frac{2}{3}$
x_5	$\frac{1}{3}$	1	-1	$-\frac{2}{3}$	1	$-\frac{1}{3}$	0	$\frac{1}{3}$	0	$\frac{1}{3}$	0	$\frac{4}{3}$
u_4	-1	-4	1	3	0	-1	0	-1	0	0	1	1
	$\frac{7}{3}$	7	-2	$-\frac{20}{3}$	0	$\frac{8}{3}$	0	$\frac{7}{3}$	0	$\frac{4}{3}$	0	$-\frac{5}{3}$
	$\frac{4}{3}$	-1	0	$-\frac{5}{3}$	0	$\frac{2}{3}$	0	$\frac{1}{3}$	0	$-\frac{2}{3}$	0	$\frac{1}{3}$

Pivotzeile: 2 Pivotspalte: 3

	x_1	x_2	x_3	x_4	x_5	x_6	x_7	u_1	u_2	u_3	u_4	x_B
x_7	$\frac{2}{3}$	1	0	$-\frac{4}{3}$	0	$-\frac{2}{3}$	1	$\frac{2}{3}$	0	$-\frac{1}{3}$	0	$\frac{5}{3}$
x_3	$-\frac{4}{3}$	-3	1	$\frac{11}{3}$	0	$-\frac{5}{3}$	0	$-\frac{1}{3}$	1	$-\frac{1}{3}$	0	$\frac{2}{3}$
x_5	-1	-2	0	3	1	-2	0	0	1	0	0	2
u_4	$\boxed{\frac{1}{3}}$	-1	0	$-\frac{2}{3}$	0	$\frac{2}{3}$	0	$-\frac{2}{3}$	-1	$\frac{1}{3}$	1	$\frac{1}{3}$
	$-\frac{1}{3}$	1	0	$\frac{2}{3}$	0	$-\frac{2}{3}$	0	$\frac{5}{3}$	2	$\frac{2}{3}$	0	$-\frac{1}{3}$
	$\frac{4}{3}$	-1	0	$-\frac{5}{3}$	0	$\frac{2}{3}$	0	$\frac{1}{3}$	0	$-\frac{2}{3}$	0	$\frac{1}{3}$

Pivotzeile: 4 Pivotspalte: 1

	x_1	x_2	x_3	x_4	x_5	x_6	x_7	u_1	u_2	u_3	u_4	x_B
x_7	0	3	0	0	0	-2	1	2	2	-1	-2	1
x_3	0	-7	1	1	0	1	0	-3	-3	1	4	2
x_5	0	-5	0	1	1	0	0	-2	-2	1	3	3
x_1	1	-3	0	-2	0	2	0	-2	-3	1	3	1
	0	0	0	0	0	0	0	1	1	1	1	0
	0	3	0	1	0	-2	0	3	4	-2	-4	-1

Ende Phase I $\rightarrow$ Streiche Hilfsproblemzeile
Starte Phase II

	x_1	x_2	x_3	x_4	x_5	x_6	x_7	u_1	u_2	u_3	u_4	x_B
x_7	0	3	0	0	0	-2	1	2	2	-1	-2	1
x_3	0	-7	1	1	0	1	0	-3	-3	1	4	2
x_5	0	-5	0	1	1	0	0	-2	-2	1	3	3
x_1	1	-3	0	-2	0	$\boxed{2}$	0	-2	-3	1	3	1
	0	3	0	1	0	-2	0	3	4	-2	-4	-1

Pivotzeile: 4 Pivotspalte: 6

	x_1	x_2	x_3	x_4	x_5	x_6	x_7	u_1	u_2	u_3	u_4	x_B
x_7	1	0	0	-2	0	0	1	0	-1	0	1	2
x_3	$-\frac{1}{2}$	$-\frac{11}{2}$	1	$\boxed{2}$	0	0	0	-2	$-\frac{3}{2}$	$\frac{1}{2}$	$\frac{5}{2}$	$\frac{3}{2}$
x_5	0	-5	0	1	1	0	0	-2	-2	1	3	3
x_6	$\frac{1}{2}$	$-\frac{3}{2}$	0	-1	0	1	0	-1	$-\frac{3}{2}$	$\frac{1}{2}$	$\frac{3}{2}$	$\frac{1}{2}$
	1	0	0	-1	0	0	0	1	1	-1	-1	0

Pivotzeile: 2 Pivotspalte: 4

	x_1	x_2	x_3	x_4	x_5	x_6	x_7	u_1	u_2	u_3	u_4	x_B
x_7	$\frac{1}{2}$	$-\frac{11}{2}$	1	0	0	0	1	-2	$-\frac{5}{2}$	$\frac{1}{2}$	$\frac{7}{2}$	$\frac{7}{2}$
x_4	$-\frac{1}{4}$	$-\frac{11}{4}$	$\frac{1}{2}$	1	0	0	0	-1	$-\frac{3}{4}$	$\frac{1}{4}$	$\frac{5}{4}$	$\frac{3}{4}$
x_5	$\frac{1}{4}$	$-\frac{9}{4}$	$-\frac{1}{2}$	0	1	0	0	-1	$-\frac{5}{4}$	$\frac{3}{4}$	$\frac{7}{4}$	$\frac{9}{4}$
x_6	$\frac{1}{4}$	$-\frac{17}{4}$	$\frac{1}{2}$	0	0	1	0	-2	$\frac{9}{4}$	$\frac{3}{4}$	$\frac{11}{4}$	$\frac{5}{4}$
	$\frac{3}{4}$	$-\frac{11}{4}$	$\frac{1}{2}$	0	0	0	0	0	$\frac{1}{4}$	$-\frac{3}{4}$	$\frac{1}{4}$	$\frac{3}{4}$

Ende Phase II

Problem ist unbeschränkt mit freier Richtung $z_2 = (0, 1, 0, \frac{11}{4}, \frac{9}{4}, \frac{17}{4}, \frac{11}{2})^T$ und $c^T z_2 = -\frac{11}{4}$
Wiederum ist das Problem unbeschränkt mit demselben Ergebnis wie bei der Variante von Bland.

Lösung zu 6.5.5

Starttableau
Starte Phase I

	x_1	x_2	x_3	x_4	x_5	x_6	x_7	u_1	u_2	u_3	u_4	x_B
u_1	$\boxed{3}$	0	1	-2	1	-4	2	1	0	0	0	2
u_2	-2	-3	-4	3	1	2	-4	0	1	0	0	2
u_3	1	2	-3	0	2	0	1	0	0	1	0	2
u_4	0	-5	0	1	0	-2	-3	0	0	0	1	2
	-2	6	6	-2	-4	4	4	0	0	0	0	-8
	0	0	0	-2	0	1	-2	0	0	0	0	0

Pivotzeile: 1 Pivotspalte: 1

	x_1	x_2	x_3	x_4	x_5	x_6	x_7	u_1	u_2	u_3	u_4	x_B
x_1	1	0	$\frac{1}{3}$	$-\frac{2}{3}$	$\frac{1}{3}$	$-\frac{4}{3}$	$\frac{2}{3}$	$\frac{1}{3}$	0	0	0	$\frac{2}{3}$
u_2	0	-3	$-\frac{10}{3}$	$\frac{5}{3}$	$\frac{5}{3}$	$-\frac{2}{3}$	$-\frac{8}{3}$	$\frac{2}{3}$	1	0	0	$\frac{10}{3}$
u_3	0	2	$-\frac{10}{3}$	$\frac{2}{3}$	$\frac{5}{3}$	$\frac{4}{3}$	$\frac{1}{3}$	$-\frac{1}{3}$	0	1	0	$\frac{4}{3}$
u_4	0	-5	0	1	0	-2	-3	0	0	0	1	2
	0	6	$\frac{20}{3}$	$-\frac{10}{3}$	$-\frac{10}{3}$	$\frac{4}{3}$	$\frac{16}{3}$	$\frac{2}{3}$	0	0	0	$-\frac{20}{3}$
	0	0	0	-2	0	1	-2	0	0	0	0	0

Pivotzeile: 2 Pivotspalte: 4

	x_1	x_2	x_3	x_4	x_5	x_6	x_7	u_1	u_2	u_3	u_4	x_B
x_1	1	$-\frac{6}{5}$	-1	0	1	$-\frac{8}{5}$	$-\frac{2}{5}$	$\frac{3}{5}$	$\frac{2}{5}$	0	0	2
x_4	0	$-\frac{9}{5}$	-2	1	1	$-\frac{2}{5}$	$-\frac{8}{5}$	$\frac{2}{5}$	$\frac{3}{5}$	0	0	2
u_3	0	$\frac{16}{5}$	-2	0	1	$\frac{8}{5}$	$\frac{7}{5}$	$-\frac{3}{5}$	$-\frac{2}{5}$	1	0	0
u_4	0	$-\frac{16}{5}$	2	0	-1	$-\frac{8}{5}$	$-\frac{7}{5}$	$-\frac{2}{5}$	$-\frac{3}{5}$	0	1	0
	0	0	0	0	0	0	0	2	2	0	0	0
	0	$-\frac{18}{5}$	-4	0	2	$\frac{1}{5}$	$-\frac{26}{5}$	$\frac{4}{5}$	$\frac{6}{5}$	0	0	4

Pivotzeile: 3 Pivotspalte: 2

	x_1	x_2	x_3	x_4	x_5	x_6	x_7	u_1	u_2	u_3	u_4	x_B
x_1	1	0	$-\frac{7}{4}$	0	$\frac{11}{8}$	-1	$\frac{1}{8}$	$\frac{3}{8}$	$\frac{1}{4}$	$\frac{3}{8}$	0	2
x_4	0	0	$-\frac{25}{8}$	1	$\frac{25}{16}$	$\frac{1}{2}$	$-\frac{13}{16}$	$\frac{1}{16}$	$\frac{3}{8}$	$\frac{9}{16}$	0	2
x_2	0	1	$-\frac{5}{8}$	0	$\frac{5}{16}$	$\frac{1}{2}$	$\frac{7}{16}$	$-\frac{3}{16}$	$-\frac{1}{8}$	$\frac{5}{16}$	0	0
u_4	0	0	0	0	0	0	0	-1	-1	1	1	0
	0	0	0	0	0	0	0	2	2	0	0	0
	0	0	$-\frac{25}{4}$	0	$\frac{25}{8}$	2	$-\frac{29}{8}$	$\frac{1}{8}$	$\frac{3}{4}$	$\frac{9}{8}$	0	4

Ende Phase I $\rightarrow$ Streiche Hilfsproblemzeile und Nullzeilen

Starte Phase II

	x_1	x_2	x_3	x_4	x_5	x_6	x_7	u_1	u_2	u_3	u_4	x_B
x_1	1	0	$-\frac{7}{4}$	0	$\frac{11}{8}$	-1	$\frac{1}{8}$	$\frac{3}{8}$	$\frac{1}{4}$	$\frac{3}{8}$	0	2
x_4	0	0	$-\frac{25}{8}$	1	$\frac{25}{16}$	$\frac{1}{2}$	$-\frac{13}{16}$	$\frac{1}{16}$	$\frac{3}{8}$	$\frac{9}{16}$	0	2
x_2	0	1	$-\frac{5}{8}$	0	$\frac{5}{16}$	$\frac{1}{2}$	$\frac{7}{16}$	$-\frac{3}{16}$	$-\frac{1}{8}$	$\frac{5}{16}$	0	0
u_4	0	0	$-\frac{25}{4}$	0	$\frac{25}{8}$	2	$-\frac{29}{8}$	$\frac{1}{8}$	$\frac{3}{4}$	$\frac{9}{8}$	0	4

Ende Phase II
Problem ist unbeschränkt mit freier Richtung $(\frac{7}{4}, \frac{5}{8}, 1, \frac{25}{8}, 0, 0, 0)^T$ und ZFB $-\frac{25}{4}$

6.7 Postoptimierung

Die Behandlung der beiden algorithmischen Verfahren und die gleichzeitige Sicht auf beide Problemarten zeigt eine bemerkenswerte Wechselwirkung.
Während:

- die Anwendung des restriktionsorientierten Algorithmus auf das kanonische Problem

- die Anwendung des variablenorientierten Algorithmus auf das Standard-Problem

jeweils sogenannte *innere Algorithmen* erzeugen, liefert die (über-Kreuz)-Anwendung

- des restriktionsorientierten auf das Standardproblem

- des variablenorientierten auf das kanonische Problem sogenannte *äusere Algorithmen*.

Dabei spricht man von einem inneren Algorithmus, wenn von einer suboptimalen Ecke des Zulässigkeitsbereiches gestartet wird und dann über Eckenaustauschschritte die Optimalecke oder Abbruchecke angesteuert wird.
Ein äußerer Algorithmus startet bei einer (unzulässigen) Basislösung, bei der aber die Polarkegeleigenschaft bereits vorliegt (das heißt gäbe es keine weiteren Restriktionen als die derzeit straffen, dann wären wir in der Optimalecke). Unter Erhalt dieser Eigenschaft werden nun Basisaustausche so duchgeführt, dass schlussendlich auch Zulässigkeit erzielt wird oder dass die Unzulässigkeit nachweisbar wird. Bei diesen Verfahren nähert man sich also in der Regel dem Zulässigkeitsbereich unter ständiger Verschlechterung der Zielfunktion.
Diese äußeren Algorithmen spielen eine große Rolle in der Postoptimierung, wo man eine vorher errechnete Optimalecke nicht mehr verwenden darf, weil durch eine hinzugekommene Restriktion diese Ecke ihre Zulässigkeit verloren hat. Der äußere Algorithmus steuert von da aus erneut den Zulässigkeitsbereich an und stellt, wenn überhaupt möglich, die Zulässigkeit wieder her. Gleichzeitig hat er dann den Optimalpunkt des um eine Restriktion verschärften Problems gefunden.
Bei der Lösung von linearen Optimierungsaufgaben der Form

$$\max \ c^T x \quad \text{unter } Ax = \leq b \quad \text{(kanonische Problemstellung)}$$

oder

$$\min \ c^T x \quad \text{unter } Ax = b, x \geq 0 \quad \text{(Standard-Problemstellung)}$$

gingen wir bisher davon aus, dass die Daten A, b, c fest und richtig vorgegeben sind.
Aufbauend auf dieser Position haben wir eine Lösung errechnet, was uns zu den folgenden Ergebniszuständen geführt hat

a)   Scheitern in Phase I mit der Erkenntnis, dass es keinen zulässigen Punkt gibt.

b)   Vordringen in Phase II, aber dort Feststellung, dass die Zielfunktion unbeschränkt ist.

c)   Vordringen in Phase II und Weiterführung des Optimierungsvorganges bis zur Optimalecke.

In der Tableau-Endsituation zeigt sich bei kanonischen Problemen

a)   daran, dass in einem Endtableau der Phase I-Zielfunktionswert noch nicht den Wert 0 erreicht hat.

b)   daran, dass in einer ganzen Zeile mit negativem ξ^i-Wert nur nichtnegative Nicht-Basis-Einträge α_j^i vorkommen.

c)   daran, dass die rechte ξ-Spalte nichtnegativ und die untere β-Zeile nichtnegativ ist.

Entsprechend wird bei Standardproblemen

a)   sichtbar durch Nichterreichen des Nullwertes in der Phase I-Zielfunktion.

b)   sichtbar durch eine Pivotspalte zu einem negativen $\tilde{c}^i$-Wert, mit nur nichtpositiven Einträgen $\gamma_i^j (j = 1, \ldots, m)$.

c)   sichtbar dadurch, dass alle $\tilde{c}^i \geq 0$ und alle χ^j (rechte Spalte) durchweg nichtnegativ sind.

Es stellt sich nun die Frage, wie man die nachträgliche Änderung der Daten bzw. die nachträgliche Einfügung von Daten algorithmisch so vollziehen kann, dass man von der bisherigen Endsituation ausgehend weiterrechnen kann und nicht noch einmal die Rechnung ganz von vorn beginnen muss.
Im Zusammenhang mit Ganzzahliger Optimierung wird dies relevant in den sogenannten Schnittebenenverfahren, die im nächsten Teil besprochen werden. Hierbei wird nachträglich jeweils eine zusätzliche Restriktion $a_{m+1}{}^T x \leq b^{m+1}$ (im kanonischen Fall) bzw. $A_{m+1} x = b^{m+1}$ (im Standard-Fall) hinzugefügt, um bisherige Optimalpunkte, die nicht zu $\mathbb{Z}^n$ gehörten, unzulässig werden zu lassen. Die Fälle a) und b) spielen unter diesem Aspekt für die Ganzzahlige Optimierung keine Rolle.
Im kanonischen Fall muss man in das Optimaltableau eine Zusatzrestriktion $a_{m+1}{}^T x \leq b^{m+1}$ einfügen. Das bisherige Endtableau hat die Gestalt

	a_1	a_j	a_m	$-e_1$	$-e_r$	$-e_n$	
a_{Δ^1}							ξ^1
a_{Δ^i}		$\alpha_j{}^i$			$\gamma_r{}^i$		ξ^i
a_{Δ^n}		$= [A_\Delta{}^{-1} A]^T$			$= -(A_\Delta{}^{-1})^T$		ξ^n
	β^1	β^j	β^m	x^1	$\cdots$	x^n	$-Q_c$

wobei aufgrund der Optimalität und Zulässigkeit erreicht worden war, dass $\xi^1, \ldots, \xi^n \geq 0$ und $\beta^1, \ldots, \beta^m \geq 0$ gilt.

Um nun die Zusatzrestriktion berücksichtigen zu können, führt man eine Spalte mit a_{m+1} ein. Der Hauptteil dieser Spalte wird besetzt mit

$$\begin{pmatrix} \alpha_{m+1}^1 \\ \vdots \\ \alpha_{m+1}^n \end{pmatrix} = \left(A_\Delta^T \right)^{-1} a_{m+1},$$

also den Darstellungskoeffizienten für a_{m+1} durch die aktuelle Basis. Der Eintrag β^{m+1} ist dann

$$b^{m+1} - a_{m+1}{}^T x = b^{m+1} - \sum_{i=1}^n b^{\Delta^i} \alpha_{m+1}^i \, .$$

Dieser Eintrag ist unter der besprochenen Zwecksetzung negativ. Das ist dann der einzige negative β-Eintrag. Wäre er nichtnegativ, so wäre die vorher erreichte Optimallösung weiterhin optimal und es ergäbe sich kein Änderungsbedarf. Ist jedoch $\beta^{m+1} < 0$, so liegt eine Basislösung $\overline{x}$ vor, die polar zulässig ist (also c liegt im Kegel der Basisvektoren $a_{\Delta^1}, \ldots, a_{\Delta^n}$), für die jedoch (ausschließlich) die $m + 1$-te Restriktion verletzt ist.

Um diesen Missstand zu beheben, muss man nun einen sogenannten äußeren Algorithmus anwenden. Dieser äußere Algorithmus für das kanonische Problem verläuft genau nach dem Strickmuster des Variablenorientierten Simplexalgorithmus.

Algorithmus 6.15 (Variablenorientierter Simplexalgorithmus als äußerer Algorithmus)

1. *Überprüfe, ob $\beta \geq 0$ ist. Wenn ja $\longrightarrow$ STOP wegen erreichter Zulässigkeit.*
   Ansonsten suche ein $\beta^j < 0$ und bestimme dadurch die Pivotspalte j.

2. *Betrachte die α_j^i für $i = 1, \ldots, n$. Sind alle $\alpha_j^i \leq 0$, dann ist P unzulässig, die Restriktion j kann nicht erfüllt werden.*

3. *Gibt es Werte $\alpha_j^k > 0$, dann bestimme die Pivotzeile i durch*

$$\min\left\{ \frac{\xi^k}{\alpha_j^k} \,\middle|\, k = 1, \ldots, n, \ \alpha_j^k > 0 \right\} = \frac{\xi^i}{\alpha_j^i}.$$

4. *Führe einen Basiswechsel und den damit verbundenen Pivotschritt durch:*
   Δ wird zu $\Delta \setminus \{\Delta^i\} \cup \{j\}$.
   Q wird nicht verbessert, denn $Q_{neu} = Q_{alt} + \frac{\xi^i \beta^j}{\alpha_j^i} \leq Q_{alt}$.

5. *Gehe zu 1.*

Satz 6.16
Nach endlich vielen Schritten des Algorithmus 6.15 gelingt (evtl. mit Blands Regel) der Abbruch wegen polarer und primaler Zulässigkeit und damit Optimalität oder wegen Unzulässigkeit. Auf diese Weise kommen wir direkt zu der Komplettlösung des nun durch eine Restriktion erweiterten Problems.

Hat man zunächst ein Standardproblem gelöst und ist dort auf einen Optimalpunkt gestoßen, den man nun durch Einfügen einer Restriktion noch unzulässig machen will, dann kann man wie folgt vorgehen.
Zu den bereits berücksichtigten Gleichungs-Nebenbedingungen wird die neue Gleichung

$$A_{m+1} \cdot x = b^{m+1}$$

hinzugefügt. Sollte der bisherige Optimalpunkt $\tilde{x}$ diese Zusatzgleichung bereits erfüllen, dann besteht kein Handlungsbedarf. Er ist dann weiterhin optimal.
Nun soll $\tilde{x}$ diese Gleichung nicht erfüllen. Als Abhilfe führen wir dann eine zusätzliche Schlupf-Variable $x^{n+1} \geq 0$ ein und fordern, dass

$$\sum_{i=1}^{n} A_{m+1,i} \tilde{x}^i + x^{n+1} = b^{m+1} \quad \text{gilt für} \quad A_{m+1,.} \tilde{x} \geq b^{m+1}$$

$$\sum_{r=1}^{1} A_{m+1,i} \tilde{x}^i - x^{n+1} = b^{m+1} \quad \text{gilt für} \quad A_{m+1,.} \tilde{x} \leq b^{m+1} .$$

Dadurch bestehen jetzt $m + 1$ Gleichungen in einem Problem mit $n + 1$ Variablen. Das entsprechende Simplextableau muss also um eine Zeile (für die neue Gleichung) und um eine Spalte (für die neue Variable) ausgedehnt werden. Eine Basis besteht jetzt nicht mehr aus m, sondern aus $m + 1$ Spalten. Die Spalte zu x^{n+1} ist Basisspalte, demnach mit e_{n+1} zu besetzen. x^{n+1} besitzt nach unserer Setzung den Wert $\tilde{b}^{m+1} = - \mid b^{m+1} - A_{m+1,.} \tilde{x} \mid$
Folglich ist unser aktueller Punkt/Tableau unzulässig. Auf die Zielfunktionszeile der Werte $\tilde{c}^j$ hat all dies keinen Einfluss. Ebenso bleibt die neue x^{n+1}-Variable ohne Einfluss auf den Zielwert. Infolgedessen ist der Eintrag bei $\tilde{c}^{n+1}$ gleich 0. Die rechte Spalte wird in der neuen Zeile mit $\tilde{b}^{m+1}$ bestückt. Die neue Basis hat nun die Form

$$\begin{pmatrix} A_B & 0 \\ A_{m+1,B} & 1 \end{pmatrix} \quad \text{bzw.} \quad \begin{pmatrix} A_B & 0 \\ A_{m+1,B} & -1 \end{pmatrix}$$

je nachdem, ob b^{m+1} kleiner oder größer als $A_{m+1,B} \tilde{x}$ war.
Dadurch ist die $(m + 1)$-te Zeile im Tableau zu besetzen im ersten Fall mit

$$(-A_{m+1,B} A_B^{-1}, 1) \begin{pmatrix} A_N \\ A_{m+1,N} \end{pmatrix} = -A_{m+1,B} \tilde{A}_N + A_{m+1,N}$$

und im zweiten Fall mit

$$(A_{m+1,B}A_B^{-1}, -1) \begin{pmatrix} A_N \\ A_{m+1,N} \end{pmatrix} = A_{m+1,B}\tilde{A}_N - A_{m+1,N}$$

Wir finden nun eine Tableausituation der folgenden Art vor

A_{B^1}		χ^1	(≥ 0)
	$A_B^{-1}A$	χ^i	(≥ 0)
A_{B^m}		χ^m	(≥ 0)
$A_{B^{m+1}}$		χ^{m+1}	< 0
$\tilde{c}^1$	$\tilde{c}^n$	$-Q_c$	
(≥ 0)	(≥ 0)		

Korrekturbedarf besteht also diesmal in der rechten $(\chi-)$Spalte, wo ein Element negativ besetzt ist. Um diesen Fehler zu beheben, sucht man sich jetzt ein Pivotelement in der entsprechenden Zeile aus, indem man für diese Zeile einen Quotientenvergleich ausführt. Damit wird garantiert, dass in jedem Pivotschritt die $\tilde{c}$-Werte ≥ 0 bleiben. Man iteriert dann so lange, bis in der rechten Spalte keine negativen Werte mehr auftreten. Das ist aber genau die Strategie, die wir vom restriktionsorientierten Altorithmus her kennen.

Algorithmus 6.17 (Restriktionsorientierter Algorithmus als äußerer Algorithmus)
Vorgegeben sei die Ecke $\bar{x}$, Basis B und das zugehörige Tableau.

1. *Überprüfe ob die rechte Spalte $\chi \geq 0$ ist.*
    Wenn JA $\to$ STOP
    Gibt es ein $\chi^i < 0$, dann wähle ein solches $\bar{i}$ aus. $\bar{i}$ bestimmt die Pivotzeile.

2. *Beachte alle Einträge γ_j^T in der Pivotzeile $\bar{i}$ mit $j \notin B$. Sind all diese ≥ 0, dann ist wegen $\chi^i < 0$ das Gleichungssystem $Ax = b$ nicht mit $\chi < 0$ lösbar. $\to$ STOP*

3. *Gibt es in der Pivotzeile $\bar{i}$ Einträge $\gamma_j^T < 0 (j \notin B)$, dann bestimme $\delta_{\bar{i}} = \min\{\delta_{\bar{i}}^j \mid j \in B, \delta_j^T < 0\}$ mit $\delta_{\bar{i}}^j = \frac{c^j}{\gamma_j^T}$ (Quotientenkriterium). Das Minimum werde bei $\bar{j}$ angenommen.*

4. *Führe einen kompletten Pivotschritt aus. Dabei wird $\bar{x}$ ersetzt durch $\tilde{x}$, B durch $B\backslash\{i\} \cup \{j\}$ und $-Q(\bar{x})$ durch $-Q(\tilde{x})$.*

5. *Gehe zurück zu 1.*

Wenn nun – wie im Schnittebenenfall gewollt – die Variable $x^{n+1} \leq 0$ ist, dann muss obiger äußere Algorithmus das vorliegende Simplextableau korrigieren, indem x^{n+1} zunächst einmal aus der Basis entfernt wird. Von da an soll diese Variable, die den Wert 0 angenommen hat, nicht mehr beachtet werden. Es muss nur so lange weiteriteriert werden, bis alle Elemente in der rechten Spalte nichtnegativ sind. Dabei dürfen die Werte in der untersten Zeile nie negativ werden. Dies schafft aber genau unsere Vorgehensweise des restriktionsorientierten Algorithmus, wobei

Q gesteigert (verschlechtert wird). Schlussendlich wird entweder Unbeschränktheit nach oben festgestellt (dies impliziert, dass das Problem nach Einführung der $m + 1$-ten Gleichung nicht mehr lösbar ist) oder man gelangt zu einem zulässigen Endtableau, dies bedeutet das Erreichen einer Optimalecke für den neuen Zulässigkeitsbereich.

	$A_{\cdot 1}$	$A_{\cdot n}$	$A_{\cdot n+1}$	$-e_1$	$-e_{n+1}$		
A_{B^1}			0			χ^1	
			$\vdots$				≥ 0
A_{B^m}			0			χ^j	
$A_{B^{m+1}}$	$\tilde{A}_{m+1,1}$	$\tilde{A}_{m+1,n}$	1			χ^m	
	$\tilde{c}^1$	$\tilde{c}^n$	$\tilde{c}^{n+1}$			$-Q$	

$$\geq 0$$

Damit ist beschrieben, dass man durch die Anwendung des restriktionsorientierten Algorithmus auf diese Situation beim Standardproblem zu einem sogenannten äußeren Algorithmus kommt. Wir starten bei einer unzulässigen Basislösung des Standardproblems, die aber die Polarkegeleigenschaft aufweist. Nun werden Pivotschritte ausgeführt, die diese Eigenschaft erhalten. Langfristig soll dadurch die Zulässigkeit hergestellt werden (rechte Spalte ≥ 0). Gelingt dies nicht, dann ist dies ein Beweis für Unzulässigkeit.

Andere Fragestellungen der Postoptimierung, die für die Ganzzahlige Optimierung keine Rolle spielen, sollen noch kurz am Beispiel von kanonischen Problemen angesprochen werden.

i)   Hat sich der Zielvektor geändert, dann muss im restriktionsorientierten Tableau die rechte Spalte $(A_{\Delta}^{-1})^T c_{alt}$ ersetzt werden durch $(A_{\Delta}^{-1})^T c_{neu} = \xi_{neu}$. Wenn nun ξ_{neu} nicht durchgängig ≥ 0 ist, dann müssen weitere Simplexschritte mit den restriktionsorientierten Verfahren folgen (dies ist dann ein innerer Algorithmus).

ii)   Hat sich die rechte Seite b in $Ax \leq b_{neu}$ geändert, dann kann der oben erwähnte Fall eintreten, dass von den Werten β^{neu} einige negativ werden. Das schafft den Bedarf für das oben erwähnte variablenorientierte Verfahren als äußerer Algorithmus.

iii) Ändert sich eine Restriktion, dann muss unterschieden werden, ob diese gerade in der Basis war oder nicht. Man nimmt am besten die Restriktion als zusätzliche Spalte in das Tableau auf $((A_{\Delta}^{-1})^T a_i^{neu})$ und entfernt die alte durch einen Pivotschritt aus der Basis. Anschließend muss festgestellt werden, welche Fehler zu beheben sind und welche Mittel dafür eingesetzt werden können.

iv)   Das Hinzufügen einer weiteren Variablen führt zur Aufnahme einer weiteren Zeile im Tableau. Dadurch wachsen Basen um einen Restriktionsvektor. Man führt zweckmäßigerweise zu diesem Zweck eine Zusatzrestriktion $x^{n+1} \geq 0$ ein, hat damit zunächst eine straffe Basisrestriktion. Diese wird sofort aus der Basis entfernt und fortan ignoriert.

6.8 Aufgaben zur Postoptimierung

Aufgabe 6.8.1

a)   Zu der Aufgabenstellung

$$
\begin{array}{rrrrrrll}
\max & 1x^1 & - & 4x^2 & + & 3x^3 & + & 1x^4 & \\
& 0x^1 & + & 0x^2 & + & 4x^3 & + & x^4 & \leq & 2 & (a_1) \\
& 2x^1 & - & 2x^2 & - & x^3 & + & 0x^4 & \leq & 3 & (a_2) \\
& -2x^1 & + & 1x^2 & + & 6x^3 & + & 1x^4 & \leq & 0 & (a_3) \\
& -1x^1 & + & 4x^2 & + & 0x^3 & - & 2x^4 & \leq & 0 & (a_4) \\
& 0x^1 & - & 4x^2 & + & 1x^3 & + & 1x^4 & \leq & -1 & (a_5) \\
& 1x^1 & - & 2x^2 & + & 1x^3 & + & 1x^4 & \leq & 1 & (a_6) \\
& -1x^1 & + & 0x^2 & + & 2x^3 & + & 1x^4 & \leq & -1 & (a_7) \\
& 0x^1 & + & 1x^2 & - & 1x^3 & + & 0x^4 & \leq & 1 & (a_8) \\
& 0x^1 & + & 3x^2 & + & 0x^3 & - & 1x^4 & \leq & 2 & (a_9)
\end{array}
$$

liegt Ihnen das untenstehende Tableau zur Ecke $(2, 1, 0, 1)^T$ vor. Lösen Sie das Problem ausgehend von diesem Tableau. Verwenden Sie dabei die Auswahlregel von Bland.

	a_1	a_2	a_3	a_4	a_5	a_6	a_7	a_8	a_9	$-e_1$	$-e_2$	$-e_3$	$-e_4$	c
a_6	1	1	0	-1	0	1	0	0	0	$-\frac{5}{7}$	$\frac{1}{7}$	$-\frac{5}{7}$	$\frac{3}{7}$	1
a_7	1	-1	2	0	0	0	1	0	0	$\frac{2}{7}$	$-\frac{1}{7}$	$-\frac{1}{7}$	$-\frac{3}{7}$	0
a_8	-1	0	-2	-1	-1	0	0	1	0	$-\frac{1}{7}$	$-\frac{3}{7}$	$\frac{4}{7}$	$-\frac{9}{7}$	-2
a_9	1	0	1	1	-1	0	0	0	1	$-\frac{3}{7}$	$-\frac{2}{7}$	$-\frac{2}{7}$	$\frac{1}{7}$	0
	1	1	2	0	2	0	0	0	0	2	1	0	1	1

b)   Nachdem Sie die Rechnung aus Teil a) beendet haben, erfahren Sie, dass jetzt eine andere Zielsetzung verfolgt werden soll, und zwar nicht mehr

$$\max\ 1x^1 - 4x^2 + 3x^3 + 1x^4, \quad \text{sondern}\quad \max\ 1x^1 - 1x^2 + 0x^3 + 1x^4.$$

Wie verändert sich das obige Tableau zur Basis $\{a_6, a_7, a_8, a_9\}$ dadurch? Was können Sie ohne weitere Rechnung über die Optimallösung des neuen Problems sagen?

Aufgabe 6.8.2

Lösen Sie das folgende Problem per Hand mit der variablenorientierten Simplex-Methode. Verwenden Sie dabei die Auswahlregel von Dantzig. Bei Nicht-Eindeutigkeit entscheiden Sie sich für das am weitesten rechts stehende bzw. obere Element.

$$
\begin{array}{rrcrcrcl}
\max & x_1 & + & x_2 & & & & \\
\text{unter} & -x_1 & + & x_2 & & & \leq & 1 \\
& \tfrac{1}{2}x_1 & - & 2x_2 & & & \leq & \tfrac{1}{2} \\
& \tfrac{1}{2}x_1 & + & x_2 & & & \leq & 3 \\
& x_1 & & & & & \leq & 3 \\
& & & x_2 & & & \leq & 2 \\
& & & x & & & \geq & 0.
\end{array}
$$

Fügen Sie am Ende folgende Restriktion hinzu:

$$x_1 + \frac{1}{4}x_2 \leq 2.$$

und bestimmen Sie die neue Lösung.

Aufgabe 6.8.3

Sie arbeiten an der Lösung des (LP)

$$
\begin{array}{rrcrcrcr}
\max & & & & & x_3 & & \\
\text{unter} & x_1 & + & x_2 & - & x_3 & \leq & 2 \\
& x_1 & - & x_2 & + & x_3 & \leq & 1 \\
& 4x_1 & & & + & 3x_3 & \leq & 4 \\
& -x_1 & + & x_2 & + & x_3 & \leq & -2 \\
& -x_1 & - & x_2 & & & \leq & -1
\end{array}
$$

mit dem restriktionsorientierten Verfahren und haben bereits Phase I (a) und (b) abgeschlossen. Nun liegt Ihnen folgendes Phase II-Tableau vor:

	a_1	a_2	a_3	a_4	a_5	$-e_1$	$-e_2$	$-e_3$	c
a_1	1	-2	-5	0	0	$\tfrac{1}{2}$	$-\tfrac{1}{2}$	1	-1
a_4	0	-1	-2	1	0	$\tfrac{1}{2}$	$-\tfrac{1}{2}$	0	0
a_5	0	-2	-7	0	1	1	0	1	-1
	0	1	3	0	0	1	0	-1	1

a)   Rechnen Sie von diesem Tableau aus bis zum Erkennnen des Optimums bzw. von Unbeschränktheit weiter.

b)   Fügen Sie nun die Restriktion $x_1 + x_2 + x_3 \leq \frac{1}{4}$ nachträglich in Ihr Tableau ein und lösen Sie das neue (um eine Restriktion erweiterte) Problem unter Verwendung des Abschlusstableaus aus a).

6.9 Lösungen zur Postoptimierung

Lösung zu 6.8.1

a) Lösung ausgehend von dem vorgegebenen Tableau zur Ecke $(2, 1, 0, 1)^T$.

Vorgegebenes Tableau

	a_1	a_2	a_3	a_4	a_5	a_6	a_7	a_8	a_9	$-e_1$	$-e_2$	$-e_3$	$-e_4$	c
a_6	1	1	0	-1	0	1	0	0	0	$-\frac{5}{7}$	$-\frac{1}{7}$	$-\frac{1}{7}$	$-\frac{3}{7}$	1
a_7	1	-1	2	0	0	0	1	0	0	$\frac{2}{7}$	$-\frac{1}{7}$	$-\frac{1}{7}$	$-\frac{3}{7}$	0
a_8	-1	0	-2	$\boxed{-1}$	-1	0	0	1	0	$-\frac{1}{7}$	$-\frac{3}{7}$	$\frac{4}{7}$	$-\frac{9}{7}$	-2
a_9	1	0	1	1	-1	0	0	0	1	$-\frac{3}{7}$	$-\frac{2}{7}$	$-\frac{2}{7}$	$\frac{1}{7}$	0
	1	1	2	0	2	0	0	0	0	2	1	0	1	1

Pivotzeile: 3, Pivotspalte: 4

	a_1	a_2	a_3	a_4	a_5	a_6	a_7	a_8	a_9	$-e_1$	$-e_2$	$-e_3$	$-e_4$	c
a_6	2	1	2	0	1	1	0	-1	0	$-\frac{4}{7}$	$\frac{2}{7}$	$-\frac{5}{7}$	$\frac{6}{7}$	3
a_7	1	-1	2	0	0	0	1	0	0	$\frac{2}{7}$	$-\frac{1}{7}$	$-\frac{1}{7}$	$-\frac{3}{7}$	0
a_4	1	0	2	1	1	0	0	-1	0	$\frac{1}{7}$	$\frac{3}{7}$	$\frac{4}{7}$	$\frac{9}{7}$	2
a_9	0	0	-1	0	$\boxed{-2}$	0	0	1	1	$-\frac{4}{7}$	$-\frac{5}{7}$	$\frac{2}{7}$	$-\frac{8}{7}$	-2
	1	1	2	0	2	0	0	0	0	2	1	0	1	1

Pivotzeile: 4, Pivotspalte: 5

	a_1	a_2	a_3	a_4	a_5	a_6	a_7	a_8	a_9	$-c_1$	$-e_2$	$-e_3$	$-e_4$	c
a_6	2	1	$\frac{3}{2}$	0	0	1	0	$-\frac{1}{2}$	$\frac{1}{2}$	$-\frac{6}{7}$	$-\frac{1}{14}$	$-\frac{4}{7}$	$\frac{2}{7}$	2
a_7	1	-1	2	0	0	0	1	0	0	$\frac{2}{7}$	$-\frac{1}{7}$	$-\frac{1}{7}$	$-\frac{3}{7}$	0
a_4	1	0	$\frac{3}{2}$	1	0	0	0	$-\frac{1}{2}$	$\frac{1}{2}$	$-\frac{1}{7}$	$\frac{1}{14}$	$-\frac{3}{7}$	$\frac{5}{7}$	1
a_5	0	0	$\frac{1}{2}$	0	1	0	0	$-\frac{1}{2}$	$-\frac{1}{2}$	$\frac{2}{7}$	$\frac{5}{14}$	$-\frac{1}{7}$	$\frac{4}{7}$	1
	1	1	1	0	0	0	0	1	1	$\frac{10}{7}$	$\frac{2}{7}$	$\frac{2}{7}$	$-\frac{1}{7}$	-1

Optimalpunkt $(\frac{10}{7}, \frac{2}{7}, \frac{2}{7}, -\frac{1}{7})^T$ mit Zielfunktionswert 1

b) Die alte Zielrichtung war $c_{alt} = (1, -4, 3, 1)^T$,
    die neue Zielrichtung ist $c_{neu} = (1, -1, 0, 1)^T$.

$\Rightarrow c_{neu} = c_{alt} + (0, 3, -3, 0)^T = c_{alt} + 3 \cdot a_8 = c_{alt} - 3(-e_2) + 3(-e_3)$

Wir können mit dieser Information errechnen, wie die Zielfunktionsspalte im vorliegenden Tableau nach der c-Modifikation aussehen würde, nämlich

$$\left(A_\triangle^T\right)^{-1} c_{neu} = \left(A_\triangle^T\right)^{-1} c_{alt} + \left(A_\triangle^T\right)^{-1} 3 \cdot a_8$$

$$= \left(A_\triangle^T\right)^{-1} c_{alt} - \left(A_\triangle^T\right)^{-1} (-3e_2) + \left(A_\triangle^T\right)^{-1} (-3e_3)$$

$$= \begin{pmatrix} 1 \\ 0 \\ -2 \\ 0 \end{pmatrix} + 3 \cdot \begin{pmatrix} 0 \\ 0 \\ 1 \\ 0 \end{pmatrix} = \begin{pmatrix} 1 \\ 0 \\ -2 \\ 0 \end{pmatrix} - 3 \cdot \begin{pmatrix} -\frac{1}{7} \\ -\frac{1}{7} \\ -\frac{3}{7} \\ -\frac{2}{7} \end{pmatrix} + 3 \cdot \begin{pmatrix} -\frac{1}{7} \\ -\frac{1}{7} \\ \frac{4}{7} \\ -\frac{2}{7} \end{pmatrix} = \begin{pmatrix} 1 \\ 0 \\ 1 \\ 0 \end{pmatrix}$$

Also ist die rechte Spalte nach der Modifikation schon ≥ 0 und das Tableau optimal.

Der Zielfunktionswert ergibt

$$c_{neu}^T x = c_{alt}^T x + 3 \cdot a_8^T x = c_{alt}^T x - 3 \cdot (-e_2)^T x + 3 \cdot (-e_3)^T x$$

$$= -1 - 3(-1) + 3 \cdot 0 = -1 + 3 = 2.$$

Die Optimallösung hierfür ist $(2, 1, 0, 1)^T$.

Lösung zu 6.8.2

Zu lösen ist das folgende Problem:

$$\begin{array}{rrrrrrrrl}
\min & -x_1 & - & x_2 & & & & & \\
\text{unter} & -x_1 & + & x_2 & + & x_3 & & & = 1 \\
& \frac{1}{2}x_1 & - & 2x_2 & + & x_4 & & & = \frac{1}{2} \\
& \frac{1}{2}x_1 & + & x_2 & + & x_5 & & & = 3 \\
& x_1 & & & + & x_6 & & & = 3 \\
& & & x_2 & + & x_7 & & & = 2 \\
& & & & & x & & & \geq 0.
\end{array}$$

Starttableau für Phase II

	x_1	x_2	x_3	x_4	x_5	x_6	x_7	u_1	u_2	u_3	u_4	u_5	x_B
x_3	-1	1	1	0	0	0	0	1	0	0	0	0	1
x_4	$\frac{1}{2}$	-2	0	1	0	0	0	0	1	0	0	0	$\frac{1}{2}$
x_5	$\frac{1}{2}$	1	0	0	1	0	0	0	0	1	0	0	3
x_6	1	0	0	0	0	1	0	0	0	0	1	0	3
x_7	0	1	0	0	0	0	1	0	0	0	0	1	2
	-1	-1	0	0	0	0	0	0	0	0	0	0	0

Pivotzeile: 1 Pivotspalte: 2

	x_1	x_2	x_3	x_4	x_5	x_6	x_7	u_1	u_2	u_3	u_4	u_5	x_B
x_2	-1	1	1	0	0	0	0	1	0	0	0	0	1
x_4	$-\frac{3}{2}$	0	2	1	0	0	0	2	1	0	0	0	$\frac{5}{2}$
x_5	$\frac{3}{2}$	0	-1	0	1	0	0	-1	0	1	0	0	2
x_6	1	0	0	0	0	1	0	0	0	0	1	0	3
x_7	$\boxed{1}$	0	-1	0	0	0	1	-1	0	0	0	1	1
	-2	0	1	0	0	0	0	1	0	0	0	0	1

Pivotzeile: 5 Pivotspalte: 1

	x_1	x_2	x_3	x_4	x_5	x_6	x_7	u_1	u_2	u_3	u_4	u_5	x_B
x_2	0	1	0	0	0	0	1	0	0	0	0	1	2
x_4	0	0	$\frac{1}{2}$	1	0	0	$\frac{3}{2}$	$\frac{1}{2}$	1	0	0	$\frac{3}{2}$	4
x_5	0	0	$\boxed{\frac{1}{2}}$	0	1	0	$-\frac{3}{2}$	$\frac{1}{2}$	0	1	0	$-\frac{3}{2}$	$\frac{1}{2}$
x_6	0	0	1	0	0	1	-1	1	0	0	1	-1	2
x_1	1	0	-1	0	0	0	1	1	0	0	0	1	1
	0	0	-1	0	0	0	2	-1	0	0	0	2	3

Pivotzeile: 3 Pivotspalte: 3

	x_1	x_2	x_3	x_4	x_5	x_6	x_7	u_1	u_2	u_3	u_4	u_5	x_B
x_2	0	1	0	0	0	0	1	0	0	0	0	1	2
x_4	0	0	0	1	-1	0	3	0	1	-1	0	3	$\frac{7}{2}$
x_3	0	0	1	0	2	0	-3	1	0	2	0	-3	1
x_6	0	0	0	0	-2	1	$\boxed{2}$	0	0	-2	1	2	1
x_1	1	0	0	0	2	0	-2	0	0	2	0	-2	2
	0	0	0	0	2	0	-1	0	0	2	0	-1	4

Pivotzeile: 4 Pivotspalte: 7

	x_1	x_2	x_3	x_4	x_5	x_6	x_7	u_1	u_2	u_3	u_4	u_5	x_B
x_2	0	1	0	0	1	$-\frac{1}{2}$	0	0	0	1	$-\frac{1}{2}$	0	$\frac{3}{2}$
x_4	0	0	0	1	2	$-\frac{3}{2}$	0	0	1	2	$-\frac{3}{2}$	0	2
x_3	0	0	1	0	-1	$\frac{3}{2}$	0	1	0	-1	$\frac{3}{2}$	0	$\frac{5}{2}$
x_7	0	0	0	0	-1	$\frac{1}{2}$	1	0	0	-1	$\frac{1}{2}$	1	$\frac{1}{2}$
x_1	1	0	0	0	0	1	0	0	0	0	1	0	3
	0	0	0	0	1	$\frac{1}{2}$	0	0	0	1	$\frac{1}{2}$	0	$\frac{9}{2}$

Nun muss die zusätzliche Restriktion

$$x_1 + \frac{1}{4}x_2 \leq 2$$

berücksichtigt werden.
Diese Restriktion ist derzeit verletzt mit $x_1 + \frac{1}{4}x_2 = 3 + \frac{1}{4} \cdot \frac{3}{2} = \frac{27}{8} > 2$.
A_B ist hier

$$A_B = \begin{pmatrix} 1 & 0 & 1 & 0 & -1 \\ -2 & 1 & 0 & 0 & \frac{1}{2} \\ 1 & 0 & 0 & 0 & \frac{1}{2} \\ 0 & 0 & 0 & 0 & 1 \\ 1 & 0 & 0 & 1 & 0 \end{pmatrix}$$

A_B^{-1} ist aus dem Tableau ablesbar:

$$A_B^{-1} = \begin{pmatrix} 0 & 0 & 1 & -\frac{1}{2} & 0 \\ 0 & 1 & 2 & -\frac{3}{2} & 0 \\ 1 & 0 & -1 & \frac{3}{2} & 0 \\ 0 & 0 & -1 & \frac{1}{2} & 1 \\ 0 & 0 & 0 & 1 & 0 \end{pmatrix}$$

Eine neue Zeile ist einzufügen nach der Formel

$$\tilde{A}_{m+1,N} = \left(-A_{m+1,B}A_B^{-1}, 1\right)\begin{pmatrix} A_N \\ A_{m+1,N} \end{pmatrix} = -A_{m+1,B}\tilde{A}_N + A_{m+1,N}$$

mit $A_{m+1,B} = (\frac{1}{4}, 0, 0, 0, 1)$.

$$
\tilde{A}_{m+1,N} = (-\frac{1}{4}, 0, 0, 0, -1)
\begin{pmatrix}
1 & -\frac{1}{2} \\
2 & -\frac{3}{2} \\
-1 & \frac{3}{2} \\
-1 & \frac{1}{2} \\
0 & 1
\end{pmatrix}
+ (0,0) = (-\frac{1}{4}, -\frac{7}{8}).
$$

x_8 wird als zusätzliche Schlupfvariable mit dem derzeitigen Wert $-\frac{11}{8}$ eingeführt.
Das modifizierte Tableau:

	x_1	x_2	x_3	x_4	x_5	x_6	x_7	x_8	u_1	u_2	u_3	u_4	u_5	u_6	x_B
x_2	0	1	0	0	1	$-\frac{1}{2}$	0	0	0	0	1	$-\frac{1}{2}$	0	0	$\frac{3}{2}$
x_4	0	0	0	1	2	$-\frac{3}{2}$	0	0	0	1	2	$-\frac{3}{2}$	0	0	2
x_3	0	0	1	0	-1	$\frac{3}{2}$	0	0	1	0	-1	$\frac{3}{2}$	0	0	$\frac{5}{2}$
x_7	0	0	0	0	-1	$\frac{1}{2}$	1	0	0	0	-1	$\frac{1}{2}$	1	0	$\frac{1}{2}$
x_1	1	0	0	0	0	1	0	0	0	0	0	1	0	0	3
x_8	0	0	0	0	$-\frac{1}{4}$	$-\frac{7}{8}$	0	1	0	0	$-\frac{1}{4}$	$-\frac{7}{8}$	0	1	$-\frac{11}{8}$
	0	0	0	0	1	$\frac{1}{2}$	0	0	0	0	1	$\frac{1}{2}$	0	0	$\frac{9}{2}$

Wir starten nun einen äußeren Algorithmus (restriktionsorientiert). x_8 muss aus der Basis entfernt werden, um die Schlupfbedingung $x_8 \geq 0$ anzustreben.
Pivotspalte : 6 Pivotzeile : 6.

	x_1	x_2	x_3	x_4	x_5	x_6	x_7	x_8	u_1	u_2	u_3	u_4	u_5	u_6	x_B
x_2	0	1	0	0	$\frac{8}{7}$	0	0	$-\frac{4}{7}$	0	0	$\frac{8}{7}$	0	0	$-\frac{4}{7}$	$\frac{16}{7}$
x_4	0	0	0	1	$\frac{17}{7}$	0	0	$-\frac{12}{7}$	0	1	$\frac{17}{7}$	0	0	$-\frac{12}{7}$	$\frac{61}{14}$
x_3	0	0	1	0	$-\frac{10}{7}$	0	0	$\frac{12}{7}$	1	0	$-\frac{10}{7}$	0	0	$\frac{12}{7}$	$\frac{1}{7}$
x_7	0	0	0	0	$-\frac{8}{7}$	0	1	$\frac{4}{7}$	0	0	$-\frac{8}{7}$	0	1	$\frac{4}{7}$	$-\frac{2}{7}$
x_1	1	0	0	0	$-\frac{2}{7}$	0	0	$\frac{8}{7}$	0	0	$-\frac{2}{7}$	0	0	$\frac{8}{7}$	$\frac{10}{7}$
x_6	0	0	0	0	$\frac{2}{7}$	1	0	$-\frac{8}{7}$	0	0	$\frac{2}{7}$	1	0	$-\frac{8}{7}$	$\frac{11}{7}$
	0	0	0	0	$\frac{6}{7}$	0	0	$\frac{4}{7}$	0	0	$\frac{6}{7}$	0	0	$\frac{4}{7}$	$\frac{26}{7}$

Pivotspalte : 5 Pivotzeile : 4.

	x_1	x_2	x_3	x_4	x_5	x_6	x_7	x_8	u_1	u_2	u_3	u_4	u_5	u_6	x_B
x_2	0	1	0	0	0	0	1	0	0	0	0	0	1	0	2
x_4	0	0	0	1	0	0	$\frac{17}{8}$	$-\frac{1}{2}$	0	1	0	0	$\frac{17}{8}$	$-\frac{1}{2}$	$\frac{15}{4}$
x_3	0	0	1	0	0	0	$-\frac{5}{4}$	1	1	0	0	0	$-\frac{5}{4}$	1	$\frac{1}{2}$
x_5	0	0	0	0	1	0	$-\frac{7}{8}$	$-\frac{1}{2}$	0	0	1	0	$-\frac{7}{8}$	$-\frac{1}{2}$	$\frac{1}{4}$
x_1	1	0	0	0	0	0	$-\frac{1}{4}$	1	0	0	0	0	$-\frac{1}{4}$	1	$\frac{3}{2}$
x_6	0	0	0	0	0	1	$\frac{1}{4}$	-1	0	0	0	1	$\frac{1}{4}$	-1	$\frac{3}{2}$
	0	0	0	0	0	0	$\frac{3}{4}$	1	0	0	0	0	$\frac{3}{4}$	1	$\frac{7}{2}$

Angelangt sind wir am Punkt $\begin{pmatrix} \frac{3}{2} \\ 2 \end{pmatrix}$ mit Zielfunktionswert $\frac{7}{2}$ und dieser ist nun auch wieder primal zulässig (nicht nur dual). Deshalb ist dies das Optimum bzgl. der verschärften Aufgabe.

Lösung zu 6.8.3

a)

	a_1	a_2	a_3	a_4	a_5	$-e_1$	$-e_2$	$-e_3$	c
a_1	1	-2	-5	0	0	$\frac{1}{2}$	$-\frac{1}{2}$	1	-1
a_4	0	-1	-2	1	0	$\frac{1}{2}$	$-\frac{1}{2}$	0	0
a_5	0	-2	-7	0	1	1	0	1	-1
	0	1	3	0	0	1	0	-1	1

Pivotzeile: 1 Pivotspalte: 2.

	a_1	a_2	a_3	a_4	a_5	$-e_1$	$-e_2$	$-e_3$	c
a_2	$-\frac{1}{2}$	1	$\frac{5}{2}$	0	0	$-\frac{1}{4}$	$\frac{1}{4}$	$-\frac{1}{2}$	$\frac{1}{2}$
a_4	$-\frac{1}{2}$	0	$\frac{1}{2}$	1	0	$\frac{1}{4}$	$-\frac{1}{4}$	$-\frac{1}{2}$	$\frac{1}{2}$
a_5	-1	0	-2	0	1	$\frac{1}{2}$	$\frac{1}{2}$	0	0
	$\frac{1}{2}$	0	$\frac{1}{2}$	0	0	$\frac{5}{4}$	$-\frac{1}{4}$	$-\frac{1}{2}$	$\frac{1}{2}$

gefundener Optimalpunkt: $\begin{pmatrix} \frac{5}{4} \\ -\frac{1}{4} \\ -\frac{1}{2} \end{pmatrix}$ Wert der Zielfunktion: $-\frac{1}{2}$.

b) Es soll nun die Restriktion $x_1 + x_2 + x_3 \leq \frac{1}{4}$ hinzugefügt werden. Diese Restriktion ist hier verletzt, denn $x_1 + x_2 + x_3 = \frac{1}{2} > \frac{1}{4}$.

Im Tableau soll eine Spalte zu a_6 eingetragen werden. Um diese zu besetzen, muss das Gleichungssystem

$$a_6 = \alpha_6^1 \cdot a_2 + \alpha_6^2 \cdot a_4 + \alpha_6^3 \cdot a_5$$

$$\text{bzw. } \left(A_\triangle^T\right)^{-1} a_6 = \begin{pmatrix} \alpha_6^1 \\ \alpha_6^2 \\ \alpha_6^3 \end{pmatrix} =: \alpha_6$$

gelöst werden. Im statistischen Teil steht aber gerade $-\left(A_\triangle^T\right)^{-1}$.

$$\Rightarrow \quad \alpha_6 = \begin{pmatrix} \frac{1}{4} & -\frac{1}{4} & \frac{1}{2} \\ -\frac{1}{4} & \frac{1}{4} & \frac{1}{2} \\ -\frac{1}{2} & -\frac{1}{2} & 0 \end{pmatrix} \begin{pmatrix} 1 \\ 1 \\ 1 \end{pmatrix} = \begin{pmatrix} \frac{1}{2} \\ \frac{1}{2} \\ -1 \end{pmatrix}$$

$$\Rightarrow \quad \beta_6 = \frac{1}{4} - \frac{1}{2} = -\frac{1}{4}.$$

Das modifizierte Tableau:

	a_1	a_2	a_3	a_4	a_5	a_6	$-e_1$	$-e_2$	$-e_3$	c
a_2	$-\frac{1}{2}$	1	$\frac{5}{2}$	0	0	$\frac{1}{2}$	$-\frac{1}{4}$	$\frac{1}{4}$	$\frac{1}{2}$	$\frac{1}{2}$
a_4	$-\frac{1}{2}$	0	$\frac{1}{2}$	1	0	$\frac{1}{2}$	$\frac{1}{4}$	$-\frac{1}{4}$	$-\frac{1}{2}$	$\frac{1}{2}$
a_5	-1	0	-2	0	1	1	$\frac{1}{2}$	$\frac{1}{2}$	0	0
	$\frac{1}{2}$	0	$\frac{1}{2}$	0	0	$-\frac{1}{4}$	$\frac{5}{4}$	$-\frac{1}{4}$	$-\frac{1}{2}$	$\frac{1}{2}$

Es ist ein äußerer (variablenorientierter) Pivotschritt notwendig.

Pivotzeile: 1 Pivotspalte: 6.

	a_1	a_2	a_3	a_4	a_5	a_6	$-e_1$	$-e_2$	$-e_3$	c
a_6	-1	2	5	0	0	1	$-\frac{1}{2}$	$\frac{1}{2}$	-1	1
a_4	0	-1	-2	1	0	0	$\frac{1}{2}$	$-\frac{1}{2}$	0	0
a_5	-2	2	3	0	1	0	0	1	-1	1
	$\frac{1}{4}$	$\frac{1}{2}$	$\frac{7}{4}$	0	0	0	$\frac{9}{8}$	$-\frac{1}{8}$	$-\frac{3}{4}$	$\frac{3}{4}$

gefundener Optimalpunkt: $\begin{pmatrix} \frac{9}{8} \\ -\frac{1}{8} \\ -\frac{3}{4} \end{pmatrix}$ Wert der Zielfunktion: $-\frac{3}{4}$.

Teil II

Ganzzahlige (lineare) Optimierung

Überblick zu Teil II

Bisher haben wir uns mit linearen Optimierungsproblemen beschäftigt. Implizit wurde dabei jeweils von der kontinuierlichen Variierbarkeit der Variablen Gebrauch gemacht. Diese Eigenschaft liegt aber bei praktischen Problemen oft nicht vor.

Die Entscheidung über einen Produktionsplan/eine Investition usw. ist meist nur unter Zuhilfenahme von ganzzahligen/gemischtganzzahligen Variablen beschreibbar.

Wir wollen hier, um die Komplikationen nicht übermäßig werden zu lassen, unsere Betrachtungen darauf beschränken, dass die Zielfunktion und die sonstigen Nebenbedingungen linear sind.

Dieser Teil wird zunächst aufzeigen, wie vielfältig die sich neu auftuenden Möglichkeiten sind, wenn man Binär- oder Ganzzahlige Variablen in die Problemstellung aufnehmen kann. Danach interessieren uns solche ganzzahligen Optimierungsprobleme, bei denen von vornherein feststeht, dass der Optimalpunkt auch der Optimalpunkt des relaxierten Problems (ohne Ganzzahligkeit) wäre.

Im zweiten Kapitel dieses Teils wird die Theorie der auftretenden Zulässigkeitsmengen und deren Beziehung zum Zulässigkeitspolyeder des relaxierten Problems $\{x \mid Ax \leq b\}$ geklärt.

Und im dritten Kapitel geht es um zwei Lösungsmethoden, nämlich einer Branch & Bound-Methode, die auf Ganzzahlige Optimierung zugeschnitten ist, sowie um ein Schnittebenenverfahren, das immer wieder unliebsame Optimalpunkte des relaxierten Problems abschneidet.

Kapitel 7

Problemstellung und Zweck

Definition 7.1

Ein Problem $\max c^T x$ mit $c \in K^n$, $A \in K^{(m,n)}$, $b \in K^m$

   unter $Ax \leq b$

   und $x \in \mathbb{Z}^n$

heißt *ganzzahliges lineares Optimierungsproblem* (ILP).

Definition 7.2

Verlangt man speziell, dass in der Problemstellung

   $\max c^T x$

   unter $Ax \leq b$

alle $x^i \in \{0, 1\}$ sein sollen, dann spricht man von einem *binären linearen Optimierungsproblem* (BLP).

Zunächst sollen einige Bezeichnungen eingeführt werden.
Seien $A \in K^{(m,n)}$, $b \in K^m$. Dann setzen wir

$$\text{IM}(A, b) := \{x \mid Ax \leq b, x \in \mathbb{Z}^n\}$$

als *zulässige Integermenge des kanonischen Problems.*

$$\text{IM}^=(A, b) := \{x \mid Ax = b, x \geq 0, x \in \mathbb{Z}^n\}$$

als *zulässige Integermenge des Standardproblems.*

Hinweis

IM und $\mathrm{IM}^=$ bezeichnen Punktmengen, während (ILP), (LP) Probleme bezeichnen sollen. Weiterhin möge $\mathrm{conv}(\mathrm{IM}(A,b))$ die konvexe Hülle der zugrundeliegenden Punktmenge bezeichnen. Im späteren Theorieteil wird der Frage nachgegangen, ob dies Polyeder sind und wie man diese beschreiben kann. Ist dies der Fall, dann bezeichnen wir $\mathrm{conv}(\mathrm{IM}(A,b))$ als P_I.

7.1 Modellierung

Neben der bereits diskutierten Anforderung der formalen Beschreibung von realen Fragestellungen und Vorgängen, wie sie bei der Modellierung von Optimierungsaufgaben anliegt, bietet das Auftauchen von ganzzahligen und binären Variablen einen Einstieg in weitaus vielfältigere Gestaltungsmöglichkeiten. Verbunden mit der „Big M"-Methode, also der Verwendung von bei der Berechnung oder vom Computer aus unerreichbar großen Zahlen M, gewinnt man neue Möglichkeiten der logischen Strukturierung von Problemen.
Beispiele dafür sind:

- Beschreibung von logischen „oder"-Beziehungen.

- Beschreibung von Forderungen, dass genau k oder mindestens k von m Restriktionen zu erfüllen sind.

- Erkennen, Erfassen und Beschreiben der kleinsten, größten, aber auch der k-ten (bei Sortierung von oben) Variablen unter n besetzten Variablen.

- Fähigkeit, die Forderungen $\geq \min$ bzw. $\leq \max$ zu beschreiben.

Daher wird hier die Fähigkeit, Probleme realitätsnah zu beschreiben, enorm gesteigert. Einige der verfügbaren Techniken werden in der folgenden Auflistung erfasst. M sei immer eine sehr große (genügend groß gewählte) Zahl.

Zuordnung

Zwei Elemente i und j werden zugeordnet (oder auch nicht).
Vergebene Variablen:

$$x_{ij} = \begin{cases} 1 & \text{bei Zuordnung} \\ 0 & \text{bei Nichtzuordnung} \end{cases} \qquad x_{ij} \in \{0,1\}$$

Bewertete Zuordnung mit Kosten c_{ij} für Zuordnung (i,j) und Versuch der Kostenminimierung:

$$\min \sum_{i,j} c_{ij} x_{ij}$$

Begrenzte Zuordnung für i (für j analog):

$$\sum_{j} x_{ij} \leq d_i$$

Zuordnung mit Anschnittproblem

Objekte j sollen aus Klassen i gezogen (bzw. zugeordnet) werden. Welche Klassen i sollen angeschnitten werden bzw. erfahren mindestens eine Zuordnung?
Die Anzahl der verwendeten Klassen soll minimiert werden.
Setze $x_{ij} \geq 0$ oder $x_{ij} \in \mathbb{N}_0^+$ (je nach Anwendung), wobei $\sum_j x_{ij} \leq M$ gilt.

Definiert man dann $y_i \in \{0,1\}$ $\forall i$ mit

$$0 \leq \sum_j x_{ij} \leq y_i M \ \forall i,$$

dann zwingt $y_i = 0$ alle x_{ij} auf 0, das heißt, die Klasse i hat gar keine Zuordnung (ist nicht angeschnitten). Wenn man die Summe der y_i minimiert, dann werden nur die y_i auf 1 gesetzt, für die $\sum_j x_{ij} > 0$ nötig ist.

Verzicht auf Erfüllung einer festen Anzahl von Restriktionen

Sind m Restriktionen gegeben,

$$a_1^T x \ \leq \ b_1$$
$$\vdots$$
$$a_m^T x \ \leq \ b_m$$

legt man aber nur Wert darauf, dass davon mindestens $m - k$ erfüllt sind, dann geht man wie folgt vor:
M sei so groß, dass $a_i^T x - b_i \leq M$ $\forall i = 1, \ldots, m$ und $\forall x \in X$ gilt. Zur Modellierung verwendet man folgendes Restriktionssystem:

$$a_1^T x - M y_1 \ \leq \ b_1$$
$$\vdots$$
$$a_m^T x - M y_m \ \leq \ b_m$$
$$\sum_{i=1}^{m} y_i \ \leq \ k$$
$$y_1, \ldots, y_m \ \in \ \{0,1\}$$

Eine Variable soll zwischen anderen Variablen liegen

d sei eine zu besetzende Variable und $x_1, \ldots, x_m$ ebenfalls.
Zu unserem Restriktionssystem gehöre nun Folgendes:
k der Werte aus $\{x_1, \ldots, x_m\}$ sollen größer oder gleich d sein und $m - k$ sollen kleiner oder gleich d sein. Das heißt, dass bei absteigender Sortierung d zwischen der k-ten und $(k+1)$-ten Variablen der m Variablen liegen soll. O. B. d. A. gelte $0 \leq x_i \leq M$.

Als Modell ergibt sich

$$
\begin{aligned}
x_i + M y_i &\geq d &&\forall i = 1, \ldots, m \\
\sum_{i=1}^{m} y_i &= m - k \\
y_i &\in \{0, 1\} &&\forall i = 1, \ldots, m \\
x_i - M z_i &\leq d &&\forall i = 1, \ldots, m \\
\sum_{i=1}^{m} z_i &= k \\
z_i &\in \{0, 1\} &&\forall i = 1, \ldots, m
\end{aligned}
$$

Summation der k größten Zielfunktionswerte

Es gebe Zielfunktionswerte der Gestalt $c_1^T x, c_2^T x, \ldots, c_m^T x$ und es sei $0 \leq c_i^T x \leq M$ überall. Dann kann man die Summe der größten k Zielfunktionswerte herausfiltern, indem man fragt: Welche k Zielfunktionswerte soll man auf M auffüllen, damit k-mal M erreicht wird, und damit diese Auffüllung am wenigsten kostet.

Um dabei nur die besten k Zielfunktionswerte zu erhalten, ist die folgende Modellierung notwendig:

$$
\begin{aligned}
c_i^T x + z_i + M y_i &\geq M &&\forall i \\
\sum_{i=1}^{m} y_i &= m - k \\
y_i &\in \{0, 1\} &&\forall i \\
z &\geq 0 \\
z_i &\in \mathbb{R} &&\forall i
\end{aligned}
$$

Wenn wir jetzt $\sum_{i=1}^{m} z_i$ minimieren, sucht sich das System die k höchsten $c_i^T x$-Werte aus, füllt diese auf und ermittelt deren Summe. Die anderen z_i-Werte werden auf 0 gesetzt.

Mengenzugehörigkeit

Modellierung eines Vektors y aus einer Menge A mit $A = \{a_1, \ldots, a_r\}$ durch:

$$
\begin{aligned}
\sum_{i=1}^{r} x_i a_i &= y \\
\sum_{i=1}^{r} x_i &= 1 \\
x_i &\in \{0, 1\}
\end{aligned}
$$

Einbeziehung von Adjazenzmatrizen

Sei A die Adjazenzmatrix eines Graphen (Digraphen) mit $i = 1, \ldots, n$ Knoten. Dann ist

$$
a_{ij} = \begin{cases} 1 & \text{wenn } (i, j) \in E \\ 0 & \text{wenn } (i, j) \notin E \end{cases}
$$

Die Auswahl einer Menge von Kanten (i, j) aus den im Graph vorhandenen kann man wie folgt modellieren:

$$
\begin{aligned}
x_{ij} &\leq a_{ij} & \forall i,j \\
x_{ij} &\in \{0,1\} & \forall i,j
\end{aligned}
$$

Wenn man nur vorhandene Kanten als Variablen verwenden will:

$$
\begin{aligned}
x_e &\leq a_e & \forall e \in E \\
x_e &\in \{0,1\} & \forall e \in E
\end{aligned}
$$

Verschiedenheit von zwei Variablen sichern

$x_i \in \mathbb{N}$ und $x_j \in \mathbb{N}$ dürfen nicht übereinstimmen, das heißt entweder

$$
\begin{aligned}
x_i - x_j &\geq 1 \quad \text{oder} \\
x_j - x_i &\geq 1
\end{aligned}
$$

Als Modell bedeutet dies:

$$
\begin{aligned}
x_i - x_j + M y_i &\geq 1 \\
x_j - x_i + M y_j &\geq 1 \\
y_i + y_j &= 1 \\
y_i, y_j &\in \{0,1\}
\end{aligned}
$$

Gradrealisierung im Graphen

Wenn durch die Kantenbelegung $x_o \in \{0,1\}$ ein Weg definiert ist, dann besagt für einen Knoten v:

$$
\sum_{e \in \delta(v)} x_e =
\begin{cases}
0 & v \text{ liegt nicht auf dem Weg} \\
1 & v \text{ ist Start- oder Endknoten des Weges} \\
2 & v \text{ ist Zwischenknoten des Weges}
\end{cases}
$$

Überschneidungsfreiheit gewährleisten

Arbeitsvorgänge: k, ℓ; Anfangspunkte: x_k, x_ℓ ; Dauer: d_k, d_ℓ
Vorgänge dürfen sich zeitlich nicht überschreiten, das heißt

$$
x_k + d_k \leq x_\ell \text{ oder } x_\ell + d_\ell \leq x_k
$$

Dies kann folgendermaßen modelliert werden:

$$
\begin{aligned}
x_k + d_k - M y_1 &\leq x_\ell \\
x_\ell + d_\ell - M y_2 &\leq x_k \\
y_1 + y_2 &= 1 \\
y_1, y_2 &\in \{0,1\}
\end{aligned}
$$

Maximalwert drücken – Minimalwert heben

$x_1, \ldots, x_n$ seien (in Grenzen) wählbare Variablen.

Soll der Maximalwert so klein wie möglich gewählt werden, dann ergibt sich folgendes Modell:

$$\min d \text{ unter } x_1 \leq d, x_2 \leq d, \ldots, x_n \leq d$$

Für die maximale Wahl des Minimalwerts erhält man das Modell

$$\max d \text{ unter } x_1 \geq d, x_2 \geq d, \ldots, x_n \geq d$$

Maximum nicht überschreiten – Minimum nicht unterschreiten

$x \leq \max\{x_1, \ldots, x_r\}$ kann folgendermaßen modelliert werden:

$$
\begin{array}{rcl}
x & \leq & x_1 + y_1 M \\
& \vdots & \\
x & \leq & x_r + y_r M \\
\sum_{i=1}^{r} y_i & \leq & r - 1 \\
y_i & \in & \{0, 1\} \quad \forall i = 1, \ldots, r
\end{array}
$$

Analog modelliert man $x \geq \min\{x_1, \ldots, x_r\}$:

$$
\begin{array}{rcl}
x & \geq & x_1 - z_1 M \\
& \vdots & \\
x & \geq & x_r - z_r M \\
\sum_{i=1}^{r} z_i & \leq & r - 1 \\
z_i & \in & \{0, 1\} \quad \forall i = 1, \ldots, r
\end{array}
$$

7.2   Aufgaben zur Modellierung

Aufgabe 7.2.1

Ein Sportler will bei der nächsten Olympiade an einer neuen Disziplin, dem Auswahl-Zehnkampf, teilnehmen und überlegt nun, wie er sein monatliches Trainingsprogramm von 100 Stunden aufteilen soll.

Die Spielregeln für den Auswahl-Zehnkampf sind folgende: In zehn Disziplinen wird eine unerreichbare Leistung als Norm gesetzt (z. B. 10 m im Weitsprung, 3 m im Hochsprung). Nun erbringt der Sportler seine Leistungen in den zehn Disziplinen. Bewertet werden die Leistungen nach dem Prozentsatz der erbrachten Leistungen an der Norm (z. B. 5,20 m Weitsprung bringen 52 Punkte; 2,10 m im Hochsprung bringen 70 Punkte).

Neu am Auswahl-Zehnkampf ist aber, dass für jeden Sportler nur seine fünf besten Disziplinen gewertet werden, die anderen fünf werden gestrichen. Wer so nach Bewertung seiner fünf besten Disziplinen die höchste Punktzahl erreicht hat, ist Olympiasieger.

Die Leistungsfähigkeit in den 10 Disziplinen hängt nun ab von der Ausprägung von vier körperlichen Eigenschaften:

$$M \quad - \quad \text{die Muskelkraft,}$$
$$SP \quad - \quad \text{die Sprungkraft,}$$
$$SN \quad - \quad \text{die Schnelligkeit,}$$
$$A \quad - \quad \text{die Ausdauer.}$$

Folgende Gesetzmäßigkeiten sind bekannt für $i = 1, \ldots, 10$:

$$\text{Erreichte Punktzahl in Disziplin } i = c_{iM} \cdot M + c_{iSP} \cdot SP + c_{iSN} \cdot SN + c_{iA} \cdot A + K_i.$$

Er wird nun versuchen, M, SP, SN und A durch sein Training zu steigern. Ohne Training verfügt er bereits über M_0, SP_0, SN_0 und A_0. Ihm stehen nun 4 Trainingsarten T_M, T_{SP}, T_{SN}, T_A zur Auswahl. T_M steigert M um m, T_{SP} steigert SP um sp, T_{SN} steigert SN um sn und T_A steigert A um a (jeweils pro monatlicher Trainingsstunde).
Wie soll er die 100 Stunden aufteilen? Formulieren Sie dies als gemischt-ganzzahliges lineares Problem.

Aufgabe 7.2.2

Eine Versandfirma kann an ℓ verschiedenen Orten Auslieferungslager L_i errichten, von denen aus k verschiedene Kundengruppen D_j beliefert werden sollen. Gegeben sind

1. konstante Bau- und Erhaltungskosten e der Auslieferungslager

2. für jedes Lager L_i und jede Kundengruppe D_j die Kosten c_{ij}, die entstehen, falls 1 % der Güter für die Kundengruppe D_j durch das Lager L_i geliefert würden.

Die Nachfrage bei den Kunden sei zeitlich konstant und muss erfüllt werden.

Welche Lager sollen errichtet werden und in welchem Umfang sollen die Kundengruppen aus den errichteten Lagern beliefert werden?

Formulieren Sie das obige Problem als gemischt-ganzzahliges lineares Optimierungsproblem.

Aufgabe 7.2.3

Um ein Zimmer zu tapezieren, stehen uns m Tapetenrollen mit jeweils der Länge L zur Verfügung. Es werden Tapetenstücke der Länge $\ell_1, \ell_2, \ldots, \ell_n$ benötigt, und zwar jeweils a_j Stück der Länge ℓ_j. Gesucht ist die minimale Anzahl von Tapetenrollen, die angeschnitten werden müssen.
Formulieren Sie dieses Problem als (gemischt-)ganzzahliges lineares Optimierungsproblem.

Aufgabe 7.2.4

Das Job-Sequencing Problem sei wie folgt definiert:
Gegeben seien n Jobs mit Ausführungszeiten $p_1, \ldots, p_n$, die auf einer Maschine in irgendeiner Reihenfolge ausgeführt werden sollen. Damit die Maschine den j-ten Job ausführen kann, muss sie im Zustand S_j (z. B. bestimmte Drehgeschwindigkeiten) sein.
Es sei $t_{ij} = c_{ij} + p_j$ die Zeit, die benötigt wird, um den Job j direkt nach Job i ausführen zu können. Dabei ist c_{ij} die „Umrüstzeit", um die Maschine von Zustand S_i in S_j zu bringen.

Gesucht ist nun die Reihenfolge der Jobs mit Anfangs- und Endzustand S_0 und geringstem Zeit-aufwand.

Man formuliere das Job-Sequencing Problem als ein (gemischt-)ganzzahliges lineares Optimie-rungsproblem.

Aufgabe 7.2.5

Betrachtet werden alle Punkte aus $[0,1]^n$ und darauf definiert werden die lineare Zielfunktion $c^T x$ und fünf weitere Zielfunktionen $g_1(x), \ldots, g_5(x)$. Für die Funktionen $g_i(x),\ i = 1, \ldots, 5$ gilt

$$g_i(x) \begin{cases} \geq 0, & \text{falls } x \in P_i = \{ y \in \mathbb{R}^n \mid A_{(i)}y \leq b_{(i)} \} \\ = 0, & \text{sonst.} \end{cases}$$

Die Funktionen g_i stellen also Gewinne dar, die nur dann zu Buche schlagen, wenn das zu be-wertende x ein Ungleichungssystem $A_{(i)}x \leq b_{(i)}$ erfüllt. Der Nutzen eines Punktes x bemisst sich demnach aus der Summe von $c^T x$ und von allen Gewinnen $g_i(x)$, die x in Abhängigkeit von der Zugehörigkeit zu P_i einstreicht.

Modellieren Sie dieses Maximierungsproblem als gemischt-ganzzahliges, lineares Optimie-rungsproblem in zwei Fällen:

a) wenn $g_i(x)$ auf P_i jeweils eine von x unabhängige Konstante $\overline{G}_i \geq 0$ und $g_i(x) = 0$ für $x \notin P_i$ ist;

b) wenn $g_i(x)$ auf P_i jeweils eine lineare Funktion der Form $g_i(x) = d_{(i)}^T x$ mit Vektor $d_{(i)} > 0,\ d_{(i)} \in \mathbb{R}^n$ und $g_i(x) = 0$ für $x \notin P_i$ ist.

Aufgabe 7.2.6

Gegeben ist folgendes Problem (Schachproblem):

Bestimme die maximale Anzahl von Damen, die auf einem $n \times n$ Schachbrett so platziert werden können, dass keine Dame eine andere schlägt.

Formulieren Sie dieses Problem als ganzzahliges lineares Optimierungsproblem.

Aufgabe 7.2.7

K Produkte/Objekte sollen gefertigt werden.

Jedes dieser Produkte muss einen Fertigungsprozess über alle Maschinen $M_1, \ldots, M_R$ (alle in genau dieser Reihenfolge) durchlaufen. Allerdings unterscheiden sich die Bearbeitungszeiten der verschiedenen Produkte auf jeder einzelnen Maschine. Dabei kann jede Maschine immer nur genau ein Produkt bearbeiten und diese Bearbeitung auch nicht unterbrechen.

Setzen Sie t_{rk} für die Bearbeitungszeit von Produkt $k \in \{1, \ldots, K\}$ auf Maschine r mit $r \in \{1, \ldots, R\}$. Wir sind im Moment am Zeitpunkt $t = 0$ und können einen Produktauftrag an Maschine M_1 starten. Es fragt sich aber, in welcher Reihenfolge die Produkte auf M_1 be-ziehungsweise M_2 und so weiter bearbeitet werden sollen (das kann auf jeder Maschine anders sein), wenn bestimmte Ziele (alternativ) optimiert werden sollen. Modellieren Sie als ganzzahliges lineares Optimierungsproblem:

a)   die Zulässigkeit (das Restriktionssystem für eine realisierbare Maschinenbelegung) eines solchen Maschinenbelegungsproblems.

b)   die folgenden alternativen Zielfunktionen:

   i)   frühestmögliche Endzeit des Gesamtsystems auf M_R.

   ii)   minimale Summe der mit Kostenfaktoren κ_r versehenen Laufzeiten auf den einzelnen Maschinen (Laufzeit = Abschaltzeit nach dem letzten Produkt − Einschaltzeit für das erste Produkt).

   iii) minimale Summe der mit Kostenfaktoren π_k bewerteten Wartezeiten von jetzt ab bis zur endgültigen Fertigstellung der einzelnen Aufträge.

   iv)   minimale Summe der mit Kostenfaktoren p_k bewerteten effektiven Bearbeitungszeiten (Dauer der Fertigung = Entnahmezeit von M_R − Aufbringzeit auf M_1) der Produkte.

7.3   Lösungen zur Modellierung

Lösung zu 7.2.1

Variablen:

$M,\ SN,\ SP,\ A$	Eigenschaften Muskelkraft, Schnelligkeit, Sprungkraft, Ausdauer
$I(T_j)$	Trainingsintensität für die Trainingsart T_j (gemessen in Stunden) für $j = M,\ SP,\ SN,\ A$
$P(i)$	Punktzahl in Disziplin i
$B_i,\ t_i$	Hilfsvariablen

Parameter:

$M_0,\ SN_0,\ SP_0,\ A_0$	Eigenschaften Muskelkraft, Schnelligkeit, Sprungkraft, Ausdauer ohne Training
$m,\ sp,\ sn,\ a$	Steigerungsraten von $M,\ SP,\ SN,\ A$ pro monatlicher Trainingsstunde $T_M,\ T_{SP},\ T_{SN},\ T_A$
c_{ij}	Faktor zur Berechnung des Anteils der Eigenschaft j für die Punktzahl in Disziplin i

Modellierung:

$$I(T_M) \geq 0,\ I(T_{SP}) \geq 0,\ I(T_{SN}) \geq 0,\ I(T_A) \geq 0,$$
$$I(T_M) + I(T_{SP}) + I(T_{SN}) + I(T_A) \leq 100.$$

(100 Trainingsstunden stehen zur Verfügung)

Daraus resultiert eine Leistungsfähigkeit folgender Art

$$M = M_0 + m \cdot I(T_M) \qquad\qquad SP = SP_0 + sp \cdot I(T_{SP})$$
$$SN = SN_0 + sn \cdot I(T_{SN}) \qquad\qquad A = A_0 + a \cdot I(T_A).$$

Und in der Disziplin i ($i = 1, \ldots, 10$) wird nun folgendes Ergebnis erzielt:

$$P(i) = c_{iM} \cdot M + c_{iSP} \cdot SP + c_{iSN} \cdot SN + c_{iA} \cdot A + K_i.$$

Es wäre alles ziemlich einfach, wenn alle 10 Disziplinen aufaddiert würden. Dann müsste man nur noch $\sum_{i=1}^{10} P(i)$ maximieren. Aber hier sollen ja nur die fünf besten Disziplinen zählen (bzw. die fünf schlechtesten sollen ignoriert werden). Man kann nun davon Gebrauch machen, dass

$$0 \leq P(i) \leq 100 \qquad \forall\, i$$

gilt. Wenn man also zu einer Punktzahl $P(i)$ 100 Punkte dazu zählt, dann ist man gewiss über der Maximalnorm 100. Wir erlauben es nun, in fünf Disziplinen diese Addition von vornherein vorzunehmen und füllen in den anderen Disziplinen so auf, dass auch dort 100 erreicht werden. Also formulieren wir Restriktionen für $i = 1, \ldots, 10$:

$$P(i) + t_i + B_i \cdot 100 \geq 100$$
$$t_i \geq 0, \quad B_i \in \{0, 1\}.$$

Falls $B_i = 0$ ist, hat man $t_i \geq 100 - P(i)$.
Falls $B_i = 1$ ist, kann t_i jeden positiven Wert annehmen.
Da wir fünf Disziplinen ignorieren wollen, dürfen wir fünfmal die Anforderung mit einem $B_i = 1$ absichern. Das heißt, dass wir

$$\sum_{i=1}^{10} B_i = 5$$

verlangen. Wenn man jetzt $\sum_{i=1}^{10} t_i$ minimiert, dann wird in den 5 Restriktionen mit $B_i = 0$ gerade $t_i = 100 - P(i)$ bestimmt. In den anderen 5 Disziplinen wird $t_i = 0$ ermöglicht und gewählt. Die Frage ist nun nur noch, wo kommen die fünf $B_i = 1$ her?
Unter dem Ziel der Minimierung von $\sum_{i=1}^{10} t_i$ wird das Optimierungssystem die verfügbaren Puffer B_i (zur Vermeidung von hohen $t_i's$) dort verwenden, wo die größten t_i auftreten, das heißt wo die $P(i)$ am kleinsten sind. Also reichen folgende Angaben:

$$\begin{aligned}
\min \sum_{i=1}^{10} t_i \qquad\qquad\qquad & \\
P(i) + t_i + 100 B_i \;\geq\;\; & 100 \qquad \forall\, i \\
t_i \;\geq\;\; & 0 \qquad \forall\, i \\
\sum_{i=1}^{10} B_i \;=\;\; & 5 \\
B_i \;\in\;\; & \{0, 1\} \quad \forall\, i
\end{aligned}$$

Lösung zu 7.2.2

Variablen:

x_{ij}: Transportmenge (in Prozent von der Gesamtlieferung) von Lager L_i ($i = 1, \ldots, \ell$) an Kundengruppe D_j ($j = 1, \ldots, k$).

$$y_i = \begin{cases} 0 & \text{falls Lager } L_i \text{ nicht in Betrieb genommen wird} \\ 1 & \text{falls Lager } L_i \text{ in Betrieb genommen wird} \end{cases}$$

Zielfunktion:

$$\min \sum_{j=1}^{k} \sum_{i=1}^{\ell} c_{ij} x_{ij} + e \sum_{i=1}^{\ell} y_i.$$

Nebenbedingungen:

1. Lieferung an D_j wird erfüllt:

$$\sum_{i=1}^{\ell} x_{ij} = 100 \quad \forall j = 1, \ldots, k$$

2. Lieferungen aus L_i nur möglich, wenn dieses Lager in Betrieb genommen wird, das heißt $y_i = 1$, bzw. unmöglich, wenn $y_i = 0$ ist.

$$\sum_{j=1}^{l_0} x_{ij} \leq k \cdot 100 \cdot y_i \quad \forall i = 1, \ldots, \ell$$

Mit $k \cdot 100 =: M$ ist garantiert, dass die linke Summe auf jeden Fall unter dieser Schranke bleibt.

3. $x_{ij} \geq 0 \quad \forall i, j$
    $y_i \in \{0, 1\} \quad \forall i$

Lösung zu 7.2.3

$T_1, \ldots, T_m$ sind die verfügbaren Tapetenrollen der vorgegebenen Länge L. Wir benötigen a_j (fest) Tapetenstücke der vorgegebenen Länge ℓ_j, wobei n verschiedene Längen auftreten können. Gesucht ist die minimale Anzahl von Tapetenrollen, die man anschneiden muss.

Wir führen Variablen x_{ij} ($i = 1, \ldots, n$, $j = 1, \ldots, m$) ein. Diese bezeichnet die Anzahl der Stücke der Länge ℓ_i, die aus T_j geschnitten wird. Dann gilt

$$\sum_{j=1}^{m} x_{ij} = a_i \quad \forall i$$

$$\sum_{i=1}^{n} \ell_i x_{ij} \leq L \quad \forall j.$$

Nun sind die angeschnittenen Rollen zu zählen. T_j ist genau dann angeschnitten, wenn es $i \in \{1, \ldots, n\}$ gibt mit

$$x_{ij} > 0 \;\Leftrightarrow\; \sum_{i=1}^{n} x_{ij} > 0.$$

Wir führen die Variablen y_j ein mit:

$$y_j = \begin{cases} 1 & \text{falls } T_j \text{ angeschnitten ist} \\ 0 & \text{sonst} \end{cases}$$

Zu minimieren ist die Zielfunktion

$$\sum_{j=1}^{m} y_j.$$

Komplikation: y_j wird noch nicht beschrieben durch eine lineare Funktion der x_{ij}.
Ausweg: M sei groß genug (etwa $L+1$) und fest. Für alle j betrachte die Restriktion

$$\sum_{i=1}^{n} x_{ij} - M y_j \leq 0.$$

Dies ist immer erfüllt, wenn $y_j = 1$ wegen $M > L \geq \sum_{i=1}^{n} x_{ij}$ und dies ist erfüllt, wenn $\sum_{i=1}^{n} x_{ij} = 0$.
Gesamtdarstellung des Problems:

$$\min \sum_{j=1}^{m} y_j$$

$$\begin{aligned} \sum_{j=1}^{m} x_{ij} &= a_i & \forall i \\ \sum_{i=1}^{n} \ell_i x_{ij} &\leq L & \forall j \\ \sum_{i=1}^{n} x_{ij} - (L+1) y_j &\leq 0 & \forall j \\ x \in \mathbb{Z}^{(n,m)}, \quad y &\in \mathbb{Z}^m. \end{aligned}$$

Dann ist jede zulässige Lösung $(x,y)^T$ ganzzahlig. $y_j > 0$ gilt genau dann, wenn

$$\sum_{i=1}^{n} x_{ij} > 0$$

(weil über die Minimierung unnötig positive Werte y_j gedrückt werden).
Für die Optimalität ist y ein 0-1-Vektor, wie man anhand der Zielfunktion einsieht.

___

Lösung zu 7.2.4
Die n Jobs erfordern für ihre eigentliche Ausführung die Zeit $\sum_{j=1}^{n} p_j$.
Man definiert sich fiktiv einen Ausgangszustand S_0 und einen zugehörigen Fiktivjob J_0 mit

Ausführungszeit $p_0 = 0$. Ausgehend von Job J_0 werden die Jobs $J_1, \ldots, J_n$ in einer bestmöglichen Reihenfolge ausgeführt, wobei σ eine Permutation der Menge $\{1, \ldots, n\}$ angibt, so dass $\sigma^{-1}(1), \sigma^{-1}(2), \ldots, \sigma^{-1}(n)$ die Reihenfolge der Bearbeitung angibt.

Zwei so aufeinanderfolgende Jobs verursachen dann die entsprechende Umrüstzeit. Somit ist zu minimieren:

$$t_{0,\sigma^{-1}(1)} + \sum_{l=1}^{n-1} t_{\sigma^{-1}(l),\sigma^{-1}(l+1)} + t_{\sigma^{-1}(n),0}$$

und die Minimierungsmenge ist $\{\sigma \mid \sigma \in S_n\}$ (Menge der Permutationen von n Elementen). Desweiteren werden für die Modellierung noch nachfolgende Variablen verwendet:

$$x_{ij} = \begin{cases} 1 & \text{Job } j \text{ wird direkt nach Job } i \text{ ausgeführt} \\ 0 & \text{Job } j \text{ wird nicht direkt nach Job } i \text{ ausgeführt} \end{cases}$$

Gemischt-Ganzzahlige Modellierung:

$$\min \sum_{i=0}^{n} \sum_{j=0}^{n} x_{ij} \cdot c_{ij} + \sum_{j=0}^{n} p_j$$

$$\sum_{i=0}^{n} x_{ij} = 1 \qquad \forall j = 0, \ldots, n \quad \text{(jedes } j \text{ hat einen Vorgänger)}$$

$$\sum_{j=0}^{n} x_{ij} = 1 \qquad \forall i = 0, \ldots, n \quad \text{(jedes } i \text{ hat einen Nachfolger)}$$

$$x_{ij} \in \{0,1\} \quad \forall i, j = 0, \ldots, n.$$

Bis jetzt können sich aber Unterkreise schließen. Deren Vermeidung gewährleisten wir durch:

$$\forall M \subset \{0, 1, \ldots, n\} \text{ mit } \#(M) \geq 3, \#(M) \leq n + 1 - 3$$

$$\text{muss gelten} \quad \sum_{\substack{i=0 \\ i \in M}}^{n} \sum_{\substack{j=0 \\ j \in M}}^{n} x_{ij} \leq \#(M) - 1.$$

Auf diese Weise können sich nur Volltouren schließen.

Lösung zu 7.2.5

a)   **Index:** $i = 1, \ldots, 5$

   Variablen:

z_i, y_i	Hilfsvariablen
x	gesuchter Punkt

   Parameter:

c	Zielfunktionsvektor
$A_{(i)}$	Restriktionsmatrizen
b_i	Restriktionsschranken
$\overline{G}_i$	Gewinn, falls $x \in P_i$

Modell:

$$\max \ y_1 + y_2 + y_3 + y_4 + y_5 + c^T x$$

$$A_{(i)}x - M\mathbb{1}z_i \ \leq \ b_{(i)} \qquad \forall\, i$$

$$y_i \ = \ (1 - z_i)\overline{G}_i \quad \forall\, i$$

$$z_i \ \in \ \{0,1\} \qquad \forall\, i.$$

Begründung: Maximiert werden soll die Summe aus $c^T x$ und fünf weiteren (möglichen) Gewinnen, die allerdings jeweils nur dann anfallen, wenn ein Ungleichungssystem $A_{(i)}x \leq b_{(i)}$ erfüllt ist.

Deshalb kann man y_i darstellen als $(1 - z_i)\overline{G}_i$, wobei z_i eine Binärvariable ist. Wenn $z_i = 1$ ist, dann wird nichts gewonnen. Wenn $z_i = 0$ ist, dann gewinnt man $\overline{G}_i$. Andererseits kann man mit diesen z_i's bei Annahme der Werte $z_i = 0$ das Erfüllen des i-ten Ungleichungssystems verlangen und bei Annahme des Wertes $z_i = 1$ das i-te Ungleichungssystem außer Kraft setzen, indem man fordert:

$$A_{(i)}x - M\mathbb{1}z_i \leq b_{(i)} \quad \text{mit } z_i \in \{0,1\} \quad \forall\, i.$$

Wegen $\overline{G}_i \geq 0$ werden so wenige z_i wie möglich mit 1 besetzt. Dabei ist M vom Typ „Big M", also größer zu wählen als jeder annehmbare Wert von $A_{(i)}x - b_{(i)}$. Dies ist aber machbar, da x aus dem beschränkten Bereich $[0,1] \times [0,1]$ gewählt wird.

b)   Der zweite Teil lässt sich auf zwei verschiedene Weisen modellieren:

Erste Variante:

Weiterer Parameter:

$d_{(i)}$ Zielfunktionsvektor, falls $x \in P_i$

Modell:

$$\max \ y_1 + y_2 + y_3 + y_4 + y_5 + c^T x$$

$$y_i \ \leq \ d_{(i)}^T x \qquad \forall\, i$$

$$y_i \ \leq \ M(1 - z_i) \qquad \forall\, i$$

$$A_{(i)}x - M\mathbb{1}z_i \ \leq \ b_{(i)} \qquad \forall\, i$$

$$z_i \ \in \ \{0,1\} \qquad \forall\, i.$$

Begründung: Es geht wieder um eine Summe aus einem unbedingten Gewinn $c^T x$ und von fünf bedingten Gewinnen. Die fünf bedingten Gewinne hängen aber von x ab.

Deshalb ist y_i auf jeden Fall nicht größer als $d_{(i)}^T x$ (≥ 0 nach Voraussetzung) und $y_i \leq 0$ falls die Bedingung $A_{(i)}x \leq b_{(i)}$ nicht erfüllt ist. Das kann man wie in a) modellieren durch Verwendung einer Binärvariable $z_i \in \{0,1\}$ und das entsprechende Ungleichungssystem $A_{(i)}x - M\mathbb{1}z_i \leq b_{(i)}$, wobei M vom Typ „Big M" ist.

Das Ungleichungssystem $A_{(i)}x \leq b_{(i)}$ gilt bei $z_i = 0$ und ist außer Kraft gesetzt bei

$z_i = 1$. Das hat aber nun auch Auswirkungen auf die Ungleichung $y_i \leq M(1 - z_i)$, denn bei $z_i = 0$ resultiert eine Tautologie.

Die Maximierungsrichtung sorgt dafür, dass die annehmbare Oberschranke auch angenommen wird.

Zweite Variante:

Weitere Variable:

v_i Hilfsvariable

Modell:

$$\max \ y_1 + y_2 + y_3 + y_4 + y_5 + c^T x$$

$$
\begin{aligned}
A_{(i)}x - M\mathbb{1}z_i &\leq b_{(i)} & \forall \, i \\
y_i &\geq 0 & \forall \, i \\
y_i &\geq d_{(i)}^T x - M z_i & \forall \, i \\
y_i &\leq M v_i^1 & \forall \, i \\
y_i &\leq d_{(i)}^T x - M z_i + M v_i^2 & \forall \, i \\
v_i^1 + v_i^2 &= 1 & \forall \, i \\
v_i^1, v_i^2, z_i &\subset \{0, 1\} & \forall \, i.
\end{aligned}
$$

Begründung: Die z_i entscheiden darüber, ob das i-te Ungleichungssystem gilt oder nicht. (Wenn $z_i = 1$, ist es außer Kraft gesetzt.)

Die Prämie y_i ist nie negativ und sie ist größer oder gleich $d_{(i)}^T x$, wenn $z_i = 0$ (also wenn das Ungleichungssystem gilt).

Im Fall $z_i = 1$ ist die Bedingung $y_i \geq d_{(i)}^T x - M z_i$ sowieso redundant wegen $y_i \geq 0$. Also sind die Unterschranken gerechtfertigt.

Nun ist noch zu zeigen, dass die Auszahlungswerte auch nicht höher ausfallen können.

Man modelliert $y_i \leq \max\{0, d_{(i)}^T x - M z_i\}$, indem man zwei Ungleichungen mit Binärvariablen $v_i^1, v_i^2 \in \{0, 1\}$ mit $v_i^1 + v_i^2 = 1$ ansetzt und fordert:

$$
\begin{aligned}
y_i &\leq M v_i^1 \\
y_i &\leq d_{(i)}^T x - M z_i + M v_i^2.
\end{aligned}
$$

Dadurch hat man entweder $y_i \leq M$ und $y_i \leq d_{(i)}^T x - M z_i$ oder aber $y_i \leq 0$ und $y_i \leq d_{(i)}^T x$. Durch die Maximierungsrichtung wird jeweils die höhere Schranke realisiert.

Lösung zu 7.2.6

Variablen:

$$
x_{ij} = \begin{cases} 1 & \text{falls Dame auf Feld } (i, j) \\ 0 & \text{sonst} \end{cases} \qquad \forall \, i, j = 1, \dots, 8(n)
$$

Ganzzahliges Optimierungsproblem:

$$\max \sum_{i=1}^{n} \sum_{j=1}^{n} x_{ij}$$

$$\sum_{i=1}^{n} x_{ij} \leq 1 \qquad \forall\, j = 1, \ldots, n \qquad\qquad \text{(in jeder Spalte höchstens eine Dame)}$$

$$\sum_{j=1}^{n} x_{ij} \leq 1 \qquad \forall\, i = 1, \ldots, n \qquad\qquad \text{(in jeder Reihe höchstens eine Dame)}$$

$$\sum_{i+j=k} x_{i,j} \leq 1 \qquad \forall\, k = 2, \ldots, 2n \qquad\qquad \text{(Diagonalausschluss)}$$

$$\text{(tautologisch für } k = 2 \text{ und } k = 2n)$$

$$\sum_{i-j=k} x_{i,j} \leq 1 \qquad \forall\, k = -(n-1), \ldots, (n-1) \qquad \text{(Diagonalausschluss)}$$

$$\text{(tautologisch für } k = -(n-1) \text{ und } k = n-1)$$

Lösung zu 7.2.7

a) a_k^r bzw. e_k^r seien jeweils die Anfangs- und Endzeitpunkte der Bearbeitung von Produkt k auf Maschine r. Um Zulässigkeit zu gewährleisten, muss gelten:

$$\begin{aligned} a_k^r &\geq 0 & \forall\, k, r \\ e_k^r - a_k^r &= t_{rk} & \forall\, k, r \\ \text{und generell} \qquad a_k^{r+1} &\geq e_k^r & \forall\, k, r. \end{aligned}$$

Die Bearbeitungszeiten für zwei Produkte an einer Maschine müssen überschneidungsfrei sein, also:

$$\text{entweder} \quad e_{k_2}^r \leq a_{k_1}^r \quad \text{oder} \quad e_{k_1} \leq a_{k_2}^r.$$

Das wird modelliert mit Entscheidungsvariablen $y_{k_2 k_1}$ bzw. $y_{k_1 k_2} \in \{0, 1\}$ und einem Big M (z. B. $M \geq \sum_k \sum_r$ Bearbeitungszeiten).

$$\begin{aligned} e_{k_2}^r &\leq a_{k_1}^r + y_{k_2 k_1} \cdot M \\ e_{k_1}^r &\leq a_{k_2}^r + y_{k_1 k_2} \cdot M \\ y_{k_2 k_1} + y_{k_1 k_2} &= 1. \end{aligned}$$

b) **Zielfunktionen:**

i) $\min \eta$ und $\eta \geq e_1^R, \ldots, \eta \geq e_K^R$

ii) $\min \sum_{r=1}^{R} (\eta_r - \alpha_r)\kappa_r$ und
$\eta_r \geq e_1^r, \eta_r \geq e_2^r, \ldots, \eta_r \geq e_K^r$ sowie $\alpha_r \leq a_1^r, \alpha_r \leq a_2^r, \ldots, \alpha_r \leq a_K^r$

iii) $\min \sum_{k=1}^{K} e_k^r \pi_k$

iv) $\min \sum_{k=1}^{K} p_k \cdot (e_k^R - a_k^1)$

7.4 Unimodulare Probleme

Besonders vorteilhaft zu lösen sind ganzzahlige Optimierungsprobleme der Art

$$\begin{array}{ll} \max & c^T x \\ \text{unter} & Ax \le b \\ & x \in \mathbb{Z}^n \end{array} \qquad \text{oder} \qquad \begin{array}{l} \text{unter} \quad Ax = b, x \ge 0 \\ \qquad\quad x \in \mathbb{Z}^n \end{array}$$

wenn sich ergibt, dass der Maximalpunkt $\overline{x}$ des relaxierten Problems

$$\max c^T x \quad \text{unter } x \in X = \{x \mid Ax \le b\} \text{ usw.}$$

bereits ganzzahlig ist, weil wir dann mit einem Lösungsalgorithmus für das (relaxierte) lineare Problem schon das ganze Problem lösen können. Da dies in dieser Form nur als „glücklicher Umstand" angesehen werden kann, beschäftigen wir uns eher mit der Situation, dass bei bestimmten Matrizen A von vornherein garantiert werden kann, dass X ein Polyeder und alle seine Ecken ganz sind. In diesem Fall wäre also $X = P(A, b) = P_I$. Dies gelingt in problemindividuellen Einzelfällen, aber vor allem im Zusammenhang mit sogenannten unimodularen oder total unimodularen Matrizen. Der folgende Abschnitt an Aufgaben befasst sich insbesondere mit der Frage, ob die jeweilige Problemstellung automatisch zu ganzzahligen Optima führt oder ob hier $P(A, b) = P_I$ ist oder ob gar diese Eigenschaft der Unimodularität vorliegt.

Definition 7.3

P heißt ganzzahliges Polyeder, wenn $P = P_I = \operatorname{conv}(IM(A, b))$

Der folgende Satz gibt zwei äquivalente Bedingungen zur Ganzzahligkeit:

Satz 7.4

Folgende Aussagen sind äquivalent:

i)   *P ist ein ganzzahliges Polyeder.*

ii)   *Jede Seitenfläche von P enthält einen ganzzahligen Punkt.*

iii) *Zu jeder Zielrichtung c, bei der $c^T x$ auf P beschränkt ist, gibt es einen ganzzahligen Optimalpunkt.*

Erkennbar/generierbar werden solche Eigenschaften durch Unimodularität.

Definition 7.5

Eine Matrix $A \in \mathbb{Z}^{(m,n)}$ vom Rang m heißt *unimodular*, wenn für jede $m \times m$ Untermatrix B von A von vollem Rang gilt $|\det B| = 1$.

Eine stärkere Version hiervon ist die totale Unimodularität.

Definition 7.6
$A \in \mathbb{Z}^{(m,n)}$ heißt *total unimodular*, wenn jede Subdeterminante von A nur die Werte $\{0, 1, -1\}$ besitzt. (Dann können natürlich auch nur $\{0, 1, -1\}$ als Matrixeinträge auftreten.)

Und daraus ergibt sich dann folgendes Ergebnis:

Satz 7.7
A sei total unimodular und b sei ganz. Dann ist $P = \{x \mid Ax \leq b\}$ ein ganzzahliges Polyeder.

Bestimmte Problemtypen, die sich mit Transportfragen, Zuordnungsfragen und allgemeinen Überlegungen auf bipartiten Graphen beschäftigen, sind in aller Regel beschrieben durch total unimodulare Matrizen. Diese Eigenschaft lässt sich in folgendem Satz formal beschreiben.

Satz 7.8
Sei $A \in \mathbb{Z}^{(m,n)}$ mit $a_{ij} \in \{0, 1, -1\}$ $\forall i, j$. Genau dann ist A bzw. A^T total unimodular, wenn für jede Zeile i und jede Teilmenge J der Spaltenindizes $\{1, \ldots, n\}$ eine Zerlegung in J_1, J_2 $(J_1 \cup J_2 = J, J_1 \cap J_2 = \emptyset)$ vorliegt mit

$$\left| \sum_{j \in J_1} a_{ij} - \sum_{j \in J_2} a_{ij} \right| \leq 1 \quad \forall i \in \{1, \ldots, m\}$$

Anwenden lässt sich dieses Ergebnis beispielsweise auf Inzidenzmatrizen von gerichteten Graphen. Diese sind nach obigen Kriterien total unimodular. Bei allgemeinen (ungerichteten) Graphen braucht man noch, dass b bipartit ist, damit Äquivalenz zur totalen Unimodularität vorliegt.

7.5   Aufgaben zu unimodularen Problemen

Aufgabe 7.5.1
Sei A eine total unimodulare Matrix und b und c ganzzahlige Vektoren.
Zeigen Sie, dass die Polyeder $\{x \mid Ax = b, x \geq 0\}$ und $\{x \mid Ax \leq b, 0 \leq x \leq c\}$ nur ganzzahlige Ecken besitzen.

Aufgabe 7.5.2

Das $n \times n$-Heiratsproblem lässt sich deuten als das Problem eines Vaters, jede von n Töchtern mit einem von n Freiern zu verheiraten. Dabei kommt jeder Paarung (i, j) (Freier i heiratet Tochter j) ein bestimmter Nutzen zu. Formulieren Sie das Heiratsproblem für die allgemeine Situation von n Töchtern und n Freiern (welche Tochter soll mit welchem Freier verheiratet werden?) als ganzzahliges lineares Problem der Form

$$
\begin{aligned}
\max \ c^T x \\
Ax &= b \\
x &\geq 0, \ x \in \mathbb{Z}.
\end{aligned}
$$

Zeigen Sie, dass die dabei entstehende Matrix A total unimodular ist.

Aufgabe 7.5.3

Sei $A \in \mathbb{Z}^{(m,n)}$. Für alle c, b mit $c \in \mathbb{R}^n$ und $b \in \mathbb{Z}^m$ gebe es jeweils eine ganzzahlige Optimallösung des Problems

$$\min c^T x \text{ unter } Ax \leq b, \ x \geq 0.$$

Zeigen Sie, dass dann A total unimodular ist.

Aufgabe 7.5.4

Für einen Dressurwettbewerb hat eine Mannschaft drei Reiter r_1, r_2, r_3 und drei Pferde p_1, p_2, p_3 zur Verfügung. Es soll eine Zuordnung der Reiter zu den Pferden gefunden werden, die die Summe der Gewinnchancen maximiert. Jeder Reiter und jedes Pferd müssen genau einmal eingesetzt werden. Der Eintrag G_{ij} in der folgenden Matrix gibt jeweils die Gewinnchance (in Prozent) des Reiters r_i mit Pferd p_j an:

$$
G = \begin{pmatrix} 8 & 11 & 6 \\ 9 & 12 & 10 \\ 8 & 9 & 7 \end{pmatrix}
$$

a) Formulieren Sie dieses Problem als lineares, ganzzahliges Optimierungsproblem (P).
   Hinweis: Beschreiben Sie mit Variablen x_{ij}, in welchem Ausmaß Reiter r_i das Pferd p_j beansprucht.

b) Sei X der Zulässigkeitsbereich von (P) ohne die Ganzzahligkeitsbedingung. Zeigen Sie, dass für jede Permutation π von $\{1, 2, 3\}$ durch $x_{i,\pi(i)} = 1$, $i = 1, 2, 3$, und $x_{ij} = 0$, $j \neq \pi(i)$, $i, j = 1, 2, 3$, eine Ecke von X definiert wird und dass dies alle Ecken von X sind.

c) Lösen Sie (P).

7.6   Lösungen zu unimodularen Problemen

Lösung zu 7.5.1

- $\bar{x}$ sei eine Ecke von $\{x \mid Ax = b, x \geq 0\}$.
  $\Rightarrow \bar{x}$ löst $A_B x_B = b$, $x_N = 0$
  Cramersche Regel:

$$\bar{x}_B^i = \frac{\det\left(A_{\cdot j_1}, \ldots, A_{\cdot j_{i-1}}, b, A_{\cdot j_{i+1}}, \ldots, A_{\cdot j_n}\right)}{\det A_B} \in \mathbb{Z},$$

da $\det A_B \in \{-1, 1\}$ nach Voraussetzung und der Zähler ganzzahlig ist.

- $\bar{x}$ sei eine Ecke von $\{x \mid Ax \leq b, 0 \leq x \leq d\} = \left\{ x \left| \begin{pmatrix} A \\ E \\ -E \end{pmatrix} x \leq \begin{pmatrix} b \\ d \\ 0 \end{pmatrix} \right. \right\}$

  $\Rightarrow \bar{x}$ löst $\begin{pmatrix} A_{J_1} & A_{J_2} & A_{J_3} \\ E_K & 0 & 0 \\ 0 & -E_L & 0 \end{pmatrix} \begin{pmatrix} x_1 \\ x_2 \\ x_3 \end{pmatrix} = \begin{pmatrix} b_J \\ d_K \\ 0 \end{pmatrix}$ (J, K, L Indexmengen)

  $\Rightarrow x_2 = 0$, $x_1 = d_K$
  $\Rightarrow A_{J_3} x_3 = b_J - A_{J_1} d_K$.

Analog zum ersten Fall folgt mit der Cramerschen Regel und $\det A_{J_3} \in \{-1, 1\}$ nach Vorraussetzung $x_3 \in \mathbb{Z}$, $x_2 = 0 \in \mathbb{Z}$, $x_1 = d_K \in \mathbb{Z}$.

Lösung zu 7.5.2
Formulierung:

$$x_{ij} = \begin{cases} 1 & \text{Freier } i \text{ bekommt Tochter } j \\ 0 & \text{sonst} \end{cases}$$

c_{ij} : Nutzen, wenn Freier i die Tochter j heiratet

Problemformulierung:

$$\max \sum_{i=1}^{n} \sum_{j=1}^{n} c_{ij} x_{ij}$$

$$\sum_{i=1}^{n} x_{ij} = 1 \quad \forall j$$

$$\sum_{j=1}^{n} x_{ij} = 1 \quad \forall i$$

$$x_{ij} \in \{0, 1\} \quad \forall i, j.$$

Matrix aus der ganzzahligen Formulierung:

$$
\begin{pmatrix}
1 & 1 & \ldots & 1 & 0 & 0 & \ldots & 0 & \ldots & \ldots & 0 & 0 & \ldots & 0 \\
0 & 0 & \ldots & 0 & 1 & 1 & \ldots & 1 & \ldots & \ldots & 0 & 0 & \ldots & 0 \\
0 & 0 & \ldots & 0 & 0 & 0 & \ldots & 0 & \ddots & & \vdots & \vdots & & \vdots \\
\vdots & \vdots & & \vdots & \vdots & \vdots & & \vdots & & \ddots & 0 & 0 & \ldots & 0 \\
0 & 0 & \ldots & 0 & 0 & 0 & \ldots & 0 & \ldots & \ldots & 1 & 1 & \ldots & 1 \\
1 & 0 & \ldots & 0 & 1 & 0 & \ldots & 0 & \ldots & \ldots & 1 & 0 & \ldots & 0 \\
0 & \ddots & & \vdots & 0 & \ddots & & \vdots & & & 0 & \ddots & & \vdots \\
\vdots & & \ddots & 0 & \vdots & & \ddots & 0 & & & \vdots & & \ddots & 0 \\
0 & \ldots & \ldots & 1 & 0 & \ldots & \ldots & 1 & \ldots & \ldots & 0 & \ldots & \ldots & 1
\end{pmatrix}
$$

Erste Hälfte: Kolonnen von 1-en (n Stück) n-mal

Zweite Hälfte: Jede n-te Komponente ist eine 1.

n Zeilen: i-te: Beginn bei Komponente i.

Bemerkung: Es gilt $(1,\ldots,1,-1,\ldots,-1)A = 0$, das heißt, dass in jeder Spalte eine 1 im oberen Teil und eine im unteren Teil steht.

Behauptung: A ist unimodular.

Beweis: Induktion über die Untermatrizengröße

$k = 1 : A_1 \in \{0,1\}$ ist unimodular.

$k \to k+1$:

Es werden drei Fälle betrachtet:

1. A_{k+1} enthält eine Nullspalte (alle Einträge der Spalte sind null)

$$\Rightarrow \ \det A_{k+1} = 0$$

2. A_{k+1} enthält keine Nullspalte, aber eine Spalte mit genau einer 1

$$\Rightarrow \ \det A_{k+1} = (\pm 1) \cdot \det A_k \in \{0,1,-1\} \text{ (nach Induktionsvor.)}$$

3.   Alle Spalten von A_{k+1} haben 2 Einsen (eine im oberen Bereich und eine im unteren Teil)

$$\Rightarrow \ (1,\ldots,1,-1,\ldots,-1)A_{k+1} = 0$$
$$\Rightarrow \ \det A_{k+1} = 0$$

Lösung zu 7.5.3

A ist fest, b und c dürfen jeweils beliebig nach Bedarf gewählt werden. Für alle b, c gebe es eine ganzzahlige Optimallösung.

Wir führen Schlupfvariablen x_s ein und erhalten

$$(A, E) \begin{pmatrix} x \\ x_s \end{pmatrix} = b, \quad \begin{pmatrix} x \\ x_s \end{pmatrix} \geq 0.$$

Dann gilt: A total unimodular $\Leftrightarrow (A, E)$ total unimodular.

Sei nun U eine quadratische Teilmatrix von A (regulär, sonst banal).

Wir zeigen, dass $\det U = \pm 1$.

O. B. d. A. sei $A = \begin{pmatrix} U & ** \\ * & *** \end{pmatrix}$. Wir ergänzen U zu einer regulären $(m \times m)$-Matrix

$$\tilde{U} = \begin{pmatrix} U & 0 \\ * & E \end{pmatrix}.$$

Dann ist $\det \tilde{U} = \pm \det U = \pm 1$ (wenn $\det U = \pm 1$ gilt). $\tilde{U}$ hat nur ganzzahlige Einträge. Fraglich ist, ob dies auch für $\tilde{U}^{-1}$ wahr ist.

$\tilde{U}$ ist auf jeden Fall Basismatrix des Problems in Standardform. Die Spalten von $\tilde{U}^{-1}$ sind genau die Vektoren $\tilde{U}^{-1}e_1, \ldots, \tilde{U}^{-1}e_m$.

• Falls nun $\tilde{U}^{-1}e_i \geq 0$, dann ist dieser Vektor zulässige Basislösung zu $b = e_i$ und kann somit durch eine geeignete Variation von c zu einem optimalen Punkt gemacht werden. Da jeder Optimalpunkt nach der Voraussetzung ganzzahlig sein muss, ist auch die i-te Spalte der Matrix $\tilde{U}^{-1}$ ganzzahlig.

• Gilt $\tilde{U}^{-1}e_i \ngeq 0$, dann gibt es sicherlich einen ganzzahligen Vektor z_i, so dass

$$\tilde{U}^{-1}e_i + z_i \geq 0$$

ist. Wir können weiterhin $b = e_i + \tilde{U}z_i$ als rechte Seite verwenden, denn sowohl e_i als auch $\tilde{U}$ und z_i sind ganzzahlig. Dann ist

$$\tilde{U}^{-1}(e_i + \tilde{U}z_i) = \tilde{U}^{-1}e_i + z_i \geq 0$$

eine zulässige Basislösung. Da diese wiederum für eine geeignete Zielfunktion c optimal ist, muss diese Basislösung ganzzahlig sein und somit ist auch $\tilde{U}^{-1}e_i$ ganzzahlig.

Da obige Argumentation für jedes $i = 1, \ldots, m$ geführt werden kann, ist die ganze Matrix $\tilde{U}^{-1}$ genauso wie auch $\tilde{U}$ ganzzahlig. Mit

$$\det(\tilde{U}) = \frac{1}{\det(\tilde{U}^{-1})} \quad \text{und} \quad \det(\tilde{U}), \det(\tilde{U}^{-1}) \in \mathbb{Z}$$

folgt sofort $\det(\tilde{U}) = \pm 1$.

Lösung zu 7.5.4

a)   Als ganzzahliges lineares Optimierungsproblem ergibt sich:

$$\max \quad \sum_{i=1}^{3} \sum_{j=1}^{3} G_{ij} x_{ij} \qquad \text{(Summe der Gewinnchancen)}$$

$$\sum_{i=1}^{3} x_{ij} = 1 \qquad \forall\, j = 1, 2, 3 \qquad \text{(jedes Pferd nur einmal eingesetzt)}$$

$$\sum_{i=1}^{3} x_{ij} = 1 \qquad \forall\, i = 1, 2, 3 \qquad \text{(jeder Reiter nur ein Pferd)}$$

$$0 \leq x_{ij} \leq 1 \qquad \forall i, j = 1, 2, 3 \qquad \text{(Inanspruchnahme)}$$

$$x_{ij} \in \mathbb{Z} \qquad \forall i, j = 1, 2, 3$$

$x_{ij} = 1 \quad \Leftrightarrow \quad$ Reiter i reitet (ausschließlich) auf Pferd j
                     und Pferd j wird (ausschließlich) von Reiter i geritten.

$x_{ij} = 0 \quad \Leftrightarrow \quad$ Reiter i und Pferd j haben nichts miteinander zu tun.

b)   i)   Jede Zuordnung $x_{i,\pi(i)} = 1$ und $x_{ij} = 0$ für $j \neq \pi(i)$ mithilfe einer Permutation π von $\{1, 2, 3\}$ liefert eine Ecke des Zulässigkeitsbereiches X. Denn zunächst sind diese Zuordnungsvektoren zulässig (9 Komponenten, 3 davon haben den Wert 1, 6 den Wert 0). Alle Gleichheitsrestriktionen sind erfüllt und x_{ij} hält die Beschränkungen ein (6 mal untere, 3 mal obere Schranke).

Noch zu zeigen: Es handelt sich um Ecken, das heißt, dass keine echte Konvexkombination von anderen zulässigen Punkten diese Permutationslösungen substituieren kann.

Seien $a, b \in \mathbb{R}^{3 \times 3}$ mit $a \neq b$ zwei solche Punkte mit
$\sum_i a_{ij} = 1 \,\forall\, j$, $\sum_j a_{ij} = 1 \,\forall\, i$ und
$\sum_i b_{ij} = 1 \,\forall\, j$, $\sum_j b_{ij} = 1 \,\forall\, i$, sowie $0 \leq a_{ij} \leq 1, 0 \leq b_{ij} \leq 1 \,\forall\, i, j$.

Dann gibt es ein Paar (i, j), so dass $a_{ij} \neq b_{ij}$ (o. B. d. A. $a_{ij} < b_{ij}$). Jede echte Konvexkombination von a und b liefert dann einen Wert aus $(a_{ij}, b_{ij}) \subseteq (0, 1)$.
Also kann dies auf keinen Fall eine Permutationslösung ergeben. Deshalb sind die Permutationslösungen (6 Stück) alle Extremalpunkte und damit auch Ecken.

ii)   Es gibt auch keine weiteren Ecken.

Wir lösen diese Aufgabe durch Bezug auf das Kriterium für Unimodularität. Stellt man zur Beschreibung der Nebenbedingungen eine neue Matrix A auf, deren erste drei Zeilen für die Reiter i und deren nächste drei Zeilen für die drei Pferde stehen und deren neun Spalten für die jeweiligen Paarungen (i, j) stehen, dann enthält diese Matrix in jeder Zeile dreimal eine Eins (ansonsten Nullen). In jeder Spalte taucht oben (bei den Reitern) und unten (bei den Pferden) je eine Eins auf. Und dies erfüllt das Kriterium für die Unimodularität von A, denn man muss nur die Unterteilung in die ersten und die zweiten drei Zeilen beachten.

$$A = \begin{pmatrix} 1 & 1 & 1 & 0 & 0 & 0 & 0 & 0 & 0 \\ 0 & 0 & 0 & 1 & 1 & 1 & 0 & 0 & 0 \\ 0 & 0 & 0 & 0 & 0 & 0 & 1 & 1 & 1 \\ 1 & 0 & 0 & 1 & 0 & 0 & 1 & 0 & 0 \\ 0 & 1 & 0 & 0 & 1 & 0 & 0 & 1 & 0 \\ 0 & 0 & 1 & 0 & 0 & 1 & 0 & 0 & 1 \end{pmatrix}$$

c)   Da der Zulässigkeitsbereich ein Polytop ist, reicht zur Optimierung ein Eckenvergleich.

Ecke	Zielfunktionswert
$x_{11} = x_{22} = x_{33} = 1$, sonst $x_{ij} = 0$	27
$x_{11} = x_{23} = x_{32} = 1$, sonst $x_{ij} = 0$	27
$x_{12} = x_{21} = x_{33} = 1$, sonst $x_{ij} = 0$	27
$x_{12} = x_{23} = x_{31} = 1$, sonst $x_{ij} = 0$	29
$x_{13} = x_{21} = x_{32} = 1$, sonst $x_{ij} = 0$	24
$x_{13} = x_{22} = x_{31} = 1$, sonst $x_{ij} = 0$	26

$\Rightarrow$ $x_{12} = x_{23} = x_{31} = 1$ und sonst $x_{ij} = 0$ ist die beste Lösung mit dem Optimal-wert 29, wobei diese Lösung eindeutig ist.

Interpretation der optimalen Lösung:

Reiter 1 nimmt Pferd 2, Reiter 2 nimmt Pferd 3 und Reiter 3 nimmt Pferd 1.

Kapitel 8

Polyedertheorie bei Ganzzahligkeit

8.1 Theorie der Ganzzahligen Optimierung

Wir haben schon die Frage gestellt, ob die konvexe Hülle der ganzen Punkte in $\{x \mid Ax \leq b\}$ ein Polyeder ist. Als Gründe, weshalb die konvexe Hülle einer solchen Menge von ganzzahligen Punkten manchmal kein Polyeder ist, kommen infrage:

- die Daten (A, b) sind nicht rational,

- der Zulässigkeitsbereich ist unbeschränkt.

In allen anderen Fällen kann unsere Frage mit Ja beantwortet werden.

Satz 8.1

Ist $B \subset K^n$ eine beschränkte Menge, dann ist $\mathrm{conv}(x \in B \mid x \in \mathbb{Z}^n)$ ein Polytop. Dazu gibt es $m \in \mathbb{N}$, eine Matrix $D \in \mathbb{Z}^{(m,n)}$ und einen Vektor $d \in \mathbb{Z}^m$ mit

$$\mathrm{conv}(x \in B \mid x \in \mathbb{Z}^n) = P(D, d).$$

Bezeichnung

- $P \subset K^n$ heißt *rationales Polyeder*, wenn es $m \in \mathbb{N}$, $A \in \mathbb{Q}^{(m,n)}$ und $b \in \mathbb{Q}^m$ gibt mit $P = P(A, b)$.

- $C \subset K^n$ heißt *rationaler Kegel*, wenn es $m \in \mathbb{N}$, $A \in \mathbb{Q}^{(m,n)}$ gibt mit $C = P(A, 0)$.

Erinnerung an den Satz von Weyl

P ist genau dann rational, wenn es eine Darstellung

$$P = \mathrm{conv}(v_1, v_2, \ldots, v_k) + \mathrm{cone}(u_1, \ldots, u_\ell)$$

mit $v_1, \ldots, v_k, u_1, \ldots, u_\ell \in \mathbb{Q}^n$ besitzt.

Bezeichnung

Für Polyeder der Bauart $\text{conv}(x \in P \mid x \in \mathbb{Z}^n)$ schreiben wir P_I, also $P_I = \text{conv}(\text{IM}(A, b))$.
Entsprechend ist für polyedrische Kegel C die Menge C_I erklärt als $\text{conv}(x \in C \mid x \in \mathbb{Z}^n)$.

Lemma 8.2
Ist C ein rationaler Kegel, dann gilt $C_I = C$.

Lemma 8.3
Sei P ein rationales Polyeder mit $P = B + C$, wobei B ein Polytop und C ein Kegel mit $C = \text{cone}(u_1', \ldots, u_\ell')$ $(u_i' \in \mathbb{Z}^n)$ ist.
Dann gilt $P_I = (B + \overline{B})_I + C_I$ mit $\overline{B} = \{\sum_{i=1}^{\ell} \rho_i u_i' \mid 0 \leq \rho_i \leq 1, i = 1, \ldots, \ell\}$.

Satz 8.4
Ist P rational, dann ist auch P_I rational.

Korollar 8.5
Für rationale Polyeder P ist der Rezessionskegel von P_I auch der Rezessionskegel von P.

Satz 8.6
Sind $A \in \mathbb{Q}^{(m,n)}$ und $b \in \mathbb{Q}^m$, dann ist $\text{conv}(\text{IM}(A, B))$ rational.

Bemerkung

Gegeben sei ein ganzzahliges Optimierungsproblem $\max c^T x$ unter $Ax \leq b, x \in \mathbb{Z}^n$. Falls dann das (ILP) eine Lösung besitzt, gilt:

$$\max\{c^T x \mid x \in \text{IM}(A, b)\} = \max\{c^T x \mid x \in \text{conv}(\text{IM}(A, b))\} = \max\{c^T x \mid x \in P_I\}.$$

Im unbeschränkten Fall ist $\sup_{x \in \text{IM}} c^T x = \infty = \sup_{x \in P_I} c^T x$. Im unzulässigen Fall ist $\text{IM} = \emptyset = P_I$.
Wenn $P_I = \text{conv}(\text{IM}(A, b))$ ein Polyeder ist, kann man theoretisch ein (ILP) in ein (LP) transformieren. Problematisch ist dabei aber, dass die bestimmenden Ungleichungen sowie deren Anzahl unbekannt sind, nur ihre Existenz ist offensichtlich.

Wir können darüber nachdenken, wie groß die angegebenen Polyeder P_I und die darin befindlichen ganzzahligen Punkte sind.

Gegeben sei ein Polyeder $P(A, b)$ mit ganzzahligen Daten in $A \in \mathbb{Z}^{(m,n)}$ und $b \in \mathbb{Z}^n$. Wir wollen zur dadurch induzierten Menge $\mathrm{IM}(A, b)$ und zum dadurch vorliegenden Polyeder $P_I := \mathrm{conv}(\mathrm{IM}(A, b))$ die nötige Beschreibung durch Ungleichungen und die zugehörige Kodierungslänge wissen. Die Kodierungslänge ist dabei die Anzahl der zur Binärdarstellung erforderlichen Bits.

Definition 8.7

Die Kodierungslänge $\langle k \rangle$ einer Zahl $k \in \mathbb{Z}$ ist definiert als die Anzahl der Bits, die zur Binärdarstellung von k nötig sind. Also ist $\langle k \rangle = \log_2(|k|) + 1 + 1$. Die Kodierungslänge eines Bruches $\frac{p}{q}$ mit $p, q \in \mathbb{Z}$ ist $\langle p \rangle + \langle q \rangle$. Entsprechend ergeben sich die Kodierungslänge eines Vektors bzw. einer Matrix als Summe der Kodierungslängen aller Einträge.

Definition 8.8

Zu $A \in \mathbb{Z}^{(m,n)}, b \in \mathbb{Z}^m$ sei $\langle A, b \rangle$ die *Kodierungslänge* der erweiterten Matrixdarstellung $[A, b]$ des Polyeders $P(A, b)$. $\square(A, b)$ bezeichne den *Maximalbetrag aller Subdeterminanten* von (A, b) bis zur Größe $n \times n$.

Hinweis

$\square$ kann durchaus von einer unterdimensionalen Submatrix $k \times k (k \leq n)$ stammen.

Bemerkung

Es gilt $\square(A, b) \leq 2^{\langle A, b \rangle} - 1$.

Lemma 8.9

Mit obigen Bezeichnungen gibt es zu vorgegebenem $(A, b) \in \mathbb{Z}^{(m,n+1)}$ eine Polyederdarstellung $P(A, b) = \mathrm{conv}(v_1, \ldots, v_k) + \mathrm{cone}(u_1, \ldots, u_\ell)$ (v_i, u_j rational) mit

$$|v_i^j|, |u_i^j| \leq \square(A, b),$$
$$\langle v_i^j \rangle, \langle u_i^j \rangle \leq 2 \langle \square(A, b) \rangle,$$
$$\langle v_i \rangle, \langle u_i \rangle \leq n \cdot 2 \langle \square(A, b) \rangle.$$

Satz 8.10

$P(A, b)$ sei ein Polyeder mit ganzzahligen Daten. P_I wird erzeugt in der Form $\mathrm{conv}(z_1, \ldots, z_s) + \mathrm{cone}(\tilde{u}_1, \ldots, \tilde{u}_\ell)$ mit ganzzahligen Erzeugervektoren $z_1, \ldots, z_s, \tilde{u}_1, \ldots, \tilde{u}_\ell$. Keine Komponente dieser Erzeuger hat einen höheren Betrag als $(n + 1) \square(A, b)$.

Korollar 8.11

Ist $P_I \neq 0$, dann gibt es $z \in \text{IM}(P)$ mit $\mid z^i \mid \leq (n+1)\square(A, b)$ $\forall i = 1, \ldots, n$

Korollar 8.12

Wenn $\max\{c^T x \mid x \in P(A, b), x \in \mathbb{Z}^n\} = \max\{c^T x \mid x \in P_I\}$ existiert, dann gibt es einen Optimalpunkt von (ILP) mit $\mid x^i \mid \leq (n+1)\square(A, b)$ für alle $i = 1, \ldots, n$. Der Optimalwert ist dann betragsmäßig kleiner als $\langle c \rangle \cdot (n+1)\square(A, b)$.

Ist nun T so groß gewählt, dass $\mid T \mid \geq (n+1)\square(A, b)$, dann kann die kombinierte Auswertung des relaxierten Problems (ohne T-Beschränkung) und die darauffolgende Auswertung des T-beschränkten (ILP) schon das ganze (ILP) lösen. Sehr viel einfacher ist natürlich die Situation, wenn die x^i auf P schon sowieso beschränkt sind (etwa wenn P ein Polytop ist).

Algorithmus 8.13 (Zusatzalgorithmus)
Man löse dazu zunächst einmal $(LP(A, b))$, also das relaxierte Problem und beobachte, ob dies

- *einen Optimalpunkt hat,*

- *unbeschränkte Zielfunktion hat,*

- *leeren Zulässigkeitsbereich hat,*

1. *Falls $P(A, b)$ leer ist $\Rightarrow ILP(A,b)$ leer $\rightarrow$ STOP.*

2. *Andernfalls löse $(ILP(T))$*

3. *Ist $(ILP(T))$ unzulässig, dann auch $(ILP) \rightarrow$ STOP.*

4. *Hat $(LP(A, b))$ unbeschränkte Zielfunktion und ist $(ILP(T))$ zulässig $\Rightarrow (ILP)$ hat unbeschränkte Zielfunktion $\rightarrow$ STOP.*

5. *Hat $(LP(A, b))$ einen Optimalpunkt und ist $(ILP(T))$ zulässig, dann ist der Optimalpunkt von $(ILP(T))$ bereits optimal für (ILP).*

8.2 Aufgaben zur Theorie der Ganzzahligen Optimierung

Aufgabe 8.2.1

In einem $(LP) \max c^T x$ unter $Ax \leq b$ mit $c, x \in \mathbb{R}^3$, $A \in \mathbb{R}^{5 \times 3}$ und $b \in \mathbb{R}^5$ treten bei den Vektoren c, b und der Matrix A nur Einträge mit Werten aus $\{-2, -1, 0, 1, 2\}$ auf. Beweisen Sie:

a)   Die Komponenten der Basislösungen sind betragsmäßig nach oben durch 48 beschränkt, und nach unten gilt die Beschränkung durch $\frac{1}{48}$, falls nicht die Null angenommen wird.

b)   Die möglichen Zielfunktionswerte an den Ecken bzw. Basislösungen sind betragsmäßig nach oben durch 288 beschränkt. Nach unten wird entweder 0 angenommen oder der Betrag ist durch $\frac{1}{48}$ beschränkt.

Aufgabe 8.2.2 ●

Vorgegeben sei das folgende Ungleichungssystem:

$$
\begin{array}{rrcl}
-3\,x^1 & +7\,x^2 & \leq & 24 \\
-31\,x^1 & +19\,x^2 & \leq & 48 \\
-500\,x^1 & +105\,x^2 & \leq & 331 \\
-28\,x^1 & -80\,x^2 & \leq & 259 \\
64\,x^1 & -38\,x^2 & \leq & 181 \\
64\,x^1 & +10\,x^2 & \leq & 205
\end{array}
$$

Dieses Ungleichungssystem beschreibt ein Polytop P, das auch als konvexe Hülle dargestellt werden kann, nämlich als $P = \text{conv}(v_1,\ v_2,\ v_3,\ v_4,\ v_5,\ v_6)$ mit:

$$
v_1 = \begin{pmatrix} 2\frac{1}{2} \\ 4\frac{1}{2} \end{pmatrix},\
v_2 = \begin{pmatrix} \frac{3}{4} \\ 3\frac{3}{4} \end{pmatrix},\
v_3 = \begin{pmatrix} -\frac{1}{5} \\ 2\frac{1}{5} \end{pmatrix},\
v_4 = \begin{pmatrix} -1\frac{1}{4} \\ -2\frac{4}{5} \end{pmatrix},\
v_5 = \begin{pmatrix} \frac{3}{4} \\ -3\frac{1}{2} \end{pmatrix},\
v_6 = \begin{pmatrix} 3\frac{1}{8} \\ \frac{1}{2} \end{pmatrix}
$$

a)   Fertigen Sie eine Zeichnung des Polytops P an.

b)   Bestimmen Sie zu $P_I = \text{conv}(\text{IM}(A, b))$ eine endliche Erzeugermenge.

c)   Geben Sie ein Ungleichungssystem an, das P_I charakterisiert.

d)   Beweisen Sie, dass die Zielfunktionen $\max x^1 + x^2$, $\max 2x^1 + x^2$, $\max x^1 + 2x^2$ alle im Punkte $\begin{pmatrix} 2 \\ 4 \end{pmatrix}$ auf P_I optimiert werden.

Betrachten Sie nun den veränderten Zulässigkeitsbereich $\tilde{P}$ mit

$$
\tilde{P} = \text{conv}(v_1,\ v_2,\ v_3,\ v_4,\ v_5,\ v_6) + \text{cone}\begin{pmatrix} 1 \\ -1 \end{pmatrix}.
$$

e)   Es ist bekannt, dass – wenn $\tilde{P}$ als $\tilde{P} = B + C$ mit einem Polytop B und einem Kegel C dargestellt werden kann – das Polyeder $\tilde{P}_I$ als $\tilde{P}_I = (B + \overline{B})_I + C_I$ geschrieben werden kann. Bestimmen Sie zu $(B + \overline{B})_I$ eine endliche Erzeugermenge und geben Sie einen Erzeuger für C_I an.

f)   Erläutern Sie, wie sich die in d) angegebenen Zielfunktionen auf dem erweiterten Zulässigkeitsbereich $\tilde{P}_I$ verhalten.

Aufgabe 8.2.3

Konstruieren Sie ein zweidimensionales Polyeder P durch Angabe eines Ungleichungssystems $Ax \leq b$, also $P = P(A, b)$ und durch Zeichnen einer Skizze, bei dem Sie klarmachen können, dass gilt:

$$P_I = (B + \overline{B})_I + C_I \quad \text{und } \underline{\text{nicht}} \text{ etwa} \quad P_I = B_I + C_I.$$

Dabei sind folgende Vorgaben einzuhalten:
P lasse sich darstellen in der Form

$$P = B + C \quad (B \text{ Polytop}, C \text{ konvexer Kegel})$$

und die Integermenge von B sei

$$\text{IM}(B) = \left\{ \begin{pmatrix} 3 \\ -1 \end{pmatrix}, \begin{pmatrix} 0 \\ 0 \end{pmatrix}, \begin{pmatrix} 1 \\ 0 \end{pmatrix}, \begin{pmatrix} 2 \\ 0 \end{pmatrix}, \begin{pmatrix} 0 \\ 1 \end{pmatrix}, \begin{pmatrix} 1 \\ 1 \end{pmatrix}, \begin{pmatrix} 0 \\ 2 \end{pmatrix}, \begin{pmatrix} 1 \\ 2 \end{pmatrix} \right\}$$

Zu diesem Zweck reicht es, einen geeigneten Kegel C zu finden, so dass $(B + \overline{B})_I + C_I$ eine (oder mehrere) Ecken besitzt, die nicht zu $B_I + C_I$ gehören.

8.3   Lösungen zur Theorie der Ganzzahligen Optimierung

Lösung zu 8.2.1

a)   Jede Basislösung ist Lösungsvektor eines Gleichungssystems $A_\triangle x = b_\triangle$ mit $A_\triangle \in \mathbb{R}^{3 \times 3}$, $b_\triangle \in \mathbb{R}^3$, $A_\triangle$ regulär. Alle Einträge hiervon sind aus $\{-2, -1, 0, 1, 2\}$.

Die Cramersche Regel besagt dann, dass

$$x_i = \frac{\det \left(A_\triangle^i \right)}{\det \left(A_\triangle \right)},$$

wobei $A_\triangle^i$ aus $A_\triangle$ entsteht durch Streichen der i-ten Spalte und Einfügen von $b_\triangle$ an dieser Stelle.

Die Unterschranke für $|\det A_\triangle|$ ist 1, denn diese Determinante muss ganzzahlig und verschieden von 0 sein ($A_\triangle$ regulär). (0 könnte aber bei $A_\triangle^1, A_\triangle^2, A_\triangle^3$ angenommen werden). Eine Oberschranke für $|\det A|$ bzw. $|\det A_\triangle^i|$ ergibt sich aus der Determinantenregel für 3×3-Matrizen:

$$|\det A| = |a_{11}a_{22}a_{33} + a_{21}a_{32}a_{13} + a_{31}a_{12}a_{23} - a_{13}a_{22}a_{31} - a_{23}a_{11}a_{32} - a_{33}a_{21}a_{12}|$$
$$\leq |a_{11}a_{22}a_{33}| + |a_{21}a_{32}a_{13}| + |a_{31}a_{12}a_{23}| + |a_{13}a_{22}a_{31}| + |a_{23}a_{11}a_{32}| + |a_{33}a_{21}a_{12}|$$
$$\leq 6 \cdot 2^3 = 6 \cdot 8 = 48.$$

Dadurch ergibt sich eine Oberschranke für $|x_i|$ von $\frac{48}{1}$ und eine Unterschranke von $\frac{1}{48}$, es sei denn der Zähler ist 0.

b) $|c^T x|$ ist abschätzbar durch $\sum_{i=1}^3 |c_i| \cdot |x_\triangle^i| \leq 2 \cdot \sum_{i=1}^3 |x_\triangle^i| \leq 6 \cdot 48 = 288$. Nach unten kann evtl. 0 angenommen werden oder aber es ergibt sich

$$c^T x_\triangle = \sum_{i=1}^{3} c_i x_\triangle^i = \sum_{i=1}^{3} c_i \frac{\det A_\triangle^i}{\det A_\triangle} = \frac{1}{\det A_\triangle} \sum_{i=1}^{3} c_i \det A_\triangle^i$$

und damit

$$|c^T x_\triangle| = \left| \frac{1}{\det A_\triangle} \right| \cdot \left| \sum_{i=1}^{3} c_i \det A_\triangle^i \right|.$$

Das zweite Produkt ist entweder 0 oder betragsmäßig mindestens 1, das erste ist $\geq \frac{1}{48}$.

Lösung zu 8.2.2

a)   Zeichnung des Polytops P und des Polytops P_I:

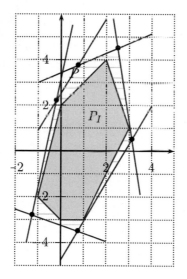

b)   Das ganzzahlige Polytop entspricht:

$$P_I = \operatorname{conv}\left(\begin{pmatrix} 0 \\ 2 \end{pmatrix}, \begin{pmatrix} 2 \\ 4 \end{pmatrix}, \begin{pmatrix} 3 \\ 1 \end{pmatrix}, \begin{pmatrix} 1 \\ -3 \end{pmatrix}, \begin{pmatrix} 0 \\ -3 \end{pmatrix}, \begin{pmatrix} -1 \\ -2 \end{pmatrix} \right)$$

Bemerkung: Die Punkte $\begin{pmatrix} 1 \\ 3 \end{pmatrix}$ und $\begin{pmatrix} 2 \\ -1 \end{pmatrix}$ liegen auf dem Rand von P_I.

c)   Ungleichungen für P_I:

$$-x^1 + x^2 \leq 2 \qquad \text{enthält } \binom{0}{2}, \binom{1}{3}, \binom{2}{4}$$

$$3x^1 + x^2 \leq 10 \qquad \text{enthält } \binom{2}{4}, \binom{3}{1}$$

$$2x^1 - x^2 \leq 5 \qquad \text{enthält } \binom{3}{1}, \binom{2}{-1}, \binom{1}{-3}$$

$$-x^2 \leq 3 \qquad \text{enthält } \binom{1}{-3}, \binom{0}{-3}$$

$$-x^1 - x^2 \leq 3 \qquad \text{enthält } \binom{0}{-3}, \binom{-1}{-2}$$

$$-4x^1 + x^2 \leq 2 \qquad \text{enthält } \binom{-1}{-2}, \binom{0}{2}$$

d)   Im Punkt $\binom{2}{4}$ sind die Ungleichungen $-x^1 + x^2 \leq 2$ und $3x^1 + x^2 \leq 10$ straff.

Da sowohl $\binom{1}{1}$ als auch $\binom{2}{1}$ und $\binom{1}{2}$ in cone $\left(\binom{-1}{1}, \binom{3}{1}\right)$ liegen, ist der Polarke-

gelsatz bei $\binom{2}{4}$ in Bezug auf P_I erfüllt.

e)   Zeichnung des Polytops:

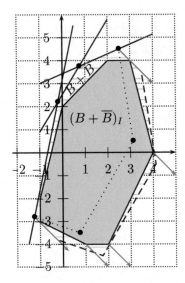

$$C = \text{cone}\left(\binom{1}{-1}\right) \qquad \overline{B} = \text{conv}\left(\binom{1}{-1}, \binom{0}{0}\right) = \left\{\lambda \binom{1}{-1} \,\Big|\, \lambda \in [0,1]\right\}$$

$$C_I = \text{cone}\left(\begin{pmatrix}1\\-1\end{pmatrix}\right)$$

$$B + \overline{B} = \text{conv}\left(\begin{pmatrix}2\frac{1}{2}\\4\frac{1}{2}\end{pmatrix}\begin{pmatrix}\frac{3}{4}\\3\frac{3}{4}\end{pmatrix}\begin{pmatrix}-\frac{1}{5}\\2\frac{1}{5}\end{pmatrix}\begin{pmatrix}-1\frac{1}{4}\\-2\frac{4}{5}\end{pmatrix}\begin{pmatrix}-\frac{1}{4}\\-3\frac{4}{5}\end{pmatrix}\begin{pmatrix}1\frac{3}{4}\\-4\frac{1}{2}\end{pmatrix}\begin{pmatrix}4\frac{1}{8}\\-\frac{1}{2}\end{pmatrix}\begin{pmatrix}3\frac{1}{2}\\3\frac{1}{2}\end{pmatrix}\right)$$

$$(B + \overline{B})_I = \text{conv}\left(\begin{pmatrix}2\\4\end{pmatrix}\begin{pmatrix}0\\2\end{pmatrix}\begin{pmatrix}-1\\-2\end{pmatrix}\begin{pmatrix}-1\\-3\end{pmatrix}\begin{pmatrix}1\\-4\end{pmatrix}\begin{pmatrix}2\\-4\end{pmatrix}\begin{pmatrix}4\\0\end{pmatrix}\begin{pmatrix}3\\4\end{pmatrix}\right)$$

f)   Durch $\text{cone}\begin{pmatrix}1\\-1\end{pmatrix}$ gibt es die freie Richtung $\begin{pmatrix}1\\-1\end{pmatrix}$. Es entsteht bei P eine Kante an

$v_1 = \begin{pmatrix}2\frac{1}{2}\\4\frac{1}{2}\end{pmatrix}$, die über $\begin{pmatrix}3\\4\end{pmatrix}$ mit Richtung $\begin{pmatrix}1\\-1\end{pmatrix}$ führt.

Die Zielfunktion $x^1 + x^2$ steht senkrecht zu dieser Kante. Sie stellt also eine Höhenlinie dar. Weil $(3,4)^T$ angenommen wird, ist dies ein zulässiger Punkt, der optimal ist für P_I. Es ergibt sich ein Zielfunktionswert von 7.

Bei Zielfunktion $2x^1 + x^2$ ergibt sich Unbeschränktheit, weil $(1,-1)\begin{pmatrix}2\\1\end{pmatrix} > 0$. Auf dem Rezessionskegel C wird die Zielfunktion unbeschränkt groß. Da $(B + \overline{B})_I$ ganzzahlige zulässige Punkte hat, werden auch ganzzahlige Punkte angenommen, die beliebig große Zielfunktionswerte haben.

Für die Zielfunktion $x^1 + 2x^2$ ist $(1,-1)\begin{pmatrix}1\\2\end{pmatrix} < 0$, also verschlechtert sich die Zielfunktion auf dieser Kante. Es ist zu untersuchen, ob der Zielfunktionswert von $10 = (1,2)\begin{pmatrix}2\\4\end{pmatrix}$ überboten werden kann. Die Kante beginnt bei v_1, dort wäre das Zielfunktionsniveau $11\frac{1}{2}$. Weil auf der Kante nun auch der Punkt $(3,4)^T$ liegt und dort ein Zielfunktionswert von 11 angenommen wird, werden alle Kantenpunkte rechts davon kleiner sein. Also ist der Optimalwert 11.

Lösung zu 8.2.3

$$P = \text{conv}\left(\begin{pmatrix}0\\0\end{pmatrix}, \begin{pmatrix}0\\2\frac{1}{2}\end{pmatrix}, \begin{pmatrix}\frac{1}{2}\\3\frac{1}{2}\end{pmatrix}, \begin{pmatrix}3\\-1\end{pmatrix}\right) + \text{cone}\left(\begin{pmatrix}1\\1\end{pmatrix}, \begin{pmatrix}1\\0\end{pmatrix}\right)$$

Veranschaulichung:

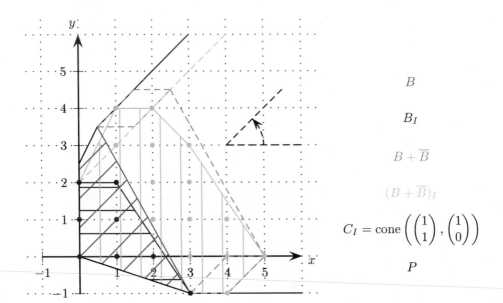

$$B = \operatorname{conv}\left(\begin{pmatrix} 0 \\ 0 \end{pmatrix}, \begin{pmatrix} 0 \\ 2\frac{1}{2} \end{pmatrix}, \begin{pmatrix} \frac{1}{2} \\ 3\frac{1}{2} \end{pmatrix}, \begin{pmatrix} 3 \\ -1 \end{pmatrix} \right)$$

$$B_I = \operatorname{conv}\left(\begin{pmatrix} 0 \\ 0 \end{pmatrix}, \begin{pmatrix} 0 \\ 2 \end{pmatrix}, \begin{pmatrix} 1 \\ 2 \end{pmatrix}, \begin{pmatrix} 3 \\ -1 \end{pmatrix} \right)$$

Jetzt ist aber $\begin{pmatrix} 1 \\ 4 \end{pmatrix}$ eine Ecke von $P_I = (B + \overline{B})_I + C_I$ mit

$$\overline{B} = \left\{ \begin{pmatrix} \lambda + \mu \\ \lambda \end{pmatrix} \mid \lambda \in [0,1], \mu \in [0,1] \right\}$$

$$(B + \overline{B})_I = \operatorname{conv}\left(\begin{pmatrix} 0 \\ 0 \end{pmatrix}, \begin{pmatrix} 0 \\ 2 \end{pmatrix}, \begin{pmatrix} 1 \\ 4 \end{pmatrix}, \begin{pmatrix} 2 \\ 4 \end{pmatrix}, \begin{pmatrix} 3 \\ 3 \end{pmatrix}, \begin{pmatrix} 5 \\ 0 \end{pmatrix}, \begin{pmatrix} 4 \\ -1 \end{pmatrix}, \begin{pmatrix} 3 \\ -1 \end{pmatrix} \right)$$

Ungleichungssystem:

$$-x_1 \leq 0$$
$$-x_2 \leq 1$$
$$-x_1 - 3x_2 \leq 0$$
$$-4x_1 + 2x_2 \leq 5$$
$$-x_1 + x_2 \leq 3$$

Kapitel 9

Algorithmen der Ganzzahligen Optimierung

9.1 Dakins Branch-and-Bound-Algorithmus

In der Regel ist der Lösungsbereich eines linearen Optimierungsproblems eingeschränkt. Legt man den Wert einer Variablen x^i irgendwie fest, dann wird der Bereich im Allgemeinen noch kleiner und überschaubarer. Dieses Prinzip wollen wir uns jetzt nutzbar machen und durch Lösen von vielen vereinfachten Unterproblemen an die Lösung des Gesamtproblems herankommen. Gegeben und zu lösen sei ein Maximierungsproblem. Unterstellen wir nun, dass wir über Heuristiken verfügen, die eine obere Schranke (duale Heuristik) und eine untere Schranke (primale Heuristik) bereitstellen, dann bietet sich folgendes Vorgehen an:

- Lege den Wert einer oder mehrerer Variablen fest und berechne mit der primalen Heuristik eine untere Schranke für den Optimalwert.

- Probiere andere Werte für diese Variablen aus und berechne mithilfe der dualen Heuristik obere Schranken bei der jeweiligen Setzung.

- Ist eine solche obere Schranke schlechter als die bisher beste bekannte untere Schranke, dann ist die bei der oberen Schranke zugrundeliegende Festlegung der Variable(n) redundant und suboptimal und somit nicht weiter erwägenswert.

- Ansonsten suche man mithilfe der primalen Heuristik und von weiteren Festlegungen (Teilungen des Untersuchungsbereiches) eine noch bessere als die bekannte untere Schranke. Erzielt man eine solche, dann tritt sie an die Stelle der bisher besten unteren Schranke.

- Fahre so fort (evtl. durch immer mehr Festlegungen), bis obere und untere Schranke „gleich" werden, also eine Lösung vorliegt.

Dieses Verfahrensprinzip nennt man Branch-und-Bound-Verfahren.

Algorithmus 9.1 (Allgemeines Branch-und-Bound-Verfahren)

Gegeben sei das Problem $\max c(s)$ *unter* $s \in S$. *Verfügbar sei eine Heuristik* $\overline{HO}$ *zur exakten Lösung des (relaxierten) Maximierungsproblems auf Obermengen* $\overline{M}^{(i)}$, *wobei* $M^{(i)}$ *eine Unterteilungsmenge ist und* $\overline{M}^{(i)}$ *die zugehörige Unterteilungsmenge ohne Zusatzbedingungen (Relaxierung) ist. (Falls verfügbar, verwenden wir auch eine Unterschrankenheuristik* HU *für generelle Einzelmengen).*

Input: *Implizite Angabe von* S *und Darstellung von* c.

Output: *Maximalwert und Optimalpunkt von* $c(s)$ *auf* S.

Initialisierung: *Berechne mit* HU *eine untere Schranke* u *für das Optimum auf* S. *Notiere* $\bar{s}$ *mit* $c(\bar{s}) = u$. *Setze* $\mathcal{K} = \{S\}$ *an als System möglicher Kandidatenmengen.*

Typischer Schritt:

1. *Falls* $\mathcal{K} = \emptyset \longrightarrow$ *Abbruch.*
    Der vorliegende beste Punkt ist optimal in S. *Falls* $\mathcal{K} \neq \emptyset$, *wähle eine Menge* $M \in \mathcal{K}$ *(Branching).*

2. *Wähle nun eine möglichst kleine Obermenge* $\overline{M} \supset M$, *so dass* $\overline{HO}$ *auf* $\overline{M}$ *anwendbar wird. Man findet so eine Lösung für* $\overline{M}$, *also für das relaxierte Problem. Diese ist Oberschranke für das ursprüngliche Problem auf* M:

$$\max_{s \in M} c(s) \leq \max_{s \in \overline{M}} c(s) = c(s^*).$$

3. *Ist* $c(s^*) \leq u$, *entferne* M *(als bearbeitet) aus* $\mathcal{K}$ *und gehe zu (1).*
    (In diesem Fall liefert M *keine besseren Werte als der bisher bekannte zulässige Punkt* $\bar{s}$*).*
    (Bounding)
    Ist die Oberschranke $c(s^*) > u$, *dann gehe zu (4).*

4. *Ist* s^* *zulässig, das heißt* $s^* \in S$ *und gilt* $c(s^*) > u$, *dann haben wir eine bessere (neue) Unterschranke gefunden. Setze* $u := c(s^*), \bar{s} := s^*$, *entferne* M *aus* $\mathcal{K}$ *und gehe zu (1).*

5. *Ist* s^* *nicht zulässig, aber* $c(s^*) > u$, *dann bestimme mit* HU *einen zulässigen Punkt* $\tilde{s}$ *und Unterschranke auf* M. *Falls diese die Unterschranke* u *verbessert, dann setze* $u := c(\tilde{s})$, *und* $\bar{s} := \tilde{s}$.

6. *Wegen* $c(s^*) > u$ *und* $s^* \notin S$ *zerlegen wir* M *in geeignete kleinere Mengen* $M_1, \ldots, M_k$, *entfernen* M *aus* $\mathcal{K}$ *und fügen dort* $M_1, \ldots, M_k$ *ein (Separation bzw. Branching).*
    Gehe zu (1).

Wir betrachten nun ein Branch-und-Bound-Verfahren, mit dem man allgemeine ganzzahlige LPs lösen kann. Hierbei gewinnt man die Oberschranke für ein Teilproblem, indem man die relaxierte Version dieses Teilproblems (also ohne Ganzzahligkeitsforderung) optimal löst.

Algorithmus 9.2 (Verfahren von Dakin)
Input: (rationale) Daten zu folgendem (gemischt-)ganzzahligen Programm

$$\max\ c^T x$$
$$unter\ Ax \le b,\quad x^i \in \mathbb{Z}\quad \forall i \in N_I \subset \{1,\dots,n\}.$$

Output: Lösungspunkt oder Information, dass keiner existiert.
Bezeichnungen: $M_0 := \{x \mid Ax \le b, x^i \in \mathbb{Z}\ \forall i \in N_I\}.$
$M_i \longrightarrow \overline{M_i}$ *beschreibt die Relaxierung durch den Verzicht auf die Ganzzahligkeitsbedingungen.*
Initialisierung:
Setze die Unterschranke u auf $-\infty$. *Setze das Kandidatensystem* $\mathcal{K}$ *auf* $\{M_0\}$. *Setze* $k := 0$. *Lege einen Speicherplatz* $\overline{x}$ *für die gegenwärtige Lösung an.*
Typischer Schritt:

(1) *Falls* $\mathcal{K} = \emptyset$: *Stoppe, abhängig von u, mit folgender Information.*
  $u = -\infty$:   *Es existiert keine Lösung.*
  $u > -\infty$:   *u ist Optimalwert.*

(2) *Wenn* $\mathcal{K} \ne \emptyset$, *dann wähle* M_j *aus* $\mathcal{K}$ *(Branching).*

(3) *Löse das Maximierungsproblem auf* $\overline{M_j}$ *(Bounding).*

(4a) *Ist* $\overline{M_j} = \emptyset$ *oder ist* $c^T x$ *auf* $\overline{M_j}$ *unbeschränkt, dann gibt es keinen endlichen Optimalwert* $\Rightarrow$ *STOPPE (die* M_j*-Bearbeitung) und gehe zu (1).*

(4b) *Ist* $\overline{M_j} \ne \emptyset$ *und* $c^T x$ *auf* $\overline{M_j}$ *beschränkt, dann setze* $x_* :=$ *Optimalpunkt für das* $LP(\overline{M_j})$ *aus (3), und setze* $c^* = c^T x_*$.

(5) *Ist* $c^T x_* \le u$:   *Entferne* M_j *aus* $\mathcal{K}$ *und gehe zu (1).*

(6) *Ist* $c^T x_* \ge u$ *und* $x_*^i \in \mathbb{Z}\ \forall i \in N_I$, *dann setze* $u := c^T x_*$ *(*x_* *ist zulässig) und* $\overline{x} := x_*$. *Entferne* M_j *aus* $\mathcal{K}$ *und gehe zurück zu (1).*

(7) *Ist* $c^T x_* \ge u$ *und* $x_*^i \notin \mathbb{Z}$ *für mindestens ein* $i \in N_I$, *dann entferne* M_j *aus* $\mathcal{K}$, *und setze*
  $M_{k+1} := M_j \cap \{x \mid x^i \le \lfloor x_*^i \rfloor\}$ *sowie* $M_{k+2} := M_j \cap \{x \mid x^i \ge \lceil x_*^i \rceil\}.$
  Setze $k := k + 2$ *und gehe zu (1).*

Endlichkeit des Dakin-Verfahrens

Wir verwenden Dakin's Branch-und-Bound-Methode zur Lösung des (ILP) max $c^T x$ unter $Ax \le b$ $x \in \mathbb{Z}^n$. Um einem Abbruch auf jeden Fall zu erzwingen, fügen wir die folgenden Ungleichungen ein (wird erforderlichenfalls nach Lösung von $\overline{M}_0$ gemacht, wenn also Unbeschränktheit aufgetaucht ist):

$$-T \le x^i \le T \quad \forall i,\ \text{mit } T = (n+1)\square(A, b)$$

Statt des (ILP) bearbeiten wir zunächst

$$\begin{aligned} \max \ & c^T x & (ILP(T)) \\ \text{unter } & Ax \leq b, \ x \in \mathbb{Z}^n \\ & -T \leq x^i \leq T \quad \forall i = 1, \dots, n. \end{aligned}$$

Lemma 9.3
Jedes (ILP) mit beschränktem Zulässigkeitsbereich, also insbesondere $(ILP(T))$, wird von Dakins Methode nach endlich vielen Schritten gelöst.
Die Iterationszahl ist dabei nicht größer als $2 \cdot 2^{2nT}$.

9.2   Aufgaben zu Dakins Branch-and-Bound-Algorithmus

Aufgabe 9.2.1
Lösen Sie folgendes ganzzahlige Optimierungsproblem mit Dakins Branch-Bound-Methode (per Hand):

$$\begin{aligned} \max \quad & x_1 + 2x_2 \\ & x_1 - 3x_2 \ \leq \ 0 \\ & 2x_1 + \ x_2 \ \leq \ 7{,}25 \\ & x_1 + 3x_2 \ \leq \ 10{,}5 \\ & x_1, x_2 \ \geq \ 0 \\ & x_1, x_2 \ \in \ \mathbb{Z}. \end{aligned}$$

Aufgabe 9.2.2
Gegeben sei das folgende lineare, ganzzahlige Optimierungsproblem

$$\begin{aligned} \max \quad 7\,x^1 \ + \ & 8\,x^2 \\ 12\,x^1 \ + \ & 14\,x^2 \ \leq \ 87 \\ 3\,x^1 \ + \ & 1\,x^2 \ \leq \ 18 \\ 1\,x^1 \ + \ & 8\,x^2 \ \leq \ 38 \\ x^1 \qquad & \qquad \geq \ 0 \\ & x^2 \ \geq \ 0 \\ x^1 \in \mathbb{Z}, \qquad & x^2 \in \mathbb{Z} \end{aligned}$$

Die Ecken des Zulässigkeitsbereichs X des relaxierten Problems (lineares Optimierungsproblem ohne Ganzzahligkeitsbedingung $= (LP)$) sind gegeben durch:

$$\begin{pmatrix} 0 \\ 0 \end{pmatrix}, \ \begin{pmatrix} 0 \\ 4\frac{3}{4} \end{pmatrix}, \ \begin{pmatrix} 2 \\ 4\frac{1}{2} \end{pmatrix}, \ \begin{pmatrix} 5\frac{1}{2} \\ 1\frac{1}{2} \end{pmatrix}, \ \begin{pmatrix} 6 \\ 0 \end{pmatrix}$$

a)   Zeichnen Sie den Zulässigkeitsbereich des (LP). Wo liegt die Optimalecke des (LP)?

b)   Lösen Sie das (ILP) mit dem Branch- und Bound-Verfahren von Dakin. Zur Lösung der
     auftretenden linearen Optimierungsprobleme in den Mengen $\overline{M}_i$ (relaxiertes Subproblem)
     brauchen Sie nur die Ecken des jeweiligen Zulässigkeitsbereichs aufzulisten und den Op-
     timalpunkt und Optimalwert (falls existent) anzugeben. Verwenden Sie 0 als Startwert für
     die Unterschranke und erhöhen Sie die Unterschranke, falls eines der relaxierten Sub-
     probleme einen ganzzahligen Optimalpunkt hat. Geben Sie zudem in jedem Iterations-
     schritt die entsprechende Konsequenz daraus an, also die Unterschranken-Erhöhung oder
     das Branching oder die Nichtweiterverfolgung. Die Aufspaltung (Branching) von Mengen
     soll primär nach x^1, danach erst nach x^2 erfolgen. Zeichnen Sie die jeweiligen Optimal-
     punkte in die Zeichnung ein.

Hinweis: Folgende Punkte mit zumindest einer ganzzahligen Komponente liegen auf dem Rand
von X:

$$\begin{pmatrix}0\\0\end{pmatrix}, \begin{pmatrix}0\\1\end{pmatrix}, \begin{pmatrix}0\\2\end{pmatrix}, \begin{pmatrix}0\\3\end{pmatrix}, \begin{pmatrix}0\\4\end{pmatrix}, \begin{pmatrix}0\\4\frac{3}{4}\end{pmatrix}, \begin{pmatrix}1\\4\frac{5}{8}\end{pmatrix}, \begin{pmatrix}2\\4\frac{1}{2}\end{pmatrix}, \begin{pmatrix}2\frac{7}{12}\\4\end{pmatrix}, \begin{pmatrix}3\\3\frac{9}{14}\end{pmatrix},$$

$$\begin{pmatrix}3\frac{3}{4}\\3\end{pmatrix}, \begin{pmatrix}4\\2\frac{11}{14}\end{pmatrix}, \begin{pmatrix}4\frac{11}{12}\\2\end{pmatrix}, \begin{pmatrix}5\\1\frac{13}{14}\end{pmatrix}, \begin{pmatrix}5\frac{2}{3}\\1\end{pmatrix}, \begin{pmatrix}6\\0\end{pmatrix}, \begin{pmatrix}5\\0\end{pmatrix}, \begin{pmatrix}4\\0\end{pmatrix}, \begin{pmatrix}3\\0\end{pmatrix}, \begin{pmatrix}2\\0\end{pmatrix}, \begin{pmatrix}1\\0\end{pmatrix}$$

Diese Punkte *können* von Interesse sein im Laufe des Verfahrens und kommen *eventuell* bei den
entstehenden Teilproblemen als Optimalpunkte infrage. Falls Sie einen entsprechenden Punkt
aus der Liste als Optimalpunkt eines Teilproblems erkennen, können Sie ihn auswählen und
ohne weiteren Nachweis als Optimalpunkt verwenden.

Aufgabe 9.2.3

Lösen Sie mit dem Dakin-Algorithmus in Branch-und-Bound-Manier das Problem:

$$
\begin{array}{rrrrrrl}
\max & 11x_1 & + & 8x_2 & + & 20x_3 & \\
     & 2x_1 & + & 3x_2 & + & 4x_3 & \leq 10 \\
     & 7x_1 & - & 3x_2 & + & 8x_3 & \leq 8 \\
     & x_1 & + & 4x_2 & + & 4x_3 & \leq 11 \\
     & x_1 & + & x_2 & - & 2x_3 & \leq 0 \\
     & & & & & x_1, x_2, x_3 & \geq 0 \\
     & & & & & x_1, x_2, x_3 & \in \mathbb{Z}
\end{array}
$$

Wenden Sie dazu Tiefensuche im Dakin-Baum an.
Splittungen nach x_1 haben immer Vorrang vor denen nach x_2 beziehungsweise x_3 und x_2 hat
Vorrang vor x_3.
Außerdem soll bei einer Splittung zuerst das Teilproblem mit $x_i \leq \lfloor x_i \rfloor$ (Oberschranke) und
danach das Problem mit $x_i \geq \lceil x_i \rceil$ (Unterschranke) behandelt werden.
Ein Tableau für die Optimallösung des relaxierten Problems liegt Ihnen vor. Errechnen Sie davon
ausgehend die erforderlichen Tableaus und geben Sie an einer Baumstruktur den Verlauf Ihrer
Branch-und-Bound-Bearbeitung an.

	a_1	a_2	a_3	a_4	e_1	e_2	e_3	$-e_1$	$-e_2$	$-e_3$	$-e_1$	$-e_2$	$-e_3$	c
a_1	1	0	0	$\frac{21}{4}$							$-\frac{11}{6}$	$-\frac{5}{6}$	$\frac{31}{24}$	1
a_3	0	0	1	$-\frac{17}{4}$							$\frac{3}{2}$	$\frac{1}{2}$	$-\frac{9}{8}$	2
a_2	0	1	0	$-\frac{3}{4}$							$\frac{1}{6}$	$\frac{1}{6}$	$-\frac{5}{24}$	1
	0	0	0	$\frac{1}{4}$							$\frac{1}{2}$	$\frac{3}{2}$	$\frac{9}{8}$	-40

Ein Hinweis zur Vereinfachung:
Wenn in einem Ast ein Variablenwert x_i bereits ganz festliegt (also $x_i = const$), dann muss so lange gerechnet werden, bis das zugehörige e_i oder $-e_i$ in der Basis ist. Danach darf diese Restriktion nicht mehr ausgetauscht werden (Gleichung). Also kann auf die Weiterführung dieser Tableauzeile verzichtet werden.

9.3   Lösungen zu Dakins Branch-and-Bound-Algorithmus

Lösung zu 9.2.1

Die Unterschranke sei $-\infty$.

1. $M_0 = \{x \mid x \in P\}$.

   Optimallösung: $\begin{pmatrix} 2{,}25 \\ 2{,}75 \end{pmatrix}$ mit Zielfunktionswert 7,75. (nicht ganzzahlig)

   $\Rightarrow M_1 = \{x \in P \mid x_1 \leq 2\}, M_2 = \{x \in P \mid x_1 \geq 3\}$

2.   Wähle $M_1 = \{x \in P \mid x_1 \leq 2\}$.

   Optimallösung: $\begin{pmatrix} 2 \\ 2{,}83 \end{pmatrix}$ mit Zielfunktionswert 7,67. (nicht ganzzahlig)

   $\Rightarrow M_3 = \{x \in P \mid x_1 \leq 2, x_2 \leq 2\}, M_4 = \{x \in P \mid x_1 \leq 2, x_2 \geq 3\}$

3.   Wähle $M_2 = \{x \in P \mid x_1 \geq 3\}$.

   Optimallösung: $\begin{pmatrix} 3 \\ 1{,}25 \end{pmatrix}$ mit Zielfunktionswert 5,5. (nicht ganzzahlig)

   $\Rightarrow M_5 = \{x \in P \mid x_1 \geq 3, x_2 \leq 1\}, M_6 = \{x \in P \mid x_1 \geq 3, x_2 \geq 2\}$

4.   Wähle $M_3 = \{x \in P \mid x_1 \leq 2, x_2 \leq 2\}$.

   Optimallösung: $\begin{pmatrix} 2 \\ 2 \end{pmatrix}$ mit Zielfunktionswert 6. (ganzzahlig)

   $\Rightarrow u = 6$

5.   Wähle $M_4 = \{x \in P \mid x_1 \leq 2, x_2 \geq 3\}$.

   Optimallösung: $\begin{pmatrix} 1{,}5 \\ 3 \end{pmatrix}$ mit Zielfunktionswert 7,5. (nicht ganzzahlig)

   $\Rightarrow M_7 = \{x \in P \mid x_1 \leq 1, x_2 \geq 3\}, M_8 = \{x \in P \mid x_1 \leq 2, x_2 \geq 3, x_1 \geq 2\}$

6.   Wähle $M_5 = \{x \in P \mid x_1 \geq 3,\, x_2 \leq 1\}$.

      Optimallösung: $\binom{3}{1}$ mit Zielfunktionswert $5 < u$. (ganzzahlig)

7.   Wähle $M_6 = \{x \in P \mid x_1 \geq 3,\, x_2 \geq 2\}$. $\Rightarrow M_6 = \emptyset$

8.   Wähle $M_7 = \{x \in P \mid x_1 \leq 1,\, x_2 \geq 3\}$.

      Optimallösung: $\binom{1}{3{,}16}$ mit Zielfunktionswert $7{,}33$. (nicht ganzzahlig)

      $\Rightarrow M_9 = \{x \in P \mid x_1 \leq 1,\, x_2 \geq 3,\, x_2 \leq 3\}$, $M_{10} = \{x \in P \mid x_1 \leq 1,\, x_2 \geq 4\}$

9.   Wähle $M_8 = \{x \in P \mid x_1 \leq 2,\, x_2 \geq 3,\, x_1 \geq 2\}$. $\Rightarrow M_8 = \emptyset$

10.   Wähle $M_9 = \{x \in P \mid x_1 \leq 1,\, x_2 \geq 3,\, x_2 \leq 3\}$.

      Optimallösung: $\binom{1}{3}$ mit Zielfunktionswert $7 > u$. (ganzzahlig)

      $\Rightarrow u = 7$

11.   Wähle $M_{10} = \{x \in P \mid x_1 \geq 3,\, x_2 \geq 4\}$. $\Rightarrow M_{10} = \emptyset$

Optimallösung: $\binom{1}{3}$

Zielfunktionswert: 7

Lösung zu 9.2.2

a)   Zeichnung des Zulässigkeitsbereichs:

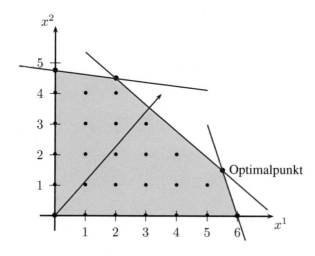

Optimalpunkt $\binom{5\frac{1}{2}}{1\frac{1}{2}}$ mit Zielfunktionswert $50\frac{1}{2}$.

b)   Unterschranke $u = 0$.

1)   Wähle $M_0 = \{x \mid Ax \leq b, \, x \geq 0, \, x \in \mathbb{Z}^2\}$.
     Ecken des Zulässigkeitsbereichs:

$$\begin{pmatrix} 5\frac{1}{2} \\ 1\frac{1}{2} \end{pmatrix} \text{ Wert: } 50\frac{1}{2} \text{ (optimal)} \qquad \begin{pmatrix} 2 \\ 4\frac{1}{2} \end{pmatrix} \text{ Wert: } 50 \qquad \begin{pmatrix} 6 \\ 0 \end{pmatrix} \text{ Wert: } 42$$

$$\begin{pmatrix} 0 \\ 4\frac{3}{4} \end{pmatrix} \text{ Wert: } 38 \qquad\qquad \begin{pmatrix} 0 \\ 0 \end{pmatrix} \text{ Wert: } 0$$

Es erfolgt ein Branching nach x^1:

$$M_1 = \{x \mid Ax \leq b, \, x^1 \leq 5, \, x \geq 0, \, x \in \mathbb{Z}^2\},$$
$$M_2 = \{x \mid Ax \leq b, \, x^1 \geq 6, \, x \geq 0, \, x \in \mathbb{Z}^2\}$$

2)   Wähle $M_1 = \{x \mid Ax \leq b, \, x^1 \leq 5, \, x \geq 0, \, x \in \mathbb{Z}^2\}$.
     Ecken des Zulässigkeitsbereichs:

$$\begin{pmatrix} 2 \\ 4\frac{1}{2} \end{pmatrix} \text{ Wert: } 50 \qquad \begin{pmatrix} 5 \\ 1\frac{13}{14} \end{pmatrix} \text{ Wert: } 50\frac{3}{7} \text{ (optimal)} \qquad \begin{pmatrix} 0 \\ 4\frac{3}{4} \end{pmatrix} \text{ Wert: } 38$$

$$\begin{pmatrix} 0 \\ 0 \end{pmatrix} \text{ Wert: } 0 \qquad \begin{pmatrix} 5 \\ 0 \end{pmatrix} \text{ Wert: } 35$$

Es erfolgt ein Branching nach x^2:

$$M_3 = \{x \mid Ax \leq b, \, x^1 \leq 5, \, x^2 \leq 1, \, x \geq 0, \, x \in \mathbb{Z}^2\},$$
$$M_4 = \{x \mid Ax \leq b, \, x^1 \leq 5, \, x^2 \geq 2, \, x \geq 0, \, x \in \mathbb{Z}^2\}$$

3)   Wähle $M_2 = \{x \mid Ax \leq b, \, x^1 \geq 6, \, x \geq 0, \, x \in \mathbb{Z}^2\}$.
     Ecken des Zulässigkeitsbereichs:

$$\begin{pmatrix} 6 \\ 0 \end{pmatrix} \text{ Wert: } 42$$

Der Optimalpunkt ist ganzzahlig und somit ergibt sich eine neue Unterschranke $u = 42$.

4)   Wähle $M_3 = \{x \mid Ax \leq b, \, x^1 \leq 5, \, x^2 \leq 1, \, x \geq 0, \, x \in \mathbb{Z}^2\}$.
     Ecken des Zulässigkeitsbereichs:

$$\begin{pmatrix} 0 \\ 0 \end{pmatrix} \text{ Wert: } 0 \qquad\qquad \begin{pmatrix} 0 \\ 1 \end{pmatrix} \text{ Wert: } 8$$

$$\begin{pmatrix} 5 \\ 0 \end{pmatrix} \text{ Wert: } 35 \qquad\qquad \begin{pmatrix} 5 \\ 1 \end{pmatrix} \text{ Wert: } 43 \text{ (optimal)}$$

Der Optimalpunkt ist ganzzahlig und somit ergibt sich eine neue Unterschranke $u = 43$.

5) Wähle $M_4 = \{x \mid Ax \le b,\ x^1 \le 5,\ x^2 \ge 2,\ x \ge 0,\ x \in \mathbb{Z}^2\}$.
Ecken des Zulässigkeitsbereichs:

$$\binom{2}{4\frac{1}{2}} \text{ Wert: } 50 \qquad \binom{4\frac{11}{12}}{2} \text{ Wert: } 50\frac{5}{12} \text{ (optimal)} \qquad \binom{6}{0} \text{ Wert: } 42$$

$$\binom{0}{4\frac{3}{4}} \text{ Wert: } 38 \qquad \binom{0}{2} \text{ Wert: } 16$$

Es erfolgt ein Branching nach x^1:

$$M_5 = \{x \mid Ax \le b,\ x^1 \le 5,\ x^2 \ge 2,\ x^1 \le 4,\ x \ge 0,\ x \in \mathbb{Z}^2\},$$
$$M_6 = \{x \mid Ax \le b,\ x^1 \le 5,\ x^2 \ge 2,\ x^1 \ge 5,\ x \ge 0,\ x \in \mathbb{Z}^2\}$$

6) Wähle $M_5 = \{x \mid Ax \le b,\ x^2 \ge 2,\ x^1 \le 4,\ x \ge 0,\ x \in \mathbb{Z}^2\}$.
Ecken des Zulässigkeitsbereichs:

$$\binom{2}{4\frac{1}{2}} \text{ Wert: } 50 \qquad \binom{4}{2\frac{11}{14}} \text{ Wert: } 50\frac{2}{7} \text{ (optimal)} \qquad \binom{0}{4\frac{3}{4}} \text{ Wert: } 38$$

$$\binom{0}{2} \text{ Wert: } 16 \qquad \binom{4}{2} \text{ Wert: } 44$$

Es erfolgt ein Branching nach x^2:

$$M_7 = \{x \mid Ax \le b,\ x^2 \ge 2,\ x^1 \le 4,\ x^2 \le 2,\ x \ge 0,\ x \in \mathbb{Z}^2\},$$
$$M_8 = \{x \mid Ax \le b,\ x^2 \ge 2,\ x^1 \le 4,\ x^2 \ge 3,\ x \ge 0,\ x \in \mathbb{Z}^2\}$$

7) Wähle $M_6 = \{x \mid Ax \le b,\ x^1 \le 5,\ x^2 \ge 2,\ x^1 \ge 5,\ x \ge 0,\ x \in \mathbb{Z}^2\}$.
$\Rightarrow M_6 = \emptyset$

8) Wähle $M_7 = \{x \mid Ax \le b,\ x^2 \ge 2,\ x^1 \le 4,\ x^2 \le 2,\ x \ge 0,\ x \in \mathbb{Z}^2\}$.
Ecken des Zulässigkeitsbereichs:

$$\binom{0}{2} \text{ Wert: } 16 \qquad \binom{4}{2} \text{ Wert: } 44 \text{ (optimal)}$$

Der Optimalpunkt ist ganzzahlig und somit ergibt sich eine neue Unterschranke $u = 44$.

9) Wähle $M_8 = \{x \mid Ax \le b,\ x^1 \le 4,\ x^2 \ge 3,\ x \ge 0,\ x \in \mathbb{Z}^2\}$.
Ecken des Zulässigkeitsbereichs:

$$\binom{2}{4\frac{1}{2}} \text{ Wert: } 50 \qquad \binom{3\frac{3}{4}}{3} \text{ Wert: } 50\frac{1}{4} \text{ (optimal)}$$

$$\binom{0}{4\frac{3}{4}} \text{ Wert: } 38 \qquad \binom{0}{3} \text{ Wert: } 24$$

Es erfolgt ein Branching nach x^1:

$$M_9 = \{x \mid Ax \le b,\, x^1 \le 4,\, x^2 \ge 3,\, x^1 \le 3,\, x \ge 0,\, x \in \mathbb{Z}^2\},$$
$$M_{10} = \{x \mid Ax \le b,\, x^1 \le 4,\, x^2 \ge 3,\, x^1 \ge 4,\, x \ge 0,\, x \in \mathbb{Z}^2\}$$

10) Wähle $M_9 = \{x \mid Ax \le b,\, x^2 \ge 3,\, x^1 \le 3,\, x \ge 0,\, x \in \mathbb{Z}^2\}$.
    Ecken des Zulässigkeitsbereichs:

$\begin{pmatrix} 2 \\ 4\frac{1}{2} \end{pmatrix}$ Wert: 50 $\qquad$ $\begin{pmatrix} 3 \\ 3\frac{9}{14} \end{pmatrix}$ Wert: $50\frac{1}{7}$ (optimal) $\qquad$ $\begin{pmatrix} 0 \\ 4\frac{3}{4} \end{pmatrix}$ Wert: 38

$\begin{pmatrix} 0 \\ 3 \end{pmatrix}$ Wert: 24 $\qquad$ $\begin{pmatrix} 3 \\ 3 \end{pmatrix}$ Wert: 45

Es erfolgt ein Branching nach x^2:

$$M_{11} = \{x \mid Ax \le b,\, x^2 \ge 3,\, x^1 \le 3,\, x^2 \le 3,\, x \ge 0,\, x \in \mathbb{Z}^2\},$$
$$M_{12} = \{x \mid Ax \le b,\, x^2 \ge 3,\, x^1 \le 3,\, x^2 \ge 4,\, x \ge 0,\, x \in \mathbb{Z}^2\}$$

11) Wähle $M_{10} = \{x \mid Ax \le b,\, x^1 \le 4,\, x^2 \ge 3,\, x^1 \ge 4,\, x \ge 0,\, x \in \mathbb{Z}^2\}$.
    $\Rightarrow M_{10} = \emptyset$

12) Wähle $M_{11} = \{x \mid Ax \le b,\, x^2 \ge 3,\, x^1 \le 3,\, x^2 \le 3,\, x \ge 0,\, x \in \mathbb{Z}^2\}$.
    Ecken des Zulässigkeitsbereichs:

$\begin{pmatrix} 0 \\ 3 \end{pmatrix}$ Wert: 24 $\qquad\qquad$ $\begin{pmatrix} 3 \\ 3 \end{pmatrix}$ Wert: 45 (optimal)

Der Optimalpunkt ist ganzzahlig und somit ergibt sich $u = 45$ als neue Unterschranke .

13) Wähle $M_{12} = \{x \mid Ax \le b,\, x^1 \le 3,\, x^2 \ge 4,\, x \ge 0,\, x \in \mathbb{Z}^2\}$.
    Ecken des Zulässigkeitsbereichs:

$\begin{pmatrix} 2 \\ 4\frac{1}{2} \end{pmatrix}$ Wert: 50 $\qquad$ $\begin{pmatrix} 2\frac{7}{12} \\ 4 \end{pmatrix}$ Wert: $50\frac{1}{12}$ (optimal)

$\begin{pmatrix} 0 \\ 4\frac{3}{4} \end{pmatrix}$ Wert: 38 $\qquad$ $\begin{pmatrix} 0 \\ 4 \end{pmatrix}$ Wert: 32

Es erfolgt ein Branching nach x^1:

$$M_{13} = \{x \mid Ax \le b,\, x^1 \le 3,\, x^2 \ge 4,\, x^1 \le 2,\, x \ge 0,\, x \in \mathbb{Z}^2\},$$
$$M_{14} = \{x \mid Ax \le b,\, x^1 \le 3,\, x^2 \ge 4,\, x^1 \ge 3,\, x \ge 0,\, x \in \mathbb{Z}^2\}$$

14) Wähle $M_{13} = \{x \mid Ax \le b,\, x^2 \ge 4,\, x^1 \le 2,\, x \ge 0,\, x \in \mathbb{Z}^2\}$.

Ecken des Zulässigkeitsbereichs:

$$\begin{pmatrix} 2 \\ 4\frac{1}{2} \end{pmatrix} \quad \text{Wert: } 50 \text{ (optimal)} \qquad\qquad \begin{pmatrix} 0 \\ 4\frac{3}{4} \end{pmatrix} \quad \text{Wert: } 38$$

$$\begin{pmatrix} 0 \\ 4 \end{pmatrix} \quad \text{Wert: } 32 \qquad\qquad\qquad\qquad \begin{pmatrix} 2 \\ 4 \end{pmatrix} \quad \text{Wert: } 46$$

Es erfolgt ein Branching nach x^2:

$$M_{15} = \{x \mid Ax \le b,\ x^2 \ge 4,\ x^1 \le 2,\ x^2 \le 4,\ x \ge 0,\ x \in \mathbb{Z}^2\},$$
$$M_{16} = \{x \mid Ax \le b,\ x^2 \ge 4,\ x^1 \le 2,\ x^2 \ge 5,\ x \ge 0,\ x \in \mathbb{Z}^2\}$$

15) Wähle $M_{14} = \{x \mid Ax \le b,\ x^1 \le 3,\ x^2 \ge 4,\ x^1 \ge 3,\ x \ge 0,\ x \in \mathbb{Z}^2\}$.
    $\Rightarrow M_{14} = \emptyset$

16) Wähle $M_{15} = \{x \mid Ax \le b,\ x^2 \ge 4,\ x^1 \le 2,\ x^2 \le 4,\ x \ge 0,\ x \in \mathbb{Z}^2\}$.
    Ecken des Zulässigkeitsbereichs:

$$\begin{pmatrix} 0 \\ 4 \end{pmatrix} \quad \text{Wert: } 32 \qquad\qquad\qquad \begin{pmatrix} 2 \\ 4 \end{pmatrix} \quad \text{Wert: } 46 \text{ (optimal)}$$

Der Optimalpunkt ist ganzzahlig und somit ergibt sich eine neue Unterschranke $u = 46$.

17) Wähle $M_{16} = \{x \mid Ax \le b,\ x^1 \le 2,\ x^2 \ge 5,\ x \ge 0,\ x \in \mathbb{Z}^2\}$.
    $\Rightarrow M_{16} = \emptyset$

$\begin{pmatrix} 2 \\ 4 \end{pmatrix}$ ist der Optimalpunkt mit einem Zielfunktionswert von 46.

Zeichnung mit den jeweiligen Optimalpunkten:

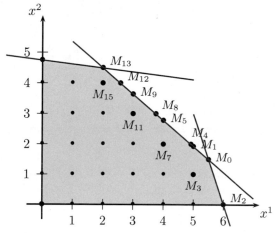

M_6, M_{10}, M_{14}, M_{16} sind leer.

Lösung zu 9.2.3

	a_1	a_2	a_3	a_4	e_1	e_2	e_3	$-e_1$	$-e_2$	$-e_3$	$-e_1$	$-e_2$	$-e_3$	c
a_1	1	0	0	$\frac{21}{4}$							$-\frac{11}{6}$	$-\frac{5}{6}$	$\frac{31}{24}$	1
a_3	0	0	1	$-\frac{17}{4}$							$\frac{3}{2}$	$\frac{1}{2}$	$-\frac{9}{8}$	2
a_2	0	1	0	$-\frac{3}{4}$							$\frac{1}{6}$	$\frac{1}{6}$	$-\frac{5}{24}$	1
	0	0	0	$\frac{1}{4}$							$\frac{1}{2}$	$\frac{3}{2}$	$\frac{9}{8}$	-40

$$(9.1)$$

Optimalität bei Tableau (9.1) am Punkt $\left(\frac{1}{2}, \frac{3}{2}, \frac{9}{8}\right)^T$, Zielfunktionswert: 40.
Wir führen nun die Beschränkung $x_1 \le 0$ ein und gelangen zu folgendem Tableau:

	a_1	a_2	a_3	a_4	e_1	e_2	e_3	$-e_1$	$-e_2$	$-e_3$	$-e_1$	$-e_2$	$-e_3$	c
a_1	1	0	0	$\frac{21}{4}$	$\frac{6}{11}$						$-\frac{11}{6}$	$-\frac{5}{6}$	$\frac{31}{24}$	1
a_3	0	0	1	$-\frac{17}{4}$	$-\frac{3}{2}$						$\frac{3}{2}$	$\frac{1}{2}$	$-\frac{9}{8}$	2
a_2	0	1	0	$-\frac{3}{4}$	$-\frac{1}{6}$						$\frac{1}{6}$	$\frac{1}{6}$	$-\frac{5}{24}$	1
	0	0	0	$\frac{1}{4}$	$-\frac{1}{2}$						$\frac{1}{2}$	$\frac{3}{2}$	$\frac{9}{8}$	-40

$$(9.2)$$

	a_1	a_2	a_3	a_4	e_1	e_2	e_3	$-e_1$	$-e_2$	$-e_3$	$-e_1$	$-e_2$	$-e_3$	c
e_1	$\frac{6}{11}$	0	0	$\frac{63}{22}$	1						-1	$-\frac{5}{11}$	$\frac{31}{44}$	$\frac{6}{11}$
a_3	$\frac{9}{11}$	0	1	$\frac{1}{22}$	0						0	$-\frac{2}{11}$	$-\frac{3}{44}$	$\frac{31}{11}$
a_2	$\frac{1}{11}$	1	0	$-\frac{3}{11}$	0						0	$\frac{1}{11}$	$-\frac{1}{11}$	$\frac{12}{11}$
	$\frac{3}{11}$	0	0	$\frac{37}{22}$	0						0	$\frac{14}{11}$	$\frac{65}{44}$	$-\frac{437}{11}$

$$(9.3)$$

Optimalität bei Tableau (9.3) am Punkt $\left(0, \frac{14}{11}, \frac{65}{44}\right)^T$, Zielfunktionswert: $\frac{437}{11}$.
x_2 ist krumm. $\longrightarrow$ Splittung mit $x_2 \le 1$:

	a_1	a_2	a_3	a_4	e_1	e_2	e_3	$-e_1$	$-e_2$	$-e_3$	$-e_1$	$-e_2$	$-e_3$	c
e_1	$\frac{6}{11}$	0	0	$\frac{63}{22}$	1	$\frac{5}{11}$					-1	$-\frac{5}{11}$	$\frac{31}{44}$	$\frac{6}{11}$
a_3	$\frac{9}{11}$	0	1	$\frac{1}{22}$	0	$\frac{2}{11}$					0	$-\frac{2}{11}$	$-\frac{3}{44}$	$\frac{31}{11}$
a_2	$\frac{1}{11}$	1	0	$-\frac{3}{11}$	0	$-\frac{1}{11}$					0	$\frac{1}{11}$	$-\frac{1}{11}$	$\frac{12}{11}$
	$\frac{3}{11}$	0	0	$\frac{37}{22}$	0	$-\frac{3}{11}$					0	$\frac{14}{11}$	$\frac{65}{44}$	$-\frac{437}{11}$

$$(9.4)$$

Zur Pivotauswahl in (9.4): e_1 darf die Basis nicht mehr verlassen wegen $x_1 \le 0$ und $x_1 \ge 0$ (Festlegung). Deshalb kommt nur ein Austausch $a_3 \leftrightarrow e_2$ infrage. Die Zeile zu e_1 kann im

Folgenden ignoriert werden.

	a_1	a_2	a_3	a_4	e_1	e_2	e_3	$-e_1$	$-e_2$	$-e_3$	$-e_1$	$-e_2$	$-e_3$	c
e_2	$\frac{9}{2}$	0	$\frac{11}{2}$	$\frac{1}{4}$	0	1					0	-1	$-\frac{3}{8}$	$\frac{31}{2}$
a_2	$\frac{1}{2}$	1	$\frac{1}{2}$	$-\frac{1}{4}$	0	0					0	0	$-\frac{1}{8}$	$\frac{5}{2}$
	$\frac{3}{2}$	0	$\frac{3}{2}$	$\frac{7}{4}$	0	0					0	1	$\frac{11}{8}$	$-\frac{71}{2}$

$$(9.5)$$

Optimalität bei Tableau (9.5) am Punkt $\left(0, 1, \frac{11}{8}\right)^T$, Zielfunktionswert: $\frac{71}{2}$.
Nun führen wir noch $x_3 \leq 1$ ein, also gilt jetzt insgesamt: $x_1 \leq 0, x_2 \leq 1, x_3 \leq 1$.

	a_1	a_2	a_3	a_4	e_1	e_2	e_3	$-e_1$	$-e_2$	$-e_3$	$-e_1$	$-e_2$	$-e_3$	c
c_2	$\frac{9}{2}$	0	$\frac{11}{2}$	$\frac{1}{4}$	0	1	$\frac{3}{8}$				0	-1	$-\frac{3}{8}$	$\frac{31}{2}$
a_2	$\frac{1}{2}$	1	$\frac{1}{2}$	$-\frac{1}{4}$	0	0	$\frac{1}{8}$				0	0	$-\frac{1}{8}$	$\frac{5}{2}$
	$\frac{3}{2}$	0	$\frac{3}{2}$	$\frac{7}{4}$	0	0	$-\frac{3}{8}$				0	1	$\frac{11}{8}$	$-\frac{71}{2}$

$$(9.6)$$

Zur Pivotauswahl in (9.6): Anwendung der lexikographischen Regel!

	a_1	a_2	a_3	a_4	e_1	e_2	e_3	$-e_1$	$-e_2$	$-e_3$	$-e_1$	$-e_2$	$-e_3$	c
e_2	3	-3	4	1	0	1	0				0	-1	0	8
e_3	4	8	4	-2	0	0	1				0	0	-1	20
	3	3	3	1	0	0	0				0	1	1	-28

$$(9.7)$$

Optimalität bei Tableau (9.7) am Punkt $(0, 1, 1)^T$, Zielfunktionswert: 28. Dies ist ein ganzer Punkt und somit ein Kandidat für den Sieg.
Nun kehren wir zum Tableau (9.5) zurück, aber führen diesmal die Beschränkung $x_3 \geq 2$ ein:

	a_1	a_2	a_3	a_4	e_1	e_2	e_3	$-e_1$	$-e_2$	$-e_3$	$-e_1$	$-e_2$	$-e_3$	c
e_2	$\frac{9}{2}$	0	$\frac{11}{2}$	$\frac{1}{4}$	0	1		$-\frac{3}{8}$			0	-1	$-\frac{3}{8}$	$\frac{31}{2}$
a_2	$\frac{1}{2}$	1	$\frac{1}{2}$	$-\frac{1}{4}$	0	0		$-\frac{1}{8}$			0	0	$-\frac{1}{8}$	$\frac{5}{2}$
	$\frac{3}{2}$	0	$\frac{3}{2}$	$\frac{7}{4}$	0	0		$-\frac{5}{8}$			0	1	$\frac{11}{8}$	$-\frac{71}{2}$

$$(9.8)$$

Der Fehler $-\frac{5}{8}$ ist nicht reparierbar. Es ist kein Austausch möglich. Die Zielfunktion könnte unbeschränkt nach unten fallen. $\Rightarrow$ Problem unzulässig!
Nun kehren wir zum Tableau (9.3) mit Optimalität für $x_1 = 0$ zurück, aber führen diesmal die

Beschränkung $x_2 \geq 2$ ein:

	a_1	a_2	a_3	a_4	e_1	e_2	e_3	$-e_1$	$-e_2$	$-e_3$	$-e_1$	$-e_2$	$-e_3$	c	
a_3	$\frac{9}{11}$	0	1	$\frac{1}{22}$	0				$-\frac{2}{11}$		0	$-\frac{2}{11}$	$-\frac{3}{44}$	$\frac{31}{11}$	(9.9)
a_2	$\frac{1}{11}$	1	0	$-\frac{3}{11}$	0				$\frac{1}{11}$		0	$\frac{1}{11}$	$-\frac{1}{11}$	$\frac{12}{11}$	
	$\frac{3}{11}$	0	0	$\frac{37}{22}$	0				$-\frac{8}{11}$		0	$\frac{14}{11}$	$\frac{65}{44}$	$-\frac{437}{11}$	

	a_1	a_2	a_3	a_4	e_1	e_2	e_3	$-e_1$	$-e_2$	$-e_3$	$-e_1$	$-e_2$	$-e_3$	c	
a_3	1	2	1	$-\frac{1}{2}$	0				0		0	0	$-\frac{1}{4}$	5	(9.10)
$-e_2$	1	11	0	-3	0				1		0	1	-1	12	
	1	8	0	$-\frac{1}{2}$	0				0		0	2	$\frac{3}{4}$	-31	

Der Fehler $-\frac{1}{2}$ ist nicht reparierbar. Es ist kein Austausch möglich. Die Zielfunktion könnte unbeschränkt nach unten fallen. $\Rightarrow$ Problem unzulässig!

An dieser Stelle kehren wir zum Ausgangstableau (9.1) zurück und starten den Versuch, $x_1 \geq 1$ zu erreichen:

	a_1	a_2	a_3	a_4	e_1	e_2	e_3	$-e_1$	$-e_2$	$-e_3$	$-e_1$	$-e_2$	$-e_3$	c	
a_1	1	0	0	$\frac{21}{4}$				$-\frac{11}{6}$			$-\frac{11}{6}$	$-\frac{5}{6}$	$\frac{31}{24}$	1	
a_3	0	0	1	$-\frac{17}{4}$				$\frac{3}{2}$			$\frac{3}{2}$	$\frac{1}{2}$	$-\frac{9}{8}$	2	(9.11)
a_2	0	1	0	$-\frac{3}{4}$				$\frac{1}{6}$			$\frac{1}{6}$	$\frac{1}{6}$	$-\frac{5}{24}$	1	
	0	0	0	$\frac{1}{4}$				$-\frac{1}{2}$			$\frac{1}{2}$	$\frac{3}{2}$	$\frac{9}{8}$	-40	

	a_1	a_2	a_3	a_4	e_1	e_2	e_3	$-e_1$	$-e_2$	$-e_3$	$-e_1$	$-e_2$	$-e_3$	c	
a_1	1	0	$\frac{11}{9}$	$\frac{1}{18}$				0			0	$-\frac{2}{9}$	$-\frac{1}{12}$	$\frac{31}{9}$	
$-e_1$	0	0	$\frac{2}{3}$	$-\frac{17}{6}$				1			1	$\frac{1}{3}$	$-\frac{3}{4}$	$\frac{4}{3}$	(9.12)
a_2	0	1	$-\frac{1}{9}$	$-\frac{5}{18}$				0			0	$\frac{1}{9}$	$-\frac{1}{12}$	$\frac{7}{9}$	
	0	0	$\frac{1}{3}$	$-\frac{7}{6}$				0			1	$\frac{5}{3}$	$\frac{3}{4}$	$-\frac{118}{3}$	

	a_1	a_2	a_3	a_4	e_1	e_2	e_3	$-e_1$	$-e_2$	$-e_3$	$-e_1$	$-e_2$	$-e_3$	c	
a_4	18	0	22	1				0			0	-4	$-\frac{3}{2}$	62	
$-e_1$	51	0	63	0				1			1	-11	-5	177	(9.13)
a_2	5	1	6	0				0			0	-1	$-\frac{1}{2}$	18	
	21	0	26	0				0			1	-3	-1	33	

Die Fehler -3 und -1 sind nicht reparierbar. Es ist jeweils kein Austausch möglich. Die Zielfunktion könnte jeweils unbeschränkt nach unten fallen.
$\Rightarrow$ Problem unzulässig!

Baumstruktur:

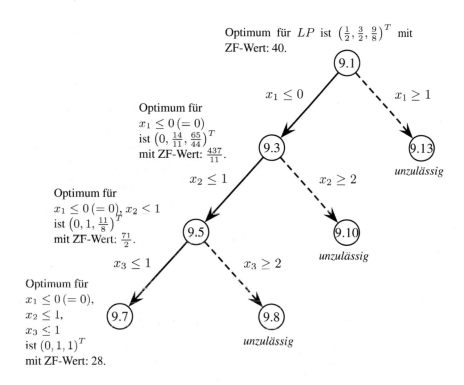

Optimum für LP ist $\left(\frac{1}{2}, \frac{3}{2}, \frac{9}{8}\right)^T$ mit ZF-Wert: 40.

9.1

$x_1 \leq 0$ $x_1 \geq 1$

Optimum für
$x_1 \leq 0 \, (= 0)$
ist $\left(0, \frac{14}{11}, \frac{65}{44}\right)^T$
mit ZF-Wert: $\frac{437}{11}$.

9.3   9.13   *unzulässig*

$x_2 \leq 1$ $x_2 \geq 2$

Optimum für
$x_1 \leq 0 \, (= 0), x_2 < 1$
ist $\left(0, 1, \frac{11}{8}\right)^T$
mit ZF-Wert: $\frac{71}{2}$.

9.5   9.10   *unzulässig*

$x_3 \leq 1$ $x_3 \geq 2$

Optimum für
$x_1 \leq 0 \, (= 0),$
$x_2 \leq 1,$
$x_3 \leq 1$
ist $(0, 1, 1)^T$
mit ZF-Wert: 28.

9.7   9.8   *unzulässig*

9.4 Gomorys Schnittebenenverfahren

Ausgangssituation:

Wir haben für ein ganzzahliges Problem die Lösung x_* des relaxierten (LP)-Problemes gefunden (z. B. mithilfe des Simplexverfahrens). Dieser Punkt x_* sei aber noch nicht ganzzahlig, denn sonst wäre (ILP) ja bereits gelöst. Wir sind nun daran interessiert, eine zusätzliche Ungleichung in das (LP) aufzunehmen, welche x_* verbietet (abschneidet), aber alle zulässigen ganzzahligen Punkte zulässig bleiben lässt. O. B. d. A. seien alle Daten ganzzahlig.

Problemstellung

$\max c^T x$ unter $Ax \leq b,\, x \in \mathbb{Z}^n$ mit $A \in \mathbb{Z}^{m,n}, b \in \mathbb{Z}^m, c \in \mathbb{Z}^n$

Definition 9.4

Für obiges (ILP) sei ein Optimalpunkt (eine Ecke) x_* bekannt, der nicht ganzzahlig ist. Eine zusätzliche Ungleichung $d^T x \leq \rho$ induziert eine sogenannte *Schnittebene* $\{x \mid d^T x = \rho\}$ zu $P_I(A, b)$ und x_*, wenn gilt

1. $d^T x_* > \rho$ und

2. $d^T x \leq \rho \quad \forall x \in P_I(A, b)$ bzw. $\forall x \in IM(A, b)$.

Lemma 9.5

Falls x_* eine Ecke von $P(A, b)$ und $x_* \notin \mathbb{Z}^n$ (das heißt nicht ganzzahlig ist) gibt es Schnittebenen $\{x \mid d^T x = \rho\}$ zu $P_I(A, b)$ und x_*, so dass

$$d^T x \leq \rho \quad \forall x \in P_I \quad und \quad d^T x_* > \rho.$$

Bemerkung

Ist $d \in \mathbb{Z}^n$ und $d = \lambda_1 a_1 + \ldots + \lambda_m a_m$ mit $\lambda \geq 0$, dann liefert

$$d^T x \leq \rho := \lfloor \lambda_1 b_1 + \ldots + \lambda_m b_m \rfloor$$

eine gültige Ungleichung für P_I. Ist dann aber $d^T x_* > \rho$, dann liegt mit dieser Restriktion bereits eine Schnittebene vor.

Denn jeder ganzzahlige Punkt aus $IM(A, b)$ erfüllt $d^T x \leq \lambda_1 b_1 + \ldots + \lambda_m b_m$. Die linke Seite ist aber ganzzahlig. Deshalb gilt sogar $d^T x \leq \lfloor \lambda_1 b_1 + \ldots + \lambda_m b_m \rfloor$.

Algorithmus 9.6 (Eine Methode zur Lösung eines ganzzahligen Programms)

1.   *Löse das zu (ILP) gehörige relaxierte lineare Problem $(LP(A, b))$, bei dem die Ganzzahligkeitsbedingung ignoriert wurde. Hat das (LP) keine endliche Optimallösung, dann ist (ILP) unbeschränkt oder IM ist leer. In beiden Fällen brechen wir ab.*

2.   *Andernfalls sei x_* der Optimalpunkt von (LP). Ist x_* ganzzahlig, dann brechen wir mit der Ausgabe von x_* ab, denn x_* ist dann bereits optimal für (ILP). Ist x_* aber nicht ganzzahlig, dann bestimmen wir eine neue Ungleichung (Schnittebene) mit $d^T x \leq \rho \, \forall x \in P_I$ und $d^T x_* > \rho$.*

3.   *Mit den Methoden der Postoptimierung wird nun die neue Ungleichung ins Tableau eingefügt. Wir geben dem neuen System den (neu benutzten) Namen (ILP^{rel}) und führen einen äußeren Algorithmus bis zur Wiederherstellung der Zulässigkeit – und damit Erreichen der Optimalität – durch. Nun beginnen wir wieder bei (1) unter Verwendung des neuen Optimalpunktes.*

Eine Möglichkeit, aus dem restriktionsorientierten Tableau zu einer Schnittebene zu kommen, zeigt folgender Ansatz.

Lemma 9.7

Seien A, b, c ganzzahlig. Zu lösen sei das (ILP):

$$\max c^T x$$
$$\text{unter } Ax \leq b,\ x \in \mathbb{Z}^n.$$

Das relaxierte (LP)-Problem $\max c^T x$ unter $Ax \leq b$ sei bereits gelöst und x_* liege als Optimalpunkt, sowie $A_\triangle$ als Optimalbasis vor. Das zugehörige restriktionsorientierte Tableau liege ebenfalls vor

	a_1 a_k	a_j	a_m	a_{m+1}	$-e_1$	$-e_n$	c
$a_{\triangle^1}$		α^1		$\alpha - \lfloor \alpha \rfloor$ *oder*			
$a_{\triangle^\ell}$	$\alpha_k^{\ell-Zeile}_{k-Spalte}$	α^ℓ	α_m^ℓ	$\xi - \lfloor \xi \rfloor$ *oder*	γ_k^ℓ		$\xi \checkmark$
$a_{\triangle^n}$		α^n		$\gamma - \lfloor \gamma \rfloor$			
	β^1 β^k	β^j	β^m	β^{m+1}	$x_\triangle^1$	$x_\triangle^n$	$-Q$

(a)   *Ist nun $\beta^j \notin \mathbb{Z}$, dann liefert folgende Ungleichung eine Schnittebene:*

$$\sum_{i=1}^{n} \left[(\alpha_j^i - \lfloor \alpha_j^i \rfloor) a_{\triangle^i}\right]^T x \leq \left\lfloor \sum_{i=1}^{n} (\alpha_j^i - \lfloor \alpha_j^i \rfloor) b^{\triangle^i} \right\rfloor .$$

(b)   *Ist $Q \notin \mathbb{Z}$, dann kann man verwenden:*

$$\sum_{i=1}^{n} \left[(\xi^i - \lfloor \xi^i \rfloor) a_{\triangle^i}\right]^T x \leq \left\lfloor \sum_{i=1}^{n} (\xi^i - \lfloor \xi^i \rfloor) b^{\triangle^i} \right\rfloor .$$

(c)   *Ist $x_k \notin \mathbb{Z}$, dann verwende:*

$$\sum_{i=1}^{n} \left[(\gamma_k^i - \lfloor \gamma_k^i \rfloor) a_{\triangle^i}\right]^T x \leq \left\lfloor \sum_{i=1}^{n} (\gamma_k^i - \lfloor \gamma_k^i \rfloor) b^{\triangle^i} \right\rfloor .$$

Bemerkung 1

Somit liefert jeder Fehleintrag (Ganzzahligkeit verletzt) in der letzten (untersten) Tableauzeile den Ansatzpunkt für eine Schnittebene.

Bemerkung 2

Die neue Ungleichung lässt sich leicht ins Tableau eintragen. Die neue Spalte ist je nach Fall $\lambda - \lfloor \lambda \rfloor$, der neue Schlupf ist (wenn man die Spalte $m + 1$ verwendet):

$$\beta^{m+1} = \quad \lfloor (\lambda - \lfloor \lambda \rfloor)^T b^\triangle \rfloor - (\lambda - \lfloor \lambda \rfloor)^T b^\triangle = \lfloor \lambda b^\triangle \rfloor^T - \lambda^T b^\triangle$$

$$= \quad \begin{cases} \lfloor a_j^T x_* \rfloor - a_j^T x_* = (b^j - a_j^T x_*) - (b^j - \lfloor a_j^T x_* \rfloor) = \beta^j - \lceil \beta^j \rceil \\ \lfloor \xi^T b^\triangle \rfloor - \xi^T b^\triangle = \lfloor c^T x_* \rfloor - c^T x_* = \lfloor Q \rfloor - Q = (-Q) - \lceil -Q \rceil \\ \lfloor \gamma_k^T b^\triangle \rfloor - \gamma_k^T b^\triangle = \lfloor -e_k^T x_* \rfloor + e_k^T x_* = \lfloor -x_*^k \rfloor + x_*^k = x^k - \lceil x^k \rceil \end{cases}$$

Vorbemerkung

Wir nutzen folgendes Ergebnis aus. Entweder ist $\mathrm{IM}(A, b)$ leer, oder aber es existiert ein ganzzahliger Punkt in $P(A, b)$ (das heißt in $\mathrm{IM}(A, b)$) mit

$$|z^i| \le (n + 1) \square(A, b) =: T,$$

wobei $\square(A, b)$ die betragsmäßig maximale Subdeterminante von (A, b) ist.

Lemma 9.8
Gibt es in $\mathrm{IM}(A, b)$ kein z mit $c^T z \ge -\|c\|_1 \cdot T$, dann ist $\mathrm{IM}(A, b) = \emptyset$

Wir werden jetzt so lange Schnittebenen generieren, bis

- ein ganzzahliger Optimalpunkt erreicht ist oder

- Unzulässigkeit der durch die Schnittebenen verkleinerten relaxierten Menge feststeht oder

- der Optimalwert auf der verkleinerten relaxierten Menge $\le -\|c\|_1 \cdot T$ wird.

Um Schritt 2. auszuführen, wenden wir Algorithmus 9.9 an.

Algorithmus 9.9
Endliches Schnittebenenverfahren für ganzzahlige Probleme des Typs

$$\max c^T x \qquad\qquad (ILP)$$
$$\text{unter } Ax \le b, x \in \mathbb{Z}^n.$$

Da wir in Schritt 2 des Zusatzalgorithmus sind, können wir $-T \le x^i \le T \; \forall \; i = 1, \ldots, n$ unterstellen.
Wir modifizieren die Tableaureihenfolge:
c kommt zuerst $\psi := -Q$ wird also in der Aufgabenstellung minimiert, bei Anwendung eines äußeren Algorithmus maximiert.

Initialisierung: *Wir haben bereits gelöst:* $\max c^T x$ *unter* $Ax \leq b$ *und kommen an diese Stelle nur, wenn* $P(A, b) \neq \emptyset$. *Damit hat* $(LP(T))$ *Optimalpunkte. Wir lösen* $(LP(T))$.

Typischer Schritt:

1. *Ist die Optimallösung* x_* *von* $(LP(T))$ *ganzzahlig, dann ist sie auch für* $(ILP(T))$ *optimal.*

   Ordne nun das $(LP(T))$ *- Tableau so um, dass* $a_1, \ldots, a_n$ *die Basisvektoren werden.*

2. *Verwende in der letzten Tableauzeile den ersten (linkesten) nicht ganzzahligen Eintrag als Grundlage zur Schnittebenengenerierung. (Das heißt, dass zuerst* ψ *infrage kommt, danach kommen* $\beta^1, \ldots, \beta^m, x^1 + T, \ldots, x^n + T, T - x^1, \ldots, T - x^n)$ *(nur der erste Teil ist relevant* $\cong x^i$). *Füge diese Schnittebenen (am besten nach dem Tableau als Restriktion Nr.* $m + 2n + 1$) *ein.*

3. *Verwende den äußeren Algorithmus zur Wiederherstellung der primalen Zulässigkeit (dies ist eine Anwendung der variablenorientierten Methode). Bei Entartung benutze die lexikographische Regel, das heißt, dass der lexikographisch kleinste* $\frac{\xi^j}{\alpha_i^j}, \frac{\alpha_k^j}{\alpha_i^j}(k = 1, \ldots)$-*Vektor mit möglichen Pivotelementen* α_i^j *ausgewählt wird (siehe auch unter 9.10).*

   Tritt hierbei mit $\beta^j < 0$ *der Effekt* $\alpha_i^j \leq 0 \quad \forall i = 1, \ldots, n$ *auf, dann hat* (ILP) *keine Lösung (STOP).*

   Gehe zurück zu Schritt 1.

Wir erklären die lexikographische Simplexvariante.

Definition 9.10

1. Ein Vektor $a = (a^1, \ldots, a^n)$ heißt *lexikographisch positiv*, wenn es ein $i \in \{1, \ldots, n\}$ gibt, so dass $a^k = 0 \quad \forall k < i$ und $a^i > 0$.

2. Ein Vektor b heißt *lexikographisch größer* als ein Vektor a, wenn der Vektor $b - a$ lexikographisch positiv ist. Analog heißt ein Vektor b *lexikographisch kleiner* als ein Vektor a, wenn der Vektor $a - b$ lexikographisch positiv ist.

3. Zur Anwendung der lexikographischen Regel berechnet man für jedes denkbare und zulässige Pivotelement α_i^j die Zeile der Quotienten $\frac{\xi^j}{\alpha_i^j}, \frac{\alpha_k^j}{\alpha_i^j}(k = 1, \ldots)$ und wählt die lexikographisch kleinste davon aus. Diese legt das Pivotelement fest.

Bemerkung

Ein $(LP(A, b))$ sei bereits mit Optimalpunkt x_* gelöst. Man kann dann alle (Haupt-)Zeilen des x_* Tableaus lexikographisch positiv machen, indem man die c-Spalte voranstellt und dann die ersten n Spalten mit den Basisspalten besetzt. Es ergibt sich:

	c	a_1		a_n	a_{n+1}		a_m
$a_1 = a_{\triangle^1}$	ξ^1	1		0			
$a_2 = a_{\triangle^2}$	ξ^2	0 1		0			
$\vdots$	$\vdots$						
$a_n = a_{\triangle^n}$	ξ^n	0		1			
	ψ	0 $\cdots$		0	β^{n+1} $\cdots$		β^m

In jeder Zeile kommt demnach noch eine 1 vor der ersten negativen Zahl.

Satz 9.11
Die lexikographische Regel sorgt für lexikographischen (echten) Anstieg der untersten Zeile, wenn am Anfang alle Zeilen lexikographisch positiv waren. Weil damit keine solche Zeile noch einmal auftreten kann, kann auch kein Tableau wiederkehren. Deshalb vermeidet diese Variante Zyklen (auch bei Entartung).

Schließlich kann auf diese Weise bewiesen werden:

Satz 9.12
Der Schnittebenenalgorithmus 9.9 endet nach endlich vielen Schritten.

9.5   Aufgaben zu Gomorys Schnittebenenverfahren

Aufgabe 9.5.1
Man löse das (ILP)

$$\min -x_1 - x_2$$
$$2x_1 \leq 3$$
$$2x_2 \leq 3$$
$$x_1, x_2 \geq 0$$
$$x \in \mathbb{Z}^2$$

mithilfe des Gomory-Algorithmus und skizziere die auftretenden Schnitte. Das Optimaltableau für das Problem ohne Ganzzahligkeitsbedingung ist nachfolgend angegeben:

	a_1	a_2	a_3	a_4	$-e_1$	$-e_2$	c
a_1	1	0	$-\frac{1}{2}$	0	$-\frac{1}{2}$	0	$\frac{1}{2}$
a_2	0	1	0	$-\frac{1}{2}$	0	$-\frac{1}{2}$	$\frac{1}{2}$
	0	0	$\frac{3}{2}$	$\frac{3}{2}$	$\frac{3}{2}$	$\frac{3}{2}$	-3

Aufgabe 9.5.2

Betrachten Sie das folgende lineare, ganzzahlige Optimierungsproblem:

$$
\begin{aligned}
\max \quad & 7x^1 + 8x^2 \\
& 12x^1 + 14x^2 \leq 87 \\
& 3x^1 + 1x^2 \leq 18 \\
& 1x^1 + 8x^2 \leq 38 \\
& x^1 \geq 0 \\
& x^2 \geq 0 \\
& x^1, \quad x^2 \in \mathbb{Z}
\end{aligned}
$$

Dieses Problem soll mit dem Schnittebenenverfahren von Gomory für kanonische Probleme in folgender Weise behandelt werden:
Ausgehend von dem Optimaltableau für das relaxierte Problem (mit $x \in \mathbb{R}^2$) mit dem Optimalpunkt $\begin{pmatrix} 5\frac{1}{2} \\ 1\frac{1}{2} \end{pmatrix}$ sollen Sie alle möglichen Schnittebenen $\hat{a}_6, \hat{a}_7, \ldots$ aus den β's und aus $Q = c^T x$ generieren, die sich aus diesem Tableau ergeben. Beachten Sie, dass die Schnittebenen, die sich aus den x^i's ergeben, mit den Schnittebenen aus den Vorzeichenrestriktionen übereinstimmen und deshalb nicht extra generiert werden müssen.

	a_1	a_2	a_3	a_4	a_5	$-e_1$	$-e_2$	c
a_1	1	0	$\frac{23}{30}$	$\frac{1}{30}$	$-\frac{1}{10}$	$\frac{1}{30}$	$-\frac{1}{10}$	$\frac{17}{30}$
a_2	0	1	$-\frac{41}{15}$	$-\frac{7}{15}$	$\frac{2}{5}$	$-\frac{7}{15}$	$\frac{2}{5}$	$\frac{1}{15}$
	0	0	$\frac{41}{2}$	$\frac{11}{2}$	$\frac{3}{2}$	$\frac{11}{2}$	$\frac{3}{2}$	$-\frac{101}{2}$

Fügen Sie getrennt voneinander jede dieser Schnittebenen ins LP-Optimaltableau ein und führen Sie dann jeweils einen äußeren Simplexalgorithmus durch, bis Sie zum Optimalpunkt des eingeschränkten LP (mit $\hat{a}_i$) kommen.
Zeichnen Sie die errechneten Optimalpunkte in eine Zeichnung ein, geben Sie zudem die Ungleichungsform der ermittelten Schnitte exakt (in Originalform) an.

Aufgabe 9.5.3

Zu lösen sei das (ILP)

$$
\begin{aligned}
\max \quad x^1 &+ 2x^2 \\
2x^1 &- x^2 \leq 4 \\
-x^1 &+ x^2 \leq 2 \\
x^1 &+ x^2 \leq 7 \\
x &\geq 0 \\
x &\in \mathbb{Z}^2
\end{aligned}
$$

Die zugehörige (LP)-Relaxierung ist bereits gelöst. Das Endtableau des restriktionsorientierten Verfahren liegt vor:

	a_1	a_2	a_3	$-e_1$	$-e_2$	c
a_2	$-\frac{3}{2}$	1	0	$\frac{1}{2}$	$-\frac{1}{2}$	$\frac{1}{2}$
a_3	$\frac{1}{2}$	0	1	$-\frac{1}{2}$	$-\frac{1}{2}$	$\frac{3}{2}$
	$\frac{7}{2}$	0	0	$\frac{5}{2}$	$\frac{9}{2}$	$-\frac{23}{2}$

Versuchen Sie, mit dem Gomory-Verfahren zum Optimalpunkt vom (ILP) zu kommen.

9.6 Lösungen zu Gomorys Schnittebenenverfahren

Lösung zu 9.5.1

Angegebenes Tableau:

	a_1	a_2	a_3	a_4	$-e_1$	$-e_2$	c
a_1	1	0	$-\frac{1}{2}$	0	$-\frac{1}{2}$	0	$\frac{1}{2}$
a_2	0	1	0	$-\frac{1}{2}$	0	$-\frac{1}{2}$	$\frac{1}{2}$
	0	0	$\frac{3}{2}$	$\frac{3}{2}$	$\frac{3}{2}$	$\frac{3}{2}$	-3

Optimalpunkt: $\left(\frac{3}{2}, \frac{3}{2}\right)$
Wert der Zielfunktion: -3.
Schnittebene generieren aus a_3-Spalte:

$$
\Rightarrow \quad \frac{1}{2}a_1^T x \leq \left\lfloor \frac{1}{2} \cdot 3 \right\rfloor = 1
$$

$$
\Rightarrow \quad x_1 \leq 1
$$

Gomory Iteration 1 Originaldarstellung: $(1, 0, 1)$ Tableaueinträge: $\left(\frac{1}{2}, 0, -\frac{1}{2}\right)$

Tableau mit eingefügter Schnittebene:

	a_1	a_2	a_3	a_4	a_5	$-e_1$	$-e_2$	c
a_1	1	0	$-\frac{1}{2}$	0	$\frac{1}{2}$	$-\frac{1}{2}$	0	$\frac{1}{2}$
a_2	0	1	0	$-\frac{1}{2}$	0	0	$-\frac{1}{2}$	$\frac{1}{2}$
	0	0	$\frac{3}{2}$	$\frac{3}{2}$	$-\frac{1}{2}$	$\frac{3}{2}$	$\frac{3}{2}$	-3

Pivotelement : Zeile = 1 Spalte = 5 .

	a_1	a_2	a_3	a_4	a_5	$-e_1$	$-e_2$	c
a_5	2	0	-1	0	1	-1	0	1
a_2	0	1	0	$-\frac{1}{2}$	0	0	$-\frac{1}{2}$	$\frac{1}{2}$
	1	0	1	$\frac{3}{2}$	0	1	$\frac{3}{2}$	$-\frac{5}{2}$

gefundener Optimalpunkt : $(1, \frac{3}{2})$
Wert der Zielfunktion : $-\frac{5}{2}$.
Schnittebene generieren aus ZF-Spalte:

$$\Rightarrow \quad \frac{1}{2} a_2^T x \;\leq\; \left\lfloor \frac{1}{2} \cdot 3 \right\rfloor - 1$$
$$\Rightarrow \quad x_2 \;\leq\; 1$$

Gomory Iteration 1 Originaldarstellung: $(0, 1, 1)$ Tableaueinträge: $(0, \frac{1}{2}, -\frac{1}{2})$
Tableau mit eingefügter Schnittebene:

	a_1	a_2	a_3	a_4	a_5	a_6	$-e_1$	$-e_2$	c
a_5	2	0	-1	0	1	0	-1	0	1
a_2	0	1	0	$-\frac{1}{2}$	0	$\frac{1}{2}$	0	$-\frac{1}{2}$	$\frac{1}{2}$
	1	0	1	$\frac{3}{2}$	0	$-\frac{1}{2}$	1	$\frac{3}{2}$	$-\frac{5}{2}$

Pivotelement : Zeile = 2 Spalte = 6 .

	a_1	a_2	a_3	a_4	a_5	a_6	$-e_1$	$-e_2$	c
a_5	2	0	-1	0	1	0	-1	0	1
a_6	0	2	0	-1	0	1	0	-1	1
	1	1	1	1	0	0	1	1	-2

gefundener Optimalpunkt : $(1, 1)$
Wert der Zielfunktion : -2.

Zeichnung:

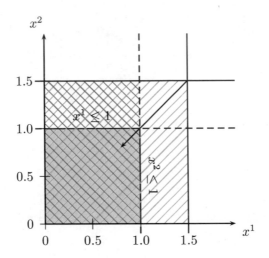

Lösung zu 9.5.2

Optimaltableau für das Problem:

	a_1	a_2	a_3	a_4	a_5	$-e_1$	$-e_2$	c
a_1	1	0	$\frac{23}{30}$	$\frac{1}{30}$	$-\frac{1}{10}$	$\frac{1}{30}$	$-\frac{1}{10}$	$\frac{17}{30}$
a_2	0	1	$-\frac{41}{15}$	$-\frac{7}{15}$	$\frac{2}{5}$	$-\frac{7}{15}$	$\frac{2}{5}$	$\frac{1}{15}$
	0	0	$\frac{41}{2}$	$\frac{11}{2}$	$\frac{3}{2}$	$\frac{11}{2}$	$\frac{3}{2}$	$-\frac{101}{2}$

gefundener Optimalpunkt: $\left(\frac{11}{2}, \frac{3}{2}\right)$ Wert der Zielfunktion: $\frac{101}{2}$.

1.   Schnittebene aus a_3:

$$\Rightarrow \quad \frac{23}{30}a_1^T x + \frac{4}{15}a_2^T x \leq \left\lfloor \frac{23}{30}\cdot 87 + \frac{4}{15}\cdot 18 \right\rfloor = 71$$

$$\Rightarrow \quad 10x_1 + 11x_2 \leq 71$$

Originaldarstellung: $(10, 11, 71)$ Tableaueinträge: $\left(\frac{23}{30}, \frac{4}{15}, -\frac{1}{2}\right)$

	a_1	a_2	a_3	a_4	a_5	a_6	$-e_1$	$-e_2$	c
a_1	1	0	$\frac{23}{30}$	$\frac{1}{30}$	$-\frac{1}{10}$	$\frac{23}{30}$	$\frac{1}{30}$	$-\frac{1}{10}$	$\frac{17}{30}$
a_2	0	1	$-\frac{41}{15}$	$-\frac{7}{15}$	$\frac{2}{5}$	$\frac{4}{15}$	$-\frac{7}{15}$	$\frac{2}{5}$	$\frac{1}{15}$
	0	0	$\frac{41}{2}$	$\frac{11}{2}$	$\frac{3}{2}$	$-\frac{1}{2}$	$\frac{11}{2}$	$\frac{3}{2}$	$-\frac{101}{2}$

Pivotelement: Zeile = 2 Spalte = 6

	a_1	a_2	a_3	a_4	a_5	a_6	$-e_1$	$-e_2$	c
a_1	1	$-\frac{23}{8}$	$\frac{69}{8}$	$\frac{11}{8}$	$-\frac{5}{4}$	0	$\frac{11}{8}$	$-\frac{5}{4}$	$\frac{3}{8}$
a_6	0	$\frac{15}{4}$	$-\frac{41}{4}$	$-\frac{7}{4}$	$\frac{3}{2}$	1	$-\frac{7}{4}$	$\frac{3}{2}$	$\frac{1}{4}$
	0	$\frac{15}{8}$	$\frac{123}{8}$	$\frac{37}{8}$	$\frac{9}{4}$	0	$\frac{37}{8}$	$\frac{9}{4}$	$-\frac{403}{8}$

gefundener Optimalpunkt: $\left(\frac{37}{8}, \frac{9}{4}\right)$ Wert der Zielfunktion: $50\frac{3}{8}$.

2. Schnittebene aus a_4:

$$\Rightarrow \quad \frac{1}{30}a_1^T x + \frac{8}{15}a_2^T x \;\leq\; \left\lfloor \frac{1}{30}\cdot 87 + \frac{8}{15}\cdot 18 \right\rfloor = 12$$

$$\Rightarrow \quad 2x_1 + 1x_2 \;\leq\; 12$$

Originaldarstellung: $(2,1,12)$ Tableaueinträge: $\left(\frac{1}{30}, \frac{8}{15}, -\frac{1}{2}\right)$

	a_1	a_2	a_3	a_4	a_5	a_6	$-e_1$	$-e_2$	c
a_1	1	0	$\frac{23}{30}$	$\frac{1}{30}$	$-\frac{1}{10}$	$\frac{1}{30}$	$\frac{1}{30}$	$-\frac{1}{10}$	$\frac{17}{30}$
a_2	0	1	$-\frac{41}{15}$	$-\frac{7}{15}$	$\frac{2}{5}$	$\frac{8}{15}$	$-\frac{7}{15}$	$\frac{2}{5}$	$\frac{1}{15}$
	0	0	$\frac{41}{2}$	$\frac{11}{2}$	$\frac{3}{2}$	$-\frac{1}{2}$	$\frac{11}{2}$	$\frac{3}{2}$	$-\frac{101}{2}$

Pivotelement: Zeile = 2 Spalte = 6

	a_1	a_2	a_3	a_4	a_5	a_6	$-e_1$	$-e_2$	c
a_1	1	$-\frac{1}{16}$	$\frac{15}{16}$	$\frac{1}{16}$	$-\frac{1}{8}$	0	$\frac{1}{16}$	$-\frac{1}{8}$	$\frac{9}{16}$
a_6	0	$\frac{15}{8}$	$-\frac{41}{8}$	$-\frac{7}{8}$	$\frac{3}{4}$	1	$-\frac{7}{8}$	$\frac{3}{4}$	$\frac{1}{8}$
	0	$\frac{15}{16}$	$\frac{287}{16}$	$\frac{81}{16}$	$\frac{15}{8}$	0	$\frac{81}{16}$	$\frac{15}{8}$	$-\frac{807}{16}$

gefundener Optimalpunkt: $\left(\frac{81}{16}, \frac{15}{8}\right)$ Wert der Zielfunktion: $\frac{807}{16}$.

3. Schnittebene aus a_5:

$$\Rightarrow \quad \frac{9}{10}a_1^T x + \frac{2}{5}a_2^T x \;\leq\; \left\lfloor \frac{9}{10}\cdot 87 + \frac{2}{5}\cdot 18 \right\rfloor = 85$$

$$\Rightarrow \quad 12x_1 + 13x_2 \;\leq\; 85$$

Originaldarstellung: $(12, 13, 85)$ Tableaueinträge: $\left(\frac{9}{10}, \frac{2}{5}, -\frac{1}{2}\right)$

	a_1	a_2	a_3	a_4	a_5	a_6	$-e_1$	$-e_2$	c
a_1	1	0	$\frac{23}{30}$	$\frac{1}{30}$	$-\frac{1}{10}$	$\frac{9}{10}$	$\frac{1}{30}$	$-\frac{1}{10}$	$\frac{17}{30}$
a_2	0	1	$-\frac{41}{15}$	$-\frac{7}{15}$	$\frac{2}{5}$	$\frac{2}{5}$	$-\frac{7}{15}$	$\frac{2}{5}$	$\frac{1}{15}$
	0	0	$\frac{41}{2}$	$\frac{11}{2}$	$\frac{3}{2}$	$-\frac{1}{2}$	$\frac{11}{2}$	$\frac{3}{2}$	$-\frac{101}{2}$

Pivotelement: Zeile = 2 Spalte = 6

	a_1	a_2	a_3	a_4	a_5	a_6	$-e_1$	$-e_2$	c
a_1	1	$-\frac{9}{4}$	$\frac{83}{12}$	$\frac{13}{12}$	-1	0	$\frac{13}{12}$	-1	$\frac{5}{12}$
a_6	0	$\frac{5}{2}$	$-\frac{41}{6}$	$-\frac{7}{6}$	1	1	$-\frac{7}{6}$	1	$\frac{1}{6}$
	0	$\frac{5}{4}$	$\frac{205}{12}$	$\frac{59}{12}$	2	0	$\frac{59}{12}$	2	$-\frac{605}{12}$

gefundener Optimalpunkt: $\left(\frac{59}{12}, 2\right)$ Wert der Zielfunktion: $50\frac{5}{12}$.

4.   Schnittebene aus c:

$$\Rightarrow \quad \frac{17}{30}a_1^T x + \frac{1}{15}a_2^T x \leq \left\lfloor \frac{17}{30} \cdot 87 + \frac{1}{15} \cdot 18 \right\rfloor = 50$$

$$\Rightarrow \quad 7x_1 + 8x_2 \leq 50$$

Originaldarstellung: $(7, 8, 50)$ Tableaueinträge: $\left(\frac{17}{30}, \frac{1}{15}, -\frac{1}{2}\right)$

	a_1	a_2	a_3	a_4	a_5	a_6	$-e_1$	$-e_2$	c
a_1	1	0	$\frac{23}{30}$	$\frac{1}{30}$	$-\frac{1}{10}$	$\frac{17}{30}$	$\frac{1}{30}$	$-\frac{1}{10}$	$\frac{17}{30}$
a_2	0	1	$-\frac{41}{15}$	$-\frac{7}{15}$	$\frac{2}{5}$	$\frac{1}{15}$	$-\frac{7}{15}$	$\frac{2}{5}$	$\frac{1}{15}$
	0	0	$\frac{41}{2}$	$\frac{11}{2}$	$\frac{3}{2}$	$-\frac{1}{2}$	$\frac{11}{2}$	$\frac{3}{2}$	$-\frac{101}{2}$

Pivotelement: Zeile = 1 Spalte = 6

	a_1	a_2	a_3	a_4	a_5	a_6	$-e_1$	$-e_2$	c
a_6	$\frac{30}{17}$	0	$\frac{23}{17}$	$\frac{1}{17}$	$-\frac{3}{17}$	1	$\frac{1}{17}$	$-\frac{3}{17}$	1
a_2	$-\frac{2}{17}$	1	$-\frac{48}{17}$	$-\frac{8}{17}$	$\frac{7}{17}$	0	$-\frac{8}{17}$	$\frac{7}{17}$	0
	$\frac{15}{17}$	0	$\frac{360}{17}$	$\frac{94}{17}$	$\frac{24}{17}$	0	$\frac{94}{17}$	$\frac{24}{17}$	-50

gefundener Optimalpunkt: $\left(\frac{94}{17}, \frac{24}{17}\right)$ Wert der Zielfunktion: 50.

Zeichnung mit den jeweiligen Optimalpunkten:

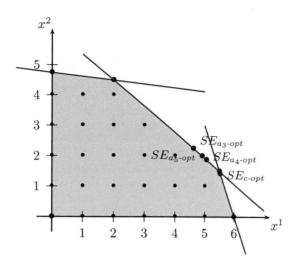

Lösung zu 9.5.3

Optimaltableau für das Problem:

	a_1	a_2	a_3	a_4	a_5	$-e_1$	$-e_2$	c
a_2	$-\frac{3}{2}$	1	0	$\frac{1}{2}$	$-\frac{1}{2}$	$\frac{1}{2}$	$-\frac{1}{2}$	$\frac{1}{2}$
a_3	$\frac{1}{2}$	0	1	$-\frac{1}{2}$	$-\frac{1}{2}$	$-\frac{1}{2}$	$-\frac{1}{2}$	$\frac{3}{2}$
	$\frac{7}{2}$	0	0	$\frac{5}{2}$	$\frac{9}{2}$	$\frac{5}{2}$	$\frac{9}{2}$	$-\frac{23}{2}$

gefundener Optimalpunkt : $\left(\frac{5}{2}, \frac{9}{2}\right)$ Wert der Zielfunktion : $\frac{23}{2}$.
Schnittebene generieren aus ZF-Spalte:

$$\Rightarrow \quad \frac{1}{2} a_2^T x + \frac{1}{2} a_3^T x \leq \left\lfloor \frac{1}{2} \cdot 2 + \frac{1}{2} \cdot 7 \right\rfloor = 4$$
$$\Rightarrow \quad x_2 \leq 4$$

Gomory Iteration 1 Originaldarstellung: $(0, 1, 4)$ Tableaueinträge: $\left(\frac{1}{2}, \frac{1}{2}, -\frac{1}{2}\right)$
Tableau mit eingefügter Schnittebene:

	a_1	a_2	a_3	a_4	a_5	a_6	$-e_1$	$-e_2$	c
a_2	$-\frac{3}{2}$	1	0	$\frac{1}{2}$	$-\frac{1}{2}$	$\frac{1}{2}$	$\frac{1}{2}$	$-\frac{1}{2}$	$\frac{1}{2}$
a_3	$\frac{1}{2}$	0	1	$-\frac{1}{2}$	$-\frac{1}{2}$	$\frac{1}{2}$	$-\frac{1}{2}$	$-\frac{1}{2}$	$\frac{3}{2}$
	$\frac{7}{2}$	0	0	$\frac{5}{2}$	$\frac{9}{2}$	$-\frac{1}{2}$	$\frac{5}{2}$	$\frac{9}{2}$	$-\frac{23}{2}$

Auswahl Pivotzeile : 1 Pivotspalte : 6.

	a_1	a_2	a_3	a_4	a_5	a_6	$-e_1$	$-e_2$	c
a_6	-3	2	0	1	-1	1	1	-1	1
a_3	2	-1	1	-1	0	0	-1	0	1
	2	1	0	3	4	0	3	4	-11

gefundener Optimalpunkt : $(3, 4)$ Wert der Zielfunktion : 11.

Teil III

Nichtlineare Optimierung

Überblick zu Teil III

In diesem Teil werden Probleme behandelt, bei denen die Zielfunktion und/oder die Funktionen, welche die Nebenbedingungen beschreiben, Funktionen von endlich vielen Variablen sind. Über die Art dieser Funktionen werden keine weiteren Voraussetzungen gemacht. Deshalb ergibt sich in der realen Bearbeitung von Optimierungsfragen zunächst einmal die Herausforderung einer Abbildung des Realproblems auf eine mathematisch verwertbare und algorithmisch erfassbare Standardform (Formelmäßige Darstellung). Dieser Prozess läuft unter dem Schlagwort „Modellierung".

Der erste Abschnitt befasst sich folglich mit der Umsetzung von realen Fragestellungen in mathematisch formale Optimierungsaufgaben. Bei der Bearbeitung solcher formal gestellten Aufgaben erweist sich, dass bei Vorliegen von Konvexität der verwendeten Funktionen oder Zulässigkeitsbereiche die Probleme um Einiges leichter handhabbar werden.

Deshalb stehen in Abschnitt 2 Konvexitätseigenschaften und daraus erwachsende Vorteile im Vordergrund.

Danach geht es in Abschnitt 3 um Kriterien zum Auffinden und zum Absichern von Optimalpunkten, wobei sowohl lokale Optimalität als auch globale Optimalität zur Debatte stehen.

Schließlich wird im vierten Abschnitt der in der Optimierungstheorie sehr wichtige Dualitätsbegriff diskutiert. Meist steht eine Optimierungsaufgabe in engem Zusammenhang zu einem Partnerproblem. Einerseits hat man dann oft die Auswahl, welches der beiden Probleme arbeitstechnisch leichter zu lösen ist. Dies ist ein großer Vorteil, wenn gesichert ist, dass beide Partnerprobleme zur gleichen Lösung hinführen. Andererseits beschränken solche Partnerprobleme jeweils die Lösungsqualität des anderen Partnerproblems, so dass von vornherein Erreichbarkeitsgrenzen gesetzt sind. Dies hilft auch schon vor einem komplizierten und aufwändigen Rechenprozess zur Abschätzung der Erfolgsträchtigkeit und es kann in vielen Fällen bestätigen, dass man das Erreichbare bereits erreicht hat und dass man deshalb seine Bemühungen einstellen kann.

Kapitel 10

Problemstellung und Zweck der nichtlinearen Optimierung

10.1 Modellierung von nichtlinearen Optimierungs- problemen

Im Folgenden werden die grundlegenden Standardformen der hier behandelten Optimierungs- probleme und die dabei benutzte Terminologie erklärt. Anschließend werden in Aufgaben reale Problemstellungen vorgestellt. Aufgabe ist es dann, aus diesen Fragestellungen den mathemati- schen Kern zu extrahieren und diesen in der Sprache der Zielfunktionen und Nebenbedingungs- funktionen wiederzugeben. Das Allgemeine Nichtlineare Optimierungsproblem (das für uns in diesem Kapitel maßgeblich ist), wird wie folgt definiert.

Definition 10.1 (Allgemeines *nichtlineares Optimierungsproblem*)

$$
\begin{array}{llll}
\min & f(x^1,\ldots,x^n) & & f : \Gamma \to \mathbb{R} \\
\text{unter} & g_i(x^1,\ldots,x^n) \ \leq \ 0 & \forall\, i \in \{1,\ldots,m\} & g_i : \Gamma \to \mathbb{R} \\
& h_j(x^1,\ldots,x^n) \ = \ 0 & \forall\, j \in \{1,\ldots,\ell\} & h_j : \Gamma \to \mathbb{R} \\
& x \in \Gamma \subseteq \mathbb{R}^n & &
\end{array}
$$

Dabei sind die Fälle $m = 0$ und $\ell = 0$ als Spezialfälle erlaubt.

Bezeichnungen

Der *Zulässigkeitsbereich* des nichtlinearen Optimierungsproblems aus Definition 10.1 ist somit:

$$
X = \{x \in \Gamma \subseteq \mathbb{R}^n \mid g_i(x) \leq 0, h_j(x) = 0 \text{ für } i = 1,\ldots,m \text{ und } j = 1,\ldots,\ell\}
$$

f ist die *Zielfunktion*, g_i sind die *Ungleichungsrestriktionen* und h_j die *Gleichungsrestriktionen*.

Ein Punkt $\overline{x} \in X$ heißt *Minimalpunkt*, wenn gilt:

$$f(\overline{x}) \leq f(x) \qquad \forall\, x \in X;$$

er heißt *Maximalpunkt*, wenn

$$f(\overline{x}) \geq f(x) \qquad \forall\, x \in X.$$

Je nach Aufgabenstellung sprechen wir dabei von *Optimalpunkten*.

Definition 10.2
Ein Punkt $\overline{x} \in X$ heißt *globaler Minimalpunkt* von f auf X, wenn $f(\overline{x}) \leq f(x)\ \forall\, x \in X$ gilt.
Ein zulässiger Punkt $\hat{x} \in X$ heißt *lokaler Minimalpunkt*, wenn eine Umgebung
$U(\hat{x}, \varepsilon) := \{y \mid \|y - \hat{x}\| < \varepsilon\}$, $\varepsilon > 0$ existiert, auf der gilt:

$$f(\hat{x}) \leq f(x) \qquad \forall\, x \in U(\hat{x}, \varepsilon) \cap X.$$

Folgende spezielle Formen dieser allgemeinen Problemstellung verdienen besondere Betrachtung, weil ihre Spezialstruktur eine effektivere und einfacher verstehbare Behandlung ermöglicht.

Definition 10.3 (Lineare Optimierungsprobleme)

$$
\begin{array}{rlcll}
\min & f(x) &=& c^T x & f : \mathbb{R}^n \to \mathbb{R}, \\
\text{unter} & g(x) &=& Ax - b \;\leq\; 0 & g : \mathbb{R}^n \to \mathbb{R}^m \\
& h(x) &=& Bx - d \;=\; 0 & h : \mathbb{R}^n \to \mathbb{R}^\ell \\
& & & x \in \mathbb{R}^n &
\end{array}
$$

In diesem Fall heißt die Funktion f *linear*, g und h heißen *affin linear*. Diese Problemstellung wurde bereits in Teil I ausführlich behandelt.

Definition 10.4 (Quadratische Optimierungsprobleme)

$$
\begin{array}{rlcll}
\min & f(x) &=& x^T Q x + c^T x & \\
\text{unter} & g(x) &=& Ax - b & \leq\; 0 \\
& h(x) &=& Bx - d & =\; 0 \\
& & & x \in \mathbb{R}^n &
\end{array}
$$

Dabei sind $Q \in \mathbb{R}^{(n,n)}$ symmetrisch, $c \in \mathbb{R}^n$, $\gamma \in \mathbb{R}$, $A \in \mathbb{R}^{(m,n)}$, $b \in \mathbb{R}^m$, $B \in \mathbb{R}^{(\ell,n)}$ und $d \in \mathbb{R}^\ell$.

Definition 10.5 (Konvexe Optimierungsprobleme)

$$\begin{aligned}
\min \quad & f(x) \\
\text{unter} \quad & g(x) && \leq && 0 \\
& h(x) && = && 0 \\
& x \in \Gamma && \subseteq && \mathbb{R}^n
\end{aligned}$$

Dabei sind f, g konvexe Funktionen, h eine affin lineare Funktion und Γ eine konvexe Menge.

Definition 10.6

Unrestringierte Optimierungsprobleme

$$\min \ f(x) \quad \text{unter } x \in \Gamma = \mathbb{R}^n.$$

Bei den im Folgenden aufgeführten Realproblemen geht es darum, eine Modellierung auf solche Optimierungstypen (vor allem auf das allgemeine nichtlineare Optimierungsproblem) vorzunehmen. Sollte sich erweisen, dass die Problemstellung auf einen der erwähnten Spezialfälle hinausläuft, dann soll dies angegeben werden.

10.2 Aufgaben zur Modellierung von nichtlinearen Optimierungsproblemen

Aufgabe 10.2.1

Es sei der Bedarf $d_1, \ldots, d_n$ für ein verderbliches Produkt über n Zeitperioden bekannt. Die trennenden Zeitpunkte für die Perioden seien $t_0, t_1, \ldots, t_n$, die Perioden sind $j = 1, \ldots, n$. Der Lagerbestand während der Periode j sei I_j. Der Bedarf für die Periode j kann aus dem Lagerbestand zum Zeitpunkt t_{j-1} oder aus der zusätzlich in Periode $j-1$ produzierten frischen Ware (x_{j-1} Einheiten) gedeckt werden. Das Lager hat eine Kapazität von K Einheiten und es kostet c Euro, um eine Produkteinheit von einem Zeitpunkt bis zum nächsten zu lagern. Allerdings verrottet im Lauf der Periode j ein Anteil von $\frac{I_j}{2K}$ des Lagerbestandes (je enger die Ware gestaut ist, desto mehr verdirbt). Die Produktionskosten/Einkaufskosten pro Stück für frische Einlagerungsware zu Periode j belaufen sich auf $f_{j-1}(x_{j-1})$, hängen also von der Periode und der produzierten/eingekauften Menge ab (eine konkave Funktion f entspricht zum Beispiel einem Mengenrabatt). Der Anfangsbestand bei t_0 an unverdorbener Ware sei I_0'.

Zur Diskretisierung werde Folgendes vereinbart: Zuerst wird bei t_j die verdorbene Ware entfernt, danach die frische Ware ergänzt und dann sofort der Bedarf für die Periode $j+1$ entnommen. Was übrig bleibt, wird dann gelagert (von t_j bis t_{j+1}) und bildet den Lagerbestand I_{j+1}.

Formulieren Sie das Problem als nichtlineares Optimierungsproblem, wobei die Kosten zu minimieren sind.

Aufgabe 10.2.2

Modellieren Sie die folgende Optimierungs-Problemstellung:

Eine Fernwärmeleitung führt von einem Heizwerk, in dem Dampf erhitzt wird, ringförmig durch eine Siedlung an $n = 10$ Häusern vorbei und dann wieder zurück. Der erzeugte Dampf ist auf dieser Leitung 110 Minuten lang unterwegs. Bei jedem der 10 Haushalte strömt der Dampf so vorbei, dass er 2 Minuten lang zur Wärmeabgabe zur Verfügung steht (falls gewünscht). Für Haushalt 1 ist das der Zeitraum $[9, 11]$, für Haushalt 2 der Zeitraum $[19, 21]$, für Haushalt 10 ist das der Zeitraum $[99, 101]$, also für Haushalt i der Zeitraum $[10i - 1, 10i + 1]$. Wie viel die Leitung an Wärme abgibt, hängt vom jeweiligen Wärmeaustauschkoeffizienten κ ab. Dieser ist auf offener Strecke gleich k. In jedem Haushalt kann er aber durch Öffnung eines Ventils von k bis auf K heraufgesetzt werden ($k \leq \kappa_i \leq K$). Jeder Haushalt kann in dieser Form die Fernwärmeleitung anzapfen oder die von ihm benötigte Energie selbst erzeugen, wozu haushaltsspezifische Kosten anfallen. Je nach Abnahmequote der Haushalte sinkt die Dampftemperatur. Der Dampf muss folglich bei Rückkehr ins Heizwerk wieder aufgeheizt werden. Dafür fallen Kosten an. Zu entscheiden ist jetzt unter den folgenden technischen Daten, wie weit die Haushaltsventile geöffnet werden sollen, um für das ganze System den Wärmebedarf zu decken und dabei mit minimalem Kostenaufwand auszukommen.

1) Die Vorlauftemperatur des aus dem Heizwerk kommenden Dampfes ist $300°C$, die Außentemperatur sei $0°C$. Am Heizwerk steht aus anderen Betriebszweigen so viel Abwärme zur Verfügung, dass eine Aufheizung von $200°C$ auf $300°C$ kostenlos erfolgen kann. Sinkt allerdings die Rücklauftemperatur RT unter $200°C$, so entstehen Heizkosten von $F(RT)$, um die $200°C$ wieder zu erreichen.

2) Abhängig vom Wärmeleitkoeffizienten κ, der Außentemperatur und der ankommenden Dampftemperatur entwickelt sich die Dampftemperatur während eines Zeitraums $[t_a, t_b]$ gemäß
$$T(t) = T_{\text{außen}} + (T(t_a) - T_{\text{außen}})e^{-\kappa(t-t_a)}.$$

3) Der Wärmeverlust des Dampfes während der Vorbeiströmzeit kommt den jeweiligen Haushalten als Temperaturzuwachs ZW_i zugute.

4) Haushalt i hat einen Bedarf an Temperaturzuwachs von B_i. Liefert die Fernwärmeleitung davon bereits ZW_i, dann kostet es noch $f_i(ZW_i, B_i - ZW_i)$, um Haushalt i voll zu beheizen.

Hinweis: Um den Temperaturverlauf des Dampfes und die Rücklauftemperatur zu erkennen, unterteile man die 110 Minuten in sinnvolle Intervalle und gebe dann eine Berechnungsvorschrift an.

Aufgabe 10.2.3

Fährenfahrplan:

An einem breiten Fluss soll eine Fähre täglich 6 mal hinüber und 6 mal herüber fahren. Die erste Fahrt darf nicht früher als 8 Uhr hüben und 9 Uhr drüben beginnen. Die letzte Fähre darf hüben nicht vor 18 Uhr und drüben nicht vor 19 Uhr losfahren. Ideal wäre nun ein Stundentakt hüben 8, 10, 12, 14, 16, 18 Uhr und drüben 9, 11, 13, 15, 17, 19 Uhr. Aber dies lässt sich nicht realisieren, weil reger Schiffsverkehr herrscht: Flussaufwärts kommen zu den Zeitpunkten T_j $(j = 1, \ldots, \ell)$ ℓ Schiffe an der Fährenroute mit den Geschwindigkeiten V_j (gemessen in km/h) vorbei. Flussabwärts haben wir k Schiffe zu den Zeitpunkten t_i $(i = 1, \ldots, k)$ mit den Geschwindigkeiten v_i (gemessen in km/h).

Wir brauchen nun 6 Ablegezeitpunkte hüben (τ_r für $r = 1, \ldots, 6$) und 6 Ablegezeitpunkte drüben (σ_r mit $r = 1, \ldots, 6$), so dass an diesen Zeitpunkten die flussaufwärts fahrenden Schiffe alle noch 500 Meter entfernt oder mindestens 200 Meter vorbei sind. Bei flussabwärts fahrenden Schiffen muss darauf geachtet werden, dass sie noch mindestens 1.000 Meter entfernt sind oder schon mindestens 100 Meter vorbei sind. Zwischen zwei Fahrten (gemeint sind die Ablegezeitpunkte) muss jeweils mindestens eine halbe Stunde vergehen.

Der Fahrplan ist zu bewerten mit dem erwarteten Ärger, den die Fahrgäste bis zum Ablegen empfinden. Die Fahrgäste treffen hüben gleichverteilt zwischen 7 und 18 Uhr ein und drüben treffen sie gleichverteilt zwischen 8 und 19 Uhr ein. Ihr Ärger wächst nun quadratisch mit der Wartezeit bis zum nächsten Ablegen einer Fähre (diese kann alle Wartenden aufnehmen).

Formulieren Sie die Frage nach den optimalen σ_r, τ_r als nichtlineares Optimierungsproblem.

Aufgabe 10.2.4

Auf einem Großhandelsmarkt wollen vier Erdbeerverkäufer A, B, C, D Erdbeeren verkaufen. Jeder von ihnen hat 250 Pfund mitgebracht. Ihnen gegenüber steht nur ein Einkäufer, der für eine Discountkette Erdbeeren besorgt. Er besitzt nachfolgende Nachfragefunktion $N(p)$ für Erdbeeren:

$$N(p) := \begin{cases} 1.000 \text{ Pfund} & \text{bei } p \leq 1 \,€/\text{Pfund} \\ 1.000(p - 2)^2 \text{ Pfund} & \text{bei } 1 \,€/\text{Pfund} \leq p \leq 2 \,€/\text{Pfund} \\ 0 \text{ Pfund} & \text{bei } p \geq 2 \,€/\text{Pfund}. \end{cases}$$

Es werden also 1.000 Pfund Erdbeeren abgekauft, wenn der Preis maximal 1 € pro Pfund beträgt, es wird nichts verkauft bei einem Preis über 2 €. Bei einem Preisübergang von 1 € zu 2 € verhält sich die nachgefragte Menge wie $1.000(p - 2)^2$.

Verkäufer B kennt diese Nachfragefunktion genau, die Verkäufer A, C und D kennen sie nicht, richten sich aber in ihrer Preisfestsetzung p_A, p_C, p_D nach dem von B gesetzten Preis p_B. A bevorzugt den Preis $0{,}9 \cdot p_B$, wohingegen C und D den Preis auf $1{,}1 \cdot p_B$ festlegen. Der Großaufkäufer kommt an die Stände und kauft am jeweils verfügbaren billigsten Stand, so lange dort der Vorrat reicht. Wie soll nun B den Preis p_B festsetzen, damit sein Erlös maximal wird?

Aufgabe 10.2.5

Ein Kleinunternehmen hat ein neues Produkt entwickelt und damit eine sehr lukrative Marktlücke besetzt. Je Stück fallen (zur Zeit) 500 € Herstellungskosten an. Durch Großeinkäufe von Rohstoffen bei Ausweitung der Produktionsmenge könnte man die Stückkosten aber verbilligen, und zwar um $10\,\% \cdot \ln\left(\frac{M}{M_0}\right)$, wobei M_0 die derzeit (zu je 500 €) produzierte Menge und M die danach produzierte Menge (mit $M > M_0$) ist.

Wieviel abgesetzt werden kann, ergibt sich aus einer Nachfragekurve $N : \mathbb{R}_+ \to \mathbb{R}_+$. Diese Nachfragekurve ordnet jedem denkbaren Preis p die dann nachgefragte Stückzahl $m = N(p)$ zu

($N(p)$ ist monoton fallend).

Um mehr abzusetzen, kann man außer Preissenkungen auch Werbeaktionen durchführen, was dann die Nachfragekurve nach oben verschiebt. Erhöht man also den derzeitigen Mindestwerbe-etat $W_0 > 0$ auf $W > W_0$, dann verursacht das zwar $W - W_0$ als Mehrkosten, aber gleichzeitig steigt die Nachfrage bei beliebigen $p > 0$ von $N(p)$ auf

$$N(p)\left(1 + \ln\left(\frac{W}{W_0}\right)\right) = \tilde{N}(p).$$

Unser Unternehmen muss allerdings vorsichtig sein, weil ein sehr bekannter Großkonzern dieses Produkt auch anbieten könnte. Tut er das, dann führt dessen größerer Bekanntheitsgrad sehr bald zu einer völligen Verdrängung unseres Unternehmens vom Markt. Das Großunternehmen steigt dann ein, wenn

- die durch das Kleinunternehmen angeheizte Nachfrage zu p dessen Produktionskapazität $\overline{M}$ übersteigt und somit Restbedarf besteht;

- eine Rentabilitätsschwelle für den Preis $\overline{p}$ (die weit höher als beim Kleinunternehmen liegt) überstiegen wird.

Formulieren Sie ein Optimierungsmodell für die Überlegungen bei unserem Kleinunternehmen zur Profitmaximierung bei eventueller Produktions- und Werbeausweitung.

Aufgabe 10.2.6

An einer Ampelkreuzung Ost-West/Nord-Süd treffen aus allen vier Richtungen in regelmäßigen Abständen Fahrzeuge ein. Damit es nicht zu Unfällen kommt, wird der Verkehr in folgender Reihenfolge im Takt von P Sekunden geregelt bzw. freigegeben.

Phase I von West nach Ost und Süd sowie von Ost nach West und Nord

Phase II von West nach Nord sowie von Ost nach Süd

Phase III von Süd nach Nord und Ost sowie von Nord nach Süd und West

Phase IV von Süd nach West sowie von Nord nach Ost

Zwischen den Phasen befinden sich die einzelnen Pausenabschnitte Pause I, Pause II, III und IV (Pause I liegt nach Phase I, usw.). Die Nutzer der jeweiligen Phasen kommen in folgenden regelmäßigen Zeitabständen (Intervall) an der Ampel an:

	Ankunft von	Intervall	Ankunft von	Intervall
Phase I	West	8 sec	Ost	8 sec
Phase II	West	20 sec	Ost	20 sec
Phase III	Süd	30 sec	Nord	30 sec
Phase IV	Süd	20 sec	Nord	20 sec

(Die Linksabbieger halten auf einer eigenen Spur, sie behindern also den Geradeausverkehr nicht.)

Sämtliche Takte beginnen im Zeitpunkt 0. Die Taktzeit P der Ampel, also der Zeitraum zwischen dem Start zweier Grünabschnitte einer Phase, soll 120 Sekunden = 2 Minuten betragen. Sie sollen nun festlegen, wann die einzelnen Phasen beginnen und enden. Dabei soll die oben vorgegebene Grün-Reihenfolge I, II, III, IV eingehalten werden (Anfangspunkt und Endpunkt) und jede Pause soll aus Sicherheitsgründen mindestens 10 Sekunden betragen.

Zu beachten ist weiter, dass in jeder Grünphase die Ampel aus der jeweiligen Richtung vollständig geräumt werden muss. Das heißt, alle Autos, die aus einer Rotphase hier stehen, müssen anfahren und passieren können. Das braucht 2 Sekunden pro Auto. Autos, die auf die grüne Ampel ankommen, während die Vorher-Rot-Steher noch anfahren, brauchen jeweils 1 Sekunde (Sie können ihre Geschwindigkeit anpassen, müssen nur bremsen nicht anhalten). Autos, die danach bei Grün ankommen, können direkt durchfahren (= 0 Sekunden).

Schließlich sollte man noch wissen, dass der Ärger über einen Aufenthalt bis zum Grünwerden der Ampel für Phase III und IV gemessen wird durch:

Zahl der Sekunden zwischen der Ankunft und dem Grünwerden.

Die Fahrer von Phase I und II befinden sich auf der Hauptstraße und haben deshalb einen höheren Ärgeranspruch. Sie entwickeln einen Ärger von:

$$(\text{Zeit zwischen Ankunft und Grün}) + \frac{1}{2} \cdot (\text{Zeit zwischen Ankunft und Grün})^2$$

Modellieren Sie jetzt diese Aufgabe, den Gesamtärger der Autofahrer während einer Taktzeit zu minimieren, indem Sie die Anfangs- und Endzeiten der vier Phasen optimal und natürlich überschneidungsfrei festsetzen. Das entstehende Modell soll nur kontinuierliche Variablen bestimmen, darf dafür allerdings auch Funktionen enthalten, welche mit Fallunterscheidungen arbeiten.

Aufgabe 10.2.7

Standortoptimierung

In einer isolierten Region (am Beispiel einer Insel) gibt es K Supermärkte ($k = 1, \ldots, K$). Die ersten $\overline{k}$ davon ($\overline{k} < K$) gehören zu einer Kette, und werden einheitlich gesteuert. In dieser Region befinden sich L Städte (Ballungszentren) ($\ell = 1, \ldots, L$) mit Versorgungsbedarf B_ℓ. B_ℓ wird gemessen durch die Gesamtkosten für den Warenbedarf bei einem normalen Preisniveau $p = 1,0$.

$x_k = \begin{pmatrix} x_k^{(1)} \\ x_k^{(2)} \end{pmatrix}$ seien die Standorte der Supermärkte, $y_\ell = \begin{pmatrix} y_\ell^{(1)} \\ y_\ell^{(2)} \end{pmatrix}$ die Koordinaten der Ballungszentren, alles im Einheitsquadrat $[0, 1] \times [0, 1]$.

Von den anderen Supermärkten ($k = \overline{k} + 1, \ldots, K$) ist deren festes Preisniveau bekannt. Das Preisniveau aller Supermärkte bewegt sich zwischen 0,9 und 1,1 (weniger oder mehr ist verboten). Die Kunden in einer der Städte empfinden nun einen Supermarkt attraktiver, wenn er ein geringeres Preisniveau hat und belegen ihn deshalb mit einem Preis-Attraktivitätsfaktor von $\frac{1}{(p_k)^2}$. Außerdem empfinden sie ihn attraktiver, wenn er näher bei ihrem Standort y_ℓ liegt (euklidische Distanz). Hierfür vergeben sie (unbewusst) einen Nähe-Attraktivitätsfaktor.

Sei D eine Konstante, die eine normale Entfernung zum nächsten Supermarkt beschreibt. Dann ist der Nähe-Attraktivitätsfaktor von Supermarkt k für Stadt ℓ durch nachfolgenden Ausdruck gegeben:

$$\frac{2D}{D + \|x_k - y_\ell\|}$$

Der Gesamt-Attraktivitätsfaktor eines Supermarktes ergibt sich dann aus dem Produkt beider Faktoren. Nun finden Wirtschaftspsychologen heraus, dass jeweils die Bewohner von Stadt ℓ ihren Bedarf B_ℓ folgendermaßen auf die Supermärkte aufteilen:

Sie bilden die Summe aller Attraktivitätsfaktoren der Supermärkte und teilen ihre Einkäufe (Beschaffungen) so auf, dass jeder Supermarkt seinen Anteil (gemäß dieser Summe) erhält. Man kann davon ausgehen, dass die Kosten für die Warenbeschaffung (inklusive aller proportionalen Betriebskosten) für einen Supermarkt bei 0,8 liegt, so dass zum Beispiel der Gewinn bei $p = 1,0$ sich auf 0,2 des Umsatzes beläuft (das heißt, dass eine Einheit 0,8 kostet und zu p_k verkauft wird).

Modellieren Sie nun getrennt folgende Probleme für die Handelskette mit den $\overline{k}$ Supermärkten:

1. Wie soll die Kette ihr Preisniveau $p_1 = \cdots = p_{\overline{k}}$ festlegen, um maximalen Gewinn zu erzielen?

2. Wenn man einen zusätzlichen Supermarkt errichtet ($k = 0$), wohin soll dieser gebaut werden und wie soll dann das Preisniveau $p_0 = p_1 = \cdots = p_{\overline{k}}$ festgelegt werden. (Die Fixkosten für die Errichtung des zusätzlichen Supermarktes sollen unberücksichtigt bleiben.)

10.3   Lösungen zur Modellierung von nichtlinearen Optimierungsproblemen

Lösung zu 10.2.1
Parameter:

$d_1, \ldots, d_n$	Bedarf für das Produkt
K	Kapazität des Lagers
c	Lagerkosten je Produkt und Periode im Lager
I_0'	Anfangsbestand des Lagers
$x_0 = 0$	Anfangsproduktion vor Beginn

Variablen:

$I_j \ (j = 1, \ldots, n)$	Lagerbestand am Ende der jeweiligen Periode:
$I_j' \ (j = 1, \ldots, n)$	unverdorbene Ware am Ende der Periode j

Nebenbedingungen:
Aktualisierung/Fortschritt des Lagerbestandes:

$j > 0:$ $I_j = I'_{j-1} + x_{j-1} - d_j$

$I'_j = I_j \cdot (1 - \frac{I_j}{2K})$ je dichter die Ware gepackt ist, desto mehr verrottet (bis zur Hälfte).

Beschränkungen:

$$
\begin{aligned}
I_j &\leq K & \forall j = 1, \ldots, n \\
I_j &\geq 0 \text{ bzw. } I'_{j-1} + x_{j-1} \geq d_j & \forall j = 1, \ldots, n \\
x_j &\geq 0 & \forall j = 1, \ldots, n.
\end{aligned}
$$

Zielfunktion:

$$
\min \quad \sum_{j=1}^{n} (f_{j-1}(x_{j-1}) \cdot x_{j-1} + c \cdot I_j)
$$

(f könnte eine konkave Funktion sein.)

Lösung zu 10.2.2
Variablen:

κ_i — Wärmeaustauschkoeffizienten mit $k \leq \kappa_i \leq K$ für $i = 1, \ldots, 10$

$ZW(i)$ — Temperaturzuwachs

Restriktionen:

Fest vorgegeben ist, dass jeder Haushalt i mit $B(i)$ zu versorgen ist. Wenn die Fernwärmeleitung $ZW(i)$ liefert, dann müssen jeweils nur noch $B(i) - ZW(i)$ dezentral erzeugt werden. Kostenpunkt hierfür ist $f_i(ZW(i), B(i) - ZW(i))$.

$ZW(i) \geq 0,$ weil jedes Anzapfen die Temperatur im Haushalt erhöht

$ZW(i) \leq B_i,$ weil der Bedarf mit B_i gedeckt ist

Beschreibung des Temperaturverlaufs:

$$
\begin{aligned}
T(0) &= 300 \\
T(9) &= (300 - 0)e^{-9k} \\
T(11) &= T(9)e^{-2\kappa_1} \\
T(19) &= T(11)e^{-8k} \\
T(21) &= T(19)e^{-2\kappa_2}
\end{aligned}
$$

Allgemein:

$$
T(i \cdot 10 - 1) = 300 \cdot e^{-k - 8 \cdot i \cdot k - \sum_{j=1}^{i-1} 2\kappa_j} \quad \forall\, i = 1, \ldots, 10
$$

$$
T(i \cdot 10 + 1) = 300 \cdot e^{-k - 8 \cdot i \cdot k - \sum_{j=1}^{i} 2\kappa_j} \quad \forall\, i = 1, \ldots, 10
$$

$$T(110) = 300 \cdot e^{-2 \cdot k - 8 \cdot 11 \cdot k - \sum_{j=1}^{10} 2\kappa_j}$$

Nun ist $ZW(i) = T(i \cdot 10 - 1) - T(i \cdot 10 + 1) \; \forall i$ und die Aufheizung des Rücklaufdampfes kostet $F(T(110))$, falls die Temperatur unter $200°C$ gesunken ist. Folglich hat man Gesamtkosten von

$$\mathbb{1}_{\{T(110) < 200\}} F(T(110)) + \sum_{i=1}^{10} f_i(ZW(i), B(i) - ZW(i)).$$

Somit ergibt sich als **Zielfunktion:**

$$\min \mathbb{1}_{\{T(110) < 200\}} F(T(110)) + \sum_{i=1}^{10} f_i(ZW(i), B(i) - ZW(i)).$$

Lösung zu 10.2.3

Zu bestimmen sind die Ablegezeitpunkte auf den beiden Seiten hüben (τ_r für $r = 1, \ldots, 6$) und drüben (σ_r mit $r = 1, \ldots, 6$). Zu minimieren ist der gesamte Warteärger.

Betrachtung für hüben:

Ein Passagier kommt in t an und muss bis zum Zeitpunkt τ_i warten. Der Warteärger beträgt dann $(\tau_i - t)^2$.

Der erwartete Gesamtwarteärger beträgt:

$$\int_7^{\tau_1} (\tau_1 - t)^2 \frac{1}{11} dt = \frac{1}{33}(\tau_1 - 7)^3 \qquad \text{für } i = 1$$

$$\int_{\tau_{i-1}}^{\tau_i} (\tau_i - t)^2 \frac{1}{11} dt = \frac{1}{33}(\tau_i - \tau_{i-1})^3 \qquad \text{für } i = 2, \ldots, 5$$

$$\int_{\tau_5}^{18} (\tau_i - t)^2 \frac{1}{11} dt = \frac{1}{33}((\tau_6 - \tau_5)^3 - (\tau_6 - 18)^3) \qquad \text{für } i = 6$$

Als Gesamtwarteärger ergibt sich damit für hüben:

$$\frac{1}{33}(\tau_1 - 7)^3 + \sum_{i=2}^{5} \frac{1}{33}(\tau_i - \tau_{i-1})^3 + \frac{1}{33}((\tau_6 - \tau_5)^3 - (\tau_6 - 18)^3)$$

Für drüben ergibt sich analog:

$$\frac{1}{33}(\sigma_1 - 8)^3 + \sum_{i=2}^{5} \frac{1}{33}(\sigma_i - \sigma_{i-1})^3 + \frac{1}{33}((\sigma_6 - \sigma_5)^3 - (\sigma_6 - 19)^3)$$

Die Summe aus diesen beiden Termen ist zu minimieren.

Nebenbedingungen:

$$8 \leq \tau_1, \qquad\qquad 9 \leq \sigma_1,$$

$$\tau_i + \frac{1}{2} \leq \sigma_i, \qquad\qquad \sigma_i + \frac{1}{2} \leq \tau_{i+1}, \qquad\qquad \text{für } i = 1, \dots, 5$$

$$18 \leq \tau_6 \leq 24, \qquad\qquad 19 \leq \sigma_6 \leq 24$$

Für ein τ_r (und entsprechend für σ_r) müssen Kollisionen mit allen vorbeifahrenden Schiffen vermieden werden. Damit ergeben sich folgende Ausschlussintervalle:

$$\left[T_j - \frac{0{,}5}{V_j} ; T_j + \frac{0{,}2}{V_j} \right], \quad j = 1, \dots, \ell \text{ und}$$

$$\left[t_i - \frac{1}{v_i} ; t_i + \frac{0{,}1}{v_i} \right], \quad i = 1, \dots, k$$

Das ergibt für jeden der 12 Ablegezeitpunkte $k + \ell$ Zeitausschlüsse.
Ein solcher Intervallausschluss kann erfolgen durch:

$$\left(\sigma_r - \left(T_j - \frac{0{,}5}{V_j} \right) \right) \cdot \left(\sigma_r - \left(T_j + \frac{0{,}2}{V_j} \right) \right) \geq 0 \quad \forall (r, j)$$

$$\left(\tau_r - \left(T_j - \frac{0{,}5}{V_j} \right) \right) \cdot \left(\tau_r - \left(T_j + \frac{0{,}2}{V_j} \right) \right) > 0 \quad \forall (r, j)$$

$$\left(\sigma_r - \left(t_i - \frac{1}{v_i} \right) \right) \cdot \left(\sigma_r - \left(t_i + \frac{0{,}1}{v_i} \right) \right) \geq 0 \quad \forall (r, j)$$

$$\left(\tau_r - \left(t_i - \frac{1}{v_i} \right) \right) \cdot \left(\tau_r - \left(t_i + \frac{0{,}1}{v_i} \right) \right) > 0 \quad \forall (r, j)$$

Lösung zu 10.2.4

Analyse der Verkaufsmenge und des Erlöses von B:
Beachte: N ist die fest vorgegebene Gesamtnachfragefunktion, das heißt, dass sie klärt, wie viel bei einem Preis p von allen Verkäufern zusammen nachgefragt wird. Uns interessiert insbesondere Verkäufer B.

1. Berechnung der Absatzfunktion von Verkäufer B:

    Wenn $N(p_B) \leq 250$, dann kauft ihm keiner etwas ab, denn allenfalls A macht ein Geschäft. Denn A generiert eine Nachfrage von $N(p_A)$ und bedient davon bis zu 250 Pfund. Eventuell restliche Nachfrage würde dann zwar bei A kaufen aber nicht bei B, da die mögliche Absatzmenge bei B nur noch $\max\{N(p_B) - \text{Absatz}(A), 0\}$ Pfund ist.

    Wenn $N(p_B) \geq 500$, dann verkauft B konstant 250 Pfund, denn zuerst wird A ausverkauft und dann er, der Überschuss geht zu C und D (uninteressant).

    Das heißt, die Absatzfunktion von B ergibt sich zu:

$$\text{Absatz}(B) = \begin{cases} 0 & N(p_B) \leq 250 \\ N(p_B) - 250 & 250 \leq N(p_B) \leq 500 \\ 250 & N(p_B) \geq 500 \end{cases}$$

$N(p_B)$ ist monoton fallend (und strikt monoton fallend auf [1,2]).

Deshalb gibt es ein bestimmtes $p_B < 2$ mit $N(p_B) = 500$, nämlich

$$(p_B - 2)^2 = \frac{1}{2} \Rightarrow p_B = 2 - \frac{1}{\sqrt{2}}.$$

Ebenso erreichen wir eindeutig bei $p_B = \frac{3}{2}$ die Verkaufsschwelle mit

$$N(p_B) = N\left(\frac{3}{2}\right) = 250.$$

2. Erlösmaximierung aus der Absatzfunktion:

- Der Erlös bei $N(p_B) \leq 250$ ist also 0.
- Der Erlös bei $N(p_B) \geq 500$ ist also $p_B \cdot 250$ (monoton wachsend!).

Bis $p_B = 2 - \frac{1}{\sqrt{2}}$ hat B dann <u>wachsenden</u> Erlös. Danach errechnet sich die Verkaufsmenge als $N(p) - 250$ (250 sind von A verkauft) und der Erlös ist $(1.000 \cdot (p-2)^2 - 250)p$. Die Ableitung davon ist:

$$(1.000 \cdot (p-2)^2 - 250) + (1.000 \cdot 2(p-2))p =$$
$$= 1.000p^2 - 4.000p + 3.750 - 4.000p + 2.000p^2 = 1.000(3p^2 - 8p) + 3.750$$

Nun gilt aber (auf unserem Intervall $\left[2 - \frac{1}{\sqrt{2}}, \frac{3}{2}\right]$ ist $3p - 8 < 0$)

$$3p^2 - 8p = p(3p - 8) \leq \left(2 - \frac{1}{\sqrt{2}}\right) \cdot \left(\frac{9}{2} - 8\right) = \left(2 - \frac{1}{\sqrt{2}}\right) \cdot \left(-\frac{7}{2}\right) =$$
$$= -7 + \frac{7}{2} \cdot \frac{1}{\sqrt{2}} \leq -7 + \frac{7}{2} \cdot \frac{5}{7} = -7 + \frac{5}{2} = -\frac{9}{2}$$

$\Rightarrow$ auf unserem Intervall $\left[2 - \frac{1}{\sqrt{2}}; \frac{3}{2}\right]$ gilt also:

$$1.000(3p^2 - 8p) + 3.750 \leq 1.000\left(-\frac{9}{2}\right) + 3.750 = -4.500 + 3.750 \leq 0.$$

$\Rightarrow$ Auf dem kritischen Intervall ist der Erlös monoton fallend.

$\Rightarrow$ Maximum am linken Rand, bei $p_B = 2 - \frac{1}{\sqrt{2}}$, das heißt auch ein globales Maximum. Der Erlös dort beträgt

$$\left(2 - \frac{1}{\sqrt{2}}\right) \cdot 250 = 500 - \frac{250}{\sqrt{2}} \approx 500 - \frac{250 \cdot 5}{7} \approx 500 - 180 = 320.$$

Lösung zu 10.2.5

Variablen:

$$
\begin{array}{ll}
p & \text{Preis} \\
M & \text{hergestellte/abgesetzte Menge} \\
W & \text{Werbekosten}
\end{array}
$$

Zielfunktion:

$$\text{maximiere Profit} = p \cdot M - M \cdot K(M) - W$$

Restriktionen:

$$
\begin{array}{ll}
0 \le p \le \overline{p} & \overline{p} = \text{Rentabilitätsschwelle der Konkurrenz} \\
M_0 \le M, W_0 \le W & \text{(Mindestwerte)} \\
K(M) = 500 \cdot (1 - 0{,}1\ln(\frac{M}{M_0})) & K(M) = \text{Stückkosten bei Menge } M \\
M \le \overline{M} & \text{(Produktionskapazität)} \\
M = \widetilde{N}(p) \le \overline{M} & \widetilde{N} = \text{Nachfrage nach Werbung, (Konkurrenzbedarf)} \\
\widetilde{N}(p) = N(p)(1 + \ln(\frac{W}{W_0})) & \text{(Nachfrageerhöhung)}
\end{array}
$$

Lösung zu 10.2.6

Variablen:

Wir legen fest

$$
\begin{array}{cc}
\text{(Anfang)} & \text{(Ende)} \\
a_I & e_I \\
a_{II} & e_{II} \\
a_{III} & e_{III} \\
a_{IV} & e_{IV}
\end{array}
$$

mit

$$
\begin{array}{rcrcl}
0 & \le & a_I & & \le & e_I \\
& & e_I & + \; 8 & \le & a_{II} \\
& & a_{II} & & \le & e_{II} \\
& & e_{II} & + \; 8 & \le & a_{III} \\
& & a_{III} & & \le & e_{III} \\
& & e_{III} & + \; 8 & \le & a_{IV} \\
& & a_{IV} & & \le & e_{IV} \\
& & e_{IV} & + \; 8 & \le & 120
\end{array}
$$

Zielfunktion:

Wir stellen für jede Phase den gesammelten Ärger zusammen. $A(i)$ sei dabei der Ärger des i-ten Autos.

I) $2 \cdot \sum\limits_{i=0}^{14} A(i)$ mit

$$A(i) = \begin{cases} (a_I - i \cdot 8) + \frac{1}{2}(a_I - i \cdot 8)^2 & \text{falls } i \cdot 8 \leq a_I \\ 0 & \text{falls } i \cdot 8 \geq a_I \wedge i \cdot 8 \leq e_I \\ (a_I + (120 - i \cdot 8)) + \frac{1}{2}\left(a_I + (120 - i \cdot 8)\right)^2 & \text{falls } e_I \leq i \cdot 8 \end{cases}$$

II)   analog.

III) $2 \cdot \sum\limits_{i=0}^{3} A(i)$ mit

$$A(i) = \begin{cases} (a_{III} - i \cdot 30) & \text{falls } i \cdot 30 \leq a_{III} \\ 0 & \text{falls } a_{III} \leq i \cdot 30 \leq e_{III} \\ (a_{III} + (120 - i \cdot 30)) & \text{falls } e_{III} \leq i \cdot 30 \end{cases}$$

IV)   analog.

Nebenbedingungen für $j \in \{$I), II), III), IV)$\}$:
Folgende Nebenbedingungen sind einzuhalten, um die Kreuzung zu räumen

$$\begin{aligned} e_j - a_j \quad & \geq \quad 2 \cdot RZ(a_j, e_j) + 1 \cdot B(a_j, e_j) \\ RZ(a_j, e_j) \quad & = \quad \sum_{i=0}^{120/t_j} \mathbf{1}(i \cdot t_j < a_j \vee i \cdot t_j > e_j) \text{ (} \mathbf{1} \text{ ist die Indikatorfunktion)} \\ B(a_j, e_j) \quad & = \quad \sum_{i=0}^{120/t_j} \mathbf{1}(i \cdot t_j \geq a_j \wedge i \cdot t_j \leq a_j + RZ(a_j, e_j) \cdot 2). \end{aligned}$$

Dabei ist t_j die Intervallzeit in Phase j und $RZ(a_j, e_j)$ die Räumungszeit für die Autos, welche während der Rotphase an der Ampel anhielten. $B(a_j, z_j)$ ist die Zeit, um welche während der Grünphase ankommende Autos wegen der stehenden Autos verzögert werden.

Lösung zu 10.2.7

a)   **Variablen:**

$$p_k = \text{Preisniveau des Supermarkts } k \quad \text{für } k = 1 \ldots \overline{k}$$

Parameter:

$$\begin{aligned} x_k \quad & = \text{Standort von Supermarkt } k \quad \in [0,1] \times [0,1] \in \mathbb{R}^2 \quad (k = 1, ..., K) \\ y_\ell \quad & = \text{Standort von Stadt } \ell \quad \in [0,1] \times [0,1] \in \mathbb{R}^2 \quad (\ell = 1, ..., L) \\ p \quad & = 1{,}0 = \text{normales Preisniveau} \\ B_\ell \quad & = \text{Bedarf von Stadt } \ell \text{ bei } p = 1{,}0 \\ p_k \quad & = \text{Preisniveau des Supermarkts } k \quad \text{für } k = \overline{k} + 1 \ldots K \\ D \quad & = \text{Konstante für die normale Entfernung zum nächsten Supermarkt} \end{aligned}$$

Forderung: $0{,}9 \leq p_k \leq 1{,}1 \quad \forall k = 1,\dots,\overline{k}$
Forderung: $p_1 = \dots = p_{\overline{k}}$

$$PAF(k) = \frac{1}{(p_k)^2} \qquad\qquad \text{(Preis-Attraktivitätsfaktor)}$$

$$NAF(k,\ell) = \frac{2D}{D + \|x_k - y_\ell\|} \qquad (D \text{ Konstante}) \quad \text{(Nähe-Attraktivitätsfaktor)}$$

$$AF(k,\ell) = \frac{2D}{(p_k)^2(D + \|x_k - y_\ell\|)} \qquad\qquad \text{(Gesamt-Attraktivitätsfaktor)}$$

Attraktivitätsanteil von Supermarkt κ für Stadt ℓ:

$$\frac{AF(\kappa,\ell)}{\displaystyle\sum_{k=1}^{K} AF(k,\ell)} = AT(\kappa,\ell)$$

Bedarfsdeckung von ℓ bei κ:

$$AT(\kappa,\ell) \cdot B_\ell$$

Einnahme von κ aus ℓ:

$$AT(\kappa,\ell) \cdot B_\ell \cdot p_\kappa$$

Kosten für Beschaffung:

$$AT(\kappa,\ell) \cdot B_\ell \cdot 0{,}8$$

Gewinn für κ aus ℓ:

$$(p_\kappa - 0{,}8) \cdot B_\ell \cdot AT(\kappa,\ell)$$

Zielgröße für die Kette:

$$\max \sum_{\ell=1}^{L} \sum_{k=1}^{\overline{k}} (p_k - 0{,}8) \cdot B_\ell \cdot AT(k,\ell)$$

Restriktionen:

$$h_1: \quad AF(k,\ell) = \frac{2D}{(p_k)^2(D + \|x_k - y_\ell\|)} \quad \forall k = 1,\dots,K,\ \forall \ell = 1\dots,L$$

$$h_2: \quad AT(k,\ell) = \frac{AF(k,\ell)}{\displaystyle\sum_{\kappa=1}^{K} AF(\kappa,\ell)} \quad \forall k = 1,\dots,K,\ \forall \ell = 1\dots,L$$

$$g_{1,2}: \quad 0{,}9 \leq p_1 \leq 1{,}1$$

$$h_3: \quad p_1 = \dots = p_{\overline{k}}$$

Dieses Problem ist zu lösen unter Variation von p_1.

b) Nun soll der Supermarkt $k = 0$ gebaut werden. Wir erhalten also eine neue Variable x_0. Das Optimierungsproblem für die Supermarktkette ergibt sich dann als:

$$\max \sum_{\ell=1}^{L} \sum_{k=0}^{\overline{k}} (p_k - 0{,}8) \cdot B_\ell \cdot AT(\kappa, \ell)$$

unter

$$AF(k, \ell) = \frac{2D}{(p_k)^2 (D + \|x_k - y_\ell\|)} \quad \forall k = 0, \ldots, K, \ \forall \ell = 1 \ldots, L$$

$$AT(k, \ell) = \frac{AF(k, \ell)}{\sum_{\kappa=0}^{K} AF(\kappa, \ell)} \quad \forall k = 0, \ldots, K, \ \forall \ell = 1 \ldots, L$$

$$0{,}9 \leq p_0 \leq 1{,}1$$

$$p_0 = p_1 = \ldots = p_{\overline{k}}$$

$$0 \leq x_0^1 \leq 1$$

$$0 \leq x_0^2 \leq 1$$

Man kann also p_0 und x_0 variieren.

Kapitel 11

Konvexität in nichtlinearen Optimierungsproblemen

Für eine wesentliche Erleichterung der Theorie und für eine enorme Ausweitung der Lösungs- und Berechnungsfähigkeit ist gesorgt, wenn die Zusatzeigenschaft Konvexität gegeben ist. Dieser Begriff tritt in zweierlei Kontexten auf.

Einmal heißen Mengen (des $\mathbb{R}^n$) konvex, wenn man je zwei Punkte x_1 und x_2 aus einer solchen Menge geradlinig verbinden kann, ohne dabei die Menge zu verlassen.

Zum anderen spricht man von konvexen Funktionen f, wenn im Funktionsgraphen (beschrieben durch die Punkte $\begin{pmatrix} x \\ f(x) \end{pmatrix}$ des $\mathbb{R}^{n+1}$) sich zwei solche Punkte $\begin{pmatrix} x_1 \\ f(x_1) \end{pmatrix}$ und $\begin{pmatrix} x_2 \\ f(x_2) \end{pmatrix}$ derart geradlinig verbinden lassen, dass dieses Geradensegment bezüglich der $n+1$-ten Koordinate oberhalb des Funktionsgraphen verläuft. Dies impliziert eine obere Abschätzung für die Werte von $f(x)$ für Punkte x, die auf der geradlinigen Verbindung von x_1 und x_2 liegen.

Die Analogie zur Mengen-Konvexität wird sichtbar, wenn man an die Rolle der Menge des $\mathbb{R}^{n+1}: \left\{ \begin{pmatrix} x \\ \gamma \end{pmatrix} \mid \gamma \geq f(x) \right\}$, also an den Bereich oberhalb des Funktionsgraphen bzgl. der letzten Koordinate denkt. Dieser Bereich – genannt Epigraph – ist eine konvexe Menge genau dann, wenn f eine konvexe Funktion ist.

Im ersten Abschnitt dieser Sektion geht es um die Eigenschaften von konvexen Mengen. Wertvoll sind die Erkenntnisse,

- dass konvexe Mengen mit geeigneten Hyperebenen oder geeigneten linearen Funktionen in Halbräume eingeschlossen werden können

- dass sie in jedem ihrer Randpunkte durch eine solche trennende Hyperebene gestützt werden können

- dass eine solche Trennung zu jedem Punkt, der nicht zur Menge gehört, möglich ist

- dass auch zwischen zwei disjunkten konvexen Mengen eine trennende Hyperebene existiert.

Der zweite Abschnitt befasst sich mit der Konvexität von Funktionen und daraus sich ergeben-
den Garantien über den Verlauf dieser Funktionen. Im Zusammenhang mit eventuell vorliegenden Differenzierbarkeitseigenschaften entstehen gravierende Vorteile bei der Bearbeitbarkeit von
Problemen. Und es werden in verschiedenen Richtungen Abschwächungen der Konvexitätseigenschaften diskutiert, die sich zum Teil auf die Schärfe der Anforderung beziehen (Quasikonvexität, Pseudokonvexität), zum anderen Teil aber darauf beruhen, dass Konvexitätseigenschaften
nur noch lokal (das heißt von einem Punkt $\overline{x}$ aus) festzustellen sind.

Der dritte Abschnitt schließlich behandelt die Auswirkungen der Konvexitätseigenschaft auf die
Lösung von Optimierungsproblemen. Zentral ist in diesem Zusammenhang die bei konvexen
Funktionen mögliche Übertragung von lokaler Minimalität auf globale Minimalität. Daneben
steht die Erkenntnis, dass innere Punkte nur dann optimal werden können, wenn dort der Gradient verschwindet, und dass bei Maximierungsaufgaben nur die Randpunkte dafür in Betracht
kommen.

11.1   Konvexe Mengen

Wir beginnen mit der Festlegung, wann eine Menge konvex ist.

Definition 11.1

Eine Menge $M \subset \mathbb{R}^n$ heißt *konvex*, wenn $\forall x_1, x_2 \in M$ gilt

$$\lambda x_1 + (1 - \lambda)x_2 \in M \qquad \forall \lambda \in [0, 1]$$

Zur topologischen Charakterisierung werden einige Bezeichnungen gebraucht.

Bezeichnungen

Sei $M \subseteq \mathbb{R}^n$. Dann bezeichnet $\overline{M}$ die *abgeschlossene Hülle* von M, $\mathrm{Int}(M)$ das *Innere* von M,
$\partial M = \overline{M} \setminus \mathrm{Int}(M)$ den *Rand* von M.

Bemerkungen

1.   Sei $M \neq \emptyset$ eine konvexe Menge im $\mathbb{R}^n$ und $\mathrm{Int}(M) \neq \emptyset$, sowie $x_1 \in \overline{M}$, $x_2 \in \mathrm{Int}(M)$.
     Dann ist $(x_1, x_2) \subseteq \mathrm{Int}(M)$ ein offenes Intervall im Inneren von M.

2.   Sei jeweils $M \neq \emptyset$ konvex.
     Dann gilt: $\mathrm{Int}(M)$ ist konvex, $\overline{M}$ ist konvex. Ist zusätzlich $\mathrm{Int}(M) \neq \emptyset$, so folgt $\overline{\mathrm{Int}(M)} = \overline{M}$ und daraus $\mathrm{Int}(\overline{M}) = \mathrm{Int}(M)$.

Unter Ausnutzung der Vollständigkeit des $\mathbb{R}^n$ lässt sich bei abgeschlossenen und konvexen Mengen M für einen nicht zu M gehörenden Punkt y ein dazu nächster Punkt $\overline{x} \in M$ und damit eine
Minimaldistanz zu y nachweisen.

Satz 11.2

M sei eine (nichtleere) abgeschlossene, konvexe Teilmenge des $\mathbb{R}^n$ und $y \notin M$. Dann existiert ein eindeutig bestimmter Punkt $\overline{x} \in M$ mit Minimaldistanz zu y. Dieses $\overline{x}$ ist charakterisiert durch

$$(x - \overline{x})^T (\overline{x} - y) \geq 0 \quad \forall\, x \in M.$$

Eine entscheidende Rolle bei der Charakterisierung von konvexen Mengen spielen (trennende) Hyperebenen.

Definition 11.3

Eine Hyperebene $\{x \mid c^T x = \alpha\}$ mit $c \neq 0$ *trennt* zwei nichtleere Teilmengen Γ und Λ des $\mathbb{R}^n$, wenn gilt:

$$c^T x \leq \alpha \quad \forall x \in \Gamma \qquad \text{und} \qquad c^T x \geq \alpha \quad \forall x \in \Lambda.$$

Gelten anstelle von $\leq$ und $\geq$ sogar $<$ und $>$, so spricht man von einer *strikten Trennung*. In diesen Fällen heißen Γ und Λ *trennbar*, bzw. *strikt trennbar*.

Daraus ergibt sich die Möglichkeit einer Trennung zwischen einer konvexen Menge und einem nicht dazugehörigen Punkt.

Satz 11.4 (Trennbarkeit von Menge und Punkt)

Sei $M \neq \emptyset$ eine abgeschlossene, konvexe Menge und $y \notin M$. Dann gibt es ein $p \in \mathbb{R}^n$ und ein $\alpha \in \mathbb{R}$ mit $p^T y > \alpha$ und $p^T x < \alpha \ \forall x \in M$.

Wenn es sogar zu einer Berührung von Menge und trennender Hyperebene kommt, spricht man von einer Stützhyperebene.

Definition 11.5

M sei eine nichtleere Teilmenge des $\mathbb{R}^n$ und $\overline{x} \in \partial M$. Eine Hyperebene $H := \{x \mid c^T x = c^T \overline{x}\}$ heißt Stützhyperebene zu M bei $\overline{x}$, falls für alle $y \in M$ gilt: $c^T y \leq c^T \overline{x}$.

Die Existenz solcher Stützhyperebenen kann nachgewiesen werden.

Satz 11.6

M sei eine nichtleere, konvexe Teilmenge des $\mathbb{R}^n$ und $\overline{x} \in \partial M$. Dann gibt es eine Hyperebene, die M bei $\overline{x}$ stützt.

Korollar 11.7
Sei M eine nichtleere, konvexe Menge im $\mathbb{R}^n$ und $\overline{x} \notin M$. Dann gibt es einen Nichtnullvektor p mit $p^T(x - \overline{x}) \leq 0 \quad \forall\, x \in \overline{M}$.

Argumentiert man wie bei der Trennung von Punkt zu Menge, aber diesmal wechselseitig zwischen zwei Mengen M_1 und M_2, dann ergibt sich die Trennbarkeit zweier disjunkter konvexer Mengen.

Satz 11.8 (Trennung zweier Mengen)
M_1 und M_2 seien zwei nichtleere, konvexe Teilmengen des $\mathbb{R}^n$ mit $M_1 \cap M_2 = \emptyset$. Dann existiert eine Hyperebene, die M_1 und M_2 trennt, das heißt $\exists p \neq 0$ mit:

$$\inf\{p^T x \mid x \in M_1\} \geq \sup\{p^T x \mid x \in M_2\}.$$

Bei speziellen Strukturen des Randes der beiden Mengen ergeben sich interessante Folgerungen.

Korollar 11.9
M_1 und M_2 seien zwei nichtleere, konvexe Teilmengen des $\mathbb{R}^n$. Sei $\mathrm{Int}(M_2)$ nichtleer und $M_1 \cap \mathrm{Int}(M_2) = \emptyset$. Dann existiert ein $p \neq 0$ mit

$$\inf\{p^T x \mid x \in M_1\} \geq \sup\{p^T x \mid x \in M_2\}.$$

Korollar 11.10
Seien M_1 und M_2 konvexe Mengen mit nichtleerem Inneren und $\mathrm{Int}(M_1) \cap \mathrm{Int}(M_2) = \emptyset$. Dann existiert ein $p \neq 0$ mit

$$\inf\{p^T x \mid x \in M_1\} \geq \sup\{p^T x \mid x \in M_2\}.$$

Schließlich ist unter genügend scharfen Voraussetzungen auch ein strikte Trennung möglich.

Satz 11.11
Seien M_1 und M_2 abgeschlossen und konvex, M_1 beschränkt. Ist $M_1 \cap M_2 = \emptyset$, dann $\exists p \neq 0$ und $\varepsilon > 0$ mit
$$\inf\{p^T x \mid x \in M_1\} \geq \varepsilon + \sup\{p^T x \mid x \in M_2\}.$$

11.2 Aufgaben zu konvexen Mengen

Aufgabe 11.2.1

Beweisen Sie mithilfe des Satzes über die Trennbarkeit von Menge und Punkt im $\mathbb{R}^n$ das Farkas-Lemma in der folgenden Formulierung:

$$\text{Entweder } (I) \; Ax = b, \; x \geq 0 \text{ oder } (II) \; A^T y \geq 0, \; b^T y < 0 \text{ ist lösbar.}$$

Aufgabe 11.2.2

Sei $S = \left\{ \begin{pmatrix} x_1 \\ x_2 \end{pmatrix} \in \mathbb{R}^2 \mid x_1 - 2x_2 \leq 2, \; x_1 + x_2 \leq 5, \; -3x_1 + x_2 \leq -3 \right\}$ und $y = \begin{pmatrix} 3 \\ -2 \end{pmatrix}$.

Ermitteln Sie die Minimaldistanz von y zu S, den zu y nächsten Punkt von S und eine trennende Hyperebene zwischen y und S.

Aufgabe 11.2.3

Gegeben seien die Mengen

- $K = \left\{ \begin{pmatrix} x \\ y \end{pmatrix} \in \mathbb{R}^2 \mid x^2 + y^2 \leq 1, \; x \leq 0 \right\}$,

- $K_1 = \left\{ \begin{pmatrix} x \\ y \end{pmatrix} \in \mathbb{R}^2 \mid x^2 + y^2 \leq 1, \; x > 0 \right\}$,

- $K_2 = \left\{ \begin{pmatrix} x \\ y \end{pmatrix} \in \mathbb{R}^2 \mid x^2 + (y + 1)^2 \leq 1, \; x > 0 \right\}$,

- $K_3 = \left\{ \begin{pmatrix} x \\ y \end{pmatrix} \in \mathbb{R}^2 \mid x^2 + (y + 2)^2 \leq 1, \; x > 0 \right\}$ und

- $K_4 = \left\{ \begin{pmatrix} x \\ y \end{pmatrix} \in \mathbb{R}^2 \mid x^2 + (y + 3)^2 \leq 1, \; x > 0 \right\}$

Überlegen Sie sich, ob die Mengenpaare (K, K_i) $(i = 1, \ldots, 4)$ strikt trennbar sind und wie viele (nicht unbedingt strikt) trennende Hyperebenen es für die jeweiligen Paare gibt.

11.3 Lösungen zu konvexen Mengen

Lösung zu 11.2.1

Wir kennen folgenden Satz:

Wenn $M \neq \emptyset$ eine konvexe und abgeschlossene Menge ist und wenn $y \notin M$ ist, dann gibt es $p \in \mathbb{R}^n \setminus \{0\}$ und $\alpha \in \mathbb{R}$ mit $p^T y > \alpha$ und $p^T x < \alpha$ für alle $x \in M$.

Nun soll aber das Farkas-Lemma bewiesen werden mit seinen Alternativen

$$(I) \; Ax = b, \; x \geq 0 \quad \text{oder} \quad (II) \; A^T y \geq 0, \; b^T y < 0$$

Nachweis:

Zuerst: (I) und (II) sind unverträglich.

Annahme: $\exists x$ mit $Ax = b, x \geq 0$ und $\exists y$ mit $A^T y \geq 0, b^T y < 0$

$$\Rightarrow 0 > b^T y = (Ax)^T y = \underbrace{x^T}_{\geq 0} \underbrace{A^T y}_{\geq 0} \geq 0$$

Dies stellt einen Widerspruch dar.

Nun ist zu zeigen, dass (II) aus $\neg(I)$ folgt.

$$\neg(I), \text{ das heißt } \nexists x : Ax = b, \ x \geq 0 \ \Rightarrow \ b \notin M = \{z \mid z = Ax \text{ für ein } x \geq 0\}$$

Nach obigem Satz gibt es aber dann zu diesem konvexen M ein $p \in \mathbb{R}^n$ und ein $\alpha \in \mathbb{R}$ mit $p^T b > \alpha$ und $p^T z < \alpha \quad \forall z \in M$.

Anmerkung:

Der Satz ist anwendbar, weil

1. M konvex ist, denn mit z_1 und $z_2 \in M$ ist auch $\text{conv}(z_1, z_2) \subset M$.
Wenn nämlich $z_1 = Ax_1$ und $z_2 = Ax_2$ mit $x_1, x_2 \geq 0$ sind, dann ist auch

$$\lambda x_1 + (1 - \lambda)x_2 \geq 0 \text{ für } \lambda \in [0, 1]$$

sowie
$$\lambda \cdot z_1 + (1 - \lambda) \cdot z_2 = A \cdot (\lambda \cdot x_1 + (1 - \lambda) \cdot x_2).$$

2. M ist abgeschlossen, weil die Menge ein Polyeder beschreibt.

3. $M \neq \emptyset$ wegen $z = 0 \in M \quad (A \cdot 0 = 0)$.

Wir folgern nun (II):

$$0 \in M \quad \Rightarrow \quad \alpha > 0 = p^T 0 \quad \Rightarrow \quad p^T b > 0.$$

und

$$p^T z < \alpha \quad \forall z \in M, \text{ das heißt } p^T(Ax) < \alpha \quad \forall x \geq 0 \quad \text{bzw.} \quad (p^T A)x < \alpha \quad \forall x \geq 0.$$

Deshalb kann $(p^T A)$ keine Positivkomponente besitzen. Sonst wäre sofort mit $x = \varrho \cdot e_i$ (ϱ groß genug bei positiver i-ter Komponente von $p^T A$) jede Schranke α überbietbar.

$$p^T A \leq 0 \Longleftrightarrow A^T p \leq 0$$

Wir haben $A^T p \leq 0$, $b^T p > 0$ und setzen $y = -p$

$$\Rightarrow \exists y \text{ mit } A^T y \geq 0, \ b^T y < 0$$

$$\Rightarrow (II) \text{ aus dem Farkas-Lemma.}$$

Lösung zu 11.2.2

Eine trennende Hyperebene ist beispielsweise gegeben durch

$$x_1 - 2x_2 = 4,$$

denn dann ist S enthalten im Halbraum $\mathcal{H} := \{x \in \mathbb{R}^2 : x_1 - 2x_2 \leq 4\}$ während y kein Element von $\mathcal{H}$ (wegen $y_1 - 2y_2 = 7 > 4$) ist. Zur Illustration:

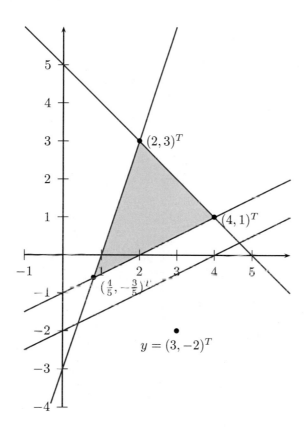

S ist das Dreieck mit den Ecken $\begin{pmatrix} 4 \\ 1 \end{pmatrix}$, $\begin{pmatrix} 2 \\ 3 \end{pmatrix}$, $\begin{pmatrix} \frac{4}{5} \\ -\frac{3}{5} \end{pmatrix}$. Der Punkt $y = \begin{pmatrix} 3 \\ -2 \end{pmatrix}$ liegt nicht in S. Verletzt ist aber nur die Ungleichung $x_1 - 2 \cdot x_2 \leq 2$, infolgedessen muss auf der Strecke von y zu jedem beliebigen Punkt von S erst einmal ein Randpunkt von S durchlaufen werden, der $x_1 - 2 \cdot x_2 = 2$ erfüllt. Also befindet sich unter diesen Randpunkten auch der Minimalpunkt der Abstandsminimierung zu y. Wir brauchen also den Minimalwert von

$$\|y - z\| \text{ für } z = \begin{pmatrix} \frac{4}{5} \\ -\frac{3}{5} \end{pmatrix} + \lambda \cdot \begin{pmatrix} \frac{16}{5} \\ \frac{8}{5} \end{pmatrix} \text{ mit } \lambda \in [0, 1]$$

Zu minimieren ist folglich

$$(3 - \tfrac{4}{5} - \lambda \cdot \tfrac{16}{5})^2 + (-2 + \tfrac{3}{5} - \lambda \cdot \tfrac{8}{5})^2 = (\tfrac{11}{5} - \lambda \cdot \tfrac{16}{5})^2 + (-\tfrac{7}{5} - \lambda \cdot \tfrac{8}{5})^2.$$

Die Ableitung nach λ ergibt

$$2 \cdot \left(\tfrac{11}{5} - \lambda \cdot \tfrac{16}{5}\right) \cdot \left(-\tfrac{16}{5}\right) + 2 \cdot \left(-\tfrac{7}{5} - \lambda \cdot \tfrac{8}{5}\right) \cdot \left(-\tfrac{8}{5}\right).$$

Eine Nullstelle hiervon ist zu finden bei

$$-176 + 256 \cdot \lambda + 56 + 64 \cdot \lambda = 0 \iff 320 \cdot \lambda = 120 \iff \lambda = \tfrac{3}{8}.$$

Dort ist die 2. Ableitung gleich $\left(-\tfrac{32}{5}\right)\left(-\tfrac{16}{5}\right) + \left(-\tfrac{16}{5}\right)\left(\tfrac{8}{5}\right) > 0$. Deshalb liegt ein Minimalpunkt vor. Der Minimalpunkt ist demnach

$$\begin{pmatrix} \tfrac{4}{5} \\ -\tfrac{3}{5} \end{pmatrix} + \begin{pmatrix} \tfrac{6}{5} \\ \tfrac{3}{5} \end{pmatrix} = \begin{pmatrix} 2 \\ 0 \end{pmatrix} \quad \text{und der Abstand beträgt} \quad \sqrt[2]{1+4} = \sqrt[2]{5}$$

Lösung zu 11.2.3

Die einzelnen Situationen sind in den folgenden vier Abbildungen illustriert.

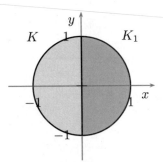

K und K_1: Eine trennende Hyperebene (die y-Achse, aber nicht strikt)

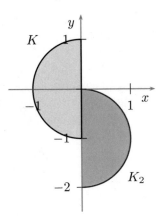

K und K_2: Eine trennende Hyperebene (die y-Achse, nicht strikt)

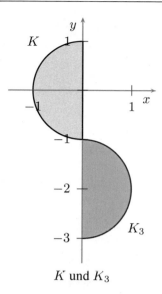

K und K_3

Bei K und K_3 ist jede Gerade, die durch den Punkt $(0,-1)^T$ geht und die nicht fällt, eine trennende Hyperebene.

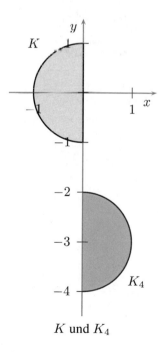

K und K_4

Bei K und K_4 trennen auf jeden Fall alle diejenigen Geraden, die durch den Punkt $(0,z)^T$ mit $-2 \leq z \leq -1$ gehen und nicht (mit x) fallen. Außerdem sind fallende Geraden mit Schnittpunkt aus diesem Intervall ebenfalls trennende Hyperebenen. Je nach Schnittpunkt ergibt sich ein maximales Gefälle, das über die Berührpunkte ausgedrückt werden kann.

Bei $z = -1{,}5$ werden dort beide Kreise berührt, und zwar in den Punkten $\left(-\sqrt{1 - \frac{1}{z^2}}, \ \frac{1}{z}\right)^T$ (linker Halbkreis) und $\left(\sqrt{1 - \frac{1}{(z+3)^2}}, \ -3 + \frac{1}{z+3}\right)^T$ (rechter Halbkreis).

Bei $z \in [-1; \ -1{,}5]$ hat man im äußersten Fall eine Berührung mit dem linken Halbkreis wie oben.

Bei $z \in (-1{,}5; \ -2]$ hat man im äußersten Fall eine Berührung mit dem rechten Halbkreis wie oben. Flachere Geraden sind auf jeden Fall trennend.

11.4   Konvexität und Differenzierbarkeit

Der Konvexitätsbegriff für eine Funktion ist wie folgt definiert.

Definition 11.12

Sei Γ eine nichtleere, konvexe Menge im $\mathbb{R}^n$. Eine reellwertige Funktion φ heißt *konvex* auf Γ, wenn $\forall\, x_1, x_2 \in \Gamma$ und $\forall\, \lambda \in [0, 1]$ gilt:

$$\varphi(\lambda x_1 + (1 - \lambda)x_2) \leq \lambda \varphi(x_1) + (1 - \lambda)\varphi(x_2).$$

Ist bei $\lambda \in (0, 1)$ und $x_1 \neq x_2$ die obige Ungleichung immer strikt, so heißt φ *strikt konvex*.
φ heißt *konkav* (bzw. *strikt konkav*) auf Γ, wenn $-\varphi$ konvex (bzw. strikt konvex) ist.
Eine Vektorfunktion heißt *konvex*, wenn alle Komponentenfunktionen konvex sind.

Wichtig für die Analyse einer konvexen Funktion auf einer ganzen Geraden ist die Erkenntnis über den wachsenden Differenzenquotienten, die sowohl eine Abschätzung zwischen zwei Punkten x_1 und x_2 im Sinne der Interpolation als auch eine Abschätzung (in umgekehrter Richtung) für Punkte außerhalb des Intervalls $[x_1, x_2]$ im Sinne der Extrapolation ermöglicht.

Satz 11.13

$\Gamma \neq \emptyset$ *sei offen und konvex.* φ *ist genau dann konvex auf Γ, wenn für alle $x_1, x_2, x_3 \in \Gamma$ mit $x_2 = \lambda x_1 + (1 - \lambda)x_3, \lambda \in (0, 1)$ gilt:*

$$\frac{\varphi(x_2) - \varphi(x_1)}{\|x_2 - x_1\|} \leq \frac{\varphi(x_3) - \varphi(x_2)}{\|x_3 - x_2\|}$$

Konvexe Funktionen darf man addieren, ohne die Konvexität der Summe zu verlieren.

Bemerkung

f sei eine mehrdimensionale Vektorfunktion auf dem konvexen Bereich $\Gamma \subseteq \mathbb{R}^n$. Falls $f = (f_1, \ldots, f_m)$ konvex ist, dann ist auch jede konische Kombination der f_i eine konvexe Funktion, das heißt $\forall \rho_1, \ldots, \rho_m$ mit $\rho_i \geq 0$ $(i = 1, \ldots, m)$, ist $\varphi = \sum_{i=1}^{m} \rho_i f_i$ konvex.

Zu einer Funktion φ kann man jeweils die Punktmenge betrachten, bei der diese Funktion unter einem vorgegebenen Niveau α bleibt.

Bezeichnung

φ sei eine konvexe Funktion und $\alpha \in \mathbb{R}$. $N_\alpha := \{x \in \Gamma \mid \varphi(x) \leq \alpha\}$ bezeichnet dann die *Niveaumenge* von φ zu α. Entsprechend bezeichnet $N_{\alpha-}$ die analoge Menge mit $\varphi(x) < \alpha$.

Bemerkung

Ist φ eine konvexe Funktion, so sind $\forall\,\alpha \in \mathbb{R}$ die Mengen N_α und $N_{\alpha-}$ konvex.
Der Zusammenhang zwischen den beiden Konvexitätsbegriffen von Mengen bzw. Funktionen wird deutlich, wenn man sich mit dem Epigraphen einer Funktion befasst:

Definition 11.14

Sei $\Gamma \neq \emptyset$, $\Gamma \subseteq \mathbb{R}^n$ und $\varphi : \Gamma \to \mathbb{R}$. Der *Epigraph* ist eine Teilmenge von $\mathbb{R}^{n+1}$ und folgendermaßen definiert:

$$\mathrm{Epi}(\varphi) := \left\{ \begin{pmatrix} x \\ \xi \end{pmatrix} \;\middle|\; x \in \Gamma, \xi \in \mathbb{R} \quad \mathrm{mit} \quad \varphi(x) \leq \xi \right\}.$$

Entsprechend bezeichnet der *Hypograph* von φ eine Teilmenge von $\mathbb{R}^{n+1}$ mit:

$$\mathrm{Hyp}(\varphi) := \left\{ \begin{pmatrix} x \\ \xi \end{pmatrix} \;\middle|\; x \in \Gamma, \xi \in \mathbb{R} \quad \mathrm{mit} \quad \varphi(x) \geq \zeta \right\}.$$

Hiermit zeigt sich die Analogie beider Konvexitäts-Terminologien.

Satz 11.15

$\Gamma \neq \emptyset$ *sei konvex und* φ *sei reellwertig.* φ *ist genau dann konvex, wenn* $Epi(\varphi)$ *eine konvexe Menge ist.*

Wenn der Epigraph von f als Menge im $\mathbb{R}^{n+1}$ von unten gestützt werden kann, dann kann man dies als Nachweis für einen sogenannten Subgradienten zu f bei $\overline{x}$ ansehen.

Definition 11.16

$\Gamma \neq \emptyset$ sei konvex und $\varphi : \Gamma \to \mathbb{R}$. Dann heißt ein Vektor $L \in \mathbb{R}^n$ *Subgradient* von φ bei $\overline{x}$, wenn gilt:

$$\varphi(x) \geq \varphi(\overline{x}) + L^T(x - \overline{x}) \quad \forall\, x \in \Gamma. \tag{11.1}$$

Gilt in (11.1) $\leq$ anstelle von $\geq$, so nennen wir hier L *Supergradient* von φ bei $\overline{x}$.

Bemerkung

Die Punktmenge $\left\{ y = \begin{pmatrix} x \\ \varphi(\overline{x}) + L^T(x - \overline{x}) \end{pmatrix} \;\middle|\; x \in \Gamma \right\}$ entspricht einer Stützhyperebene (SHE) an den Epi- bzw. Hypographen von φ in $\overline{x}$, je nachdem, ob φ konvex oder konkav ist. $\begin{pmatrix} L \\ -1 \end{pmatrix}$ entspricht dem zugehörigen Normalenvektor in der Beschreibung:

$$\text{SHE} = \left\{ y \;\middle|\; \begin{pmatrix} L \\ -1 \end{pmatrix}^T y = L^T x - \varphi(\overline{x}) - L^T(x - \overline{x}) = \underbrace{L^T \overline{x} - \varphi(\overline{x})}_{\text{konstant}} \right\}$$

Bei konvexen Funktionen und inneren Punkten des Definitionsbereichs lässt sich die Existenz von Subgradienten nachweisen.

Satz 11.17 (Existenzsatz für Subgradienten bei konvexen Funktionen)

$\emptyset \neq \Gamma \subseteq \mathbb{R}^n$ *sei konvex und* $\varphi : \Gamma \to \mathbb{R}$ *sei konvex. Dann existiert für* $\overline{x} \in \text{Int}(\Gamma)$ *ein Vektor* $L \in \mathbb{R}^n$, *so dass die Hyperebene* $H := \left\{ \begin{pmatrix} x \\ \xi \end{pmatrix} \;\middle|\; \xi = \varphi(\overline{x}) + L^T(x - \overline{x}) \right\} \subseteq \mathbb{R}^{n+1}$ *den Epigraphen von* φ *bei* $\begin{pmatrix} \overline{x} \\ \varphi(\overline{x}) \end{pmatrix}$ *stützt. Gemeint ist damit, dass gilt:*

$$\varphi(x) \geq \varphi(\overline{x}) + L^T(x - \overline{x}) \quad \forall\, x \in \Gamma.$$

Mit anderen Worten: L ist ein Subgradient von φ *bei* $\overline{x}$.

Korollar 11.18

Sei $\Gamma \neq \emptyset$ *konvex und* φ *strikt konvex. Dann gibt es zu* $\overline{x} \in \text{Int}(\Gamma)$ *einen Vektor L, so dass sogar gilt:*

$$\varphi(x) > \varphi(\overline{x}) + L^T(x - \overline{x}) \quad \forall\, x \in \Gamma, x \neq \overline{x}$$

Die Umkehrung hierzu ist allerdings nicht allgemein richtig, da aus der Existenz der Subgradienten die Konvexität nicht zwingend gefolgert werden kann. Aber es lässt sich zeigen:

Satz 11.19

$\Gamma \neq \emptyset$ *sei konvex,* φ *beliebig. Für jedes* $\overline{x} \in \text{Int}(\Gamma)$ *existiere ein Subgradient L mit*

$$\varphi(x) \geq \varphi(\overline{x}) + L^T(x - \overline{x}) \;\forall\, x \in \Gamma.$$

Dann ist φ *konvex auf* $\text{Int}(\Gamma)$.

Besonders wertvolle Eigenschaften lassen sich für konvexe Funktionen gewinnen, wenn diese noch gleichzeitig differenzierbar sind. Als Vorstufe zur Differenzierbarkeit befassen wir uns mit der Richtungsableitung.

Definition 11.20

Seien $\Gamma \neq \emptyset$, $\Gamma \subseteq \mathbb{R}^n$ und $f : \Gamma \to \mathbb{R}$. Ferner seien $\overline{x} \in \Gamma$ und $d \in \mathbb{R}^n$, so dass $\overline{x} + \lambda d \in \Gamma$ $\forall\, 0 < \lambda < \varepsilon$ (für ein $\varepsilon > 0$). Die *Richtungsableitung* von φ bei $\overline{x}$ entlang d (in Richtung d) wird im Falle ihrer Existenz durch folgenden Grenzwert beschrieben:

$$\varphi'(\overline{x}, d) := \lim_{\lambda \to 0+} \frac{\varphi(\overline{x} + \lambda d) - \varphi(\overline{x})}{\lambda}.$$

Und deren Existenz ist auch nachweisbar.

Lemma 11.21

Sei $\Gamma \neq \emptyset$ und φ eine konvexe Funktion. Sei $\overline{x} \in \mathrm{Int}(\Gamma)$ und $d \neq 0$ so, dass für genügend kleines $\lambda > 0$ gilt: $\overline{x} + \lambda d \in \Gamma$.
Dann existiert folgender Grenzwert:

$$\lim_{\lambda \to 0+} \frac{\varphi(\overline{x} + \lambda d) - \varphi(\overline{x})}{\lambda} \in \mathbb{R}.$$

Der Betrachtung von Richtungen bzw. von Geraden kommt in der Konvexitätstheorie von Funktionen überragende Bedeutung zu, weil die Konvexitätseigenschaft sich ja gerade auf das Verhalten auf einem Geradenstück bezieht. Folglich ist es interessant, ob und wie sich diese Erkenntnis auf die ganze Gerade und auf den ganzen Raum ausweiten lässt.

Definition 11.22

Sei $\Gamma \neq \emptyset$ und $\varphi : \Gamma \to \mathbb{R}$. Man nennt φ bei $\overline{x} \in \mathrm{Int}(\Gamma)$ *differenzierbar*, wenn ein Vektor $\nabla\varphi(\overline{x}) \in \mathbb{R}^n$ (der *Gradient*) und eine Funktion $\alpha : \mathbb{R}^n \times \mathbb{R}^n \to \mathbb{R}$ existieren mit $\lim_{x \to \overline{x}} \alpha(\overline{x}, x - \overline{x}) = 0$ und

$$\varphi(x) = \varphi(\overline{x}) + \nabla\varphi(\overline{x})^T (x - \overline{x}) + \|x - \overline{x}\| \alpha(\overline{x}, x - \overline{x}) \quad \forall\, x \in \Gamma.$$

φ heißt *differenzierbar* auf $\mathrm{Int}(\Gamma)$, wenn es bei jedem $\overline{x} \in \mathrm{Int}(\Gamma)$ differenzierbar ist. $\nabla_x \varphi(\overline{x})$ soll den Gradienten von φ an der Stelle $\overline{x}$ (φ abgeleitet nach x) bezeichnen. Dies ist:

$$\nabla_x \varphi(\overline{x}) = \begin{pmatrix} \frac{\partial \varphi(\overline{x})}{\partial x_1} \\ \vdots \\ \frac{\partial \varphi(\overline{x})}{\partial x_n} \end{pmatrix}$$

Bei Differenzierbarkeit braucht man sich um die Existenz verschiedener Subgradienten keine Sorgen zu machen. Hier gibt es nämlich nur einen, den sogenannten Gradienten.

Lemma 11.23

$\Gamma \neq \emptyset$ *sei konvex,* $\varphi : \Gamma \to \mathbb{R}$ *ebenfalls. Ferner sei* φ *bei* $\overline{x} \in \mathrm{Int}(\Gamma)$ *differenzierbar. Dann gibt es genau einen Subgradienten bei* $\overline{x}$*, nämlich* $\nabla\varphi(\overline{x})$*.*

Eine überragende Bedeutung für die Analyse des Funktionsverlaufs auf der ganzen Geraden hat die bereits erwähnte Eigenschaft des „wachsenden Differenzenquotienten", die bei Vorliegen von Differenzierbarkeit folgendermaßen formuliert werden kann.

Satz 11.24

$\Gamma \neq \emptyset$ *sei offen und konvex.* φ *sei auf* Γ *differenzierbar.* φ *ist genau dann konvex, wenn für alle* $x_1, x_2 \in \Gamma$ *gilt:*

$$[\nabla\varphi(x_2) - \nabla\varphi(x_1)]^T (x_2 - x_1) \geq 0.$$

Analog gilt:

$$\varphi \text{ ist strikt konvex} \quad \Longleftrightarrow \quad \text{es gilt } > \text{ für } x_1 \neq x_2.$$

Konvexität nachzuweisen, ist oft schwierig und mühsam. Hilfreich ist oft die Eigenschaft der zweimaligen Differenzierbarkeit und die Analyse der entstehenden Hesse-Matrix.

Definition 11.25

$\Gamma \neq \emptyset$ und $\varphi : \Gamma \to \mathbb{R}$ seien gegeben. φ heißt bei $\overline{x} \in \mathrm{Int}(\Gamma)$ *zweimal differenzierbar*, wenn es einen Vektor $\nabla\varphi(\overline{x})$ und eine Matrix $H(\overline{x})$ (die *Hesse-Matrix*), sowie eine Funktion

$$\alpha : \mathbb{R}^n \times \mathbb{R}^n \to \mathbb{R} \text{ mit } \lim_{x \to \overline{x}} \alpha(\overline{x}, x - \overline{x}) = 0$$

und folgender Eigenschaft gibt:

$$\varphi(x) = \varphi(\overline{x}) + \nabla\varphi(\overline{x})^T (x - \overline{x}) + \frac{1}{2}(x - \overline{x})^T H(\overline{x})(x - \overline{x}) + \|x - \overline{x}\|^2 \alpha(\overline{x}, x - \overline{x}).$$

Entsprechend heißt φ auf $\mathrm{Int}(\Gamma)$ *zweimal differenzierbar*, wenn es bei jedem $\overline{x} \in \mathrm{Int}(\Gamma)$ zweimal differenzierbar ist.

Die Hesse-Matrix $H(\overline{x})$ ist zusammengesetzt aus den zweiten (zweifachen) partiellen Ableitungen und hat damit folgende Form:

$$H(\overline{x}) = \begin{bmatrix} \frac{\partial^2 \varphi(\overline{x})}{(\partial x_1)^2} & \frac{\partial^2 \varphi(\overline{x})}{\partial x_1 x_2} & \cdots & \cdots & \cdots & \frac{\partial^2 \varphi(\overline{x})}{\partial x_1 x_n} \\ \frac{\partial^2 \varphi(\overline{x})}{\partial x_2 x_1} & \frac{\partial^2 \varphi(\overline{x})}{(\partial x_2)^2} & & & & \vdots \\ \vdots & & \ddots & & & \vdots \\ \vdots & & & \ddots & & \vdots \\ \vdots & & & \frac{\partial^2 \varphi(\overline{x})}{\partial x_i x_j} & \ddots & \vdots \\ \frac{\partial^2 \varphi(\overline{x})}{\partial x_n x_1} & \cdots & \cdots & \cdots & \cdots & \frac{\partial^2 \varphi(\overline{x})}{(\partial x_n)^2} \end{bmatrix}$$

Schreibt man die zweimaligen partiellen Ableitungen (nach x_i, x_j) in der Form φ_{ij} und die einmaligen (nach x_j) in der Form φ_j, dann hat man:

$$\varphi(x) = \varphi(\overline{x}) + \sum_{j=1}^{n} \varphi_j(\overline{x})(x_j - \overline{x}_j) + \frac{1}{2} \sum_{i=1}^{n} \sum_{j=1}^{n} \varphi_{ij}(\overline{x})(x_i - \overline{x}_i)(x_j - \overline{x}_j)$$
$$+ \|x - \overline{x}\|^2 \alpha(\overline{x}, x - \overline{x}).$$

Dies ist (ohne den letzten Term) die Taylor-Approximation (Entwicklung) zweiter Ordnung.

Satz 11.26

$\Gamma \neq \emptyset$ *sei offen und konvex,* φ *sei zweimal differenzierbar auf* Γ. φ *ist genau dann konvex, wenn die Hesse-Matrix bei jedem* $x \in \Gamma$ *positiv semidefinit ist.*

Korollar 11.27

Ist die Hesse-Matrix unter obigen Voraussetzungen positiv definit, dann ist φ *strikt konvex. Allerdings folgt aus strikter Konvexität nur positiv semidefinit, nicht positiv definit.*

Die Überprüfung von Konvexität reduziert sich nun auf die Überprüfung der Hesse-Matrix H (auf positiv semidefinit). Dazu bestimmt man die Eigenwerte von H (beachte: H ist symmetrisch). Sind alle Eigenwerte nicht-negativ, so ist H positiv semidefinit. Die andere Richtung gilt auch, das heißt, ist H positiv semidefinit, dann besitzt H nur nicht-negative Eigenwerte. Konvexität in Reinform liegt in realen Problemsituationen oft nicht vor. Zur Absicherung gewisser Erkenntnisse reichen dann zumeist auch schon abgeschwächte Versionen dieser Anforderung, wie im Folgenden beschrieben.

Definition 11.28

$\Gamma \neq \emptyset$ sei konvex. f heißt *quasikonvex,* wenn $\forall x_1, x_2 \in \Gamma$ gilt:

$$f(\lambda x_1 + (1 - \lambda)x_2) \leq \max\{f(x_1), f(x_2)\} \quad \forall \lambda \in [0, 1].$$

f heißt *quasikonkav*, wenn $-f$ quasikonvex ist.

Quasikonvexität liegt also bereits dann vor, wenn das Intervallmaximum jeweils an einem Randpunkt angenommen wird. Die Wirkung dieser Eigenschaften zeigt sich an den Niveaumengen und damit an den Zulässigkeitsbereichen der Optimierungsprobleme.

Satz 11.29

Sei $\Gamma \neq \emptyset$ konvex und $f : \Gamma \to \mathbb{R}$. f ist genau dann quasikonvex, wenn

$$N_\alpha := \{x \in \Gamma : f(x) \leq \alpha\} \; \forall \, \alpha \in \mathbb{R}$$

eine konvexe Menge ist.

Bei Vorliegen von Differenzierbarkeit lässt sich Quasikonvexität wie folgt charakterisieren.

Satz 11.30

$\Gamma \neq \emptyset$ sei offen und konvex, f differenzierbar auf Γ. f ist genau dann quasikonvex, wenn für $x_1, x_2 \in \Gamma$ eine der folgenden äquivalenten Aussagen gilt:

$$
\begin{array}{llll}
(1) & f(x_1) \leq f(x_2) & \Rightarrow & \nabla f(x_2)^T(x_1 - x_2) \leq 0 \\
(2) & \nabla f(x_2)^T(x_1 - x_2) > 0 & \Rightarrow & f(x_1) > f(x_2).
\end{array}
$$

Varianten der Quasikonvexität sind wie folgt definiert.

Definition 11.31

$\Gamma \neq \emptyset$ sei konvex. f heißt *strikt quasikonvex*, wenn für alle $x_1, x_2 \in \Gamma$ mit $f(x_1) < f(x_2)$ gilt:

$$\forall \, x \in (x_1, x_2) \text{ ist } f(x) < f(x_2)$$

f heißt *strikt quasikonkav*, wenn $-f$ strikt quasikonvex ist.
f heißt *stark quasikonvex*, wenn $\forall \, x_1, x_2 \in \Gamma$ mit $x_1 \neq x_2$ gilt:

$$\forall x \in (x_1, x_2) \text{ ist } f(x) < \max\{f(x_1), f(x_2)\}$$

f ist *stark quasikonkav*, wenn $-f$ stark quasikonvex ist.

Bezieht man die Konvexitätseigenschaft eher auf die Frage, ob man sich auf die Tangentialvoraussage wenigstens im Sinne des „Nichtmehrsinkens" verlassen kann, dann kommt man zum Begriff der Pseudokonvexität.

Definition 11.32

Γ sei offen und f differenzierbar auf Γ. f heißt *pseudokonvex*, wenn $\forall x_1, x_2 \in \Gamma$ mit $\nabla f(x_1)^T (x_2 - x_1) \geq 0$ auch $f(x_2) \geq f(x_1)$ gilt.

f heißt *strikt pseudokonvex*, wenn $\forall x_1 \neq x_2 \in \Gamma$ die Ungleichung $\nabla f(x_1)^T (x_2 - x_1) \geq 0$ impliziert, dass $f(x_2) > f(x_1)$ gilt.

Entsprechend heißt f *(strikt) pseudokonkav*, wenn $-f$ (strikt) pseudokonvex ist.

Diese Eigenschaft wird sich im Zusammenhang mit Optimierungskriterien noch als sehr nützlich erweisen. Eine weitere Form der Abschwächung von Konvexität liegt darin, diese Eigenschaft nur noch lokal, das heißt in Bezug auf einen betrachteten Punkt zu fordern. Die folgende Definition klärt die Form dieser Anforderungen.

Definition 11.33

Sei $\Gamma \neq \emptyset$ konvex und $f : \Gamma \to \mathbb{R}$. Bei $\overline{x} \in \Gamma$ liegen die folgenden Konvexitätseigenschaften vor, wenn gilt:

Konvexität	:	$f(\lambda \overline{x} + (1 - \lambda)x) \leq \lambda f(\overline{x}) + (1 - \lambda)f(x)$
		$\forall \lambda \in (0,1), \forall x \in \Gamma$
Strikte Konvexität	:	$f(\lambda \overline{x} + (1 - \lambda)x) < \lambda f(\overline{x}) + (1 - \lambda)f(x)$
		$\forall \lambda \in (0,1), \forall x \in \Gamma$ mit $x \neq \overline{x}$
Quasikonvexität	:	$f(\lambda \overline{x} + (1 - \lambda)x) \leq \max\{f(\overline{x}), f(x)\}$
		$\forall \lambda \in (0,1), \forall x \in \Gamma$
Strikte Quasikonvexität	:	$f(\lambda \overline{x} + (1 - \lambda)x) < \max\{f(\overline{x}), f(x)\}$
		$\forall \lambda \in (0,1)$, falls $f(x) \neq f(\overline{x})$
Starke Quasikonvexität	:	$f(\lambda \overline{x} + (1 - \lambda)x) < \max\{f(\overline{x}), f(x)\}$
		$\forall \lambda \in (0,1), \forall x \in \Gamma$ mit $x \neq \overline{x}$
Pseudokonvexität	:	$\nabla f(\overline{x})^T (x - \overline{x}) \geq 0 \ \Rightarrow \ f(x) \geq f(\overline{x})$
		$\forall x \in \Gamma$, f differenzierbar bei $\overline{x}$
Strikte Pseudokonvexität	:	$\nabla f(\overline{x})^T (x - \overline{x}) \geq 0 \ \Rightarrow \ f(x) > f(\overline{x})$
		$\forall x \in \Gamma$ mit $x \neq \overline{x}$, f differenzierbar bei $\overline{x}$.

Allein auf diese lokale Eigenschaft gestützt, haben viele frühere Ergebnisse immer noch ihre Gültigkeit.

Satz 11.34

f sei konvex und differenzierbar bei $\overline{x}$. Dann gilt:

$$f(x) \geq f(\overline{x}) + \nabla f(\overline{x})^T (x - \overline{x}) \quad \forall x \in \Gamma.$$

Ist f strikt konvex, so gilt die strikte Ungleichung für $x \neq \overline{x}$.

Satz 11.35

f sei konvex und zweimal differenzierbar bei $\overline{x} \in \text{Int}(\Gamma)$. Dann ist die Hesse-Matrix positiv semidefinit.

Satz 11.36

f sei quasikonvex und differenzierbar bei $\overline{x} \in \Gamma$. $x \in \Gamma$ erfülle $f(x) \leq f(\overline{x})$. Dann ist

$$\nabla f(\overline{x})^T (x - \overline{x}) \leq 0.$$

11.5   Aufgaben zur Konvexität und Differenzierbarkeit

Aufgabe 11.5.1

Gegeben sei eine Funktion $f : \mathbb{R}^n \to \mathbb{R}$. Betrachten Sie die durch

$$g(\lambda) := f(x + \lambda d), \ d \in \mathbb{R}^n, \ d \neq 0, \|d\|_2 = 1$$

definierte Funktion $g : \mathbb{R} \to \mathbb{R}$. Zeigen Sie:

*   Ist f eine konvexe Funktion, $0 < \delta \in \mathbb{R}$ und gilt $f(x + \lambda d) \geq f(x)$ für alle $\lambda \in (0, \delta)$, dann ist $g(\lambda)$ eine monoton wachsende Funktion für alle $\lambda \geq 0, \lambda \in \mathbb{R}$.

*   Ist f sogar eine strikt konvexe Funktion, dann ist g eine streng monoton wachsende Funktion in λ.

Aufgabe 11.5.2

Sei $\Gamma \subseteq \mathbb{R}^n$ eine offene, konvexe Menge. Untersuchen Sie die Funktionen

a) $f(x) = \frac{1}{2}x^T Q x + q^T x$ mit $Q \in \mathbb{R}^{n \times n}$ symm., pos. definit, $q \in \mathbb{R}^n, \Gamma = \mathbb{R}^n$

b) $f(x) = \dfrac{a^T x + \alpha}{b^T x + \beta}$ mit $a, b \in \mathbb{R}^n, \alpha, \beta \in \mathbb{R}, \ b^T x + \beta \neq 0 \quad \forall x \in \Gamma$

c) $f(x) = \|x - a\|_2$ mit $\Gamma = \mathbb{R}^n$

auf Konvexität über der Menge Γ.

Welche der Funktionen sind quasikonvex? Welche der Funktionen sind pseudokonvex? (Geben Sie gegebenenfalls ein Gegenbeispiel an!)

Aufgabe 11.5.3

Weisen Sie die Richtigkeit der folgenden Aussage nach:

Wenn $f : \mathbb{R}^n \to \mathbb{R}$ eine strikt konvexe, differenzierbare Funktion ist, und wenn v ein fest vorgegebener Vektor aus $\mathbb{R}^n$ ist, dann kann an höchstens einer Stelle $x \in \mathbb{R}^n$ gelten: $\nabla f(x) = v$.

Aufgabe 11.5.4

$f : \mathbb{R}^n \to \mathbb{R}$ sei differenzierbar bei $\overline{x} \in \mathbb{R}^n$.

Es sei $d := \nabla f(\overline{x}) \neq 0$ und es sei $g \in \mathbb{R}^n, g \neq 0, g \neq d$, aber $\|g\| = \|d\|$. Zeigen Sie:

$$\exists \delta > 0, \text{ so dass } \forall 0 < \lambda < \delta \text{ gilt: } f(\overline{x} + \lambda d) \geq f(\overline{x} + \lambda g).$$

Aufgabe 11.5.5

Sei $\Gamma \neq \emptyset$ konvex und $\Gamma \subset \mathbb{R}^n$. Sei $f : \mathbb{R}^n \to \mathbb{R}$ eine auf $\mathbb{R}^n$ differenzierbare Funktion und $\overline{x} \in \Gamma$. Man sagt, dass f bei $\overline{x}$ bezüglich Γ konvex ist, wenn gilt:

$$f(\lambda \cdot \overline{x} + (1 - \lambda) \cdot x) \leq \lambda \cdot f(\overline{x}) + (1 - \lambda) \cdot f(x) \quad \forall \lambda \in (0, 1), \, x \in \Gamma$$

Zeigen Sie, dass diese Eigenschaft von f genau dann vorliegt, wenn in der Differenzierbarkeitsdarstellung von f

$$f(x) = f(\overline{x}) + \nabla f(\overline{x})^T (x - \overline{x}) + \|x - x\| \cdot \alpha(\overline{x}, x - \overline{x}) \text{ mit } \alpha \to 0 \text{ bei } x \to \overline{x}$$

Folgendes gilt:
Für jede Richtung d (mit $\|d\| = 1$) und für jedes $\overline{\lambda} > 0$ mit $\overline{x} + \overline{\lambda} \cdot d \in \Gamma$ ist $\alpha(\overline{x}, \lambda \cdot d)$ auf dem Intervall $[0, \overline{\lambda}]$ eine mit λ monoton wachsende Funktion.

Aufgabe 11.5.6

Ein Reifenhersteller rüstet einen Rennstall der Formel 1 mit Rennreifen aus. Für die Konfiguration dieser Reifen sind Mischungen verschiedener Zutaten und Bearbeitungsmaßnahmen möglich, die sich insgesamt beschreiben lassen im $\mathbb{R}^n$ mit einem gewissen konvexen Zulässigkeitsbereich X. Über X kann man zwei Zielfunktionen definieren:

1. $f_S(x)$ ist die erwartete Rundenzeit bei gutem Wetter (also wenn die Sonne scheint) bei Mischung $x \in X$.

2. $f_R(x)$ ist die erwartete Rundenzeit bei schlechtem Wetter (also wenn es regnet) bei Mischung $x \in X$.

Die Funktionen $f_S(x)$ und $f_R(x)$ seien strikt konvex über X. Die Funktion $f_S(x)$ nimmt ihr eindeutiges Minimum über X in $\overline{x}_S$ an und $f_R(x)$ ihr eindeutiges Minimum in $\overline{x}_R$.
Nach den Regeln der Formel 1 müssen die Reifen bereits am Vortag (24 Stunden) vor dem Rennen festgelegt werden. Von da aus besteht eine Chance von 30 %, dass es regnen wird, und von 70 %, dass die Strecke trocken ist (Sonnenschein). Unter den Leitern des Rennstalls entsteht nun eine Diskussion, wie man vorgehen soll. Es gibt zwei Varianten:

1. Entweder man stellt Reifen nach $\overline{x}_S$ und $\overline{x}_R$ her und bestimmt zufällig, welcher Typ genommen wird. Dabei werden die Reifen nach $\overline{x}_S$ mit 70 % und die nach $\overline{x}_R$ mit 30 % gewählt.

2. Oder man mischt bereits bei der Produktion und realisiert eine Mischung x_M mit

$$x_M = 0{,}3 \cdot \overline{x}_R + 0{,}7 \cdot \overline{x}_S.$$

Was empfehlen Sie und warum tun Sie das?

11.6   Lösungen zur Konvexität und Differenzierbarkeit

Lösung zu 11.5.1

Voraussetzung: f konvexe Funktion und $f(x + \lambda d) \geq f(x) \ \forall \ \lambda \in (0, \delta)$

Z. z.: $0 \leq \lambda_1 < \lambda_2 \Rightarrow g(\lambda_1) \overset{\text{bzw.} <}{\leq} g(\lambda_2)$

1. Sei zunächst $0 \leq \lambda_1 < \lambda_2 < \delta$

$$\Rightarrow g(\lambda_1) = f(x + \lambda_1 \cdot d) = f\left(\frac{\lambda_1}{\lambda_2} \cdot (x + \lambda_2 \cdot d) + \left(1 - \frac{\lambda_1}{\lambda_2}\right) \cdot x \right)$$

$$\overset{(<)}{\leq} \frac{\lambda_1}{\lambda_2} \cdot f(x + \lambda_2 \cdot d) + \left(1 - \frac{\lambda_1}{\lambda_2}\right) \cdot f(x) \quad \text{(wegen Konvexität)}$$

$$\leq \frac{\lambda_1}{\lambda_2} f(x + \lambda_2 \cdot d) + \left(1 - \frac{\lambda_1}{\lambda_2}\right) \cdot f(x + \lambda_2 \cdot d) \quad \text{(wegen der Voraussetzung)}$$

$$= f(x + \lambda_2 \cdot d) = g(\lambda_2)$$

Also ist g unter diesen Voraussetzungen (streng) monoton wachsend auf $[0, \delta)$.

2. Nun sei $0 \leq \lambda_1 < \lambda_2$ und $\lambda_2 \geq \delta$.

    Annahme: $g(\lambda_1) \overset{\geq}{>} g(\lambda_2)$

    a) $\lambda_1 = 0$, dann wähle $\lambda_0 \in (0, \delta)$ mit $\lambda_1 < \lambda_0 < \lambda_2$

    $\Rightarrow x + \lambda_0 \cdot d \in [x + \lambda_1 \cdot d, x + \lambda_2 \cdot d]$ und $g(\lambda_1) \overset{(<)}{\leq} g(\lambda_0)$ nach Voraussetzung.
    Also hat man einen Anstieg von λ_1 auf λ_0.
    Man kann aber $x + \lambda_0 \cdot d$ als Konvexkombination von $x + \lambda_1 \cdot d$ und $x + \lambda_2 \cdot d$ darstellen (mit Koeffizient μ).

$$\Rightarrow \quad f(x + \lambda_0 \cdot d) = g(\lambda_0) = \mu \cdot g(\lambda_0) + (1 - \mu) \cdot g(\lambda_0)$$

$$\overset{(>)}{\geq} \mu \cdot g(\lambda_1) + (1 - \mu) \cdot g(\lambda_1) \overset{(\geq)}{>} \mu \cdot g(\lambda_1) + (1 - \mu) \cdot g(\lambda_2)$$

$$= \mu \cdot f(x + \lambda_1 \cdot d) + (1 - \mu) \cdot f(x + \lambda_2 \cdot d)$$

$$\text{also} \quad f(x + \lambda_0 \cdot d) > \mu \cdot f(x + \lambda_1 \cdot d) + (1 - \mu) \cdot f(x + \lambda_2 \cdot d)$$

$$\Rightarrow \quad \text{Widerspruch zur (strikten) Konvexität}$$

b) Bei $\lambda_1 > 0$ wähle $\lambda_0 < \lambda_1$ mit $\lambda_0 \in (0, \delta)$ und $(\lambda_0 < \lambda_1 \leq \lambda_2)$.
Hat man dann $g(\lambda_0) \leq g(\lambda_1)$, dann kann aus den gleichen Gründen wie oben $g(\lambda_2)$ nicht mehr tiefer liegen als $g(\lambda_1)$, aber bei strikter Konvexität auch nicht gleich hoch. Hätte man aber $g(\lambda_0) > g(\lambda_1)$, dann könnte man λ_3 noch kleiner wählen als λ_0. Man behandelt nun (λ_3, λ_0) so wie λ_1, λ_2 in 1. Dann aber folgt

$$g(\lambda_3) \leq g(\lambda_0) > g(\lambda_1)$$

im Widerspruch zur Konvexität.

Lösung zu 11.5.2

Überprüfung auf Konvexität, Quasikonvexität und Pseudokonvexität.

a) $\frac{1}{2} \cdot x^T Q x + q^T x$ Q symmetrisch und positiv definit
$\nabla f = Qx + q, \quad \nabla^2 f(x) = Q$ positiv definit $\Rightarrow f$ konvex $\Rightarrow$ quasikonvex. Da f auch differenzierbar ist, folgt, dass f auch pseudokonvex ist.

b) $f(x) = \frac{a^T x + \alpha}{b^T x + \beta}$ mit $(b^T x + \beta \neq 0 \, , \, \forall x)$
f nicht konvex: z. B. (im Eindimensionalen) $\frac{1}{x}$ mit $a = 0, \, \alpha = 1, \, \beta = 0, \, b = 1$ auf $[-2, -1]$ ist der Verlauf strikt konkav, also nicht konvex.
Konkret ist etwa

$$\frac{1}{2} f(-2) + \frac{1}{2} f(-1) = \frac{1}{2} \cdot \left(\frac{1}{-2}\right) + \frac{1}{2} \cdot \left(\frac{1}{-1}\right) = -\frac{1}{4} - \frac{1}{2} = -\frac{3}{4} < -\frac{2}{3} = f\left(-\frac{3}{2}\right)$$

$\Rightarrow f$ ist nicht konvex.
Aber f ist pseudokonvex, denn:

$$b^T x + \beta \neq 0 \, , \, \forall x \Rightarrow \begin{cases} \text{entweder} & b^T x + \beta > 0 \, , \, \forall x \\ \text{oder} & b^T x + \beta < 0 \, , \, \forall x \end{cases}$$

Z. z.: $\nabla f(\overline{x})^T (x - \overline{x}) \geq 0 \Rightarrow f(x) \geq f(\overline{x})$

Es gelte also

$$\left(\frac{(b^T \overline{x} + \beta) \cdot a - (a^T \overline{x} + \alpha) \cdot b}{(b^T \overline{x} + \beta)^2} \right)^T (x - \overline{x}) \geq 0$$

Nachzuprüfen ist nun, ob tatsächlich $f(x) \geq f(\overline{x})$:

$$\frac{1}{(b^T \overline{x} + \beta)^2} \cdot [(b^T \overline{x} + \beta) \cdot a^T (x - \overline{x}) - (a^T \overline{x} + \alpha) \cdot b^T (x - \overline{x})] \geq 0$$

$$\Updownarrow$$

$$[(b^T \overline{x} + \beta) \cdot (a^T x + \underbrace{\alpha}_{neu} - a^T \overline{x} - \underbrace{\alpha}_{neu})$$

$$- (a^T \overline{x} + \alpha) \cdot (b^T x + \underbrace{\beta}_{neu} - b^T \overline{x} - \underbrace{\beta}_{neu})] \geq 0$$

$$\Updownarrow$$

$$[(b^T \overline{x} + \beta) \cdot (a^T x + \alpha) - (a^T \overline{x} + \alpha) \cdot (b^T x + \beta)] \geq 0$$

$$\Updownarrow$$

$$\frac{a^T x + \alpha}{b^T x + \beta} - \frac{a^T \overline{x} + \alpha}{b^T \overline{x} + \beta} \geq 0$$

$$\Updownarrow$$

$$f(x) = \frac{a^T x + \alpha}{b^T x + \beta} \geq \frac{a^T \overline{x} + \alpha}{b^T \overline{x} + \beta} = f(\overline{x})$$

Da f pseudokonvex und stetig ist, folgt auch, dass f quasikonvex ist.

c) $f = \|x - a\|_2 = \sqrt{\sum_{i=1}^{n} (x_i - a_i)^2}$

f konvex, denn

$$f(\lambda \cdot x + (1 - \lambda) \cdot y) = \|\lambda \cdot x + (1 - \lambda) \cdot y - a\| =$$
$$= \|\lambda \cdot x - \lambda \cdot a + (1 - \lambda) \cdot y - (1 - \lambda) \cdot a\| \leq \quad \text{(Dreiecksungleichung)}$$
$$\leq \|\lambda \cdot x - \lambda \cdot a\| + \|(1 - \lambda) \cdot y - (1 - \lambda) \cdot a\| =$$
$$= \lambda \cdot \|x - a\| + (1 - \lambda) \cdot \|y - a\| = \lambda \cdot f(x) + (1 - \lambda) \cdot f(y)$$

f ist nicht pseudokonvex, weil in $x = a$ nicht differenzierbar.
Da f konvex ist, ist die Funktion auch quasikonvex.
Jedoch ist f lokal pseudokonvex bei allen $\overline{x} \neq a$.
Wenn $\nabla f(\overline{x})^T (x - \overline{x}) \geq 0$, dann bedeutet dies $f(x) \geq f(\overline{x})$, da

$$\frac{1}{2} \cdot \frac{1}{\sqrt{\sum_{i=1}^{n} (\overline{x}_i - a_i)^2}} \cdot \begin{pmatrix} 2 \cdot (\overline{x}_1 - a_1) \\ \vdots \\ 2 \cdot (\overline{x}_n - a_n) \end{pmatrix}^T (x - \overline{x}) \geq 0$$

$$\Updownarrow$$

$$(\overline{x} - a)^T (x - \overline{x}) \geq 0$$

$$\Rightarrow (f(x))^2 = (x - a)^T (x - a) = [(x - \overline{x}) + (\overline{x} - a)]^T [(x - \overline{x}) + (\overline{x} - a)] =$$
$$= \underbrace{\|x - \overline{x}\|^2}_{\geq 0} + \|\overline{x} - a\|^2 + \underbrace{2 \cdot (x - \overline{x})^T (\overline{x} - a)}_{\geq 0} \geq \|\overline{x} - a\|^2 = (f(\overline{x}))^2$$

$$\Rightarrow f(x) \geq f(\overline{x}), \text{ da } f(x) = \|x - a\| \geq 0 \; \forall x$$

Lösung zu 11.5.3

Man hat die Äquivalenz

$$\varphi \text{ strikt konvex} \Leftrightarrow \forall x_1, x_2 \ \ x_1 \neq x_2 \text{ ist } [\nabla\varphi(x_2) - \nabla\varphi(x_1)]^T (x_2 - x_1) > 0.$$

Hier ist f strikt konvex und differenzierbar. Man setze $\nabla f(x_2) = v$ (x_2 sei ein solcher Punkt).

$$\Rightarrow \forall x_1 \neq x_2 \text{ ist } (v - \nabla f(x_1))^T (x_2 - x_1) > 0 \Rightarrow [v - \nabla f(x_1)] \neq 0$$

Lösung zu 11.5.4

$$f(\overline{x} + \lambda d) = f(\overline{x}) + \nabla f(\overline{x})^T(\lambda d) + \|\lambda d\| \, \alpha(\overline{x}, \lambda d) = f(\overline{x}) + \lambda d^T d + \lambda \|d\| \, \alpha(\overline{x}, \lambda d)$$
$$f(\overline{x} + \lambda g) = f(\overline{x}) + \nabla f(\overline{x})^T(\lambda g) \mid \|\lambda g\| \, \alpha(\overline{x}, \lambda g) = f(\overline{x}) + \lambda d^T g + \lambda \|g\| \, \alpha(\overline{x}, \lambda g)$$

mit $\alpha(\overline{x}, \lambda x) \to 0$ für $\lambda \to 0$

$$\Rightarrow f(\overline{x} + \lambda d) - f(\overline{x} + \lambda g) = \lambda(d^T d - d^T g) + \lambda \|d\| \, [\alpha(\overline{x}, \lambda d) - \alpha(\overline{x}, \lambda g)] \qquad : \lambda (> 0)$$
$$\frac{f(\overline{x} + \lambda d) - f(\overline{x} + \lambda g)}{\lambda} = (d^T d - d^T g) + \|d\| \, [\alpha(\overline{x}, \lambda d) - \alpha(\overline{x}, \lambda g)]$$

$(d^T d - d^T g) > 0$, wegen Cauchy-Schwarz und $g \neq d$, sowie $\|g\| = \|d\|$. Aus

$$[\alpha(\overline{x}, \lambda d) - \alpha(\overline{x}, \lambda g)] \to 0 \text{ bei } \lambda \to 0$$

folgt, dass die rechte Seite einen positiven Grenzwert hat.
$\lambda > 0 \Rightarrow$ linker Zähler langfristig positiv.

Lösung zu 11.5.5

„⇐" Sei $\alpha(\overline{x}, \lambda d)$ monoton wachsend mit λ auf $[0, \overline{\lambda}]$.
Z. z.: f ist bei $\overline{x}$ bzgl. Γ konvex.
Betrachte beliebiges $x \in \Gamma$ und normiere $d := \frac{x - \overline{x}}{\|x - \overline{x}\|}$. Mit $\overline{\lambda} := \|x - \overline{x}\|$ gilt dann
$\overline{x} + \overline{\lambda}d = x$ und für alle $\lambda \leq \overline{\lambda}$ ist wegen Konvexität von Γ auch $\overline{x} + \lambda d \in \Gamma$. Nun gilt:

$$f(\overline{x} + \lambda d) = f(\overline{x}) + \nabla f(\overline{x})^T \lambda d + \|\lambda d\| \alpha(\overline{x}, \lambda d)$$
$$\Rightarrow f(\overline{x} + \lambda d) - f(\overline{x}) = \nabla f(\overline{x})^T \lambda d + \lambda \alpha(\overline{x}, \lambda d) \qquad : \lambda > 0$$
$$\Rightarrow \frac{f(\overline{x} + \lambda d) - f(\overline{x})}{\lambda} = \underbrace{\nabla f(\overline{x})^T d}_{\text{konstant}} + \alpha(\overline{x}, \lambda d)$$
$$\Rightarrow \frac{f(\overline{x} + \lambda d) - f(\overline{x})}{\lambda} \text{ ist monoton wachsend mit } \lambda. \tag{11.2}$$

Angenommen, es gibt $0 < \hat{\lambda} \leq \overline{\lambda}$ mit

$$f(\overline{x} + \hat{\lambda}d) > (1 - \tfrac{\hat{\lambda}}{\overline{\lambda}})f(\overline{x}) + \tfrac{\hat{\lambda}}{\overline{\lambda}}f(\overline{x} + \overline{\lambda}d)$$

$$\Rightarrow \quad \frac{f(\overline{x} + \hat{\lambda}d) - f(\overline{x})}{\hat{\lambda}} > \frac{f(\overline{x} + \overline{\lambda}d) - f(\overline{x})}{\overline{\lambda}} \qquad (\hat{\lambda} < \overline{\lambda})$$

$$\Rightarrow \quad \text{Der Bruch (11.2) ist nicht monoton wachsend mit } \lambda.$$

„$\Rightarrow$" Der Bruch (11.2) sei monoton wachsend bzw.

$$f(\overline{x} + \lambda d) \leq (1 - \frac{\lambda}{\overline{\lambda}})f(\overline{x}) + \frac{\lambda}{\overline{\lambda}}f(\overline{x} + \overline{\lambda}d).$$

Es gelte also

$$\frac{f(\overline{x} + \lambda d) - f(\overline{x})}{\lambda} \leq \frac{f(\overline{x} + \overline{\lambda}d) - f(\overline{x})}{\overline{\lambda}}.$$

Z. z.: α ist monoton wachsend.
Setze $0 < \lambda_1 < \lambda_2$ mit $\overline{x} + \lambda_2 d \in \Gamma$ (o. B. d. A. $\overline{\lambda} = \lambda_2, \lambda = \lambda_1$). $\Rightarrow \frac{f(\overline{x}+\lambda d)-f(\overline{x})}{\lambda}$ ist monoton wachsend mit λ. Also ist auch $\alpha(\overline{x}, \lambda d)$ monoton wachsend mit λ.

Lösung zu 11.5.6

Analyse des 1. Vorschlags:
Man entscheidet sich mit 30 % für $\overline{x}_R$, mit 70 % für $\overline{x}_S$. Unabhängig davon wird es mit 30 % regnen und mit 70 % trocken sein. Die erwartete Rundenzeit ergibt sich dann als

$$
\begin{aligned}
& 0{,}3 \cdot 0{,}3 \cdot f_R(\overline{x}_R) && \text{falls man Regenreifen wählt und es regnet} \\
+\ & 0{,}3 \cdot 0{,}7 \cdot f_S(\overline{x}_R) && \text{falls man Regenreifen wählt und die Sonne scheint} \\
+\ & 0{,}7 \cdot 0{,}3 \cdot f_R(\overline{x}_S) && \text{falls man Trockenreifen wählt und es regnet} \\
+\ & 0{,}7 \cdot 0{,}7 \cdot f_S(\overline{x}_S) && \text{falls man Trockenreifen wählt und es trocken bleibt} \\
=\ & 0{,}09 \cdot f_R(\overline{x}_R) + 0{,}21 \cdot f_R(\overline{x}_S) + 0{,}21 \cdot f_S(\overline{x}_R) + 0{,}49 \cdot f_S(\overline{x}_S)
\end{aligned}
$$

Analyse des 2. Vorschlags:
Man realisiert die Mischung $0{,}3 \cdot \overline{x}_R + 0{,}7 \cdot \overline{x}_S$. Dann resultiert

$$
\begin{aligned}
f_M(\overline{x}) =\ & 0{,}3 \cdot f_R(0{,}3 \cdot \overline{x}_R + 0{,}7 \cdot \overline{x}_S) && \text{falls es regnet} \\
+\ & 0{,}7 \cdot f_S(0{,}3 \cdot \overline{x}_R + 0{,}7 \cdot \overline{x}_S) && \text{falls es trocken ist}
\end{aligned}
\tag{11.3}
$$

Nachdem f_R, f_S strikt konvexe Funktionen sind, gilt für (11.3) weiter

$$
\begin{aligned}
f_M(\overline{x}) <\ & 0{,}3 \cdot (0{,}3 \cdot f_R(\overline{x}_R) + 0{,}7 \cdot f_R(\overline{x}_S)) + 0{,}7 \cdot (0{,}3 \cdot f_S(\overline{x}_R) + 0{,}7 \cdot f_S(\overline{x}_S)) \\
=\ & 0{,}09 \cdot f_R(\overline{x}_R) + 0{,}21 \cdot f_R(\overline{x}_S) + 0{,}21 \cdot f_S(\overline{x}_R) + 0{,}49 \cdot f_S(\overline{x}_S) \\
=\ & \text{Erwarteter Wert bei der ersten Variante}
\end{aligned}
$$

Also empfiehlt sich die Reifenmischung des zweiten Vorschlags.

11.7 Optimierungseigenschaften bei Konvexität

In diesem Abschnitt geht es um die Auswirkungen von Konvexitätseigenschaften auf die Frage, ob und wo Optimalität vorliegt. Zentral ist immer die Entscheidung, ob ein entdecktes lokales Minimum auch als globales Minimum gesichert ist.

Bezeichnungen

Mit (MP) bezeichnen wir die Aufgabenstellung:

$$\min f(x) \text{ unter } g_i(x) \leq 0 \text{ für } i = 1, \dots, m \text{ und } x \in \Gamma$$

(MP_0) bezeichnet die unrestringierte Aufgabe mit $m = 0$.
Ensprechend ist (LMP) die Aufgabe:

$$\text{Finde } \overline{x}, \text{ welches } f(x) \text{ auf } U(x, \varepsilon) \cap \Gamma \cap X \text{ für ein } \varepsilon > 0 \text{ minimiert.}$$

Dabei ist $X = \{x \mid g_i(x) \leq 0 \quad \forall i = 1, \dots, m\}$. (LMP_0) bezeichnet dann wieder die unrestringierte Aufgabe mit $m - 0$.

Satz 11.37

$\emptyset \neq \Gamma \subseteq \mathbb{R}^n$ *sei konvex und* $f : \Gamma \to \mathbb{R}$. *Zu lösen sei:*

$$\min f(x) \quad \text{unter } x \in \Gamma \qquad\qquad (MP_0)$$

Nun sei $\overline{x} \in \Gamma$ *ein lokales Optimum für dieses Problem. Dann gilt.*

1. *Falls* f *konvex ist, dann ist* $\overline{x}$ *auch globaler Optimalpunkt.*

2. *Falls* f *strikt konvex ist, dann ist* $\overline{x}$ *eindeutiger globaler Optimalpunkt.*

Mithilfe der früher eingeführten Subgradienten und Gradienten lassen sich hier Optimalitätsbedingungen formulieren.

Satz 11.38

Sei $f : \mathbb{R}^n \to \mathbb{R}$ *eine konvexe Funktion,* $\Gamma \neq \emptyset$ *sei konvex. Dann gilt:*
$\overline{x} \in \Gamma$ *löst genau dann* (MP_0), *wenn* f *einen Subgradienten* L *bei* $\overline{x}$ *mit* $L^T(x - \overline{x}) \geq 0 \quad \forall x \in \Gamma$ *besitzt.*

Korollar 11.39

Sei zusätzlich f *differenzierbar.* $\overline{x}$ *ist genau dann Lösung von* (MP), *wenn gilt:*

$$\nabla f(\overline{x})^T (x - \overline{x}) \geq 0 \, \forall x \in \Gamma$$

Falls Γ *offen ist, kann* $\overline{x}$ (MP_0) *nur dann lösen, wenn* $\nabla f(\overline{x}) = 0$ *ist.*

Korollar 11.40
Sei Γ offen. Dann gilt:

$$\overline{x} \text{ ist Lösung von } (MP_0) \iff \text{Subgradient} = 0 \text{ liegt vor.}$$

Die vorher beschriebenen Konvexitätsabschwächungen führen zu

Satz 11.41
f sei strikt quasikonvex. Betrachte (MP_0) auf offenem, konvexen Γ. Wenn $\overline{x}$ ein lokales Minimum ist, dann ist $\overline{x}$ auch globales Minimum.

Satz 11.42
Sei f stark quasikonvex. Betrachte (MP_0) mit einem nichtleeren, konvexen Γ. Wenn dann $\overline{x}$ lokales Minimum ist, dann auch eindeutiges globales Minimum.

Und lokale Konvexität kann folgendermaßen ausgenutzt werden.

Satz 11.43
f sei konvex und differenzierbar bei $\overline{x} \in \Gamma$. $\Gamma \neq \emptyset$ sei konvex. Dann gilt:

$$\overline{x} \text{ ist Optimallösung zu } (MP_0) \iff \nabla f(\overline{x})^T (x - \overline{x}) \geq 0 \, \forall \, x \in \Gamma.$$

Ist zusätzlich $\overline{x} \in \mathrm{Int}(\Gamma)$, so gilt:

$$\overline{x} \text{ ist Optimallösung} \iff \nabla f(\overline{x}) = 0.$$

Satz 11.44
f sei konvex bei $\overline{x} \in \Gamma, \Gamma \neq \emptyset$ sei konvex, $\overline{x}$ sei eine Optimallösung zu (LMP_0). Dann ist $\overline{x}$ globale Optimallösung.

Satz 11.45
Sei $\overline{x}$ eine Lösung von (LMP_0) und Γ $\neq \emptyset$ konvex. Ist f strikt quasikonvex bei $\overline{x}$, so ist $\overline{x}$ globales Optimum.

Satz 11.46
Zu lösen sei (MP_0) mit konvexem $\Gamma \neq \emptyset$. Bei $\overline{x}$ sei $\nabla f(\overline{x}) = 0$. Dann gilt:

1. *Ist f pseudokonvex bei $\overline{x}$, so ist $\overline{x}$ globales Optimum.*

2. *Ist f strikt pseudokonvex bei $\overline{x}$, so ist $\overline{x}$ sogar eindeutiges globales Optimum.*

Dreht man die Optimierungs-Zielrichtung um, dann ergeben sich ebenfalls wertvolle Erkenntnisse, nämlich über die Randlage der potentiellen Optimalpunkte.

Satz 11.47
$f : \mathbb{R}^n \to \mathbb{R}$ sei konvex, $\Gamma \neq \emptyset$ sei konvex. Betrachte das Problem: $\max f(x)$ *unter* $x \in \Gamma$. *Dann gilt:*
Wenn $\overline{x} \in \Gamma$ ein lokales Optimum darstellt, so ist $L^T(x - \overline{x}) \leq 0 \ \forall x \in \Gamma$ für jeden Subgradienten L von f bei $\overline{x}$.

Korollar 11.48
Wenn zusätzlich f noch differenzierbar und $\overline{x}$ lokal optimal ist, so gilt.

$$\nabla f(\overline{x})^T(x - \overline{x}) \leq 0 \ \vee x \in \Gamma$$

Dieses Resultat ist im Allgemeinen notwendig, aber nicht hinreichend für die Optimalität.

Satz 11.49 (Maximum konvexer Funktionen)
f sei konvex, Γ ein Polytop. Dann liegt ein globales Maximum in einer Ecke von Γ.

Auch hier lassen sich die Abschwächungen noch ausnutzen.

Satz 11.50
Über einem Polytop X nimmt eine quasikonvexe Funktion ihr Maximum in einer Ecke an.

Satz 11.51
f sei konvex und differenzierbar bei $\overline{x} \in \Gamma$. Γ sei konvex. Sei $\overline{x}$ Optimallösung zu

$$\max \ f(x) \qquad unter \ \ x \in \Gamma.$$

Dann gilt:

$$\nabla f(\overline{x})^T (x - \overline{x}) \leq 0 \quad \forall x \in \Gamma$$

11.8 Aufgaben zu Optimierungseigenschaften bei Konvexität

Aufgabe 11.8.1

Gegeben sei $f(x_1, x_2) := 3x_1^4 + 2x_1^2 + x_2^2 + 2x_2$ und das Polytop

$$\Gamma := \{(x_1, x_2)^T \in \mathbb{R}^2 \mid -2 \leq x_1 \leq 2, \; -4 \leq x_2 \leq 1, \; -x_1 - x_2 \leq 4\}.$$

Lösen Sie das folgende Optimierungsproblem:

$$\max f(x) \text{ unter } x \in \Gamma.$$

Begründen Sie Ihren Lösungsansatz.

Aufgabe 11.8.2

Beweisen Sie:
Gegeben sei $\emptyset \neq \Gamma \subseteq \mathbb{R}^n$ konvex und $f : \Gamma \to \mathbb{R}$. f sei quasikonvex bei $\overline{x} \in \Gamma$ und differenzierbar. Für ein $\overline{x} \in \Gamma$ gelte $f(x) \leq f(\overline{x}) \; \forall x \in \Gamma$. Dann ist

$$\nabla f(\overline{x})^T (x - \overline{x}) \leq 0.$$

Aufgabe 11.8.3

Auf dem Vieleck, das durch die Ecken

$$v_0 = \begin{pmatrix} -1 \\ 1 \end{pmatrix}, \quad v_1 = \begin{pmatrix} 1 \\ 2 \end{pmatrix}, \quad v_2 = \begin{pmatrix} 0 \\ 0 \end{pmatrix}, \quad v_3 = \begin{pmatrix} 1 \\ 0 \end{pmatrix},$$

$$v_4 = \begin{pmatrix} 3 \\ -1 \end{pmatrix}, \quad v_5 = \begin{pmatrix} 2 \\ -2 \end{pmatrix}, \quad v_6 = \begin{pmatrix} 1 \\ -1 \end{pmatrix}, \quad v_7 = \begin{pmatrix} -3 \\ -3 \end{pmatrix}$$

und die Kanten $\overline{v_i v_j}$ mit $i = 0, 1, \ldots, 7$, $j \equiv i + 1 \bmod 8$ begrenzt wird, soll die Funktion $f(x, y) = -(-x + 2y)^2 - 3y + 5x - 4$ minimiert werden.

a)   Zeichnen Sie das Vieleck und dessen konvexe Hülle.

b)   Weisen Sie nach, dass f konkav ist.

c)   Bestimmen Sie den (die) Minimalpunkt(e).

Aufgabe 11.8.4

Es sei f eine über $\mathbb{R}^2$ definierte konvexe Funktion. $\Omega = \left\{ \begin{pmatrix} x \\ y \end{pmatrix} \;\middle|\; x^2 + y^2 \leq 9 \right\}$ sei die Kreis-

scheibe um $\begin{pmatrix} 0 \\ 0 \end{pmatrix}$ mit Radius 3. Weiter sei Σ das Achteck (Polygon, kein Polytop) mit den Ecken

$$\begin{pmatrix} 0 \\ 1 \end{pmatrix}, \begin{pmatrix} 2 \\ 2 \end{pmatrix}, \begin{pmatrix} 1 \\ 0 \end{pmatrix}, \begin{pmatrix} 2 \\ -2 \end{pmatrix}, \begin{pmatrix} 0 \\ -1 \end{pmatrix}, \begin{pmatrix} -2 \\ -2 \end{pmatrix}, \begin{pmatrix} -1 \\ 0 \end{pmatrix}, \begin{pmatrix} -2 \\ 2 \end{pmatrix}.$$

Σ hat also die Form eines Sterns mit

- inneren Ecken $\begin{pmatrix} 0 \\ 1 \end{pmatrix}, \begin{pmatrix} 1 \\ 0 \end{pmatrix}, \begin{pmatrix} 0 \\ -1 \end{pmatrix}, \begin{pmatrix} -1 \\ 0 \end{pmatrix}$ und

- äußeren Ecken $\begin{pmatrix} 2 \\ 2 \end{pmatrix}, \begin{pmatrix} 2 \\ -2 \end{pmatrix}, \begin{pmatrix} -2 \\ -2 \end{pmatrix}, \begin{pmatrix} -2 \\ 2 \end{pmatrix}.$

Schließlich sei $X := \Omega \setminus \mathrm{Int}(\Sigma)$ ein Zulässigkeitsbereich.
(*Hinweis:* Der Stern liegt ganz in Ω und X enthält als abgeschlossene Menge außen den Rand von Ω und innen den Rand von Σ.)
Über die Funktion f sei Folgendes bekannt:

- Für alle $\begin{pmatrix} x \\ y \end{pmatrix}$ mit $x^2 + y^2 = 16$ (das sind die Kreispunkte mit Radius 4) gilt:

$$7 \geq f\left(\begin{pmatrix} x \\ y \end{pmatrix} \right) \geq 6$$

- Für alle $\begin{pmatrix} x \\ y \end{pmatrix}$ mit $x^2 + y^2 = 9$ (das sind die Kreispunkte mit Radius 3 bzw. die Randpunkte von Ω) gilt:

$$5 \geq f\left(\begin{pmatrix} x \\ y \end{pmatrix} \right) \geq 4{,}5$$

Fertigen Sie eine Skizze über die Lage von Ω, Σ, X und des Kreises mit Radius 4 an und folgern Sie aus den vorliegenden Informationen folgende Tatbestände:

a) f hat sowohl auf Ω als auch auf X einen Minimalpunkt (ein globales Minimum).

b)   Geben Sie ein $\alpha \in \mathbb{R}$ an, für das gilt: $f\left(\begin{pmatrix} x \\ y \end{pmatrix} \right) \geq \alpha$ für alle $\begin{pmatrix} x \\ y \end{pmatrix} \in X$. Weisen Sie diese Abschätzung nach.

c)   Jedes lokale Minimum in $\Omega \setminus \Sigma$ ist auch globales Minimum innerhalb von Ω bzw. von X.

d)   Wenn alle vier inneren Ecken von Σ lokale Minima in X sind, dann ist das kleinste dieser vier lokalen Minima ein globales Minimum auf X.

Aufgabe 11.8.5

Betrachten Sie das Minimierungsproblem:

$$\min f(x) \text{ unter } x \in \Gamma$$

Γ sei konvex und f sei eine stark quasikonkave Funktion auf Γ.
Zeigen Sie, dass kein innerer Punkt von Γ das Minimierungsproblem lösen kann.

Aufgabe 11.8.6

a) f sei stark quasikonkav auf einem Polytop mit den Ecken $x_1, \ldots, x_k$.
Dabei gelte $f(x_1) < \min\{f(x_2), \ldots, f(x_k)\}$. Betrachten Sie das Problem:

$$\min f(x) \text{ unter } x \in \text{conv}(x_1, \ldots, x_k).$$

Zeigen Sie: x_1 ist ein eindeutiger globaler Minimalpunkt.
Hinweis: Verwenden Sie folgende Definition von starker Quasikonkavität:
f heißt stark quasikonkav (auf $\Gamma \neq \emptyset$, konvex), wenn für alle $y = \sum_{i=1}^{m} \lambda_i y_i \in \Gamma$ mit $\sum_{i=1}^{m} \lambda_i = 1, \lambda_i \in (0,1)$ und $y_i \in \Gamma \; \forall i$ gilt:

$$f(y) > \min\{f(y_1), \ldots, f(y_m)\}$$

b)   Beweisen Sie:
Auf dem Zulässigkeitsbereich (im $\mathbb{R}^2$), der gegeben ist durch

$$g_1(x) := -x_2 + \tfrac{1}{4} - (x_1 - \tfrac{1}{2})^2 \leq 0, \quad g_2(x) := -\tfrac{3}{4} - (x_1 - \tfrac{1}{2})^2 + x_2 \leq 0,$$

$$g_3(x) := -x_1 + \tfrac{1}{4} - (x_2 - \tfrac{1}{2})^2 \leq 0, \quad g_4(x) := -\tfrac{3}{4} - (x_2 - \tfrac{1}{2})^2 + x_1 \leq 0,$$

$$g_5(x) := -x_1 \leq 0, \qquad\qquad\qquad g_6(x) := x_1 - 1 \leq 0,$$

$$g_7(x) := -x_2 \leq 0, \qquad\qquad\qquad g_8(x) := x_2 - 1 \leq 0,$$

wird der eindeutige Minimalwert einer Zielfunktion f in einer Spitze angenommen, wenn f überall stark quasikonkav ist und wenn eine Spitze des Zulässigkeitsbereichs einen echt kleineren Funktionswert bzgl. f als die anderen Spitzen des Zulässigkeitsbereichs hat. (Unter Spitzen verstehen wir hier Punkte, in denen zwei Restriktionen straff sind.)

Zeichnen Sie zudem den Zulässigkeitsbereich.

Aufgabe 11.8.7

Durch

$$E_1 = \{x \in \mathbb{R}^2 \mid (x - x_1)^T A (x - x_1) \leq 1, \ A \in \mathbb{R}^{(2,2)}\}$$

und durch

$$E_2 = \{x \in \mathbb{R}^2 \mid (x - x_2)^T B (x - x_2) \leq 1, \ B \in \mathbb{R}^{(2,2)}\}$$

mit positiv definiten, symmetrischen Matrizen A und B werden zwei Ellipsen E_1 und E_2 mit den Mittelpunkten $x_1 \in \mathbb{R}^2$ und $x_2 \in \mathbb{R}^2$ definiert. E_1, E_2 seien disjunkt.

1. Zeigen Sie, dass

$$g_1 := (x - x_1)^T A (x - x_1) - 1 \text{ sowie } g_2 := (x - x_2)^T B (x - x_2) - 1$$

   konvexe Funktionen sind, und zeigen Sie, dass E_1, E_2 konvexe Mengen sind.

2. Zeigen Sie, dass an jedem Randpunkt x_R von E_1 eine eindeutige Stützhyperebene II_1 zu E_1 anliegt und dass diese beschrieben wird durch

$$H_1 = \{x \mid \nabla g_1(x_R)^T x = \nabla g_1(x_R)^T x_R\}$$

3. Zeigen Sie, dass es $p \neq 0 \in \mathbb{R}^2, \alpha \in \mathbb{R}$ gibt mit

$$p^T y > \alpha \ \forall y \in E_1, \quad p^T y < \alpha \ \forall y \in E_2$$

4. Zeigen Sie, dass die kürzeste Verbindung von E_1 nach E_2 (o. B. d. A. laufend von y_1 nach y_2) folgende Eigenschaft hat:

$$\nabla g_1(y_1) = \lambda \cdot (y_2 - y_1) \quad \text{für ein } \lambda > 0$$
$$\nabla g_2(y_2) = \mu \cdot (y_1 - y_2) \quad \text{für ein } \mu > 0$$

   (Verbindungsrichtungen entsprechen Gradientenrichtungen)

5. Stellen Sie ein nichtlineares Gleichungssystem auf, das Ihnen die kürzeste Entfernung $\|y_1 - y_2\|$ mit $y_1 \in E_1, y_2 \in E_2$ sowie die Punkte y_1, y_2 liefert.

6. Folgern Sie, dass die kürzeste Verbindung zwischen zwei Kreisen über eine Gerade führt, die die Mittelpunkte der Kreise verbindet.

Aufgabe 11.8.8

Betrachten Sie den folgenden Zulässigkeitsbereich X in $\mathbb{R}^2$.

$$X = \left\{ x = \begin{pmatrix} x_1 \\ x_2 \end{pmatrix} \;\middle|\; g_1(x) \leq 0, \ldots, g_5(x) \leq 0 \right\}$$

mit

$$g_1(x) = -e^{x_1} + x_2 \leq 0$$
$$g_2(x) = -e^{4-x_1} + x_2 \leq 0$$
$$g_3(x) = 2 - (x_1 - 1)^2 - (x_2 + 0)^2 \leq 0$$
$$g_4(x) = 2 - (x_1 - 3)^2 - (x_2 + 0)^2 \leq 0$$
$$g_5(x) = -x_2 + 1 \leq 0$$

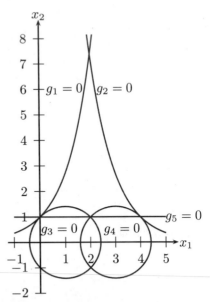

a) Stellen Sie sich vor, Sie hätten eine konvexe Funktion $f : \mathbb{R}^2 \to \mathbb{R}$ zu minimieren über X. Aufgrund von Vorüberlegungen beziehungsweise Berechnungen stehe fest, dass bei einem Punkt $\bar{x}$ bereits ein lokales Minimum vorliegt. Geben Sie dann zu diesem Punkt $\bar{x}$ eine maximale Teilmenge von X an, in der es dann mit Sicherheit keinen besseren Punkt bezüglich f mehr gibt. Spielen Sie dies durch für:

$$x_a = \begin{pmatrix} 2 \\ e^2 \end{pmatrix}, x_b = \begin{pmatrix} 1 \\ e^1 \end{pmatrix}, x_c = \begin{pmatrix} 0 \\ 1 \end{pmatrix}, x_d = \begin{pmatrix} 1 \\ \sqrt{2} \end{pmatrix}, x_e = \begin{pmatrix} 2 \\ 1 \end{pmatrix}, x_f = \begin{pmatrix} 2 \\ \sqrt{2} \end{pmatrix}$$

b) Stellen Sie sich vor, Sie hätten eine konvexe Funktion f zu maximieren auf X. Wie gehen Sie vor, um möglichst wenig Rechenaufwand zu haben?
    Begründen Sie die Korrektheit Ihres Vorgehens.

11.9 Lösungen zu Optimierungseigenschaften bei Konvexität

Lösung zu 11.8.1

$$\Gamma = \text{conv}\left(\begin{pmatrix} 2 \\ 1 \end{pmatrix} \begin{pmatrix} -2 \\ 1 \end{pmatrix} \begin{pmatrix} -2 \\ -2 \end{pmatrix} \begin{pmatrix} 0 \\ -4 \end{pmatrix} \begin{pmatrix} 2 \\ -4 \end{pmatrix}\right) = \text{conv}(A, B, C, D, E)$$

$$x \in \Gamma \Rightarrow x = \lambda_1 \cdot A + \lambda_2 \cdot B + \lambda_3 \cdot C + \lambda_4 \cdot D + \lambda_5 \cdot E \text{ mit } \sum \lambda_i = 1, \ \lambda_i \geq 0$$

f konvex, denn $\nabla f(x_1, x_2) - (12 \cdot x_1^3 + 4 \cdot x_1, 2 \cdot x_2 + 2)^T$ und

$$H_f(x_1, x_2) - \nabla^2 f(x_1, x_2) = \begin{pmatrix} (36 \cdot x_1^2 + 4) & 0 \\ 0 & 2 \end{pmatrix} \quad \text{positiv definit}$$

(f konvex auf $\mathbb{R}^2 \iff H_f$ positiv semidefinit $\forall\, x$ (was hier gegeben ist))

Nun gilt $\forall\, x \in \Gamma$:

$$f(x) = f(\lambda_1 \cdot A + \lambda_2 \cdot B + \lambda_3 \cdot C + \lambda_4 \cdot D + \lambda_5 \cdot E) \text{ mit } \sum \lambda_i = 1, \ \lambda_i \geq 0$$
$$\leq \lambda_1 \cdot f(A) + \lambda_2 \cdot f(B) + \lambda_3 \cdot f(C) + \lambda_4 \cdot f(D) + \lambda_5 \cdot f(E)$$
$$\leq \max\{f(A), f(B), f(C), f(D), f(E)\} \cdot \underbrace{\sum \lambda_i}_{=1}$$

Wir müssen also nur die „maximale Ecke" bestimmen.

$$f(A) = 48 + 8 + 1 + 2 = 59 = f(B)$$
$$f(C) = 48 + 8 + 4 - 4 = 56$$
$$f(D) = 8 \text{ und}$$
$$f(E) = 48 + 8 + 8 = 64 \Leftarrow \text{ maximal}$$

Lösungspunkt ist E mit Lösungswert 64.

Lösung zu 11.8.2

f quasikonvex bei $\overline{x}$

$$\Rightarrow \forall \lambda \in (0,1) : \; f(\lambda \cdot x + (1-\lambda) \cdot \overline{x}) \leq \max\{f(\overline{x}), f(x)\} = f(\overline{x}) \text{ (wegen } f(x) \leq f(\overline{x}))$$

f differenzierbar

$$\Rightarrow f(\lambda \cdot x + (1-\lambda) \cdot \overline{x}) = f(\overline{x} + \lambda \cdot (x - \overline{x})) =$$
$$= f(\overline{x}) + \nabla f(\overline{x})^T (\lambda \cdot (x - \overline{x})) + \lambda \cdot \|x - \overline{x}\| \cdot \alpha(\overline{x}, \lambda \cdot (x - \overline{x})) \; \forall \lambda \in (0,1], \; x \in \Gamma$$
$$\text{mit } \alpha(\dots) \to 0 \text{ bei } \lambda \to 0_+$$

Nun muss auch $f(\lambda \cdot x + (1-\lambda) \cdot \overline{x}) \leq f(\overline{x})$ sein, denn Γ ist konvex und mit $\overline{x}, x$ gehören auch die Zwischenpunkte zu Γ. Folglich gilt:

$$0 \geq \nabla f(\overline{x})^T \lambda \cdot (x - \overline{x}) + \lambda \cdot \|x - \overline{x}\| \cdot \alpha(\overline{x}, \lambda \cdot (x - \overline{x})) \quad | : \lambda$$
$$0 \geq \nabla f(\overline{x})^T (x - \overline{x}) + \|x - \overline{x}\| \cdot \alpha(\overline{x}, \lambda \cdot (x - \overline{x}))$$

Der erste Ausdruck rechts ist unabhängig von λ, der zweite verschwindet, wenn $\lambda \to 0$ geht. Also kann $\nabla f(\overline{x})^T (x - \overline{x})$ nicht positiv sein.

Lösung zu 11.8.3

Bei $f = -(-x + 2y)^2 - 3y + 5x - 4$ handelt es sich um eine konkave Funktion, denn

$$\nabla f = \begin{pmatrix} +2(-x+2y) + 5 \\ -2 \cdot 2(-x+2y) - 3 \end{pmatrix} \text{ und } H_f = \begin{pmatrix} -2 & 4 \\ 4 & -8 \end{pmatrix}$$

Die Hesse-Matrix ist eine negativ semi-definite Matrix, da

$$-2\varrho^2 - 8\eta^2 + 8\varrho\eta = -2(\varrho^2 - 4\varrho\eta + 4\eta^2) = -2(\varrho - 2\eta)^2 \leq 0 \quad \text{(nur 0 bei } \varrho = 2\eta)$$

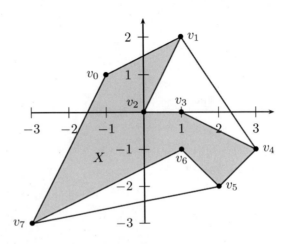

Nun nimmt bekanntlich eine konkave Funktion ihr Minimum an einer Ecke an (wenn der Zulässigkeitsbereich ein Polytop ist). Unser Vieleck ist Teilmenge des Polytops

$$P = \text{conv}(v_0, v_1, \ldots, v_7),$$

wobei v_2, v_3 und v_6 inneren Punkte des Polytops sind.

$\Rightarrow$ Auf P ist einer der Punkte $\begin{pmatrix} -1 \\ 1 \end{pmatrix}, \begin{pmatrix} 1 \\ 2 \end{pmatrix}, \begin{pmatrix} 3 \\ -1 \end{pmatrix}, \begin{pmatrix} 2 \\ -2 \end{pmatrix}, \begin{pmatrix} -3 \\ -3 \end{pmatrix}$ minimal und deshalb erst recht auf unserem Vieleck.

Die Erzeugerpunkte sollen ausgewertet werden:

$$f\left(\begin{pmatrix} -1 \\ 1 \end{pmatrix}\right) = -3^2 - 3 - 5 - 4 = -21 \qquad f\left(\begin{pmatrix} 1 \\ 2 \end{pmatrix}\right) = -3^2 - 6 + 5 - 4 = -14$$

$$f\left(\begin{pmatrix} 3 \\ -1 \end{pmatrix}\right) = -25 + 3 + 15 - 4 = -11 \qquad f\left(\begin{pmatrix} 2 \\ -2 \end{pmatrix}\right) = -36 + 6 + 10 - 4 = -24$$

$$f\left(\begin{pmatrix} -3 \\ -3 \end{pmatrix}\right) = -9 + 9 - 15 - 4 = -19$$

$\Rightarrow$ Die eindeutige Minimalstelle befindet sich bei $\begin{pmatrix} 2 \\ -2 \end{pmatrix}$, weil jede Konvexkombination aus

Ecken schlechtere Zielfunktionswerte hat, wenn das Gewicht von $\begin{pmatrix} 2 \\ -2 \end{pmatrix} < 1$ ist.

Lösung zu 11.8.4

a) f ist als konvexe Funktion über $\mathbb{R}^2$ stetig auf $\text{Int}(\mathbb{R}^2)$, also insbesondere auf ganz Ω und auf X. Beides sind kompakte Mengen (abgeschlossen und konvex). Deshalb nimmt die Funktion f auf beiden Mengen ihr Minimum an.

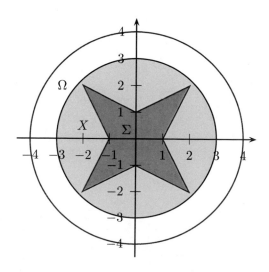

b)   Aus der Zeichnung ist ersichtlich, dass für jedes $\begin{pmatrix} x \\ y \end{pmatrix} \in X$ der Wert von $\left\| \begin{pmatrix} \overline{x} \\ \overline{y} \end{pmatrix} \right\|$ zwischen

1 und 3 liegt. Sei nun $\begin{pmatrix} \overline{x} \\ \overline{y} \end{pmatrix}$ ein solcher Punkt von X und $\left\| \begin{pmatrix} \overline{x} \\ \overline{y} \end{pmatrix} \right\|$ dessen „Radius". Der

Punkt $\begin{pmatrix} \overline{x} \\ \overline{y} \end{pmatrix}$ befindet sich auf einer Geraden durch

$$\begin{pmatrix} 0 \\ 0 \end{pmatrix}, \quad \begin{pmatrix} \overline{x} \\ \overline{y} \end{pmatrix} \cdot \frac{3}{\left\| \begin{pmatrix} \overline{x} \\ \overline{y} \end{pmatrix} \right\|} =: z \quad \text{und} \quad \begin{pmatrix} \overline{x} \\ \overline{y} \end{pmatrix} \cdot \frac{4}{\left\| \begin{pmatrix} \overline{x} \\ \overline{y} \end{pmatrix} \right\|} =: Z.$$

Er liegt zwischen 0 und z, aber nicht in (z, Z). Deshalb kann man ihn als Affinkombination von Z und z beschreiben:

$$\begin{pmatrix} \overline{x} \\ \overline{y} \end{pmatrix} = Z + (z - Z) \cdot \left(4 - \left\| \begin{pmatrix} \overline{x} \\ \overline{y} \end{pmatrix} \right\| \right)$$

Der zugehörige Koeffizient $-3 + \left\| \begin{pmatrix} \overline{x} \\ \overline{y} \end{pmatrix} \right\|$ von Z ist negativ, deshalb haben wir hier eine Extrapolation des Intervalls $[Z, z]$ in Richtung z (bzw. 0). Bei dieser Extrapolation lässt sich f in folgender Weise abschätzen:

$$f\left(\begin{pmatrix} \overline{x} \\ \overline{y} \end{pmatrix} \right) \geq f(Z) + (f(z) - f(Z)) \cdot \left(4 - \left\| \begin{pmatrix} \overline{x} \\ \overline{y} \end{pmatrix} \right\| \right)$$

Hierin setzen wir unsere Informationen ein, um eine Unterschranke für f zu gewinnen

$$f(Z) \geq 6; \quad -1 \geq f(z) - f(Z) \geq -2{,}5; \quad 1 \leq 4 - \left\| \begin{pmatrix} \overline{x} \\ \overline{y} \end{pmatrix} \right\| \leq 3;$$

$$\Rightarrow f\left(\begin{pmatrix} \overline{x} \\ \overline{y} \end{pmatrix} \right) \geq 6 + (-2{,}5) \cdot 3 = 6 - 7{,}5 = -1{,}5$$

$$\Rightarrow \forall \begin{pmatrix} \overline{x} \\ \overline{y} \end{pmatrix} \in X \text{ gilt } f\left(\begin{pmatrix} \overline{x} \\ \overline{y} \end{pmatrix} \right) \geq -1{,}5$$

c)   Hat man eine lokales Minimum $\overline{x}$ in $\Omega \setminus \Sigma$, dann gibt es eine Umgebung $U(\overline{x}, \varepsilon)$, so dass auf $U(\overline{x}, \varepsilon) \cap (\Omega \setminus \Sigma)$ kein besserer Punkt existiert. Weil $\overline{x}$ dann auch nicht zum Rand von Σ gehört, kann man dann ein $0 < \varepsilon_1 \leq \varepsilon$ so klein wählen, dass $U(\overline{x}, \varepsilon_1) \cap \Omega$ vollständig zum Bereich $\Omega \setminus \Sigma$ gehört („$\Omega \setminus \Sigma$ ist offen an der Grenze zu Σ"). Dies beweist aber, dass $\overline{x}$ ein lokales Minimum in Ω selbst ist. Ω ist andererseits konvex und deshalb ist $\overline{x}$ auch globales Minimum in Ω. Schließlich ist es dann auch global optimal für X.

d)   Ist v eine innere Ecke des Sterns (o. B. d. A. $v = \begin{pmatrix} 1 \\ 0 \end{pmatrix}$) lokal optimal in X, dann gibt es eine Umgebung $U(v, \varepsilon) \cap X$, die keinen besseren Punkt enthält. Man betrachtet nun die

Menge

$$M_1 := \left\{ \begin{pmatrix} 1 \\ 0 \end{pmatrix} + \mathrm{cone}\left(\begin{pmatrix} 1 \\ 2 \end{pmatrix}, \begin{pmatrix} 1 \\ -2 \end{pmatrix} \right) \right\} \cap \Omega,$$

also den Sektor von X, der ausgeschnitten wird von beiden von $\begin{pmatrix} 1 \\ 0 \end{pmatrix}$ abgehenden Kantenrichtungen.

M_1 ist eine konvexe Untermenge von X mit

$$U(v, \varepsilon) \cap X = U(v, \varepsilon) \cap M_1.$$

Also ist v auch lokales Optimum in M_1. Weil aber M_1 konvex ist, handelt es sich hier sogar um ein globales Optimum auf M_1. Analog kann man für

$$\begin{pmatrix} 0 \\ -1 \end{pmatrix} + \mathrm{cone}\left(\begin{pmatrix} 2 \\ -1 \end{pmatrix}, \begin{pmatrix} -2 \\ -1 \end{pmatrix} \right) \qquad \to M_2$$

$$\begin{pmatrix} -1 \\ 0 \end{pmatrix} + \mathrm{cone}\left(\begin{pmatrix} -1 \\ 2 \end{pmatrix}, \begin{pmatrix} -1 \\ -2 \end{pmatrix} \right) \qquad \to M_3$$

$$\begin{pmatrix} 0 \\ 1 \end{pmatrix} + \mathrm{cone}\left(\begin{pmatrix} 2 \\ 1 \end{pmatrix}, \begin{pmatrix} -2 \\ 1 \end{pmatrix} \right) \qquad \to M_4$$

argumentieren. Die Mengen M_1, M_2, M_3, M_4 decken dann ganz X ab (je zwei überlappen sich sogar). Auf jeden Fall ist dann klar, dass jede innere Ecke globaler Minimalpunkt auf ihrer betreffenden Menge ist. Wegen $X \subset M_1 \cup M_2 \cup M_3 \cup M_4$ ist aber dann die beste innere Ecke globaler Minimalpunkt.

Lösung zu 11.8.5

f ist stark quasikonkav.

Behauptung: Kein innerer Punkt ist Minimalpunkt.

1) Wenn es gar keinen Optimalpunkt gibt, dann ist nichts zu zeigen.

2) Wenn es keine inneren Punkte gibt, dann ist ebenfalls nichts zu zeigen.

3) Es gebe also Minimalpunkte und innere Punkte.

Z. z.: Keiner der inneren Punkte ist minimal.

Annahme: Sei $\overline{x}$ ein innerer Punkt und minimal.

$\overline{x} \in \mathrm{Int}(\Gamma)$ ist eine echte Konvexkombination aus zwei Punkten $y, z \in \Gamma$, also $\overline{x} \in (y, z)$. Weil f stark quasikonkav ist, ergibt sich $f(\overline{x}) > \min\{f(y), f(z)\}$. Also ist $\overline{x}$ kein Minimalpunkt. Widerspruch zur Annahme.

Lösung zu 11.8.6

a)   Z. z.: x_1 ist eindeutiger globaler Minimalpunkt

Annahme: $\exists \overline{x}$ mit $f(\overline{x}) \leq f(x_1)$, $\overline{x} \in \operatorname{conv}(x_1, ..., x_k)$

$$\overline{x} \in \operatorname{conv}(x_1, ..., x_k) \Rightarrow \overline{x} = \sum_{i=1}^{k} \lambda_i x_i, \ \lambda_i \in [0, 1], \ \sum_{i=1}^{k} \lambda_i = 1$$

Fall 1: $\lambda_1 = 1 \Rightarrow \overline{x} = x_1$

Fall 2: $\exists i > 1$ mit $\lambda_i = 1 \Rightarrow \overline{x} = x_i$

$\Rightarrow f(\overline{x}) = f(x_i) \underset{\text{Vor.}}{>} f(x_1) \underset{\text{Ann.}}{\geq} f(\overline{x})$ (Widerspruch)

Fall 3: $\forall i : \lambda_i < 1$

$$f(\overline{x}) > \min\{f(x_i), \text{ wobei } x_i \text{ mit } \lambda_i \neq 0 \text{ in } \sum_{i=1}^{k} \lambda_i x_i \text{ steht}\}$$

$$\geq \min\{f(x_1), ..., f(x_k)\} = f(x_1)$$

$\Rightarrow f(\overline{x}) > f(x_1)$ Widerspruch zur Annahme

$\Rightarrow \nexists \overline{x}$ in $\operatorname{conv}(x_1, ..., x_k), \overline{x} \neq x_1$ mit $f(\overline{x}) \leq f(x_1)$

b)   Zeichnung:

$$g_1(x) \leq 0 \ \Leftrightarrow \ x_2 \geq \frac{1}{4} - \left(x_1 - \frac{1}{2}\right)^2$$

$$g_2(x) \leq 0 \ \Leftrightarrow \ x_2 \leq \frac{3}{4} + \left(x_1 - \frac{1}{2}\right)^2$$

$$g_3(x) \leq 0 \ \Leftrightarrow \ x_1 \geq \frac{1}{4} - \left(x_2 - \frac{1}{2}\right)^2$$

$$g_4(x) \leq 0 \ \Leftrightarrow \ x_1 \leq \frac{3}{4} + \left(x_2 - \frac{1}{2}\right)^2$$

$$g_5(x) \leq 0 \ \Leftrightarrow \ x_1 \geq 0$$

$$g_6(x) \leq 0 \ \Leftrightarrow \ x_1 \leq 1$$

$$g_7(x) \leq 0 \ \Leftrightarrow \ x_2 \geq 0$$

$$g_8(x) \leq 0 \ \Leftrightarrow \ x_2 \leq 1$$

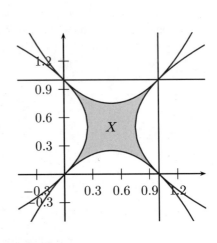

(a)   nach Zeichnung liegt der Zulässigkeitsbereich X im Polytop

$$P = \operatorname{conv}\left(\begin{pmatrix} 0 \\ 0 \end{pmatrix}, \begin{pmatrix} 1 \\ 0 \end{pmatrix}, \begin{pmatrix} 0 \\ 1 \end{pmatrix}, \begin{pmatrix} 1 \\ 1 \end{pmatrix}\right).$$

(b)   nach Voraussetzung nimmt die stark quasikonkave Funktion f ihren eindeutigen Minimalwert in einer Spitze des Zulässigkeitsbereiches (also in einer Ecke des Polytops P) an, o. B. d. A.

$$f(v_1) < \min\{f(v_2), f(v_3), f(v_4)\}$$

(c) betrachte das Problem: min $f(x)$ unter $x \in P$
Die Voraussetzungen von Teil a) sind erfüllt.
$\Rightarrow v_1$ ist eindeutiger globaler Minimalpunkt für min $f(x)$ unter $x \in P$

(d) wegen $X \subseteq P$ und $v_1 \in X$ ist v_1 auch eindeutiger globaler Optimalpunkt für min $f(x)$ unter $x \in X$.

Lösung zu 11.8.7

1. $E_1 = \{x \mid g_1(x) \leq 0\}$ ist Niveaumenge zur Funktion g_1 zum Niveau 0. Analog ist E_2 Niveaumenge zu g_2 zum Niveau 0. g_1 und g_2 sind konvexe Funktionen und zweimal differenzierbar.

$$\begin{aligned} \nabla g_1 &= 2A(x - x_1) & \nabla g_2 &= 2B(x - x_2) \\ H_1 &= 2A & H_2 &= 2B \end{aligned} \qquad \text{(positiv definit} \Rightarrow \text{konvex)}$$

$\Rightarrow N_0(g_1)$ und $N_0(g_2)$ sind konvexe Mengen. Dazu existieren Stützhyperebenen.

2. Zum Epigraph von g_1 gibt es im Punkt $\begin{pmatrix} x_R \\ g_1(x_R) = 0 \end{pmatrix}$ wegen der Differenzierbarkeit von g_1 eine SHE mit

$$\left\{ \begin{pmatrix} x \\ \xi \end{pmatrix} \;\middle|\; \xi = g_1(x_R) + \nabla g_1(x_R)^T(x - x_R) \right\},$$

wobei $\nabla g_1(x_R)$ als Subgradient eindeutig bestimmt ist. Daher gibt es nur eine SHE zu x_R.

3. Nach dem Trennungssatz für konvexe Mengen existiert eine Hyperebene, die E_1 und E_2 trennt, das heißt

$$\exists p \text{ mit } \inf\{p^T x \mid x \in E_1\} \geq \sup\{p^T x \mid x \in E_2\}.$$

Dies geht sogar strikt, weil E_1, E_2 abgeschlossen, konvex und beschränkt sind.

4. y_2 ist nächster Punkt aus E_2 zu E_1 und y_1 ist nächster Punkt aus E_1 zu E_2. Dann ist $y_2 - y_1$ orthogonal zur SHE für E_2 bei y_2 und $y_1 - y_2$ orthogonal zur SHE für E_1 bei y_1. Beide SHE verlaufen also senkrecht zu $y_1 - y_2$ und die Normalenvektoren auf SHE sind Gradienten (eindeutig bis auf Vielfaches).

$$\begin{aligned} \Rightarrow \quad \nabla g_1(y_1) &= \lambda(y_2 - y_1) & \lambda > 0 \\ \nabla g_2(y_2) &= \mu(y_1 - y_2) & \mu > 0 \end{aligned}$$

5. Man kommt zur kürzesten Verbindung über die Lösung des nichtlinearen Gleichungssystems

$$\begin{aligned} (y_1 - x_1)^T A(y_1 - x_1) &= 1 \\ (y_2 - x_2)^T B(y_2 - x_2) &= 1 \end{aligned} \qquad y_1 \in E_1, y_2 \in E_2 \text{ gesucht}$$

$$\begin{aligned} \lambda \cdot 2 \cdot A \cdot (y_1 - x_1) &= y_2 - y_1 & \text{für ein } \lambda > 0 \\ \mu \cdot 2 \cdot B \cdot (y_2 - x_2) &= y_2 - y_1 & \text{für ein } \mu < 0 \end{aligned}$$

6.   Man setze für diesen Zweck $A = E, B = E$. Dann lautet das Gleichungssystem aus 5.

$$
\begin{aligned}
(y_1 - x_1)^T (y_1 - x_1) &= 1 \qquad \text{(Kreispunkt)} \\
(y_2 - x_2)^T (y_2 - x_2) &= 1 \qquad \text{(Kreispunkt)} \\
\text{Mit } \lambda > 0 \ \ \lambda(y_1 - x_1) &= y_2 - y_1 \quad (x_1, y_1, y_2 \text{ liegen auf einer Gerade}) \\
\text{Mit } \mu < 0 \ \ \mu(y_2 - x_2) &= y_2 - y_1 \quad (x_2, y_2, y_1 \text{ liegen auf einer Gerade}) \\
\Rightarrow (y_1, y_2) &\text{ liegen auf der Geraden zwischen } x_1 \text{ und } x_2
\end{aligned}
$$

Lösung zu 11.8.8

a)   Bei einem konvexen f ist jede Richtung abgesichert, in die man eine echt positive Bewegung machen kann.

x_a: Steigung zu g_1 beträgt e^2. Damit ergibt sich ein Gradient $\begin{pmatrix} -e^2 \\ 1 \end{pmatrix}$ und die Tangente

$\begin{pmatrix} -1 \\ -e^2 \end{pmatrix}$. Analog berechnet sich zu g_2 die Tangente $\begin{pmatrix} 1 \\ -e^2 \end{pmatrix}$.

Der Sicherheitsbereich lautet somit

$$
\left(\begin{pmatrix} 2 \\ e^2 \end{pmatrix} + \text{cone} \left(\begin{pmatrix} -1 \\ -e^2 \end{pmatrix}, \begin{pmatrix} 1 \\ -e^2 \end{pmatrix} \right) \right) \cap X.
$$

x_b: Hier ergibt der Gradient $\begin{pmatrix} -e^1 \\ 1 \end{pmatrix}$. Der abgesicherte Bereich lautet daher

$$
\left\{ x \ \middle| \ \begin{pmatrix} -e^1 \\ 1 \end{pmatrix}^T \begin{pmatrix} x^1 \\ x^2 \end{pmatrix} \le \begin{pmatrix} -e^1 \\ 1 \end{pmatrix}^T \begin{pmatrix} 1 \\ e^1 \end{pmatrix} = 0 \right\} \cap X.
$$

x_c: Es ist keine Bewegung möglich außer senkrecht zu den beiden Gradienten

$$
\begin{pmatrix} -e^{x^1} \\ 1 \end{pmatrix} = \begin{pmatrix} -1 \\ 1 \end{pmatrix} \quad \text{und} \quad \begin{pmatrix} -2(x^1 - 1) \\ -2x^2 \end{pmatrix} = \begin{pmatrix} 2 \\ -2 \end{pmatrix}.
$$

Senkrecht dazu ist $\begin{pmatrix} 1 \\ 1 \end{pmatrix}$. Also ist man in $\begin{pmatrix} 0 \\ 1 \end{pmatrix}$ bezüglich

$$
\left(\begin{pmatrix} 0 \\ 1 \end{pmatrix} + \mathbb{R}_0^+ \cdot \begin{pmatrix} 1 \\ 1 \end{pmatrix} \right) \cap X
$$

sicher optimal.

x_d: Da hier nur g_3 straff ist, betrachten wir den Gradient $\begin{pmatrix} -2(x^1 - 1) \\ -2x^2 \end{pmatrix} = \begin{pmatrix} 0 \\ -2\sqrt{2} \end{pmatrix}$.

Gesichert ist daher die Menge

$$\left\{ x \;\middle|\; \begin{pmatrix} 0 \\ -2\sqrt{2} \end{pmatrix}^T \begin{pmatrix} x^1 \\ x^2 \end{pmatrix} \le -4 \right\} \cap X.$$

x_e: Hier sind die Restriktionen g_3, g_4 und g_5 straff. Damit erhalten wir die Gradienten $\begin{pmatrix} 0 \\ -1 \end{pmatrix}, \begin{pmatrix} -2 \\ -2 \end{pmatrix}$ und $\begin{pmatrix} 2 \\ -2 \end{pmatrix}$. Der abgesicherte Bereich lautet daher:

$$\left(\begin{pmatrix} 2 \\ 1 \end{pmatrix} + \operatorname{cone} \left(\begin{pmatrix} 1 \\ 1 \end{pmatrix}, \begin{pmatrix} -1 \\ 1 \end{pmatrix} \right) \right) \cap X$$

x_f: Da es sich hier um einen inneren Punkt handelt, sind Bewegungen nach allen Seiten möglich. Somit ist der Zulässigkeitsbereich X ganz abgesichert.

b) Ein Maximum zu einer konvexen Funktion findet man auf den Extremalpunkten der konvexen Hülle. Hier ist die konvexe Hülle von X das Dreieck

$$\operatorname{conv} \left(\begin{pmatrix} 0 \\ 1 \end{pmatrix}, \begin{pmatrix} 4 \\ 1 \end{pmatrix}, \begin{pmatrix} 2 \\ e^2 \end{pmatrix} \right) \supset X.$$

Das Maximum kann nur dort liegen. Aber alle drei Extremalpunkte liegen auch in X. Somit ist $\max \left\{ f\left(\begin{pmatrix} 0 \\ 1 \end{pmatrix} \right), f\left(\begin{pmatrix} 4 \\ 1 \end{pmatrix} \right), f\left(\begin{pmatrix} 2 \\ e^2 \end{pmatrix} \right) \right\}$ optimal für X. Es sind somit nur diese drei Werte zu berechnen.

Kapitel 12

Optimalitätskriterien

In diesem Kapitel beschäftigen wir uns mit der Frage, woran man rechnerisch Optimalpunkte erkennen kann, genauer gesagt die lokalen Optimalpunkte finden kann. Dabei werden wir, weil dies so einfach nicht beantwortet werden kann, unterscheiden müssen zwischen

- *notwendigen Optimalitätskriterien*

  (das sind Eigenschaften, die ein Punkt auf jeden Fall aufweisen muss, wenn er Anspruch auf (lokale) Optimalität erhebt)

- *hinreichenden Optimalitätskriterien*

  (das sind Eigenschaften, aus denen die Optimalität zwingend resultiert).

Die erste Art von Kriterien ist für den Aufwand der Lösung sehr wichtig. Sie kann nämlich für ein Ausschlussverfahren benutzt werden. Punkte, die diese Kriterien nicht erfüllen, müssen nicht mehr weiter untersucht werden. Bei der zweiten Art können wir die Behandlung und Untersuchung im Fall der Erfülltheit der Kriterien auch abbrechen, denn hier steht damit die lokale Optimalität bereits fest.

Im ersten Abschnitt dieses Kapitels beschäftigen wir uns zunächst mit Problemen über ganz $\mathbb{R}^n$, also ohne Nebenbedingungen. Hier laufen die Kriterien darauf hinaus, dass der Gradient verschwindet und/oder dass die Hesse-Matrix positiv definit wird. Zum Studium von Problemen mit Nebenbedingungen werden die Fritz-John-Bedingungen und die Karush-Kuhn-Tucker-Bedingungen formuliert und beleuchtet. Fritz-John-Bedingungen erweisen sich als notwendig für lokale Optimalität, sie sind aber oft zu wenig selektiv, weil hiermit die Kriterien ohne Rücksicht auf die Zielfunktion erfüllt werden können. Schärfer sind die Karush-Kuhn-Tucker-Bedingungen. Allerdings sind sie nicht von sich heraus notwendig, sondern nur dann, wenn noch gewisse Constraint-Qualifications (CQs) erfüllt sind. Unter gewissen Konvexitätsanforderungen erweisen sich die KKT-Bedingungen auch als hinreichend.

Im zweiten Abschnitt werden dann solche Constraint-Qualifications und ihre Erfülltheit untersucht. Die gegenseitige logische Abhängigkeit der Constraint-Qualifications bildet auch einen weiteren Schwerpunkt dieses Abschnitts.

12.1   Karush-Kuhn-Tucker-Theorie

Wir geben zunächst ein notwendiges Kriterium für lokale Optima an.

Satz 12.1

f sei differenzierbar bei $\overline{x}$. Wenn es einen Vektor $d \in \mathbb{R}^n$ mit $\nabla f(\overline{x})^T d < 0$ gibt, so gilt:

$$\exists \delta > 0 \quad mit \quad f(\overline{x} + \lambda d) < f(\overline{x}) \quad \forall \lambda \in (0, \delta).$$

Dann nennen wir d eine Abstiegsrichtung *von f bei $\overline{x}$. Folglich kann $\overline{x}$ nur dann lokales Minimum sein, wenn kein solcher Vektor d existiert, das heißt wenn $\nabla f(\overline{x}) = 0$.*

Dies war eine Bedingung erster Ordnung, nun kommen wir zu einer Bedingung zweiter Ordnung.

Satz 12.2

f sei zweimal differenzierbar bei $\overline{x}$. Wenn $\overline{x}$ ein lokaler Minimalpunkt sein soll, dann muss gelten:

(a) $\nabla f(\overline{x}) = 0$.

(b) $H(\overline{x})$ ist positiv semidefinit.

Jetzt suchen wir nach hinreichenden Bedingungen.

Satz 12.3

Sei f zweimal differenzierbar. Ist $\nabla f(\overline{x}) = 0$ und $H(\overline{x})$ positiv definit, dann stellt $\overline{x}$ einen lokalen Minimalpunkt dar.

Ist f pseudokonvex, so reicht bereits $\nabla f(\overline{x}) = 0$ aus, um die globale Optimalität von $\overline{x}$ zu beweisen.

Satz 12.4

Sei f pseudokonvex bei $\overline{x}$. $\overline{x}$ ist genau dann globaler Minimalpunkt für (MP_0), wenn $\nabla f(\overline{x}) = 0$ gilt.

Interessanter gestaltet sich die Analyse von Optimierungsproblemen, wenn der Zulässigkeitsbereich durch Nebenbedingungen/Restriktionen eingeschränkt ist und deshalb auch Randpunkte als Optimalitätskandidaten zur Verfügung stehen.

Von nun an betrachten wir die Minimierungsprobleme (MP) und (LMP):

Um rechnerisch über (lokale) Minimalität von $\overline{x}$ entscheiden zu können, untersucht man anhand des Zielfunktionsverlaufs bei $\overline{x}$ und der Art der dort straffen Restriktionsfunktionen die Nachbarschaft von $\overline{x}$. Dabei betrachtet man zur Vereinfachung verschiedene Kegel, die für die Optimalitätsfrage entscheidend sind.

Definition 12.5

Sei f differenzierbar bei $\overline{x} \in \Gamma$. Dann definieren wir

$$F := \{d \mid \nabla f(\overline{x})^T d < 0\}$$

und nennen F den *Kegel der verkleinernden Richtungen*.

Definition 12.6

Sei $\overline{x} \in X \subseteq \mathbb{R}^n, X \neq \emptyset$. Dann heißt

$$D = \{d \mid d \neq 0 \text{ und } \exists \delta(d) > 0 \text{ mit } \overline{x} + \lambda d \in X \; \forall \lambda \in (0, \delta)\}$$

der *Kegel der zulässigen Richtungen* für X bei $\overline{x}$.

Definition 12.7

Sei $\Gamma \neq \emptyset$ offen, $\overline{x}$ zulässig für (MP) und I die Indexmenge der bei $\overline{x}$ straffen Restriktionen, das heißt

$$I = \{i \mid g_i(\overline{x}) = 0, \, i = 1, \ldots, m\}.$$

Sind alle g_i (für $i \in I$) differenzierbar bei $\overline{x}$, dann sei

$$G_I = \{d \mid \nabla g_I d < 0\} \quad \text{mit } \nabla g_I = \begin{pmatrix} \nabla g_{i_1}^T \\ \vdots \\ \nabla g_{i_k}^T \end{pmatrix} \text{ wenn } I = \{i_1, \ldots, i_k\}$$

der *Kegel der Gradientenabstiegsrichtungen*.

Mit diesen geometrischen Größen ergibt sich die Erkenntnis, dass im Kegel der verkleinernden Richtungen F bei lokaler Minimalität weder Richtungen von D noch von G_I vorkommen dürfen.

Satz 12.8

Sei f differenzierbar bei $\overline{x} \in \Gamma$. Ist $\overline{x}$ lokaler Minimalpunkt, dann gilt $F \cap D = \emptyset$.

Satz 12.9

Sei $\Gamma \neq \emptyset$ *offen. Betrachte* (MP). $\overline{x}$ *sei dafür zulässig,* f *und* g_I *differenzierbar bei* $\overline{x}$ *und* $g_{\{1,\ldots,m\}\setminus I}$ *zumindest stetig bei* $\overline{x}$. *Ist dann* $\overline{x}$ *lokal optimal, so gilt:* $F \cap G_I = \emptyset$.

Beobachtung: Das Vorliegen des notwendigen Optimalitätskriteriums hat im Allgemeinen keine hinreichende Wirkung.

Aus diesen Erkenntnissen lässt sich ein Optimalitätskriterium in Form der sogenannten Fritz-John-Bedingungen formulieren.

Definition 12.10

$\Gamma \neq \emptyset$ sei offen. Zu lösen sei (MP) mit $f, g_1, \ldots, g_m$. $\overline{x}$ sei zulässig und f, g_I seien differenzierbar bei $\overline{x}$, die g_i ($i \notin I$) seien bei $\overline{x}$ stetig.

(a)   Man sagt, dass $\overline{x}$ die *Fritz-John-Bedingungen* erfüllt, wenn $u_0, u_i \ \forall i \in I$ existieren mit:

$$u_0 \nabla f(\overline{x}) + \sum_{i \in I} u_i \nabla g_i(\overline{x}) = 0$$

$$u_0, u_i \geq 0 \quad \forall i \in I$$

$$(u_0, u_I) \neq (0, 0, \ldots, 0).$$

(b)   Sind zusätzlich auch die g_i mit $i \notin I$ bei $\overline{x}$ differenzierbar, dann erfüllt $\overline{x}$ die *Fritz-John-Bedingungen*, wenn $u_0, u_i \ \forall i = 1, \ldots, m$ existieren mit:

$$u_0 \nabla f(\overline{x}) + \sum_{i=1}^{m} u_i \nabla g_i(\overline{x}) = 0$$

$$u_i g_i(\overline{x}) = 0 \quad \forall i = 1, \ldots, m$$

$$u_0, u_i \geq 0 \quad \forall i = 1, \ldots, m$$

$$(u_0, u) \neq (0, 0, \ldots, 0).$$

Und es lässt sich einfach zeigen, dass lokale Optimalpunkte diese Bedingung erfüllen müssen.

Satz 12.11 (Notwendigkeit der Fritz-John-Bedingungen)

$\Gamma \neq \emptyset$ *sei offen. Zu lösen sei* (MP) *mit* $f, g_1, \ldots, g_m$. $\overline{x}$ *sei zulässig und* f, g_I *seien differenzierbar bei* $\overline{x}$. *Die* g_i ($i \notin I$) *seien bei* $\overline{x}$ *stetig. Wenn nun* $\overline{x}$ (LMP) *löst, dann erfüllt* $\overline{x}$ *die Fritz-John-Bedingungen gemäß Definition* (12.10) (a) *bzw.* (b).

Eine Schwäche der Fritz-John-Bedingung resultiert aus der Gleichbehandlung von Zielfunktion und Restriktionsfunktionen mit der Konsequenz, dass $u_0 = 0$ sein könnte und damit einem

Punkt $\overline{x}$ die Erfüllung der Bedingung attestiert werden kann, ohne dass die Zielfunktion überhaupt berücksichtigt wird. Diese Schwäche tritt nicht auf bei den folgenden Karush-Kuhn-Tucker-Bedingungen.

Definition 12.12 (Karush-Kuhn-Tucker-Bedingungen)

$\Gamma \neq \emptyset$ sei offen. Zu lösen sei (MP) mit $f, g_1, \ldots, g_m$. $\overline{x}$ sei zulässig und f, g_I seien differenzierbar bei $\overline{x}$. Die g_i $(i \notin I)$ seien bei $\overline{x}$ stetig.

(a) Man sagt, dass $\overline{x}$ die *Karush-Kuhn-Tucker-Bedingung* bzw. die *KKT-Bedingungen* erfüllt, wenn $u_i \, \forall i \in I$ existieren mit:

$$\nabla f(\overline{x}) + \sum_{i \in I} u_i \nabla g_i(\overline{x}) = 0$$

$$u_i \geq 0 \quad \forall i \in I.$$

(b) Sind zusätzlich auch die g_i mit $i \notin I$ bei $\overline{x}$ differenzierbar, dann erfüllt $\overline{x}$ die *Karush-Kuhn-Tucker-Bedingung*, wenn $u_i \, \forall i = 1, \ldots, m$ existieren mit:

$$\nabla f(\overline{x}) + \sum_{i=1}^{m} u_i \nabla g_i(\overline{x}) = 0$$

$$u_i g_i(\overline{x}) = 0 \quad \forall i = 1, \ldots, m$$

$$u_i \geq 0 \quad \forall i = 1, \ldots, m.$$

Leider handelt man sich durch den Übergang zu diesen KKT-Bedingungen einige Nachteile ein. Und zwar werden diese Kriterien nur dann notwendig, wenn gewisse Zusatzbedingungen (Constraint-Qualifications) erfüllt sind. Der folgende Satz zeigt beispielhaft die Wirkung von solchen Constraint-Qualifications.

Satz 12.13

$\Gamma \neq \emptyset$ *sei offen. Betrachte* (MP) *mit zulässigem* $\overline{x}$. g *sei differenzierbar bei* $\overline{x}$. *Unter gewissen Constraint-Qualifications (CQs) kann ausgeschlossen werden, dass* u_0 *in der Fritz-John-Bedingung* 0 *wird.*
Dann folgt:
Wenn $\overline{x}$ (LMP) *löst, dann erfüllt es notwendigerweise die Karush-Kuhn-Tucker-Bedingungen. Eine CQ, die dies leistet, ist die LU-CQ: die* $\nabla g_i(\overline{x})$ *mit* $i \in I$ *sind linear unabhängig,* g_i $(i \notin I)$ *seien bei* $\overline{x}$ *stetig,* Γ *offen.*

Sind auch Gleichungsrestriktionen mit im Spiel, dann verändert sich diese Aussage wie folgt:

Satz 12.14 (Notwendigkeit der KKT-Bedingungen bei Gleichungsrestriktionen)
$\Gamma \neq \emptyset$ *sei offen, $\overline{x}$ zulässig. f und g seien differenzierbar bei $\overline{x}$ und h_j ($j = 1, \ldots, \ell$) seien stetig differenzierbar. Unter der LU-CQ:*

$$\{\nabla g_i(\overline{x}), \nabla h_j(\overline{x}) \mid i \in I, j \in \{1, \ldots, \ell\}\} \quad \textit{sind linear unabhängig;}$$

gilt: Wenn $\overline{x}$ *(LMP) löst, so gibt es $u_i, v_j \in \mathbb{R}$ mit*

$$
\begin{aligned}
\nabla f(\overline{x}) + \sum_{i=1}^{m} u_i \nabla g_i(\overline{x}) + \sum_{j=1}^{\ell} v_j \nabla h_j(\overline{x}) &= 0 & \\
u_i g_i(\overline{x}) &= 0 & \forall\, i = 1, \ldots, m \\
h_j(\overline{x}) &= 0 & \forall\, j = 1, \ldots, \ell \\
u_i &\geq 0 & \forall\, i = 1, \ldots, m
\end{aligned}
$$

Die umgekehrte Fragestellung – nämlich wie definitiv die Optimalität nachgewiesen werden kann – wird in den folgenden beiden Sätzen behandelt.

Satz 12.15 (Die KKT-Bedingungen sind hinreichend)
$\Gamma \neq \emptyset$ *sei offen und $\overline{x}$ zulässig. f sei pseudokonvex bei $\overline{x}$, g_i sei quasikonvex $\forall\, i \in I(\overline{x})$ und differenzierbar bei $\overline{x}$. Ist dann $\overline{x}$ ein KKT-Punkt, so ist $\overline{x}$ globale (MP)-Lösung.*

Die allgemeine Problemstellung

$$
\begin{aligned}
\min \quad & f(x) \\
\text{unter} \quad & g_i(x) \leq 0 & i = 1, \ldots, m \\
& h_j(x) = 0 & j = 1, \ldots, \ell
\end{aligned}
$$

lässt sich analog behandeln. Man kann dafür zeigen:

Satz 12.16 (KKT hinreichend bei Gleichungsnebenbedingungen)
$\Gamma \neq \emptyset$ *sei offen und $\overline{x}$ sei zulässig. Ferner sei die KKT-Bedingung bei $\overline{x}$ erfüllt, das heißt $\exists u_i, v_j$ mit*

$$
\begin{aligned}
\nabla f(\overline{x}) + \sum_{i=1}^{m} u_i \nabla g_i(\overline{x}) + \sum_{j=1}^{\ell} v_j \nabla h_j(\overline{x}) &= 0 & \\
u_i g_i(\overline{x}) &= 0 & \forall\, i = 1, \ldots, m \\
h_j(\overline{x}) &= 0 & \forall\, j = 1, \ldots, \ell \\
u_i &\geq 0 & \forall\, i = 1, \ldots, m.
\end{aligned}
$$

Sei weiterhin $J_+ := \{j \mid v_j > 0\}$, $J_- := \{j \mid v_j < 0\}$. Sind dann bei $\overline{x}$ f pseudokonvex, g_I quasikonvex, h_{J_+} quasikonvex und h_{J_-} quasikonkav, so löst $\overline{x}$ das Problem (MP).

12.2 Aufgaben zu Karush-Kuhn-Tucker

Aufgabe 12.2.1

Berechnen Sie die Minimalpunkte und Minimalwerte der Funktion

$$f(x) = \frac{1}{2}x^T Q x - q^T x \text{ mit } Q = \begin{pmatrix} 3 & 0 & -1 \\ 0 & 1 & 0 \\ -1 & 0 & 2 \end{pmatrix} \text{ und } q = \begin{pmatrix} -1 \\ 4 \\ 0 \end{pmatrix}.$$

Aufgabe 12.2.2

Betrachten Sie das Minimierungsproblem $\min f(x)$ unter $Ax \leq b$. Sei $\overline{x}$ eine zulässige Lösung mit $A_1\overline{x} = b_1$ und $A_2\overline{x} < b_2$, wobei $A^T = (A_1^T, A_2^T)$ und $b^T = (b_1^T, b_2^T)$. Weiterhin sei f differenzierbar und die Matrix A_1 habe vollen Zeilenrang. Die Projektionsmatrix P, die jeden Vektor auf den Kern von A_1 projeziert, ist gegeben durch

$$P = I - A_1^T (A_1 A_1^T)^{-1} A_1.$$

a)   Sei $\overline{d} = -P\nabla f(\overline{x})$ und es gelte $\overline{d} \neq 0$.
      Zeigen Sie, dass $\overline{d}$ eine Abstiegsrichtung ist.

b)   Sei $\overline{d}$ wie in a) definiert, aber es gelte $\overline{d} = 0$. Sei $\overline{u} = -(A_1 A_1^T)^{-1} A_1 \nabla f(\overline{x}) \geq 0$. Zeigen Sie, dass $\overline{x}$ und $\overline{u}$ im Zusammenspiel die Karush-Kuhn-Tucker-Bedingungen erfüllen.

Aufgabe 12.2.3

Gegeben seien m verschiedene Stützstellen y_i und m Messwerte $z_i, i = 1, 2, \ldots, m$. Gesucht ist ein Polynom p vom Grade $r \leq m - 1$, für das die Quadratsumme der Abstände $p(y_i) - z_i$ minimal wird. Formulieren Sie die Aufgabe als Optimierungsproblem.
Geben Sie über die Optimalitätsbedingungen 1. Ordnung ein lineares Gleichungssystem an, aus dem die Koeffizienten des optimalen p bestimmt werden können. Handelt es sich hierbei um eine zugleich notwendige und hinreichende Bedingung?

Aufgabe 12.2.4

Gegeben sei das Optimierungsproblem

$$\min \quad f(x) := \sum_{i=1}^{n} f_i(x_i)$$

$$\text{unter} \quad \sum_{i=1}^{n} x_i - 1 = 0 \text{ und } x \geq 0$$

mit differenzierbaren Funktionen $f_i : \mathbb{R} \to \mathbb{R}$. Sei $\overline{x} = (\overline{x}_1, \ldots, \overline{x}_n)$ ein lokaler Optimalpunkt.

Zeigen Sie, dass ein $\alpha \in \mathbb{R}$ existiert mit

$$\nabla f(\overline{x}) \geq \alpha \cdot \mathbb{1} \text{ und } (\nabla f(\overline{x}) - \alpha \cdot \mathbb{1})^T \overline{x} = 0$$

Aufgabe 12.2.5

Sei $X := \{x \in \mathbb{R}^n \,|\, Bx \leq d\} \neq \emptyset$. Betrachten Sie das Minimierungsproblem

$$\min x^T A^T A x + c^T x \qquad \text{unter } Bx \leq d \qquad\qquad (MP)$$

Zeigen Sie: Die Zielfunktion von (MP) ist genau dann unbeschränkt nach unten auf dem Zulässigkeitsbereich, wenn kein KKT-Punkt existiert.

Aufgabe 12.2.6

Gegeben sei das Minimierungsproblem

$$\begin{aligned}
\min \quad & \frac{1}{x_1} + \frac{1}{x_2} + \frac{1}{x_3} \\
\text{unter} \quad & x_1 + x_2 + x_3 \leq 1 \\
& x_1, x_2, x_3 \geq \frac{1}{10} \\
\text{mit} \quad & \Gamma = \{x \mid x > 0\}
\end{aligned}$$

a)   Geben Sie die KKT-Bedingungen an und bestimmen Sie alle KKT-Punkte.

b)   Zeigen Sie, dass $\left(\frac{1}{3}, \frac{1}{3}, \frac{1}{3}\right)$ ein globaler Minimalpunkt ist.

Aufgabe 12.2.7

Gegeben sei das Optimierungsproblem:

$$\begin{aligned}
\max \quad & (x_1 - 1)^2 + x_2^2 \\
\text{unter} \quad & -1 \leq x_2 \leq 2 \\
& (x_1 + 3)^2 + x_2^2 \leq 25 \\
& -(x_1 + 2)^3 \leq x_2 \leq (x_1 + 2)^3
\end{aligned}$$

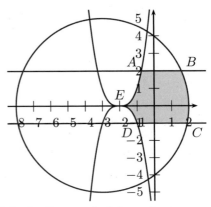

Die Differenzierbarkeit der Zielfunktion und der Nebenbedingungsfunktionen kann vorausgesetzt werden und muss nicht nachgewiesen werden.

a) Prüfen Sie, ob die Restriktionsschnittpunkte

$$A = \begin{pmatrix} 2^{\frac{1}{3}} - 2 \\ 2 \end{pmatrix}, \ B = \begin{pmatrix} \sqrt{21} - 3 \\ 2 \end{pmatrix}, \ C = \begin{pmatrix} \sqrt{24} - 3 \\ -1 \end{pmatrix}, \ D = \begin{pmatrix} -1 \\ -1 \end{pmatrix}, \ E = \begin{pmatrix} -2 \\ 0 \end{pmatrix}$$

KKT-Punkte sind und ermitteln Sie die Zielfunktionswerte.

b) Zeigen Sie, dass Punkt E der globale Maximalpunkt ist, indem Sie den Zulässigkeitsbereich aufgrund der Zeichnung (ohne weiteren Nachweis) in ein geeignetes Polytop einbetten und diesen Punkt als globalen Maximalpunkt auf dem so erweiterten Zulässigkeitsbereich nachweisen.

12.3 Lösungen zu Karush-Kuhn-Tucker

Lösung zu 12.2.1

Wir bekommen einen Minimalpunkt, wenn wir ein $\overline{x}$ mit $\nabla f(\overline{x}) = 0$ finden, denn f ist eine quadratische Funktion $f = \frac{1}{2} \cdot x^T Q x - q^T x$ mit positiv definitem Q.
Q ist positiv definit, denn

$$3x_1^2 + x_2^2 + 2x_3^2 - 1x_1x_3 - 1x_3x_1 = (x_1^2 - 2x_1x_3 + x_3^2) + 2x_1^2 + x_2^2 + x_3^2 =$$
$$= (x_1 - x_3)^2 + 2x_1^2 + x_2^2 + x_3^2 > 0 \quad \forall \, x \in \mathbb{R}^3 \setminus \{0\}$$

$\rightarrow$ Um $\nabla f(\overline{x}) - 0$ zu erhalten, brauchen wir ein $\overline{x}$ mit $Q\overline{x} = q$. Dies ergibt die Minimalstelle

$$\begin{pmatrix} 3 & 0 & -1 \\ 0 & 1 & 0 \\ -1 & 0 & 2 \end{pmatrix} \begin{pmatrix} x_1 \\ x_2 \\ x_3 \end{pmatrix} = \begin{pmatrix} -1 \\ 4 \\ 0 \end{pmatrix} \Rightarrow x_2 = 4$$

$$\begin{pmatrix} 3 & -1 \\ -1 & 2 \end{pmatrix} \begin{pmatrix} x_1 \\ x_3 \end{pmatrix} = \begin{pmatrix} -1 \\ 0 \end{pmatrix} \Rightarrow \begin{pmatrix} 1 & -\frac{1}{3} \\ -1 & 2 \end{pmatrix} \begin{pmatrix} x_1 \\ x_3 \end{pmatrix} = \begin{pmatrix} -\frac{1}{3} \\ 0 \end{pmatrix} \Rightarrow \begin{pmatrix} 1 & -\frac{1}{3} \\ 0 & \frac{5}{3} \end{pmatrix} \begin{pmatrix} x_1 \\ x_3 \end{pmatrix} = \begin{pmatrix} -\frac{1}{3} \\ -\frac{1}{3} \end{pmatrix}$$

$$\Rightarrow x_3 = -\frac{1}{5} \Rightarrow x_1 - \frac{1}{3}\left(-\frac{1}{5}\right) = -\frac{1}{3} \Rightarrow x_1 = -\frac{1}{3}\left(1 + \frac{1}{5}\right) = -\frac{2}{5}$$

Also ist $\begin{pmatrix} -\frac{2}{5} \\ 4 \\ -\frac{1}{5} \end{pmatrix}$ die Minimalstelle mit Minimalwert:

$$\frac{1}{2} \cdot \left(-\frac{2}{5}, 4, -\frac{1}{5}\right) \begin{pmatrix} 3 & 0 & -1 \\ 0 & 1 & 0 \\ -1 & 0 & 2 \end{pmatrix} \begin{pmatrix} -\frac{2}{5} \\ 4 \\ -\frac{1}{5} \end{pmatrix} - \begin{pmatrix} -1 \\ 4 \\ 0 \end{pmatrix}^T \begin{pmatrix} -\frac{2}{5} \\ 4 \\ -\frac{1}{5} \end{pmatrix} =$$

$$= \frac{1}{2} \cdot \left(-\frac{2}{5}, 4, -\frac{1}{5}\right) \begin{pmatrix} -1 \\ 4 \\ 0 \end{pmatrix} - \begin{pmatrix} -1 \\ 4 \\ 0 \end{pmatrix}^T \begin{pmatrix} -\frac{2}{5} \\ 4 \\ -\frac{1}{5} \end{pmatrix} = \frac{1}{2} \cdot \left[\frac{2}{5} + 16\right] - \left[\frac{2}{5} + 16\right] = -\frac{41}{5}$$

Lösung zu 12.2.2

a)   Wir müssen zeigen, dass $\nabla f(\overline{x})^T \overline{d} < 0$ gilt.

$$\nabla f(\overline{x})^T \overline{d} = -\nabla f(\overline{x})^T P \nabla f(\overline{x}) \overset{\text{weil P eine Projektion ist}}{=} -\nabla f(\overline{x})^T P^T P \nabla f(\overline{x}) =$$

$$= -\|P\nabla f(\overline{x})\|^2 = -\|\overline{d}\|^2 < 0 \Rightarrow \text{ Abstiegsrichtung}$$

b) $\overline{u} = -(A_1 A_1^T)^{-1} A_1 \nabla f(\overline{x}) \geq 0, \overline{d} = 0$

Z. z.: $(\overline{x}, \overline{u})$ erfüllt KKT.

Es gilt nämlich

$$\nabla f(\overline{x}) + \sum_{i=1}^{n} \mu_i \cdot \nabla g_i(\overline{x}) = 0 \text{ und } \mu_i \cdot g_i(\overline{x}) = 0 \ , \ \mu_i \geq 0 \ \forall i \Leftrightarrow$$

$$\nabla f(\overline{x}) + A_1^T \mu_1 + A_2^T \mu_2 = 0 \text{ und } (A_1 \overline{x} - b_1)^T \mu_1 = 0, \underbrace{(A_2 \overline{x} - b_2)}_{(<0)}^T \cdot \mu_2 = 0, \mu \geq 0$$

Wähle nun $\mu_1 = \overline{u}$ und $\mu_2 = 0$, dann folgt

$$\nabla f(\overline{x}) + A_1^T [-(A_1 A_1^T)^{-1} A_1 \nabla f(\overline{x})] + 0 =$$

$$= \nabla f(\overline{x}) - A_1^T (A_1 A_1^T)^{-1} A_1 \nabla f(\overline{x}) = P\nabla f(\overline{x}) = -\overline{d} = 0$$

$$(A_1 \overline{x} - b_1)^T \cdot \mu_1 = 0^T \cdot \mu_1 = 0$$

$$(A_2 \overline{x} - b_2)^T \cdot \mu_2 = (A_2 \overline{x} - b_2)^T \cdot 0 = 0$$

$$\mu_1 = \overline{u} \geq 0, \ \mu_2 = 0 \geq 0$$

Mit μ_1 und μ_2 haben wir geeignete Multiplikatoren (kombinierbar und passend zu $\overline{x}$) gefunden.

Lösung zu 12.2.3

Zur Polynomdarstellung $p(y) = \sum_{j=0}^{r} a_j \cdot y^j$ werden die Koeffizienten $a_0, a_1, \ldots, a_r$ gesucht.

Eine Minimierung des quadratischen Abstandes bedeutet:

$$\min \ f(a_0, a_1, \ldots, a_r) = \sum_{i=1}^{m} (p(y_i) - z_i)^2 = \sum_{i=1}^{m} \left(\sum_{j=0}^{r} (a_j y_i^j) - z_i \right)^2 \qquad a_i \in \mathbb{R} \ \forall i$$

Andere Schreibweise:

$$p(y_i) - z_i = (1, y_i^1, y_i^2, \ldots, y_i^r) \begin{pmatrix} a_0 \\ \vdots \\ a_r \end{pmatrix} - z_i$$

$$\Rightarrow \begin{pmatrix} p(y_1) - z_1 \\ \vdots \\ p(y_m) - z_m \end{pmatrix} = \begin{pmatrix} 1 & y_1^1 & \cdots & y_1^r \\ \vdots & \vdots & \vdots & \vdots \\ 1 & y_m^1 & \cdots & y_m^r \end{pmatrix} \begin{pmatrix} a_0 \\ \vdots \\ a_r \end{pmatrix} - z = Y \begin{pmatrix} a_0 \\ a_1 \\ \vdots \\ a_r \end{pmatrix} - z$$

$$\Rightarrow f(a_0, \ldots, a_r) = \|Ya - z\|^2$$

Optimalitätsbedingung 1. Ordnung $\nabla f(a) = 0$

$$\nabla f(a) = 2 \cdot Y^T \cdot Y \cdot a - 2 \cdot Y^T \cdot z = 0$$

Die Bedingung ist notwendig und auch hinreichend, falls $\nabla f(a)$ positiv definit ist.
$\nabla^2 f(a) = Y^T Y$ ist positiv semidefinit (klar). Gilt sogar positive Definitheit?

Annahme: $\exists \bar{a} \neq 0$ mit $Y\bar{a} = 0 \iff$ Polynom $\ p(y) = \sum_{i=0}^{m-1} \bar{a}_i \cdot y^i$ erfüllt $p(y_i) = 0$ an allen
Stellen y_i mit $i = 1, \ldots, m$
$\Rightarrow p$ hat m Nullstellen, aber $grad(p) = r \leq m - 1 \Rightarrow p \equiv 0 \Rightarrow \bar{a}_i = 0 \ \forall i \Rightarrow$ (Widerspruch)
$\Rightarrow \nabla^2 f(a)$ ist positiv definit (also Optimalpunkt des Gleichungssystems).

Lösung zu 12.2.4

$\bar{x}$ ist lokaler Optimalpunkt, also auch zulässig, das heißt $\sum \bar{x}_i = 1, \bar{x} \geq 0$, insbesondere $\bar{x} \neq 0$
$\Rightarrow$ nicht alle Ungleichungsbedingungen können straff erfüllt sein $\Rightarrow \nabla h(\bar{x})$ und $\nabla g_i(\bar{x})$ sind
linear unabhängig ($\nabla h(\bar{x}) = \mathbb{1}, \nabla g_i(\bar{x}) = \ c_i$).
Weiterhin gilt:

1) $\Gamma = \mathbb{R}^n$ offen

2)   Alle Nebenbedingungen sind stetig und differenzierbar bei $\bar{x}$.

$\Rightarrow$ LU-CQ erfüllt $\Rightarrow$ KKT-Bedingungen sind notwendig bei $\bar{x}$.
Also erfüllt $\bar{x}$ die KKT-Bedingungen

$$\exists u \geq 0, v \in \mathbb{R} \text{ mit}$$
$$\nabla f(\bar{x}) + \nabla g(\bar{x})^T u + v \cdot \nabla h(\bar{x}) = 0 \tag{a}$$
$$u^T g(\bar{x}) = 0 \tag{b}$$

Aus den einzelnen Bedingungen folgt:

(a) $\iff \nabla f(\bar{x}) - Eu + v \cdot \mathbb{1} = 0 \Rightarrow \nabla f(\bar{x}) + v \cdot \mathbb{1} = u \geq 0 \Rightarrow \nabla f(\bar{x}) \geq -v \cdot \mathbb{1}$
wähle $\alpha = -v \Rightarrow \nabla f(\bar{x}) - \alpha \cdot \mathbb{1} = u$

(b) $\iff u^T(-\bar{x}) = 0 \Rightarrow 0 = u^T \bar{x} = (\nabla f(\bar{x}) - \alpha \cdot \mathbb{1})^T \bar{x}$

Lösung zu 12.2.5

$X \neq \emptyset$, deshalb wird (MP) unbeschränkt nach unten, wenn durch ein $\hat{z}$ mit $B\hat{z} \leq 0$ erreichbar ist, dass $\hat{z}^T A^T A\hat{z} + c^T \hat{z}$ unbeschränkt klein wird. Nun habe $\tilde{z}^T A^T A\tilde{z} + c^T \tilde{z}$ für jede Richtung $B\tilde{z} \leq 0$ einen endlichen Minimalwert. Betrachte das Kompaktum $\{z \mid z \in \omega_n, Bz \leq 0\}$ und $\Phi(z) = \min\{\varrho^2 z^T A^T Az + \varrho c^T z \mid \varrho \geq 0\}$. Dabei sei ω_n der Rand der Einheitskugel. Die zugrunde liegende Funktion und $\Phi(z)$ sind stetig. Also gibt es für $\Phi(z)$ einen endlichen Minimalwert.

Weil aber $A^T A$ positiv semidefinit ist, kann dies nur passieren bei $A\hat{z} = 0$ und durch $c^T \hat{z} < 0$. Also ist die Existenz eines solchen $\hat{z}$ $(\hat{z}^T A^T A\hat{z} = 0, c^T \hat{z} < 0, B\hat{z} \leq 0)$ notwendig und hinreichend für die Unbeschränktheit nach unten.

Andererseits bedeutet das Vorliegen eines KKT-Punktes Folgendes:

$$\exists (\overline{x}, \overline{u}) \text{ mit } 2\overline{x}^T A^T A + c^T + \overline{u}^T B = 0^T \text{ mit } \overline{u} \geq 0, \overline{x} \text{ beliebig}, B\overline{x} \leq d, \overline{u}_i = 0 \text{ falls } B_i x < d.$$

Das ist so, weil der Gradient der Zielfunktion gerade $2A^T A\overline{x} + c$ ist und die Gradienten der einzelnen Nebenbedingungen sind die $B_{i\cdot}^T$ (Zeilen von B als Spalten geschrieben). Schreibt man nun alles als Kombination von Matrixzeilen und betrachtet man $(A^T A)^T = (A^T A)$, dann folgt die obige Schreibweise. Damit erfüllt unser System aber eine Alternative von Motzkin:

$$\text{Das System} \left\langle \begin{array}{c} c^T y_1 + B^T y_3 + y_4^2 (A^T A)\overline{x} = 0 \\ y_1 = 1 \neq 0, y_3 = 0, y_4 = 1 \end{array} \right\rangle \text{ hat nun eine Lösung.}$$

Dann kann aber nicht sein (2. Alternative), dass

$$\exists \hat{z} \text{ mit } c^T \hat{z} < 0, B\hat{z} \leq 0, x^T (A^T A)\hat{z} = 0$$

also auch nicht $c^T \hat{z} < 0, B\hat{z} \leq 0, A\hat{z} = 0$. Damit ist ein KKT-Punkt genau dann vorhanden, wenn (MP) nach unten beschränkt ist.

Lösung zu 12.2.6

$$g_1 : x_1 + x_2 + x_3 - 1 \leq 0 \qquad\qquad g_2 : \frac{1}{10} - x_1 \leq 0$$

$$g_3 : \frac{1}{10} - x_2 \leq 0 \qquad\qquad g_4 : \frac{1}{10} - x_3 \leq 0$$

a)   **KKT-Bedingungen** (Teil 1)

$$\nabla f = \begin{pmatrix} -\frac{1}{x_1^2} \\ -\frac{1}{x_2^2} \\ -\frac{1}{x_3^2} \end{pmatrix}, \nabla g_1 = \begin{pmatrix} 1 \\ 1 \\ 1 \end{pmatrix}, \nabla g_2 = \begin{pmatrix} -1 \\ 0 \\ 0 \end{pmatrix}, \nabla g_3 = \begin{pmatrix} 0 \\ -1 \\ 0 \end{pmatrix}, \nabla g_4 = \begin{pmatrix} 0 \\ 0 \\ -1 \end{pmatrix}$$

KKT hieße:

$$\nabla f(\overline{x}) + \sum u_i \nabla g_i(\overline{x}) = 0, \ u_i \geq 0, \ u_i = 0, \text{ falls } g_i(\overline{x}) < 0.$$

Hier heißt das:

$$-\frac{1}{x_1^2} + u_1 \cdot 1 + u_2 \cdot (-1) = 0$$

$$-\frac{1}{x_2^2} + u_1 \cdot 1 + u_3 \cdot (-1) = 0$$

$$-\frac{1}{x_3^2} + u_1 \cdot 1 + u_4 \cdot (-1) = 0$$

und Komplementarität

$$u_1(x_1 + x_2 + x_3 - 1) = 0,$$

$$u_2\left(\frac{1}{10} - x_1\right) = 0, \ u_3\left(\frac{1}{10} - x_2\right) = 0, \ u_4\left(\frac{1}{10} - x_3\right) = 0, \ u_i \geq 0 \ \forall i$$

Bestimmung aller KKT-Punkte (Teil 2)

1.) alle vier Restriktionen straff:
unmöglich, weil dann $x_i = \frac{1}{10} \Rightarrow \sum x_i = \frac{3}{10} \neq 1$

2.) keine Restriktion straff:

$\Rightarrow \bar{x}$ innerer Punkt, dann müsste $\nabla f(\bar{x}) = 0$ sein, das heißt $\begin{pmatrix} 0 \\ 0 \\ 0 \end{pmatrix} = \begin{pmatrix} -\frac{1}{x_1^2} \\ -\frac{1}{x_2^2} \\ -\frac{1}{x_3^2} \end{pmatrix}$.

Das geht nicht.

3.) genau eine Restriktion ist straff

a) g_1 ist straff, g_2, g_3, g_4 sind locker ($u_2 = u_3 = u_4 = 0$)
also $x_1 + x_2 + x_3 = 1$, $x_i > \frac{1}{10} \forall i$
KKT:

$$-\frac{1}{x_1^2} + u_1 = 0$$

$$-\frac{1}{x_2^2} + u_1 = 0$$

$$-\frac{1}{x_3^2} + u_1 = 0$$

$$\Rightarrow x_1^2 = x_2^2 = x_3^2 = \frac{1}{u_1} \text{(wegen } x_i > \frac{1}{10} > 0)$$

$$\Rightarrow x_i = \frac{1}{\sqrt{u_1}}$$

$$\Rightarrow x_1 + x_2 + x_3 = \frac{3}{\sqrt{u_1}} = 1$$

$$\Rightarrow \sqrt{u_1} = 3 \Rightarrow u_1 = 9 \text{ und } x_1 = x_2 = x_3 = \frac{1}{3}$$

Damit ist $\begin{pmatrix} \frac{1}{3} \\ \frac{1}{3} \\ \frac{1}{3} \\ \frac{1}{3} \end{pmatrix}$ ein KKT-Punkt.

b) g_1 ist locker, (o. B. d. A.) g_2 ist straff, g_3, g_4 sind locker.

$$\Rightarrow u_1 = u_3 = u_4 = 0$$

also $x_1 + x_2 + x_3 < 1$, $x_1 = \frac{1}{10} \Rightarrow x_2 + x_3 < \frac{9}{10}$, $x_2, x_3 > \frac{1}{10}$
KKT:
$$\begin{pmatrix} -100 \\ -\frac{1}{x_2^2} \\ -\frac{1}{x_3^2} \end{pmatrix} + u_2 \begin{pmatrix} -1 \\ 0 \\ 0 \end{pmatrix} = \begin{pmatrix} 0 \\ 0 \\ 0 \end{pmatrix}$$

geht nicht, weil $x_2, x_3 > 0$ bzw. $u_2 = -100$.   (Widerspruch)
(g_3, g_4 gehen analog)

4.)   genau zwei Restriktionen sind straff

a)   (O. B. d. A.) g_1, g_2 sind straff, g_3, g_4 sind locker.

$$\Rightarrow u_3 = u_4 = 0 \text{ also } x_1 = \frac{1}{10}$$

KKT:

$$\begin{pmatrix} -100 \\ -\frac{1}{x_2^2} \\ -\frac{1}{x_3^2} \end{pmatrix} + \begin{pmatrix} u_1 \\ u_1 \\ u_1 \end{pmatrix} - \begin{pmatrix} -u_2 \\ 0 \\ 0 \end{pmatrix} = \begin{pmatrix} 0 \\ 0 \\ 0 \end{pmatrix}$$

$$\Rightarrow u_1 = \frac{1}{x_2^2} = \frac{1}{x_3^2}, x_2 = x_3 = \frac{1}{\sqrt{u_1}}$$

$$\Rightarrow 1 = x_1 + x_2 + x_3 = \frac{1}{10} + 2\frac{1}{\sqrt{u_1}}$$

$$\Rightarrow \frac{1}{\sqrt{u_1}} = \frac{9}{20} \Rightarrow u_1 = \frac{400}{81}$$

$$x_2 = x_3 = \frac{9}{20} \text{ und } u_2 = -100 + u_1 = -100 + \frac{400}{81} < 0$$

(Widerspruch.) Es handelt sich nicht um einen KKT-Punkt.

b) g_1 ist locker, o. B. d. A. g_2, g_3 straff, g_4 locker.

$$\Rightarrow u_1 = u_4 = 0 \text{ also } x_1 = x_2 = \frac{1}{10}$$

KKT:

$$\begin{pmatrix} -100 \\ -100 \\ -\frac{1}{x_3^2} \end{pmatrix} + u_2 \begin{pmatrix} 0 \\ -1 \\ 0 \end{pmatrix} - \begin{pmatrix} 0 \\ 0 \\ -1 \end{pmatrix} = \begin{pmatrix} 0 \\ 0 \\ 0 \end{pmatrix}$$

Die erste Zeile führt zum Widerspruch.

5.)   genau drei Restriktionen sind straff

a)   (O. B. d. A.) g_1, g_2, g_3 sind straff

$$\Rightarrow x_1 + x_2 + x_3 = 1 \text{ also } x_1 = x_2 = \frac{1}{10} \Rightarrow x_3 = \frac{8}{10}$$

KKT:

$$\begin{pmatrix} -100 \\ -100 \\ -\frac{100}{64} \end{pmatrix} + \begin{pmatrix} u_1 \\ u_1 \\ u_1 \end{pmatrix} - \begin{pmatrix} -u_2 \\ 0 \\ 0 \end{pmatrix} + \begin{pmatrix} 0 \\ -u_3 \\ 0 \end{pmatrix} = \begin{pmatrix} 0 \\ 0 \\ 0 \end{pmatrix}$$

$\Rightarrow u_1 = \frac{25}{16} \Rightarrow u_2 = -100 + \frac{25}{16} < 0$

(Widerspruch.) Es handelt sich nicht um einen KKT-Punkt

b) g_1 ist locker, g_2, g_3, g_4 sind straff

$$\Rightarrow x_1 + x_2 + x_3 = \frac{3}{10} < 1$$

(Widerspruch)

Also ist nur $\begin{pmatrix} \frac{1}{3} \\ \frac{1}{3} \\ \frac{1}{3} \end{pmatrix}$ ein KKT-Punkt.

b)   Nachweis, dass $\begin{pmatrix} \frac{1}{3} \\ \frac{1}{3} \\ \frac{1}{3} \end{pmatrix}$ optimal ist.

$$\nabla^2 f = \begin{pmatrix} 2\frac{1}{x_1^3} & 0 & 0 \\ 0 & 2\frac{1}{x_2^3} & 0 \\ 0 & 0 & 2\frac{1}{x_3^3} \end{pmatrix} \text{ ist positiv definit für } x > 0 \Rightarrow f \text{ ist pseudokonvex auf dem}$$

Zulässigkeitsbereich $\Gamma = \{x \mid x > 0\}$.

g ist linear $\Rightarrow g$ ist quasikonvex. Deshalb ist $\overline{x} = \begin{pmatrix} \frac{1}{3} \\ \frac{1}{3} \\ \frac{1}{3} \end{pmatrix}$ optimal.

Lösung zu 12.2.7

$$\max f(x) = (x_1 - 1)^2 + x_2^2 \qquad\qquad \nabla f(x)^T = (2x_1 - 2, 2x_2)$$
$$g_1(x) = -x_2 - 1 \le 0 \qquad\qquad \nabla g_1(x)^T = (0, -1)$$
$$g_3(x) = x_2 - 2 \le 0 \qquad\qquad \nabla g_2(x)^T = (0, 1)$$
$$g_3(x) = (x_1 + 3)^2 + x_2^2 - 25 \le 0 \qquad\qquad \nabla g_3(x)^T = (2x_1 + 6, 2x_2)$$
$$g_4(x) = -(x_1 + 2)^3 - x_2 \le 0 \qquad\qquad \nabla g_4(x)^T = (-3(x_1 + 2)^2, -1)$$
$$g_5(x) = x_2 - (x_1 + 2)^3 \le 0 \qquad\qquad \nabla g_5(x)^T = (-3(x_1 + 2)^2, 1)$$

$$A: \text{straff sind } g_2, g_5, \quad \text{locker sind } g_1, g_3, g_4$$
$$B: \text{straff sind } g_2, g_3, \quad \text{locker sind } g_1, g_4, g_5$$
$$C: \text{straff sind } g_1, g_3, \quad \text{locker sind } g_2, g_4, g_5 \quad \Biggr\} \Rightarrow \text{alle zulässig}$$
$$D: \text{straff sind } g_1, g_4, \quad \text{locker sind } g_2, g_3, g_5$$
$$E: \text{straff sind } g_4, g_5, \quad \text{locker sind } g_1, g_2, g_3$$

a)   1.) A KKT-Punkt?

$$-\nabla f(A) + u_2 \cdot \nabla g_2(A) + u_5 \cdot \nabla g_5(A) = 0, u_2, u_5 \geq 0$$

$$\Rightarrow -\begin{pmatrix} 2 \cdot 2^{\frac{1}{3}} - 6 \\ 4 \end{pmatrix} + u_2 \begin{pmatrix} 0 \\ 1 \end{pmatrix} + u_5 \begin{pmatrix} -3 \cdot 2^{\frac{1}{3}} - 6 \\ 1 \end{pmatrix} = \begin{pmatrix} 0 \\ 0 \end{pmatrix}$$

$$\Rightarrow u_5 = \frac{6 - 2 \cdot 2^{\frac{1}{3}} - 6}{3 \cdot 2^{\frac{1}{3}}} > 0,$$

$$u_2 = 4 - u_5 = \frac{12 \cdot 2^{\frac{1}{3}} - 6 + 2 \cdot 2^{\frac{1}{3}} - 6}{3 \cdot 2^{\frac{1}{3}}} = \frac{10 \cdot 2^{\frac{1}{3}} - 6}{3 \cdot 2^{\frac{1}{3}}} > 0$$

$\Rightarrow A$ KKT-Punkt

2.) B KKT-Punkt?

$$-\nabla f(B) + u_2 \cdot \nabla g_2(B) + u_3 \cdot \nabla g_3(B) = 0, u_2, u_3 \geq 0$$

$$\Rightarrow -\begin{pmatrix} 2 \cdot \sqrt{21} - 8 \\ 4 \end{pmatrix} + u_2 \begin{pmatrix} 0 \\ 1 \end{pmatrix} + u_3 \begin{pmatrix} 2 \cdot \sqrt{21} \\ 4 \end{pmatrix} = \begin{pmatrix} 0 \\ 0 \end{pmatrix}$$

$$\Rightarrow u_3 = \frac{2 \cdot \sqrt{21} - 8}{2 \cdot \sqrt{21}} > 0, u_2 = 4 - 4 \cdot \frac{2 \cdot \sqrt{21} - 8}{2 \cdot \sqrt{21}} > 0$$

$\Rightarrow B$ KKT-Punkt

3.) C KKT-Punkt?

$$-\nabla f(C) + u_1 \cdot \nabla g_1(C) + u_3 \cdot \nabla g_3(C) = 0, u_1, u_3 \geq 0$$

$$\Rightarrow -\begin{pmatrix} 2 \cdot \sqrt{24} - 8 \\ -2 \end{pmatrix} + u_1 \begin{pmatrix} 0 \\ -1 \end{pmatrix} + u_3 \begin{pmatrix} 2 \cdot \sqrt{24} - 8 \\ -2 \end{pmatrix} = \begin{pmatrix} 0 \\ 0 \end{pmatrix}$$

$$\Rightarrow u_3 = \frac{2 \cdot \sqrt{24} - 8}{2 \cdot \sqrt{24}} > 0, u_1 = 2 - 2 \cdot u_3 = 2 - 2 \cdot \frac{2 \cdot \sqrt{24} - 8}{2 \cdot \sqrt{24}} > 0$$

$\Rightarrow C$ KKT-Punkt

4.) D KKT-Punkt?

$$-\nabla f(D) + u_1 \cdot \nabla g_1(D) + u_4 \cdot \nabla g_4(D) = 0, u_1, u_4 \geq 0$$

$$\Rightarrow -\begin{pmatrix} -4 \\ -2 \end{pmatrix} + u_1 \begin{pmatrix} 0 \\ -1 \end{pmatrix} + u_4 \begin{pmatrix} -3 \\ -1 \end{pmatrix} = \begin{pmatrix} 0 \\ 0 \end{pmatrix}$$

$$\Rightarrow u_4 = \frac{4}{3} > 0, u_1 = 2 - u_4 = \frac{2}{3} > 0$$

$\Rightarrow D$ KKT-Punkt

5.) E KKT-Punkt?

$$-\nabla f(E) + u_4 \cdot \nabla g_4(E) + u_5 \cdot \nabla g_5(E) = 0, u_4, u_5 \geq 0$$

$$\Rightarrow -\begin{pmatrix} -6 \\ 0 \end{pmatrix} + u_4 \begin{pmatrix} 0 \\ -1 \end{pmatrix} + u_5 \begin{pmatrix} 0 \\ 1 \end{pmatrix} = \begin{pmatrix} 0 \\ 0 \end{pmatrix}$$

$$\Rightarrow 6 + 0 = 0 \quad \text{(Widerspruch)}$$

$\Rightarrow E$ kein KKT-Punkt

b)   Einbettung in ein Polytop mit den Ecken: $A, B, C, F = \begin{pmatrix} 2 \\ 2 \end{pmatrix}, G = \begin{pmatrix} 2 \\ -1 \end{pmatrix}$

Zulässigkeitsbereich $\subseteq \operatorname{conv}(A, D, E, F, G)$

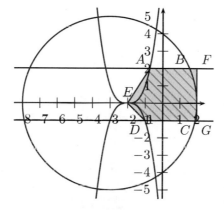

f konvex $\Rightarrow f$ quasikonvex

Bekannt: f nimmt Maximum an einer Ecke an.

$$f(A) = (2^{\frac{1}{3}} - 3)^2 + 4 \leq 8 \qquad f(F) = 1 + 4 = 5$$
$$f(G) = 1 + 1 = 2 \qquad\qquad f(D) = 4 + 1 = 5$$
$$f(E) = 9$$

$\Rightarrow E$ globales Maximum auf Polytop

$\Rightarrow E$ globales Maximum auf dem (kleineren) Zulässigkeitsbereich

---

12.4   Theorie der Constraint-Qualifications

Dieser Abschnitt erörtert die vielfältige Möglichkeit, Constraint-Qualifications zu formulieren, um die KKT-Bedingungen notwendig für lokale Optimalität zu machen. Wir beschränken uns auf Ungleichungs-Nebenbedingungen. Zu diesem Zweck ist die Betrachtung weiterer Kegel nützlich.

Definition 12.17

$\Gamma \neq \emptyset$ sei eine Teilmenge von $\mathbb{R}^n$ und $\overline{x} \in \overline{\Gamma}$. Der *Tangentialkegel* T zu Γ bei $\overline{x}$ ist der Kegel, der aufgespannt wird von allen Richtungen $d \neq 0$ mit:

$$d = \lim_{k \to \infty} \lambda_k (x_k - \overline{x}) \quad \text{wobei } x_k \to \overline{x} \text{ und } \lambda_k = \frac{1}{\|x_k - \overline{x}\|}, \, x_k \neq \overline{x}, x_k \in \Gamma \quad \forall k.$$

Mit diesem Kegel T kann man ähnlich operieren wie mit D oder G_I.

Satz 12.18

$\Gamma \neq \emptyset$, $\overline{x} \in \Gamma$. f sei differenzierbar bei $\overline{x}$. Wenn $\overline{x}$ (LMP) löst, dann gilt $F \cap T = \emptyset$.

Und aus dieser Erkenntnis ergibt sich die Abadie-CQ

Definition 12.19

Sei $\Gamma \neq \emptyset$, $\overline{x}$ zulässig, f und g_I seien bei $\overline{x}$ differenzierbar.
Dann lautet die *Abadie-CQ*: $T = G_I^{\leq} := \{d \mid \nabla g_I(\overline{x})d \leq 0\}$.

Satz 12.20

Sei $\Gamma \neq \emptyset$, $\overline{x}$ zulässig, f und g_I seien bei $\overline{x}$ differenzierbar. Falls die Abadie-CQ gilt, haben wir:
Falls $\overline{x}$ (LMP) löst, dann gibt es $u_I \geq 0$ mit $\nabla f(\overline{x})^T + u_I^T \nabla g_I(\overline{x}) = 0$.

Diese CQ greift insbesondere bei Problemen mit linearen Nebenbedingungen.

Bemerkung

Sei $X = \{x \mid Ax \leq b\}, \overline{x} \in X$ mit $A_I \overline{x} = b_I$ und $A_{\overline{I}} \overline{x} < b_{\overline{I}}$. Dann gelten bei LMP-Lösungen $\overline{x}$ auch die Abadie-CQ und damit auch die KKT-Bedingungen, falls f differenzierbar ist.
Ein weiterer Kegel, der ähnlich benutzt werden kann, ist der Kegel der annehmbaren Richtungen.

Definition 12.21

Der Kegel A der *annehmbaren Richtungen* ist definiert als

$$A = \left\{ d \, \middle| \, \exists \delta > 0 \text{ und } \gamma : \mathbb{R} \to \mathbb{R}^n \text{ mit } \gamma \text{ ist stetig und } \gamma(\lambda) \in \Gamma \, \forall \lambda \in (0, \delta) \right.$$

$$\left. \gamma(0) = \overline{x}, \, \lim_{\lambda \to 0+} \frac{\gamma(\lambda) - \gamma(0)}{\lambda} = d \right\}.$$

Es muss also eine auf $\overline{x}$ zulaufende Kurve in Γ mit Krümmungs-Endverhalten d geben. Das folgende Lemma beschreibt Inklusionen der beteiligten Kegel.

Lemma 12.22
Sei $\Gamma \neq \emptyset$, $\overline{x}$ zulässig und g_I differenzierbar bei $\overline{x}$. Dann gilt:

$$\overline{D} \subseteq \overline{A} \subseteq T \subseteq G_I^{\leq}$$

Falls Γ offen und $g_{\overline{I}}$ stetig bei $\overline{x}$ ist, so gilt $G_I \subseteq D$, woraus folgt:

$$\overline{G_I} \subseteq \overline{D} \subseteq \overline{A} \subseteq T \subseteq G_I^{\leq}$$

Beachte, dass sehr wohl der Fall auftreten kann, wo $G_I = \emptyset$ und $G_{\overline{I}}^{\leq} \neq \emptyset$ und damit $\overline{G_I} \neq G_I^{\leq}$ gilt. Unter welchen Zusatzbedingungen (CQs) wäre jetzt also z. B. KKT notwendig? Die folgende Liste gibt eine Kurzfassung der erwähnten CQ-Beziehungen.

Definition 12.23 (Constraint-Qualifications)
Slater-CQ: Γ offen, g_I pseudokonvex bei $\overline{x}$, $g_{\overline{I}}$ stetig bei $\overline{x}$. Es gibt ein $x \in \Gamma$ mit $g_I(x) < 0$.

Lineare Unabhängigkeits-CQ: Γ offen, $g_{\overline{I}}$ stetig bei $\overline{x}$, $\{\nabla q_i(\overline{x}) \mid i \in I\}$ linear unabhängige Menge

Cottle-CQ: Γ offen, $g_{\overline{I}}$ stetig, $\overline{G_I} = G_I^{\leq}$.

Zangwill-CQ: $\overline{D} = G_I^{\leq}$.

Kuhn-Tucker-CQ: $\overline{A} = G_I^{\leq}$.

Abadie-CQ: $T = G_I^{\leq}$.

12.5 Aufgaben zu Constraint-Qualifications

Aufgabe 12.5.1

Sei A eine $m \times n$ Matrix, $G_0 = \{d \mid Ad < 0\}$ und $G' = \{d \mid Ad \leq 0\}$. Zeigen Sie:

a) G_0 ist ein offener, konvexer Kegel.

b) G' ist ein abgeschlossener, konvexer Kegel.

c)   Geben Sie ein Beispiel für $\overline{G_0} = G'$ und ein Beispiel für $\overline{G_0} \neq G'$ an.

d)   Zeigen Sie: $G_0 \neq \emptyset \Rightarrow \overline{G_0} = G'$.

Aufgabe 12.5.2

Betrachten Sie ein Minimierungsproblem

$$\min f(x) \text{ unter } g_1(x) \le 0, x \in \Gamma \subset \mathbb{R}^2$$

mit $g_1(x) = x_1^2 + x_2^2 - 1$ und $\Gamma = \text{conv} \left(\begin{pmatrix} -1 \\ 0 \end{pmatrix}, \begin{pmatrix} 1 \\ 0 \end{pmatrix}, \begin{pmatrix} 0 \\ 1 \end{pmatrix}, \begin{pmatrix} 0 \\ -1 \end{pmatrix} \right)$.

a)   Bestimmen Sie den Tangentialkegel T zu X bei $\overline{x} = \begin{pmatrix} 1 \\ 0 \end{pmatrix}$ sowie

$$G_I^{\le} = \{ d \mid \nabla g_1(\overline{x})^T d \le 0 \}$$

und überprüfen Sie, ob $T = G_I^{\le}$ gilt.

(X bezeichnet den Zulässigkeitsbereich, das heißt $X = \{ x \in \Gamma \mid g_1(x) \le 0 \}$.)

b)   Ersetzen Sie nun die Menge Γ durch vier Ungleichungsnebenbedingungen. Sie erhalten damit ein Minimierungsproblem der Form

$$\min f(x) \text{ unter } g_i(x) \le 0 \quad i = 1, \dots, 5 \text{ und } x \in \mathbb{R}^n.$$

Bestimmen Sie wiederum den Tangentialkegel T zu X bei $\overline{x} = \begin{pmatrix} 1 \\ 0 \end{pmatrix}$ sowie den Kegel

$$G_I^{\le} = \{ d \mid \nabla g_i(\overline{x})^T d \le 0 \, \forall i \in I(\overline{x}) \}.$$

Gilt nun $T = G_I^{\le}$?

(X ist auch hier der Zulässigkeitsbereich, das heißt $X = \{ x \in \mathbb{R}^n \mid g_i(x) \le 0, i = 1, \dots, 5 \}$.)

Aufgabe 12.5.3

Betrachten Sie ein Minimierungsproblem mit Ungleichungsrestriktionen:

$$\min f(x) \qquad \text{unter } g(x) \le 0, \ x \in \Gamma \qquad\qquad (MP)$$

mit $f : \mathbb{R}^n \to \mathbb{R}$ differenzierbar, $g : \mathbb{R}^n \to \mathbb{R}^m$.
Zeigen Sie, dass folgende Bedingung eine CQ darstellt:
$\Gamma \ne \emptyset$ sei offen und konvex, g sei konvex und differenzierbar auf Γ und der Zulässigkeitsbereich $X := \{ x \in \Gamma \mid g(x) \le 0 \}$ enthalte mindestens zwei verschiedene Punkte x_1 und x_2, wobei g bei einem dieser Punkte strikt konvex sei.

Aufgabe 12.5.4

Der Zulässigkeitsbereich eines Optimierungsproblems sei durch

$$g_1(x_1, x_2) := x_1^3 - 4x_2 \leq 0$$

$$g_2(x_1, x_2) := \frac{1}{2}(x_1 - 1)^2 + \frac{1}{4}x_2 - 1 \leq 0$$

$$g_3(x_1, x_2) := 2x_1 + x_2 - 6 \leq 0,$$

$$x \in \Gamma := \mathbb{R}^2$$

gegeben. Untersuchen Sie die Gültigkeit der Slater-CQ, LU-CQ und Cottle-CQ am Punkt $\begin{pmatrix} 2 \\ 2 \end{pmatrix}$.
Welche weiteren Constraint-Qualifications gelten auch noch?

Aufgabe 12.5.5

Gegeben sei ein Minimierungsproblem mit Ungleichungsrestriktionen

$$\min f(x) \qquad \text{unter } g(x) \leq 0, x \subset \Gamma \qquad (MP)$$

mit $f : \mathbb{R}^n \to \mathbb{R}$, $g : \mathbb{R}^n \to \mathbb{R}^m$. $\overline{x}$ bezeichne einen (lokalen) Minimalpunkt. Zeigen Sie, dass folgende Bedingung eine CQ darstellt:
$\Gamma \neq \emptyset$ sei offen und konvex, f, g seien differenzierbar bei $\overline{x} \in \Gamma$ und das System

$$\nabla g_W(\overline{x})z > 0, \nabla g_V(\overline{x})z \geq 0$$

habe eine Lösung $z \neq 0$, wobei $I = W \cup V$ und

$$I := \{i \mid g_i(\overline{x}) = 0\}$$
$$V := \{i \mid g_i(\overline{x}) = 0, g_i \text{ konkav bei } \overline{x}\}$$
$$W := \{i \mid g_i(\overline{x}) = 0, g_i \text{ nicht konkav bei } \overline{x}\}.$$

Hinweis: Beachten Sie den **Alternativsatz von Motzkin:**
A, C, D seien gegebene (dimensionsverträgliche) Matrizen. A sei auf jeden Fall vorhanden, (gegebenenfalls 0). Dann gilt:
Entweder I $Ax > 0, Cx \geq 0, Dx = 0$ hat eine Lösung x

oder II das System $\left\langle \begin{array}{c} A^T y_1 + C^T y_3 + D^T y_4 = 0 \\ y_1 \geq\neq 0, \; y_3 \geq 0 \end{array} \right\rangle$ hat eine Lösung $y = \begin{pmatrix} y_1 \\ y_3 \\ y_4 \end{pmatrix}$

Aufgabe 12.5.6

Zeigen Sie, dass es sich bei der folgenden Bedingung um eine Constraint-Qualification handelt. ⟨Das heißt, wenn diese Bedingung erfüllt ist, muss $\overline{x}$, wenn es lokaler Optimalpunkt zu

$$\min(x) \text{ unter } g(x) \leq 0 \qquad\qquad (MP)$$

ist, unbedingt ein KKT-Punkt sein/die KKT-Bedingungen erfüllen).⟩

Komponentenweise Slater-CQ:

Γ sei offen, $\overline{x} \in \Gamma$, g ist konvex und differenzierbar, g_j ist stetig für alle $j = 1, \ldots, m$. Und zu jedem $i \in I$ (das heißt mit $g_i(\overline{x}) = 0$) gibt es ein $\widetilde{x}_i \in X$ mit $g_i(\widetilde{x}_i) < 0$, $g(\widetilde{x}_i) \leq 0$.

Aufgabe 12.5.7

Bestimmen Sie den Maximalpunkt der Funktion $f : \mathbb{R}^n \to \mathbb{R}$ mit

$$f(x_1, \ldots, x_n) = \prod_{i=1}^{n} x_i^i$$

auf der Menge

$$X = \{x \mid 0 \leq x, \mathbf{1}^T x \leq 1\} \subset \mathbb{R}^n.$$

12.6   Lösungen zu Constraint-Qualifications

Lösung zu 12.5.1

$G_0 = \{d \mid Ad < 0\}$ und $G' = \{d \mid Ad \leq 0\}$

a) $\{d \mid Ad < 0\} = \bigcap_{i=1}^{m} \{d \mid a_i^T d < 0\}$, jeder dieser m Halbräume (HR) ist offen.

$\Rightarrow G_0$ ist $\underline{\text{offen}}$, da die Menge der Schnitt von endlich vielen offenen Mengen ist.

G_0 ist ein $\underline{\text{Kegel}}$, denn mit $a_i^T d < 0 \; \forall i$ gilt auch $a_i^T(\lambda \cdot d) < 0 \; \forall \lambda > 0 \Rightarrow \lambda \cdot d \in G_0$.

G_0 ist $\underline{\text{konvex}}$, denn mit $d_1 \in G_0$, $d_2 \in G_0$ gilt auch $\lambda \cdot d_1 + (1 - \lambda) \cdot d_2 \in G_0$, wenn $\lambda \in (0, 1)$.

$$A(\lambda \cdot d_1 + (1 - \lambda) \cdot d_2) = \lambda \cdot \underbrace{(Ad_1)}_{<0} + (1 - \lambda) \cdot \underbrace{(Ad_2)}_{<0} < 0$$

b) $G' = \{d \mid Ad \leq 0\} = \bigcap_{i=1}^{m} \underbrace{\{d \mid a_i^T d \leq 0\}}_{\text{abgeschlossene Halbräume}}$

$\Rightarrow G'$ ist abgeschlossen als Schnitt endlich vieler abgeschlossener Mengen. Also ist G' ein Kegel und konvex (wie in a))

c)

$$\overline{G_0} = G' : A = \begin{pmatrix} 1 & 0 \\ 0 & 1 \end{pmatrix} \text{ und } G_0 = \{x \in \mathbb{R}^2 \mid x < 0\}$$

$$\overline{G_0} = G' = \{x \in \mathbb{R}^2 \mid x \leq 0\}$$

$$\overline{G_0} \neq G' : A = \begin{pmatrix} 0 & 0 \\ 0 & 0 \end{pmatrix}, G_0 = \emptyset, \overline{G_0} = \emptyset, G' = \mathbb{R}^2$$

$$\text{also } G_0 = \emptyset \neq \mathbb{R}^2 = G'$$

d)   Wenn $G_0 \neq \emptyset \Rightarrow \overline{G_0} = G'$.

$\subseteq$: $G_0 \subseteq G'$, G' abgeschlossen $\Rightarrow \overline{G_0} \subseteq \overline{G'} = G'$

$\supseteq$: $G' \subseteq \overline{G_0}$

Annahme: $\exists \overline{d} \in G' = \overline{G'}$ mit $\overline{d} \notin \overline{G_0}$

$$G_0 \neq \emptyset \Rightarrow \exists \tilde{d} \in G_0$$

Betrachte eine Folge $\overline{d} + \varepsilon_n \cdot \tilde{d}$ mit $\varepsilon_n > 0$ und $\varepsilon_n \to 0$. Dann ergibt sich:

$$\overline{d} + \varepsilon_n \cdot \tilde{d} \in G_0 \; \forall \varepsilon_n, \; \overline{d} + \varepsilon_n \cdot \tilde{d} \in G' \; \forall \varepsilon_n \text{ und } \overline{d} = \lim_{n \to \infty} \overline{d} + \varepsilon_n \cdot \tilde{d} \in \overline{G_0}.$$

(Widerspruch)

Lösung zu 12.5.2

a)   Gegeben ist:

$$S : g_1(x) = x_1^2 + x_2^2 - 1 \qquad \nabla g_1(x) = \begin{pmatrix} 2x_1 \\ 2x_2 \end{pmatrix}$$

$$\Gamma = \text{conv}\left(\begin{pmatrix} -1 \\ 0 \end{pmatrix}, \begin{pmatrix} 1 \\ 0 \end{pmatrix}, \begin{pmatrix} 0 \\ 1 \end{pmatrix}, \begin{pmatrix} 0 \\ -1 \end{pmatrix} \right)$$

$$X = S \cap \Gamma = \Gamma$$

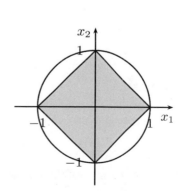

Tangentialkegel T zu X bei $\overline{x} = \begin{pmatrix} 1 \\ 0 \end{pmatrix}$ ist cone $\left(\begin{pmatrix} -1 \\ -1 \end{pmatrix}, \begin{pmatrix} -1 \\ 1 \end{pmatrix} \right)$

$$G_{\overline{I}}^{\leqq} = \{ d \mid \nabla g_1(\overline{x})^T d \leq 0 \} = \left\{ d \; \middle| \; \begin{pmatrix} 2 \\ 0 \end{pmatrix}^T d \leq 0 \right\} = \{ d \mid d_1 \leq 0 \}$$

$$\Rightarrow T \neq G_{\overline{I}}^{\leq} \left(\text{z. B. } \begin{pmatrix} 0 \\ 1 \end{pmatrix} \notin T, \text{ aber } \begin{pmatrix} 0 \\ 1 \end{pmatrix} \in G_{\overline{I}}^{\leq} \right)$$

weil T ein Kegel mit $\overline{x}$ als Spitze und $G_{\overline{I}}^{\leq}$ ein Halbraum mit $\overline{x}$ auf der begrenzenden Hyperebene ist.

b)   Die Ungleichungsbedingungen ergeben sich zu

$$g_1(x) = x_1^2 + x_2^2 - 1 \leq 0 \text{ mit } \nabla g_1 = \begin{pmatrix} 2 \cdot x_1 \\ 2 \cdot x_2 \end{pmatrix}$$

$$g_2(x) = x_1 + x_2 - 1 \leq 0 \text{ mit } \nabla g_2 = \begin{pmatrix} 1 \\ 1 \end{pmatrix}$$

$$g_3(x) = x_1 - x_2 - 1 \leq 0 \text{ mit } \nabla g_3 = \begin{pmatrix} 1 \\ -1 \end{pmatrix}$$

$$g_4(x) = -x_1 + x_2 - 1 \leq 0 \text{ mit } \nabla g_4 = \begin{pmatrix} -1 \\ 1 \end{pmatrix}$$

$$g_5(x) = -x_1 - x_2 - 1 \leq 0 \text{ mit } \nabla g_5 = \begin{pmatrix} -1 \\ -1 \end{pmatrix}$$

$\Gamma = \mathbb{R}^n$ und $X = S \cap \Gamma = S$ sowie $T = \text{cone} \left(\begin{pmatrix} -1 \\ 1 \end{pmatrix}, \begin{pmatrix} -1 \\ -1 \end{pmatrix} \right)$.

Bei $\overline{x}$ sind g_1, g_2, g_3 straff. Daher gilt:

$$G_{\overline{I}}^{\leq} = \{ d \mid \nabla g_1(\overline{x})^T d \leq 0, \nabla g_2(\overline{x})^T d \leq 0, \nabla g_3(\overline{x})^T d \leq 0 \} =$$

$$= \{ d \mid d_1 \leq 0, \, d_1 + d_2 \leq 0, \, d_1 - d_2 \leq 0 \} = \{ d \mid d_1 \leq 0, \, d_2 \leq -d_1, \, d_1 \leq d_2 \} =$$

$$= \left\{ d = \begin{pmatrix} d_1 \\ d_2 \end{pmatrix} \; \middle| \; d_1 \leq 0, \, d_1 \leq d_2 \leq -d_1 \right\} = \text{cone} \left(\begin{pmatrix} -1 \\ 1 \end{pmatrix}, \begin{pmatrix} -1 \\ -1 \end{pmatrix} \right) = T$$

Hier hat man also eine Übereinstimmung.

Lösung zu 12.5.3

Wir zeigen, dass die angegebene Bedingung die Slater-CQ erzwingt.
$\langle$ offen, g_I pseudokonvex bei $\overline{x}$, $g_{\overline{I}}$ stetig bei $\overline{x}$. $\exists x \in \Gamma$ mit $g_I(x) < 0 \rangle$

1) Γ ist hier offen

2) g konvex und differenzierbar $\Rightarrow g_I$ pseudokonvex

3) g ist differenzierbar $\Rightarrow g_{\bar{I}}$ ist stetig

4) $g(x_1) \leq 0, g(x_2) \leq 0 \quad x_1 \neq x_2$

5) g ist bei einem der Punkte (o. B. d. A. x_1) strikt konvex, das heißt

$$g(\lambda x_1 + (1 - \lambda x_2)) < \lambda g(x_1) + (1 - \lambda)g(x_2), \forall \lambda \in (0,1).$$

Also gilt für einen Zwischenpunkt $\hat{x}$: $g(\hat{x}) < 0 \Rightarrow g_I(\hat{x}) < 0$

Also ist die Slater-CQ erfüllt. $\Rightarrow$ KKT-Bedingungen müssen bei lokalem Optimalpunkt gelten.

Lösung zu 12.5.4

Untersuche Punkt $\begin{pmatrix} 2 \\ 2 \end{pmatrix}$:

$$g_1\left(\begin{pmatrix} 2 \\ 2 \end{pmatrix}\right) = 8 - 8 = 0 \leq 0$$

$$g_2\left(\begin{pmatrix} 2 \\ 2 \end{pmatrix}\right) = \frac{1}{2}(1)^2 + \frac{1}{4} \cdot 2 - 1 = 0 \leq 0$$

$$g_3\left(\begin{pmatrix} 2 \\ 2 \end{pmatrix}\right) = 2 \cdot 2 + 2 - 6 = 0 \leq 0$$

Alles straff: $I = \{1, 2, 3\}$

$$\nabla g_1 = \begin{pmatrix} 3x_1^2 \\ -4 \end{pmatrix} \qquad \qquad \nabla g_1 \begin{pmatrix} 2 \\ 2 \end{pmatrix} = \begin{pmatrix} 12 \\ -4 \end{pmatrix}$$

$$\nabla g_2 = \begin{pmatrix} x_1 - 1 \\ \frac{1}{4} \end{pmatrix} \qquad \qquad \nabla g_2 \begin{pmatrix} 2 \\ 2 \end{pmatrix} = \begin{pmatrix} 1 \\ \frac{1}{4} \end{pmatrix}$$

$$\nabla g_3 = \begin{pmatrix} 2 \\ 1 \end{pmatrix} \qquad \qquad \nabla g_3 \begin{pmatrix} 2 \\ 2 \end{pmatrix} = \begin{pmatrix} 2 \\ 1 \end{pmatrix}$$

• **LU-CQ** gilt nicht, weil $\begin{pmatrix} 12 \\ -4 \end{pmatrix}, \begin{pmatrix} 1 \\ \frac{1}{4} \end{pmatrix}, \begin{pmatrix} 2 \\ 1 \end{pmatrix}$ nicht linear unabhängig sind, z. B.:

$$40 \cdot \begin{pmatrix} 1 \\ \frac{1}{4} \end{pmatrix} - 14 \cdot \begin{pmatrix} 2 \\ 1 \end{pmatrix} = \begin{pmatrix} 12 \\ -4 \end{pmatrix}$$

• **Slater-CQ**

$\Gamma = \mathbb{R}^2$ ist offen, Stetigkeit ist gegeben.

Der Punkt $\begin{pmatrix} 1 \\ 1 \end{pmatrix}$ würde erfüllen:

$$g_1\left(\begin{pmatrix} 1 \\ 1 \end{pmatrix}\right) = -1 < 0, \quad g_2\left(\begin{pmatrix} 1 \\ 1 \end{pmatrix}\right) = -\frac{3}{4} < 0, \quad g_3\left(\begin{pmatrix} 1 \\ 1 \end{pmatrix}\right) = -3 < 0$$

Aber: g_1 ist nicht pseudokonvex bei $\begin{pmatrix} 2 \\ 2 \end{pmatrix}$, denn es lässt sich ein $\begin{pmatrix} x_1 \\ x_2 \end{pmatrix}$ konstruieren mit

$$\nabla g_1 \left(\begin{pmatrix} 2 \\ 2 \end{pmatrix} \right)^T \begin{pmatrix} x_1 - 2 \\ x_2 - 2 \end{pmatrix} \geq 0 \text{ und doch } g_1 \left(\begin{pmatrix} x_1 \\ x_2 \end{pmatrix} \right) < 0.$$

Setze an

$$\begin{pmatrix} 12 \\ -4 \end{pmatrix}^T \begin{pmatrix} x_1 - 2 \\ x_2 - 2 \end{pmatrix} = 12x_1 - 4x_2 - 24 + 8 = 12x_1 - 4x_2 - 16 \geq 0$$

$$\Leftrightarrow 3x_1 - x_2 \geq 4$$

Um $g_1 \left(\begin{pmatrix} x_1 \\ x_2 \end{pmatrix} \right) < 0$ zu erhalten, brauchen wir $x_1^3 - 4x_2 < 0$ und dies zusammen mit $3x_1 - x_2 \geq 4$.

Setze versuchsweise $x_2 = 3x_1 - 4 \Rightarrow x_1^3 - 4(3x_1 - 4) = x_1^3 + 16 - 12x_1$. Dies wird negativ, falls x_1 klein genug ist. Z. B. bei $x_1 = -5$ ergibt sich $-125 + 16 + 60 < 0$ $\Rightarrow g_1$ ist nicht pseudokonvex und die Slater-CQ gilt nicht.

• **Cottle-CQ**

$$G_I^< = \{d | \nabla g_I(x)^T d < 0\}$$

$$= \left\{ d \left| d^T \begin{pmatrix} 12 \\ -4 \end{pmatrix} < 0, d^T \begin{pmatrix} 1 \\ \frac{1}{4} \end{pmatrix} < 0, d^T \begin{pmatrix} 2 \\ 1 \end{pmatrix} < 0 \right. \right\}$$

$$= \left\{ d \left| 12d_1 - 4d_2 < 0, \ d_1 + \frac{1}{4}d_2 < 0, \ 2d_1 + 1d_2 < 0 \right. \right\}$$

$$= \{d \mid 3d_1 < d_2, -4d_1 > d_2, -2d_1 > d_2\}$$

Ein Punkt dieser Menge ergibt sich mit $d_1 = -1$ und $d_2 = 1$. $\Rightarrow G_I^< \neq \emptyset$

$$\Rightarrow \overline{G_I} = G_I^{\leq} = \{d | \nabla g_I(x)^T d \leq 0\} = \left\{ d \left| d^T \begin{pmatrix} 12 \\ -4 \end{pmatrix} \leq 0, d^T \begin{pmatrix} 1 \\ \frac{1}{4} \end{pmatrix} \leq 0, d^T \begin{pmatrix} 2 \\ 1 \end{pmatrix} \leq 0 \right. \right\}$$

$\Rightarrow$ Cottle (und somit auch Zangwill, Kuhn-Tucker-CQ und Abadie-CQ).

Lösung zu 12.5.5

Beim Optimalpunkt muss gelten $F \cap D = \emptyset$, das heißt, dass es keine keine zulässige Richtung d mit $\overline{x} + \varepsilon d \in X$ für genügend kleine ε und gleichzeitig $\nabla f(\overline{x})^T d < 0$ gibt. Bei uns bedeutet das:

$$\nexists d \text{ mit } \nabla f(\overline{x})^T d < 0, \nabla g_W(\overline{x})^T d < 0, \nabla g_V(\overline{x})^T d \leq 0$$

Letzteres reicht wegen der Konkavität schon aus, denn $g_V(\overline{x}) = 0$ und

$$g_V(\overline{x} + \varepsilon d) \leq g_V(\overline{x}) + \varepsilon \nabla g_V(\overline{x})d = 0 + \varepsilon \nabla g_V(\overline{x})d$$

(Mit $\nabla f(\overline{x})^T(d) < 0$ hätte man d als Verbesserungsrichtung und $\nabla g_W(\overline{x})^T d < 0$ würde die Zulässigkeit auf einem kleinen Intervall erzwingen).
Also $\nexists z = (-d)$ mit $\nabla f(x)^T z > 0, \nabla g_W(x)^T z > 0, \nabla g_V(z) \geq 0$. Aber nach Voraussetzung sind (ohne die erste) die beiden letzten Ungleichungen allein doch erfüllbar. Eine Motzkin-Alternative dazu ist:

$$\exists r_0, r_W \geq\neq 0, \ r_V \geq 0 \text{ mit } r_0^T \nabla f(\overline{x}) + r_W^T \nabla g_W(\overline{x}) + r_V^T \nabla g_V(\overline{x}) = 0$$

a)   Wenn $r_0 \neq 0$ ist, dann sind wir fertig, denn KKT ist dann gesichert.

b)   Wenn $r_0 = 0 \Rightarrow r_W \geq\neq 0$ mit $r_W^T \nabla g_W(\overline{x}) + r_V^T \nabla g_V(\overline{x}) = 0$

Es existiert nach Voraussetzung aber ein z mit

$$\nabla g_W(\overline{x})z > 0, \nabla g_V(\overline{x})z \geq 0 \Rightarrow [r_W^T \nabla g_W(\overline{x}) + r_V^T \nabla g_V(\overline{x})]z = 0.$$

Aber wegen $r_W \geq\neq 0$ und $\nabla g_W(\overline{x})z > 0$ gilt $r_W^T \nabla g_W(\overline{x})z > 0$.   (Widerspruch)

Lösung zu 12.5.6

Aus der vorliegenden Bedingung resultiert die echte Slater-CQ (Γ offen, g_I pseudokonvex bei $\overline{x}$, g stetig bei $\overline{x}$, $\exists x \in \Gamma$ mit $g_I(x) < 0$).
Die Konvexitätsvoraussetzungen sind alle direkt erfüllt. Es bleibt zu zeigen, dass ein x mit $g_I(x) < 0$ existiert. O. B. d. A. sei $I = \{1, ..., k\}, k \leq m$. Betrachte den Punkt $\hat{x} = \frac{1}{k} \sum_{i=1}^{k} \tilde{x}_i$.
Für ein $j \in I$ ist dann

$$g_j(\hat{x}) = g_j\left(\frac{1}{k}\sum_{i=1}^{k}\tilde{x}_i\right) \leq \frac{1}{k}\sum_{i=1}^{k}g_j(\tilde{x}_i) < 0, \text{ weil } \begin{cases} g_j(\tilde{x}_i) \leq 0 & \text{für } i \neq j \\ g_j(\tilde{x}_i) < 0 & \text{für } i = j \end{cases}.$$

Für ein $\ell \notin I$ gilt $g_\ell(\hat{x}) \leq \frac{1}{k}\sum_{i=1}^{k} g_\ell(\tilde{x}_i) \leq 0$, weil $g_j(\tilde{x}_i) \leq 0$. Damit erfüllt $\hat{x}$ die gesuchte Forderung. Also ist die Slater-CQ erfüllt. Wenn aber die Slater-CQ erfüllt ist, dann wissen wir, dass bei lokalen Minima die KKT-Bedingungen erfüllt sein müssen.

Lösung zu 12.5.7

X ist kompakt und f ist stetig $\Rightarrow$ Maximum wird angenommen $\Rightarrow$ Maximalstelle auch lokal optimal. Hier gilt die LU-CQ (aber auch Abadie) usw., so dass jede (LMP)-Lösung auch KKT-Punkt sein muss. Suchen wir also die KKT-Punkte:

$$\nabla f = \begin{pmatrix} 1 \cdot x_2^2 \cdot x_3^3 \cdot \ldots \cdot x_n^n \\ x_1 \cdot 2x_2 \cdot x_3^3 \cdot \ldots \cdot x_n^n \\ x_1 \cdot x_2^2 \cdot 3x_3^2 \cdot \ldots \cdot x_n^n \\ \vdots \\ x_1 \cdot x_2^2 \cdot x_3^3 \cdot \ldots \cdot n \cdot x_n^{n-1} \end{pmatrix} \overset{\text{wenn } \underline{x_i \neq 0}\,\forall i}{=} \begin{pmatrix} 1 \cdot f \cdot \frac{1}{x_1} \\ 2 \cdot f \cdot \frac{1}{x_2} \\ \vdots \\ \vdots \\ n \cdot f \cdot \frac{1}{x_n} \end{pmatrix}$$

Ist $x_1 = 0$ dann gilt $\nabla f = \begin{pmatrix} x_2^2 \cdot x_3^3 \cdot \ldots \cdot x_n^n \\ 0 \\ \vdots \\ 0 \end{pmatrix}$.

Ist $x_i = 0$, $i \geq 2$ dann gilt $\nabla f = \begin{pmatrix} 0 \\ \vdots \\ 0 \end{pmatrix}$.

Im zweiten Fall hat man zwar $\nabla f = 0$ und damit einen KKT-Punkt, jedoch ist hier

$$f(x) = 0 < \max f$$

und deshalb sind diese KKT-Punkte uninteressant. Ebenso sind Punkte mit $x_1 = 0$ uninteressant. Infrage kommen nur Punkte $x > 0$. Dort kann allenfalls $\mathbb{1}^T x = \sum x_i \leq 1$ straff werden. An einem inneren Punkt $x > 0$, $\mathbb{1}^T x < 1$ kann ∇f nicht verschwinden, deshalb können innere Punkte keine KKT-Punkte sein. Für einen Punkt mit $\mathbb{1}^T x = 1$, $x > 0$ ist $\nabla f > 0$ und $\nabla g_{n+1} = \mathbb{1}$. Einen KKT-Punkt bekommen wir, wenn gilt (beachte Maximierung!):
$-\nabla f + u \nabla g_{n+1} = 0$, deshalb ist eine Stelle zu suchen, wo ∇f nur gleiche Komponenten hat. Dazu muss gelten:

$$f \cdot \frac{1}{x_1} = 2 \cdot f \cdot \frac{1}{x_2} \Rightarrow x_1 = \frac{x_2}{2} \text{ bzw. } x_2 = 2x_1$$

$$f \cdot \frac{1}{x_1} = 3 \cdot f \cdot \frac{1}{x_3} \Rightarrow x_3 = 3x_1$$

$$\vdots$$

$$f \cdot \frac{1}{x_1} = n \cdot f \cdot \frac{1}{x_n} \Rightarrow x_n = n \cdot x_1$$

Deshalb brauchen wir einen Punkt $\begin{pmatrix} \alpha \\ 2\alpha \\ \vdots \\ n\alpha \end{pmatrix} = \alpha \cdot \begin{pmatrix} 1 \\ 2 \\ \vdots \\ n \end{pmatrix}$.

Wenn $\mathbb{1}^T x = 1$ sein soll, dann muss $\alpha = \frac{1}{\sum\limits_{i=1}^{n} i} = \frac{2}{n(n+1)}$ gewählt sein. $\Rightarrow \overline{x} = \begin{pmatrix} 1 \\ 2 \\ \vdots \\ n \end{pmatrix} \frac{2}{n(n+1)} =$

Optimalpunkt mit dem Optimalwert $\left[\frac{2}{n(n+1)} \right]^{\frac{n(n+1)}{2}} \cdot \prod\limits_{i=1}^{n} i^i$.

Kapitel 13

Dualität in der nichtlinearen Optimierung

In diesem letzten Abschnitt werden die Querbeziehungen zu Partnerproblemen (duale Probleme) beleuchtet.

Dabei geht es im ersten Kapitel um Lagrange-Dualität. Hier werden die Nebenbedingungsfunktionen einbezogen in eine Gewichtung mit der Zielfunktion. Und anschließend wird über die alternativen Gewichtungen nachgedacht. So entstehen Max-Min- oder Sup-Inf-Probleme. In diesem Abschnitt geht es um die Aufstellung und die Lösbarkeit solcher Probleme.

Der zweite Abschnitt behandelt die Querbeziehungen zwischen den primalen Problemen und den eben definierten Dualproblemen. Insbesondere stellt sich heraus, dass die erreichbaren Werte des Primalproblems jeweils unterhalb derjenigen des Dualproblems liegen. Hier entsteht dann die Frage, ob die Bestwerte vielleicht zusammenfallen, so dass keine Dualitätslücke entsteht.

Und im dritten Abschnitt beobachtet man Sattelpunkte, die dadurch entstehen, dass man bzgl. der Gewichtungen maximiert, jedoch bzgl. der Primalpunkte minimiert. Ein Sattelpunkt zeichnet sich dann dadurch aus, dass er in der einen Koordinate maximal, in der anderen Koordinate minimal wird. Der Querbezug zu den Karush-Kuhn-Tucker-Punkten wird offensichtlich.

13.1 Lagrange-Dualität

Einem nichtlinearen Optimierungsproblem kann man auf einfache Weise ein anderes Problem zuordnen, nämlich das Lagrange-duale Problem.

Definition 13.1
Zum folgenden primalen Programm (MP)

$$
\begin{aligned}
\min \quad & f(x) \\
\text{unter} \quad & g_i(x) \leq 0 \qquad \forall\, i = 1, \ldots, m \\
& h_j(x) = 0 \qquad \forall\, j = 1, \ldots, \ell \\
& x \in \Gamma
\end{aligned}
\tag{MP}
$$

definieren wir das *Lagrange-duale Problem* (DP) wie folgt:

$$\begin{aligned} \max \quad & \Theta(u,v) = \inf_{x\in\Gamma}\{f(x) + \sum_{i=1}^{m} u_i g_i(x) + \sum_{j=1}^{\ell} v_j h_j(x)\} \\ \text{unter} \quad & u \geq 0,\ u \in \mathbb{R}^m \\ & v \in \mathbb{R}^{\ell} \end{aligned} \qquad (DP)$$

Diese Aufgabenstellung bietet oft die Möglichkeit, effektiver an eine Lösung heranzukommen als beim Primal-Problem. Dies ist wertvoll insbesondere dann, wenn die Optimalwerte beider Probleme übereinstimmen. Ist dies nicht der Fall, also ist für optimales $\bar{x}$ und optimales $(\bar{u}, \bar{v})$ der Optimalwert $f(\bar{x} > \Theta(\bar{u}, \bar{v})$, dann spricht man von einer **Dualitätslücke**. ($f(\bar{x}) < \Theta(\bar{u}, \bar{v})$ ist ausgeschlossen, siehe dazu den nächsten Abschnitt.)

13.2   Aufgaben zur Lagrange-Dualität

Aufgabe 13.2.1

a)   Gegeben sei ein lineares Optimierungsproblem in Standardform, das heißt

$$\min b^T y \text{ unter } A^T y = c,\ y \geq 0.$$

Stellen Sie das Lagrange-duale Problem auf und zeigen Sie, dass das Lagrange-duale Problem dem aus der linearen Optimierung bekannten dualen Problem entspricht.

b)   Stellen Sie nun das Lagrange-duale Problem zu dem Problem in kanonischer Form $\max\ c^T x$ unter $Ax \leq$ b auf.
Zeigen Sie, dass auch hier das Lagrange-duale Problem dem aus der linearen Optimierung bekannten dualen Problem entspricht.

Aufgabe 13.2.2

Betrachten Sie die folgende Optimierungsaufgabe (MP)

$$\begin{aligned} \min \quad & x_1 + x_2 \\ \text{unter} \quad & g_1(x) = x_1 - x_2^3 \leq 0 \\ & g_2(x) = \tfrac{1}{2}x_2^3 - x_1 \leq 0 \\ & g_3(x) = x_1^2 + x_2^2 - 4 \leq 0 \\ & (x_1, x_2) \in \mathbb{R}^2. \end{aligned}$$

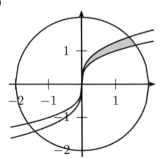

a)   Lösen Sie (MP).

b)   Stellen Sie zu (MP) das Lagrange-duale Problem (DP) auf.

c)   Lösen Sie (DP).

d)   Entsteht eine Dualitätslücke?

Aufgabe 13.2.3

Es seien k und m natürliche Zahlen mit $k \leq m$. Ferner seien $c, \ell_1, ..., \ell_m$ vom Nullvektor verschiedene Vektoren aus $\mathbb{R}^n$. Gegeben sei ein Minimierungsproblem über $\mathbb{R}^n$ der Form

$$\begin{aligned} \min \quad & f(x) = (c^T x)^{2k} \\ \text{unter} \quad & g_i(x) := (\ell_i^T x)^{2i-1} \leq 0 \text{ für } i = 1, 2, \ldots, m. \end{aligned}$$

Zeigen Sie, dass das dazu duale Problem von der Form

$$\max \ \Theta(u) \text{ unter } u \in \mathbb{R}^k, \ u \geq 0$$

mit

$$\Theta(u) = \inf_{x \in \mathbb{R}^n} \left\{ (c^T x)^{2k} + \sum_{i-1}^{k} u_i g_i(x) \right\}$$

ist.

Aufgabe 13.2.4

Betrachte das (MP):

$$\min f(x) \text{ unter } g_1(x) \leq 0$$

Zu diesem Problem sei bekannt:

Die Menge $M := \left\{ z \in \mathbb{R}^2 \mid \exists x \in \mathbb{R}^n \text{ mit } \begin{pmatrix} f(x) = z_0 \\ g_1(x) = z_1 \end{pmatrix} \right\}$ ist konvex.

(M ist also die Menge der annehmbaren Funktionswert-Vektoren).
Zeigen Sie: Bei diesem Problem und bei der Dualisierung des entsprechenden Problems tritt keine Dualitätslücke auf.

13.3   Lösungen zur Lagrange-Dualität

Lösung zu 13.2.1

a)

$$\min b^T y \text{ unter } A^T y = c, \ y \geq 0 \qquad (MP)$$

Lagrange-duales Problem:

$$\max \theta(u, v) \text{ unter } u \geq 0 \qquad (DP)$$

$$\begin{aligned} \theta(u, v) &= \inf_y \{ b^T y + u^T(-y) + v^T(A^T y - c) \} \\ &= \inf_y \{ (b^T - u^T + v^T A^T) y \} - v^T c \end{aligned}$$

$\inf\limits_{y}\{(b^T - u^T + v^T A^T)y\}$ wird immer $-\infty$, wenn $b - u + Av \neq 0$.

Interessant sind also diejenigen (u, v) mit $b - u + Av = 0$, dann gilt aber

$$\theta(u, v) = -v^T c.$$

Also:

$$\max\ -v^T c \qquad\qquad \max\ c^T x$$

$$\text{unter } b - u + Av = 0 \qquad \underset{\substack{x = -v \\ \text{Schlupfvariable } u \text{ weglassen}}}{\Longleftrightarrow} \qquad \text{unter } Ax \leq b$$

$$u \geq 0$$

b) $\max\ c^T x$ unter $A^T x \leq b \Leftrightarrow \min -c^T x$ unter $Ax \leq b$

Lagrange-duales Problem:

$$\max \theta(u, v) \text{ unter } u \geq 0 \qquad\qquad (DP)$$

$$\theta(u, v) = \inf_{x}\{-c^T x + u^T(Ax - b)\}$$

$$= \inf_{x}\{(-c + A^T u)^T x\} - u^T b$$

$$\inf_{x}\{(-c + A^T u)^T x\} = \begin{cases} -\infty & \text{für } -c + A^T u \neq 0 \\ 0 & \text{für } -c + A^T u = 0 \end{cases}$$

Also analog:

$$\max \theta(u) = -u^T b \qquad\qquad \min b^T y$$

$$\text{unter } -c + A^T u = 0 \qquad \underset{y = u}{\Longleftrightarrow} \qquad \text{unter } A^T y = c$$

$$u \geq 0 \qquad\qquad\qquad y \geq 0$$

Lösung zu 13.2.2

a)   Im Punkt $\begin{pmatrix} 0 \\ 0 \end{pmatrix}$ ist $f = 0$ und $\begin{pmatrix} 0 \\ 0 \end{pmatrix}$ ist zulässig, denn $g_1(0) = 0 = g_2(0)$ und $g_3(0) = -4$.

Damit es überhaupt zulässige Punkte geben kann, muss im Kreis mit Radius 2 gelten:
$g_1(x) \leq 0$ und $g_2(x) \leq 0$ für x mit $\|x\| \leq 2$, das heißt

$$x_1 - x_2^3 \leq 0 \wedge \frac{1}{2}x_2^3 - x_1 \leq 0 \wedge \|x\| \leq 2 \ \Leftrightarrow\ \frac{1}{2}x_2^3 \leq x_1 \leq x_2^3 \wedge \sqrt{x_1^2 + x_2^2} \leq 2$$

Das geht nur, wenn $x_2 \geq 0$ (nur dort ist $\frac{1}{2}x_2^3$ nicht negativ) und folglich auch nur bei $x_1 \geq 0$. Auf dem Bereich $x_1 \geq 0 \wedge x_2 \geq 0$ kann aber f gar nicht unter 0 sinken. Deshalb ist $\begin{pmatrix} 0 \\ 0 \end{pmatrix}$ mit $f\left(\begin{pmatrix} 0 \\ 0 \end{pmatrix}\right) = 0$ optimal für (MP).

b)   Das Dualproblem zu (MP) lautet

$$\max \Theta(u) \text{ unter } u \geq 0 \quad (u \in \mathbb{R}^3) \qquad (DP)$$

mit $\Theta(u) := \inf_{x \in \mathbb{R}^2} \{f(x) + u_1 g_1(x) + u_2 g_2(x) + u_3 g_3(x)\}$ und hier konkret

$$\Theta(u_1, u_2, u_3) = \inf_{x \in \mathbb{R}^2} \{(x_1 + x_2) + u_1(x_1 - x_2^3) + u_2\left(\frac{1}{2}x_2^3 - x_1\right) + u_3(x_1^2 + x_2^2 - 4)\}$$

c)   Für festes $u = (u_1, u_2, u_3) \geq 0$ soll zunächst abgeklärt werden, ob überhaupt ein Minimalwert zu $\Theta(u)$ entsteht oder ob $\Theta(u) = -\infty$ ist. Deshalb sortieren wir die Schreibweise von $\Theta(u)$ um zu:

$$-4u_3 + x_1(1 + u_1 - u_2) + x_2 + x_1^2 u_3 + x_2^2 u_3 + x_2^3\left(-u_1 + \frac{1}{2}u_2\right)$$

Sobald $(-u_1 + \frac{1}{2}u_2) \neq 0$ gilt, kann man x_2 (mit dem entsprechenden Vorzeichen) betragsmäßig so riesig machen, dass der Term $(x_2^3)(-u_1 + \frac{1}{2}u_2)$ beliebig klein (negativ) wird (jede gesetzte Schranke kann unterschritten werden). Bei entsprechend hohem Betrag von x_2 dominiert dieser Term aber alle anderen (bzw. deren Summe), da dort nur Potenzen ≤ 2 auftreten. Tatsächlich kann also ein Minimalwert für $\Theta(u)$ nicht existieren, wenn $(-u_1 + \frac{1}{2}u_2) \neq 0$. Notwendig für den Minimalwert ist also $u_1 = \frac{1}{2}u_2$. Danach haben wir noch:

$$-4u_3 + x_1\left(1 - \frac{1}{2}u_2\right) + x_2 + x_1^2 u_3 + x_2^2 u_3$$

Hier dominieren x_1^2 und x_2^2 in entsprechender Weise. Wäre nun $u_3 = 0$, dann verbliebe nur eine lineare Funktion, in der z. B. $x_2 \cdot 1$ erscheint. Macht man dann (isoliert) x_2 beliebig klein (negativ), dann treibt dies den Grenzwert bis zu $-\infty$. Also könnte auch bei $u_3 = 0$ kein Minimalwert existieren. Umgekehrt ist also $u_3 > 0$ notwendig für Minimalwerte. Damit ist eine Minimalstelle auszuwerten von:

$$\langle -4u_3 \rangle + \langle x_1\left(1 - \frac{1}{2}u_2\right) + x_1^2 u_3 \rangle + \langle x_2 \cdot 1 + x_2^2 u_3 \rangle$$

Die drei Klammerausdrücke enthalten keine oder unterschiedliche Variablen, so dass eine Separat-Minimierung erfolgen kann (separable Zielfunktion). Der Wert von

$$\langle x_1\left(1 - \frac{1}{2}u_2\right) + x_1^2 u_3 \rangle$$

wird minimal, wenn $(1 - \frac{1}{2}u_2) + 2x_1 u_3 = 0$ gilt, also für $x_1 = \frac{-(1 - \frac{1}{2}u_2)}{2u_3}$ ($u_3 \neq 0$ war gesichert).

Dort ist die 2. Ableitung $2 \cdot u_3 > 0$. Deshalb liegt eine Minimalstelle vor und der Funktionswert ist:

$$x_1\left(1-\frac{1}{2}u_2\right)+x_1^2 u_3=\frac{-1(1-\frac{1}{2}u_2)}{2u_3}\left(1-\frac{1}{2}u_2\right)+\frac{(1-\frac{1}{2}u_2)^2}{4u_3^2}u_3$$

$$=\frac{-(1-\frac{1}{2}u_2)^2}{2u_3}+\frac{(1-\frac{1}{2}u_2)^2}{4u_3}=-\frac{1}{4}\frac{(1-\frac{1}{2}u_2)^2}{u_3}$$

Der Wert von $\langle(-4)u_3\rangle$ ist konstant. Der Wert von $\langle x_2\cdot 1+x_2^2 u_3\rangle$ wird minimal bei $1+2x_2 u_3=0$, denn dort ist die Ableitung 0 und die zweite Ableitung $2u_3>0$. Also braucht man $x_2=\frac{-1}{2u_3}$ und dort ist der Funktionswert $-\frac{1}{4u_3}$. Folglich ist der von u abhängige Minimalwert jeweils $-4u_3-\frac{1}{4}\frac{(1-\frac{1}{2}u_2)^2}{u_3}-\frac{1}{4u_3}$.

Nun gehen wir zur 2. Optimierungsstufe, nämlich zur Maximierung, über: $(\max\Theta(u))$. Alle drei Terme sind ≤ 0. Den mittleren kann man durch Bewegung von u_2 auf 2 so anheben, dass sein Wert 0 wird (ohne, dass dies die Setzung von u_3 beeinflusst). Dann bleibt noch übrig:

$-4u_3-\frac{1}{4u_3}$ (das entspricht Maximierung von $-x-\frac{1}{x}$ bei $x>0$)

1. Ableitung: $-4+\frac{1}{4}\frac{1}{u_3^2}$ Nullstelle bei $u_3=\frac{1}{4}$.

2. Ableitung: $\frac{1}{4}\cdot\frac{(-2)}{u_3^3}=-\frac{1}{2}\cdot\frac{1}{u_3^3}=-\frac{1}{2}\cdot\frac{1}{64}<0$ deshalb liegt eine Maximalstelle vor. Der Funktionswert bei $u_3=\frac{1}{4}$ ist aber (mit $u_2=0$) $-4\cdot\frac{1}{4}-\frac{1}{4\cdot\frac{1}{4}}=-2$

d) Der duale Optimalwert ist also $-2<0$. Deshalb besteht eine Dualitätslücke von 2 gegenüber dem primalen Optimalwert.

Lösung zu 13.2.3

An sich wäre die Formeldefinition des Lagrange-dualen Problems

$$\max\Theta(\tilde u)\text{ unter }\tilde u\ge 0\text{ mit }\tilde u\in\mathbb{R}^n$$

$$\text{wobei }\Theta(\tilde u):=\inf_{x\in\mathbb{R}^n}\left\{(c^T x)^{2k}+\sum_{i=1}^{m}\tilde u_i g_i(x)\right\}.$$

Man beachte aber, dass die $g_i(x)$ alle ungerade Potenzen von linearen Funktionen sind (in x). Da man bei $\Theta(\tilde u)$ nach Minimal- oder Infimalstellen der Klammerfunktion sucht, wird es zu jeder Schwelle ein x geben, bei dem g_m diese Schwelle unterbietet. Betrachte beispielsweise die Wahl $x=-\rho\ell_m$ (mit $\rho>0$ genügend groß).

Diesen Effekt können asymptotisch die anderen Funktionen $(c^T x)^{2k}$ und $\tilde u_i g_i(x)$ mit $i\le m$ nicht mehr kompensieren (niedrigere Potenzen).

Deshalb ist $\inf_{x\in\mathbb{R}^n}\left\{(c^T x)^{2k}+\sum_{i=1}^{m}\tilde u_i g_i(x)\right\}$ so lange $-\infty$, wie $\tilde u_m>0$ vorliegt. Nur bei $\tilde u_m=0$ verursacht g_m dieses Problem nicht.

Diese Argumentation kann unter Beibehalten von $\tilde u_m=0$ für $m-1$, $m-2$, bis hinunter zu g_{k+1} wiederholt werden. Sie zeigt, dass Minima nur existieren können, wenn gilt:

$$\tilde u_{k+1}=\tilde u_{k+2}=...=\tilde u_m=0$$

Dann aber ist die Existenz von Minimalwerten wirklich gesichert, weil $(c^T x)^{2k}$ mit gerader Potenz (als höchster Potenz) nun die verbleibenden g_i dominiert. Deshalb ist (DP) hier:

$$\max \Theta(u) = \inf_{x \in \mathbb{R}^n} \left\{ (c^T x)^{2k} + \sum_{i=1}^{k} u_i g_i(x) \right\}$$

Lösung zu 13.2.4
Primalaufgabe

$$\min f(x) \text{ unter } g_1(x) \leq 0$$

Dualaufgabe

$$\max \quad \Theta(u) \text{ unter } u_1 \geq 0 \text{ mit}$$
$$\Theta(u) = \inf\{f(x) + u_1 g_1(x)\}$$

Wegen der Konvexität von M gibt es an jedem Randpunkt z eine Stützhyperebene im $\mathbb{R}^2$ mit Normalenvektor $c \in \mathbb{R}^2$, so dass bei Stützpunkt $\overline{z}$ gilt

$$c^T z \geq c^T \overline{z} \quad \forall z \in M.$$

Der Berührpunkt ist jeweils minimal für $\begin{pmatrix} c_0 = 1 \\ c_1 \end{pmatrix}$ (o. B. d. A. sei $c_0 = 1$). Schneidet man die Hyperebene mit der Achse e_0 (für die f-Werte), dann erwischt man $z_0 = c^T \overline{z}$. Dieses Skalarprodukt ist überall gleich (hier hat man $z_1 = 0$). Das maximal mögliche z_0 (zu erhalten bei Einhaltung von $c_1 \geq 0, c_0 = 1$) ist die Lösung des dualen Problems. Unterscheide beim primalen Problem:

- **Fall 1:** Es gibt keinen Punkt x mit $g_1(x) \leq 0$

  $$\Rightarrow \quad \Pi(M) = \{z_1 \mid \exists x \in \mathbb{R}^n \text{ mit } g_1(x) = z_1\} > 0 \text{ (trennbar von 0)}$$
  (Projektion von M auf $\mathbb{R}^1$ entlang 2. Komponente)

  Wähle nun u_1 immer größer $\begin{pmatrix} 1 \\ u_1 \to \infty \end{pmatrix} \Rightarrow \sup = \infty.$

- **Fall 2:** Es gibt zulässige Punkte und f ist nach unten unbeschränkt
  $\Rightarrow (MP)$-Wert $= -\infty$ (kein Minimum)
  $\Rightarrow \inf\{f(x) + u_1 g_1(x)\} \leq \inf\{f(x)\} \quad \forall u_1$
  $\Rightarrow \max \inf = -\infty$

- **Fall 3:** f ist nach unten beschränkt auf $X = \{x \mid g_1(x) \leq 0\}$

  x_{opt} ist Optimalpunkt, $f(x_{\text{opt}})$ Optimalwert. Bei $\begin{pmatrix} f(x_{\text{opt}}) \\ g_1(x_{\text{opt}}) \end{pmatrix} = \begin{pmatrix} \overline{z}_0 \\ \overline{z}_1 \end{pmatrix}$ kann man eine

Stützhyperebene anlegen mit $c = \begin{pmatrix} 1 \\ c_1 \end{pmatrix}$. Dann gilt

$$c^T \begin{pmatrix} z_0 \\ z_1 \end{pmatrix} \geq c^T \begin{pmatrix} \overline{z}_0 \\ \overline{z}_1 \end{pmatrix} \quad \forall z \in M.$$

– Fall 3.1: Ist nun $f(x_{\text{opt}}) \leq f(x_{\text{alt}}) \quad \forall x_{\text{alt}} \in \mathbb{R}^n \qquad (x_{\text{alt}} = \text{Alternativpunkt})$

$\Rightarrow$ SHE ist wählbar als $c = \begin{pmatrix} 1 \\ 0 \end{pmatrix}$.

$$c^T \begin{pmatrix} f(x_{\text{opt}}) \\ g_1(x_{\text{opt}}) \end{pmatrix} = f(x_{\text{opt}}) \text{ wie beim Primalproblem}$$

Da das Problem dual zulässig ist, entsteht keine Dualitätslücke.

– Fall 3.2: Ist $f(x_{\text{opt}}) > f(x_{\text{alt}})$ für ein $x_{\text{alt}} \in \mathbb{R}^n$, so ist $x_{\text{alt}} \notin X$, das heißt $g_1(x_{\text{alt}}) > 0$. Dann muss $g_1(x_{\text{opt}}) = 0$ sein, denn sonst folgt aus der Konvexität von M:

$$\left[\begin{pmatrix} f(x_{\text{opt}}) \\ g_1(x_{\text{opt}}) \end{pmatrix}, \begin{pmatrix} f(x_{\text{alt}}) \\ g_1(x_{\text{alt}}) \end{pmatrix} \right] \subset M$$

Man kann dann dem linken Punkt beliebig nahekommen und dabei gilt dann $g_1(x) < 0$ und $f(x) < f(x_{\text{opt}})$.   (Widerspruch)

Es bleibt also nur noch $g_1(x_{\text{opt}}) = 0$. Wir zeigen, dass c dann ein $c_1 \geq 0$ besitzt und damit dual zulässig ist:

$$
\begin{aligned}
& f(x_{\text{opt}}) + c_1 g_1(x_{\text{opt}}) && \leq && f(x_{\text{alt}}) + c_1 g_1(x_{\text{alt}}) \\
\Rightarrow\ & \underbrace{f(x_{\text{opt}}) - f(x_{\text{alt}})}_{>0} && \leq && c_1 g_1(x_{\text{alt}}) \Rightarrow c_1 > 0
\end{aligned}
$$

$\Rightarrow \begin{pmatrix} 1 \\ 0 \end{pmatrix} \geq 0$ ist dual zulässig und $1 \cdot f(x_{\text{opt}}) + c_1 \cdot g_1(x_{\text{opt}}) = f(x_{\text{opt}})$

$\Rightarrow$ Es entsteht keine Dualitätslücke.

13.4   Dualitätssätze

Wir beobachten zunächst eine gegenseitige Abschätzbarkeit der Menge der annehmbaren Zielfunktionswerte zwischen Primal- und Dual-Problem.

Satz 13.2 (Schwacher Dualitätssatz)
x sei ein zulässiger Punkt zu (MP), also $x \in \Gamma$, $g(x) \leq 0$ und $h(x) = 0$. (u, v) sei ein zulässiger Punkt zu (DP), das heißt $u \geq 0$. Dann gilt $f(x) \geq \Theta(u, v)$.

Die folgenden Konsequenzen sind wichtig, um die verschiedenen denkbaren Fälle von Problempartnerschaften in den Griff zu bekommen.

Korollar 13.3
Es gilt: $\inf\{f(x) \mid x \in \Gamma,\, g(x) \leq 0,\, h(x) = 0\} \geq \sup\{\Theta(u,v) \mid u \geq 0\}.$

Korollar 13.4
Seien $\overline{x}$ und $(\overline{u},\overline{v})$ zulässige Punkte für (MP), bzw. (DP). Gilt dann $f(\overline{x}) = \Theta(\overline{u},\overline{v})$, so sind $\overline{x}$ und $(\overline{u},\overline{v})$ für (MP), bzw. (DP) optimal.

Korollar 13.5
Falls $\inf\{f(x) \mid x \in \Gamma,\, g(x) \leq 0,\, h(x) = 0\} = -\infty$ ist, so gilt $\forall u \geq 0$ und $\forall v \in \mathbb{R}^{\ell}$: $\Theta(u,v) = -\infty$.

Korollar 13.6
Falls $\sup\{\Theta(u,v) \mid u \geq 0\} = \infty$ ist, so hat das primale Problem einen leeren Zulässigkeitsbereich.

In der nichtlinearen Optimierung können nun (im Gegensatz zur linearen) Unterschiede zwischen den Optimalwerten der Partnerprobleme auftreten.

Definition 13.7
Seien $\overline{x}$ optimal für (MP) und $(\overline{u},\overline{v})$ optimal für (DP). Gilt dann $\Theta(\overline{u},\overline{v}) < f(\overline{x})$, so spricht man von einer *Dualitätslücke*.

Wieder erweist sich eine Constraint-Qualification als nützlich, um Dualitätslücken auszuschließen.

Definition 13.8 (Slater-CQ)

$$\exists \hat{x} \in \Gamma \text{ mit } g(\hat{x}) < 0,\ h(\hat{x}) = 0 \text{ sowie } 0 \in \text{Int}(h(\Gamma)).$$

Und damit kommt man zu einem starken Dualitätssatz.

Satz 13.9 (Starker Dualitätssatz)

$\Gamma \neq \emptyset$ *sei konvex,* $f : \mathbb{R}^n \to \mathbb{R}$, $g : \mathbb{R}^n \to \mathbb{R}^m$ *seien konvex und* $h : \mathbb{R}^n \to \mathbb{R}^\ell$ *sei affin linear, also* $h(x) = Ax - b$. *Unter der Slater-CQ gilt mit* $\Theta(u,v) = \inf_{y \in \Gamma} \{ f(y) + u^T g(y) + v^T h(y) \}$:

$$\inf_{x \in \Gamma} \{ f(x) \mid x \in \Gamma, \ g(x) \leq 0, \ h(x) = 0 \} = \sup_{(u,v)} \{ \Theta(u,v) \mid u \geq 0 \}.$$

Ist die linke Seite endlich, dann wird das Supremum bei einem $(\overline{u}, \overline{v})$ *mit* $\overline{u} \geq 0$ *angenommen. Wenn das Infimum bei* $\overline{x}$ *angenommen wird, so gilt:* $\overline{u}^T g(\overline{x}) = 0$.

13.5   Aufgaben zu den Dualitätssätzen

Aufgabe 13.5.1

Betrachten Sie den Zulässigkeitsbereich $X \subseteq \mathbb{R}^2$, der gegeben wird durch

$$\begin{aligned} g_1(x,y) &= x^2 + y^2 - 1 \leq 0 \\ g_2(x,y) &= (x-1)^2 + (y-1)^2 - 1 \leq 0. \end{aligned}$$

Die beiden Funktionen

$$\begin{aligned} f_a(x,y) &= (x-y)^2 - (x+y)^3 \\ f_b(x,y) &= (x-y)^2 - (x+y) \end{aligned}$$

sollen auf X minimiert werden.

i)   Bestimmen Sie zu f_a und f_b die Minimalpunkte und Minimalwerte.

ii)   Zeigen Sie, dass es für jedes Problem genau einen KKT-Punkt gibt.

iii)   Lösen Sie – wenn möglich – das jeweilige Dualproblem und stellen Sie fest, ob eine Dualitätslücke besteht. (Ein Tipp: Beachten Sie die Komplementaritätsbedingung.)

Aufgabe 13.5.2

In der Finanzmathematik hat man es oft mit zwei verschiedenen, aber verwandten Optimierungs-Problemstellungen zu tun:

i)   Minimiere das Risiko unter Garantierung eines Gewinnsockels.

ii)   Maximiere den erwarteten Gewinn unter Begrenzung des Risikos.

Folgende konkrete Situation sei gegeben:

Es stehen 1 Mio. GE (Geldeinheiten) zur Verfügung, die in n Investitionsprojekte investiert werden können. Zu jedem Projekt ist der erwartete Gewinn

$$\mu_i \cdot \text{Investitionssumme} \quad (\mu_i > 0 \ \forall i = 1, \dots, n),$$

und das damit verbundene Risiko (die Varianz)

$$\sigma^2 \cdot \text{Investitionssumme}^2 \quad (\sigma_i > 0 \ \forall i = 1, \ldots, n).$$

Die Projekte werden wie unabhängige Ereignisse behandelt, so dass sich erwartete Gewinne, aber auch die kalkulierten Varianzen (Risiken) aufaddieren.

a)   Modellieren Sie die Probleme i) und ii) unter den obigen Gegebenheiten.

b)   Stellen Sie zu Ihrem Modell des Problems i) das zugehörige Dualproblem in expliziter Form (ohne Verwendung des Infimums) auf.

c)   Vergleichen Sie die Dualprobleme zu den zwei Problemstellungen

$$\min \ a(x) \text{ unter } b(x) \leq 0 \tag{I}$$
$$\min \ b(x) \text{ unter } a(x) \leq 0. \tag{II}$$

Erörtern Sie, welchen Nutzen Ihnen die bereits erfolgte Lösung von (DP_I) für die Lösung von (DP_{II}) bringen wird.

Aufgabe 13.5.3

Gegeben sei das folgende Optimierungsproblem (über $\Gamma = \mathbb{R}^2$):

$$\begin{aligned} \min \quad & f(x) &=& \ x_1^2 + x_2^2 \\ \text{unter} \quad & y_1(x) &=& \ (x_1 - 1)^2 - x_2 \leq 0 \\ & g_2(x) &=& \ (x_1 + 1)^2 - x_2 \leq 0 \end{aligned}$$

Lösen Sie das Lagrange-duale Problem und geben Sie ausgehend von der dualen Lösung eine primale Optimallösung, die beiden Optimalwerte und die Dualitätslücke an.

Hinweis: Es zahlt sich aus, wenn Sie statt mit u_1, u_2 mit den substituierten Größen $\xi = u_1 + u_2$ und $\lambda = u_1 - u_2$ arbeiten.

13.6   Lösungen zu den Dualitätssätzen

Lösung zu 13.5.1

•   i)+ii) X entsteht aus zwei konvexen Funktionen und erfüllt die Slater-Bedingung für jedes denkbare I. Deshalb kommen für lokale Minima nur KKT-Punkte infrage.
     Wir suchen den (die) KKT-Punkt(e) zu f_a und f_b.

$$\nabla f_a \left(\binom{x}{y} \right) = \binom{2(x - y) - 3(x + y)^2}{-2(x - y) - 3(x + y)^2} \qquad \nabla f_b \left(\binom{x}{y} \right) = \binom{2(x - y) - 1}{-2(x - y) - 1}$$

$$\nabla g_1 \left(\binom{x}{y} \right) = \binom{2x}{2y} \qquad \nabla g_2 \left(\binom{x}{y} \right) = \binom{2(x - 1)}{2(y - 1)}$$

Wo g_1 und g_2 beide straff sind, $\left(\begin{pmatrix} 1 \\ 0 \end{pmatrix}$ und $\begin{pmatrix} 0 \\ 1 \end{pmatrix} \right)$, hat man als $G^{\leq}$-Kegel

$$\text{cone}\left(\begin{pmatrix} 2 \\ 0 \end{pmatrix}, \begin{pmatrix} 0 \\ -2 \end{pmatrix} \right) \text{ bzw. cone}\left(\begin{pmatrix} 0 \\ 2 \end{pmatrix}, \begin{pmatrix} -2 \\ 0 \end{pmatrix} \right)$$

Die Gradienten der Zielfunktionen ergeben sich zu:

$$\nabla f_a \left(\begin{pmatrix} 1 \\ 0 \end{pmatrix} \right) = \begin{pmatrix} 2 - 3 = -1 \\ -2 - 3 = -5 \end{pmatrix} \qquad \nabla f_a \left(\begin{pmatrix} 0 \\ 1 \end{pmatrix} \right) = \begin{pmatrix} -2 - 3 = -5 \\ +2 - 3 = -1 \end{pmatrix}$$

$$\nabla f_b \left(\begin{pmatrix} 1 \\ 0 \end{pmatrix} \right) = \begin{pmatrix} 2 - 1 = 1 \\ -2 - 1 = -3 \end{pmatrix} \qquad \nabla f_b \left(\begin{pmatrix} 0 \\ 1 \end{pmatrix} \right) = \begin{pmatrix} -2 - 1 = -3 \\ +2 - 1 = 1 \end{pmatrix}$$

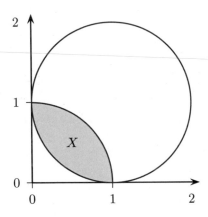

In keinem dieser Fälle ist eine KKT-Kompensation möglich.

Bei inneren Punkten müsste $\nabla f_a \left(\begin{pmatrix} x \\ y \end{pmatrix} \right)$ bzw. $\nabla f_b \left(\begin{pmatrix} x \\ y \end{pmatrix} \right) = 0$ sein, dazu müsste bei

$\nabla f_a \left(\begin{pmatrix} x \\ y \end{pmatrix} \right)$ sowohl $x + y = 0$ als auch $x - y = 0$ sein, also müsste $x = y = 0$ gelten,

bei $\nabla f_b \left(\begin{pmatrix} x \\ y \end{pmatrix} \right)$ geht das gar nicht.

Zu untersuchen bleiben Punkte, bei denen <u>nur</u> g_1 oder <u>nur</u> g_2 straff sind.

Nur g_2: $\nabla g_2 \left(\begin{pmatrix} x \\ y \end{pmatrix} \right) = \begin{pmatrix} 2(x-1) \\ 2(y-1) \end{pmatrix}$ $\qquad \nabla f_a \left(\begin{pmatrix} x \\ y \end{pmatrix} \right) = \begin{pmatrix} 2(x-y) - 3(x+y)^2 \\ -2(x-y) - 3(x+y)^2 \end{pmatrix}$

$\Rightarrow \nabla g_2 \left(\begin{pmatrix} x \\ y \end{pmatrix} \right) < 0$ und weil $\nabla f_a \left(\begin{pmatrix} x \\ y \end{pmatrix} \right)$ nicht > 0 sein kann, scheiden diese Punkte aus.

Nur g_2 mit $\nabla f_b \left(\begin{pmatrix} x \\ y \end{pmatrix} \right) = \begin{pmatrix} 2(x-y) - 1 \\ -2(x-y) - 1 \end{pmatrix}$

$\Rightarrow \nabla g_2\left(\begin{pmatrix} x \\ y \end{pmatrix}\right) < 0$ und weil $\nabla f_b\left(\begin{pmatrix} x \\ y \end{pmatrix}\right)$ nicht > 0 sein kann, scheiden diese Punkte aus.

Also bleiben nur noch Punkte, bei denen nur g_1 straff ist.

f_a: Gesucht ist $u \geq 0$ mit $\begin{pmatrix} 2(x-y) - 3(x+y)^2 \\ -2(x-y) - 3(x+y)^2 \end{pmatrix} = -u\begin{pmatrix} +2x \\ +2y \end{pmatrix}$

$$2(x-y)\begin{pmatrix} 1 \\ -1 \end{pmatrix} - 3(x+y)^2\begin{pmatrix} 1 \\ 1 \end{pmatrix} = -u\left[\begin{pmatrix} 1 \\ -1 \end{pmatrix}(x-y) + \begin{pmatrix} 1 \\ 1 \end{pmatrix}(x+y)\right]$$

Dabei müssen die jeweiligen Koeffizienten zu $\begin{pmatrix} 1 \\ -1 \end{pmatrix}$ und zu $\begin{pmatrix} 1 \\ 1 \end{pmatrix}$ im gleichen Verhältnis stehen, also

$$2(x-y) = -u(x-y) \text{ und } -(3(x+y)^2) = -u(x+y)$$

Entweder wäre $u = -2$ (aber ausgeschlossen) oder $x - y = 0$ und dann noch $u = 3(x+y)$. Unter den bei g_1 (nur dort) straffen Punkten gibt es dazu nur $\begin{pmatrix} x \\ y \end{pmatrix} = \begin{pmatrix} \frac{1}{\sqrt{2}} \\ \frac{1}{\sqrt{2}} \end{pmatrix}$ und dazu $u = 3\sqrt{2}$.

Zu f_b hat man $\nabla f_b\left(\begin{pmatrix} x \\ y \end{pmatrix}\right) = 2(x-y)\begin{pmatrix} 1 \\ -1 \end{pmatrix} + (-1)\begin{pmatrix} 1 \\ 1 \end{pmatrix}$ und dementsprechend

$$(-1) = -u(x+y) \text{ und } 2(x-y) = -u(x-y).$$

Wieder scheidet $u = -2$ aus $\Rightarrow x = y$ und $u = \frac{1}{x+y}$, wobei $x = \frac{1}{\sqrt{2}} = y$ und $u = \frac{1}{\sqrt{2}}$.

An der Minimalstelle hat f_a den Wert $-(\sqrt{2})^3$ und f_b den Wert $-\sqrt{2}$.
Dies löst i) und ii).

iii)   Das Dualproblem zu f_a lautet

$$\max \theta(u_1, u_2) \text{ mit } u \geq 0 \text{ und}$$

$$\theta(u_1, u_2) = \inf_{(x,y)^T \in \mathbb{R}^2}\left\{f_a\left(\begin{pmatrix} x \\ y \end{pmatrix}\right) + u_1 g_1\left(\begin{pmatrix} x \\ y \end{pmatrix}\right) + u_2 g_2\left(\begin{pmatrix} x \\ y \end{pmatrix}\right)\right\} =$$

$$= \inf_{(x,y)^T \in \mathbb{R}^2}\{(x-y)^2 - (x+y)^3 + u_1(x^2 + y^2 - 1) + u_2((x-1)^2 + (y-1)^2 - 1)\}$$

Hier wird, wenn $(x+y)$ genügend groß ist, die dritte Potenz alles dominieren

$$\Rightarrow \inf = -\infty \text{ und } \theta(u_1, u_2) = -\infty \Rightarrow \max\theta(u_1, u_2) = -\infty.$$

Es liegt also eine (riesige!) Dualitätslücke vor.

Das Dualproblem zu f_b lautet

$$\max \theta(u_1, u_2) \text{ mit } u \geq 0 \text{ und}$$

$$\theta(u_1, u_2) = \inf_{(x,y)^T \in \mathbb{R}^2} \left\{ f_b\left(\binom{x}{y}\right) + u_1 g_1\left(\binom{x}{y}\right) + u_2 g_2\left(\binom{x}{y}\right) \right\} =$$

$$= \inf_{(x,y)^T \in \mathbb{R}^2} \{(x-y)^2 - (x+y) + u_1(x^2+y^2-1) + u_2((x-1)^2 + (y-1)^2 - 1)\}$$

Weil die Slater-CQ gilt und weil f_b (im Gegensatz zu f_a) eine konvexe Funktion ist – wie auch g_1, g_2 – gelten der starke Dualitätssatz und der Satz über die Existenz von Sattelpunkten. Dann ist aber jede KKT-Kombination auch eine Sattelpunkt-Kombination und daraus folgt, dass $(u_1, 0)$ das Dualproblem löst, weil wegen der Komplementärbedingung gilt:

$$(u_1, u_2) \binom{g_1(\overline{x})}{g_2(\overline{x})} = 0.$$

Wegen $g_2(\overline{x}) < 0$ haben wir $u_2 = 0$. Das Dualproblem kann hier reduziert werden zu

$$\max \theta(u_1) \text{ mit } \theta(u_1) = \inf_{(x,y) \in \mathbb{R}^2} \{(x-y)^2 - (x+y) + u_1(x^2+y^2-1)\}$$

Am KKT-Punkt zu f_b ist $x = y = \frac{1}{\sqrt{2}}$, also muss nur noch u_1 für

$$\inf\{(x-y)^2 - (x+y) + u_1(x^2+y^2-1)\}$$

bestimmt werden.

$$2(x-y) - 1 + 2x \cdot u_1 = 0$$
$$-2(x-y) - 1 + 2y \cdot u_1 = 0$$

Aus der Summe der beiden Gleichungen ergibt sich: $x+y = \frac{1}{u_1}$. Mit $x = y = \frac{1}{\sqrt{2}}$ entsteht $\frac{1}{u_1} = \frac{2}{\sqrt{2}} \Rightarrow u_1 = \frac{1}{\sqrt{2}}$.

Also haben wir KKT und Sattelpunkt mit $\overline{x} = \overline{y} = \overline{u}_1 = \frac{1}{\sqrt{2}}$, $\overline{u}_2 = 0$.

Lösung zu 13.5.2

a) **Parameter:**

μ_i $(i = 1, \ldots, n)$ Erwarteter Gewinn pro Einheit.
σ_i^2 $(i = 1, \ldots, n)$ Erwartetes Risiko (Varianz) pro Einheit
GS Gewinnsockel
RB Risikobegrenzung

Variable:

x_i Investitionssumme in Projekt i $(i = 1, \ldots, n)$

Modell:

i) $\quad \min \sum_{i=1}^{n} x_i^2 \sigma_i^2$

$\quad\quad$ unter $x_1 \geq 0, \ldots, x_n \geq 0, \ \sum_{i=1}^{n} x_i \leq 10^6$

$\quad\quad$ und $\sum_{i=1}^{n} \mu_i x_i \geq GS$ bzw. $- \sum_{i=1}^{n} \mu_i x_i \leq -GS$

ii) $\quad \max \sum_{i=1}^{n} x_i \mu_i$

$\quad\quad$ unter $x_1 \geq 0, \ldots, x_n \geq 0, \ \sum_{i=1}^{n} x_i \leq 10^6$

$\quad\quad$ und $\sum_{i=1}^{n} x_i^2 \sigma_i^2 \leq RB$

b) $\quad$ Weiterbehandlung von i)

Dies ist ein quadratisches Optimierungsproblem mit $H = \begin{pmatrix} 2\sigma_1^2 & & \\ & \ddots & \\ & & 2\sigma_n^2 \end{pmatrix}$ positiv

definit und symmetrisch,

$$A = \begin{pmatrix} -1 & 0 & \cdots & \cdots & 0 \\ 0 & -1 & \ddots & \cdots & 0 \\ \vdots & \cdots & \ddots & \ddots & \vdots \\ \vdots & \cdots & \cdots & \ddots & \vdots \\ 0 & 0 & \cdots & \cdots & -1 \\ 1 & 1 & \cdots & \cdots & 1 \\ -\mu_1 & -\mu_2 & \cdots & \cdots & -\mu_n \end{pmatrix} \quad , \quad b = \begin{pmatrix} 0 \\ \vdots \\ \vdots \\ \vdots \\ 0 \\ 10^6 \\ -GS \end{pmatrix}$$

Die Aufgabenstellung ist

$$\min \frac{1}{2} x^T H x \quad \text{unter } Ax \leq b$$

Das Dualproblem entwickelt sich aus

$$\max_{u \geq 0} \theta(u) = \inf_{x \in R^n} \left\{ \frac{1}{2} x^T H x + u^T (Ax - b) \right\}$$

und dafür kennt man die Reduzierung

$$\max_{u \geq 0} \left\{ \frac{1}{2} u^T D u + c^T u \right\} \text{ mit } D = -AH^{-1}A^T \text{ und } c = -b = \begin{pmatrix} 0 \\ \vdots \\ 0 \\ -10^6 \\ +GS \end{pmatrix}$$

$$D = -AH^{-1}A^T =$$

$$= - \begin{pmatrix} -1 & 0 & \cdots & 0 \\ 0 & -1 & \ddots & 0 \\ \vdots & \cdots & \ddots & \vdots \\ 0 & 0 & \cdots & -1 \\ 1 & 1 & \cdots & 1 \\ -\mu_1 & -\mu_2 & \cdots & -\mu_n \end{pmatrix} \begin{pmatrix} \frac{1}{2\sigma_1^2} & & 0 \\ & \ddots & \\ 0 & & \frac{1}{2\sigma_n^2} \end{pmatrix} \begin{pmatrix} -1 & 0 & \cdots & 0 & 1 & -\mu_1 \\ 0 & -1 & \ddots & 0 & 1 & -\mu_2 \\ \vdots & \cdots & \ddots & \vdots & \vdots & \vdots \\ 0 & 0 & \cdots & -1 & 1 & -\mu_n \end{pmatrix}$$

$$= - \begin{pmatrix} -1 & 0 & \cdots & \cdots & 0 \\ 0 & -1 & \ddots & \cdots & 0 \\ \vdots & \cdots & \ddots & \ddots & \vdots \\ \vdots & \cdots & \cdots & \ddots & \vdots \\ 0 & 0 & \cdots & \cdots & -1 \\ 1 & 1 & \cdots & \cdots & 1 \\ -\mu_1 & -\mu_2 & \cdots & \cdots & -\mu_n \end{pmatrix} \begin{pmatrix} -\frac{1}{2\sigma_1^2} & & 0 & \frac{1}{2\sigma_1^2} & \frac{-\mu_1}{2\sigma_1^2} \\ & \ddots & & \vdots & \vdots \\ 0 & & -\frac{1}{2\sigma_n^2} & \frac{1}{2\sigma_n^2} & \frac{-\mu_n}{2\sigma_n^2} \end{pmatrix}$$

$$= - \begin{pmatrix} \frac{1}{2\sigma_1^2} & 0 & \cdots & 0 & -\frac{1}{2\sigma_1^2} & +\frac{\mu_1}{2\sigma_1^2} \\ 0 & +\frac{1}{2\sigma_2^2} & \ddots & 0 & -\frac{1}{2\sigma_2^2} & +\frac{\mu_2}{2\sigma_2^2} \\ \vdots & & \ddots & \ddots & \vdots & \vdots \\ 0 & \cdots & \ddots & \frac{1}{2\sigma_n^2} & -\frac{1}{2\sigma_n^2} & +\frac{\mu_n}{2\sigma_n^2} \\ -\frac{1}{2\sigma_1^2} & \cdots & \cdots & -\frac{1}{2\sigma_n^2} & \sum_{i=1}^{n}\frac{1}{2\sigma_i^2} & \sum_{i=1}^{n}\frac{-\mu_i}{2\sigma_i^2} \\ +\frac{\mu_1}{2\sigma_1^2} & \cdots & \cdots & +\frac{\mu_n}{2\sigma_n^2} & \sum_{i=1}^{n}\frac{-\mu_i}{2\sigma_i^2} & \sum_{i=1}^{n}\frac{\mu_i^2}{2\sigma_i^2} \end{pmatrix}$$

Die letzten beiden Zeilen der obigen Matrix sind die $(n+1)$-te und $(n+2)$-te Zeile.
Man beachte noch das Minuszeichen!

c)   Das Dualproblem zu I lautet:

$$\max_{u \geq 0} \theta_1(u) = \inf_{x \in \Gamma} \{a(x) + u \cdot b(x)\}$$

Das Dualproblem zu II lautet:

$$\max_{v \geq 0} \theta_2(v) = \inf_{x \in \Gamma} \{b(x) + v \cdot a(x)\}$$

Wir gehen davon aus, dass zu θ_1 alle Infimum-Werte zu den u's schon bestimmt sind. Dann können wir für alle $v \neq 0$ folgern:

$$\theta_2(v) = v \cdot \inf_{x \in \Gamma}\left\{\frac{1}{v} \cdot b(x) + a(x)\right\} = v \cdot \inf_{x \in \Gamma}\left\{a(x) + \frac{1}{v} \cdot b(x)\right\} = v \cdot \theta_1\left(\frac{1}{v}\right)$$

Also ist $\theta_2(v)$ für $v > 0$ indirekt bereits bekannt.

Es fehlt nur noch die Berechnung von $\theta_2(0) = \inf_{x \in \Gamma} \{b(x)\}$ um zu vergleichen.

Also ist $\max \theta_2(v) = \max \left\{ \theta_2(0), \max_{v>0} \theta_1 \left(\frac{1}{v} \right) \cdot v \right\}$

Lösung zu 13.5.3

$$\max \quad \theta(u_1, u_2)$$

$$\text{unter} \quad u_1, u_2 \geq 0 \qquad\qquad (DP)$$

$$\theta(u_1, u_2) = \inf_{x \in \mathbb{R}^2} \{x_1^2 + x_2^2 + u_1((x_1 - 1)^2 - x_2) + u_2((x_1 + 1)^2 - x_2)\}$$

- Für die Berechnung des Infimums ergibt sich:

$$\varphi(x, u) = x_1^2 + x_2^2 + u_1(x_1 - 1)^2 - u_1 x_2 + u_2(x_1 + 1)^2 - u_2 x_2$$

$$\nabla_x \varphi(x, u) := \begin{pmatrix} 2x_1 + u_1 \cdot 2(x_1 - 1) + u_2 \cdot 2(x_1 + 1) \\ 2x_2 - u_1 - u_2 \end{pmatrix}$$

$$\nabla_x \varphi(x, u) = 0 \Leftrightarrow \left\{ \begin{array}{c} 2(x_1(1 + u_1 + u_2) - u_1 + u_2) = 0 \\ 2x_2 = u_1 + u_2 \end{array} \right\}$$

$$\Leftrightarrow x_1 = \frac{u_1 - u_2}{1 + u_1 + u_2}, x_2 = \frac{1}{2}(u_1 + u_2)$$

- $1 + u_1 + u_2 \geq 1$ (wegen $u_1, u_2 \geq 0$)

$$\nabla_x^2 \varphi(x, u) = \begin{pmatrix} 2 + 2u_1 + 2u_2 & 0 \\ 0 & 2 \end{pmatrix} \text{ positiv definit } \forall x, u \geq 0$$

$\Rightarrow \varphi(x, u)$ konvex in $x \Rightarrow (\overline{x}_1, \overline{x}_2) = (\frac{u_1 - u_2}{1 + u_1 + u_2}, \frac{1}{2}(u_1 + u_2))$ ist globaler Minimalpunkt

wegen Hinweis: $(\overline{x}_1, \overline{x}_2) = (\frac{\lambda}{1+\xi}, \frac{1}{2}\xi)$, wobei $\lambda = u_1 - u_2, \xi = u_1 + u_2$, daraus folgt

$$\theta(u_1, u_2) = \tilde{\theta}(\lambda, \xi) = \frac{\lambda^2}{(1 + \xi)^2} + \frac{1}{4}\xi^2 + \frac{1}{2}(\lambda + \xi) \left(\frac{\lambda}{1+\xi} - 1 \right)^2 -$$

$$- \frac{1}{2}(\lambda + \xi) \cdot \frac{1}{2}\xi + \frac{1}{2}(\xi - \lambda) \left(\frac{\lambda}{1+\xi} + 1 \right)^2 - \frac{1}{2}(\xi - \lambda) \cdot \frac{1}{2}\xi =$$

$$= \frac{\lambda^2}{(1 + \xi)^2} + \frac{1}{2}(\lambda + \xi)\frac{\lambda^2}{(1 + \xi)^2} + \frac{1}{2}(\xi - \lambda)\frac{\lambda^2}{(1 + \xi)^2} + \frac{1}{4}\xi^2 - (\lambda + \xi)\frac{\lambda}{1+\xi} +$$

$$+ \frac{1}{2}(\lambda + \xi) - \frac{1}{4}(\lambda + \xi)\xi + (\xi - \lambda)\frac{\lambda}{1+\xi} + \frac{1}{2}(\xi - \lambda) - \frac{1}{4}(\xi - \lambda)\xi =$$

$$= \frac{\lambda^2}{(1 + \xi)^2} + \frac{\xi\lambda^2}{(1 + \xi)^2} + \frac{1}{4}\xi^2 - \frac{2\lambda^2}{1 + \xi} + \xi - \frac{1}{2}\xi^2 =$$

$$= \lambda^2 \left(\frac{1}{(1 + \xi)^2} + \frac{\xi}{(1 + \xi)^2} - \frac{2}{1 + \xi} \right) + \xi - \frac{1}{4}\xi^2 =$$

$$= \lambda^2 \left(\frac{1+\xi}{(1+\xi)^2} - \frac{2}{1+\xi} \right) + \xi - \frac{1}{4}\xi^2 = \lambda^2 \left(\frac{-1}{(1+\xi)} \right) + \xi - \frac{1}{4}\xi^2$$

- $\max \theta(u_1, u_2)$ unter $u_1, u_2 \geq 0$ ist äquivalent zu

$$\max \tilde{\theta}(\lambda, \xi) \text{ unter } \underbrace{\frac{1}{2}(\lambda + \xi)}_{=u_1} \geq 0, \ \underbrace{\frac{1}{2}(\xi - \lambda)}_{=u_2} \geq 0$$

$$\Leftrightarrow \max \tilde{\theta}(\lambda, \xi) \text{ unter } \lambda + \xi \geq 0, \ \xi \geq \lambda$$

$$\Leftrightarrow \max -\lambda^2 \frac{1}{1+\xi} + \xi - \frac{1}{4}\xi^2 \text{ unter } \xi \geq -\lambda, \ \lambda \geq \xi$$

- Diskussion des Problems:
  wegen $\xi = u_1 + u_2$ gilt $\xi \geq 0 \Rightarrow \frac{1}{1+\xi} > 0 \Rightarrow$ Für alle zulässigen (λ, ξ) ist

$$\tilde{\theta}(\lambda, \xi) \leq \tilde{\theta}(0, \xi) \quad \text{(große } \lambda \text{ senken die Zielfunktion)}$$

$\Rightarrow$ es genügt $\tilde{\theta}(0, \xi)$ zu untersuchen.

$$\max \xi - \frac{1}{4}\xi^2 \text{ unter } \xi \geq 0$$

$\nabla_\xi \tilde{\theta}(0, \xi) = 1 - \frac{1}{2}\xi = 0 \Rightarrow \xi = 2 \ (\xi = 2 \text{ zulässig})$
wegen $\tilde{\theta}(0, \xi)$ konkav in $\xi \Rightarrow \overline{\xi} = 2$ globaler Maximalpunkt

- $(\overline{\lambda}, \overline{\xi}) = (0, 2)$ „dualer Optimalpunkt"

$$\Rightarrow (\overline{u}_1, \overline{u}_2) = (\frac{1}{2}(0 + 2), \frac{1}{2}(2 - 0)) = (1, 1) \quad \text{dualer Optimalpunkt}$$

- nach obiger Berechnung betrachte $\overline{x} = \left(\frac{\overline{\lambda}}{1+\overline{\xi}}, \frac{1}{2}\overline{\xi} \right)^T = (0, 1)^T$. Also erfüllen $\overline{x} = (0, 1)^T$
  und $\overline{u} = (1, 1)^T$ die Bedingungen über Duale-Optimalpaare
  $(g_i(\overline{x}) = 0, \varphi(\overline{x}, \overline{u}) = \min_x \varphi(x, \overline{u}))$
  $\Rightarrow (\overline{x}, \overline{u})$ Sattelpunkt, keine Dualitätslücke $\Rightarrow \overline{x}$ primale Optimallösung mit Optimalwert
  $f(\overline{x}) = 1$ und Optimalwert $\theta(\overline{x}, \overline{u}) = 1$

13.7 Sattelpunkte

Interpretiert man die Behandlung der Partnerprobleme als den gleichzeitigen Versuch, eine von x und (u, v) abhängige Funktion maximal bzgl. (u, v) und minimal bzgl. x zu gestalten, dann stellt sich die Frage nach Sattelpunkten.

Definition 13.10

$\Phi(x, u, v) := f(x) + u^T g(x) + v^T h(x)$ mit $\Phi : (\mathbb{R}^n \times \mathbb{R}^m \times \mathbb{R}^\ell) \to \mathbb{R}$ heißt *Sattelpunktfunktion* oder *Lagrange-Funktion*. Ein Punkt $(\overline{x}, \overline{u}, \overline{v})$ heißt *Sattelpunkt*, wenn gilt: $\overline{x} \in \Gamma, \overline{u} \geq 0$ und

$$\Phi(\overline{x}, u, v) \leq \Phi(\overline{x}, \overline{u}, \overline{v}) \leq \Phi(x, \overline{u}, \overline{v}) \quad \forall x \in \Gamma \text{ und } \forall (u, v) \text{ mit } u \geq 0.$$

Solche Sattelpunkte kann man über Einzelbedingungen charakterisieren.

Satz 13.11

Ein Punkt $(\overline{x}, \overline{u}, \overline{v})$ mit $\overline{x} \in \Gamma$ und $\overline{u} \geq 0$ ist genau dann ein Sattelpunkt für $\Phi(x, u, v) = f(x) + u^T g(x) + v^T h(x)$, wenn gilt:

(a) $\Phi(\overline{x}, \overline{u}, \overline{v}) = \min_{x \in \Gamma} \Phi(x, \overline{u}, \overline{v})$.

(b) $g(\overline{x}) \leq 0$ *und* $h(\overline{x}) = 0$.

(c) $\overline{u}^T g(\overline{x}) = 0$.

Zusätzlich ist $(\overline{x}, \overline{u}, \overline{v})$ genau dann Sattelpunkt, wenn $\overline{x}$ und $(\overline{u}, \overline{v})$ beides Optimalpunkte zu dem primalen und dualen Problemen (MP) und (DP) ohne Dualitätslücke sind. Das heißt also $f(\overline{x}) = \Theta(\overline{u}, \overline{v})$.

Der folgende Satz gibt Voraussetzungen dafür an, dass ein Sattelpunkt existiert.

Satz 13.12

Seien Γ, f und g konvex und h affin linear, das heißt $h(x) = Ax - b$. Weiter sei $0 \in \text{Int}(h(\Gamma))$ und es gebe ein $\hat{x}$ mit $g(\hat{x}) < 0$ und $h(\hat{x}) = 0$. Wenn $\overline{x}$ Optimalpunkt für (MP) ist, dann existiert $(\overline{u}, \overline{v})$ mit $\overline{u} \geq 0$, so dass $(\overline{x}, \overline{u}, \overline{v})$ Sattelpunkt ist.

Schließlich wird erkannt, dass es eine enge Wechselwirkung zwischen einer Sattelpunktseigenschaft von (x, u, x) und der Erfüllung der KKT-Bedingungen gibt.

Satz 13.13

(a) $\overline{x} \in \Gamma$ *erfülle die KKT-Bedingungen und f und g seien differenzierbar, das heißt:*

$$\begin{aligned}
\nabla f(\overline{x})^T + \overline{u}^T \nabla g(\overline{x}) + \overline{v}^T \nabla h(\overline{x}) &= 0 \\
\overline{u}^T g(\overline{x}) &= 0 \\
g(\overline{x}) &\leq 0 \\
h(\overline{x}) &= 0 \\
\overline{u} &\geq 0 \\
\overline{v} \text{ beliebig.}
\end{aligned}$$

> *f*, g_I *seien konvex bei* $\overline{x}$*. Für* $v_j \neq 0$ *sei jeweils* h_j *affin linear. Dann ist* $(\overline{x}, \overline{u}, \overline{v})$ *für*
> $\Phi(x, u, v) = f(x) + u^T g(x) + v^T h(x)$ *ein Sattelpunkt.*
>
> **(b)** *Erfüllt* $(\overline{x}, \overline{u}, \overline{v})$ *die Sattelpunktkriterien und ist* $\overline{x} \in \mathrm{Int}(\Gamma)$*,* $\overline{u} \geq 0$*, so ist* $\overline{x}$ *zulässig für*
> *(MP) und* $(\overline{x}, \overline{u}, \overline{v})$ *erfüllen die KKT-Bedingungen.*

13.8   Aufgaben zu Sattelpunkten

Aufgabe 13.8.1

$\begin{pmatrix} \overline{u} \\ \overline{v} \end{pmatrix}$ sei ein fest gegebener Vektor aus $\mathbb{R}^{m+\ell}$ mit $\overline{u} \geq 0$, $\overline{v}$ beliebig. Betrachte die Problemstellung

$$\min f(x) + \overline{u}^T g(x) + \overline{v}^T h(x) \text{ unter } x \in \mathbb{R}^n$$

für dieses feste Paar $(\overline{u}, \overline{v})$. $\overline{x} \in \mathbb{R}^n$ löse für dieses Paar $(\overline{u}, \overline{v})$ obiges Problem optimal.

a)   Zeigen Sie: Das gleiche $\overline{x}$ löst ebenfalls optimal die Problemstellung

$$
\begin{aligned}
&\min f(x) && \\
&\text{unter } g_i(x) \leq g_i(\overline{x}) && \forall i \text{ mit } \overline{u}_i > 0 && (MP_a)\\
&\quad\;\; h_j(x) = h_j(\overline{x}) && \text{für } j = 1, \dots, \ell.
\end{aligned}
$$

b)   Zeigen Sie ausgehend von a): Ist ausgerechnet $g(\overline{x}) \leq 0$, $h(\overline{x}) = 0$, $\overline{u}^T g(\overline{x}) = 0$, dann ist $\overline{x}$ optimal für

$$
\begin{aligned}
&\min f(x) && \\
&\text{unter } g(x) \leq 0 && (MP_b)\\
&\quad\;\; h(x) = 0
\end{aligned}
$$

und gleichzeitig ist das Paar $(\overline{u}, \overline{v})$ optimal zu

$$\max_{u \geq 0, v} \Theta(u, v) \text{ mit } \Theta(u, v) = \inf_{x \in \mathbb{R}^n} \left\{ f(x) + u^T g(x) + v^T h(x) \right\}. \qquad (DP)$$

Aufgabe 13.8.2

Betrachten Sie die beiden quadratischen Optimierungsprobleme (ohne Restriktionen):

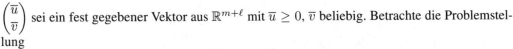

a)   maximiere $\frac{1}{2} x^T Q x - q^T x$ über $\mathbb{R}^3$ mit $Q = \begin{pmatrix} -1 & 1 & 1 \\ 1 & -4 & 0 \\ 1 & 0 & -2 \end{pmatrix}$, $q = \begin{pmatrix} 1 \\ 2 \\ 3 \end{pmatrix}$.

b)   maximiere $\frac{1}{2}x^T P x - p^T x$ über $\mathbb{R}^3$ mit $P = \begin{pmatrix} -1 & 2 & 0 \\ 2 & -1 & 1 \\ 0 & 1 & -1 \end{pmatrix}, p = \begin{pmatrix} 2 \\ 1 \\ 0 \end{pmatrix}.$

Stellen Sie jeweils fest, ob die Matrix negativ definit beziehungsweise die Funktion strikt konkav ist und entscheiden Sie dann, ob ein Maximalpunkt oder Sattelpunkt vorliegt. Falls die Funktion nach oben unbeschränkt ist, geben Sie eine Folge $\begin{pmatrix} u \\ v \\ w \end{pmatrix}$ von Punkten an, deren Funktionswert gegen $+\infty$ geht. Falls Sie beschränkt ist, geben Sie den Maximalpunkt und den Maximalwert an, ansonsten den Sattelpunkt und dessen Funktionswert.

Aufgabe 13.8.3 ◑

Beweisen Sie, dass für ein quadratisches Optimierungsproblem

$$\min \frac{1}{2}x^T C x \qquad \text{unter } Ax \leq b \tag{MP}$$

mit $C \in \mathbb{R}^{(n,n)}$, C positiv semidefinit, $A \in \mathbb{R}^{(m,n)}$ und der Eigenschaft

$$\exists \overline{x} \text{ mit } A\overline{x} \leq b$$

Folgendes gilt:
Das Dualproblem besitzt eine endliche Maximallösung und es gibt keine Dualitätslücke.
Hinweis: Sie dürfen dabei voraussetzen, dass eine quadratische Funktion auf einem polyedrischen Zulässigkeitsbereich ihren Minimalwert, sofern die Zielfunktion von unten beschränkt ist, auch annimmt.

Führen Sie dazu folgende Teilschritte aus und verwenden Sie bei Ihren Ausführungen stets die konkreten Parameter des angegebenen Optimierungsproblems, das heißt, vermeiden Sie f, g (für Ziel- und Nebenbedingungsfunktionen) und verwenden Sie die Darstellung mit C, A und b.

a)   Formulieren Sie das Dualproblem.

b)   Weisen Sie nach, dass an einem Optimalpunkt von (MP) die KKT-Bedingungen gelten.

c)   Geben Sie die KKT-Bedingungen an.

d)   Weisen Sie nach, dass ein Paar $(\overline{x}, \overline{u})$, welches die KKT-Bedingungen erfüllt, einen Sattelpunkt bildet, und geben Sie die Funktion $\Phi(\overline{x}, \overline{u})$ an.

e)   Zeigen Sie, dass $\overline{u}$ aus d) nun wirklich das Dualproblem löst und dass keine Dualitätslücke entsteht.

13.9   Lösungen zu Sattelpunkten

Lösung zu 13.8.1

a) $\overline{x}$ erfüllt sicher auch die Anforderungen des (MP_a)-Problems. Sei nun $\hat{x}$ ein Konkurrenzpunkt, der dies ebenfalls tut. Dann gilt wegen Optimalität von $\overline{x}$ im oberen Problem

$$f(\hat{x}) + \overline{u}^T g(\hat{x}) + \overline{v}^T h(\hat{x}) \geq f(\overline{x}) + \overline{u}^T g(\overline{x}) + \overline{v}^T h(\overline{x})$$

Nun ist aber $v^T h(\hat{x}) = v^T h(\overline{x})$ und $u^T g(\hat{x}) \leq u^T g(\overline{x})$ bei $\overline{u}_i > 0$.
Wegen $v^T h(\hat{x}) = v^T h(\overline{x})$ gilt daher

$$f(\hat{x}) + \overline{u}^T g(\hat{x}) \geq f(\overline{x}) + \overline{u}^T g(\overline{x})$$
$$\text{sowie } f(\hat{x}) \geq f(\overline{x}) + \overline{u}^T (g(\overline{x}) - g(\hat{x})) \geq f(\overline{x}).$$

Also ist dieser (zugelassene) Konkurrenzpunkt nicht besser als $\overline{x}$. Somit ist $\overline{x}$ optimal.

b) $g(\overline{x}) \leq 0, h(\overline{x}) = 0, \overline{u}^T g(\overline{x}) = 0$ seien zusätzlich eingetroffen. Dann ist wegen a) $\overline{x}$ auch optimal zu

$$\begin{aligned} \min \quad & f(x) \\ \text{unter} \quad & g_i(x) \leq g_i(\overline{x}) \leq 0 \quad \forall i \text{ mit } u_i > 0 \\ & h_j(x) = h_j(\overline{x}) = 0 \quad \forall j = 1, ..., l \end{aligned}$$

Nachdem für einen Konkurrenzpunkt $\hat{x}$

$$f(\hat{x}) + \overline{u}^T g(\hat{x}) + \overline{v}^T \underbrace{h(\hat{x})}_{=0 \text{ n.V.}} \geq f(\overline{x}) + \underbrace{\overline{u}^T g(\overline{x})}_{=0 \text{ n.V.}} + v^T \underbrace{h(\overline{x})}_{=0 \text{ n.V.}}$$

gelten müsste, folgt

$$f(\hat{x}) + \overline{u}^T g(\hat{x}) \geq f(\overline{x}), \text{ wobei } \overline{u} \geq 0, g(\hat{x}) \leq 0 \Rightarrow f(\hat{x}) \geq f(\overline{x}).$$

Die Zulässigkeitsmenge von (MP_b) ist aber Teilmenge von (MP_a) (es kommen noch die Bedingungen $g_i(x) \leq 0$ für die i mit $u_i = 0$ hinzu) und $\overline{x}$ erfüllt die Zusatzbedingungen $\Rightarrow \overline{x}$ ist (MP_b)-optimal.

Nun gilt aber

$$f(\overline{x}) = f(\overline{x}) + \underbrace{\overline{u}^T g(\overline{x})}_{=0} + \overline{v}^T \underbrace{h(\overline{x})}_{=0}$$

und damit ist der primale Wert gleich einem dualen Wert. Somit ist $(\overline{u}, \overline{v})$ optimal für (DP).

Lösung zu 13.8.2

a) Wir zeigen, dass Q negativ definit ist. Dazu sei $x = \begin{pmatrix} u \\ v \\ w \end{pmatrix}$.

$$x^T Q x = -u^2 - 4v^2 - 2w^2 + 2uv + 2uw + 0vw =$$

$$= \left(-\frac{1}{2}u^2 - 2w^2 + 2uw \right) + \left(-\frac{1}{2}u^2 - 4v^2 + 2uv \right) =$$

$$= -\left(\frac{1}{\sqrt{2}}u - \sqrt{2}w \right)^2 - \frac{1}{4}u^2 + \left(-\frac{1}{4}u^2 - 4v^2 + 2uv \right) =$$

$$= -\left(\frac{1}{\sqrt{2}}u - \sqrt{2}w \right)^2 - \frac{1}{4}u^2 - \left(\frac{1}{2}u - 2v \right)^2 < 0 \quad \forall x \neq 0$$

Somit ist Q negativ definit.

Um den Maximalpunkt zu bestimmen, müssen wir eine Lösung von $Qx = q$ errechnen:

$$\left(\begin{array}{ccc|c} -1 & 1 & 1 & 1 \\ 1 & -4 & 0 & 2 \\ 1 & 0 & -2 & 3 \end{array} \right) \rightarrow \left(\begin{array}{ccc|c} 1 & -1 & -1 & -1 \\ 0 & -3 & 1 & 3 \\ 0 & 1 & -1 & 4 \end{array} \right) \rightarrow \left(\begin{array}{ccc|c} 1 & 0 & -\frac{4}{5} & -2 \\ 0 & 1 & -\frac{1}{3} & -1 \\ 0 & 0 & -\frac{2}{3} & 5 \end{array} \right) \Rightarrow x = \left(\begin{array}{c} -12 \\ -\frac{7}{2} \\ -\frac{15}{2} \end{array} \right)$$

Ein Maximalpunkt befindet sich also bei $\left(-12, -\frac{7}{2}, -\frac{15}{2} \right)^T$. Der dortige Zielfunktionswert lautet $20\frac{3}{4}$.

b)   Wir zeigen, dass P nicht negativ definit ist

$$x^T P x = -u^2 - v^2 - w^2 + 4uv + 2vw =$$
$$= -u^2 - v^2 - w^2 - (2u - v)^2 - (v - w)^2 + 4u^2 + 2v^2 + w^2 =$$
$$= 3u^2 + v^2 - (2u - v)^2 - (v - w)^2$$

Dies ist nach oben unbeschränkt für $v = 2u$ und $w = v$ (z. B. $\left(1, \frac{1}{2}, \frac{1}{2} \right)^T$). Also muss ein Sattelpunkt vorliegen. Dies ist der Fall bei der Lösung von $Px = p$.

$$\left(\begin{array}{ccc|c} -1 & 2 & 0 & 2 \\ 2 & -1 & 1 & 1 \\ 0 & 1 & -1 & 0 \end{array} \right) \rightarrow \left(\begin{array}{ccc|c} 1 & -2 & 0 & -2 \\ 0 & 3 & 1 & 5 \\ 0 & 1 & -1 & 0 \end{array} \right) \rightarrow \left(\begin{array}{ccc|c} 1 & 0 & -\frac{2}{3} & \frac{4}{3} \\ 0 & 1 & -\frac{1}{3} & \frac{5}{3} \\ 0 & 0 & -\frac{4}{3} & -\frac{5}{3} \end{array} \right) \Rightarrow x = \left(\begin{array}{c} \frac{1}{2} \\ \frac{5}{4} \\ \frac{5}{4} \end{array} \right)$$

$\left(\frac{1}{2}, \frac{5}{4}, \frac{5}{4} \right)^T$ ist Sattelpunkt mit Funktionswert $-\frac{9}{8}$.

Lösung zu 13.8.3

a)

$$\begin{aligned} &\max && \Theta(u) \\ &\text{mit} && \Theta(u) = \inf_{x \in \mathbb{R}^n} \left\{ \tfrac{1}{2}x^T C x + u^T (Ax - b) \right\} \\ &\text{unter} && u \geq 0 \end{aligned}$$

b)   Z. z.: $\overline{x}$ Optimalpunkt von $(MP) \Rightarrow \overline{x}$ ist KKT-Punkt

Bekannt: bei linearen Nebenbedingungen gilt die Abadie-CQ und damit ist jeder (LMP)-Punkt auch KKT-Punkt.

c)   KKT-Bedingung:

$$x^T C + u^T A = 0 \qquad\qquad u^T(Ax - b) = 0 \qquad\qquad u \geq 0$$

d)   Z. z.: $(\overline{x}, \overline{u})$ ist KKT-Punkt $\Rightarrow (\overline{x}, \overline{u})$ Sattelpunkt.

- $(\overline{x}, \overline{u})$ erfüllt KKT-Bedingungen

- $\frac{1}{2} x^T C x$ ist eine konvexe Funktion $(g(x) =) Ax - b$ ist eine lineare Funktion $\Rightarrow$ konvex

Unter diesen Voraussetzungen ist bekannt:

$$(\overline{x}, \overline{u}) \text{ ist Sattelpunkt für } \Phi(x, u) = \tfrac{1}{2} x^T C x + u^T(Ax - b)$$

e)   Z. z.: $\overline{u}$ ist Optimallösung für (DP)
$(\overline{x}, \overline{u})$ Sattelpunkt (nach Teil d) s.o.)
$\Rightarrow \overline{x}, \overline{u}$ Optimallösungen für (MP) bzw. (DP) ohne Dualitätslücke.

Teil IV

Elementare kombinatorische Optimierung

Überblick zu Teil IV

Dieser Teil soll einen Einstieg in die kombinatorische Optimierung geben. Die Vielfalt und die hohe Komplexität dieser Thematik zwingen uns aber dazu, uns auf die Erörterung von minimalen aufspannenden Bäumen und kürzesten Wegen zu beschränken.

Vorangestellt ist eine kurze prinzipielle Vorstellung von kombinatorischen Optimierungproblemen und weiterhin eine Einführung der Grundbegriffe der Graphentheorie.

Das erste Kapitel dieses Teils beschäftigt sich mit Bäumen und Wäldern. Insbesondere stehen minimale aufspannende Bäume im Vordergrund. Dies sind Kantenkollektionen in Graphen, die einen Zusammenhang in dem Sinne herstellen, dass jeder Knoten von jedem anderen Knoten aus über diese Kollektion erreichbar ist. Gibt man den Kanten eine Kostenbewertung, dann stellt sich die Frage nach der kostengünstigsten Kollektion, die den Zusammenhang gewährleistet. Und es geht darum, welche Algorithmen diese minimalen aufspannenden Bäume finden.

Das zweite Kapitel sucht nach kürzesten Wegen zwischen einem Startknoten und einem Zielknoten. Wieder ergibt sich das Minimierungsziel über die Kosten, die das Durchlaufen der einzelnen Kanten verursacht.

Ganzzahlige und kombinatorische Optimierungsprobleme

Zwar können viele kombinatorische Optimierungsprobleme enumerativ in *endlich* vielen Iterationen gelöst werden. Allerdings ist der Begriff „endlich" hier nicht sehr aussagekräftig, denn die Worst-Case-Rechenzeiten sind dabei gravierend hoch. Um effiziente Methoden zu gewinnen, muss man also auf spezielle Problemtypen eingehen und deren spezifische, insbesondere ihre kombinatorische Struktur ausnutzen. Also werden jetzt spezielle Klassen von ganzzahligen Problemen, insbesondere kombinatorisch oder graphentheoretisch induzierte Problemstellungen, untersucht.

Wir konzentrieren uns hier auf solche Probleme, bei denen die Zielfunktion Additivitätseigenschaften oder Linearitätseigenschaften besitzt.

Definition 7 (Lineares kombinatorisches Optimierungsproblem)
Gegeben sei eine endliche Menge E, die sogenannte Grundmenge, eine Teilmenge Φ der Potenzmenge von E ($\wp(E)$) und eine Funktion $c : E \to K$.
Wir definieren eine Funktion $\mathcal{C} : \wp \to K$ durch

$$\mathcal{C}(\varphi) := \sum_{e \in \varphi} c(e) \quad \text{mit } \varphi \in \wp(E), \text{ das heißt } \varphi \subset E.$$

Gesucht wird dann $\varphi^* \in \Phi$, so dass $\mathcal{C}(\varphi^*) \geq \mathcal{C}(\varphi) \; \forall \varphi \in \Phi$ (bei Maximierungsproblemen, Minimierung geht analog).
Dies nennt man ein *lineares kombinatorisches Optimierungsproblem*. (Oft wird auch lediglich von einem kombinatorischem Optimierungsproblem gesprochen.)

Ein solches Problem lässt sich also charakterisieren durch ein Tripel (E, Φ, c). Normalerweise ist Φ beschrieben in einer Form

$$\Phi = \{\varphi \in E \mid \varphi \text{ (hat eine bestimmte Eigenschaft)}\}.$$

Ist $\#(E) = n$, dann hat man schon 2^n Teilmengen als Kandidaten für φ, welche ihrerseits wieder Einzelelemente aus E besitzen. Deshalb scheidet Enumeration als Lösungsmethode zunächst aus. Ziel der Theorie zur kombinatorischen Optimierung ist es deshalb, schnelle und nach Möglichkeit sichere Verfahren anzugeben.

Kombinatorische Optimierungsprobleme stehen in engem Zusammenhang zu ganzzahligen Optimierungsproblemen. Um dies einzusehen, betrachten wir einige Begriffsbildungen.

Bezeichnungen

Ist E eine endliche Menge, dann ist K^E der K-Vektorraum der $\#(E)$-Tupel bzw. der Spalten-vektoren mit Länge $\#(E)$.

$$x = \begin{pmatrix} x_{e_1} \\ \vdots \\ x_{e_{\#(E)}} \end{pmatrix} = (x_e)_{e \in E}.$$

Hier ist jede Komponente mit einem Element von E inzident. Für $\varphi \subset E$ definiert man den *Inzidenzvektor* von φ als $\chi^\varphi \in K^{\#(E)} = K^E$ mit:

$$\chi_e^\varphi = \begin{cases} 1 \text{ falls } e \in \varphi \\ 0 \text{ falls } e \notin \varphi \end{cases}$$

Umgekehrt ist jeder 0/1-Vektor $x \in K^E$ der Inzidenzvektor einer Teilmenge φ von E, nämlich $\varphi := \{e \in E \mid x_e = 1\}$. Also ist $x = \chi^\varphi$.

Liegt ein kombinatorisches Optimierungsproblem vor, dann erhält man ein ganzzahliges lineares Optimierungsproblem auf folgende Weise:

(E, Φ, c) sei gegeben. Setze $P_\Phi = \text{conv}\{x_\varphi \in K^E \mid \varphi \in \Phi\}$.

P_Φ ist die konvexe Hülle von endlich vielen Punkten, also ein Polytop. Die Ecken von P_Φ sind genau die Punkte χ_φ mit $\varphi \in \Phi$.

Wir fassen nun C als Funktion $c^T x$ mit $x \in K^E$ auf. Dann ist jede optimale Ecklösung des Problems $\max\ c^T x$ unter $x \in P_\Phi$ der Inzidenzvektor eines Optimalpunktes von (E, Φ, c).

Graphentheoretische Grundbegriffe

Ein *Graph* ist ein Paar (V, E), bestehend aus einer nichtleeren endlichen Menge V von *Knoten* (vertices) und einer Menge E von *Kanten* (edges), dies sind ungeordnete Paare von (nicht notwendig verschiedenen) Elementen von V. Zu jeder Kante $e \in E$ gibt es also Knoten $u, v \in V$ mit $e = \overline{uv}$.

Die Anzahl der Knoten eines Graphen heißt *Ordnung* des Graphen und wird gewöhnlich mit n bezeichnet, das heißt $\#(V) = n$. Ebenso verwenden wir meist m für die Anzahl von Kanten, das heißt $\#(E) = m$.

Ist $e = \overline{uv}$, dann heißen u und v *Endknoten* von e. Man sagt, dass

- u und v mit e *inzidieren* (oder *inzident* sind),

- u und v auf e liegen,

- u und v *Nachbarn* oder *adjazent* (*benachbart*) sind.

Eine Kante $e = \overline{uu}$ heißt *Schlinge*. Kanten $e = \overline{uv}$ und $e' = \overline{uv}$ heißen *parallel* (*Mehrfachkanten*). Ein Graph ohne Mehrfachkanten bzw. Schlingen heißt *einfach*. $\Gamma(v)$ ist die *Menge der Nachbarknoten* zu einem Knoten v. Eventuell ist $v \in \Gamma(v)$ (bei Schlinge). Ist $W \subset V$, dann bezeichnet $\Gamma(W) = \bigcup_{v \in W} \Gamma(v)$ die Menge der Nachbarknoten zu W. Ein Knoten ohne Nachbar heißt *isoliert*.

Der *Grad* von v, bezeichnet mit $d(v)$ oder $deg(v)$, ist die Anzahl von Kanten, mit denen er inzidiert (Schlingen zählen doppelt) $\Rightarrow d(v) = deg(v) = \#(\delta(v))$.

Ist $W \subset V$ eine Knotenmenge, dann ist $E(W) \subset E$ die Menge aller Kanten, welche (ganz) zwischen Knoten von W verlaufen. Ist $F \subset E$ eine Kantenmenge, dann ist $V(F)$ die Menge der hierzu inzidenten Knoten.

Sind $G = (V, E)$ und $H = (W, F)$ Graphen, so dass $W \subset V$ und $F \subset E(W) \subset E$ gilt, dann heißt H *Untergraph* oder *Teilgraph* von G. $G[W]$ ist der von W *induzierte Untergraph* $(W, E(W))$. Ein Untergraph $H = (W, F)$ von $G = (V, E)$ heißt *aufspannend*, wenn $V = W$ und $V(F) = W = V$, das heißt wenn alle Knoten von V zu mindestens einer Kante der Teilmenge F inzident sind.

Ein einfacher Graph heißt *vollständig*, wenn jedes Knotenpaar durch eine Kante verbunden ist. Man bezeichnet ihn dann als K_n.

Ein Graph, dessen Knotenmenge in V_1, V_2 zerfällt, so dass keine Kante ganz in V_1 und keine ganz in V_2 verläuft, heißt *bipartit*. (V_1, V_2) nennt man *Bipartition*. *Vollständig bipartit* heißt ein solcher Graph, wenn jeder V_1-Knoten mit allen V_2-Knoten verbunden ist und umgekehrt.

Eine Knotenmenge K heißt *Knotenüberdeckung*, wenn jede Kante aus G mit mindestens einem Knoten aus K inzidiert. Eine schlingenlose Kantenmenge M in G heißt *Matching*, wenn je zwei Kanten aus M keinen gemeinsamen Endknoten haben. M heißt ein *perfektes Matching*, wenn auch noch jeder Knoten von V inzident zu einer Kante von M ist.

Digraphen

Ein *Digraph* (oder *gerichteter Graph*) $D = (V, A)$ besteht aus einer endlichen, nichtleeren Knotenmenge V und einer endlichen Menge A (arcs) von *Bögen*. Letztere sind *gerichtete Paare* von Knoten, also $a = \overrightarrow{uv}$ bzw. $a = (u, v)$. Hier bezeichnet u den *Anfangsknoten*, v den *Zielknoten* von a. u nennt man den *Vorgänger* von v und v nennt man *Nachfolger* von u. a inzidiert mit u und v. Bögen $\overrightarrow{uv}$ und $\overrightarrow{vu}$ heißen *antiparallel*.

Die meisten Begriffsbildungen werden von (normalen) Graphen übernommen.

Ein einfacher Digraph heißt *vollständig*, wenn je zwei Knoten $u \neq v$ durch beide Bögen $\overrightarrow{uv}$ und $\overrightarrow{vu}$ verbunden sind. Ein *Turnier* ist ein Digraph, bei dem pro Knotenpaar genau einer dieser beiden Bögen existiert.

Für $W \subset V$ sei

$$\delta^+(W) := \{\overrightarrow{ij} \in A \mid i \in W, j \notin W\},$$
$$\delta^-(W) := \{\overrightarrow{ij} \in A \mid i \notin W; j \in W\} \text{ und}$$

$$\delta(W) := \delta^+(W) \cup \delta^-(W).$$

$\delta^+(W)$ und $\delta^-(W)$ heißen *Schnitte*. Ist $s \in W, t \notin W$, dann heißt $\delta^+(W)$ ein (s,t)-Schnitt.
Der *Außengrad* oder *Ausgangsgrad* von v ist die Anzahl der Bögen mit Anfangsknoten v, der
Innengrad oder *Eingangsgrad* ist die Anzahl der Bögen mit Endknoten v.
Der Ausgangsgrad von v ist dann $\#(\delta^+(v)) = deg^+(v)$
Der Eingangsgrad von v ist dann $\#(\delta^-(v)) = deg^-(v)$.
Der *Grad* ist die Summe dieser beiden Größen.

$$d(v) = deg(v) = \#\delta(v) = deg^+(v) + deg^-(v) = d^+(v) + d^-(v).$$

Ketten, Wege, Kreise, Bäume und Netzwerke

Eine endliche Folge $v_0, \overrightarrow{v_0 v_1}, v_1, \overrightarrow{v_1 v_2}, \dots, v_{k-1}, \overrightarrow{v_{k-1} v_k}, v_k$, bei der aufeinanderfolgende Knoten durch die erwähnten Kanten verbunden sind, heißt eine *Kette* oder ein *Kantenzug* mit Anfang bei v_0 und Ende bei v_k. $v_1, \dots, v_{k-1}$ sind innere Knoten. Solche Ketten werden abkürzend auch beschrieben als $(v_0, v_1, \dots, v_k)$ oder $(\overrightarrow{v_0 v_1}, \overrightarrow{v_1 v_2}, \dots, \overrightarrow{v_{k-1} v_k})$.
Eine Kette mit lauter verschiedenen Knoten heißt *Weg*. Eine Kette mit lauter verschiedenen Kanten (Bögen) heißt *Pfad*. Ein Weg ist also ein Pfad, aber nicht umgekehrt. Eine Kette heißt *geschlossen*, falls ihre Länge (Kantenzahl) nicht null ist und ihr Anfangsknoten mit dem Endknoten übereinstimmt. Eine geschlossene Kette, in der Anfangs- und Endknoten übereinstimmen, aber ansonsten alle Knoten verschieden sind, heißt *Kreis*. Seine Länge ist die Anzahl der Bögen oder Kanten. Eine Kette, die jede Kante eines Graphen genau einmal enthält, heißt *Eulerpfad* des Graphen. Ist er geschlossen, so spricht man von einer *Eulertour*.
Ein Kreis (oder Weg) der Länge $\#(V)$ (bzw. $\#(V) - 1$) heißt *Hamiltonkreis* (*Hamiltonweg*). Hamiltonkreise heißen auch *Touren* (jeder Knoten wurde besucht). Ein *Wald* ist ein kreisfreier Graph. Ein Graph heißt *zusammenhängend*, falls von jedem u zu jedem v ein Weg existiert, der beide verbindet. Ein zusammenhängender Wald heißt *Baum*. Zusammenhängende Untergraphen heißen *maximal*, wenn es keine Kante gibt, die einen Knoten dieses Untergraphen mit einem sonstigen Knoten verbindet. Maximale zusammenhängende Untergraphen heißen *Komponenten* oder *Zusammenhangskomponenten* des Graphen.
Jeder Graph erlaubt eine eindeutige Partition in seine Komponenten und folglich besitzt er eine feste Komponentenzahl $\vartheta(G)$. Ein Baum ist demnach ein Wald mit einer Komponente, also $\vartheta(B) = 1$. Ein aufspannender Baum eines Graphen (bzw. einer Komponente eines Graphen) G ist demnach ein Baum (kreisfreier, zusammenhängender Graph), zu dem alle Knoten von G (der Komponente von G) inzident sind.
Ein *Branching* ist ein Untergraph eines Digraphen, der die Eigenschaft eines Waldes besitzt, so dass jeder Knoten Zielknoten höchstens eines Bogens ist. Ein zusammenhängendes Branching heißt *Arboreszenz*. Eine Arboreszenz enthält eine *Wurzel*, von der aus jeder Knoten auf genau einem Wege erreicht werden kann.
Eine Kante heißt *Brücke*, wenn ihre Entfernung die Komponentenzahl erhöhen würde (Trennungskante).
Ein Graph G (oder Digraph) wird zu einem *Netzwerk* (G, w), wenn jede Kante (bzw. jeder Bogen) mit einer Bewertung $w : E \to \mathbb{R}$ (bzw. $w : A \to \mathbb{R}$) versehen wird.

Kapitel 14

Bäume und Wälder

14.1 Minimale aufspannende Bäume

Folgende Grundtatsachen sind essenziell für die algorithmische Behandlung von Graphen.

Lemma 14.1

Gegeben sei ein zusammenhängender Graph $G = (V, E)$ mit n Knoten und m Kanten. Dann gelten folgende Aussagen

a) *Das sukzessive Anfügen von Kanten $e = \overline{uv} \subset E$ an eine wachsende Kantenmenge T (mit $u \in V(T)$, $v \notin V(T)$) ausgehend von $T = \emptyset$ führt nach $n - 1$ Anfügungen zu einem aufspannenden Baum von G.*

b) *Ein Graph (Teilgraph) mit lauter Knoten vom Grad ≥ 2 beinhaltet einen Kreis.*

c) *Der sukzessive Abbau eines Graphen durch Weglassen eines Knotens vom aktuellen Grad 1 und der dazu inzidenten Kante löscht genau dann alle Kanten, wenn der Graph kreisfrei ist.*

d) *Ein aufspannender Baum von G hat genau $n - 1$ Kanten und jede Kantenmenge von mehr als $n - 1$ Kanten beinhaltet einen Kreis.*

Wir haben bereits einiges über Bäume, Wege und Kreise in purer Form gelernt. Nun sollen diese Erkenntnisse noch verknüpft werden mit Bewertungen der Kanten, so dass man Objekte einer gewissen Struktur sucht, die von dieser Bewertung her optimal sind. So beschäftigen wir uns nun mit dem Problem, in einem kantengewichteten Graphen einen (wert-)„minimalen" aufspannenden Baum zu finden.

Der folgende Algorithmus von Kruskal versucht das Gesamtproblem dadurch zu lösen, dass er jeweils die lokal beste Entscheidung tifft. Dies wird mit dem Stichwort (Greedy = gefräßig) gekennzeichnet.

Algorithmus 14.2 (Greedy-Min (Kruskal-Algorithmus))
Input: Graph $G = (V, E)$ mit Kantengewichten $c(e)\ \forall\, e \in E$
Output: Inklusionsmäßig maximaler Wald $T \subset E$ mit Minimalgewicht $\mathcal{C}(T)$.

1.   *Sortieren: Numeriere die Kanten so, dass $c(e_1) \leq c(e_2) \leq \ldots \leq c(e_m)$.*

2.   *Setze $T := \emptyset$*

3.   *Für $i := 1, \ldots, m$ führe aus:*
     Falls $T \cup \{e_i\}$ keinen Kreis enthält, setze $T := T \cup \{e_i\}$.

4.   *Gib T aus.*

Satz 14.3
Greedy-Min liefert einen inklusionsmaximalen Wald T, dessen Gewicht minimal ist. Falls G zusammenhängend ist, wird T zu einem aufspannenden Baum von G mit minimalem Gewicht.

Lemma 14.4
Ein Graph ist genau dann kreisfrei, wenn innerhalb jeder Teilmenge $W \subset V$ in $G[W]$ höchstens $\#(W) - 1$ Kanten verlaufen.

Zur Feststellung von Kreisfreiheit oder aber zum Nachweis einer kreishaltigen Komponente kann folgende Methode dienen.

Algorithmus 14.5
Zwecke:

a)   *Nachweis von Kreisfreiheit oder Konstruktion einer (sicher) kreishaltigen Komponente.*

b)   *Konstruktion eines Waldes bzw. komponentenaufspannender Bäume.*

1.   *Definiere eine Komponente V_i für jeden Knoten v_i $(i = 1, \ldots, n)$ und setze $T := \emptyset$.*

2.   *Für $i := 1, \ldots, m$ führe aus: Betrachte $e_i = \overline{uv}$, suche $V(u)$ und $V(v)$.*

     (a) *Sind beide verschieden, dann vereinige $V(u)$ und $V(v)$ zu einer gemeinsamen Komponente und füge e_i an T an.*

     (b) *Sind beide Komponenten gleich, dann ist klar, dass diese Komponente $V(u) = V(v)$ einen Kreis besitzt, welcher e_i enthält. Markiere V als kreishaltig.*

3.   *Gib die jetzt noch vorhandenen Komponenten zusammen mit der Information über Kreishaltigkeit und die Gestalt von T aus.*

Bemerkung

Der Aufbau von T führt zu einem Wald, in jeder Komponente zu einem aufspannenden Baum. Sind die Kanten wie vorher in Kruskals Algorithmus sortiert, dann entsteht ein inklusionsmaximaler, aber gewichtsminimaler Wald. Der folgende Algorithmus gibt in schneller Weise die Möglichkeit, die Nachbarschaftsstrukturen, Zusammenhänge und Kreishaltigkeit zu erkennen.

Algorithmus 14.6 (Breitensuche)
Input: *Graph $G = (V, E)$.*
Zweck: *Nachbarschaftserkundung, Kreiskonstruktion, Zusammenhangserkennung.*
Initialisierung: *Listen $L := [\emptyset]$, $M := [\emptyset]$ und Vorgängereintrag $VOR(v) := \emptyset \quad \forall \; v \in V$.*

1. *Falls $V \neq \emptyset$, dann wähle $v \in V$ und setze $w_1 = v$. Falls $V = \emptyset$, dann gehe zu (11).*

2. *Trage w_1 in die Liste L ein, $L := [w_1]$.*

3. *Bestimme die direkten Nachbarn zu $w_1 (w_{I_1}, \ldots, w_{I_r})$. Ergänze die Liste zu*

    $$L := [w_1, \; w_{I_1}, \; \ldots, \; w_{I_r}].$$

4. *Lösche alle Kanten von w_1 zu seinen Nachbarn und markiere w_1, das heißt $M := [w_1]$.*

5. *Bestimme das erste unmarkierte Element u_1 in L. Gibt es kein solches, dann gehe zu (9). Ansonsten bestimme alle direkten Nachbarn zu $u_1 (u_{I_1}, \ldots, u_{I_s})$. Ergänze die Liste zu*

    $$L := [L, \; u_{I_1}, \; \ldots, \; u_{I_s}].$$

6. *Setze $VOR(u_{I_1}) := \ldots := VOR(u_{I_s}) := u_1$.*
    Enthält L jetzt zweimal das gleiche Element, dann hat sich ein Kreis geschlossen. Gib diesen Kreis aus mit Vorgängerbestimmung. Lösche nun das Element beim zweiten Auftreten in L.

7. *Lösche alle Kanten von u_1 zu seinen Nachbarn und markiere u_1, das heißt $M := [M, \; u_1]$.*

8. *Gehe zu (5).*

9. *Gib M als eine Komponente aus.*

10. *Setze $V := V \setminus M$ und $E := E(V \setminus M)$, $L := [\emptyset]$, $M := [\emptyset]$. Gehe damit zurück zu (1).*

11. *STOP nach völliger Abarbeitung von V.*

Wir haben jetzt mit dem Hilfsmittel der Kreisfreiheit (bzw. ihres Nachweises) einen gewichtsminimalen aufspannenden Baum für zusammenhängende Graphen (bzw. Komponenten) finden können. Ein alternativer Ansatz dazu ist die entsprechende Verwendung des Hilfsmittels Zusammenhang. Dieser soll bei Abbau des Ausgangsgraphen erhalten bleiben.

Algorithmus 14.7 (Dualer Greedy-Algorithmus)
Input: Zusammenhängender Graph G mit Kantengewichten.
Output: Aufspannender Baum mit minimalen Gewicht.

1.   *Sortiere, so dass $c(e_1) \leq \ldots \leq c(e_m)$.*

2.   *Setze $T := E$*

3.   *Für $i := m, \ldots, 1$ führe aus:*
     Falls $T \setminus \{e_i\}$ noch zusammenhängend bleibt, dann setze $T := T \setminus \{e_i\}$.

4.   *Ausgabe von T.*

Dazu brauchen wir in (3) eine Prozedur, die ermittelt, ob der Zusammenhang noch gewährleistet ist. Dazu kann man auch wieder Breitensuche oder folgenden Algorithmus einsetzen.

Algorithmus 14.8 (Test auf Verlust des Zusammenhangs durch uv-Entfernung)
Input: Zusammenhängender Graph G und neuer Graph $G' := G \setminus \{\overline{uv}\}$.
Output: Aufspannender Baum für G', wenn G' zusammenhängt.

1.   *Wähle den Knoten u aus. Setze $T = \{u\}$.*

2.   *Füge an T eine Kante an mit $e = \overline{aa'}, a \in T, a' \notin T, T := T \cup \{a'\}$. Wiederhole dies so lange wie möglich.*

3.   *Befindet sich am Ende v in T, dann ist der Zusammenhang erhalten geblieben, ansonsten nicht.*

Satz 14.9
Der duale Greedy-Algorithmus arbeitet korrekt.

Algorithmus 14.10 (Gemeinsames Prinzip für Greedy-Algorithmen)
Input: Zusammenhängender Graph mit Kantengewichten.
Output: Aufspannender Baum minimalen Gewichts.
Initialisierung: Setze $V_i := \{i\} \quad \forall i \in V$ und $T_i := \emptyset$ (Kantenmenge).
Typischer Schritt: Führe $(n-1)$-mal aus

(a)   *Wähle nichtleere Menge V_i*

(b)   *Wähle Kante $\overline{uv} \in E$ mit $u \in V_i, v \in V \setminus V_i$ und $c(\overline{uv}) \leq c(\overline{pq}) \, \forall \overline{pq} \in E$ mit $p \in V_i, \ q \in V \setminus V_i$.*

(c)   Bestimme j so, dass $v \in V_j$.

(d)   Setze $V_i := V_i \cup V_j$ (falls $\#(V_i) \geq \#(V_j)$), bzw. $V_j := V_i \cup V_j$ (falls $\#(V_j) \geq \#(V_i)$). Setze andere Menge auf $\emptyset$.

(e)   Setze $T_i := T_i \cup T_j \cup \{\overline{uv}\}$ im ersten Fall oder $T_j := T_i \cup T_j \cup \{\overline{uv}\}$ im zweiten Fall.

Ausgabe: *Gib T mit $T_i \neq \emptyset$ aus.*

Satz 14.11
Algorithmus 14.10 liefert einen gewichtsminimalen aufspannenden Baum zu jedem zusammenhängenden Graphen.

Für den Spezialfall von vollständigen Grundgraphen eignet sich besonders gut der folgende Algorithmus, der als Spezialversion des vorigen Algorithmus betrachtet werden kann. Die Modifikation beruht darauf, dass hier immer die gleiche Komponente anzieht.

Algorithmus 14.12 (Prim-Verfahren für Graphen)
Input: *Zusammenhängender Graph mit Kantengewichten.*
Output: *Aufspannender Baum von minimalem Gewicht.*
Typischer Schritt:

1.   Wähle $w \in V$ und setze $T := \emptyset, W := \{w\}, V := V \setminus \{w\}$.

2.   Ist $V = \emptyset$, dann gib T aus. STOP.

3.   Wähle eine Kante $\overline{uv} \in \delta(W)$ mit $c(\overline{uv}) = \min\{c(e)|e \in \delta(W)\}$.

4.   Setze $T := T \cup \{\overline{uv}\}, W := W \cup \{v\}, V := V \setminus \{v\}$. Gehe zu (2).

14.2   Aufgaben zu minimalen aufspannenden Bäumen

Aufgabe 14.2.1

a)   Ein Graph G ist genau dann zusammenhängend, wenn für jede Zerlegung $V = V_1 \cup V_2$, $V_1 \cap V_2 = \emptyset$ der Knotenmenge V eine Kante $e = \overline{vw}$ existiert, so dass $v \in V_1$ und $w \in V_2$ gilt.

b) G sei ein einfacher Graph mit n Knoten, von denen jeder einen Grad $\geq \frac{n-1}{2}$ hat. Zeigen Sie, dass G zusammenhängend ist.

Aufgabe 14.2.2

Breadth First Search: Gegeben sei ein zusammenhängender Graph $G = (V, E)$, Q sei eine Liste und T eine Kantenmenge. Betrachten Sie den folgenden Algorithmus:

1.   Alle Knoten in V seien unmarkiert.

2.   Setze $Q := \emptyset$ und $T := \emptyset$.

3.   Wähle $v \in V$, markiere v und füge v an Q an.

4.   Solange $Q \neq \emptyset$ führe aus:

   (a)   Entferne den ersten Knoten s von Q aus Q.

   (b)   Für alle Knoten t mit $\overline{st} \in E$ führe aus:

      Falls t unmarkiert ist, dann setze $T := T \cup \{\overline{st}\}$, markiere t und füge t an das Ende der Liste Q an.

5.   Gib T aus.

Die Aufgabenstellung lautet dann:

a)   Zeigen Sie, dass der Algorithmus einen aufspannenden Baum T liefert.

b)   Welche Komplexität hat der Algorithmus, wenn der Graph als Kantenliste abgespeichert wird?

c)   Welche Komplexität hat der Algorithmus, wenn der Graph als Adjazenzliste abgespeichert wird? (Bei einer Adjazenzliste wird zu jedem Knoten eine Liste mit den Nachbarknoten abgespeichert.)

Aufgabe 14.2.3

Zeigen Sie, dass ein geschlossener Kantenzug von beliebiger Länge einen Kreis (also einen geschlossenen Weg, in dem sich kein innerer Knoten wiederholt) enthält.

Aufgabe 14.2.4

Im Breitensuchalgorithmus *(BFS, Breadth First Search)* wird die Menge Q der aufgefundenen und noch zu untersuchenden Knoten wie eine Liste verwaltet (das heißt hinzugefügt wird an das Ende von Q, entfernt wird vom Anfang von Q).
Im Tiefensuchalgorithmus *(DFS, Depth First Search)* wird Q stattdessen wie ein Stapel verwaltet (das heißt hinzugefügt wird an das Ende von Q, entfernt wird vom Ende von Q).
Führen Sie BFS und DFS an dem Graphen mit Knoten $V = \{a, b, c, d, e, f, g, h, i, j, k, l\}$ aus, der durch folgende Adjazenzmatrix gegeben ist.

	a	b	c	d	e	f	g	h	i	j	k	l
a	0	1	1	1	0	1	0	0	1	0	1	0
b	1	0	1	0	1	0	1	0	1	1	1	0
c	1	1	0	1	1	0	1	1	1	0	0	1
d	1	0	1	0	0	0	1	1	0	0	0	1
e	0	1	1	0	0	1	1	0	0	1	1	0
f	1	0	0	0	1	0	1	1	1	0	0	0
g	0	1	1	1	1	1	0	1	0	0	1	1
h	0	0	1	1	0	1	1	0	0	1	0	0
i	1	1	1	0	0	1	0	0	0	1	0	1
j	0	1	0	0	1	0	0	1	1	0	1	1
k	1	1	0	0	1	0	1	0	0	1	0	1
l	0	0	1	1	0	0	1	0	1	1	1	0

Aufgabe 14.2.5

Auf der Menge der Kanten des Graphen $G = (V, E)$ mit Knotenmenge $V = \{1, 2, \ldots, 12\}$ ist die Gewichtsfunktion w folgendermaßen gegeben:

w	1	2	3	4	5	6	7	8	9	10	11
2	7										
3	12	10									
4	15	–	13								
5	–	8	1	–							
6	–	11	5	7	13						
7	–	–	8	12	–	6					
8	–	–	–	–	2	11	–				
9	–	–	–	–	6	19	6	7			
10	–	–	–	–	–	–	10	–	10		
11	–	–	–	–	–	–	–	11	17	19	
12	–	–	–	–	–	–	–	12	3	–	14

Es ist $w(i, j) = -$, falls i und j nicht durch eine Kante verbunden sind.
Bestimmen Sie mit den folgenden Algorithmen jeweils einen minimalen aufspannenden Baum.

1. Greedy-Min-Algorithmus

2. Dualer Greedy-Algorithmus

3. Algorithmus von Prim

Zeichnen Sie jeweils den Gesamtgraphen und machen Sie kenntlich, welche Kanten Sie auswählen bzw. entfernen.

Aufgabe 14.2.6

Im gewichteten Graphen aus den Knoten $1, \ldots, 12$ gemäß folgender Zeichnung soll ein minimaler aufspannender Baum bestimmt werden. Die Zahlen an den Kanten geben sowohl die Nummer der Kante als auch deren Gewicht an. Es gilt also immer $c(e_i) = i$. Wenden Sie das Prim-Verfahren an und beginnen Sie mit dem Knoten 1. Zeichnen Sie den aktuellen Baum und die neue Kante und machen Sie deutlich, welche Knoten bisher zu W gehören. Fertigen Sie eine Kantenliste an, in der die verbundenen Knoten eingetragen sind, und geben Sie parallel dazu den Stand der Knotenmenge W an. In dieser Liste sollten Sie jeweils vermerken, ob eine Kante bereits aufgenommen ist oder noch nicht behandelbar oder endgültig überflüssig ist.

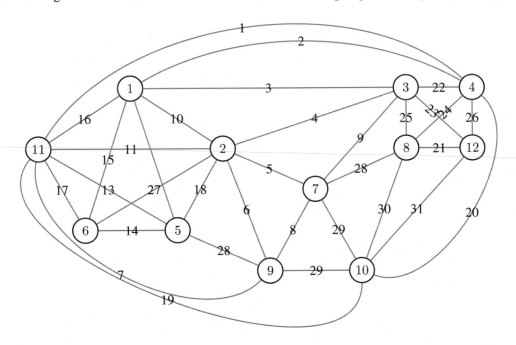

14.3   Lösungen zu minimalen aufspannenden Bäumen

Lösung zu 14.2.1

a)   Es ist klar, dass die Bedingung notwendig ist. Warum ist sie hinreichend?

Annahme: Bei Gültigkeit der Bedingung sei G unzusammenhängend, das heißt $\exists\, u, v$, die nicht verbunden sind. Betrachte als V_1 die Menge aller Punkte, die von u aus erreichbar sind, V_2 als den Rest $V \setminus V_1$. Dann gibt es doch eine Verbindungskante wegen obiger Bedingung.   (Widerspruch)

b)   **Annahme:** G wäre nicht zusammenhängend, das heißt, es gibt Knotenmengen V_1, V_2 (Komponenten) mit $V_1 \cap V_2 = \emptyset$ und es gibt keine Kante $e = \overline{v_1 v_2} \in E$ mit $v_1 \in V_1$, $v_2 \in V_2$, $\#(V_1) + \#(V_2) = n$. Betrachte diese kleinere Komponente (o. B. d. A. V_1). Sie hat

- nicht mehr als $\frac{n}{2}$ Knoten, wenn n gerade ist, und

- nicht mehr als $\frac{n-1}{2}$ Knoten, wenn n ungerade ist.

Da es keine Brücken von V_1 nach V_2 gibt, hat jeder Knoten von V_1 (innerhalb von V_1) immer noch den Grad $\frac{n-1}{2}$. Das ist aber höher als die Knotenanzahl (maximal $\frac{n}{2} - 1$), mit denen dieser Knoten verbunden sein kann.   (Widerspruch)

Lösung zu 14.2.2

a)   Im Verlauf des Algorithmus gilt jeweils, dass T einen aufspannenden Baum für den Teilgraphen bildet, welcher durch die markierten Knoten induziert wird (Anfügungen an Q).

Weiterhin existiert für jeden markierten Knoten s ein (v, s)-Weg. Kanten zwischen markierten Knoten werden nicht aufgenommen. Dadurch bleibt Kreisfreiheit bestehen.

Wegen des Zusammenhangs sind am Schluss alle Knoten markiert, T ist deshalb ein aufspanndender Baum für G.

b)   Komplexität $O(n \cdot m)(\approx O(n^3))$ bei Kantenliste. Man braucht n für Schritt 4, m für Unterschritt 4b.

c)   Komplexität $O(n^2)$ bei Adjazenzliste. Man braucht n für Schritt 4 und n für den Unterschritt 4b.

Lösung zu 14.2.3

Es sei ein Kantenzug $v_1, \ldots, v_k$ beliebiger Länge von $a = v_1$ nach $a = v_k$ gegeben. Gegenstand unserer Untersuchung ist jetzt die Sequenz der Knoten bei dieser gerichteten Bewegung.

Wir betrachten diese Folge bis zum ersten Wiederauftreten von a und eliminieren den Rest der Sequenz. Damit haben wir einen geschlossenen Kantenzug, bei dem a nicht mehr als Innenknoten auftreten kann.

Wir suchen nun nach einem Innenknoten (a kommt dafür ja nicht mehr infrage), der zweimal auftritt. Dann entfernen wir alles bis zum ersten Auftreten und alles nach dem zweiten Auftreten des Knotens (o. B. d. A. heiße dieser b). Der verbleibende Kantenzug führt von b nach b und enthält weder a noch b als Innenknoten.

Nach endlich vielen solcher Eliminationen (simultan vom Anfang und Ende) verbleibt eine Sequenz mit gleichem Anfangs- und Endknoten, der im Inneren nicht mehr auftritt, und mit ansonsten lauter verschiedenen Innenknoten.

Lösung zu 14.2.4

Breitensuche:

Hier verwendet man Q (die Menge der zu untersuchenden Knoten) wie eine Liste und arbeitet sie nach dem Prinzip „First In – First Out" ab. Wir starten also mit Knoten a.

Auf Level 0 finden wir den Knoten a; dieser wird markiert. Die Knoten t mit $\overline{at} \in E$ sind b, c, d, f, i und k. All diese werden markiert und gemäß $T := T \cup \{\overline{at}\}$ in T aufgenommen. Das Ergebnis ist $T = \{\overline{ab}, \overline{ac}, \overline{ad}, \overline{af}, \overline{ai}, \overline{ak}\}$ sowie $Q = \{b, c, d, f, i, k\}$.

Nun greifen wir auf das erste Q-Element zu ($= b$) und bestimmen alle Nachbarn zu b. Dies sind a, c, e, g, i, j, k. Unmarkiert sind davon nur e, g, j. Diese (e, g, j) werden markiert. Q wird zu $\{c, d, f, i, k, e, g, j\}$.

Anschließend greift man auf c aus Q zu. Die Nachbarn zu c sind $a, b, d, e, g, h, i, j, \ell$. Unmarkiert sind davon nur h und ℓ. Man markiert auch diese. Damit sind alle markiert.

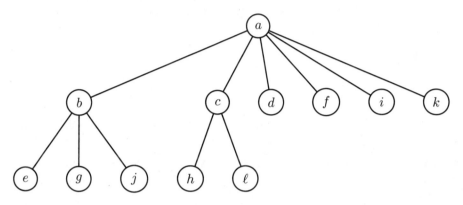

Tiefensuche:

Als Level 0 haben wir den Knoten a. Markiere also a. Nachbarn von a sind $Q = \{b, c, d, f, i, k\}$. Alle werden markiert mit Abstand 1.

Am Ende von Q befindet sich k. Entferne deshalb k aus Q und ermittle alle Nachbarn von k, die unmarkiert sind. Dies sind e, g, j, ℓ. Diese werden nun markiert mit Abstand 2. Q wird aktualisiert zu $Q = \{b, c, d, f, i, e, g, j, \ell\}$.

Am Ende von Q haben wir ℓ. Entferne also ℓ aus Q und ermittle alle Nachbarn von ℓ, die unmarkiert sind. Dies ist aber keiner.

Am Ende von Q haben wir nun j. Entferne also j aus Q und ermittle alle Nachbarn von j, die unmarkiert sind. Dies ist aber nur h. Markiere h mit Abstand 3. Nun sind alle Knoten markiert.

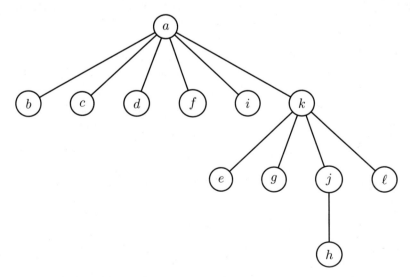

Lösung zu 14.2.5

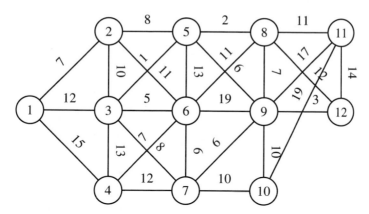

1.   **Anwendung des Greedy-Min-Algorithmus**

Aufnahme von	$(5,3)$	in T	(Wert 1)	5,3 neu
Aufnahme von	$(8,5)$	in T	(Wert 2)	8 neu
Aufnahme von	$(12,9)$	in T	(Wert 3)	12,9 neu
Aufnahme von	$(6,3)$	in T	(Wert 5)	6 neu
Aufnahme von	$(7,6)$	in T	(Wert 6)	7 neu
Aufnahme von	$(9,5)$	in T	(Wert 6)	beide vorhanden

Kreisfreiheitsüberprüfung in

$$T = \{(5,3),(8,5),(12,9),(6,3),(7,6),(9,5)\}.$$

Grad 1 haben die Knoten 8, 12, 7. Pfad im Restgraphen $(9,5) \to (5,3) \to (3,6)$. Dann nicht mehr fortsetzbar, also Aufnahme erlaubt.

Keine Aufnahme von	$(9,7)$	in T	(Wert 6)	beide vorhanden

Kreisfreiheitsüberprüfung in

$$T = \{(5,3),(8,5),(12,9),(6,3),(7,6),(9,5),(9,7)\}.$$

Grad 1 haben die Knoten 8, 12. Erkennbar ist ein Kreis $(9,7) \to (7,6) \to (6,3) \to (3,5) \to (5,9)$. $(9,7)$ darf nicht aufgenommen werden.

Aufnahme von	$(1,2)$	in T	(Wert 7)	1,2 beide neu
Aufnahme von	$(6,4)$	in T	(Wert 7)	4 neu
Keine Aufnahme von	$(9,8)$	in T	(Wert 7)	beide vorhanden

Kreisfreiheitsüberprüfung in

$$T = \{(5,3),(8,5),(12,9),(6,3),(7,6),(9,5),(1,2),(6,4),(9,8)\}.$$

Grad 1 haben die Knoten 1, 2, 4, 7. Nach Löschung verbleiben

$$\{(5,3),(8,5),(12,9),(6,3),(9,5),(9,8)\}.$$

Hier haben Grad 1 die Knoten 1, 2, 6, 3. Nach Löschung verbleiben

$$\{(8,5),(9,5),(9,8)\}.$$

Es liegt ein Kreis vor, nämlich $(8,5) \to (5,9) \to (9,8)$ damit darf $(9,8)$ nicht aufgenommen werden.

Aufnahme von	$(5,2)$	in T	(Wert 8)	beide vorhanden

Kreisfreiheitsüberprüfung in

$$T = \{(5,3),(8,5),(12,9),(6,3),(7,6),(9,5),(1,2),(6,4),(5,2)\}.$$

Grad 1 haben die Knoten 8, 12, 7, 1, 4. Nach Löschung verbleiben

$$\{(5,3),(6,3),(9,5),(5,2)\}.$$

Davon haben Grad 1: 2 und 6. Es verbleiben $\{(5,3),(9,5)\}$ also kein Kreis.

Keine Aufnahme von	$(7,3)$	in T	(Wert 8)	beide vorhanden

Kreisfreiheitsüberprüfung in

$$T = \{(5,3),(8,5),(12,9),(6,3),(7,6),(9,5),(1,2),(6,4),(5,2),(7,3)\}.$$

Erkennbar ist ein Kreis $(7,3) \to (3,6) \to (6,7)$.

Keine Aufnahme von	$(3,2)$	in T	(Wert 10)	beide vorhanden

Kreisfreiheitsüberprüfung in

$$T = \{(5,3),(8,5),(12,9),(6,3),(7,6),(9,5),(1,2),(6,4),(5,2),(3,2)\}.$$

Erkennbar ist ein Kreis $(3,2) \to (2,5) \to (5,3)$.

Aufnahme von	$(10,7)$	in T	(Wert 10)	10 neu
Keine Aufnahme von	$(10,9)$	in T	(Wert 10)	beide vorhanden

Kreisfreiheitsüberprüfung in

$$T = \{(5,3), (8,5), (12,9), (6,3), (7,6), (9,5), (1,2), (6,4), (5,2), (10,7), (10,9)\}.$$

Grad 1 haben hier die Knoten 8, 12, 1. Als Restgraph bleibt

$$\{(5,3), (6,3), (7,6), (9,5), (6,4), (5,2), (10,7), (10,9)\}.$$

Grad 1 haben hier die Knoten 4, 2. Als Restgraph bleibt

$$\{(5,3), (6,3), (7,6), (9,5), (10,7), (10,9)\}.$$

Grad 1 hat hier niemand also ist ein Kreis vorhanden!
Der Kreis ist erkennbar als $(10,9) \rightarrow (9,5) \rightarrow (5,3) \rightarrow (3,6) \rightarrow (6,7) \rightarrow (7,10)$.

Keine Aufnahme von	$(2,6)$	in T	(Wert 11)	beide vorhanden

Kreisfreiheitsüberprüfung in

$$T = \{(5,3), (8,5), (12,9), (6,3), (7,6), (9,5), (1,2), (6,4), (5,2), (10,7), (2,6)\}.$$

Grad 1 haben hier die Knoten 8, 12, 1, 4, 10. Als Restgraph bleibt

$$\{(5,3), (6,3), (7,6), (9,5), (5,2), (2,6)\}.$$

Grad 1 hat hier 7, 9. Als Restgraph bleibt

$$\{(5,3), (6,3), (5,2), (2,6)\}.$$

Kreis: $(2,6) \rightarrow (6,3) \rightarrow (3,5) \rightarrow (5,2)$

Keine Aufnahme von	$(6,8)$	in T	(Wert 11)	beide vorhanden

Kreisfreiheitsüberprüfung in

$$T = \{(5,3), (8,5), (12,9), (6,3), (7,6), (9,5), (1,2), (6,4), (5,2), (10,7), (6,8)\}.$$

Grad 1 haben hier die Knoten 12, 1, 4, 10. Als Restgraph bleibt

$$\{(5,3), (8,5), (6,3), (7,6), (9,5), (5,2), (6,8)\}.$$

Grad 1 haben die Knoten 7, 9, 2. Als Restgraph bleibt

$$\{(5,3), (8,5), (6,3), (6,8)\}.$$

Kreis $(6,8) \rightarrow (8,5) \rightarrow (5,3) \rightarrow (3,6)$

| Aufnahme von | $(8, 11)$ | in T | (Wert 11) | 11 neu |

Damit sind 11 Kanten aufgenommen, nämlich

$$T = \{(5,3),(8,5),(12,9),(6,3),(7,6),(9,5),(1,2),(6,4),(5,2),(10,7),(11,8)\}$$

mit den entsprechenden Werten $1 + 2 + 3 + 5 + 6 + 6 + 7 + 7 + 8 + 10 + 11 = 66$ (Gesamtwert).

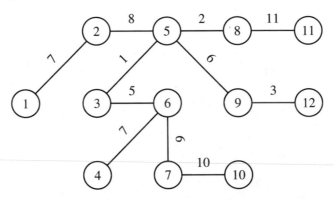

2. Anwendung des dualen Greedy-Algorithmus

Beim dualen Greedy-Algorithmus werden schwere Kanten entfernt, so dass aber der Zusammenhang gewahrt bleibt. Dies wird im Erfolgsfall in der folgenden Tabelle in der letzten Spalte durch die Angabe einer (noch existierenden) Verbindungskette angezeigt. Gibt es keine solche Ersatzkette, dann darf nicht gestrichen werden.

Streiche $(11, 10)$	dann noch möglich $(11, 9)$ und $(9, 10)$
Streiche $(9, 6)$	dann noch möglich $(9, 7)$ und $(7, 6)$
Streiche $(11, 9)$	dann noch möglich $(11, 8)$ und $(8, 9)$
Streiche $(1, 4)$	dann noch möglich $(4, 3)$ und $(3, 1)$
Streiche $(12, 11)$	dann noch möglich $(12, 8)$ und $(8, 11)$
Streiche $(3, 4)$	dann noch möglich $(3, 6)$ und $(6, 4)$
Streiche $(5, 6)$	dann noch möglich $(5, 3)$ und $(3, 6)$
Streiche $(1, 3)$	dann noch möglich $(3, 2)$ und $(2, 1)$
Streiche $(4, 7)$	dann noch möglich $(4, 6)$ und $(6, 7)$
Streiche $(8, 12)$	dann noch möglich $(12, 9)$ und $(9, 8)$
Streiche $(2, 6)$	dann noch möglich $(6, 3)$ und $(3, 5)$ und $(5, 2)$
Streiche $(6, 8)$	dann noch möglich $(6, 9)$ und $(9, 8)$

$(8, 11)$ bleibt erhalten, denn von 8 aus sind noch 2 und 9, von 11 aus wäre dann niemand mehr zu erreichen.

Streiche $(2,3)$	dann noch möglich $(2,5)$ und $(5,3)$
Streiche $(7,10)$	dann noch möglich $(10,9)$ und $(9,7)$

$(9,10)$ bleibt erhalten, denn von 10 aus wäre sonst niemand mehr zu erreichen.
$(2,5)$ bleibt erhalten, denn von 5 aus kann man noch zu 3,8,9 kommen, von 2 aus noch zu 1, aber dann nicht mehr weiter.

Streiche $(3,7)$	dann noch möglich $(3,6)$ und $(6,7)$

$(1,2)$ bleibt erhalten, sonst wäre 1 isoliert.
$(4,6)$ bleibt erhalten, sonst wäre 4 isoliert.

Streiche $(8,9)$	dann noch möglich $(9,5)$ und $(5,8)$
Streiche $(5,9)$	dann noch möglich $(5,8)$ und $(8,9)$

$(6,7)$ bleibt erhalten, denn sonst ist 7 nur noch von 9 direkt erreichbar.
Von 6 ist nur noch 3 direkt erreichbar, von 3 aus $1 \rightarrow$ fertig.
$(7,9)$ bleibt erhalten, denn sonst ist von 9 nur noch 12 erreichbar $\rightarrow$ fertig.
$(3,6)$ bleibt erhalten, denn sonst ist 6 isoliert.
$(9,12)$ bleibt erhalten, denn sonst ist 12 isoliert.
$(5,8)$ bleibt erhalten, denn sonst ist 8 isoliert.
$(3,5)$ bleibt erhalten, denn sonst sind 3 und 5 isoliert.

Hinweis: Man hätte schon bei $(6,7)$ aufhören können, denn man braucht 11 Kanten. Da hatte man schon 5 erhaltene und es kamen nur noch 6 fragliche.

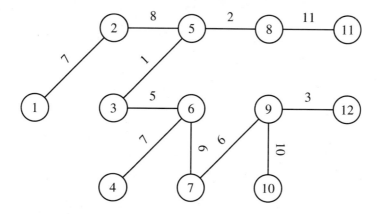

3. **Anwendung des Prim-Verfahrens**

Beginne mit der Komponente $W = \{1\}$. Benutze immer die leichteste Kante, die zum anderen Teil des Graphen führt.

$(1,2)$	Wert 7	$W = \{1,2\}$
$(2,5)$	Wert 8	$W = \{1,2,5\}$
$(5,3)$	Wert 1	$W = \{1,2,3,5\}$
$(5,8)$	Wert 2	$W = \{1,2,3,5,8\}$
$(3,6)$	Wert 5	$W = \{1,2,3,5,6,8\}$
$(6,7)$	Wert 6	$W = \{1,2,3,5,6,7,8\}$
$(5,9)$	Wert 6	$W = \{1,2,3,5,6,7,8,9\}$
$(9,12)$	Wert 3	$W = \{1,2,3,5,6,7,8,9,12\}$
$(4,6)$	Wert 7	$W = \{1,2,3,4,5,6,7,8,9,12\}$
$(7,10)$	Wert 10	$W = \{1,2,3,4,5,6,7,8,9,10,12\}$
$(8,11)$	Wert 11	$W = \{1,2,3,4,5,6,7,8,9,10,11,12\}$

Das Gesamtgewicht ist 66.

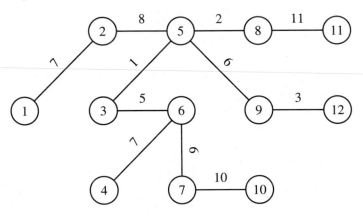

Lösung zu 14.2.6

Kanten:

Aufnahme	Kante	Knoten		Status
2. Aufnahme	e_1	11	4	
1. Aufnahme	e_2	1	4	
3. Aufnahme	e_3	1	3	
4. Aufnahme	e_4	2	3	
5. Aufnahme	e_5	2	7	
6. Aufnahme	e_6	2	9	
	e_7	9	11	überflüssig nach 6. Aufnahme
	e_8	9	7	überflüssig nach 6. Aufnahme
	e_9	7	3	überflüssig nach 6. Aufnahme
	e_{10}	1	2	überflüssig nach 6. Aufnahme
	e_{11}	11	2	überflüssig nach 6. Aufnahme

7. Aufnahme	e_{12}	1	5	
	e_{13}	11	5	überflüssig nach 7. Aufnahme
8. Aufnahme	e_{14}	6	5	
	e_{15}	6	1	überflüssig nach 8. Aufnahme
	e_{16}	11	1	überflüssig nach 8. Aufnahme
	e_{17}	11	6	überflüssig nach 8. Aufnahme
	e_{18}	5	2	überflüssig nach 8. Aufnahme
9. Aufnahme	e_{19}	11	10	
	e_{20}	10	4	überflüssig nach 9. Aufnahme
11. Aufnahme	e_{21}	8	12	
	e_{22}	3	4	überflüssig nach 9. Aufnahme
10. Aufnahme	e_{23}	3	12	
	e_{25}	8	4	überflüssig nach 11. Aufnahme
	e_{26}	8	3	überflüssig nach 11. Aufnahme
	e_{27}	12	4	überflüssig nach 10. Aufnahme
	e_{28}	7	8	überflüssig nach 11. Aufnahme
	e_{29}	5	9	überflüssig nach 6. Aufnahme
	e_{30}	10	9	überflüssig nach 9. Aufnahme
	e_{31}	7	10	überflüssig nach 9. Aufnahme
	e_{32}	10	8	überflüssig nach 11. Aufnahme
	e_{33}	12	10	überflüssig nach 10. Aufnahme

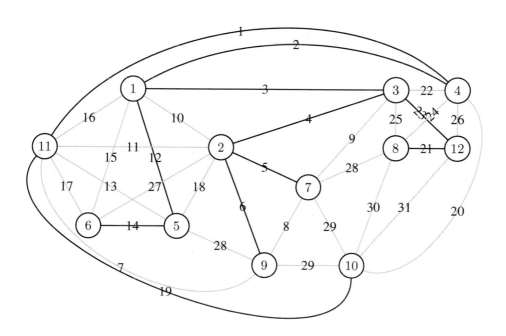

Aufnahmen der Knoten:

Knoten	Kante	Wert
1, 4	e_2	2
11	e_1	1
3	e_3	3
2	e_4	4
7	e_5	5
9	e_6	6
5	e_{12}	12
6	e_{14}	14
10	e_{19}	19
12	e_{23}	23
8	e_{21}	21
		$\sum 110$

Kapitel 15

Kürzeste Wege und Routenplanung

15.1 Modellierung als Kürzeste-Wege-Problem

Bisher haben wir uns damit beschäftigt, einen Graphen unter minimalen Kosten (minimale Kantengewichte) aufzuspannen. Dabei mussten alle Knoten erreicht werden.

Nun soll es darum gehen, kostenminimal auf einer Kanten-Kette von einem Knoten u zu einem Knoten v zu gelangen. Wir beschränken unsere Überlegungen auf den Fall von gerichteten Graphen. Damit können ohne große Mühe (z. B. durch Verdoppelung der Kanten und entgegengesetzte Durchlaufrichtungen) auch Probleme in ungerichteten Graphen behandelt werden. Dazu ersetzt man den Graph $G = (V, E)$ mit Kantengewichten $c_e \geq 0 \; \forall \, e \in E$ durch den Digraphen $D = (V, A)$ mit $c(i, j) = c(j, i) = c_{ij}$, wobei $A = \{\overrightarrow{ij}, \overrightarrow{ji} \mid ij \subset E\}$. Jedem ungerichteten $[u, v]$-Weg in G entspricht dann in D ein gerichteter $[v, u]$-Weg. Die Längen beider Wege sind gleich. Kürzeste Wege im ungerichteten Fall sind dann auch kürzeste Wege im gerichteten Fall und umgekehrt. Viele Anwendungsprobleme lassen sich auf diesen Typ zurückführen.

15.2 Aufgaben zur Modellierung als Kürzeste-Wege-Problem

Aufgabe 15.2.1
Gegeben sei ein Digraph $D = (V, A)$ ohne Kreise. Gesucht ist der kürzeste (u, v)-Weg. Formulieren Sie dieses Problem als ganzzahliges lineares Optimierungsproblem.

Aufgabe 15.2.2
Ein *längster einfacher Weg* in einem ungerichteten Graphen ist ein einfacher Weg mit einer maximalen Anzahl von Punkten, das heißt es gibt keinen einfachen Weg, der mehr Punkte hat. In einem Graphen kann es durchaus mehrere längste einfache Wege geben (geben Sie ein Beispiel an!). Zeigen Sie, dass längste einfache Wege folgender Einschränkung unterliegen:
In einem zusammenhängenden Graphen haben zwei längste Wege stets mindestens einen Punkt gemeinsam.

Hinweis: Nehmen Sie an, es gäbe zwei verschiedene längste einfache Wege, die keinen Punkt gemeinsam haben. Nutzen Sie den Zusammenhang des Graphen aus, um einen Weg zu konstruieren, der länger ist als die angeblich längsten Wege.

Aufgabe 15.2.3

G sei ein Graph mit Adjazenzmatrix A, das heißt $a_{ij} = 1$, falls eine Kante zwischen Knoten i und Knoten j besteht, und $a_{ij} = 0$ sonst.

Zeigen Sie, dass der (i, j)-Eintrag von A^k die Anzahl der Ketten der Länge k mit Anfangsknoten i und Endknoten j angibt.

Aufgabe 15.2.4

In einem Digraphen $D = (V, A)$ mit $c(a) \geq 0 \; \forall a \in A$ sei $Q \subset V$ eine Menge von erlaubten Ausgangsknoten (Quellen) und $S \subset V$ eine Menge von erlaubten Zielknoten (Senken).

Gefragt wird nach dem kürzesten Weg, der einen von der Menge Q in die Menge S bringt.

Also ist ein Paar $(q, s) \in Q \times S$ zu bestimmen, so dass unter allen solchen Paaren dieses die kürzeste Entfernung hat.

Wie gehen Sie vor? (Benutzen Sie die Dijkstra-Idee!)

Aufgabe 15.2.5

Ein Gewürzhändler aus dem Orient kommt mit seiner Karawane in das mittelalterliche, von Kleinstaaterei zerklüftete Europa. Er kennt die Landkarte genau und will vom Bosporus aus seine Lieferung (auf dem Landweg) nach Aachen bringen. Aber bei jedem Grenzübertritt muss er als Wegzoll den zehnten Teil seiner Ware abgeben. Nun soll die Route so bestimmt werden, dass er in Aachen möglichst viel abliefern kann. Welches graphentheoretische Problem liegt hier vor und wie würden Sie vorgehen?

Aufgabe 15.2.6

Gegeben sei ein zusammenhängender, gewichteter Graph $G = (V, E)$ mit lauter positiven Kantengewichten ($c(e) > 0$ für alle $e \in E$). Wir betrachten einen Knoten $s \in V$. Von s aus existiere zu jedem $v \in V \setminus \{s\}$ ein eindeutig bestimmter kürzester Weg $P(s, v)$ (es gibt also keinen anderen Weg von s nach v mit kleinerem oder gleichem Gesamtgewicht).

a)   Zeigen Sie, dass die Kanten von $\bigcup_{v \in V \setminus \{s\}} P(s, v) =: KW$ (also die Kollektion aller Kanten, die zu einem der kürzesten Wege gehören) einen aufspannenden Baum von G bilden. *Hinweis:* Es ist ratsam, die kürzesten Wege als gerichtete Bogenketten von s nach v anzusehen. Dann sollte man zunächst klären, dass kein $v_0 \in V \setminus \{s\}$ auf KW mehr als einen Vorgängerknoten bei dieser Orientierung hat.

b)   Zeigen Sie durch ein entsprechendes Gegenbeispiel, dass die Kollektion KW durchaus ein höheres Gewicht haben kann als ein minimaler aufspannender Baum.

15.3 Lösungen zur Modellierung als Kürzeste-Wege-Problem

Lösung zu 15.2.1

Gegeben sei ein Digraph $D = (V, A)$ mit Bogengewichten c_{ij} und Adjazenzmatrix A.

Variablen:

$$x_{ij} = \begin{cases} 1 & \text{falls Bogen } \vec{ij} \text{ auf } (u, v)\text{-Weg liegt} \\ 0 & \text{sonst} \end{cases}$$

Zielfunktion: $\quad \min \sum_{i,j} c_{ij} x_{ij}$

Nebenbedingungen:

$x_{ij} \in \{0, 1\}$

$x_{ij} \leq a_{ij}$ (nur vorhandene Bögen belegen)

$\sum_j x_{uj} = 1 \qquad \sum_i x_{iu} = 0$ (Start bei u)

$\sum_i x_{iv} = 1 \qquad \sum_j x_{vj} = 0$ (Ende bei v)

$\sum_i x_{ij} \leq 1 \qquad \forall j \in V \setminus \{u, v\}$ (höchstens ein hinführender Bogen)

$\sum_j x_{ij} \leq 1 \qquad \forall i \in V \setminus \{v, u\}$ (höchstens ein wegführender Bogen)

$\sum_i x_{it} = \sum_j x_{tj} \quad \forall t \in V \setminus \{u, v\}$

(Übereinstimmung der hinführenden und wegführenden Bogenanzahl bei jedem Knoten t außer Start- und Zielknoten)

Lösung zu 15.2.2

Annahme: Es gibt zwei disjunkte längste Wege W_1, W_2 der Länge L.

Wähle den Knoten p_1 aus W_1 aus und den Punkt p_2 aus W_2. Da G zusammenhängend ist, gibt es einen einfachen Weg W von p_1 nach p_2. Sei auf diesem Weg a der letzte Knoten, der auch zu W_1 gehört. W' sei dann der Weg von a nach $p_2 \in W_2$, b sei der erste Knoten von W', der zu W_2 gehört.

Nun hat man den Weg von a nach b (genannt W'') zur Verfügung. Alle Punkte zwischen a und b gehören weder zu W_1 noch zu W_2. Da $a \neq b$ hat W'' eine Länge ≥ 1.

Nun benutzen wir sowohl von W_1 als auch von W_2 je eine Weghälfte, so dass wir dort mindestens $\frac{L}{2}$ Knoten durchlaufen.

Sei $W_1 = (u_1, \ldots, v_1)$ und $W_2 = (u_2, \ldots, v_2)$. Dann liegen a, b in W_1, W_2, das heißt

$$W_1 = (u_1, \ldots, a, \ldots, v_1) \text{ und } W_2 = (u_2, \ldots, b, \ldots, v_2).$$

In Bezug auf W_1 liefert entweder $(u_1, \ldots, a)$ oder $(v_1, \ldots, a)$ einen Weg der Länge $\geq \frac{L}{2}$.
Ebenso hat man bei W_2 entweder mit $(b, \ldots, u_2)$ oder mit $(b, \ldots, v_2)$ einen Weg der Länge $\geq \frac{L}{2}$.
Verknüpft man nun noch beide Wege durch den Zwischenweg $(a, \ldots, b)$ mit Länge ≥ 1, dann hat man dadurch einen Weg mit Länge $> L$ gewonnen.

Lösung zu 15.2.3

Beweis durch Induktion über k. Notation $A^k = (a_{ij}^{(k)})_{i,j=1,\ldots,n}$.

Induktionsanfang $k = 1$ klar, denn Ketten der Länge 1 zwischen zwei Knoten sind gerade die Kanten.

Induktionsschritt: $k \to k+1$:

Zu zeigen ist hier: in $a_{ij}^{(k+1)}$ steht die Anzahl der Ketten der Länge $k+1$ von i nach j

$$A^{k+1} = A^k \cdot A \quad \text{mit } A = A^1 = (a_{ij}^{(1)}) = (a_{ij}) \implies \quad a_{ij}^{(k+1)} = \sum_{\ell=1}^{n} a_{i\ell}^{(k)} a_{\ell j}$$

$a_{i\ell}^{(k)} =$ Anzahl der Ketten der Länge k von i nach ℓ (nach Induktionsannahme)

und $a_{\ell j}^{(1)} = a_{\ell j} = \begin{cases} 1 & \text{falls Kante von } \ell \text{ nach } j \text{ existiert} \\ 0 & \text{sonst.} \end{cases}$

Da sich die Ketten von i nach j der Länge $k+1$ jeweils aus einer Kette der Länge k von i nach ℓ und dann einer abschließenden Kante von ℓ nach j zusammensetzen, kann man $a_{i\ell}^{(k)} a_{\ell j}$ interpretieren als die Anzahl derjenigen Ketten (der Länge $k+1$) von i nach j, die als vorletzten Knoten ℓ enthalten. Die Summation über alle Knoten, die dafür infrage kommen, ergibt dann die Gesamtzahl.

Lösung zu 15.2.4

Man kann die Dijkstra-Idee folgendermaßen abwandeln:

Man ermittle außerhalb von Q denjenigen Knoten, der die geringste Distanz zu Q hat (dazu ordne man jedem $v \in V \setminus Q$ als Distanz die kürzeste Entfernung zu einem Q-Knoten zu).

Nimm nun den ausgewählten Knoten $\bar{v}$ in einer Markierungsmenge $\overline{Q} := (Q \cup \bar{v})$ auf.

Entsprechend zu Dijkstra aktualisiert man jetzt die Distanzen der Knoten $v \in D \setminus \overline{Q}$, indem man die bisherige Distanz vergleicht mit der Summe aus der $\bar{v}$-Distanz und der Entfernung zwischen v und $\bar{v}$ (die kleinere Alternative wird realisiert). Induktiv setzt man dieses Verfahren durch Aufnahme weiterer Knoten $\bar{\bar{v}}$ usw. in die Menge $\overline{\overline{Q}}$ ($\overline{\overline{Q}}$ usw.) fort, bis ein Knoten $v \in S$ zu markieren wäre. Mit diesem hat man den schnellsterreichbaren Knoten von S gefunden. Man kopple nun diesen S-Knoten an die Kette der jeweiligen Vorgänger, bis diese Kette in Q zurückführt.

Das entsprechende Paar hat die geringste Entfernung. Gäbe es nämlich ein kürzer verbindbares Paar, dann wäre die entsprechende Senke früher markiert worden.

Alternativ zu diesem Vorgehen kann vor den Quellen eine sogenannte Superquelle und zugehörige Bögen mit Gewicht 0 zu den Knoten aus Q eingefügt werden. Analog geht man aus S mit Bögen der Gewichtung 0 zu einer Supersenke vor. Anschließend wird der Dijkstra-Algorithmus angewendet und danach enthält der kürzeste Weg zwischen den beiden neuen Knoten das gesuchte Ergebnis.

Lösung zu 15.2.5

Man definiert einen Graphen (V, E) so, dass V der Menge der Staaten entspricht. E, die Menge der Kanten, erklärt die Nachbarschaften zwischen diesen Staaten. Also existiert zwischen v_1 und v_2 genau dann eine Kante in unserem Graphen, wenn Land v_1 und Land v_2 eine gemeinsame Grenze haben.

Der Gewürzbestand wird monoton abnehmen mit der Anzahl der Grenzübertritte (die also zu minimieren ist).

Der tatsächlichen Reise (unter der Bewertung im obigen Sinne) entspricht nun ein Kantenzug vom Bosporus-Knoten zum Aachen-Knoten. Die Route ist im Graphen so zu wählen, dass möglichst wenige Kanten durchlaufen werden.

Jede Kante bekommt nun das Gewicht 1 und mit dem Dijkstra-Algorithmus kann der in diesem Sinne kürzeste Weg bestimmt werden.

Lösung zu 15.2.6

a)   Durch die gerichteten Bogenketten wird

- jeder Knoten $v \in V \setminus \{s\}$ angelaufen

- jeder solcher Knoten nur einmal erreicht.

Die erste Eigenschaft ergibt sich daraus, dass man ja in KW die kürzesten Wege zu allen Knoten vereinigt hat.

Die zweite Eigenschaft besagt, dass es zu v keine zwei Vorgänger in der angegebenen Orientierung geben kann. Würden nämlich zwei kürzeste Wege (zum Beispiel von s nach $\overline{v}$ und von s nach v) beide über v führen und auf dem Teilstück von s nach v einen verschiedenen Verlauf haben (etwa $s, \overline{u}_1, \overline{u}_2, \ldots, \overline{u}_k, v$ und $s, \tilde{u}_1, \tilde{u}_2, \ldots, \tilde{u}_k, v$), dann wäre der kürzeste Weg von s nach v etwa $s, u_1, u_2, \ldots, u_k, v$. Da dieser kürzeste Weg eindeutig ist, müsste mindestens einer der obigen Wege schlechter sein und er wäre durch den kürzesten Weg ersetzbar unter Verringerung der Weglänge zu $\overline{v}$ beziehungsweise $\tilde{v}$. Also wären vorher vorgeschlagene Wege gar nicht optimal, dies führt zu einem Widerspruch.

Also hat jedes v in KW nur einen „Vorgänger". Wir müssen nur noch zeigen, dass KW kreisfrei ist.

Annahme: Es liegt ein Kreis $v_0, v_1, \ldots, v_k, v_0$ vor. Bezeichne v_k (auch) als v_{-1} und so weiter. In KW liegen also die $\overline{v_{-1}v_0}$ und $\overline{v_0v_1}$. Allenfalls ein Knoten von $[v_{-1}, v_1]$ kann Vorgänger von v_0 sein (ohne Beschränkung der Allgemeinheit v_{-1}) . Das heißt: v_1 ist Nachfolger und $Dist(s, v_1) > Dist(s, v_0)$ (wegen $c(\overline{v_0, v_1}) > 0$). Dann hat v_1 aber den einzigen Vorgänger v_0 und es gilt $Dist(s, v_2) > Dist(s, v_1)$. So schließt man weiter auf $v_2, \ldots, v_k$ und erzielt

$$Dist(s, v_k) > Dist(s, v_{k-1}) \text{ und } Dist(s, v_0) > Dist(s, v_k = v_{-1})$$

wir hatten aber

$$Dist(s, v_0) < \cdots < Dist(s, v_k)$$

was einen Widerspruch ergibt.

Damit hat man mit KW einen aufspannenden kreisfreien Untergraph, also einen aufspannenden Baum.

b)   Dieser aufspannende Baum muss allerdings kein minimaler sein, wie folgendes Beispiel zeigt:

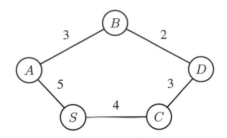

Gewichteter Graph

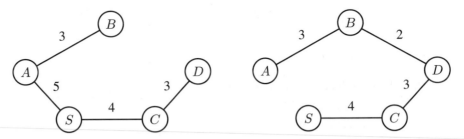

KW-Graph und minimaler Graph

Dabei hat der KW-Graph ein Gewicht von 15, minimal ist aber ein Gewicht von 12.

15.4   Algorithmen zur Bestimmung kürzester Wege

Interessant für die Konstruktion der Algorithmen ist jeweils die Frage, ob auch negative Bogengewichte zugelassen werden können. Eine Variation der Aufgabenstellung ergibt sich dann, wenn man zu *allen* Knotenpaaren die kürzeste Verbindung sucht. Wir betrachten zuerst einmal den Fall, dass ein Startknoten $s \in V$ gegeben und alle Kantengewichte nichtnegativ sind.

Nichtnegative Kantengewichte, ein Startknoten

Algorithmus 15.1 (Algorithmus von Dijkstra)
Input: Digraph $D = (V, A)$, Bogengewichte $c(a) \geq 0 \ \forall \, a \in A$, Startknoten $s \in V$, Endknoten $t \in V \setminus \{s\}$.
Output: Kürzester gerichteter Weg von s nach t sowie kürzeste Wege von s zu allen anderen Knoten.
Bezeichnungen:

$DIST(v)$:   *Länge des bisher kürzesten (s, v)-Weges ,*
$VOR(v)$:   *Vorgänger von v auf bisher kürzestem Weg,*
$MARK(v)$:   *Kürzeste Weglänge von s nach v,*

M:	Menge der markierten Knoten,
U:	Menge der nicht markierten Knoten.

Initialisierung:

$$DIST(s) \quad := \quad 0.$$
$$DIST(v) \quad := \quad c(\overrightarrow{sv}) \quad \forall v \in V \text{ mit } \overrightarrow{sv} \in A.$$
$$DIST(v) \quad := \quad \infty \quad \forall v \in V \text{ mit } \overrightarrow{sv} \notin A.$$
$$VOR(v) \quad := \quad s \quad \forall v \in V \setminus \{s\}.$$

Markiere s und lasse alle übrigen Knoten unmarkiert.
$MARK(s) := DIST(s), M := \{s\}, U := V \setminus \{s\}.$

Typischer Schritt:

1. *Falls $U = \emptyset$, dann gehe zu (4) und stoppe. Ansonsten bestimme einen Knoten $u \in U$ mit $DIST(u) = \min\{DIST(v) \mid v \text{ ist nicht markiert }\}$.*
    Ist $DIST(u) = \infty$, dann erfolgt Abbruch (gehe zu (4)).
    Markiere u, das heißt $M := M \cup \{u\}$ und $U := U \setminus \{u\}$ und setze $MARK(u) := DIST(u)$.
    Falls $u = t$, und wenn nur Distanz und Weg zu t interessieren, gehe zu (4).

2. *Führe $\forall v \in U$ mit $\overrightarrow{uv}$ aus A Folgendes aus: Falls $DIST(v) > MARK(u) + c(\overrightarrow{uv})$, setze $DIST(v) = MARK(u) + c(\overrightarrow{uv})$ und $VOR(v) := u$.*

3. *Gehe zu (1).*

4. *STOP*

Ausgabe:
$MARK(v)$ ist die gesuchte Länge eines Weges bis zu einem Endknoten v. Es wird aber der Weg nach t gesucht, wir brauchen also $MARK(t)$.
Für jedes markierte v mit $MARK(v) < \infty$ liefert $VOR(v)$ den Vorgänger zu v auf einem kürzesten Weg von s nach v. Den kürzesten Weg von s nach t findet man also durch rekursiven Aufruf von

$$t, VOR(t), VOR(VOR(t)), VOR(VOR(VOR(t))), \dots, s$$

Satz 15.2
Der Dijkstra-Algorithmus liefert zu jedem gewünschten t die kürzeste Distanz und den kürzesten Weg, der diese Distanz realisiert. Die Variable $DIST(v)$ gibt jeweils die kürzeste Entfernung zu einem Knoten v über die bereits markierten Knoten an.

Konsequenz
$MARK$ gibt am Schluss die Weglänge für alle erreichbaren Punkte an. Ist am Ende $DIST(v) = \infty$,

dann zeigt dies, dass v nicht erreichbar ist. Wird im Verlauf

$$\min\{DIST(v) \mid v \text{ unmarkiert}\} = \infty,$$

dann kann abgebrochen werden.

Bemerkung

Die rekursive Vorschrift $VOR(VOR(\ldots))$ definiert eine Arboreszenz mit Wurzel s.

Satz 15.3
Sei $D = (V, A)$ ein Digraph mit $c \geq 0$ und $s \in V$. Dann gibt es eine Aboreszenz B mit Wurzel s, so dass für jeden Knoten $v \in V$, der von s aus erreichbar ist, der eindeutige Arboreszenzweg auch der Kürzeste ist.

Beliebige Kantengewichte, ein Startknoten

Wir betrachten jetzt den Fall beliebiger Kantengewichte. Bei beliebigen Kantengewichten ist das Problem des kürzesten Weges äquivalent zum Problem des längsten Weges. Gäbe es für Letzteres einen polynomialen Algorithmus, dann wäre auch das Problem des Hamiltonschen Weges polynomial lösbar. Dies ist aber $\mathbb{NP}$-vollständig und somit ist das Kürzeste-Wege-Problem in Allgemeinheit tatsächlich $\mathbb{NP}$-schwer.

Die Idee des Verfahrens von Moore-Bellman

Gesucht ist der kürzeste Weg von s zu allen anderen Knoten. $DIST(v)$ wird wie oben initialisiert, enthält also jeweils die Länge des kürzesten, bis dahin bekannten Weges von s nach v.
$VOR(v)$ wird zunächst einmal $\forall v \in V \setminus \{s\}$ auf s gesetzt. $DIST(v)$ wird nun sukzessive reduziert. Findet man einen Bogen $(\overrightarrow{uv})$ mit $DIST(u) + c(\overrightarrow{uv}) \leq DIST(v)$, dann setzt man $DIST(v) := DIST(u) + c(\overrightarrow{uv})$ und $VOR(v) := u$. Nun gilt es, diese Verbesserungsmöglichkeiten effektiv durchzuchecken.
Gesucht ist der kürzeste Weg von A nach D.
Angenommen, es existiert ein Kreis mit negativem Gesamtgewicht. Durch Durchlaufen dieses Kreises können wir die Weglänge beliebig reduzieren und unsere Fragestellung wird sinnlos. Deshalb vereinbaren wir, dass Graphen mit Kreisen ausgeschlossen bleiben sollen.

Lemma 15.4
In einem kreisfreien Digraphen lassen sich die Knoten so anordnen, dass nur noch Bögen $\overrightarrow{ij}$ mit $i < j$ existieren. Umgekehrt ist die Existenz einer solchen Anordnung ein Beleg für Kreisfreiheit des Graphen.

Algorithmus 15.5 (Topologischer Sortieralgorithmus)
Input: kreisfreier Graph,
Output: Knotennummerierung, so dass nur noch Bögen $\overrightarrow{ij}$ mit $i < j$ auftauchen.
Initialisierung: Setze $i := 1$.
Typischer Schritt:

1. *Wähle Knoten mit Eingangsgrad 0.*

2. *Gib ihm die Nummer $i \triangleq v_i$.*

3. *Lösche alle zu v_i inzidenten Bögen $a \in \delta^+(v_i)$.*

4. *Falls $i < n$ setze $i = i + 1$ und gehe zu (1).*

Algorithmus 15.6 (Algorithmus von Moore-Bellman für azyklische Digraphen)
Input: Kreisfreier Digraph $D = (V, A)$, Gewichte $c(a) \, \forall \, a \in A$,
alle Bögen aufsteigend ($a - \overrightarrow{ij}$ mit $i < j \, \forall \, a$), Startknoten sei $s \in V$.
Output: Kürzeste gerichtete Wege von s nach v und ihre gerichtete Länge $\forall \, v \in V \setminus \{s\}$.
Initialisierung:

$$DIST(v) := \begin{cases} 0 & \text{falls } s = v \\ \infty & \text{falls } s \neq v \text{ und } \overrightarrow{sv} \notin A \qquad VOR(v) := s \quad \forall \, v \in V \setminus \{s\} \\ c(\overrightarrow{sv}) & \text{sonst} \end{cases}$$

(1) Für $v := s + 2$ bis n führe aus:

(2) Für $u := s + 1$ bis $v - 1$ führe aus:

Falls $\overrightarrow{uv} \in A$ und $DIST(u) + c(\overrightarrow{uv}) < DIST(v)$

dann setze $DIST(v) = DIST(u) + c(\overrightarrow{uv})$ und $VOR(v) := u$.

Ende (2)

Ende (1)

Ausgabe:$DIST(v) \, \forall \, v \in V$, *falls $DIST(v) < \infty$*
Ausgabe der Vorgängerfolge von v.

Satz 15.7
Der Algorithmus von Moore-Bellman arbeitet korrekt auf beliebigen azyklischen Digraphen.

Beliebige Gewichte, kürzeste Wege zwischen allen Knotenpaaren

Um kürzeste Wege zwischen allen Knotenpaaren zu finden, müsste man bisherige Algorithmen n-mal anwenden. Ein besser dazu geeigneter Algorithmus, der gleichzeitig auch noch Kreise auffindet und bei negativen Kreisen abbricht, ist der Floyd-Warshall-Algorithmus.

Algorithmus 15.8 (Algorithmus von Floyd-Warshall)

Input: Digraph $D = (V, A), V = \{1, \ldots, n\}$ mit beliebigen Bogengewichten $c(a)$.

Output: paarweise Angabe der kürzesten Weglängen w_{ij} mit Angabe der vorletzten Knoten p_{ij} auf diesen Wegen.

Initialisierung: Setze $\forall\, i, j \in \{1, \ldots, n\}$

$$w_{ij} := \begin{cases} c_{ij} & \text{falls } (\overrightarrow{ij}) \in A \\ \infty & \text{sonst} \end{cases} \qquad p_{ij} := \begin{cases} i & \text{falls } (\overrightarrow{ij}) \in A \\ 0 & \text{sonst} \end{cases}$$

Schritte:

  Für $\ell := 1$ bis n führe aus:

  Für $i := 1, \ldots, n$ führe aus:

  Für $j := 1, \ldots, n$ führe aus:

  Falls $w_{ij} > w_{i\ell} + w_{\ell j}$

  setze $w_{ij} := w_{i\ell} + w_{\ell j}$ sowie $p_{ij} := p_{\ell j}$.

  Falls $i = j$ und $w_{ii} < 0$ STOP.

  Ende der j-Schleife

  Ende der i-Schleife

  Ende der ℓ-Schleife

Ausgabe: Matrix W und Matrix P. Die Wege sind rekursiv ermittelbar

$$p_{iq} := v_q, \quad p_{iv_q} := v_{q-1}, \quad \ldots \quad p_{iv_{q-1}} := v_{q-2}, \quad \ldots \quad p_{iv_1} := i.$$

Satz 15.9

Sei $D = (V, A)$ ein Digraph mit Bogengewichten $c(a)\ \forall\, a \in A$. W und P seien die von obigem Algorithmus erzeugten neuen Matrizen. Dann gilt:

(a)   Solange sich durch die ℓ-Schleife noch keine negativen Kreise schließen, gibt W die korrekten Längen der kürzesten Wege und die korrekten Längen der positiven Kreise bei ausschließlicher Benutzung der bisher erlaubten Umsteigeknoten an.

(b)   Ein negativ gewichteter Kreis führt zu einem negativen Hauptdiagonalelement und dient zum Abbruch.

(c) Bei $w_{ii} < 0$ liegt ein Negativkreis im Digraphen vor, wobei Umstiege nur über $1, \dots, \ell$ möglich sind. (i ist dabei nicht notwendigerweise Kreisknoten.)

Korollar 15.10
Sind in der Stufe ℓ noch keine negativen Hauptdiagonalelemente vorhanden, dann gibt die ganze Matrix die kürzesten Wege über die Knoten $1, \dots, \ell$ an. Die Hauptdiagonalelemente beschreiben die kürzesten Kreise zum jeweiligen Knoten.

15.5 Aufgaben zu den Algorithmen zur Bestimmung kürzester Wege

Aufgabe 15.5.1

Berechnen Sie die kürzesten Wege zwischen allen Knotenpaaren des folgenden Netzwerks:

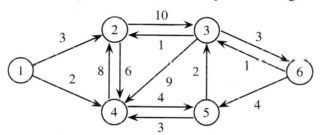

a)   mit dem Algorithmus von Dijkstra

b)   mit dem Algorithmus von Floyd-Warshall

Aufgabe 15.5.2

Gegeben sei der folgende azyklische Digraph mit Kantengewichtsfunktion w und Wurzel s. Verwenden Sie den Algorithmus von *Moore-Bellman*, um die kürzeste Wegefunktion $d(s, \cdot)$ von s zu allen weiteren Knoten zu bestimmen.
Knoten:
$$V = \{s, a, b, c, d, e, f, g\}$$

Bögen und Gewichte:

e	sa	sb	ab	ac	ad	bc	cd	ce	df	dg	ef	fg
$w(e)$	-2	3	4	2	-3	1	6	-1	2	4	1	-2

Aufgabe 15.5.3

Ein gewichteter Graph G bestehe aus den Knoten $v_1, \ldots, v_{25}$. Dieser Graph besitze einen einzigen Kreis, nämlich $(v_7, v_9, v_{17}, v_{12}, v_{13}, v_{21}, v_7)$. Ansonsten sind $v_7, v_9, v_{17}, v_{12}, v_{13}, v_{21}$ jeweils Wurzeln von Bäumen $T(7), T(9), T(17), T(12), T(13), T(21)$, die außer den oben erwähnten Kreiskanten gegenseitig keine Verbindungen haben. Ohne diese Kreiskanten würde der Graph also in die genannten 6 Komponenten $T(7), \ldots, T(21)$ zerfallen.

Der Kreis besitze ein negatives Gesamtgewicht.

Stellen Sie sich vor, dass der Algorithmus von Floyd-Warshall angewendet wird auf G, und dass ausgehend von der Anfangsbesetzung $W(0)$ die Distanzmatrizen $W(1), \ldots, W(25)$ zu errechnen sind.

Wann stoppt dieser Algorithmus genau wegen eines negativen Hauptdiagonalelementes?

Aufgabe 15.5.4

Bestimmen Sie mit dem Algorithmus von Floyd-Warshall die Matrix der kürzesten Wege (bzw. die höchsterreichbare W-Matrix), wenn die anfängliche Distanzmatrix $W(0)$ zwischen den Knoten A, B, C, D, E folgende Gestalt hat:

$$
W(0) = \quad
\begin{array}{c|ccccc}
 & A & B & C & D & E \\
\hline
A & 0 & 1 & 3 & 2 & -1 \\
B & -1 & 0 & 1 & \infty & 0 \\
C & 2 & 1 & 0 & 1 & \infty \\
D & 3 & 0 & 2 & 0 & \infty \\
E & \infty & 3 & \infty & 1 & 0 \\
\end{array}
$$

Berechnen Sie auch die zugehörigen Vorgängermatrizen. Bei vollständigem Durchlauf sollen alle empfohlenen Wege, bei Abbruch der zuerst entdeckte negative Kreis ausgegeben werden.

Aufgabe 15.5.5

Betrachten Sie den gerichteten Digraphen mit den Knoten A, B, C, D, E, F, G, H und den Bögen

a	$\overrightarrow{AB}$	$\overrightarrow{AC}$	$\overrightarrow{AD}$	$\overrightarrow{BE}$	$\overrightarrow{BF}$	$\overrightarrow{CG}$	$\overrightarrow{DE}$
$c(a)$	1	2	0	0	3	1	2

a	$\overrightarrow{DG}$	$\overrightarrow{EC}$	$\overrightarrow{FC}$	$\overrightarrow{FH}$	$\overrightarrow{GH}$	$\overrightarrow{HE}$
$c(a)$	2	1	-2	2	-1	-1

Fertigen Sie hierzu eine Skizze an und führen Sie den Algorithmus von Dijkstra ausgehend vom Knoten A komplett durch und weisen Sie nach, dass er bei diesem Problembeispiel nicht das richtige Ergebnis der kürzesten Wege von A zu allen anderen Knoten liefert.

Aufgabe 15.5.6

a)   Am folgenden (bereits topologisch sortierten) Digraphen sollten Sie den Algorithmus von
     Moore-Bellman anwenden, um den gewichtsminimalen Weg von Knoten $s = 0$ zu Knoten
     $t = 9$ zu bestimmen.

b)   Wie gehen Sie vor, wenn Sie diesen Algorithmus noch einmal anwenden sollen, wobei
     diesmal aber nur die Knoten mit gerader Nummer als Umsteigeknoten zugelassen sind?

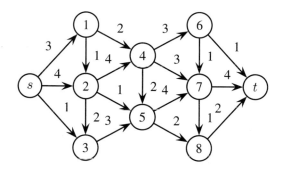

15.6   Lösungen zu den Algorithmen zur Bestimmung kürzester Wege

Lösung zu 15.5.1

a)   *Dijkstra*

     Die folgenden Tabellen geben an, wie sich die Distanzen zu den Startknoten entwickeln
     und welches die aktuell besten Vorgängerknoten zu den Zielknoten sind. Einrahmungen
     zeigen den Moment der Markierung und damit der endgültigen Fixierung von Distanz zum
     Startknoten und des Weges über die Vorgänger. Wenn der Zielknoten vom Startknoten
     (noch) nicht erreichbar ist, wird dies durch die Eintragung ∞ in der Distanzmatrix und
     durch die Eintragung 0 in der Vorgängermatrix ausgedrückt.

     $\boxed{1}$ als Startknoten

v	2	3	4	5	6
Distanz	3	∞	2	∞	∞
	3	∞		6	∞
		13		6	∞
		8			∞
					11

v	2	3	4	5	6
Vorgänger	1	0	1	0	0
	1	0		4	0
		2		4	0
		5			0
					3

[2] als Startknoten

v	1	3	4	5	6
	∞	10	[6]	∞	∞
	∞	[10]		10	∞
	∞			[10]	13
	∞				[13]
	[∞]				

v	1	3	4	5	6
	0	2	[2]	0	0
	0	[2]		4	0
	0			[4]	3
	0				[3]
	[0]				

[3] als Startknoten

v	1	2	4	5	6
	∞	[1]	9	∞	3
	∞		7	∞	[3]
	∞		7	[7]	
	∞		[7]		
	[∞]				

v	1	2	4	5	6
	0	[3]	3	0	3
	0		2	0	[3]
	0		2	[6]	
	0		[2]		
	[0]				

[4] als Startknoten

v	1	2	3	5	6
	∞	8	∞	[4]	∞
	∞	8	[6]		∞
	∞	[7]			9
	∞				[9]
	[∞]				

v	1	2	3	5	6
	0	4	0	[4]	0
	0	4	[5]		0
	0	[3]			3
	0				[3]
	[0]				

[5] als Startknoten

v	1	2	3	4	6
	∞	∞	[2]	3	∞
	∞	[3]		3	5
	∞			[3]	5
	∞				[5]
	[∞]				

v	1	2	3	4	6
	0	0	[5]	5	0
	0	[3]		5	3
	0			[5]	3
	0				[3]
	[0]				

$\boxed{6}$ als Startknoten

v	$\boxed{1}$	$\boxed{2}$	$\boxed{3}$	$\boxed{4}$	$\boxed{5}$
	∞	∞	$\boxed{1}$	∞	4
	∞	$\boxed{2}$		10	4
	∞			8	$\boxed{4}$
	∞			$\boxed{7}$	
	$\boxed{\infty}$				

v	$\boxed{1}$	$\boxed{2}$	$\boxed{3}$	$\boxed{4}$	$\boxed{5}$
	0	0	$\boxed{6}$	0	6
	0	$\boxed{3}$		3	6
	0			2	$\boxed{6}$
	0		$\boxed{5}$		
	$\boxed{0}$				

b)   *Floyd-Warshall*

Angegeben ist jeweils links die Distanzmatrix W und rechts die Vorgängermatrix P.

W	1	2	3	4	5	6
1	–	3	∞	2	∞	∞
2	∞	–	10	6	∞	∞
3	∞	1	–	9	∞	3
4	∞	8	∞	–	4	∞
5	∞	∞	2	3	–	∞
6	∞	∞	1	∞	4	–

P	1	2	3	4	5	6
1	–	1	0	1	0	0
2	0	–	2	2	0	0
3	0	3	–	3	0	3
4	0	4	0	–	4	0
5	0	0	5	5	–	0
6	0	0	6	0	0	–

Aktualisierung mit 1 als Umsteigeknoten irrelevant, da 1 nicht erreichbar ist.

Aktualisierung mit 2 als Umsteigeknoten

W	1	2	3	4	5	6
1	–	3	13	2	∞	∞
2	∞	–	10	6	∞	∞
3	∞	1	11	7	∞	3
4	∞	8	18	14	4	∞
5	∞	∞	2	3	–	∞
6	∞	∞	1	∞	4	–

P	1	2	3	4	5	6
1	–	1	2	1	0	0
2	0	–	2	2	0	0
3	0	3	2	2	0	3
4	0	4	2	2	4	0
5	0	0	5	5	–	0
6	0	0	6	0	6	–

Aktualisierung mit 3 als Umsteigeknoten

W	1	2	3	4	5	6
1	–	3	13	2	∞	16
2	∞	11	10	6	∞	13
3	∞	1	11	7	∞	3
4	∞	8	18	14	4	21
5	∞	3	2	3	–	5
6	∞	2	1	8	4	4

P	1	2	3	4	5	6
1	–	1	2	1	0	3
2	0	3	2	2	0	3
3	0	3	2	2	0	3
4	0	4	2	2	4	3
5	0	3	5	5	–	3
6	0	3	6	2	6	3

Aktualisierung mit 4 als Umsteigeknoten

W	1	2	3	4	5	6
1	–	3	13	2	6	16
2	∞	11	10	6	10	13
3	∞	1	11	7	11	3
4	∞	8	18	14	4	21
5	∞	3	2	3	7	5
6	∞	2	1	8	4	4

P	1	2	3	4	5	6
1	–	1	2	1	4	3
2	0	3	2	2	4	3
3	0	3	2	2	4	3
4	0	4	2	2	4	3
5	0	3	5	5	4	3
6	0	3	6	2	6	3

Aktualisierung mit 5 als Umsteigeknoten

W	1	2	3	4	5	6
1	–	3	8	2	6	11
2	∞	11	10	6	10	13
3	∞	1	11	7	11	3
4	∞	7	6	7	4	9
5	∞	3	2	3	7	5
6	∞	2	1	7	4	4

P	1	2	3	4	5	6
1	–	1	5	1	4	3
2	0	3	2	2	4	3
3	0	3	2	2	4	3
4	0	3	5	5	4	3
5	0	3	5	5	4	3
6	0	3	6	5	6	3

Aktualisierung mit 6 als Umsteigeknoten

W	1	2	3	4	5	6
1	–	3	8	2	6	11
2	∞	11	10	6	10	13
3	∞	1	4	7	7	3
4	∞	7	6	7	4	9
5	∞	3	2	3	7	5
6	∞	2	1	7	4	4

P	1	2	3	4	5	6
1	–	1	5	1	4	3
2	0	3	2	2	4	3
3	0	3	6	2	6	3
4	0	3	5	5	4	3
5	0	3	5	5	4	3
6	0	3	6	5	6	3

Lösung zu 15.5.2

Wir sortieren die Knoten von G zunächst topologisch und erhalten

$$s < a < b < c < d < e < f < g$$

als eine mögliche Sortierung. Es ist natürlich $d(s, s) = 0$.
Die Abstandsfunktion $d(s, x)$ lässt sich nun einfach rekursiv bestimmen durch

$$d(s, x) = \min\{d(s, y) + w(y, x) \mid y < x\}$$

Dabei sei $w(y, x) = \infty$, falls $\overrightarrow{yx} \notin E$ und $y \neq x$.

Also erhält man hier nach dem Moore-Bellman-Ansatz:

$$d(s,a) = -2$$
$$d(s,b) = \min\{d(s,a) + w(a,b), w(s,b)\} = \min\{-2 + 4, 3\} = 2$$
$$d(s,c) = \min\{d(s,b) + w(b,c), d(s,a) + w(a,c), w(s,c)\} = \min\{3, 0, \infty\} = 0$$
$$d(s,d) = \min\{d(s,c) + w(c,d), d(s,b) + w(b,d), d(s,a) + w(a,d), w(s,d)\}$$
$$= \min\{6, \infty, -5, \infty\} = -5$$
$$d(s,e) = \min\{d(s,d) + w(d,e), d(s,c) + w(c,e), d(s,b) + w(b,e),$$
$$d(s,a) + w(a,e), w(s,e)\} = \min\{\infty, -1, \infty, \infty, \infty\} = -1$$
$$d(s,f) = \min\{d(s,e) + w(e,f), d(s,d) + w(d,f), d(s,c) + w(c,f),$$
$$d(s,b) + w(b,f), d(s,a) + w(a,f), w(s,f)\}$$
$$= \min\{0, -3, \infty, \infty, \infty, \infty\} = -3$$
$$d(s,g) = \min\{d(s,f) + w(f,g), d(s,e) + w(e,g), d(s,d) + w(d,g),$$
$$d(s,c) + w(c,g), d(s,b) + w(b,g), d(s,a) + w(a,g), w(s,g)\}$$
$$= \min\{-5, \infty, -1, \infty, \infty, \infty, \infty\} = -5$$

Entstanden ist dabei folgende Wegführung:

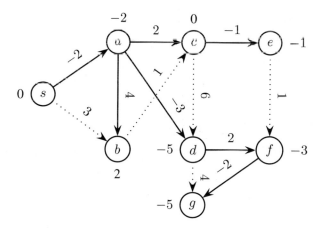

Strecke	Wegführung	Länge
sa	sa	-2
sb	sab	2
sc	sac	0
sd	sad	-5
se	$sace$	-1
sf	$sadf$	-3
sg	$sadfg$	-5

Lösung zu 15.5.3

In jeder Stufe werden die Diagonalelemente $w_{ii}(i = 1, \ldots, 25)$ errechnet. In jeder Stufe ℓ sind die Zusatzknoten $v_1, \ldots v_\ell$ bereits zugelassen. Bis sich der Kreis schließt, müssen dessen Zwischenknoten alle bereits zugelassen sein.

Ein erstes negatives Hauptdiagonalelement kann also frühestens dann entstehen, wenn von den sechs Knoten $v_7, v_9, v_{17}, v_{12}, v_{13}, v_{21}$ mindestens fünf als Zwischenknoten zugelassen sind. Das wäre hier frühestens im Iterationsschritt 17 (dort sind $v_7, v_9, v_{12}, v_{13}, v_{17}$ hier erstmals als Zwischenelement erlaubt) der Fall.

Und in $W(17)$ taucht im 21. Eintrag der Hauptdiagonale erstmals ein negativer Eintrag auf.

Dies ist also allgemein die Iterationsstufe des Kreiselementes mit dem zweithöchsten Index und der Diagonaleintrag des Kreiselementes mit dem höchsten Index.

Lösung zu 15.5.4

$W(0)$	A	B	C	D	E
A	0	1	3	2	-1
B	-1	0	1	$-$	0
C	2	1	0	1	$-$
D	3	0	2	0	$-$
E	$-$	3	$-$	1	0

$P(0)$	A	B	C	D	E
A	A	A	A	A	A
B	B	B	B	$-$	B
C	C	C	C	C	$-$
D	D	D	D	D	$-$
E	$-$	E	$-$	E	E

$W(1)$	A	B	C	D	E
A	0	1	3	2	-1
B	-1	0	1	1	-2
C	2	1	0	1	1
D	3	0	2	0	2
E	$-$	3	$-$	1	0

$P(1)$	A	B	C	D	E
A	A	A	A	A	A
B	B	B	B	A	A
C	C	C	C	C	A
D	D	D	D	D	A
E	$-$	E	$-$	E	E

$W(2)$	A	B	C	D	E
A	0	1	2	2	-1
B	-1	0	1	1	-2
C	0	1	0	1	-1
D	-1	0	1	0	-2
E	2	3	4	1	0

$P(2)$	A	B	C	D	E
A	A	A	B	A	A
B	B	B	B	A	A
C	B	C	C	C	A
D	B	D	B	D	A
E	B	E	B	E	E

$W(3)$	A	B	C	D	E
A	0	1	2	2	-1
B	-1	0	1	1	-2
C	0	1	0	1	-1
D	-1	0	1	0	-2
E	2	3	4	1	0

$P(3)$	A	B	C	D	E
A	A	A	B	A	A
B	B	B	B	A	A
C	B	C	C	C	A
D	B	D	B	D	A
E	B	E	B	E	E

$W(4)$	A	B	C	D	E
A	0	1	2	2	-1
B	-1	0	1	1	-2
C	0	1	0	0	-1
D	-1	0	1	0	-2
E	0	1	2	1	-1

$P(4)$	A	B	C	D	E
A	A	A	B	A	A
B	B	B	B	A	A
C	B	C	C	C	A
D	B	D	B	D	A
E	B	D	B	E	A

Abbruch: $W(3)$ gibt die kürzesten Wege/Kreise an, wenn man nur $1, 2, 3$ als Zwischenknoten verwenden darf.

Vorgängerrekursion $E \xleftarrow{-1} A \xleftarrow{-1} B \xleftarrow{0} D \xleftarrow{1} E$ $\mathcal{C}(\text{Kreis um } E) = -1$.

Lösung zu 15.5.5

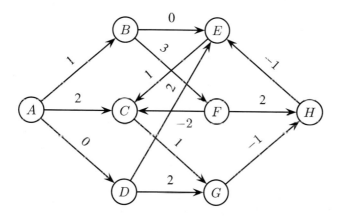

	B	C	D	E	F	G	H
Initialisierung	$1(A)$	$2(A)$	$0(A)$	∞	∞	∞	∞
1. Iteration	$1(A)$	$2(A)$		$2(D)$	∞	$2(D)$	∞
2. Iteration		$2(A)$	$1(B)$	$4(B)$		$2(D)$	∞
3. Iteration		$2(A)$			$4(B)$	$2(D)$	∞
4. Iteration					$4(B)$	$2(D)$	∞
5. Iteration					$4(B)$		$1(G)$
6. Iteration				$4(B)$			

Man übersieht aber auf diese Weise, dass es zu E den Weg

$$A \xrightarrow{0} D \xrightarrow{2} G \xrightarrow{-1} H \xrightarrow{-1} E$$

mit Länge 0 gibt.

Lösung zu 15.5.6

a)   erlaubte Umsteigeknoten

	keiner	1	2	3	4	5	6	7	8
1	$3\,(s)$								
2	$4\,(s)$	$4\,(s)$							
3	$1\,(s)$	$1\,(s)$	$1\,(s)$						
4	$-$	$5\,(1)$	$5\,(1)$	$5\,(1)$					
5	$-$	$-$	$5\,(2)$	$4\,(3)$	$4\,(3)$				
6	$-$	$-$	$-$	$-$	$8\,(4)$	$8\,(4)$			
7	$-$	$-$	$-$	$-$	$8\,(4)$	$8\,(4)$	$8\,(4)$		
8	$-$	$-$	$-$	$-$	$-$	$6\,(5)$	$6\,(5)$	$6\,(5)$	
t	$-$	$-$	$-$	$-$	$-$	$-$	$9\,(6)$	$9\,(6)$	$8\,(8)$

Die kürzesten Wege sind:

$s \xrightarrow{3} 1$ mit Länge 3 $s \xrightarrow{3} 1 \xrightarrow{2} 4 \xrightarrow{3} 6$ mit Länge 8

$s \xrightarrow{4} 2$ mit Länge 4 $s \xrightarrow{3} 1 \xrightarrow{2} 4 \xrightarrow{2} 7$ mit Länge 8

$s \xrightarrow{1} 3$ mit Länge 1 $s \xrightarrow{1} 3 \xrightarrow{3} 5 \xrightarrow{2} 8$ mit Länge 6

$s \xrightarrow{3} 1 \xrightarrow{2} 4$ mit Länge 5 $s \xrightarrow{1} 3 \xrightarrow{3} 5 \xrightarrow{2} 8 \xrightarrow{2} t$ mit Länge 8

$s \xrightarrow{1} 3 \xrightarrow{3} 5$ mit Länge 4

b)   Sollen nur gerade Kanten als Zwischenknoten erlaubt werden, dann verzichtet man auf die Spalten zu $1, 3, 5, 7$ und verfährt entsprechend. Jetzt ergibt sich keine entsprechende Stufenform mehr, sondern es gibt nur noch 5 Stufen, die vier oberen haben eine Höhe von 2, die letzte eine Höhe von 1.

	keiner	2	4	6	8
1	x				
2	x				
3	x	x			
4	x	x			
5	x	x	x		
6	x	x	x		
7	x	x	x	x	
8	x	x	x	x	
t	x	x	x	x	x

Literaturhinweise

[1] Alt, W., Nichtlineare Optimierung, Vieweg Verlagsgesellschaft, Braunschweig, Wiesbaden, 2002

[2] Bazaraa, M.-S., Sherali, H. D., Shetty, C. M.: Nonlinear Programming, Wiley, New York, 1993^2

[3] Borgwardt, K. H.: Optimierung, Operations Research, Spieltheorie: mathematische Grundlagen, Birkhäuser Verlag, Basel, Boston, Berlin, 2001

[4] Chvátal, V.: Linear Programming, Freeman, New York, 1983

[5] Dantzig, G. B.: Linear Programming and Extensions, Princeton University Press, Princeton, 1974

[6] Gritzmann, P.: Optimierung, Geometrische Methoden der linearen, ganzzahligen und konvexen Optimierung, Vieweg+Teubner, 2009

[7] Grötschel, M., Lovász, L., Schrijver, A.: Geometric Algorithms and Combinatorial Optimization, Springer Verlag, Berlin, Heidelberg, 1988

[8] Jarre, F., Stoer, J.: Optimierung, Springer Verlag, Berlin, Heidelberg, New York, 2004

[9] Jungnickel, D.: Optimierungsmethoden, Springer Verlag, Berlin, Heidelberg, 2008

[10] Jungnickel, D.: Graphs, Networks and Algorithms, Springer Verlag, Berlin, Heidelberg, New York, 2008

[11] Korte, B., Vygen, J.: Combinatorial Optimization-Theory and Algorithms, Springer Verlag, Berlin, Heidelberg, New York, 2002

[12] Mangasarian, O. L.: Nonlinear Programming, McGraw-Hill, New York, 1969

[13] Murty, K. G.: Linear Programming, John Wiley & Sons, New York, 1983

[14] Nemhauser, G., Wolsey, L.: Integer and Combinatorial Optimization, Wiley, New York, 1988

[15] Rockafellar, R. T.: Convex Analysis, Princeton University Press, Princeton, 1970

[16] Schrijver, A.: Theory of Linear and Integer Programming, Wiley, 1986

[17] Stoer, J., Witzgall, C.: Convexity and Optimization in Finite Dimensions I, Springer Verlag, New York, 1970

Index

Printed in the United States
By Bookmasters